全国中级注册安全工程师职业资格考试辅导教材

安全生产专业实务

化 工 安 全

（2024 版）

中国安全生产科学研究院　**组织编写**

应急管理出版社

·北　京·

图书在版编目（CIP）数据

安全生产专业实务．化工安全：2024 版/中国安全生产科学研究院组织编写．－－北京：应急管理出版社，2024

全国中级注册安全工程师职业资格考试辅导教材

ISBN 978 - 7 - 5237 - 0525 - 4

Ⅰ.①安… Ⅱ.①中… Ⅲ.①化工安全—安全生产—资格考试—教材 Ⅳ.①X931 ②TQ086

中国国家版本馆 CIP 数据核字（2024）第 083945 号

安全生产专业实务（化工安全） 2024 版

（全国中级注册安全工程师职业资格考试辅导教材）

组织编写	中国安全生产科学研究院
责任编辑	尹忠昌 唐小磊 郑素梅
责任校对	赵 盼
封面设计	卓义云天

出版发行 应急管理出版社（北京市朝阳区芍药居 35 号 100029）
电 话 010 - 84657898（总编室） 010 - 84657880（读者服务部）
网 址 www.cciph.com.cn
印 刷 天津嘉恒印务有限公司
经 销 全国新华书店

开 本 787mm×1092mm$^1/_{16}$ **印张** 29$^1/_4$ **字数** 700 千字
版 次 2024 年 5 月第 1 版 2024 年 5 月第 1 次印刷
社内编号 20240377 **定价** 98.00 元

前　　言

安全生产事关人民群众生命财产安全和社会稳定大局。习近平总书记在党的二十大报告中指出，要坚持安全第一、预防为主，建立大安全大应急框架，完善公共安全体系，推动公共安全治理模式向事前预防转型。施行注册安全工程师职业资格制度，是牢固树立安全发展理念，深入实施"人才强安"战略的重要举措。

注册安全工程师职业资格考试自2004年首次开展以来，全国累计56.7万人通过考试取得中级注册安全工程师职业资格。主要分布在煤矿、金属与非金属矿山、建筑施工、金属冶炼以及危险化学品的生产、储存、装卸等企业和安全生产专业服务机构。注册执业的中级注册安全工程师本科及以上学历占69%以上，年龄在50岁以下占73%以上，已形成一支学历较高、年富力强、素质过硬且实践经验丰富的注册安全工程师队伍，为促进我国安全生产形势好转发挥了重要作用。

为推动注册安全工程师职业资格制度的健康发展，国务院有关部门在总结多年实践工作的基础上，积极推动注册安全工程师法制化进程。2014年8月31日修订的《中华人民共和国安全生产法》，首次确立了注册安全工程师的法律地位。2017年9月，人力资源社会保障部将注册安全工程师列入准入类国家职业资格目录。

为贯彻《安全生产法》，健全完善注册安全工程师职业资格制度，加强注册安全工程师专业能力，构建注册安全工程师"以用为本、科学准入、持续教育、事业化发展"四位一体工作格局，2017年11月，国家安全生产监督管理总局、人力资源社会保障部联合发布了《注册安全工程师分类管理办法》，确立了注册安全工程师职业资格按照专业类别实施分专业考试的指导思想，将注册安全工程师专业类别划分为煤矿安全、金属非金属矿山安全、化工安全、金属冶炼安全、建筑施工安全、道路运输安全和其他安全（不包括消防安全）。2019年1月，应急管理部、人力资源社会保障部联合发布了《注册安全工程师职业资格制度规定》《注册安全工程师职业资格考试实施办法》；2019年4月，应急管理部颁布了《中级注册安全工程师职业资格考试大纲》和《初级注册安全工程师职业资格考试大纲》，正式实施注册安全工程师分专业考试。

为了方便考生复习有关知识内容，2019年，中国安全生产科学研究院根据《中级注册安全工程师职业资格考试大纲》，组织专家编写了全国中级注册安全工程师职业资格考试辅导教材。本套辅导教材包括公共科目和专业科目，其中，公共科目为《安全生产法律法规》《安全生产管理》和《安全生产技术基础》，专业科目为《安全生产专业实务》，包括煤矿安全、金属非金属矿山安全、化工安全、金属冶炼安全、建筑施工安全和其他安全。2024年，在更新辅导教材中涉及的安全生产法律法规、政策和标准的基础上，充实了安全评价等有关内容，对发现的有关问题（包括读者反馈的问题）进行了修订和完善。

本套辅导教材具有较强的针对性、实用性和可操作性，可供安全生产专业人员参加中级注册安全工程师职业资格考试复习之用，也可用于指导安全生产管理和技术人员的工作实践。

在教材编写过程中，很多专家做了大量的工作，付出了辛勤劳动，在此表示衷心感谢！由于时间和水平的限制，教材难免存在疏漏之处，敬请批评指正，以便持续改进！

中国安全生产科学研究院

2024年4月

目　　次

第一章　化工安全生产概述…………………………………………… 1

　　第一节　化工企业安全生产特点…………………………………… 1

　　第二节　化工生产过程安全………………………………………… 3

　　第三节　危险化学品基础知识……………………………………… 12

第二章　化工运行安全技术…………………………………………… 53

　　第一节　危险化工工艺及安全技术………………………………… 53

　　第二节　工艺安全风险分析技术…………………………………… 83

　　第三节　化工装置开停工安全技术………………………………… 94

　　第四节　主要化工机械设备安全技术……………………………… 101

　　第五节　特殊作业环节安全技术…………………………………… 142

　　第六节　化工过程控制和检测技术………………………………… 192

第三章　化工防火防爆安全技术……………………………………… 224

　　第一节　化工防火防爆基本要求…………………………………… 224

　　第二节　主要化工防火防爆技术…………………………………… 238

　　第三节　化工消防技术……………………………………………… 276

第四章　化学品储运安全技术………………………………………… 310

　　第一节　化工企业常用储存设施及安全附件……………………… 310

　　第二节　罐区安全技术……………………………………………… 317

　　第三节　储罐安全操作与维护技术………………………………… 322

　　第四节　气柜安全技术……………………………………………… 329

　　第五节　铁路装卸设施及作业安全技术…………………………… 334

　　第六节　船舶装运安全技术………………………………………… 340

　　第七节　汽车装卸作业安全技术…………………………………… 343

　　第八节　油气回收安全技术………………………………………… 345

　　第九节　危险化学品包装安全技术………………………………… 349

第五章　化工建设项目安全技术……………………………………… 351

　　第一节　化工建设项目安全设计技术……………………………… 351

　　第二节　化工建设项目工程质量安全保障 …………………………………… 397

第六章　化工事故应急管理及救援 …………………………………………… 411
　　第一节　危险化学品事故类型与特点 ………………………………………… 411
　　第二节　化工事故应急救援 …………………………………………………… 412
　　第三节　化工企业现场应急处置方案编制技术 ……………………………… 422
　　第四节　化工事故应急演练与救援装备 ……………………………………… 427

第七章　化工安全类案例 ……………………………………………………… 438
　　案例 1　某油罐区火灾爆炸事故分析 ………………………………………… 438
　　案例 2　某炼油厂污水井清淤中毒事故分析 ………………………………… 439
　　案例 3　某煤化一体化项目安全分析 ………………………………………… 440
　　案例 4　某化学品助剂生产企业扩建项目安全管理 ………………………… 442
　　案例 5　某油库加油作业爆炸事故分析 ……………………………………… 443
　　案例 6　某化工厂化学品泄漏事故应急演习 ………………………………… 445
　　案例 7　危险化学品运输泄漏事故分析 ……………………………………… 446
　　案例 8　某危险化学品仓储企业储存升级改造项目中毒事故分析 ………… 447
　　案例 9　某石化企业化工中间体生产装置建设项目安全分析 ……………… 449
　　案例 10　某加油站安全评价 ………………………………………………… 451
　　案例 11　某化工园区安全风险分析 ………………………………………… 452
　　案例 12　某化工厂扩建工程安全条件审查 ………………………………… 453
　　案例 13　某危险化学品生产企业申请安全生产许可证 …………………… 454
　　案例 14　某厂汽油罐清理检查 ……………………………………………… 455
　　案例 15　某化工厂静电引起甲苯装卸槽车爆炸起火事故分析 …………… 456

参考文献 ………………………………………………………………………… 458
后记 …………………………………………………………………………… 460

第一章　化工安全生产概述

　　化工行业是国民经济的基础行业。目前，中国的石油和化学工业从石油、天然气等矿产资源勘探开发到化工、天然气化工、煤化工、盐化工、国防化工、化肥、纯碱、氯碱、电石、无机盐、基本有机原料、农药、染料、涂料、新领域精细化工、橡胶工业、新材料等，已经形成具有 20 多个行业、可生产 4 万多种产品、门类比较齐全、品种大体配套完整的、全产业链的石化产业体系，并具有一定国际竞争力。

　　化工园区是石化化工行业发展的重要载体，在促进安全统一监管、环境集中治理、上下游协同发展等方面发挥着重要作用，已成为行业发展的主阵地。2021 年 12 月 28 日，工业和信息化部、自然资源部等六部委联合印发了《化工园区建设标准和认定管理办法（试行）》。为贯彻落实该办法，工信部牵头开展了化工园区认定管理"回头看"，推进化工园区规范化建设和认定管理。截至 2023 年 8 月底，化工园区认定工作基本完成，全国共有 28 个省份和新疆兵团公布了通过认定的化工园区 586 家（包括处于整改期的园区）。经应急管理部门依据《化工园区安全风险排查治理导则（试行）》进行的评估，586 家化工园区中，有 580 家达到一般（C 类，70～85 分）或较低安全风险（D 类，85 分以上）等级，化工园区安全风险显著降低。

第一节　化工企业安全生产特点

　　目前，我国化工行业呈现"两极化"发展态势。一是以装置大型化、工艺复杂化、产业集约化、技术资金密集化为突出特点的大型化工企业。这类企业工艺过程连续性强、自动化程度高，企业综合管理和化工过程安全管理难度大。二是以工艺落后、人员专业素质不高、装备水平较低为显著特征的中小化工企业。这类企业综合管理水平较低、过程安全管理能力差，事故易发多发。这就决定了夯实化工企业综合管理和安全管理基础，实现化工行业安全发展，必须实行分类指导，因企制宜。化工企业安全生产特点主要有以下相关内容。

一、原料和产品易燃易爆、有毒有害、易腐蚀

　　化工生产中化学品种类繁多，从原料到产品，包括工艺过程中的半成品、中间体、溶剂、添加剂、催化剂、试剂等。这些化学品中，70% 以上具有易燃易爆、有毒有害和有腐蚀性等危害特性，而且多数以气体、液体状态存在。在高温高压等苛刻条件下极易发生泄漏，导致火灾、爆炸、中毒等事故的发生。如果操作失误、违反操作规程或设备管理不善、年久失修，发生事故的可能性更大。

　　化工生产过程中，一些原料、产品或者中间产品具有腐蚀性，例如，在生产过程中使

用一些强腐蚀性的物质，如硫酸、硝酸、盐酸和烧碱等，它们不但对人有很强的化学灼烧作用，而且对金属设备也有很强的腐蚀作用，再如原油中含有的硫化物就会腐蚀设备管道。化学反应中也常常会生成新的具有腐蚀性的物质，如硫化氢、氯化氢、氮氧化物等。如果在设计时没有考虑到该类腐蚀产物的出现，不但会大大降低设备的使用寿命，还会使设备减薄、变脆，甚至承受不了设备的设计压力而发生突发事故。

总之，化工生产涉及物料种类多、性质差异大，充分了解原材料、中间体和产品的性质和要求，对于安全生产是十分必要的。这些性质和要求通常包括闪点、燃点、自燃点、熔点或凝固点、沸点、蒸气压、溶解度、爆炸极限、热稳定性、光稳定性、毒性、腐蚀性、空气中的允许浓度等。根据物料的性质和要求可以制定必要的防护措施、中毒的急救措施和安全生产措施等。

二、生产工艺复杂、操作条件苛刻

化工生产涉及多种反应类型，反应特性且工艺条件相差悬殊，影响因素多而易变，工艺条件要求严格，甚至苛刻。有的化学反应在高温、高压下进行，有的则需要在低温、高真空等条件下进行。例如，石油烃类裂解，裂解炉出口的温度高达 950 ℃，而裂解产物气的分离需要在 −96 ℃下进行；氨的合成要在 10~30 MPa、300 ℃左右的条件下进行；乙烯聚合生产聚乙烯是在压力为 130~300 MPa、温度为 150~300 ℃的条件下进行的，这些苛刻的工艺参数条件一方面增加了生产工艺本身的危害性，同时也对化工工艺的控制和化工设备的维护产生了巨大的挑战。

此外，化工生产中涉及各种硝化、氧化、聚合、磺化等放热甚至强放热反应，这类反应可能会由于物料的投放顺序、速度、配料比、冷却剂温度、流量、搅拌、供电、杂质等工艺参数的控制失效而发生热量积聚的情况，进一步恶化会造成局部过热或"飞温"，甚至爆炸。一些反应活性较高的化学品在储存过程中也有可能由于缓慢的氧化积热而造成类似的反应失控事故。

三、化工生产装置的大型化、连续化、自动化以及智能化

近几十年来，国际上化工生产采用大型生产装置是一个明显的趋势，如合成氨工业和化工，氨的合成塔尺寸，50 年来扩大了 3 倍，氨的产出率增加了 9 倍以上，乙烯装置的生产能力已达到年产 120 万吨。化工装置大型化的同时，计算机技术广泛应用，生产装置也向高度连续化、控制保障系统自动化的方向发展，化工生产实现了远程自动化控制和操作系统的智能化。现代大型化工生产装置的科学、安全和熟练的操作控制，需要操作人员具有现代化学工艺理论知识与技能、高度的安全生产意识和责任感，保证装置的安全运行。操作人员对操作系统的误操作以及控制系统的故障都有可能导致严重的事故。

四、化工生产的系统性和综合性强

将原料转化为产品的化工生产活动，其综合性不仅体现在生产系统内部的原料、中间体、成品纵向上的联系，而且体现在与水、电、蒸汽等能源的供给，机械设备、电器、仪表的维护与保障，副产物的综合利用，废物处理和环境保护，产品应用等横向上的联系。

任何系统或部门的运行状况，都将影响甚至是制约化工工艺系统内的正常运行与操作。化工生产各系统间相互联系密切，系统性和协作性很强。化工生产的任一系统发生问题都会对整个生产系统产生影响，严重时甚至会引发事故。

五、正常生产与施工并存

化工企业新建（改建、扩建）项目、装置改造以及故障检修等，导致企业生产运行与施工作业并存，不仅存在施工作业风险，也有参与施工作业的生产运行人员的不安全行为，这些都会对生产装置（设施）的安全运行带来一定威胁，同时，正常生产与施工并存时，还存在物的不安全状态、环境的不安全因素和管理风险等。

六、事故应急救援难度大

化工生产中多种类危险化学品的存在、日益扩大的装置规模以及复杂的管路交叉布置，大大增加了事故应急救援的难度。如果未能在事故发生前做好充分的应急准备，很难在事故救援过程中采取正确的应急救援策略，不能有效地控制事故扩大进程，甚至会引发灾难性的事故后果。如 2015 年 8 月 12 日发生在天津的瑞海国际物流公司危化品仓库爆炸事故就充分体现了化学品事故应急救援的难度，该事故共动员现场救援处置的人员达 1.6 万多人，动用装备、车辆 2000 多台，其中解放军 2207 人，339 台装备；武警部队 2368 人，181 台装备；公安消防部队 1728 人，195 部消防车；公安其他警种 2307 人；安全监管部门危险化学品处置专业人员 243 人；天津市和其他省区市防爆、防化、防疫、灭火、医疗、环保等方面专家 938 人，以及其他方面的救援力量和装备。公安部先后调集河北、北京、辽宁、山东、山西、江苏、湖北、上海等 8 省市公安消防部队的化工抢险、核生化侦检等专业人员和特种设备参与救援处置。公安消防部队会同解放军（原北京军区卫戍区防化团、解放军舟桥部队、预备役力量）、武警部队等组成多个搜救小组，反复侦检、深入搜救，针对现场存放的各类危险化学品的不同理化性质，利用泡沫、干沙、干粉进行分类防控灭火。

第二节　化工生产过程安全

一、化工过程安全管理的基本概况

化工生产过程安全（也称工艺安全）包含危险化学品的生产、贮存、使用、经营、运输或处置，以及与这些活动有关的设备维护、保养、检修和工艺变更等活动全过程，是化工企业安全生产的基础，是化工企业安全管理的核心，是消除和减少生产过程危害、减轻事故后果的重要前提。

从 20 世纪 60 年代开始，由于工业过程特别是以化学工业、石油化学工业为代表的高能化、自动化大型生产装置在世界范围内的迅速发展，灾害性爆炸事故、火灾事故、人群中毒事故不断出现，这些灾害所造成的严重后果和社会问题远远超过了事故本身。在高科技越来越密集，经济规模越来越宏大的当今，避免化学工业灾难性事故成为一个国家经济顺利发展的前提条件，已经成为化工装置平稳安全运行的核心问题。人类文明和社会进步要求化工生产过程具有更高的安全性、可靠性和稳定性。

化工过程（chemical process）装置的工艺结构决定了装置系统的危险特征。化工过程安全是以化学工业生产工艺过程及典型装置为对象，研究其工艺与过程的介质、工艺、装备、控制及系统的危险性与安全技术的工程问题。对装置结构中的反应、传质、传热、输送等过程的物料平衡、能量平衡、动量平衡等条件进行分析，研究过程动态变量对平衡与稳定条件的影响以及反应过程危险要素的动态物性和转化机制、事故灾害的突跃条件及状态变化，建立系统安全运行和操作控制技术条件，确定边界状态变量、极限控制参数等。

化工过程伴随易燃易爆、有毒有害等物料和产品，涉及工艺、设备、仪表、电气等多个专业和复杂的公用工程系统。加强化工过程安全管理，是国际先进的重大工业事故预防和控制方法，是企业及时消除安全隐患、预防事故、构建安全生产长效机制的重要基础性工作。2010 年 9 月 16 日，国家安全生产监督管理总局发布了行业标准《化工企业工艺安全管理实施导则》（AQ/T 3034—2010），于 2011 年 5 月 1 日实施，此标准为化工企业提供了过程安全管理的系统管理思路和框架，对推进国内化工过程安全管理、提升企业本质安全水平、防范和遏制化工生产安全事故的发生起到了积极作用。为深入贯彻落实《国务院关于进一步加强企业安全生产工作的通知》和《国务院关于坚持科学发展安全发展促进安全生产形势持续稳定好转的意见》精神，加强化工企业安全生产基础工作，全面提升化工过程安全管理，国家安全生产监督管理总局发布了《安全监管总局关于加强化工过程安全管理的指导意见》（安监总管三〔2013〕88 号），要求化工企业要结合本企业实际，认真学习贯彻落实相关法律法规和本指导意见，完善安全生产责任制和安全生产规章制度，开展全员、全过程、全方位、全天候化工过程安全管理。

为认真贯彻落实中共中央办公厅、国务院办公厅印发的《关于全面加强危险化学品安全生产工作的意见》，推动化工企业进一步防范化解重大安全风险，应急管理部于 2022 年 10 月 1 日发布公告，批准发布新修订的行业标准《化工过程安全管理导则》（AQ/T 3034—2022）。该标准替代《化工企业工艺安全管理实施导则》（AQ/T 3034—2010），自 2023 年 4 月 1 日起施行。本次标准修订在结合国内化工过程安全管理现状的基础上，融入了国际先进的过程安全管理理念和最佳实践经验，以及国内有关安全生产技术要求，力求贴近企业管理实际，形成适合我国国情的化工过程安全管理体系。新发布标准在《化工企业工艺安全管理实施导则》（AQ/T 3034—2010）基础上，对标准的要素内容进行了较大调整和修改，由原先的 12 个要素增加至 20 个要素，其中安全领导力、安全生产责任制、本质更安全等 8 个要素为新增项。修订后的 AQ/T 3034 中的 20 个要素分别是：4.1 安全领导力；4.2 安全生产责任制；4.3 安全生产合规性管理；4.4 安全生产信息管理；4.5 安全教育、培训和能力建设；4.6 风险管理；4.7 装置安全规划与设计；4.8 装置首次开车安全；4.9 安全操作；4.10 设备完好性管理；4.11 安全仪表管理；4.12 重大危险源安全管理；4.13 作业许可；4.14 承包商安全管理；4.15 变更管理；4.16 应急准备与响应；4.17 事故事件管理；4.18 本质安全；4.19 安全文化建设；4.20 体系审核与持续改进。

2023 年 7 月 19 日，应急管理部危化监管一司发布《关于公开征求〈危险化学品企业安全生产标准化评审标准（修订征求意见稿〉〉意见的函》，起草说明指出：全面融合了

《化工过程安全管理导则》（AQ/T 3034—2022），A 级要素设置方面：14 个 A 级要素名称直接或间接对应《化工过程安全管理导则》15 个一级要素，包括安全领导力，安全生产责任制，安全生产信息与合规管理，安全教育、培训和能力建设，风险管理与双重预防机制建设，操作安全，设备完好性管理，作业安全，承包商（相关方）管理，化学品安全、重大危险源和高后果场景管理，变更管理，应急准备与响应，安全事件（事故）调查与管理，自评与改进；2 个 B 级要素名称直接对应《化工过程安全管理导则》安全仪表管理、安全文化建设 2 个一级要素；操作安全、设备完好性管理 2 个 A 级要素中包含了《化工过程安全管理导则》剩余的装置安全规划与设计、装置首次开车安全、本质更安全 3 个一级要素，全要素落实《化工过程安全管理导则》要求。随着修订后的《危险化学品企业安全生产标准化评审标准》发布实施，《化工过程安全管理导则》（AQ/T 3034—2022）将得到强制性实施，将进一步夯实安全生产基础，不断提升企业安全生产管理水平和安全保障能力。

二、化工过程安全管理的主要内容和任务

化工过程安全管理的主要内容和任务包括：企业要加强安全领导力建设，推动和领导企业化工过程安全工作的开展，确保化工过程安全管理的有效实施；企业要建立和落实全员安全生产责任制；企业生产经营活动要符合安全生产法律法规、标准规范及其他法定要求；收集和利用安全生产信息；开展安全教育、培训和能力建设；通过危害辨识、风险评估、风险控制及风险监控，保证风险处于受控状态；严格装置安全规划与设计，实现本质安全；严格新装置首次开车安全管理；不断完善并严格执行操作规程；保持设备完好性；用仪表和控制实现过程安全保护措施（保护层）；重大危险源安全管理；作业安全管理；承包商安全管理；变更管理；应急准备与响应；事故事件管理；本质更安全；安全文化建设；体系审核与持续改进等。

（一）安全领导力

企业安全领导力主要指企业各级负责人对安全生产工作的领导能力，核心是企业主要负责人的领导能力。企业主要负责人应具备安全理论素养，确立安全生产目标愿景，推进安全文化建设，践行安全生产职责，提供人力资源，建立懂安全的专业技术管理团队。各级领导要带头深入基层，重视重大危险源管理、安全风险管控、生产安全事故（件）管理，强化安全管理考核，不断提高安全领导力。

（二）安全生产责任制

安全生产责任制是企业安全管理的核心，建立和落实全员安全生产责任制是企业实现安全生产的根基。标准规定：安全生产责任制应覆盖企业所有层级和岗位，做到"一岗一责"，各岗位的安全生产责任、责任范围和考核标准应清晰明确、便于操作、实时更新。企业还应组织开展全员安全生产责任制的培训及落实情况考核，确保员工掌握并严格落实本岗位安全生产职责。此外，还应每年对安全生产责任制的适用性和有效性开展评审，视情况进行修订。

（三）安全生产合规性管理

合规性管理的目的是确保企业安全生产所有的程序、制度、标准、工作、现场、活动都符合法律、法规、标准的要求，员工的行为符合法律、法规、标准、制度、程序的要求。标准规定：企业应建立安全生产合规性管理制度，明确合规性管理的主管部门，确定合规性管理程序和要求；建立法规标准定期获取、更新、评估的机制；将新要求及时转化为企业的安全生产管理制度或规程。

（四）安全生产信息管理

安全生产信息存在于企业生命周期的各个阶段，是危害识别和风险分析的依据，也是落实过程安全管理其他要素的基础。

1. 建立安全生产信息管理制度

企业要建立安全生产信息管理制度，及时更新信息文件。企业要保证生产管理、过程危害分析、事故调查、符合性审核、安全监督检查、应急救援等方面的相关人员能够及时获取最新安全生产信息。

2. 全面收集安全生产信息

企业应明确责任部门，对装置规划、设计、建设和生产过程中的相关信息及时收集获取，明确收集获取的时间间隔、途径、识别方法、应用管理等内容，保证安全生产信息及时、准确、完整。安全生产信息包括化学品危险性信息、工艺危险性信息、工艺技术信息、设备设施信息和其他信息。企业合规性管理所需的法规、标准和安全生产信息的获取、识别、更新、归档可合并管理。

3. 充分利用安全生产信息

企业要综合分析收集到的各类信息，明确提出生产过程安全要求和注意事项。通过建立安全管理制度、制定操作规程、制定应急救援预案、制作工艺卡片、编制培训手册和技术手册、编制化学品间的安全相容矩阵表等措施，将各项安全要求和注意事项纳入自身的安全管理中。

（五）安全教育、培训和能力建设

安全教育培训是安全管理的一项最基本的工作，也是确保安全生产的前提条件。企业应对员工进行相关法律和风险教育，增强员工的安全意识、法律意识、风险意识；通过强化知识和技能培训，增强员工的安全履职能力。企业应建立岗位能力标准，按照岗位需求、生产运营的不同阶段和风险特点制定安全教育和培训计划，并组织实施；对新入职员工开展公司级、车间级、班组级三级安全教育，会同劳务派遣单位开展对劳务派遣人员的安全教育和培训管理工作；定期对在岗人员工作能力、工作绩效等进行岗位履职能力评估；通过导师带徒、在职教育等方式拓展培训渠道，提升培训效果；定期对教育培训效果进行评估，建立教育培训档案，保存员工的教育培训记录。

（六）风险管理

风险管理贯穿于生产装置全生命周期各个阶段以及作业过程，是企业构建安全风险分级管控和隐患排查治理双重预防机制的核心要素，也是化工过程安全管理各要素制定管理程序或执行管理程序的基础。企业应制定风险管理制度，明确风险管理的职责、范围、方法及风险管控要求等，将安全风险分级管控和隐患排查治理双重预防工作机制融入风险管理工作，通过危害辨识、风险评估、风险控制及风险监控，保证风险处于受控状态。

（七）装置安全规划与设计

安全规划和设计是化工装置实现本质安全的基础和根本。在规划阶段，相关单位和人员必须进行风险辨识和风险评估，分析拟建项目存在的工艺危害，当地自然地理条件、自然灾害和周边设施对拟建项目的影响，以及拟建项目可能发生的泄漏、火灾、爆炸、中毒等事故对周边防护目标的影响，依据风险辨识和评估结果，按照相关规范、标准，进行厂址的选择、总平面布置。在设计阶段，必须根据项目类型选择符合资质要求的设计单位，依据反应安全风险评估、危险和可操作性分析（HAZOP）、工艺过程危害辨识和风险评估结果、安全仪表系统安全完整性等级（SIL）评估等辨识和评价结果，按照相应标准和规范的要求，结合安全生产的实践经验进行化工装置的设计工作，出具科学、合理、安全的化工装置设计文件，为后期的项目建设和安全平稳运行提供基础保障。

（八）装置首次开车安全

在生产准备阶段，企业应在建设项目开工建设后，及时组织开展生产准备工作。在吹扫、清洗、气密（压力）试验阶段，应编制方案，落实责任人并实施。在单机试车阶段，应成立试车小组，检查安全措施落实情况。在中间交接阶段，应组织有经验的专业人员和操作人员开展"三查四定"工作。在联动试车阶段，企业应统筹协调试车的管理工作。在开车前安全审查阶段，应完成开车前的安全审查。在投料试车阶段，企业负责人和各有关专业技术人员应做好指挥工作，严格按照试车方案进行投料试车。

（九）安全操作

企业应制定操作规程管理制度，明确操作规程的管理要求，定期对操作规程的适应性和有效性进行确认。正常运行期间，严格执行操作规程和工艺卡片以及交接班管理制度。对于开停车过程，要制定开停车方案并严格执行。对于异常工况的处置，要优化报警管理，提升员工的异常工况处置能力。

1. 操作规程管理

企业要制定操作规程管理制度，规范操作规程内容，明确操作规程编写、审查、批准、发布、使用、控制、修改及废止的程序和职责。操作规程的内容应至少包括：开车、正常操作、临时操作、应急操作、正常停车和紧急停车的操作步骤与安全要求；工艺参数的正常控制范围，偏离正常工况的后果，防止和纠正偏离正常工况的方法及步骤；操作过程的人身安全保障、职业健康注意事项等。

操作规程应及时反映安全生产信息、安全要求和注意事项的变化。企业每年要对操作规程的适应性和有效性进行确认，至少每3年要对操作规程进行审核修订；当工艺技术、设备发生重大变更时，要及时审核修订操作规程。

企业要确保作业现场始终存有最新版本的操作规程文本，以方便现场操作人员随时查用；定期开展操作规程培训和考核，建立培训记录和考核成绩档案；鼓励从业人员分享安全操作经验，参与操作规程的编制、修订和审核。

2. 装置开停车安全管理

企业要制定装置开停车安全条件检查确认制度。在正常开停车、紧急停车后的开车前，都要进行安全条件检查确认。开停车前，企业要进行风险辨识分析，制定开停车方案，编制安全措施和开停车步骤确认表，经生产和安全管理部门审查同意后，要严格执行并将相关资料存档备查。

企业要落实装置开停车安全管理责任，严格执行开停车方案，建立重要作业责任人签字确认制度。开车过程中在对装置依次进行吹扫、清洗、气密试验时，要制定有效的安全措施；在引进蒸汽、氮气、易燃易爆介质前，要指定有经验的专业人员进行流程确认；在引进物料时，要确认流程是否正确，并随时监测物料流量、温度、压力、液位等参数变化情况。要严格控制进退料顺序和速率，现场安排专人不间断巡检，监控有无泄漏等异常现象。

装置停车过程中的设备、管线低点的排放要按照顺序缓慢进行，并做好个人防护；设备、管线吹扫处理完毕后，要用盲板切断与其他系统的联系。抽堵盲板作业应在编号、挂牌、登记后按规定的顺序进行，并安排专人逐一进行现场确认。

3. 异常工况监测预警

企业要装备自动化控制系统，对重要工艺参数进行实时监控预警；要采用在线安全监控、自动检测或人工分析数据等手段，及时判断发生异常工况的根源，评估可能产生的后果，制定安全处置方案，避免因处理不当造成事故。

（十）设备完好性管理

设备完好性管理涵盖设备的设计、采购、安装、运行维护、检验和测试、预防性维护、缺陷管理、泄漏管理、数据库管理等方面，企业应建立设备完好性管理制度、设备设施检维修规程、巡回检查制度和预防性维护管理程序，对设备设施缺陷的辨识、分析、报告、处理进行闭环管理并持续改进，完善泄漏检测、报告、处理、消除的闭环管理流程，将与设备全生命周期管理相关的文件、档案、信息、数据等纳入设备设施数据库中统一管理。

1. 建立并不断完善设备管理制度

建立设备台账管理制度。企业要对所有设备进行编号，建立设备台账、技术档案和备品配件管理制度，编制设备操作和维护规程。设备操作、维修人员要进行专门的培训和资格考核，培训考核情况要记录存档。

建立装置泄漏监（检）测管理制度。企业要统计和分析可能出现泄漏的部位、物料种类和最大量。定期监（检）测生产装置动静密封点，发现问题及时处理。定期标定各类泄漏检测报警仪器，确保准确有效。要加强防腐蚀管理，确定检查部位，定期检测，建立检测数据库。对重点部位要加大检测检查频次，及时发现和处理管道、设备壁厚减薄情况；定期评估防腐效果和核算设备剩余使用寿命，及时发现并更新更换存在安全隐患的设备。

2. 本质安全设计

企业应要求设计单位做好本质安全设计，根据风险评估结果合理选择设备和管道的材质、设备规格，关键设备应留有足够的安全裕量，为装置长周期运行提供基础保障。

3. 设备安全运行管理

开展设备预防性维修。关键设备要装备在线监测系统。要定期监（检）测检查关键设备、连续监（检）测检查仪表，及时消除静设备密封件、动设备易损件的安全隐患。定期检查压力管道阀门、螺栓等附件的安全状态，及早发现和消除设备缺陷。

加强动设备管理。企业要编制动设备操作规程，确保动设备始终具备规定的工况条件。自动监测大机组和重点动设备的转速、振动、位移、温度、压力、腐蚀性介质含量等运行参数，及时评估设备运行状况。加强动设备润滑管理，确保动设备运行可靠。

建立电气安全管理制度。企业要编制电气设备设施操作、维护、检修等管理制度。定期开展企业电源系统安全可靠性分析和风险评估。要制定防爆电气设备、线路检查和维护管理制度。

建立仪表自动化控制系统安全管理制度。新（改、扩）建装置和大修装置的仪表自动化控制系统投用前、长期停用的仪表自动化控制系统再次启用前，必须进行检查确认。要建立健全仪表自动化控制系统日常维护保养制度，建立安全联锁保护系统停运、变更专业会签和技术负责人审批制度。

（十一）安全仪表管理

企业应从安全仪表通用管理、安全仪表系统（SIS）管理、其他安全仪表管理等三个方面加强安全管理。安全仪表包括安全控制、安全报警和安全联锁，是用仪表和控制实现的过程安全保护措施。企业应根据安全仪表功能性和完整性要求，按照安全技术文件设计和实现安全仪表功能，制定安装调试和联合确认计划、维护计划和规程。应制定过程报警管理制度，加强基本过程控制系统的维护和管理，保证自动控制的投用率，设计和设置有毒有害和可燃气体检测报警系统。

开展安全仪表系统安全完整性等级评估。企业要在风险分析的基础上，确定安全仪表功能（SIF）及其相应的功能安全要求或安全完整性等级（SIL）。企业要按照《过程工业领域安全仪表系统的功能安全》（GB/T 21109）和《石油化工安全仪表系统设计规范》（GB/T 50770）的要求，设计、安装、管理和维护安全仪表系统。

（十二）重大危险源安全管理

企业应从制度建立、辨识与评估、风险分析、监测监控、信息告知、应急演练等方面进行重大危险源安全管理。涉及重大危险源的建设项目，应在设计阶段采用危险与可操作性分析（HAZOP）、故障假设（What – if）、安全检查表等方法开展风险分析，提高本质安全设计；涉及重大危险源的在役生产装置和储存设施，应至少每三年进行一次全面风险分析；涉及毒性气体、剧毒液体、易燃气体、甲类易燃液体的重大危险源，应采用定量风险评价方法进行安全评估，确定个人和社会风险值；涉及爆炸性危险化学品的生产装置和储存设施，应采用事故后果法确定其影响范围。此外，还提出了设置监测监控设备设施，建立了在线监控预警系统并将有关监测监控数据接入危险化学品安全生产风险监测预警系统。

（十三）作业许可

企业要建立作业许可管理制度，明确作业许可范围（含特殊作业）、作业许可管理流程、作业许可类别分级和审批权限及相关人员培训与资质等，提出作业许可审批人、监护人、作业人应经过相关培训，作业前应办理作业审批手续、开展风险分析并落实安全措施，定期检查作业许可管理制度及落实情况，持续提升作业许可管理水平。

1. 建立特殊作业许可制度

企业要根据《危险化学品企业特殊作业安全规范》（GB 30871）的规定建立并不断完善特殊作业许可制度，规范动火、进入受限空间、动土、临时用电、高处作业、断路、吊装、抽堵盲板等特殊作业安全条件和审批程序。实施特殊作业前，必须办理审批手续。

2. 落实特殊作业安全管理责任

实施特殊作业前，必须进行风险分析、确认安全条件，确保作业人员了解作业风险和掌握风险控制措施、作业环境符合安全要求、预防和控制风险措施得到落实。特殊作业审批人员要在现场检查，确认无安全隐患、风险控制措施落实后，再签发作业许可证。现场监护人员要熟悉作业范围内的工艺、设备和物料状态，具备应急救援和处置能力。作业过程中，管理人员要加强现场监督检查，严禁监护人员擅离现场。

（十四）承包商安全管理

企业应建立承包商安全管理制度，严格承包商资格审查，与承包商签订安全协议；作业前应对入厂的承包商人员开展安全培训教育，对承包商施工方案进行审核，为承包商提供安全作业条件，进行现场安全交底；对承包商作业进行全程安全监管，建立与承包商的沟通机制，定期评估承包商安全业绩，优化承包商资源。

（十五）变更管理

变更在企业的生产经营过程中无处不在，也贯穿于化工产品的整个生命周期。变更管理是化工过程安全管理体系中关键的一个要素，目的是将变更所带来的危害控制在风险可接受的范畴。按专业可将变更分为总图变更、工艺技术变更、设备设施变更、仪表系统变更、公用工程变更、管理程序和制度变更、企业组织架构变更、生产组织方式变更、重要岗位的人员和职责变更、供应商变更、外部条件变更等。按照变更期限，可将变更区分为永久性变更、临时性变更；按照变更流程，可将变更区分为常规变更和紧急变更；按照变更带来的风险大小，可将变更区分为一般变更和重要变更。

1. 建立变更管理制度

企业应建立变更管理制度，变更管理制度至少包含需纳入变更管理的范围、变更分类分级原则、管理职责和程序、变更风险辨识及控制、变更实施及验收等内容。企业在工艺、设备、仪表、电气、公用工程、备件、材料、化学品、生产组织方式和重要岗位人员等方面发生的所有变化，都要纳入变更管理。变更管理制度至少包含以下内容：变更的事项、起始时间，变更的技术基础、可能带来的安全风险，消除和控制安全风险的措施，是否修改操作规程，变更审批权限，变更实施后的安全验收等。实施变更前，企业要组织专业人员进行检查，确保变更具备安全条件；明确受变更影响的本企业人员和承包商作业人员，并对其进行相应的培训。变更完成后，企业要及时更新相应的安全生产信息，建立变更管理档案。

2. 严格变更管理

工艺技术变更。主要包括生产能力，原辅材料（包括助剂、添加剂、催化剂等）和介质（包括成分比例的变化），工艺路线、流程及操作条件，工艺操作规程或操作方法，工艺控制参数，仪表控制系统（包括安全报警和联锁整定值的改变），水、电、汽、风等公用工程方面的改变等。

设备设施变更。主要包括设备设施的更新改造、非同类型替换（包括型号、材质、安全设施的变更）、布局改变，备件、材料的改变，监控、测量仪表的变更，计算机及软件的变更，电气设备的变更，增加临时的电气设备等。

管理变更。主要包括人员、供应商和承包商、管理机构、管理职责、管理制度和标准发生变化等。

3. 变更管理程序

变更管理程序包括变更申请、变更风险评估及制定管控措施、变更审批、变更实施和相关方培训（告知）、变更验收、资料归档、变更关闭。

申请。按要求填写变更申请表，由专人进行管理。

风险评估。应采用合适的危害辨识和风险评估方法开展变更风险评估、制定管控措施。

审批。变更申请表应逐级上报企业主管部门，并按管理权限报主管负责人审批。

实施。变更批准后，由企业主管部门负责实施。没有经过审查和批准，任何临时性变更都不得超过原批准范围和期限。应对变更可能受影响的本企业人员、承包商、供应商、外来人员进行相应的培训和告知。

验收、关闭。变更结束后，企业主管部门应在变更投用具备验收条件时及时完成验收工作（验收包括对变更与预期效果符合性的评估），对变更实施情况进行验收并形成报告，及时通知相关部门和有关人员。相关部门收到变更验收报告后，要及时更新安全生产信息，载入变更管理档案。档案至少应包括变更申请审批表、风险评估记录、变更实施的相关资料、变更关闭确认记录、其他与变更相关的文件资料等。

（十六）应急准备与响应

企业应建立应急准备与响应的组织机构和管理制度，明确相关单位、人员职责、指挥和运行机制，按规定要求编制针对性的综合应急预案、专项应急预案、现场处置方案，基层岗位编制应急处置卡等；对员工开展应急相关内容培训，制定本单位的应急演练计划，组织开展演练及演练效果评估，及时整改存在的问题；发生突发事件时，企业应积极开展早期处置工作，紧急情况下可实施装置停车和撤离；应急值守人员在接到岗位报警后，按程序启动应急预案，组织现场应急指挥和处置工作。

（十七）事故事件管理

新发布标准提出了事故事件的分类分级、事故事件的上报、事故事件调查以及整改落实的相关要求；规定了事故事件管理的程序及事故原因分析、事故调查报告保存、事故事件数据库的建立等技术要求。企业应制定事故事件管理制度，管理范围为政府未组织调查的事故和企业发生的安全事件。事故事件管理制度应包括管理职责、管理范围、管理程序、工作流程、分类分级标准、调查要求、措施跟踪等内容。政府负责组织调查处理的事故，企业应认真配合事故调查、积极落实整改措施、配合做好相关工作。企业生产安全事故应按国家有关规定及时上报政府主管部门，不应迟报、谎报和瞒报。

企业应对事故事件（包括政府委托企业调查的安全事故）及时成立调查组进行调查。调查组应在事故事件管理原因调查的基础上，从安全文化角度剖析事故事件发生的深层次原因，不断改进企业的安全文化。企业应明确事故事件防范措施落实的责任人、完成时限，并跟踪评估整改效果。

（十八）本质更安全

新发布标准中此要素的目的是鼓励企业建立本质更安全的理念，定期评估企业的本质安全程度，借助技术进步和管理水平的提升，按照最小化、替代、缓和、简化的策略不断提升装置的本质安全水平。企业应制定本质更安全的发展战略，建立本质更安全的管理制度，并通过培训确保企业所有人员了解本质更安全的相关制度。企业宜定期评估本质安全程度。企业应借助技术进步和管理水平的提升，按照最小化、替代、缓和、简化的策略不断提升装置的本质安全化水平。

（十九）安全文化建设

安全文化具有导向、凝聚、激励、辐射和同化功能，积极的安全文化对企业全员执行和改进过程安全管理体系能够产生积极影响。企业应围绕安全价值观、安全文化载体、风险意识、安全生产规章制度、安全执行力、安全行为、团队精神、学习型组织、卓越文化等要素建设安全文化，建立全员共同认可的安全理念。企业应创建包括安全承诺、安全愿景目标、安全战略、安全使命、安全精神、安全标识等内容的安全文化载体。企业应营造优秀的安全文化氛围，努力实现从管事故向管事件转变，从管事件向管隐患转变，从管隐患向管风险转变，追求零伤害、零隐患。

（二十）体系审核与持续改进

企业应建立并组织实施化工过程安全管理审核程序，包括审核工作的主管部门，审核的目的、范围、频次，审核实施以及审核后的跟踪、验证等内容。体系审核与持续改进应包含管理要素审核、管理体系评审、绩效考核、外部审计等，并明确企业要将安全生产绩效指标及安全管理各要素的过程指标纳入绩效考核。

第三节 危险化学品基础知识

一、危险化学品的概念、分类及危险特性

（一）危险化学品的概念

危险化学品大多具有爆炸、易燃、毒害和腐蚀等特性，在生产、储存、经营、使用、运输、废弃等过程中，容易造成人身伤害、环境污染和财产损失，因而需要采取非常严格的安全措施和特别防护。危险品在联合国运输规范和全球统一分类中具有不同的分类方法，各国对危险品的定义都与其危害性密切相关。

在2021年修订的《中华人民共和国安全生产法》第七章附则中第一百一十七条规定：危险物品，是指易燃易爆物品、危险化学品、放射性物品等能够危及人身安全和财产安全的物品。

《危险化学品安全管理条例》第一章第三条对危险化学品的定义：危险化学品，是指具有毒害、腐蚀、爆炸、燃烧、助燃等性质，对人体、设施、环境具有危害的剧毒化学品和其他化学品。

（二）危险化学品分类及危险特性

危险化学品目前有数千种，其性质各不相同，每一种危险化学品往往具有多种危险特性，但是在多种危险特性中，必有几种典型的危险特性。根据目前我国几种常用的危险化学品相关标准，本节将对危险化学品的分类进行概述。

　　按照基于《全球化学品统一分类和标签制度》（简称 GHS）的《化学品分类和标签规范》系列标准（GB 30000.2~GB 30000.29），《危险化学品目录》（2015 年版，2022 年调整）与《化学品分类和危险性公示　通则》（GB 13690）进行了统一，将危险化学品的危险特性分为物理危险、健康危害及环境危害三大类，28 个种类（物理危险 16 个种类、健康危害 10 个种类、环境危害 2 个种类），如图 1-1 至图 1-3 所示。每一个种类细分为 1~7 个类别，比如氧化性气体、自燃液体、自燃固体、金属腐蚀物、危害臭氧层只有 1 个类别（类别 1）；爆炸物、自反应物质和混合物、有机过氧化物、危害水生环境有 7 个类别。

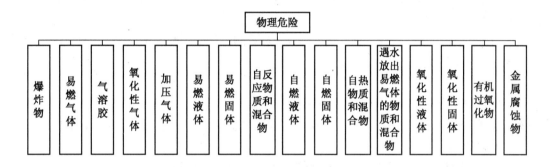

图 1-1　物理危险

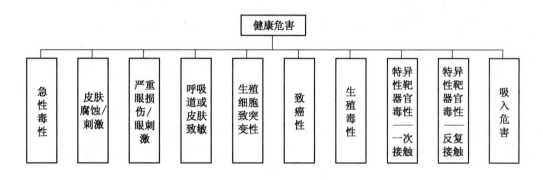

图 1-2　健康危害

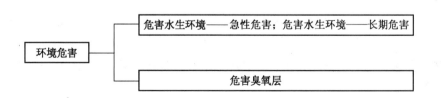

图 1-3　环境危害

1. 物理危险

1) 爆炸物

（1）定义。

爆炸物包含以下 3 类：

① 爆炸物质和混合物，爆炸物质是指能通过化学反应在内部产生一定速度、一定温度与压力的气体，且对周围环境具有破坏作用的一种固体或液体物质（或其混合物）。烟火物质或混合物无论其是否产生气体都属于爆炸物质。

② 爆炸品，不包括那些含有一定数量的爆炸物或其混合物的装置，在这些装置内的爆炸物当不小心或无意中被点燃或引爆时产生迸射、着火、冒烟、放热或巨响等效果不会在装置外产生任何效应。

③ 上面两项均未提及的，而实际上又是以产生爆炸或焰火效果而制造的物质、混合物和物品，如烟火制品。

（2）分类。

根据爆炸物所具有的危险特性分为 6 项：

① 具有整体爆炸危险的物质、混合物和制品（整体爆炸是实际上瞬间引燃几乎所有内装物的爆炸）。

② 具有迸射危险但无整体爆炸危险的物质、混合物和物品。

③ 具有燃烧危险和较小的爆轰危险或较小的迸射危险或两者兼有，但没有整体爆炸危险的物质、混合物和物品：

a）燃烧产生显著辐射热。

b）一个接一个地燃烧，同时产生较小的爆轰或迸射作用或两者兼有。

④ 不存在显著爆炸危险的物质、混合物和物品，如被点燃或引爆也只存在较小危险，并且可以最大限度地控制在包装件内，抛出碎片的质量和抛射距离不超过有关规定；外部火烧不会引发包装件内装物发生整体爆炸。

⑤ 具有整体爆炸危险，但本身又很不敏感的物质或混合物，虽然具有整体爆炸危险，但极不敏感，以至于在正常条件下引爆或由燃烧转至爆轰的可能性非常小。

⑥ 极不敏感且无整体爆炸危险的物品，这些物品只含极不敏感爆轰物质或混合物和那些被证明意外引发的可能性几乎为零的物品。

（3）分类和标签的规定详见《化学品分类和标签规范 第 2 部分：爆炸物》（GB 30000.2）。

2) 易燃气体

（1）定义：易燃气体是指一种在 20 ℃ 和标准压力 101.3 kPa 时与空气混合有一定易燃范围的气体。

易燃气体包括化学不稳定气体。化学不稳定气体是指一种甚至在无空气和/或无氧气时也能极为迅速反应的易燃气体。

易燃气体具有能发生燃烧爆炸的危险，与空气混合能形成爆炸性混合物，遇热源和明火有燃烧爆炸的危险。例如，甲烷的危害主要在于它的爆炸性，它在空气中爆炸范围为 5% ~15%，也就是说甲烷与空气（或氧气）在这个浓度范围内均匀混合，形成预混气，遇着火源就会发生爆炸。所以甲烷遇热源和明火有燃烧爆炸的危险。同时甲烷与五氧化溴、氯气、次氯酸、三氟化氮、液氧、二氟化氧及其他强氧化剂接触反应剧烈。乙烷与氟、氯等接触会发生剧烈的化学反应，且具有窒息性。丙烷与氧化剂接触会发生猛烈反应，其蒸气比空气重，能在较低处扩散到相当远的地方，遇火源会着火回燃。

（2）分类。

① 易燃气体的分类。

类别1：在20 ℃和标准大气压101.3 kPa时的气体：

a）在与空气的混合物中体积分数为13%或更少时可点燃的气体；或

b）不论易燃下限如何，与空气混合，可燃范围至少为12个百分点的气体。

类别2：在20 ℃和标准大气压101.3 kPa时，除类别1中的气体之外，与空气混合时有易燃范围的气体。

注：1. 在有法规规定时，氨和甲基溴化物可以视为特例。

2. 气溶胶不应分类为易燃气体，见GB 30000.4。

② 化学不稳定性气体的分类。

类别A：在20 ℃和标准大气压101.3 kPa时化学不稳定性的易燃气体。

类别B：在温度超过20 ℃和/或气压高于101.3 kPa时化学不稳定性的易燃气体。

（3）分类和标签的规定详见《化学品分类和标签规范　第3部分：易燃气体》（GB 30000.3）。

3）气溶胶

（1）定义：气溶胶是指喷雾器（系任何不可重新灌装的容器，该容器用金属、玻璃或塑料制成）内装压缩、液化或加压溶解的气体（包含或不包含液体、膏剂或粉末），并配有释放装置以使内装物喷射出来，在气体中形成悬浮的固态或液态微粒或形成泡沫、膏剂或粉末或者以液态或气态形式出现。

（2）分类。

如果气溶胶含有任何根据GHS分类为易燃物成分时，该气溶胶应分类为易燃物，即：①易燃液体见GB 30000.7；②易燃气体见GB 30000.3；③易燃固体见GB 30000.8。

注：1. 易燃成分不包括自燃物质、自热物质或遇水反应物质和混合物，因为这些成分从来不用作为喷雾器内装物。

2. 易燃气溶胶不再另属易燃气体、加压气体、易燃液体和易燃固体的范围。

气溶胶根据其成分、化学燃烧热，以及视具体情况根据泡沫试验（用于泡沫气溶胶）、点火距离试验和封闭空间试验（用于喷雾气溶胶）的结果分为三类中的一类。见GB 30000.4第5章中的判定逻辑。未列入类别1或者类别2的（极易燃或易燃气溶胶）应列入类别3（不易燃气溶胶）。

注：气溶胶包含超过1%易燃成分或者至少20 kJ/g燃烧热，不服从GB 30000.4易燃分类步骤的，应分类为气溶胶第一类。

（3）分类和标签的规定详见《化学品分类和标签规范　第4部分：气溶胶》（GB 30000.4）。

4）氧化性气体

（1）定义：氧化性气体是一般通过提供氧，可引起或比空气更能促进其他物质燃烧的任何气体。

可引起或加剧燃烧，作为氧化剂助燃等。发生火灾时，遇到氧化性气体会加剧火势的蔓延，甚至发生爆炸，造成更大的损失。

（2）分类。

类别1：一般通过提供氧气，比空气更能导致或促使其他物质燃烧的任何气体。

（3）分类和标签的规定详见《化学品分类和标签规范　第5部分：氧化性气体》（GB 30000.5）。

5）加压气体

（1）定义：加压气体是指在20℃下，压力等于或大于200 kPa（表压）下装入贮器的气体，或是液化气体或冷冻液化气体。

内装高压气体的容器，遇热可能发生爆炸；若内装冷冻液化气体的容器，则可能造成低温灼伤或损伤。

（2）分类。

压缩气体：在-50℃加压封装时完全是气态的气体，包括所有临界温度不大于50℃的气体。

液化气体：在高于-50℃的温度下加压封装时部分是液体的气体。它又分为：高压液化气体（临界温度在50℃和65℃之间的气体）和低压液化气体（临界温度高于65℃的气体）。

冷冻液化气体：封装时由于其温度低而部分是液体的气体。

溶解气体：加压封装时溶解于液相溶剂中的气体。

注：1. 临界温度是指高于此温度无论压缩程度如何纯气体都不能被液化的温度。

2. 气溶胶不应分类在加压气体中，见GB 30000.4。

（3）分类和标签的规定详见《化学品分类和标签规范　第6部分：加压气体》（GB 30000.6）。

6）易燃液体

（1）定义：易燃液体是指闪点不大于93℃的液体。

易燃液体是在常温下极易着火燃烧的液态物质，具有以下特点：

① 闪点低，着火能量小（多数小于1 mJ），爆炸危险大，甚至火星、热体表面也可致燃。加之有不少易燃液体的电阻率较大（108 Ω·cm以上），在操作、运送时容易积聚静电，其能量足以引起燃烧与爆炸。氧化剂也可使易燃液体燃烧或爆炸（如环戊二烯与硝酸）。

② 沸点低（多数低于100℃），气化快，可源源不断供应可燃蒸气。加之易燃液体的黏度大多比较小，具有很高的流动性，易向四周扩散，并飘浮于地面、工作台面（因易燃液体蒸气大多比空气重），更加增大了燃烧爆炸的危险性。

③ 多数有毒。

（2）分类。

类别1：闪点小于23℃且初沸点不大于35℃。

类别2：闪点小于23℃且初沸点大于35℃。

类别3：闪点不小于23℃且不大于60℃。

类别4：闪点大于60℃且不大于93℃。

（3）分类和标签的规定详见《化学品分类和标签规范　第7部分：易燃液体》（GB 30000.7）。

7）易燃固体

（1）定义：易燃固体是容易燃烧的固体，通过摩擦引燃或助燃的固体。它们是与点火源（如着火的火柴）短暂接触能容易点燃且火焰迅速蔓延的粉状、颗粒状或糊状物质的固体。

易燃固体具有以下特点：

① 燃点低，易点燃。易燃固体的着火点都比较低，一般都在300℃以下，在常温下只要有很小能量的着火源就能引起燃烧。有些易燃固体当受到摩擦、撞击等外力作用时也能引起燃烧。

② 遇酸、氧化剂易燃易爆。绝大多数易燃固体与酸、氧化剂接触，尤其是与强氧化剂接触时，能够立即引起着火和爆炸。

③ 本身或燃烧产物有毒。很多易燃固体本身具有毒害性，或燃烧后会产生有毒的物质。

④ 自燃性。易燃固体中的赛璐珞、硝化棉及其制品等在积热不散时，都容易自燃起火。

（2）分类。

类别1：燃烧速率试验：

① 除金属粉末之外的物质或混合物：

a）潮湿部分不能阻燃，而且

b）燃烧时间小于45 s或燃烧速率大于2.2 mm/s。

② 金属粉末：

燃烧时间不大于5 min。

类别2：燃烧速率试验：

① 除金属粉末之外的物质或混合物：

a）潮湿部分可以阻燃至少4 min，而且

b）燃烧时间小于45 s或燃烧速率大于2.2 mm/s。

② 金属粉末：

燃烧时间大于5 min且不大于10 min。

（3）分类和标签的规定详见《化学品分类和标签规范　第8部分：易燃固体》（GB 30000.8）。

8）自反应物质和混合物

（1）定义：自反应物质和混合物是指即使没有氧（空气）也容易发生激烈放热分解的热不稳定液态或固态物质或混合物。

（2）分类。

自反应物质和混合物的危险类别分为 A 型～G 型 7 个类型。A 型的危险性最大。

A 型：任何自反应物质或混合物，如在包装件中可能起爆或迅速爆燃，将定为 A 型自反应物质。

B 型：具有爆炸性质的任何自反应物质或混合物，如在包装件中不会起爆或迅速爆燃，但在该包装件中可能发生热爆炸，将定为 B 型自反应物质。

C 型：具有爆炸性质的任何自反应物质或混合物，如在包装件中不可能起爆或迅速爆燃或发生热爆炸，将定为 C 型自反应物质。

D 型：任何自反应物质或混合物，在实验室试验中：

① 部分地起爆，不迅速爆燃，在封闭条件下加热时不呈现任何剧烈效应；

② 根本不起爆，缓慢爆燃，在封闭条件下加热时不呈现任何剧烈效应；或

③ 根本不起爆和爆燃，在封闭条件下加热时呈现中等效应；

将定为 D 型自反应物质。

E 型：任何自反应物质或混合物，在实验室试验中，根本不起爆也根本不爆燃，在封闭条件下加热时呈现微弱效应或无效应，将定为 E 型自反应物质。

F 型：任何自反应物质或混合物，在实验室试验中，根本不在空化状态下起爆也根本不爆燃，在封闭条件下加热时只呈现微弱效应或无效应，而且爆炸力弱或无爆炸力，将定为 F 型自反应物质。

G 型：任何自反应物质或混合物，在实验室试验中，既绝不在空化状态下起爆也绝不爆燃，在封闭条件下加热时显示无效应，而且无任何爆炸力，将定为 G 型自反应物质，但该物质或混合物应是热稳定的（50 kg 包装件的自加速分解温度为 60～75 ℃），对于液体混合物，所用脱敏稀释剂的沸点大于或等于 150 ℃。如果混合物不是热稳定的，或者所用脱敏稀释剂的沸点低于 150 ℃，则该混合物应定为 F 型自反应物质。

（3）分类和标签的规定详见《化学品分类和标签规范 第 9 部分：自反应物质和混合物》（GB 30000.9）。

9）自燃液体

（1）定义：自燃液体是指即使数量小也能在与空气接触后 5 min 内着火的液体。

自燃液体多具有容易氧化、分解的性质，且燃点较低。在未发生自燃前，一般都经过缓慢的氧化过程，同时产生一定热量，当产生的热量越来越多，积热使温度达到该物质的自燃点时便会自发地着火燃烧。

凡能促进氧化反应的一切因素均能促进自燃。空气、受热、受潮、氧化剂、强酸、金属粉末等能与自燃液体发生化学反应或对氧化反应有促进作用，它们都是促使自燃液体自燃的因素。

（2）分类。

类别 1：液体加至惰性载体上并暴露在空气中 5 min 内燃烧，或与空气接触 5 min 内燃着或碳化滤纸。

（3）分类和标签的规定详见《化学品分类和标签规范 第 10 部分：自燃液体》（GB 30000.10）。

10）自燃固体

（1）定义：自燃固体是指即使数量小也能在与空气接触后5 min内着火的固体。

自燃固体同自燃液体一样，多具有容易氧化、分解的性质，且燃点较低。在未发生自燃前，一般都经过缓慢的氧化过程，同时产生一定热量，当产生的热量越来越多，积热使温度达到该物质的自燃点时便会自发地着火燃烧。

凡能促进氧化反应的一切因素均能促进自燃。空气、受热、受潮、氧化剂、强酸、金属粉末等能与自燃固体发生化学反应或对氧化反应有促进作用，它们都是促使自燃固体自燃的因素。

（2）分类。

类别1：该固体与空气接触后5 min内发生燃烧。

（3）分类和标签的规定详见《化学品分类和标签规范　第11部分：自燃固体》（GB 30000.11）。

11）自热物质和混合物

（1）定义：自热物质和混合物是指除自燃液体或自燃固体外，与空气反应不需要能量供应就能够自热的固态或液态物质或混合物，此物质或混合物与自燃液体或自燃固体不同之处在于仅在大量（千克级）并经过长时间（数小时或数天）才会发生自燃。

注：物质或混合物的自热是一个过程，其中物质或混合物与（空气中的）氧气逐渐发生反应，产生热量。如果热产生的速度超过热损耗的速度，该物质或混合物的温度便会上升。经过一段时间，可能导致自发点火和燃烧。

（2）分类。

类别1：用边长25 mm立方体试样在140 ℃下做试验时取得肯定结果。

类别2：

① 用边长100 mm立方体试样在140 ℃下做试验时取得肯定结果，用边长25 mm立方体试样在140 ℃下做试验取得否定结果，并且该物质或混合物将装在体积大于3 m³的包装件内；或

② 用边长100 mm立方体试样在140 ℃下做试验时取得肯定结果，用边长25 mm立方体试样在140 ℃下做试验取得否定结果，用边长100 mm立方体试样在120 ℃下做试验取得肯定结果，并且该物质或混合物将装在体积大于450 L的包装件内；或

③ 用边长100 mm立方体试样在140 ℃下做试验时取得肯定结果，用边长25 mm立方体试样在140 ℃下做试验取得否定结果，并且用边长100 mm立方体试样在100 ℃下做试验取得肯定结果。

（3）分类和标签的规定详见《化学品分类和标签规范　第12部分：自热物质和混合物》（GB 30000.12）。

12）遇水放出易燃气体的物质和混合物

（1）定义：遇水放出易燃气体的物质和混合物是指通过与水作用，容易具有自燃性或放出危险数量的易燃气体的固态或液态物质和混合物。

（2）分类。

类别1：在环境温度下遇水起剧烈反应并且所产生的气体通常显示自燃的倾向，或在环境温度下遇水容易发生反应，释放易燃气体的速度等于或大于每千克物质在任何1 min

内释放 10 L 的任何物质或混合物。

类别 2：在环境温度下遇水容易发生反应，释放易燃气体的最大速度等于或大于每千克物质每小时释放 20 L，并且不符合类别 1 的标准的任何物质或混合物。

类别 3：在环境温度下遇水容易发生反应，释放易燃气体的最大速度等于或大于每千克物质每小时释放 1 L，并且不符合类别 1 和类别 2 的任何物质或混合物。

（3）分类和标签的规定详见《化学品分类和标签规范 第 13 部分：遇水放出易燃气体的物质和混合物》（GB 30000.13）。

13）氧化性液体

（1）定义：氧化性液体是指本身未必可燃，但通常会放出氧气可能引起或促使其他物质燃烧的液体。

（2）分类。

类别 1：受试物质（或混合物）与纤维素之比按质量 1∶1 的混合物进行试验时可自燃；或受试物质与纤维素之比按质量 1∶1 的混合物的平均压力上升时间小于 50% 高氯酸与纤维素之比按质量 1∶1 的混合物的平均压力上升时间的任何物质或混合物。

类别 2：受试物质（或混合物）与纤维素之比按质量 1∶1 的混合物进行试验时，显示的平均压力上升时间小于或等于 40% 氯酸钠水溶液与纤维素之比按质量 1∶1 的混合物的平均压力上升时间；并且不属于类别 1 的标准的任何物质或混合物。

类别 3：受试物质（或混合物）与纤维素之比按质量 1∶1 的混合物进行试验时，显示的平均压力上升时间小于或等于 65% 硝酸水溶液与纤维素之比按质量 1∶1 的混合物的平均压力上升时间；并且不符合类别 1 和类别 2 的标准的任何物质或混合物。

（3）分类和标签的规定详见《化学品分类和标签规范 第 14 部分：氧化性液体》（GB 30000.14）。

14）氧化性固体

（1）定义：氧化性固体是指本身未必可燃，但通常会放出氧气可能引起或促使其他物质燃烧的固体。

（2）分类。

类别 1：受试样品（或混合物）与纤维素 4∶1 或 1∶1（质量比）的混合物进行试验时，显示的平均燃烧时间小于溴酸钾与纤维素之比按质量 3∶2（质量比）的混合物的平均燃烧时间的任何物质或混合物。

类别 2：受试样品（或混合物）与纤维素 4∶1 或 1∶1（质量比）的混合物进行试验时，显示的平均燃烧时间等于或小于溴酸钾与纤维素 2∶3（质量比）的混合物的平均燃烧时间，并且未满足类别 1 的标准的任何物质或混合物。

类别 3：受试样品（或混合物）与纤维素 4∶1 或 1∶1（质量比）的混合物进行试验时，显示的平均燃烧时间等于或小于溴酸钾与纤维素 3∶7（质量比）的混合物的平均燃烧时间，并且未满足类别 1 和类别 2 的标准的任何物质或混合物。

（3）分类和标签的规定详见《化学品分类和标签规范 第 15 部分：氧化性固体》（GB 30000.15）。

15）有机过氧化物

（1）定义：有机过氧化物是指含有二价—O—O—结构和可视为过氧化氢的一个或两个氢原子已被有机基团取代的衍生物的液态或固态有机物。同时，还包括有机过氧化物配制物（混合物）。

有机过氧化物是可发生放热自加速分解、热不稳定的物质或混合物。此外，它们可具有一种或多种下列性质：易于爆炸分解；迅速燃烧；对撞击或摩擦敏感；与其他物质发生危险反应。

如果其配制品在实验室试验中容易爆炸、迅速爆燃或在封闭条件下加热时显示剧烈效应，则认为有机过氧化物具有爆炸性质。

（2）分类。

A 型：任何有机过氧化物，如在包件中可能起爆或迅速爆燃，将定为 A 型有机过氧化物。

B 型：任何具有爆炸性质的有机过氧化物，如在包装件中既不起爆也不迅速爆燃，但在该包装件中可能发生热爆炸，将定为 B 型有机过氧化物。

C 型：任何具有爆炸性质的有机过氧化物，如在包装件中不可能起爆或迅速爆燃或发生热爆炸，将定为 C 型有机过氧化物。

D 型：任何有机过氧化物，如果在实验室试验中：

① 部分起爆，不迅速爆燃，在封闭条件下加热时不呈现任何剧烈效应；或

② 根本不起爆，缓慢爆燃，在封闭条件下加热时不呈现任何剧烈效应；或

③ 根本不起爆或爆燃，在封闭条件下加热时呈现中等效应；

将定为 D 型有机过氧化物。

E 型：任何有机过氧化物，在实验室试验中，既绝不起爆也绝不爆燃，在封闭条件下加热时只呈现微弱效应或无效应，将定为 E 型有机过氧化物。

F 型：任何有机过氧化物，在实验室试验中，既绝不在空化状态下起爆也绝不爆燃，在封闭条件下加热时只呈现微弱效应或无效应，而且爆炸力弱或无爆炸力，将定为 F 型有机过氧化物。

G 型：任何有机过氧化物，在实验室试验中，既绝不在空化状态下起爆也绝不爆燃，在封闭条件下加热时显示无效应，而且无任何爆炸力，将定为 G 型有机过氧化物，但该物质或混合物应是热稳定的（50 kg 包装件的自加速分解温度为 60 ℃或更高），对于液体混合物，所用脱敏稀释剂的沸点不低于 150 ℃。如果有机过氧化物不是热稳定的，或者所用脱敏稀释剂的沸点低于 150 ℃，将定为 F 型有机过氧化物。

（3）分类和标签的规定详见《化学品分类和标签规范　第 16 部分：有机过氧化物》（GB 30000.16）。

16）金属腐蚀物

（1）定义：金属腐蚀物是指通过化学作用会显著损伤甚至毁坏金属的物质或混合物。

金属腐蚀物的危害在于腐蚀金属，腐蚀时，在金属的界面上会发生化学或电化学多相反应，使金属转入氧化（离子）状态。这会显著降低金属材料的强度、塑性、韧性等力学性能，破坏金属构件的几何形状，增加零件间的磨损，恶化电学和光学等物理性能，缩短设备的使用寿命，甚至造成火灾、爆炸等灾难性事故。

（2）分类。

类别 1：在试验温度 55 ℃下，钢或铝表面的腐蚀速率超过每年 6.25 mm。

注：如果对钢或铝进行的第一个试验表明，接受试验的物质或混合物具有腐蚀性，则无须再对另一金属进行试验。

（3）分类和标签的规定详见《化学品分类和标签规范　第 17 部分：金属腐蚀物》（GB 30000.17）。

上述 16 种物理危险的细分类别见表 1-1。

表 1-1　物理危险类别表

序号	危险种类	危险类别						
1	爆炸物	不稳定爆炸物	1.1	1.2	1.3	1.4	1.5	1.6
2	易燃气体	1	2	A类（化学不稳定性气体）	B类（化学不稳定性气体）			
3	气溶胶	1	2	3				
4	氧化性气体	1						
5	加压气体	压缩气体	液化气体	冷冻液化气体	溶解气体			
6	易燃液体	1	2	3	4			
7	易燃固体	1	2					
8	自反应物质和混合物	A型	B型	C型	D型	E型	F型	G型
9	自燃液体	1						
10	自燃固体	1						
11	自热物质和混合物	1	2					
12	遇水放出易燃气体的物质和混合物	1	2	3				
13	氧化性液体	1	2	3				
14	氧化性固体	1	2	3				
15	有机过氧化物	A型	B型	C型	D型	E型	F型	G型
16	金属腐蚀物	1						

2. 健康危害

1）急性毒性

（1）定义：经口或经皮肤给予物质的单次剂量或在 24 h 内给予的多次剂量，或者 4 h 的吸入接触发生的急性有害影响。

（2）分类。

化学品可按照表 1-2 所列的数值极限标准，根据经口、皮肤接触或吸入途径的急性毒性划入 5 种毒性类别之一。急性毒性值用（近似）LD_{50} 值（经口、皮肤接触）或 LC_{50} 值（吸入）表示，或用急性毒性估计值（ATE）表示。

急性毒性危害分类和定义各个类别的急性毒性估计值（ATE）见表 1-2。

表 1-2　急性毒性危害分类和定义各个类别的急性毒性估计值（ATE）

接触途径	类别 1	类别 2	类别 3	类别 4	类别 5
经口/（mg/kg 体重）	5	50	300	2000	5000
皮肤/（mg/kg 体重）	50	200	1000	2000	
气体/（mL/L）	0.1	0.5	2.5	20	
蒸气/（mg/L）	0.5	2.0	10	20	
粉尘和烟雾/（mg/L）	0.05	0.5	1.0	5	

注：1. 气体浓度以每百万体积的份数（ppmV）表示。

2. 类别 5 是针对急性毒性相对低但在某些情况可对弱体大众引起危害的物质。这些混合物预期具有经口或经皮肤 LD_{50} 值在 2000～5000 mg/kg 体重范围或其他暴露方式的相当剂量。

3. 这些数值被指定用于计算基于其组分的混合物的 ATE 而不是表示试验结果。这些值被保守地设定在类别 1 和 2 范围的低限，并在偏离类别 3～5 范围的低限约 1/10 点处。

（3）分类和标签的规定详见《化学品分类和标签规范　第 18 部分：急性毒性》（GB 30000.18）。

2）皮肤腐蚀/刺激

（1）定义：皮肤腐蚀是对皮肤造成不可逆损害的结果，即施用试验物质 4 h 内，可观察到表皮和真皮坏死。

典型的腐蚀反应具有溃疡、出血、血痂的特征，而且在 14 d 观察期结束时，皮肤、完全脱发区域和结痂处由于漂白而褪色。应通过组织病理学检查来评估可疑的病变。

皮肤刺激是施用试验物质达到 4 h 后对皮肤造成可逆损伤。

（2）分类。

① 类别 1 为皮肤腐蚀性，分为 1A、1B 和 1C 三个子类别。

腐蚀物是会产生经皮肤组织破坏的试验物，即 3 只试验动物接触 4 h 之内，其间至少 1 只动物有可见的坏疽透过表皮和进入真皮。腐蚀反应具有溃疡、出血、血痂的特征，到 14 d 后观察时有皮肤变白脱色、全区脱发和伤痕的特征，应考虑对可疑病害组织病理学检查。

皮肤腐蚀子类别 1A：记录接触最多 3 min 和观察最多 1 h 后的反应。

皮肤腐蚀子类别 1B：记录接触 3 min～1 h 之间和观察期 14 d 后的反应。

皮肤腐蚀子类别 1C：记录接触 1～4 h 之间和观察最多 14 d 后的反应。

② 类别 2 为皮肤刺激。

a）在斑贴除掉之后的 24 h、48 h 和 72 h 分级试验中，或者如果反应延迟，在皮肤反应开始后的连续 3 d 的分级试验中，3 只试验动物至少有 2 只试验动物的红斑或水肿平均

值（来自皮肤刺激试验）不小于 2.3 和不大于 4.0；或

b）炎症在至少 2 只动物中持续到正常 14 d 观察期结束，特别注意到脱发（有限区域），过度角化，过度增生和脱皮；或

c）在某些情况下，不同动物之间的反应会有明显变化，只有 1 只动物有非常明确的与化学品接触有关的阳性反应，但低于上述标准。

③ 类别 3 为皮肤轻微刺激。

在 24 h、48 h 和 72 h 分级试验中，或者如果反应延迟，在皮肤反应开始后的连续 3 d 的分级试验中（当不包括在上述刺激类别中时），3 只试验动物中至少有 2 只试验动物的红斑/焦痂或水肿的平均值为 1.5~2.3。

（3）分类和标签的规定详见《化学品分类和标签规范 第 19 部分：皮肤腐蚀/刺激》（GB 30000.19）。

3）严重眼损伤/眼刺激

（1）定义：严重眼损伤是将受试物施用于眼睛前部表面进行暴露接触，引起了眼部组织损伤，或出现严重的视频衰退，且在暴露后的 21 d 内尚不能完全恢复。

眼刺激是将受试物施用于眼睛前部表面进行暴露接触，眼睛发生的改变，且在暴露后的 21 d 内出现的改变可完全消失，恢复正常。

（2）分类。

① 类别 1 为对眼部的不可逆效应/严重眼损伤。

对潜在的严重损伤眼睛的物质采用单一的统一危险类别。该危险类别——类别 1（对眼部引起不可逆效应）包括以下标准：

试验物质有以下情况，分类为眼刺激类别 1（对眼部不可逆效应）：

a）至少一只动物的角膜、虹膜或结膜受到影响，并预期不可逆或在正常 21 d 观察期内无法完全恢复；和/或

b）三只试验动物，至少两只有如下阳性反应：

（a）角膜浑浊不小于 3；和/或

（b）虹膜炎大于 1.5。

在受试物质施加之后 24 h、48 h 和 72 h 的分级的平均值计算。

这些观察包括在试验过程中任何时间观察到动物 4 级角膜病变和其他严重反应（例如，角膜破损），以及持续的角膜浑浊、染料物质造成角膜褪色、粘连、角膜翳、干扰虹膜功能或损坏视力的其他效应。在这方面，持续病变是指在正常 21 d 的观察期内不能完全恢复的病变。危险性分类：类别 1 还包括满足在兔 Draize 眼试验中检测到角膜浑浊度不小于 3 或虹膜炎大于 1.5 标准的物质，因为这种严重程度的病变在 21 d 观察期内是不会消失恢复正常的。

② 类别 2 为对眼部的可逆效应。

对潜在的引起可逆性眼刺激作用的物质采用单一的危险类别。该单一危险类别允许在该类别内使用一个子类别，用于引起 7 d 观察期内可逆的眼刺激效应的物质。主张将"眼刺激物"分类分为单一类别的主管部门可以采用统一的类别 2（眼刺激）；可能还有其他主管部门希望在类别 2A（眼刺激）和类别 2B（轻微的眼刺激）两个子类别之间作出区

分，具体分类如下：

a）类别 2A：

试验物质有以下情况，分类为眼刺激类别 2A：

三只试验动物中至少有两只出现如下阳性反应：

（a）角膜浑浊不小于 1；和/或

（b）虹膜炎不小于 1；和/或

（c）结膜充血不小于 2；和/或

（d）结膜浮肿不小于 2。

在受试物质施加之后 24 h、48 h 和 72 h 的分级的平均值计算，而且在正常 21 d 观察期内完全恢复。

b）类别 2B：

在本类别范围，如以上类别 2A 所列效应在 7 d 观察期内完全恢复，则可认为是轻微眼刺激（子类别 2B）。

（3）分类和标签的规定详见《化学品分类和标签规范　第 20 部分：严重眼损伤/眼刺激》（GB 30000.20）。

4）呼吸道或皮肤致敏

（1）定义：呼吸致敏物是吸入后会导致气管过敏反应的物质。皮肤致敏物是皮肤接触后会导致过敏反应的物质。

（2）分类。

① 呼吸致敏物质分类。

类别 1：呼吸道致敏物质。

下列物质划为呼吸道致敏物质：

a）如果有人类证据，该物质可导致特定的呼吸道过敏；和/或

b）如果有合适的动物试验的阳性结果[a]。

类别 1A：物质显示在人类中有高发生率；或根据动物或其他试验，可能对人有高过敏率[a]。还应结合反应的严重程度。

类别 1B：物质显示对人类有低度到中度的发生率；或根据动物或其他试验，可能对人有低度到中度过敏率[a]。还应结合反应的严重程度。

注：[a] 目前还没有公认和有效的用来进行呼吸道致敏试验的动物模型。在某些情况下，对动物的研究数据，在做证据权重评估中，可提供重要信息。

② 皮肤致敏物质分类。

类别 1：皮肤致敏性物质：

下列物质划为皮肤致敏物质：

a）如果有人类证据显示，有较大数量的人在皮肤接触后可造成过敏；

b）如果有合适的动物试验的阳性结果。

类别 1A：物质显示在人群中的发生率较高；和/或在动物身上有较大的可能性，则可以假定该物质有可能在人类身上产生严重过敏作用。还应结合反应的严重程度。

类别 1B：物质显示对人类有低度到中度的发生率；或对动物有低度到中度的可能性，

可以假定有可能造成人的过敏。还应结合反应的严重程度。

（3）分类和标签的规定详见《化学品分类和标签规范 第 21 部分：呼吸道或皮肤致敏》（GB 30000.21）。

5）生殖细胞致突变性

（1）定义：生殖细胞致突变性是指化学品引起人类生殖细胞发生可遗传给后代的突变。在将物质和混合物划归这一危害类别时，还要注意到体外致突变性/遗传毒性试验和哺乳动物体细胞体内致突变性/遗传毒性试验。在 GB 30000.22 中，多次提到术语致突变、致突变物和遗传毒性。

突变定义为细胞中遗传物质的数量或结构发生永久性改变。

"突变"一词，适用于可能表现在显性的可遗传基因改变和潜在的 DNA 改性（例如，已知的特定碱基对改变和染色体易位）。"致突变"和"致突变物"两词适用于在细胞和/或有机体群落内引起突变发生率增加的物质。

"遗传毒性的"和"遗传毒性"，适用于能改变 DNA 的结构、信息内容，或分离的物质或过程，包括那些通过干扰正常复制过程造成 DNA 损伤，或能以非生理方式（暂时）改变了 DNA 复制的物剂或过程。遗传毒性试验结果通常用作致突变效应的指标。

（2）分类。

① 类别 1：已知引起人类生殖细胞发生可遗传性突变或被认为可能引起人类生殖细胞可遗传突变的物质。

a）类别 1A：已知引起人类生殖细胞发生可遗传突变的物质。

判断标准：人类流行病学研究的阳性证据。

b）类别 1B：应被认为可能引起人类生殖细胞可遗传突变的物质。

判断标准：

（a）哺乳动物体内可遗传的生殖细胞致突变试验的阳性结果；或

（b）哺乳动物体内体细胞致突变性试验的阳性结果，结合一些证据表明该物质具有引起生殖细胞突变的可能。例如，这种支持性证据可来源于体内生殖细胞致突变性/遗传毒性试验，或证明物质或其代谢物有能力与生殖细胞的遗传物质相互作用；或

（c）从人类生殖细胞试验显示出致突变效应的阳性结果，而无须证明突变是否遗传给后代，例如，接触该物质的人群精子细胞的非整倍性频率增加。

② 类别 2：由于可能导致人类生殖细胞可遗传突变而引起人们关注的物质。

判断标准：

哺乳动物试验获得阳性证据，和/或有时从一些体外试验中得到阳性证据，这些证据来自：

a）哺乳动物体内体细胞致突变性试验；或

b）得到体外致突变性试验的阳性结果支持的其他体内细胞遗传毒性试验。

注：应将体外哺乳动物致突变性试验得到的阳性结果，和与已知生殖细胞致突变物有化学结构活性关系的化学品划为类别 2 致突变物。

（3）分类和标签的规定详见《化学品分类和标签规范 第 22 部分：生殖细胞致突变性》（GB 30000.22）。

6）致癌性

（1）定义：致癌物是指可导致癌症或增加癌症发病率的物质或混合物。在实施良好的动物实验性研究中诱发良性和恶性肿瘤的物质和混合物，也被认为是假定的或可疑的人类致癌物，除非有确凿证据显示肿瘤形成机制与人类无关。将物质或混合物按具有致癌危害分类，是根据物质本身的性质，并不提供使用该物质或混合物可能产生的人类致癌风险高低的信息。

（2）分类。

① 类别1：已知或假定的人类致癌物；可根据流行病学和/或动物实验数据将物质划为类别1。个别物质可进行进一步的分类。

a）类别1A：已知对人类有致癌可能；对物质的分类主要根据人类证据。

b）类别1B：假定对人类有致癌可能；对物质的分类主要根据动物证据。

以证据的充分程度以及附加的考虑事项为基础，这样的证据可来自人类研究，即研究确定，人类接触物质和癌症发展之间存在因果关系（已知的人类致癌物）。另外，证据也可来自动物试验，即动物试验以充分的证据证明了动物致癌性（假定的人类致癌物）。此外，在个案基础上，根据显示有限的人类致癌性迹象和有限的实验动物致癌性迹象的研究，可能需要通过科学判断作出假定的人类致癌性决定。

② 类别2：可疑的人类致癌物。

可根据人类和/或动物研究得到的证据将物质划为类别2，但前提是这些证据不能令人信服地将物质划为类别1。根据证据的充分程度以及附加考虑事项，这样的证据可来自人类研究中有限的致癌性证据，也可来自动物研究中有限的致癌性证据。

（3）分类和标签的规定详见《化学品分类和标签规范 第23部分：致癌性》（GB 30000.23）。

7）生殖毒性

（1）定义：生殖毒性是指对成年雄性和雌性的性功能和生育能力的有害影响，以及对子代的发育毒性。在进行危险性分类时，对已知遗传学上诱发可遗传到子代的效应会在联合国GHS第3.5条生殖细胞致突变性中作出规定，因为在现行的分类体系中，将这种独特效应按照生殖细胞致突变性危险类别分类更为适合。在本分类体系中，生殖毒性被细分为两个主要方面：对性功能和生育能力的有害影响以及对子代发育的有害影响。有些生殖毒性无法很明确是对性功能和生育能力的有害效应还是对子代发育的有害效应。但是，对于具有此类生殖毒性的化学品，应给予一个通用的危害说明。

注：关于生殖细胞致突变性的具体内容可见GB 30000.22。

（2）分类。

① 类别1：已知或假定的人类生殖毒物。

此类别包括已知对人类性功能和生育能力或发育产生有害影响的物质，或动物研究证据（可能有其他信息作补充）表明其干扰人类生殖的可能性很大的物质。可根据分类证据主要来自人类数据（类别1A）或来自动物数据（类别1B），对物质进行进一步的划分。

类别1A：已知的人类生殖毒物。

将物质划为本类别主要根据人类证据。

类别1B：推测可能的人类生殖毒物。

将物质划为本类别主要根据实验动物的数据。动物研究数据应提供明确的证据，表明在没有其他毒性效应的情况下，对性功能和生育能力或对发育有有害影响，或如果与其他毒性效应一起发生，对生殖的有害影响被认为不是其他毒性效应的非特异继发性结果。但是，当存在机械论信息怀疑该影响与人类的相关性时，将其分类至类别2也许更合适。

② 类别2：可疑的人类生殖毒物。

此类别的物质是一些人类或动物试验研究证据（可能有其他信息作补充）表明在没有其他毒性效应的情况下，对性功能和生育能力或发育有有害影响；或如果与其他毒性效应同时发生，但能确定对生殖的有害影响不是其他毒性效应的非特异继发性结果，而且没有充分证据支持分为类别1。例如，试验研究设计中存在欠缺，导致证据的说服力较差。此时应将其分类于类别2可能更合适。

③ 附加类别：影响哺乳或通过哺乳产生影响。

将影响哺乳或通过哺乳产生影响划分为单独的类别。虽然目前许多物质并没有信息显示它们有可能通过哺乳对子代产生有害影响，但是某些物质被妇女吸收后可出现干扰哺乳作用，或该物质（包括代谢物）可能出现在乳汁中，其含量足以影响母乳喂养婴儿的健康，应将这些物质划为此类别，以表明对母乳喂养婴儿造成的影响。这一分类可根据以下情况确定：

a）对该物质的吸收、新陈代谢、分布和排泄研究表明，其在母乳中的浓度可能达到产生潜在毒性作用的水平；和/或

b）一代或两代动物研究的结果提供明确的证据表明，由于物质能进入母乳中，或对母乳质量存在有害影响而对子代产生了有害效应；和/或

c）人类证据表明物质对哺乳期婴儿有危害。

（3）分类和标签的规定详见《化学品分类和标签规范 第24部分：生殖毒性》（GB 30000.24）。

8）特异性靶器官毒性—— 一次接触

（1）定义：一次接触物质和混合物引起的特异性、非致死性的靶器官毒性作用，包括所有明显的健康效应，可逆的和不可逆的、即时的和迟发的功能损害。

（2）分类。

① 类别1：对人类产生显著毒性的物质，或者根据实验动物研究得到的证据，可假定在一次接触之后可能对人类产生显著毒性的物质。

根据下面各项将物质划入类别1：

a）人类病例或流行病学研究得到的可靠和质量良好的证据。

b）适当的实验动物研究的观察结果。在试验中，在一般较低的接触浓度下产生了与人类健康有关的显著和/或严重毒性效应。

② 类别2：根据实验动物研究的证据，可假定在一次接触之后可能对人类健康产生危害的物质。

可根据适当的实验动物研究的观察结果将物质划入类别2，一般在适度的接触浓度下

产生了与人类健康相关的显著和/或严重毒性效应。

在特别情况下，也可使用人类证据将物质划入类别2。

③ 类别3：暂时性靶器官效应。

有些靶器官效应可能不符合把物质/混合物划入上述类别1或类别2的标准。这些效应在接触后的短暂时间内有害的改变人类功能，但人类可在一段合理的时间内恢复而不留下显著的组织或功能改变。这一类别仅包括麻醉效应和呼吸道刺激。

注：对这些类别来说，可以确定主要受已分类物质影响的特异性靶器官/系统，或者可将物质划为一般毒物。确定主要的靶器官/系统并据此进行分类，例如肝毒物、神经毒物。仔细评估数据，而且如果可能，不要包括次生效应，例如肝毒物可能对神经系统或胃肠系统产生次生效应。

（3）分类和标签的规定详见《化学品分类和标签规范 第25部分：特异性靶器官毒性 一次接触》（GB 30000.25）。

9）特异性靶器官毒性——反复接触

（1）定义：反复接触物质和混合物引起的特异性、非致死性的靶器官毒性作用，包括所有明显的健康效应，可逆的和不可逆的、即时的和迟发的功能损害。

（2）分类。

①类别1：对人类产生显著毒性的物质，或根据实验动物研究得到证据，可假定在反复接触后有可能对人类产生显著毒性的物质。

根据下面各项将物质划入类别1：

a）人类病例或流行病学研究得到的可靠和质量良好的证据。

b）适当的实验动物研究的观察结果。在试验中，在一般较低的接触浓度下产生了与人类健康有相关性的显著和/或严重毒性效应。

② 类别2：根据实验动物研究的证据，可假定在反复接触之后有可能危害人类健康的物质。可根据适当的实验动物研究的观察结果将物质划为类别2。在试验中，一般在适度的接触浓度下产生了与人类健康有相关性的显著和/或严重毒性效应。

在特殊情况下，也可使用人类证据将物质划为类别2。

注：对这两种类别来说，可以确定主要受已分类物质影响的特异性靶器官，或者可将物质划为一般毒物。确定主要的毒性靶器官（系统）并据此进行分类，例如肝毒物、神经毒物。仔细评估数据，而且如果可能，不要包括次生效应，例如肝毒物可能对神经系统或肠胃系统产生次生效应。

（3）分类和标签的规定详见《化学品分类和标签规范 第26部分：特异性靶器官毒性 反复接触》（GB 30000.26）。

10）吸入危害

（1）定义：吸入危害是指吸入一种物质或混合物后发生的严重急性效应，如化学性肺炎、肺损伤，乃至死亡。

吸入特指液态或固态化学品通过口腔或鼻腔直接进入或者因呕吐间接进入气管和下呼吸道系统。

（2）分类。

① 类别 1：已知引起人类吸入毒性危险的化学品或者被看作引起人类吸入毒性危险的化学品。

判定标准：物质被划入类别 1：

a）根据可靠的优质人类证据[a]；或

b）如果是烃类并且在 40 ℃测量的运动黏度不大于 20.5 mm²/s。

② 类别 2：因假定它们会引起人类吸入毒性危险而令人担心的化学品。

判定标准：根据现有的动物研究以及专家考虑到表面张力、水溶性、沸点和挥发性作出的判断，在 40 ℃测量的运动黏度不大于 14 mm²/s 的物质，被划入类别 1 的物质除外[b]。

注：[a] 划入类别 1 的物质例子是某些烃类、松脂油和松木油。

[b] 在这些条件下，有些主管当局可能会考虑将下列物质划入这一类别：至少有 3 个但不超过 13 个碳原子的正伯醇、异丁醇和有不超过 13 个碳原子的酮类。

（3）分类和标签的规定详见《化学品分类和标签规范 第 27 部分：吸入危害》（GB 30000.27）。

上类 10 种健康危害的细分类别见表 1-3。

表 1-3 健康危害类别

序号	危害种类	危害类别						
1	急性毒性 急性毒性：经口 急性毒性：经皮 急性毒性：吸入	1		2		3	4	5
2	皮肤腐蚀/刺激	1	1A 1B 1C	2		3		
3	严重眼损伤/眼刺激	1		2	2A 2B			
4	呼吸道或皮肤致敏	1	1A 1B	2				
5	生殖细胞致突变性	1	1A 1B	2				
6	致癌性	1	1A 1B	2				
7	生殖毒性	1	1A 1B	2		附加： 哺乳影响		
8	特异性靶器官毒性——一次接触	1		2			3	
9	特异性靶器官毒性——反复接触	1		2				
10	吸入危害	1		2				

3. 环境危害

1）对水生环境的危害

对水生环境的危害由 3 个急性类别和 4 个慢性类别组成。急性和慢性类别单独使用。物质的急性类别 1 至类别 3 的分类仅根据急性毒性数据来确定。物质的慢性类别的分类准则是由两类信息相结合，即急性毒性数据和环境灾难数据（可降解性和生物富积数据）来确定。对于某混合物划分为慢性类别，可从它各组分的试验得到降解性和生物富积性。

（1）急性（短期）水生危害。

① 定义：急性（短期）水生危害是指化学品的急性毒性对在水中短时间暴露的水生生物造成的危害。急性水生毒性是指物质对短期接触它的生物体造成的伤害，是物质本身的性质。

② 分类。

急性水生毒性一般的判定方法是用鱼类 96 h LC_{50} 试验，甲壳类 48 h EC_{50} 试验和/或藻类 72 h 或 96 h ErC50 试验进行测定。这些种类的生物被认为可以代表所有水生生物，如果试验方法是合适的也可考虑其他种类生物（如浮萍）的数据。

类别 1：（对水中生物有剧毒）

96 h LC_{50}（鱼类）≤1 mg/L 和/或

48 h EC_{50}（甲壳纲动物）≤1 mg/L 和/或

72 或 96 h ErC_{50}（藻类或其他水生植物）≤1 mg/L。

注：一些管理制度可能将急性类别 1 进行细分，包括更低的幅度 $L(E)C_{50}$≤0.1 mg/L。

类别 2：（对水中生物有毒性）

96 h LC_{50}（鱼类）>1 mg/L 且≤10 mg/L 和/或

48 h EC_{50}（甲壳纲动物）>1 mg/L 且≤10 mg/L 和/或

72 或 96 h ErC_{50}（藻类或其他水生植物）>1 mg/L 且≤10 mg/L。

类别 3：（对水中生物有害）

96 h LC_{50}（鱼类）>10 mg/L 且≤100 mg/L 和/或

48 h EC_{50}（甲壳纲动物）>10 mg/L 且≤100 mg/L 和/或

72 h 或 96 h ErC_{50}（藻类或其他水生植物）>10 mg/L 且≤100 mg/L。

注：一些管理制度可能通过引入另一个类别，将这一范围扩展到 $L(E)C_{50}$>100 mg/L。

（2）长期水生危害。

① 定义：长期水生危害是指化学品的慢性毒性对在水中长期暴露的水生生物造成的危害。慢性水生毒性是指物质对水生有机体暴露过程中引起的相对于该有机体生命周期测定的有害影响的潜力或实际性质。慢性毒性的数据比急性毒性的数据更难得到，由急性毒性数据和环境灾难数据（可降解性和生物富积数据）来确定。

② 分类。

长期危害分类很复杂，涉及慢性水生毒性 NOEC、生物富集潜力、快速降解性等实验数据（此处不展开）。

长期危害类别 1：对水中生物具有剧烈毒性，且有害影响长时间持续。

长期危害类别 2：对水中生物具有毒性，且有害影响长时间持续。

长期危害类别 3：对水中生物有害，且影响长时间持续。

长期危害类别4："安全网"分类，可能对水中生物具有长时间持续性危害。

（3）分类和标签的规定详见《化学品分类和标签规范　第28部分：对水生环境的危害》（GB 30000.28）。

2）危害臭氧层

（1）定义：破坏高层大气中的臭氧，危害公共健康和环境。

臭氧消耗潜能值是指某种化合物的差量排放相对于同等质量的三氯氟甲烷而言，对整个臭氧层的综合扰动的比值。

（2）分类。

类别1：《关于消耗臭氧层物质的蒙特利尔议定书》附件中列出的任何受管制的物质，或者任何混合物至少含有一种浓度不少于0.1%的被列入《关于消耗臭氧层物质的蒙特利尔议定书》附件A的组分。

（3）分类和标签的规定详见《化学品分类和标签规范　第29部分：对臭氧层的危害》（GB 30000.29）。

上述2种环境危害的细分类别见表1-4。

表1-4　环境危害类别表

危害种类	危害类别			
危害水生环境——急性（短期）	1	2	3	
危害水生环境——慢性（长期）	1	2	3	4
危害臭氧层	1			

如果企业有化学品出口贸易，需要关注国内外化学品分类和标签的相关技术标准规范的版本变化。《全球化学品统一分类和标签制度》大约每两年修订一次，2023年已发布第10修订版，其中物理危险中增加一个种类——退敏爆炸物。目前，我国现行有效的《化学品分类和标签规范》系列标准（GB 30000.2～GB 30000.29）与2011年6月联合国发布的《全球化学品统一分类和标签制度》第4修订版的有关技术内容一致。

（三）危险货物（TDG）分类和上述GHS分类的对照表

按照基于GHS的《化学品分类和标签规范》系列标准（GB 30000.2～30000.29）和《化学品分类和危险性公示　通则》（GB 13690）进行的危险化学品分类（物理危险、健康危害及环境危害三大类，28个种类），主要用于生产企业编制化学品安全技术说明书和安全标签，并提供给下游用户。化学品安全技术说明书需要向下游用户和运输车船的押运员提供，安全标签需要在每个化学品外包装容器上粘贴。企业生产的危险化学品未出厂运输前属于产品范畴，进入流通环节运输时属于危险货物，应按照危险货物运输的有关法律、法规和标准进行安全管理。日常中见到的危险化学品货物的包装是以货物包装形式呈现，根据联合国《关于危险货物运输的建议书规章范本》（TDG），我国铁路、公路、水路、航空运输危险货物都制定了相应的危险货物运输规则，目前危险货物的分类依据《危险货物分类和品名编号》（GB 6944）分为九大类，其中有五大类下分16项，四大类下未分项。化学品GHS分类与危险货物TDG分类对照见表1-5。

表1-5 化学品GHS分类与危险货物TDG分类对照

基于GHS的危险化学品分类								基于TDG的危险货物分类
危险和危害种类	类别							类别

物理危险 爆炸物	不稳定爆炸物	1.1	1.2	1.3	1.4	1.5	1.6	第1类：爆炸品 1.1项：有整体爆炸危险的物质和物品 1.2项：有迸射危险，但无整体爆炸危险的物质和物品 1.3项：有燃烧危险并有局部爆炸危险或局部迸射危险或这两种危险都有，但无整体爆炸危险的物质和物品 1.4项：不呈现重大危险的物质和物品 1.5项：有整体爆炸危险的非常不敏感物质 1.6项：无整体爆炸危险的极端不敏感物品 因不稳定爆炸物禁止运输，所以TDG未对其分类
易燃气体	1	2	A（化学不稳定性气体）	B（化学不稳定性气体）				第2类：气体 2.1项：易燃气体
气溶胶	1	2	3					第2类：气体 2.1项：易燃气体 第3类：易燃液体 第4类4.1项：易燃固体、自反应物质和固态退敏爆炸品
氧化性气体	1							第5类：氧化性物质和有机过氧化物 5.1项：氧化性物质
加压气体	压缩气体	液化气体	冷冻液化气体	溶解气体				第2类：气体 2.1项：易燃气体 2.2项：非易燃无毒气体 2.3项：毒性气体
易燃液体	1	2	3	4				第3类：易燃液体
易燃固体	1	2						第4类：易燃固体、易于自燃的物质、遇水放出易燃气体的物质 4.1项：易燃固体、自反应物质和固态退敏爆炸品
自反应物质和混合物	A	B	C	D	E	F	G	第4类4.1项：易燃固体、自反应物质和固态退敏爆炸品
自热物质和混合物	1	2						第4类4.1项：易燃固体、自反应物质和固态退敏爆炸品
自燃液体	1							第4类4.2项：易于自燃的物质
自燃固体	1							第4类4.2项：易于自燃的物质
遇水放出易燃气体的物质和混合物	1	2	3					第4类4.3项：遇水放出易燃气体的物质
金属腐蚀物	1							第8类：腐蚀性物质
氧化性液体	1	2	3					第5类：氧化性物质和有机过氧化物 5.1项：氧化性物质
氧化性固体	1	2	3					第5类：氧化性物质和有机过氧化物 5.1项：氧化性物质
有机过氧化物	A	B	C	D	E	F	G	第5类：氧化性物质和有机过氧化物 5.2项：有机过氧化物

表1-5（续）

基于GHS的危险化学品分类								基于TDG的危险货物分类
危险和危害种类	类别							类别
健康危害								
急性毒性	1	2	3	4	5			第6类：毒性物质和感染性物质 6.1项：毒性物质 第2类：气体 2.3项：毒性气体
皮肤腐蚀/刺激	1A	1B	1C	2	3			第6类：毒性物质和感染性物质 6.1项：毒性物质 第8类：腐蚀性物质
严重眼损伤/眼刺激	1	2A	2B					第6类：毒性物质和感染性物质 6.1项：毒性物质 第8类：腐蚀性物质
呼吸道或皮肤致敏	呼吸道致敏物1A	呼吸道致敏物1B	皮肤致敏物1A	皮肤致敏物1B				第6类：毒性物质和感染性物质 6.1项：毒性物质
生殖细胞致突变性	1A	1B	2					第6类：毒性物质和感染性物质 6.1项：毒性物质
致癌性	1A	1B	2					第6类：毒性物质和感染性物质 6.1项：毒性物质
生殖毒性	1A	1B	2	附加类别（哺乳影响）				第6类：毒性物质和感染性物质 6.1项：毒性物质
特异性靶器官毒性——一次接触	1	2	3					第6类：毒性物质和感染性物质 6.1项：毒性物质
特异性靶器官毒性——反复接触	1	2						第6类：毒性物质和感染性物质 6.1项：毒性物质
吸入危害	1	2						第6类：毒性物质和感染性物质 6.1项：毒性物质
环境危害								
危害水生环境	急性1	急性2	急性3	慢性1	慢性2	慢性3	慢性4	第9类：杂项危险物质和物品，包括危害环境物质
危害臭氧层	1							第9类：杂项危险物质和物品，包括危害环境物质 第2类：气体 2.1项：易燃气体 2.2项：非易燃无毒气体

表1-5（续）

基于 GHS 的危险化学品分类							基于 TDG 的危险货物分类
危险和危害种类	类 别						类 别
NA	NA						第6类：毒性物质和感染性物质 6.2项：感染性物质
NA	NA						第7类：放射性物质

注：深色背景的是作为危险化学品的确定原则；类别 NA，表示不存在此分类。

（四）国内重点监管危险化学品名录

《国家安全监管总局关于公布首批重点监管的危险化学品名录的通知》（安监总管三〔2011〕95号）和《国家安全监管总局关于公布第二批重点监管危险化学品名录的通知》（安监总管三〔2013〕12号）确定的重点监管危险化学品名录，见表1-6、表1-7。

表1-6 首批重点监管的危险化学品名录

序号	化 学 品 名 称	别 名	CAS 号
1	氯	液氯、氯气	7782-50-5
2	氨	液氨、氨气	7664-41-7
3	液化石油气		68476-85-7
4	硫化氢		7783-06-4
5	甲烷、天然气		74-82-8（甲烷）
6	原油		
7	汽油（含甲醇汽油、乙醇汽油）、石脑油		8006-61-9（汽油）
8	氢	氢气	1333-74-0
9	苯（含粗苯）		71-43-2
10	碳酰氯	光气	75-44-5
11	二氧化硫		7446-09-5
12	一氧化碳		630-08-0
13	甲醇	木醇、木精	67-56-1
14	丙烯腈	氰基乙烯、乙烯基氰	107-13-1
15	环氧乙烷	氧化乙烯	75-21-8
16	乙炔	电石气	74-86-2
17	氟化氢、氢氟酸		7664-39-3
18	氯乙烯		75-01-4
19	甲苯	甲基苯、苯基甲烷	108-88-3
20	氰化氢、氢氰酸		74-90-8
21	乙烯		74-85-1

表1-6（续）

序号	化学品名称	别名	CAS号
22	三氯化磷		7719－12－2
23	硝基苯		98－95－3
24	苯乙烯		100－42－5
25	环氧丙烷		75－56－9
26	一氯甲烷		74－87－3
27	1,3－丁二烯		106－99－0
28	硫酸二甲酯		77－78－1
29	氰化钠		143－33－9
30	1－丙烯、丙烯		115－07－1
31	苯胺		62－53－3
32	甲醚		115－10－6
33	丙烯醛、2－丙烯醛		107－02－8
34	氯苯		108－90－7
35	乙酸乙烯酯		108－05－4
36	二甲胺		124－40－3
37	苯酚	石炭酸	108－95－2
38	四氯化钛		7550－45－0
39	甲苯二异氰酸酯	TDI	584－84－9
40	过氧乙酸	过乙酸、过醋酸	79－21－0
41	六氯环戊二烯		77－47－4
42	二硫化碳		75－15－0
43	乙烷		74－84－0
44	环氧氯丙烷	3－氯－1,2－环氧丙烷	106－89－8
45	丙酮氰醇	2－甲基－2－羟基丙腈	75－86－5
46	磷化氢	膦	7803－51－2
47	氯甲基甲醚		107－30－2
48	三氟化硼		7637－07－2
49	烯丙胺	3－氨基丙烯	107－11－9
50	异氰酸甲酯	甲基异氰酸酯	624－83－9
51	甲基叔丁基醚		1634－04－4
52	乙酸乙酯		141－78－6
53	丙烯酸		79－10－7
54	硝酸铵		6484－52－2
55	三氧化硫	硫酸酐	7446－11－9
56	三氯甲烷	氯仿	67－66－3

表 1-6（续）

序号	化学品名称	别名	CAS 号
57	甲基肼		60 - 34 - 4
58	一甲胺		74 - 89 - 5
59	乙醛		75 - 07 - 0
60	氯甲酸三氯甲酯	双光气	503 - 38 - 8

表 1-7 第二批重点监管危险化学品名录

序号	化学品品名	CAS 号
1	氯酸钠	7775 - 9 - 9
2	氯酸钾	3811 - 4 - 9
3	过氧化甲乙酮	1338 - 23 - 4
4	过氧化（二）苯甲酰	94 - 36 - 0
5	硝化纤维素	9004 - 70 - 0
6	硝酸胍	506 - 93 - 4
7	高氯酸铵	7790 - 98 - 9
8	过氧化苯甲酸叔丁酯	614 - 45 - 9
9	N,N′-二亚硝基五亚甲基四胺	101 - 25 - 7
10	硝基胍	556 - 88 - 7
11	2,2′-偶氮二异丁腈	78 - 67 - 1
12	2,2′-偶氮-二-(2,4-二甲基戊腈)（即偶氮二异庚腈）	4419 - 11 - 8
13	硝化甘油	55 - 63 - 0
14	乙醚	60 - 29 - 7

（五）剧毒化学品辨识

《危险化学品目录》(2015 版，2022 年调整) 的"二、剧毒化学品的定义和判定界限"中规定：

（1）定义：具有剧烈急性毒性危害的化学品，包括人工合成的化学品及其混合物和天然毒素，还包括具有急性毒性易造成公共安全危害的化学品。

（2）剧烈急性毒性判定界限：急性毒性类别 1，即满足下列条件之一：大鼠实验，经口 $LD_{50} \leq 5$ mg/kg，经皮 $LD_{50} \leq 50$ mg/kg，吸入（4 h）$LC_{50} \leq 100$ mL/m³（气体）或 0.5 mg/L（蒸气）或 0.05 mg/L（尘、雾）。经皮 LD_{50} 的实验数据，也可使用兔实验数据。

《危险化学品目录》(2015 版，2022 年调整) 备注栏中备注"剧毒"的化学品共 148 种。

（六）易制毒化学品

易制毒化学品系指用于制造毒品的化学品，易制毒化学品分为三类：第一类是可以用于制毒的主要原料，第二类、第三类是可以用于制毒的化学配剂。易制毒化学品按用途分为药品类易制毒化学品和非药品类易制毒化学品，其中：药品类易制毒化学品是指《易制毒化学品管理条例》(国务院令第445号,国务院令第703号修改)中所确定的麦角酸、麻黄素等物质,品种目录见《药品类易制毒化学品管理办法》(2010年,卫生部令第72号);非药品类易制毒化学品是指《易制毒化学品管理条例》中附表确定的可以用于制毒的非药品类主要原料和化学配剂,品种目录见《非药品类易制毒化学品生产、经营许可办法》(2006年,国家安全生产监督管理总局令第5号)和后续补充目录。石油化工企业主要涉及的是非药品类易制毒化学品。企业生产、经营第一类中的非药品类易制毒化学品前,应报当地省、自治区、直辖市应急管理部门审批,获得许可证后方可从事相关活动;进出口易制毒化学品应按照《易制毒化学品进出口管理规定》(根据2015年10月28日商务部令2015年第2号《商务部关于修改部分规章和规范性文件的决定》修正)办理相关许可。

易制毒化学品的分类和品种需要调整的,由国务院公安部门会同国务院药品监督管理部门、安全生产监督管理部门、商务主管部门、卫生主管部门和海关总署提出方案,报国务院批准。国家于2012年、2014年、2017年、2021年对《易制毒化学品的分类和品种目录》进行了增补,目前共列管了三类,38种化学品。

2021年调整后的易制毒化学品的分类和品种目录:

第一类(19种):

(1) 1-苯基-2-丙酮。

(2) 3,4-亚甲基二氧苯基-2-丙酮。

(3) 胡椒醛。

(4) 黄樟素。

(5) 黄樟油。

(6) 异黄樟素。

(7) N-乙酰邻氨基苯酸。

(8) 邻氨基苯甲酸。

(9) 麦角酸*。

(10) 麦角胺*。

(11) 麦角新碱*。

(12) 麻黄素、伪麻黄素、消旋麻黄素、去甲麻黄素、甲基麻黄素、麻黄浸膏、麻黄浸膏粉等麻黄素类物质*。

(13) 羟亚胺(2008年新增)。

(14) 邻氯苯基环戊酮(2012年新增)。

(15) 1-苯基-2-溴-1-丙酮(2014年新增)。

(16) 3-氧-2-苯基丁腈(2014年新增)。

(17) N-苯乙基-4-哌啶酮(2017年新增)。

(18) 4-苯胺基-N-苯乙基哌啶(2017年新增)。

(19) N-甲基-1-苯基-1-氯-2-丙胺(2017年新增)。

第二类(11种):

(1) 苯乙酸。

(2) 醋酸酐。

（3）三氯甲烷。

（4）乙醚。

（5）哌啶。

（6）溴素（2017 年新增）。

（7）1 - 苯基 - 1 - 丙酮（2017 年新增）。

（8）α - 苯乙酰乙酸甲酯（2021 年新增）。

（9）α - 乙酰乙酰苯胺（2021 年新增）。

（10）3,4 - 亚甲基二氧苯基 - 2 - 丙酮缩水甘油酸（2021 年新增）。

（11）3,4 - 亚甲基二氧苯基 - 2 - 丙酮缩水甘油酯（2021 年新增）。

第三类（8 种）：

（1）甲苯。

（2）丙酮。

（3）甲基乙基酮。

（4）高锰酸钾。

（5）硫酸。

（6）盐酸。

（7）苯乙腈（2021 年新增）。

（8）γ - 丁内酯（2021 年新增）。

说明：

（1）第一类、第二类所列物质可能存在的盐类，也纳入管制。

（2）带有＊标记的品种为第一类中的药品类易制毒化学品，第一类中的药品类易制毒化学品包括原料药及其单方制剂。

（3）高锰酸钾既属于易制毒化学品也属于易制爆化学品。

（七）易制爆危险化学品

易制爆危险化学品系指可用于制造爆炸物品的一类危险化学品。为防止发生公共安全事件，保障人民群众生命财产安全，根据《危险化学品安全管理条例》（2011 年，国务院令第 591 号公布，2013 年，国务院令第 645 号第二次修订）等有关法律、法规，公安部 2011 年 11 月 25 日公告公布了《易制爆危险化学品名录》（2011 年版）；2017 年 5 月 11 日公安部公布了《易制爆危险化学品名录》（2017 年版）（表 1 - 8）。易制爆危险化学品生产、储存、使用、购买、销售、运输、废弃处置等相关环节除了按照《危险化学品安全管理条例》等法规、标准做好安全生产管理工作、向应急管理部门办理有关安全许可外，还应及时向所在地公安部门备案，并遵照公安部门的有关规定办理有关批准文件。

表 1 - 8　易制爆危险化学品名录（2017 年版）

序号	品　　名	别　　名	CAS 号	主要的燃爆危险性分类
1 酸类				
1.1	硝酸		7697 - 37 - 2	氧化性液体，类别 3
1.2	发烟硝酸		52583 - 42 - 3	氧化性液体，类别 1

表 1-8（续）

序号	品 名	别 名	CAS 号	主要的燃爆危险性分类
1.3	高氯酸［浓度>72%］	过氯酸	7601-90-3	氧化性液体，类别1
	高氯酸［浓度50%~72%］			氧化性液体，类别1
	高氯酸［浓度≤50%］			氧化性液体，类别2
2 硝酸盐类				
2.1	硝酸钠		7631-99-4	氧化性固体，类别3
2.2	硝酸钾		7757-79-1	氧化性固体，类别3
2.3	硝酸铯		7789-18-6	氧化性固体，类别3
2.4	硝酸镁		10377-60-3	氧化性固体，类别3
2.5	硝酸钙		10124-37-5	氧化性固体，类别3
2.6	硝酸锶		10042-76-9	氧化性固体，类别3
2.7	硝酸钡		10022-31-8	氧化性固体，类别2
2.8	硝酸镍	二硝酸镍	13138-45-9	氧化性固体，类别2
2.9	硝酸银		7761-88-8	氧化性固体，类别2
2.10	硝酸锌		7779-88-6	氧化性固体，类别2
2.11	硝酸铅		10099-74-8	氧化性固体，类别2
3 氯酸盐类				
3.1	氯酸钠		7775-09-9	氧化性固体，类别1
	氯酸钠溶液			氧化性液体，类别3*
3.2	氯酸钾		3811-04-9	氧化性固体，类别1
	氯酸钾溶液			氧化性液体，类别3*
3.3	氯酸铵		10192-29-7	爆炸物，不稳定爆炸物
4 高氯酸盐类				
4.1	高氯酸锂	过氯酸锂	7791-03-9	氧化性固体，类别2
4.2	高氯酸钠	过氯酸钠	7601-89-0	氧化性固体，类别1
4.3	高氯酸钾	过氯酸钾	7778-74-7	氧化性固体，类别1
4.4	高氯酸铵	过氯酸铵	7790-98-9	爆炸物，1.1项 氧化性固体，类别1
5 重铬酸盐类				
5.1	重铬酸锂		13843-81-7	氧化性固体，类别2
5.2	重铬酸钠	红矾钠	10588-01-9	氧化性固体，类别2
5.3	重铬酸钾	红矾钾	7778-50-9	氧化性固体，类别2
5.4	重铬酸铵	红矾铵	7789-09-5	氧化性固体，类别2*
6 过氧化物和超氧化物类				
6.1	过氧化氢溶液（含量>8%）	双氧水	7722-84-1	（1）含量≥60% 氧化性液体，类别1 （2）20%≤含量<60% 氧化性液体，类别2 （3）8%<含量<20% 氧化性液体，类别3

表 1 - 8 (续)

序号	品 名	别 名	CAS 号	主要的燃爆危险性分类
6.2	过氧化锂	二氧化锂	12031 - 80 - 0	氧化性固体, 类别 2
6.3	过氧化钠	双氧化钠; 二氧化钠	1313 - 60 - 6	氧化性固体, 类别 1
6.4	过氧化钾	二氧化钾	17014 - 71 - 0	氧化性固体, 类别 1
6.5	过氧化镁	二氧化镁	1335 - 26 - 8	氧化性液体, 类别 2
6.6	过氧化钙	二氧化钙	1305 - 79 - 9	氧化性固体, 类别 2
6.7	过氧化锶	二氧化锶	1314 - 18 - 7	氧化性固体, 类别 2
6.8	过氧化钡	二氧化钡	1304 - 29 - 6	氧化性固体, 类别 2
6.9	过氧化锌	二氧化锌	1314 - 22 - 3	氧化性固体, 类别 2
6.10	过氧化脲	过氧化氢尿素;过氧化氢脲	124 - 43 - 6	氧化性固体, 类别 3
6.11	过乙酸〔含量≤16%, 含水≥39%, 含乙酸≥15%, 含过氧化氢≤24%, 含有稳定剂〕	过醋酸; 过氧乙酸; 乙酰过氧化氢	79 - 21 - 0	有机过氧化物 F 型
	过乙酸〔含量≤43%, 含水≥5%, 含乙酸≥35%, 含过氧化氢≤6%, 含有稳定剂〕			易燃液体, 类别 3 有机过氧化物, D 型
6.12	过氧化二异丙苯〔52% < 含量≤100% 〕	二枯基过氧化物; 硫化剂 DCP	80 - 43 - 3	有机过氧化物, F 型
6.13	过氧化氢苯甲酰	过苯甲酸	93 - 59 - 4	有机过氧化物, C 型
6.14	超氧化钠		12034 - 12 - 7	氧化性固体, 类别 1
6.15	超氧化钾		12030 - 88 - 5	氧化性固体, 类别 1
7 易燃物还原剂类				
7.1	锂	金属锂	7439 - 93 - 2	遇水放出易燃气体的物质和混合物, 类别 1
7.2	钠	金属钠	7440 - 23 - 5	遇水放出易燃气体的物质和混合物, 类别 1
7.3	钾	金属钾	7440 - 09 - 7	遇水放出易燃气体的物质和混合物, 类别 1
7.4	镁		7439 - 95 - 4	(1) 粉末: 自热物质和混合物, 类别 1 遇水放出易燃气体的物质和混合物, 类别 2 (2) 丸状、旋屑或带状: 易燃固体, 类别 2
7.5	镁铝粉	镁铝合金粉		遇水放出易燃气体的物质和混合物, 类别 2 自热物质和混合物, 类别 1

表 1-8（续）

序号	品名	别名	CAS 号	主要的燃爆危险性分类
7.6	铝粉		7429 - 90 - 5	（1）有涂层：易燃固体，类别1 （2）无涂层：遇水放出易燃气体的物质和混合物，类别2
7.7	硅铝 硅铝粉		57485 - 31 - 1	遇水放出易燃气体的物质和混合物，类别3
7.8	硫黄	硫	7704 - 34 - 9	易燃固体，类别2
7.9	锌尘		7440 - 66 - 6	自热物质和混合物，类别1；遇水放出易燃气体的物质和混合物，类别1
	锌粉			自热物质和混合物，类别1；遇水放出易燃气体的物质和混合物，类别1
	锌灰			遇水放出易燃气体的物质和混合物，类别3
7.10	金属锆		7440 - 67 - 7	易燃固体，类别2
	金属锆粉	锆粉		自燃固体，类别1；遇水放出易燃气体的物质和混合物，类别1
7.11	六亚甲基四胺	六甲撑四胺；乌洛托品	100 - 97 - 0	易燃固体，类别2
7.12	1,2 - 乙二胺	1,2 - 二氨基乙烷；乙撑二胺	107 - 15 - 3	易燃液体，类别3
7.13	一甲胺［无水］	氨基甲烷；甲胺	74 - 89 - 5	易燃气体，类别1
	一甲胺溶液	氨基甲烷溶液；甲胺溶液		易燃液体，类别1
7.14	硼氢化锂	氢硼化锂	16949 - 15 - 8	遇水放出易燃气体的物质和混合物，类别1
7.15	硼氢化钠	氢硼化钠	16940 - 66 - 2	遇水放出易燃气体的物质和混合物，类别1
7.16	硼氢化钾	氢硼化钾	13762 - 51 - 1	遇水放出易燃气体的物质和混合物，类别1
8 硝基化合物类				
8.1	硝基甲烷		75 - 52 - 5	易燃液体，类别3
8.2	硝基乙烷		79 - 24 - 3	易燃液体，类别3
8.3	2,4 - 二硝基甲苯		121 - 14 - 2	
8.4	2,6 - 二硝基甲苯		606 - 20 - 2	

表 1 - 8（续）

序号	品　名	别　名	CAS 号	主要的燃爆危险性分类
8.5	1,5 - 二硝基萘		605 - 71 - 0	易燃固体，类别 1
8.6	1,8 - 二硝基萘		602 - 38 - 0	易燃固体，类别 1
8.7	二硝基苯酚［干的或含水＜15%］		25550 - 58 - 7	爆炸物，1.1 项
	二硝基苯酚溶液			
8.8	2,4 - 二硝基苯酚［含水≥15%］	1 - 羟基 - 2,4 - 二硝基苯	51 - 28 - 5	易燃固体，类别 1
8.9	2,5 - 二硝基苯酚［含水≥15%］		329 - 71 - 5	易燃固体，类别 1
8.10	2,6 - 二硝基苯酚［含水≥15%］		573 - 56 - 8	易燃固体，类别 1
8.11	2,4 - 二硝基苯酚钠		1011 - 73 - 0	爆炸物，1.3 项
9 其他				
9.1	硝化纤维素［干的或含水（或乙醇）＜25%］	硝化棉	9004 - 70 - 0	爆炸物，1.1 项
	硝化纤维素［含氮≤12.6%，含乙醇≥25%］			易燃固体，类别 1
	硝化纤维素［含氮≤12.6%］			易燃固体，类别 1
	硝化纤维素［含水≥25%］			易燃固体，类别 1
	硝化纤维素［含乙醇≥25%］			爆炸物，1.3 项
	硝化纤维素［未改型的，或增塑的，含增塑剂＜18%］			爆炸物，1.1 项
	硝化纤维素溶液［含氮量≤12.6%，含硝化纤维素≤55%］	硝化棉溶液		易燃液体，类别 2
9.2	4,6 - 二硝基 - 2 - 氨基苯酚钠	苦氨酸钠	831 - 52 - 7	爆炸物，1.3 项
9.3	高锰酸钾	过锰酸钾；灰锰氧	7722 - 64 - 7	氧化性固体，类别 2
9.4	高锰酸钠	过锰酸钠	10101 - 50 - 5	氧化性固体，类别 2
9.5	硝酸胍	硝酸亚氨脲	506 - 93 - 4	氧化性固体，类别 3
9.6	水合肼	水合联氨	10217 - 52 - 4	

表1-8（续）

序号	品　名	别　名	CAS 号	主要的燃爆危险性分类
9.7	2,2-双（羟甲基）1,3-丙二醇	季戊四醇、四羟甲基甲烷	115-77-5	

注：1. 各栏目的含义：

"序号"：《易制爆危险化学品名录》（2017 年版）中化学品的顺序号。

"品名"：根据《化学命名原则》（1980）确定的名称。

"别名"：除"品名"以外的其他名称，包括通用名、俗名等。

"CAS 号"：chemical abstract service 的缩写，是美国化学文摘社对化学品的唯一登记号，是检索化学物质有关信息资料最常用的编号。

"主要的燃爆危险性分类"：根据《化学品分类和标签规范》系列标准（GB 30000.2~30000.29）等国家标准，对某种化学品燃烧爆炸危险性进行的分类。

2. 除列明的条目外，无机盐类同时包括无水和含有结晶水的化合物。

3. 混合物之外无含量说明的条目，是指该条目的工业产品或者纯度高于工业产品的化学品。

4. 标记"*"的类别，是指在有充分依据的条件下，该化学品可以采用更严格的类别。

二、化学品的标志、标签

（一）化学品的标志

《危险化学品安全管理条例》要求，危险化学品生产企业应当提供与其生产的危险化学品相符的化学品安全技术说明书，并在危险化学品包装（包括外包装件）上粘贴或者拴挂与包装内危险化学品相符的化学品安全标签。化学品安全技术说明书和化学品安全标签所载明的内容应当符合国家标准的要求。

常用危险化学品标志由《化学品分类和危险性公示　通则》（GB 13690）规定，该标准对常用危险化学品按其主要危险特性进行了分类，并规定了危险品的包装标志，既适用于常用危险化学品的分类及包装标志，也适用于其他化学品的分类和包装标志。

（1）标志的种类：根据常用危化品的危险特性和类别，设主标志 16 种，副标志11 种。

（2）标志的图形：主标志由表示危险特性的图案、文字说明、底色和危险品类别号 4个部分组成的菱形标志。副标志图形中没有危险品类别号。

（3）标志的尺寸、颜色及印刷：按《危险货物包装标志》（GB 190）的有关规定执行。

（4）标志的使用。

① 标志的使用原则：当一种危险化学品具有一种以上的危险性时，应用主标志表示主要危险性类别，并用副标志来表示重要的其他的危险性类别。

② 标志的使用方法：按《危险货物包装标志》（GB 190）的有关规定执行。

③ 注意：GHS 的危险化学品的图形标志与 TDG 危险货物的运输图形标志的图形相似，底色和图形颜色不一样。

（5）标志图案举例，见表1-9。

表1-9　标志图案（GHS与TDG标志举例）

GHS	TDG
爆炸物类别1.1	1.1项爆炸品

底色：白色 图形：正在爆炸的炸弹（黑色）；四周菱形粗边红色框 文字：无文字	底色：橙红色 图形：正在爆炸的炸弹（黑色）；四周菱形黑色框 文字：黑色
易燃气体类别1	2.1项易燃气体

底色：白色 图形：火焰（黑色），四周菱形粗边红色框 文字：无文字	底色：红色 图形：火焰（白色或黑色），四周菱形白色或黑色框 文字：白色或黑色

（二）化学品的安全标签

《化学品安全标签编写规定》（GB 15258）是为规范化学品安全标签内容的表述和编写而制定的。安全标签是《工作场所安全使用化学品规定》（劳部发〔1996〕423号）和《作业场所安全使用化学品公约》（第170号国际公约）要求的预防和控制化学危害基本措施之一，主要是对市场上流通的化学品通过加贴标签的形式进行危险性标识，提出安全使用注意事项，向作业人员传递安全信息，以预防和减少化学危害，达到保障安全和健康的目的。

化学品安全标签已在欧美等工业国实行多年，目前已国际化。中国1994年批准了170号公约，同时颁布了第一版《化学品安全标签编写规定》（GB 15258—1996），至今已经过1999年和2009年两次修订。现行的《化学品安全标签编写规定》（GB 15258）是依据《全球化学品统一分类和标签制度》（简称GHS）等相关规定修订的。

《危险化学品安全管理条例》要求危险化学品生产企业应在其所生产的危险化学品包

装（包括外包装件）上粘贴或者拴挂与包装内危险化学品相符的化学品安全标签，化学品安全标签所载明的内容应当符合国家标准的要求。

化学品安全标签是指危险化学品在市场上流通时应由生产销售单位提供的附在化学品包装上的安全标签，安全标签是用于标示化学品所具有的危险性和安全注意事项的一组文字、象形图和编码组合，它可粘贴、挂拴或喷印在化学品的外包装或容器上，分为化学品安全标签和作业场所化学品安全标签两种。主要包括化学品标识、象形图、信号词、危险性说明、防范说明、应急咨询电话、供应商标识、资料参阅提示语等要素。安全标签主要是针对危险化学品而设计、向作业人员传递安全信息的一种载体，它用简单、明了、易于理解的文字、图形表述有关化学品的危险特性及其安全处置的注意事项，以警示作业人员进行安全操作和使用。

1. 安全标签的主要内容与设计

安全标签的标签要素包括化学品标识、象形图、信号词、危险性说明、防范说明、供应商标识、应急咨询电话、资料参阅提示语等。

安全标签的内容：

1）化学品标识

用中文和英文分别标明化学品的化学名称或通用名称。名称要求醒目清晰，位于标签的上方。名称应与化学品安全技术说明书中的名称一致。

对混合物应标出对其危险性分类有贡献的主要组分的化学名称或通用名、浓度或浓度范围。当需要标出的组分较多时，组分个数以不超过 5 个为宜。对于属于商业机密的成分可以不标明，但应列出其危险性。

2）象形图

采用《化学品分类和标签规范》（GB 30000.2～30000.29）规定的象形图。

3）信号词

根据化学品的危险程度和类别，用"危险""警告"两个词分别进行危害程度的警示。信号词位于化学品名称的下方，要求醒目、清晰。根据《化学品分类和标签规范》（GB 30000.2～30000.29）选择不同类别危险化学品的信号词。

4）危险性说明

简要概述化学品的危险特性。居信号词下方。根据《化学品分类和标签规范》（GB 30000.2～30000.29）选择不同类别危险化学品的危险性说明。

5）防范说明

表述化学品在处置、搬运、储存和使用作业中所必须注意的事项和发生意外时简单有效的救护措施等，要求内容简明扼要、重点突出。该部分应包括安全预防措施、意外情况（如泄漏、人员接触或火灾等）的处理、安全储存措施及废弃处置等内容。

6）供应商标识

供应商名称、地址、邮编和电话等。

7）应急咨询电话

填写化学品生产商或生产商委托的 24 h 化学事故应急咨询电话。

国外进口化学品安全标签上应至少有一家中国境内的 24 h 化学事故应急咨询电话。

8）资料参阅提示语

提示化学品用户应参阅化学品安全技术说明书。

9）危险信息先后排序

当某种化学品具有两种及两种以上的危险性时，安全标签的象形图、信号词、危险性说明的先后顺序规定如下：

（1）象形图先后顺序。

物理危险象形图的先后顺序，根据《危险货物品名表》（GB 12268）中的主次危险性确定，未列入 GB 12268 的化学品，以下危险性类别的危险性总是主危险：爆炸物、易燃气体、易燃气溶胶、氧化性气体、高压气体、自反应物质和混合物、发火物质、有机过氧化物。其他主危险性的确定按照联合国《关于危险货物运输的建议书·规章范本》危险性先后顺序确定方法确定。

对于健康危害，按照以下先后顺序：如果使用了骷髅和交叉骨图形符号，则不应出现感叹号图形符号；如果使用了腐蚀图形符号，则不应出现感叹号来表示皮肤或眼睛刺激；如果使用了呼吸致敏物的健康危害图形符号，则不应出现感叹号来表示皮肤致敏物或者皮肤/眼睛刺激。

（2）信号词先后顺序。

存在多种危险性时，如果在安全标签上选用了信号词"危险"，则不应出现信号词"警告"。

（3）危险性说明先后顺序。

所有危险性说明都应当出现在安全标签上，按物理危险、健康危害、环境危害顺序排列。

标签的设计：

（1）简化标签。对于小于或等于 100 mL 的化学品小包装，为方便标签使用，安全标签要素可以简化，包括化学品标识、象形图、信号词、危险性说明、应急咨询电话、供应商名称及联系电话、资料参阅提示语即可。

（2）安全标签设计。参考《化学品安全标签编写规定》（GB 15258）附录 A 的安全标签样例进行设计。

（3）标签内容编写。标签正文应使用简捷、明了、易于理解、规范的汉字表述，也可以同时使用少数民族文字或外文，但意义必须与汉字相对应，字形应小于汉字。相同的含义应用相同的文字或图形表示。

当某种化学品有新的信息发现时，标签应及时修订。

（4）标签颜色。标签内象形图的颜色根据《化学品分类和标签规范》（GB 30000.2 ~ 30000.29）的规定执行，一般使用黑色图形符号加白色背景，方块边框为红色。正文应使用与底色反差明显的颜色，一般采用黑白色。若在国内使用，方块边框可以为黑色。

（5）标签尺寸。对不同容量的容器或包装，标签最低尺寸按《化学品安全标签编写规定》（GB 15258）表 1 的规定。容器或包装容积≤0.1 L 的采用简化标签。

2. 安全标签与相关标签的协调关系

安全标签是从安全管理的角度提出的，但化学品在进入市场时还需要有工商标签、运输时还需有危险货物运输标志。为使安全标签和工商标签、运输标志之间减少重复，可将安全标签所要求的 UN 编号和 CN 编号与运输标志合并；将名称、化学成分及组成、批号、生产厂（公司）名称、地址、邮编、电话等与工商标签的同样内容合二为一使三种标签有机的融合，形成一个整体，降低企业的生产成本。在某些特殊情况下，安全标签可单独印刷。三种标签合并印刷时，安全标签应占整个版面的 1/3 ~ 2/5。

3. 安全标签的责任

1）生产企业

必须确保本企业生产的危险化学品在出厂时加贴符合国家标准的安全标签到危险化学品每个容器或每层包装上，使化学品供应和使用的每一阶段，均能在容器或包装上看到化学品的识别标志。

2）使用单位

使用的化学危险品应有安全标签，并应对包装上的安全标签进行核对。若安全标签脱落或损坏时，经检查确认后应立即补贴。

3）经销单位

经销的危险化学品必须具有安全标签，进口的危险化学品必须具有符合我国标签标准的中文安全标签。

4）运输单位

对无安全标签的危险品一律不能承运。

4. 安全标签的使用

1）使用方法

安全标签应粘贴、挂拴、喷印在化学品包装或容器的明显位置。当与运输标志组合使用时，运输标志可以放在安全标签的另一面板，将之与其他信息分开，也可放在包装上靠近安全标签的位置，后一种情况下，若安全标签中的象形图与运输标志重复，安全标签中的象形图应删掉。对组合容器，要求内包装加贴（挂）安全标签，外包装上加贴运输象形图，如果不需要运输标志可以加贴安全标签。

2）位置

安全标签的粘贴、喷印位置规定如下：

（1）桶、瓶形包装：位于桶、瓶侧身。

（2）箱状包装：位于包装端面或侧面明显处。

（3）袋、捆包装：位于包装明显处。

3）使用注意事项

（1）安全标签的粘贴、挂拴、喷印应牢固，保证在运输、贮存期间不脱落，不损坏。

（2）安全标签应由生产企业在货物出厂前粘贴、挂拴、喷印。若要改换包装，则由改换包装单位重新粘贴、挂拴、喷印标签。

（3）盛装危险化学品的容器或包装，在经过处理并确认其危险性完全消除之后，方可撕下标签，否则不能撕下相应的标签。

三、化学品的安全技术说明书

化学品安全技术说明书（material safety data sheet，MSDS，或 chemical safety data sheet，CSDS，前者是国际通用说法，后者是我国标准提法）是一份传递化学品危害信息的重要文件。它简要说明了一种化学品对人类健康和环境的危害性并提供安全搬运、储存和使用该化学品的信息。在欧洲国家，材料安全技术/数据说明书 MSDS 也被称为安全技术/数据说明书 SDS（safety data sheet）。国际标准化组织（ISO）采用 SDS 术语，然而美国、加拿大，澳洲以及亚洲许多国家则采用 MSDS 术语。我国在 2008 年前的标准 GB 16483 中称为 CSDS，2008 年重新修订的标准《化学品安全技术说明书　内容和项目顺序》（GB/T 16483）中，与国际标准化组织进行了统一，缩写为 SDS。

关于 SDS 的标准有很多，主要有 GHS、ANSI、ISO、OSHA、WHMIS 制定的标准。美国、日本、欧盟等发达国家已普遍建立并实行 MSDS 制度。根据这些国家的化学品管理法规，危险化学品的生产厂家在销售、运输或出口其产品时，通常要同时提供一份其产品的安全数据说明书。

例如，在欧盟国家，根据欧共体理事会《关于同意成员国危险物质分类、包装与标识法规的指令（92/32/EEC）》规定，为了让危险物质的使用者能够采取必要的措施保护环境和人类健康及工作场所的安全，任何生产、进口和销售厂商在运送第一批危险物质以前，应当向用户提交一份 SDS。随后还应提供他们了解到的关于该物质的任何新的有关信息。在美国，为了对有害化学物质的事故进行预防和应急救援，美国《应急计划与公众知情权法》中规定，任何超过一定量生产、储存有害化学物质设施的所有者或经营者必须向所在州的应急救援委员会和地方应急计划委员会、消防部门提交一份 SDS。应公众请求，地方应急计划委员会应向任何个人提供一种化学品的 SDS。

过去 SDS 只是为了供健康与职业安全专业人员或者化工公司的员工培训以及客户使用，但是近年来使用者已经扩大到警察、应急救援人员、应急计划人员、接触化学品人员或者需要了解化学品危害作用的人员。随着读者面的扩大，国外化工公司正在努力使 SDS 上的信息能够被一般公众所理解。

几年来，随着化学品国际贸易的增加，社会公众对化学品安全性和环境问题的日益关注并拥有知情权，各国政府和联合国有关机构正在努力在化学品贸易中普遍实行 MSDS 制度，并使 SDS 上包含的信息内容规范化。1990 年 6 月，国际劳工组织在其 77 届会议上通过的《关于作业场所安全使用化学品公约》中明确规定，危险化学品的生产者、销售者应当向其产品的使用者提供 SDS。要求各国主管当局或经主管当局批准认可的机构根据国家或国际标准，制定 SDS 编制标准。在同一会议上还通过了《关于作业场所安全使用化学品的建议书》，要求编制的 SDS 必须包含下述 16 项信息，即①化学品和供货商或生产厂家标识；②组成/成分信息；③危险性概述；④急救措施；⑤消防措施；⑥泄漏应急处理；⑦操作处置与储存；⑧接触控制/个人防护；⑨理化特性；⑩稳定性和反应性；⑪毒理学资料；⑫生态学资料；⑬废弃处置；⑭运输信息；⑮法规信息；⑯其他信息。

我国劳动部和化工部于 1996 年 12 月联合颁发的《工作场所安全使用化学品规定》要求生产单位应对所生产的危险化学品挂贴"危险化学品安全标签"，填写"危险化学品安全技术说明书",并同时发布了第一版《化学品安全技术说明书 内容和项目顺序》(GB/T 16483—1996)。至今已经过 2000 年和 2008 年两次修订。现行的《化学品安全技术说明书 内容和项目顺序》(GB/T 16483)是依据 GHS 等相关规定修订的。

《危险化学品安全管理条例》(2011 年,国务院令第 591 号公布,2013 年,国务院令第 645 号第二次修订)要求危险化学品生产企业应当提供与其生产的危险化学品相符的化学品安全技术说明书,化学品安全技术说明书所载明的内容应当符合国家标准的要求。

《化学品安全技术说明书 内容和项目顺序》(GB/T 16483)对 SDS 的格式以及每个部分的内容做出了明确规定,为化学物质及其制品提供了有关安全、健康和环境保护方面的各种信息,并能提供有关化学品的基本知识、防护措施和应急行动等方面的资料。

SDS 是化学品生产供应企业向用户提供基本危害信息的工具(包括运输、操作处置、储存和应急行动等)。

(一)化学品安全技术说明书编写内容

化学品安全技术说明书(SDS)包括以下 16 部分内容。

1. 化学品及企业标识

主要标明化学品名称、生产企业名称、地址、邮编、电话、应急电话、传真和电子邮件地址等信息。

2. 危险性概述

简要概述本化学品最重要的危害和效应,主要包括:危害类别、侵入途径、健康危害、环境危害、燃爆危险等信息。

3. 成分/组成信息

标明该化学品是纯化学品还是混合物。纯化学品,应给出其化学品名称或商品名和通用名。混合物,应给出危害性组分的浓度或浓度范围。无论是纯化学品还是混合物,如果其中包含有害性组分,则应给出化学文摘索引登记号(CAS 号)。

4. 急救措施

急救措施指作业人员意外地受到伤害时,所需采取的现场自救或互救的简要处理方法,包括:眼睛接触、皮肤接触、吸入、食入的急救措施。

5. 消防措施

主要表示化学品的物理和化学特殊危险性,适合灭火介质,不合适的灭火介质以及消防人员个体防护等方面的信息,包括:危险特性、灭火介质和方法,灭火注意事项等。

6. 泄漏应急处理

泄漏应急处理指化学品泄漏后现场可采用的简单有效的应急措施、注意事项和消除方法,包括:应急行动、应急人员防护、环保措施、消除方法等内容。

7. 操作处置与储存

主要是指化学品操作处置和安全储存方面的信息资料,包括:操作处置作业中的安全注意事项、安全储存条件和注意事项。

8. 接触控制/个体防护

在生产、操作处置、搬运和使用化学品的作业过程中,为保护作业人员免受化学品危害而采取的防护方法和手段。包括:最高容许浓度、工程控制、呼吸系统防护、眼睛防护、身体防护、手防护、其他防护要求。

9. 理化特性

主要描述化学品的外观及理化性质等方面的信息，包括：外观与性状、pH、沸点、熔点、相对密度（水 =1）、相对蒸气密度（空气 =1）、饱和蒸气压、燃烧热、临界温度、临界压力、辛醇/水分配系数、闪点、引燃温度、爆炸极限、溶解性、主要用途和其他一些特殊理化性质。

10. 稳定性和反应性

主要叙述化学品的稳定性和反应活性方面的信息，包括：稳定性、禁配物、应避免接触的条件、聚合危害、分解产物。

11. 毒理学资料

提供化学品的毒理学信息，包括：不同接触方式的急性毒性（LD_{50}、LC_{50}）、刺激性、致敏性、亚急性和慢性毒性，致突变性、致畸性、致癌性等。

12. 生态学资料

主要陈述化学品的环境生态效应、行为和转归，包括：生物效应（如 LD_{50}、LC_{50}）、生物降解性、生物富集、环境迁移及其他有害的环境影响等。

13. 废弃处置

废弃处置是指对被化学品污染的包装和无使用价值的化学品的安全处理方法，包括废弃处置方法和注意事项。

14. 运输信息

主要是指国内、国际化学品包装、运输的要求及运输规定的分类和编号，包括：危险货物编号、包装类别、包装标志、包装方法、UN 编号及运输注意事项等。

15. 法规信息

主要是化学品管理方面的法律条款和标准。

16. 其他信息

主要提供其他对安全有重要意义的信息，包括：参考文献、填表时间、填表部门、数据审核单位等。

注：急性毒性是判断一个化学品是否为毒害品的一个重要指标。它是指一定量的毒物一次对动物所产生的毒害作用，用半数致死剂量 LD_{50}、LC_{50} 来表示。一般情况下，固体或液体化学品急性毒性用 LD_{50} 表示，其含义为能使一组被试验的动物（家兔、白鼠等）死亡 50% 的剂量，单位为 mg/kg 体重；气体化学品急性毒性用半数致死浓度 LC_{50} 表示，其含义为试验动物吸入后，经一定时间，能使其半数死亡的空气中该毒物的浓度，单位为 mg/L 或以 ppm 表示。例如，氰化钠的大鼠经口半数致死量（LD_{50}）为 6.4 mg/kg。

（二）化学品安全技术说明书编写和使用要求

1. 编写要求

编写的化学品安全技术说明书应符合《化学品安全技术说明书 内容和项目顺序》（GB/T 16483）的要求，编写过程中参考《化学品安全技术说明书编写指南》（GB/T 17519）。该指南对每一项内容的编写都做了详细说明，其中附录 B（资料性附录）化学品安全技术说明书编写参考数据源列出了国内外权威数据库网址和出版物名称，便于获取理化特性、反应性和稳定性、毒理学、生态学的实验测试数据。安全技术说明书规定的十六大项内容在编写时不能随意删除或合并，其顺序不可随意变更。各项目填写的要求、边界和层次，按"填写指南"进行。其中十六大项为必填项，而每个小项可有 3 种选择，标明［A］项者，为必填项；标明［B］项者，此项若无数据，应写明无数据原因（如无资料、无意义）；标明［C］项者，若无数据，此项可略。

安全技术说明书的正文应采用简洁、明了、通俗易懂的规范汉字表述。数字资料要准确可靠，系统全面。

安全技术说明书的内容，从该化学品的制作之日算起，每 5 年更新一次，若发现新的危害性，在有关信息发布后的半年内，生产企业必须对安全技术说明书的内容进行修订。

2. 种类

安全技术说明书采用"一个品种一卡"的方式编写，同类物、同系物的技术说明书不能互相替代；混合物要填写有害性组分及其含量范围。所填数据应是可靠和有依据的。一种化学品具有一种以上的危害性时，要综合表述其主、次危害性以及急救、防护措施。

3. 使用

安全技术说明书由化学品的生产供应企业编印，在交付商品时提供给用户，作为给用户提供的一种服务随商品在市场上流通。化学品的用户在接收使用化学品时，要认真阅读安全技术说明书，了解和掌握化学品的危险性，并根据使用的情形制定安全操作规程，选用合适的防护器具，培训作业人员。

4. 资料的可靠性

安全技术说明书的数值和资料要准确可靠，选用的参考资料要有权威性，必要时可咨询省级以上职业安全卫生专门机构。

第二章 化工运行安全技术

第一节 危险化工工艺及安全技术

一、重点监管的危险化工工艺及主要安全技术措施

国家安全生产监督管理总局分别于 2009 年、2013 年公布了《首批重点监管的危险化工工艺目录》《首批重点监管的危险化工工艺安全控制要求、重点监控参数及推荐的控制方案》《第二批重点监管危险化工工艺目录》和《第二批重点监管的危险化工工艺重点监控参数、安全控制基本要求及推荐的控制方案》,明确了 18 种重点监管的危险化工工艺及其工艺安全控制措施。

(一)光气及光气化工艺

1. 工艺简介

光气及光气化工艺包含光气的制备工艺,以及以光气为原料制备光气化产品的工艺路线,光气化工艺主要分为气相和液相两种。

2. 典型工艺

(1)一氧化碳与氯气的反应得到光气。

(2)光气合成双光气、三光气。

(3)采用光气作单体合成聚碳酸酯。

(4)甲苯二异氰酸酯(TDI)的制备。

(5)4,4′–二苯基甲烷二异氰酸酯(MDI)的制备。

(6)异氰酸酯的制备等。

3. 反应类型

反应类型:放热反应。

4. 工艺危险特点

(1)光气为剧毒气体,在储运、使用过程中发生泄漏后,易造成大面积污染、中毒事故。

(2)反应介质具有燃爆危险性。

(3)副产物氯化氢具有腐蚀性,易造成设备和管线泄漏,使人员发生中毒事故。

5. 重点监控单元

重点监控单元:光气化反应釜、光气储运单元。

6. 重点监控工艺参数

(1)一氧化碳、氯气含水量。

（2）反应釜温度、压力。

（3）反应物质的配料比。

（4）光气进料速度。

（5）冷却系统中冷却介质的温度、压力、流量等。

7. 安全控制的基本要求

（1）事故紧急切断阀。

（2）紧急冷却系统。

（3）反应釜温度、压力报警联锁。

（4）局部排风设施。

（5）有毒气体回收及处理系统。

（6）自动泄压装置。

（7）自动氨或碱液喷淋装置。

（8）光气、氯气、一氧化碳监测及超限报警。

（9）双电源供电。

8. 宜采用的控制方式

光气及光气化生产系统一旦出现异常现象或发生光气及其剧毒产品泄漏事故时，应通过自控联锁装置启动紧急停车并自动切断所有进出生产装置的物料，将反应装置迅速冷却降温，同时将发生事故设备内的剧毒物料导入事故槽内，开启氨水、稀碱液喷淋，启动通风排毒系统，将事故部位的有毒气体排至处理系统。

（二）电解工艺（氯碱）

1. 工艺简介

电流通过电解质溶液或熔融电解质时，在两个极上所引起的化学变化称为电解反应。涉及电解反应的工艺过程为电解工艺。许多基本化学工业产品（氢、氧、氯、烧碱、过氧化氢等）的制备，都是通过电解来实现的。

2. 典型工艺

（1）氯化钠（食盐）水溶液电解生产氯气、氢氧化钠、氢气。

（2）氯化钾水溶液电解生产氯气、氢氧化钾、氢气。

3. 反应类型

反应类型：吸热反应。

4. 工艺危险特点

（1）电解食盐水过程中产生的氢气是极易燃烧的气体，氯气是氧化性很强的剧毒气体，两种气体混合极易发生爆炸，当氯气中含氢量达到5%以上，则随时可能在光照或受热情况下发生爆炸。

（2）如果盐水中存在的铵盐超标，在适宜的条件（pH < 4.5）下，铵盐和氯作用可生成氯化铵，浓氯化铵溶液与氯还可生成黄色油状的三氯化氮。三氯化氮是一种爆炸性物质，与许多有机物接触或加热至90 ℃以上以及被撞击、摩擦等，即发生剧烈的分解而爆炸。

（3）电解溶液腐蚀性强。

（4）液氯的生产、储存、包装、输送、运输可能发生液氯的泄漏。

5. 重点监控单元

重点监控单元：电解槽、氯气储运单元。

6. 重点监控工艺参数

（1）电解槽内液位。

（2）电解槽内电流和电压。

（3）电解槽进出物料流量。

（4）可燃和有毒气体浓度。

（5）电解槽的温度和压力。

（6）原料中铵含量。

（7）氯气杂质含量（水、氢气、氧气、三氯化氮等）等。

7. 安全控制的基本要求

（1）电解槽温度、压力、液位、流量报警和联锁。

（2）电解供电整流装置与电解槽供电的报警和联锁。

（3）紧急联锁切断装置。

（4）事故状态下氯气吸收中和系统。

（5）可燃和有毒气体检测报警装置等。

8. 宜采用的控制方式

（1）将电解槽内压力、槽电压等形成联锁关系，系统设立联锁停车系统。

（2）安全设施，包括安全阀、高压阀、紧急排放阀、液位计、单向阀及紧急切断装置等。

（三）氯化工艺

1. 工艺简介

氯化是化合物的分子中引入氯原子的反应，包含氯化反应的工艺过程为氯化工艺，主要包括取代氯化、加成氯化、氧氯化等。

2. 典型工艺

（1）取代氯化：氯取代烷烃的氢原子制备氯代烷烃；氯取代苯的氢原子生产六氯苯；氯取代萘的氢原子生产多氯化萘；甲醇与氯反应生产氯甲烷；乙醇和氯反应生产氯乙烷（氯乙醛类）；醋酸与氯反应生产氯乙酸；氯取代甲苯的氢原子生产苄基氯；次氯酸、次氯酸钠或 N－氯代丁二酰亚胺与胺反应制备 N－氯化物；氯化亚砜作为氯化剂制备氯化物等。

（2）加成氯化：乙烯与氯加成氯化生产 1，2－二氯乙烷；乙炔与氯加成氯化生产1，2－二氯乙烯；乙炔和氯化氢加成生产氯乙烯等。

（3）氧氯化：乙烯氧氯化生产二氯乙烷；丙烯氧氯化生产 1，2－二氯丙烷；甲烷氧氯化生产甲烷氯化物；丙烷氧氯化生产丙烷氯化物等。

（4）其他工艺硫与氯反应生成一氯化硫；四氯化钛的制备；黄磷与氯气反应生产三氯化磷、五氯化磷等。

3. 反应类型

反应类型：放热反应。

4. 工艺危险特点

（1）氯化反应是一个放热过程，尤其在较高温度下进行氯化，反应更为剧烈，速度快，放热量较大。

（2）所用的原料大多具有燃爆危险性。

（3）常用的氯化剂氯气本身为剧毒化学品，氧化性强，储存压力较高，多数氯化工艺采用液氯生产是先汽化再氯化，一旦泄漏危险性较大。

（4）氯气中的杂质，如水、氢气、氧气、三氯化氮等，在使用中易发生危险，特别是三氯化氮积累后，容易引发爆炸危险。

（5）生成的氯化氢气体遇水后腐蚀性强。

（6）氯化反应尾气可能形成爆炸性混合物。

5. 重点监控单元

（1）氯化反应釜。

（2）氯气储运单元。

6. 重点监控工艺参数

（1）氯化反应釜温度和压力。

（2）氯化反应釜搅拌速率。

（3）反应物料的配比。

（4）氯化剂进料流量。

（5）冷却系统中冷却介质的温度、压力、流量等。

（6）氯气杂质含量（水、氢气、氧气、三氯化氮等）。

（7）氯化反应尾气组成等。

7. 安全控制的基本要求

（1）反应釜温度和压力的报警和联锁。

（2）反应物料的比例控制和联锁。

（3）搅拌的稳定控制。

（4）进料缓冲器。

（5）紧急进料切断系统。

（6）紧急冷却系统。

（7）安全泄放系统。

（8）事故状态下氯气吸收中和系统。

（9）可燃和有毒气体检测报警装置等。

8. 宜采用的控制方式

（1）将氯化反应釜内温度、压力与釜内搅拌、氯化剂流量、氯化反应釜夹套冷却水进水阀形成联锁关系，设立紧急停车系统。

（2）安全设施，包括安全阀、高压阀、紧急放空阀、液位计、单向阀及紧急切断装置等。

（四）硝化工艺

1. 工艺简介

硝化是有机化合物分子中引入硝基（—NO_2）的反应，最常见的是取代反应。硝化方法可分成直接硝化法、间接硝化法和亚硝化法，分别用于生产硝基化合物、硝胺、硝酸酯和亚硝基化合物等。涉及硝化反应的工艺过程为硝化工艺。

2. 典型工艺

（1）直接硝化法：丙三醇与混酸反应制备硝酸甘油；氯苯硝化制备邻硝基氯苯、对硝基氯苯；苯硝化制备硝基苯；蒽醌硝化制备1-硝基蒽醌；甲苯硝化生产三硝基甲苯（俗称梯恩梯，TNT）；丙烷等烷烃与硝酸通过气相反应制备硝基烷烃；硝酸胍、硝基胍的制备；浓硝酸、亚硝酸钠和甲醇制备亚硝酸甲酯等。

（2）间接硝化法：苯酚采用磺酰基的取代硝化制备苦味酸等。

（3）亚硝化法：2-萘酚与亚硝酸盐反应制备1-亚硝基-2-萘酚；二苯胺与亚硝酸钠和硫酸水溶液反应制备对亚硝基二苯胺等。

3. 反应类型

反应类型：放热反应。

4. 工艺危险特点

（1）反应速度快，放热量大。大多数硝化反应是在非均相中进行的，反应组分的不均匀分布容易引起局部过热导致危险。尤其在硝化反应开始阶段，停止搅拌或由于搅拌叶片脱落等造成搅拌失效是非常危险的，一旦搅拌再次开动，就会突然引发局部激烈反应，瞬间释放大量的热量，引起爆炸事故。

（2）反应物料具有燃爆危险性。

（3）硝化剂具有强腐蚀性、强氧化性，与油脂、有机化合物（尤其是不饱和有机化合物）接触能引起燃烧或爆炸。

（4）硝化产物、副产物具有爆炸危险性。

5. 重点监控单元

重点监控单元：硝化反应釜、分离单元。

6. 重点监控工艺参数

（1）硝化反应釜内温度、搅拌速率。

（2）硝化剂流量。

（3）冷却水流量。

（4）pH。

（5）硝化产物中杂质含量。

（6）精馏分离系统温度。

（7）塔釜杂质含量等。

7. 安全控制的基本要求

（1）反应釜温度的报警和联锁。

（2）自动进料控制和联锁。

（3）紧急冷却系统。

（4）搅拌的稳定控制和联锁系统。

（5）分离系统温度控制与联锁。

（6）塔釜杂质监控系统。

（7）安全泄放系统等。

8. 宜采用的控制方式

（1）将硝化反应釜内温度与釜内搅拌、硝化剂流量、硝化反应釜夹套冷却水进水阀形成联锁关系，在硝化反应釜处设立紧急停车系统，当硝化反应釜内温度超标或搅拌系统发生故障，能自动报警并自动停止加料。分离系统温度与加热、冷却形成联锁，温度超标时，能停止加热并紧急冷却。

（2）硝化反应系统应设有泄爆管和紧急排放系统。

（五）合成氨工艺

1. 工艺简介

氮和氢两种组分按一定比例（1:3）组成的气体（合成气），在高温、高压下（一般为 $300 \sim 450\ ℃$，$15 \sim 30\ MPa$）经催化反应生成氨的工艺过程。

2. 典型工艺

（1）节能 AMV 法。

（2）德士古水煤浆加压气化法。

（3）凯洛格法。

（4）甲醇与合成氨联合生产的联醇法。

（5）纯碱与合成氨联合生产的联碱法。

（6）采用变换催化剂、氧化锌脱硫剂和甲烷催化剂的"三催化"气体净化法等。

3. 反应类型

反应类型：放热反应。

4. 工艺危险特点

（1）高温、高压使可燃气体爆炸极限扩宽，气体物料一旦过氧（亦称透氧），极易在设备和管道内发生爆炸。

（2）高温、高压气体物料从设备管线泄漏时会迅速膨胀与空气混合形成爆炸性混合物，遇到明火或因高流速物料与裂（喷）口处摩擦产生静电火花引起着火和空间爆炸。

（3）气体压缩机等转动设备在高温下运行会使润滑油挥发裂解，在附近管道内造成积炭，可导致积炭燃烧或爆炸。

（4）高温、高压可加速设备金属材料发生蠕变、改变金相组织，还会加剧氢气、氮气对钢材的氢蚀及渗氮，加剧设备的疲劳腐蚀，使其机械强度减弱，引发物理爆炸。

（5）液氨大规模事故性泄漏会形成低温云团引起大范围人群中毒，遇明火还会发生空间爆炸。

5. 重点监控单元

重点监控单元：合成塔、压缩机、氨储存系统。

6. 重点监控工艺参数

合成塔、压缩机、氨储存系统的运行基本控制参数，包括温度、压力、液位、物料流量及比例等。

7. 安全控制的基本要求

（1）合成氨装置温度、压力报警和联锁。

（2）物料比例控制和联锁。

（3）压缩机的温度、入口分离器液位、压力报警联锁。

（4）紧急冷却系统。

（5）紧急切断系统。

（6）安全泄放系统。

（7）可燃、有毒气体检测报警装置。

8. 宜采用的控制方式

（1）将合成氨装置内温度、压力与物料流量、冷却系统形成联锁关系。

（2）将压缩机温度、压力、入口分离器液位与供电系统形成联锁关系。

（3）紧急停车系统。

（4）合成单元自动控制还需要设置以下几个控制回路：氨分、冷交液位；废锅液位；循环量控制；废锅蒸汽流量；废锅蒸汽压力。

（5）安全设施，包括安全阀、爆破片、紧急放空阀、液位计、单向阀及紧急切断装置等。

（六）裂解（裂化）工艺

1. 工艺简介

裂解是指石油系的烃类原料在高温条件下，发生碳链断裂或脱氢反应，生成烯烃及其他产物的过程。产品以乙烯、丙烯为主，同时副产丁烯、丁二烯等烯烃和裂解汽油、柴油、燃料油等产品。

烃类原料在裂解炉内进行高温裂解，产出组成为氢气、低/高碳烃类、芳烃类以及馏分为288 ℃以上的裂解燃料油的裂解气混合物。经过急冷、压缩、激冷、分馏以及干燥和加氢等方法，分离出目标产品和副产品。

在裂解过程中，同时伴随缩合、环化和脱氢等反应。由于所发生的反应很复杂，通常把反应分成两个阶段。第一阶段，原料变成的目的产物为乙烯、丙烯，这种反应称为一次反应。第二阶段，一次反应生成的乙烯、丙烯继续反应转化为炔烃、二烯烃、芳烃、环烷烃，甚至最终转化为氢气和焦炭，这种反应称为二次反应。裂解产物往往是多种组分混合物。影响裂解的基本因素主要为温度和反应的持续时间。化工生产中用热裂解的方法生产小分子烯烃、炔烃和芳香烃，如乙烯、丙烯、丁二烯、乙炔、苯和甲苯等。

2. 典型工艺

（1）热裂解制烯烃工艺。

（2）重油催化裂化制汽油、柴油、丙烯、丁烯。

（3）乙苯裂解制苯乙烯。

（4）二氟一氯甲烷（HCFC-22）热裂解制得四氟乙烯（TFE）。

（5）二氟一氯乙烷（HCFC-142b）热裂解制得偏氟乙烯（VDF）。

（6）四氟乙烯和八氟环丁烷热裂解制得六氟乙烯（HFP）等。

3. 反应类型

反应类型：高温吸热反应。

4. 工艺危险特点

（1）在高温（高压）下进行反应，装置内的物料温度一般超过其自燃点，若漏出会立即引起火灾。

（2）炉管内壁结焦会使流体阻力增加，影响传热，当焦层达到一定厚度时，因炉管壁温度过高，而不能继续运行下去，必须进行清焦，否则会烧穿炉管，裂解气外泄，引起裂解炉爆炸。

（3）如果由于断电或引风机机械故障而使引风机突然停转，则炉膛内很快变成正压，会从窥视孔或烧嘴等处向外喷火，严重时会引起炉膛爆炸。

（4）如果燃料系统大幅度波动，燃料气压力过低，则可能造成裂解炉烧嘴回火，使烧嘴烧坏，甚至会引起爆炸。

（5）有些裂解工艺产生的单体会自聚或爆炸，需要向生产的单体中加阻聚剂或稀释剂等。

5. 重点监控单元

（1）裂解炉。

（2）制冷系统。

（3）压缩机。

（4）引风机。

（5）分离单元。

6. 重点监控工艺参数

（1）裂解炉进料流量。

（2）裂解炉温度。

（3）引风机电流。

（4）燃料油进料流量。

（5）稀释蒸汽比及压力。

（6）燃料油压力。

（7）滑阀差压超驰控制、主风流量控制、外取热器控制、机组控制、锅炉控制等。

7. 安全控制的基本要求

（1）裂解炉进料压力、流量控制报警与联锁。

（2）紧急裂解炉温度报警和联锁。

（3）紧急冷却系统。

（4）紧急切断系统。

（5）反应压力与压缩机转速及入口放火炬控制。

（6）再生压力的分程控制。

（7）滑阀差压与料位。

（8）温度的超驰控制。

（9）再生温度与外取热器负荷控制。

（10）外取热器汽包和锅炉汽包液位的三冲量控制。

（11）锅炉的熄火保护。

（12）机组相关控制。

（13）可燃与有毒气体检测报警装置等。

8. 宜采用的控制方式

（1）将引风机电流与裂解炉进料阀、燃料油进料阀、稀释蒸汽阀之间形成联锁关系，一旦引风机故障停车，则裂解炉自动停止进料并切断燃料供应，但应继续供应稀释蒸汽，以带走炉膛内的余热。

（2）将燃料油压力与燃料油进料阀、裂解炉进料阀之间形成联锁关系，燃料油压力降低，则切断燃料油进料阀，同时切断裂解炉进料阀。

（3）分离塔应安装安全阀和放空管，低压系统与高压系统之间应有逆止阀并配备固定的氮气装置、蒸汽灭火装置。

（4）将裂解炉电流与锅炉给水流量、稀释蒸汽流量之间形成联锁关系；一旦水、电、蒸汽等公用工程出现故障，裂解炉能自动紧急停车。

（5）反应压力正常情况下由压缩机转速控制，开工及非正常工况下由压缩机入口放火炬控制。

（6）再生压力由烟机入口蝶阀和旁路滑阀（或蝶阀）分程控制。

（7）再生、待生滑阀正常情况下分别由反应温度信号和反应器料位信号控制，一旦滑阀差压出现低限，则转由滑阀差压控制。

（8）再生温度由外取热器催化剂循环量或流化介质流量控制。

（9）外取热汽包和锅炉汽包液位采用液位、补水量和蒸发量三冲量控制。

（10）带明火的锅炉设置熄火保护控制。

（11）大型机组设置相关的轴温、轴震动、轴位移、油压、油温、防喘振等系统控制。

（12）在装置存在可燃气体、有毒气体泄漏的部位设置可燃气体报警仪和有毒气体报警仪。

（七）氟化工艺

1. 工艺简介

氟化是化合物的分子中引入氟原子的反应，涉及氟化反应的工艺过程为氟化工艺。氟与有机化合物作用是强放热反应，放出大量的热可使反应物分子结构遭到破坏，甚至着火爆炸。氟化剂通常为氟气、卤族氟化物、惰性元素氟化物、高价金属氟化物、氟化氢、氟化钾等。

2. 典型工艺

（1）直接氟化：黄磷氟化制备五氟化磷等。

（2）金属氟化物或氟化氢气体氟化：SbF_3、AgF_2、CoF_3 等金属氟化物与烃反应制备氟化烃；氟化氢气体与氢氧化铝反应制备氟化铝等。

（3）置换氟化：三氯甲烷氟化制备二氟一氯甲烷；2,4,5,6 - 四氯嘧啶与氟化钠制备2,4,6 - 三氟 - 5 - 氟嘧啶等。

（4）其他氟化物的制备：浓硫酸与氟化钙（萤石）制备无水氟化氢等，三氟化硼的制备。

3. 反应类型

反应类型：放热反应。

4. 工艺危险特点

（1）反应物料具有燃爆危险性。

（2）氟化反应为强放热反应，不及时排除反应热量，易导致超温超压，引发设备爆炸事故。

（3）多数氟化剂具有强腐蚀性、剧毒，在生产、贮存、运输、使用等过程中，容易因泄漏、操作不当、误接触以及其他意外而造成危险。

5. 重点监控单元

重点监控单元：氟化剂储运单元。

6. 重点监控工艺参数

（1）氟化反应釜内温度、压力。

（2）氟化反应釜内搅拌速率。

（3）氟化物流量。

（4）助剂流量。

（5）反应物的配料比。

（6）氟化物浓度。

7. 安全控制的基本要求

（1）反应釜内温度和压力与反应进料、紧急冷却系统的报警和联锁。

（2）搅拌的稳定控制系统。

（3）安全泄放系统。

（4）可燃和有毒气体检测报警装置等。

8. 宜采用的控制方式

（1）氟化反应操作中，要严格控制氟化物浓度、投料配比、进料速度和反应温度等。必要时应设置自动比例调节装置和自动联锁控制装置。

（2）将氟化反应釜内温度、压力与釜内搅拌、氟化物流量、氟化反应釜夹套冷却水进水阀形成联锁控制，在氟化反应釜处设立紧急停车系统，当氟化反应釜内温度或压力超标或搅拌系统发生故障时自动停止加料并紧急停车。

（3）安全泄放系统。

（八）加氢工艺

1. 工艺简介

加氢是在有机化合物分子中加入氢原子的反应，涉及加氢反应的工艺过程为加氢工艺，主要包括不饱和键加氢、芳环化合物加氢、含氮化合物加氢、含氧化合物加氢、氢解等。

2. 典型工艺

（1）不饱和炔烃、烯烃的三键和双键加氢：环戊二烯加氢生产环戊烯等。

（2）芳烃加氢：苯加氢生成环己烷；苯酚加氢生产环己醇等。

（3）含氧化合物加氢：一氧化碳加氢生产甲醇；丁醛加氢生产丁醇；辛烯醛加氢生

产辛醇等。

（4）含氮化合物加氢：己二腈加氢生产己二胺；硝基苯催化加氢生产苯胺等。

（5）油品加氢：馏分油加氢裂化生产石脑油、柴油和尾油；渣油加氢改质；减压馏分油加氢改质；催化（异构）脱蜡生产低凝柴油、润滑油基础油等。

3. 反应类型

反应类型：放热反应。

4. 工艺危险特点

（1）反应物料具有燃爆危险性，氢气的爆炸极限为4% ~75%，具有高燃爆危险特性。

（2）加氢为强烈的放热反应，氢气在高温高压下与钢材接触，钢材内的碳分子易与氢气发生反应生成碳氢化合物，使钢制设备强度降低，发生氢脆。

（3）催化剂再生和活化过程中易引发爆炸。

（4）加氢反应尾气中有未完全反应的氢气和其他杂质在排放时易引发着火或爆炸。

5. 重点监控单元

重点监控单元：加氢反应釜、氢气压缩机。

6. 重点监控工艺参数

（1）加氢反应釜或催化剂床层温度、压力。

（2）加氢反应釜内搅拌速率。

（3）氢气流量。

（4）反应物质的配料比。

（5）系统氧含量。

（6）冷却水流量。

（7）氢气压缩机运行参数、加氢反应尾气组成等。

7. 安全控制的基本要求

（1）温度和压力的报警和联锁。

（2）反应物料的比例控制和联锁系统。

（3）紧急冷却系统。

（4）搅拌的稳定控制系统。

（5）氢气紧急切断系统。

（6）加装安全阀、爆破片等安全设施。

（7）循环氢压缩机停机报警和联锁。

（8）氢气检测报警装置等。

8. 宜采用的控制方式

（1）将加氢反应釜内温度、压力与釜内搅拌电流、氢气流量、加氢反应釜夹套冷却水进水阀形成联锁关系，设立紧急停车系统。

（2）加入急冷氮气或氢气的系统。

（3）当加氢反应釜内温度或压力超标或搅拌系统发生故障时自动停止加氢，泄压，并进入紧急状态。

（4）安全泄放系统。

（九）重氮化工艺

1. 工艺简介

一级胺与亚硝酸在低温下作用，生成重氮盐的反应。脂肪族、芳香族和杂环的一级胺都可以进行重氮化反应。涉及重氮化反应的工艺过程为重氮化工艺。通常重氮化试剂是由亚硝酸钠和盐酸作用临时制备的。除盐酸外，也可以使用硫酸、高氯酸和氟硼酸等无机酸。脂肪族重氮盐很不稳定，即使在低温下也能迅速自发分解，芳香族重氮盐较为稳定。

2. 典型工艺

（1）顺法：对氨基苯磺酸钠与2-萘酚制备酸性橙-Ⅱ染料；芳香族伯胺与亚硝酸钠反应制备芳香族重氮化合物等。

（2）反加法：间苯二胺生产二氟硼酸间苯二重氮盐；苯胺与亚硝酸钠反应生产苯胺基重氮苯等。

（3）亚硝酰硫酸法：2-氰基-4-硝基苯胺、2-氰基-4-硝基-6-溴苯胺、2,4-二硝基-6-溴苯胺、2,6-二氰基-4-硝基苯胺和2,4-二硝基-6-氰基苯胺为重氮组分与端氨基含醚基的偶合组分经重氮化、偶合成单偶氮分散染料；2-氰基-4-硝基苯胺为原料制备蓝色分散染料等。

（4）硫酸铜触媒法：邻、间氨基苯酚用弱酸（醋酸、草酸等）或易于水解的无机盐和亚硝酸钠反应制备邻、间氨基苯酚的重氮化合物等。

（5）盐析法：氨基偶氮化合物通过盐析法进行重氮化生产多偶氮染料等。

3. 反应类型

反应类型：绝大多数是放热反应。

4. 工艺危险特点

（1）重氮盐在温度稍高或光照的作用下，特别是含有硝基的重氮盐极易分解，有的甚至在室温时亦能分解。在干燥状态下，有些重氮盐不稳定，活性强，受热或摩擦、撞击等作用能发生分解甚至爆炸。

（2）重氮化生产过程所使用的亚硝酸钠是无机氧化剂，175℃时能发生分解、与有机物反应导致着火或爆炸。

（3）反应原料具有燃爆危险性。

5. 重点监控单元

重点监控单元：重氮化反应釜、后处理单元。

6. 重点监控工艺参数

（1）重氮化反应釜内温度、压力、液位、pH。

（2）重氮化反应釜内搅拌速率。

（3）亚硝酸钠流量。

（4）反应物质的配料比。

（5）后处理单元温度等。

7. 安全控制的基本要求

（1）反应釜温度和压力的报警和联锁。

（2）反应物料的比例控制和联锁系统。

（3）紧急冷却系统。

（4）紧急停车系统。

（5）安全泄放系统。

（6）后处理单元配置温度监测、惰性气体保护的联锁装置等。

8. 宜采用的控制方式

（1）将重氮化反应釜内温度、压力与釜内搅拌、亚硝酸钠流量、重氮化反应釜夹套冷却水进水阀形成联锁关系，在重氮化反应釜处设立紧急停车系统，当重氮化反应釜内温度超标或搅拌系统发生故障时自动停止加料并紧急停车。安全泄放系统。

（2）重氮盐后处理设备应配置温度检测、搅拌、冷却联锁自动控制调节装置，干燥设备应配置温度测量、加热热源开关、惰性气体保护的联锁装置。

（3）安全设施，包括安全阀、爆破片、紧急放空阀等。

（十）氧化工艺

1. 工艺简介

氧化为有电子转移的化学反应中失电子的过程，即氧化数升高的过程。多数有机化合物的氧化反应表现为反应原料得到氧或失去氢。涉及氧化反应的工艺过程为氧化工艺。常用的氧化剂有空气、氧气、双氧水、氯酸钾、高锰酸钾、硝酸盐等。

2. 典型工艺

（1）乙烯氧化制环氧乙烷。

（2）甲醇氧化制备甲醛。

（3）对二甲苯氧化制备对苯二甲酸。

（4）异丙苯经氧化－酸解联产苯酚和丙酮。

（5）环己烷氧化制环己酮。

（6）天然气氧化制乙炔。

（7）丁烯、丁烷、C_4 馏分或苯的氧化制顺丁烯二酸酐。

（8）邻二甲苯或萘的氧化制备邻苯二甲酸酐。

（9）均四甲苯的氧化制备均苯四甲酸二酐。

（10）苊的氧化制 1,8－萘二甲酸酐。

（11）3－甲基吡啶氧化制 3－吡啶甲酸（烟酸）。

（12）4－甲基吡啶氧化制 4－吡啶甲酸（异烟酸）。

（13）2－乙基己醇（异辛醇）氧化制备 2－乙基己酸（异辛酸）。

（14）对氯甲苯氧化制备对氯苯甲醛和对氯苯甲酸。

（15）甲苯氧化制备苯甲醛、苯甲酸。

（16）对硝基甲苯氧化制备对硝基苯甲酸。

（17）环十二醇/酮混合物的开环氧化制备十二碳二酸。

（18）环己酮/醇混合物的氧化制己二酸。

（19）乙二醛硝酸氧化法合成乙醛酸。

（20）丁醛氧化制丁酸。

（21）氨氧化制硝酸等。

（22）克劳斯法气体脱硫。

（23）一氧化氮、氧气和甲（乙）醇制备亚硝酸甲（乙）酯。

（24）以双氧水或有机过氧化物为氧化剂生产环氧丙烷、环氧氯丙烷。

3. 反应类型

反应类型：放热反应。

4. 工艺危险特点

（1）反应原料及产品具有燃爆危险性。

（2）反应气相组成容易达到爆炸极限，具有闪爆危险。

（3）部分氧化剂具有燃爆危险性，如氯酸钾、高锰酸钾、铬酸酐等都属于氧化剂，如遇高温或受撞击、摩擦以及与有机物、酸类接触，皆能引起火灾爆炸。

（4）产物中易生成过氧化物，化学稳定性差，受高温、摩擦或撞击作用易分解、燃烧或爆炸。

5. 重点监控单元

重点监控单元：氧化反应釜。

6. 重点监控工艺参数

（1）氧化反应釜内温度和压力。

（2）氧化反应釜内搅拌速率。

（3）氧化剂流量。

（4）反应物料的配比。

（5）气相氧含量。

（6）过氧化物含量等。

7. 安全控制的基本要求

（1）反应釜温度和压力的报警和联锁。

（2）反应物料的比例控制和联锁及紧急切断动力系统。

（3）紧急断料系统。

（4）紧急冷却系统。

（5）紧急送入惰性气体的系统。

（6）气相氧含量监测、报警和联锁。

（7）安全泄放系统。

（8）可燃和有毒气体检测报警装置等。

8. 宜采用的控制方式

（1）将氧化反应釜内温度和压力与反应物的配比和流量、氧化反应釜夹套冷却水进水阀、紧急冷却系统形成联锁关系。

（2）在氧化反应釜处设立紧急停车系统，当氧化反应釜内温度超标或搅拌系统发生故障时自动停止加料并紧急停车。

（3）配备安全阀、爆破片等安全设施。

（十一）过氧化工艺

1. 工艺简介

向有机化合物分子中引入过氧基（—O—O—）的反应称为过氧化反应，得到的产物为过氧化物的工艺过程称为过氧化工艺。

2. 典型工艺

（1）双氧水的生产。

（2）乙酸在硫酸存在下与双氧水作用，制备过氧乙酸水溶液。

（3）酸酐与双氧水作用直接制备过氧二酸。

（4）苯甲酰氯与双氧水的碱性溶液作用制备过氧化苯甲酰。

（5）异丙苯经空气氧化生产过氧化氢异丙苯。

（6）叔丁醇与双氧水制备叔丁基过氧化氢等。

3. 反应类型

反应类型：吸热反应或放热反应。

4. 工艺危险特点

（1）过氧化物都含有过氧基（—O—O—），属含能物质，由于过氧键结合力弱，断裂时所需的能量不大，对热、振动、冲击或摩擦等都极为敏感，极易分解甚至爆炸。

（2）过氧化物与有机物、纤维接触时易发生氧化、产生火灾。

（3）反应气相组成容易达到爆炸极限，具有燃爆危险。

5. 重点监控单元

重点监控单元：过氧化反应釜。

6. 重点监控工艺参数

（1）过氧化反应釜内温度。

（2）pH。

（3）过氧化反应釜内搅拌速率。

（4）（过）氧化剂流量。

（5）参加反应物质的配料比。

（6）过氧化物浓度。

（7）气相氧含量等。

7. 安全控制的基本要求

（1）反应釜温度和压力的报警和联锁。

（2）反应物料的比例控制和联锁及紧急切断动力系统。

（3）紧急断料系统。

（4）紧急冷却系统。

（5）紧急送入惰性气体的系统。

（6）气相氧含量监测、报警和联锁。

（7）紧急停车系统。

（8）安全泄放系统。

（9）可燃和有毒气体检测报警装置等。

8. 宜采用的控制方式

（1）将过氧化反应釜内温度与釜内搅拌电流、过氧化物流量、过氧化反应釜夹套冷却水进水阀形成联锁关系，设置紧急停车系统。

（2）过氧化反应系统应设置泄爆管和安全泄放系统。

（十二）胺基化工艺

1. 工艺简介

胺化是在分子中引入胺基（$R_2N—$）的反应，包括 $R-CH_3$ 烃类化合物（R：氢、烷基、芳基）在催化剂存在下，与氨和空气的混合物进行高温氧化反应，生成腈类等化合物的反应。涉及上述反应的工艺过程为胺基化工艺。

2. 典型工艺

（1）邻硝基氯苯与氨水反应制备邻硝基苯胺。

（2）对硝基氯苯与氨水反应制备对硝基苯胺。

（3）间甲酚与氯化铵的混合物在催化剂和氨水作用下生成间甲苯胺。

（4）甲醇在催化剂和氨气作用下制备甲胺。

（5）1-硝基蒽醌与过量的氨水在氯苯中制备1-氨基蒽醌。

（6）2,6-蒽醌二磺酸氨解制备2,6-二氨基蒽醌。

（7）苯乙烯与胺反应制备N-取代苯乙胺。

（8）环氧乙烷或亚乙基亚胺与胺或氨发生开环加成反应，制备氨基乙醇或二胺。

（9）甲苯经氨氧化制备苯甲腈。

（10）丙烯氨氧化制备丙烯腈。

（11）氯氨法生产甲基肼等。

3. 反应类型

反应类型：放热反应。

4. 工艺危险特点

（1）反应介质具有燃爆危险性。

（2）在常压下20℃时，氨气的爆炸极限为15%～27%，随着温度、压力的升高，爆炸极限的范围增大。因此，在一定的温度、压力和催化剂的作用下，氨的氧化反应放出大量热，一旦氨气与空气比失调，就可能发生爆炸事故。

（3）由于氨呈碱性，具有强腐蚀性，在混有少量水分或湿气的情况下无论是气态或液态氨都会与铜、银、锡、锌及其合金发生化学作用。

（4）氨易与氧化银或氧化汞反应生成爆炸性化合物（雷酸盐）。

5. 重点监控单元

重点监控单元：胺基化反应釜。

6. 重点监控工艺参数

（1）胺基化反应釜内温度、压力。

（2）胺基化反应釜内搅拌速率。

（3）物料流量。

（4）反应物质的配料比。

（5）气相氧含量等。

7. 安全控制的基本要求

（1）反应釜温度和压力的报警和联锁。

（2）反应物料的比例控制和联锁系统。

（3）紧急冷却系统。

（4）气相氧含量监控联锁系统。

（5）紧急送入惰性气体的系统。

（6）紧急停车系统。

（7）安全泄放系统。

（8）可燃和有毒气体检测报警装置等。

8. 宜采用的控制方式

（1）将胺基化反应釜内温度、压力与釜内搅拌、胺基化物料流量、胺基化反应釜夹套冷却水进水阀形成联锁关系，设置紧急停车系统。

（2）安全设施，包括安全阀、爆破片、单向阀及紧急切断装置等。

（十三）磺化工艺

1. 工艺简介

磺化是向有机化合物分子中引入磺酰基（—SO_3H）的反应。磺化方法分为三氧化硫磺化法、共沸去水磺化法、氯磺酸磺化法、烘焙磺化法和亚硫酸盐磺化法等。涉及磺化反应的工艺过程为磺化工艺。磺化反应除了增加产物的水溶性和酸性外，还可以使产品具有表面活性。芳烃经磺化后，其中的磺酸基可进一步被其他基团［如羟基（—OH）、氨基（—NH_2）、氰基（—CN）等］取代，生产多种衍生物。

2. 典型工艺

（1）三氧化硫磺化法：

① 气体三氧化硫和十二烷基苯等制备十二烷基苯磺酸钠。

② 硝基苯与液态三氧化硫制备间硝基苯磺酸。

③ 甲苯磺化生产对甲基苯磺酸和对位甲酚。

④ 对硝基甲苯磺化生产对硝基甲苯邻磺酸等。

（2）共沸去水磺化法：

① 苯磺化制备苯磺酸。

② 甲苯磺化制备甲基苯磺酸等。

（3）氯磺酸磺化法：

① 芳香族化合物与氯磺酸反应制备芳磺酸和芳磺酰氯。

② 乙酰苯胺与氯磺酸生产对乙酰氨基苯磺酰氯等。

（4）烘焙磺化法：苯胺磺化制备对氨基苯磺酸等。

（5）亚硫酸盐磺化法：

① 2,4 - 二硝基氯苯与亚硫酸氢钠制备 2,4 - 二硝基苯磺酸钠。

② 1 - 硝基蒽醌与亚硫酸钠作用得到 α - 蒽醌硝酸等。

3. 反应类型

反应类型：放热反应。

4. 工艺危险特点

（1）反应原料具有燃爆危险性；磺化剂具有氧化性、强腐蚀性；如果投料顺序颠倒、投料速度过快、搅拌不良、冷却效果不佳等，都有可能造成反应温度异常升高，使磺化反应变为燃烧反应，引起火灾或爆炸事故。

（2）氧化硫易冷凝堵管，泄漏后易形成酸雾，危害较大。

5. 重点监控单元

重点监控单元：磺化反应釜。

6. 重点监控工艺参数

（1）磺化反应釜内温度。

（2）磺化反应釜内搅拌速率。

（3）磺化剂流量。

（4）冷却水流量。

7. 安全控制的基本要求

（1）反应釜温度的报警和联锁。

（2）搅拌的稳定控制和联锁系统。

（3）紧急冷却系统。

（4）紧急停车系统。

（5）安全泄放系统。

（6）三氧化硫泄漏监控报警系统等。

8. 宜采用的控制方式

（1）将磺化反应釜内温度与磺化剂流量、磺化反应釜夹套冷却水进水阀、釜内搅拌电流形成联锁关系，紧急断料系统，当磺化反应釜内各参数偏离工艺指标时，能自动报警、停止加料，甚至紧急停车。

（2）磺化反应系统应设有泄爆管和紧急排放系统。

（十四）聚合工艺

1. 工艺简介

聚合是一种或几种小分子化合物变成大分子化合物（也称高分子化合物或聚合物，通常分子量为 $1 \times 10^4 \sim 1 \times 10^7$）的反应，涉及聚合反应的工艺过程为聚合工艺。聚合工艺的种类很多，按聚合方法可分为本体聚合、悬浮聚合、乳液聚合、溶液聚合等。

2. 典型工艺

（1）聚烯烃生产：

① 聚乙烯生产。

② 聚丙烯生产。

③ 聚苯乙烯生产等。

（2）聚氯乙烯生产。

（3）合成纤维生产：

① 涤纶生产。

② 锦纶生产。

③ 维纶生产。

④ 腈纶生产。

⑤ 尼龙生产等。

（4）橡胶生产：

① 丁苯橡胶生产。

② 顺丁橡胶生产。

③ 丁腈橡胶生产等。

（5）乳液生产：

① 醋酸乙烯乳液生产。

② 丙烯酸乳液生产等。

（6）涂料黏合剂生产（常压生产工艺除外）：

① 醇酸油漆生产。

② 聚酯涂料生产。

③ 环氧涂料黏合剂生产。

④ 丙烯酸涂料黏合剂生产等。

（7）氟化物聚合：

① 四氟乙烯悬浮法、分散法生产聚四氟乙烯。

② 四氟乙烯（TFE）和偏氟乙烯（VDF）聚合生产氟橡胶和偏氟乙烯－全氟丙烯共聚弹性体（俗称26型氟橡胶或氟橡胶－26）等。

3. 反应类型

反应类型：放热反应。

4. 工艺危险特点

（1）聚合原料具有自聚和燃爆危险性。

（2）如果反应过程中热量不能及时移出，随物料温度上升，发生裂解和暴聚，所产生的热量使裂解和暴聚过程进一步加剧，进而引发反应器爆炸。

（3）部分聚合助剂危险性较大。

5. 重点监控单元

（1）聚合反应釜。

（2）粉体聚合物料仓。

6. 重点监控工艺参数

（1）聚合反应釜内温度、压力，聚合反应釜内搅拌速率。

（2）引发剂流量。

（3）冷却水流量。

（4）料仓静电、可燃气体监控等。

7. 安全控制的基本要求

（1）反应釜温度和压力的报警和联锁。

（2）紧急冷却系统。

（3）紧急切断系统。

（4）紧急加入反应终止剂系统。

（5）搅拌的稳定控制和联锁系统。

（6）料仓静电消除、可燃气体置换系统，可燃和有毒气体检测报警装置。

（7）高压聚合反应釜设有防爆墙和泄爆面等。

8. 宜采用的控制方式

（1）将聚合反应釜内温度、压力与釜内搅拌电流、聚合单体流量、引发剂加入量、聚合反应釜夹套冷却水进水阀形成联锁关系，在聚合反应釜处设立紧急停车系统。

（2）当反应超温、搅拌失效或冷却失效时，能及时加入聚合反应终止剂。

（3）安全泄放系统。

（十五）烷基化工艺

1. 工艺简介

把烷基引入有机化合物分子中的碳、氮、氧等原子上的反应称为烷基化反应。涉及烷基化反应的工艺过程为烷基化工艺，可分为 C - 烷基化反应、N - 烷基化反应、O - 烷基化反应等。

2. 典型工艺

（1）C - 烷基化反应：

① 乙烯、丙烯以及长链 α - 烯烃，制备乙苯、异丙苯和高级烷基苯。

② 苯系物与氯代高级烷烃在催化剂作用下制备高级烷基苯。

③ 用脂肪醛和芳烃衍生物制备对称的二芳基甲烷衍生物。

④ 苯酚与丙酮在酸催化下制备 2,2 - 对（对羟基苯基）丙烷（俗称双酚 A）。

⑤ 乙烯与苯发生烷基化反应生产乙苯等。

（2）N - 烷基化反应：

① 苯胺和甲醚烷基化生产苯甲胺。

② 苯胺与氯乙酸生产苯基氨基乙酸。

③ 苯胺和甲醇制备 N,N - 二甲基苯胺。

④ 苯胺和氯乙烷制备 N,N - 二烷基芳胺。

⑤ 对甲苯胺与硫酸二甲酯制备 N,N - 二甲基对甲苯胺。

⑥ 环氧乙烷与苯胺制备 N -（β - 羟乙基）苯胺。

⑦ 氨或脂肪胺和环氧乙烷制备乙醇胺类化合物。

⑧ 苯胺与丙烯腈反应制备 N -（β - 氰乙基）苯胺等。

（3）O - 烷基化反应：

① 对苯二酚、氢氧化钠水溶液和氯甲烷制备对苯二甲醚。

② 硫酸二甲酯与苯酚制备苯甲醚。

③ 高级脂肪醇或烷基酚与环氧乙烷加成生成聚醚类产物等。

3. 反应类型

反应类型：放热反应。

4. 工艺危险特点

（1）反应介质具有燃爆危险性。

（2）烷基化催化剂具有自燃危险性，遇水剧烈反应，放出大量热量，容易引起火灾甚至爆炸。

（3）烷基化反应都是在加热条件下进行，原料、催化剂、烷基化剂等加料次序颠倒、加料速度过快或者搅拌中断停止等异常现象容易引起局部剧烈反应，造成跑料，引发火灾或爆炸事故。

5. 重点监控单元

重点监控单元：烷基化反应釜。

6. 重点监控工艺参数

（1）烷基化反应釜内温度和压力。

（2）烷基化反应釜内搅拌速率。

（3）反应物料的流量及配比等。

7. 安全控制的基本要求

（1）反应物料的紧急切断系统。

（2）紧急冷却系统。

（3）安全泄放系统。

（4）可燃和有毒气体检测报警装置等。

8. 宜采用的控制方式

（1）将烷基化反应釜内温度和压力与釜内搅拌、烷基化物料流量、烷基化反应釜夹套冷却水进水阀形成联锁关系，当烷基化反应釜内温度超标或搅拌系统发生故障时自动停止加料并紧急停车。

（2）安全设施包括安全阀、爆破片、紧急放空阀、单向阀及紧急切断装置等。

（十六）新型煤化工工艺

1. 工艺简介

以煤为原料，经化学加工使煤直接或者间接转化为气体、液体和固体燃料、化工原料或化学品的工艺过程。主要包括煤制油（甲醇制汽油、费－托合成油）、煤制烯烃（甲醇制烯烃）、煤制二甲醚、煤制乙二醇（合成气制乙二醇）、煤制甲烷气（煤气甲烷化）、煤制甲醇、甲醇制醋酸等工艺。

2. 典型工艺

（1）煤制油（甲醇制汽油、费－托合成油）。

（2）煤制烯烃（甲醇制烯烃）。

（3）煤制二甲醚。

（4）煤制乙二醇（合成气制乙二醇）。

（5）煤制甲烷气（煤气甲烷化）。

（6）煤制甲醇。

（7）甲醇制醋酸。

3. 反应类型

反应类型：放热反应。

4. 工艺危险特点

（1）反应介质涉及一氧化碳、氢气、甲烷、乙烯、丙烯等易燃气体，具有燃爆危险性。

（2）反应过程多为高温、高压过程，易发生工艺介质泄漏，引发火灾、爆炸和一氧化碳中毒事故。

（3）反应过程可能形成爆炸性混合气体。

（4）多数煤化工新工艺反应速度快，放热量大，造成反应失控。

（5）反应中间产物不稳定，易造成分解爆炸。

5. 重点监控单元

重点监控单元：煤气化炉。

6. 重点监控工艺参数

（1）反应器温度和压力。

（2）反应物料的比例控制。

（3）料位。

（4）液位。

（5）进料介质温度、压力与流量。

（6）氧含量。

（7）外取热器蒸汽温度与压力。

（8）风压和风温。

（9）烟气压力与温度。

（10）压降。

（11）H_2/CO 比。

（12）NO/O_2 比。

（13）$NO/$ 醇比。

（14）H_2、H_2S、CO_2 含量等。

7. 安全控制的基本要求

（1）反应器温度、压力报警与联锁。

（2）进料介质流量控制与联锁。

（3）反应系统紧急切断进料联锁。

（4）料位控制回路。

（5）液位控制回路。

（6）H_2/CO 比例控制与联锁。

（7）NO/O_2 比例控制与联锁。

（8）外取热器蒸汽热水泵联锁。

（9）主风流量联锁。

（10）可燃和有毒气体检测报警装置。

（11）紧急冷却系统。

（12）安全泄放系统。

8. 宜采用的控制方式

（1）将进料流量、外取热蒸汽流量、外取热蒸汽包液位、H_2/CO 比例与反应器进料系统设立联锁关系，一旦发生异常工况启动联锁，紧急切断所有进料，开启事故蒸汽阀或氮气阀，迅速置换反应器内物料，并将反应器进行冷却、降温。

（2）安全设施，包括安全阀、防爆膜、紧急切断阀及紧急排放系统等。

（十七）电石生产工艺

1. 工艺简介

电石生产工艺是以石灰和碳素材料（焦炭、兰炭、石油焦、冶金焦、白煤等）为原料，在电石炉内依靠电弧热和电阻热在高温进行反应，生成电石的工艺过程。电石炉型式主要分为两种，即内燃型和全密闭型。

2. 典型工艺

石灰和碳素材料（焦炭、兰炭、石油焦、冶金焦、白煤等）反应制备电石。

3. 反应类型

反应类型：吸热反应。

4. 工艺危险特点

（1）电石炉工艺操作具有火灾、爆炸、烧伤、中毒、触电等危险性。

（2）电石遇水会发生激烈反应，生成乙炔气体，具有燃爆危险性。

（3）电石的冷却、破碎过程具有人身伤害、烫伤等危险性。

（4）反应产物一氧化碳有毒，与空气混合到 12.5%～74% 时会引起燃烧和爆炸。

（5）生产中漏糊造成电极软断时，会使炉气出口温度突然升高，炉内压力突然增大，造成严重的爆炸事故。

5. 重点监控单元

重点监控单元：电石炉。

6. 重点监控工艺参数

（1）炉气温度。

（2）炉气压力。

（3）料仓料位。

（4）电极压放量。

（5）一次电流。

（6）一次电压。

（7）电极电流。

（8）电极电压。

（9）有功功率。

（10）冷却水温度、压力。

（11）液压箱油位、温度。

（12）变压器温度。

（13）净化过滤器入口温度、炉气组分分析等。

7. 安全控制的基本要求

（1）设置紧急停炉按钮。

（2）电炉运行平台和电极压放视频监控、输送系统视频监控和启停现场声音报警。

（3）原料称重和输送系统控制。

（4）电石炉炉压调节、控制。

（5）电极升降控制。

（6）电极压放控制。

（7）液压泵站控制。

（8）炉气组分在线检测、报警和联锁。

（9）可燃和有毒气体检测和声光报警装置。

（10）设置紧急停车按钮等。

8. 宜采用的控制方式

（1）将炉气压力、净化总阀与放散阀形成联锁关系。

（2）将炉气组分氢、氧含量高与净化系统形成联锁关系。

（3）将料仓超料位、氢含量与停炉形成联锁关系。

（4）安全设施，包括安全阀、重力泄压阀、紧急放空阀、防爆膜等。

（十八）偶氮化工艺

1. 工艺简介

合成通式为 R—N ═N—R 的偶氮化合物的反应称为偶氮化反应，式中，R 为脂烃基或芳烃基，两个 R 基可相同或不同。涉及偶氮化反应的工艺过程为偶氮化工艺。脂肪族偶氮化合物由相应的肼经过氧化或脱氢反应制取。芳香族偶氮化合物一般由重氮化合物的偶联反应制备。

2. 典型工艺

（1）脂肪族偶氮化合物合成：水合肼和丙酮氰醇反应，再经液氯氧化制备偶氮二异丁腈；次氯酸钠水溶液氧化氨基庚腈，或者甲基异丁基酮和水合肼缩合后与氰化氢反应，再经氯气氧化制取偶氮二异庚腈；偶氮二甲酸二乙酯（DEAD）和偶氮二甲酸二异丙酯（DIAD）的生产工艺。

（2）芳香族偶氮化合物合成：由重氮化合物的偶联反应制备的偶氮化合物。

3. 反应类型

反应类型：放热反应。

4. 工艺危险特点

（1）部分偶氮化合物极不稳定，活性强，受热或摩擦、撞击等作用能发生分解甚至爆炸。

（2）偶氮化生产过程所使用的肼类化合物，高毒，具有腐蚀性，易发生分解爆炸，遇氧化剂能自燃。

（3）反应原料具有燃爆危险性。

5. 重点监控单元

重点监控单元：偶氮化反应釜、后处理单元。

6. 重点监控工艺参数

（1）偶氮化反应釜内温度、压力、液位、pH。

（2）偶氮化反应釜内搅拌速率。

（3）肼流量。

（4）反应物质的配料比。

（5）后处理单元温度等。

7. 安全控制的基本要求

（1）反应釜温度和压力的报警和联锁。

（2）反应物料的比例控制和联锁系统。

（3）紧急冷却系统。

（4）紧急停车系统。

（5）安全泄放系统。

（6）后处理单元配置温度监测、惰性气体保护的联锁装置等。

8. 宜采用的控制方式

（1）将偶氮化反应釜内温度、压力与釜内搅拌、肼流量、偶氮化反应釜夹套冷却水进水阀形成联锁关系。在偶氮化反应釜处设立紧急停车系统，当偶氮化反应釜内温度超标或搅拌系统发生故障时，自动停止加料，并紧急停车。

（2）后处理设备应配置温度检测、搅拌、冷却联锁自动控制调节装置，干燥设备应配置温度测量、加热热源开关、惰性气体保护的联锁装置。

（3）安全设施，包括安全阀、爆破片、紧急放空阀等。

二、精细化工工艺危险性及安全技术措施

当前精细化工生产多以间歇和半间歇操作为主，工艺复杂多变，自动化控制水平低，现场操作人员多，若对工艺控制要点不掌握或认识不科学，容易因反应失控导致火灾、爆炸、中毒事故，造成群死群伤事故。通过开展精细化工反应安全风险评估，确定反应工艺危险度，以此改进安全设施设计，完善风险控制措施，能提升企业本质安全水平，有效防范事故发生。

（一）精细化工产品分类与工艺安全风险术语定义

1. 精细化工产品分类

结合我国精细化工产品品种发展，《精细化工企业工程设计防火标准》（GB 51283）将精细化工产品分为：农药、染料、涂料（油漆）和油墨、颜料、试剂和高纯物、食品添加剂、黏合剂、催化剂、日用化学品和防臭防霉剂（包括香料、化妆品、肥皂和合成洗涤剂、芳香防臭剂、杀菌防霉剂）、汽车用化学品、纸及纸浆用化学品、脂肪酸、稀土化学品、精细陶瓷、医药、兽药和饲料添加剂、生物制品和酶、其他助剂（包括表面活性剂、橡胶助剂、高分子絮凝剂、石油添加剂、塑料添加剂、金属表面处理剂、增塑剂、稳定剂、混凝土外加剂、油田助剂等）、功能高分子材料、摄影感光材料、有机电子材料21 类。

2. 工艺安全风险术语定义

1）失控体系

失控体系是指在某种条件下，系统的控制被破坏，系统变得无法预测和控制的现象。失控体系通常由多个相互作用的元素组成，这些元素之间存在着复杂的关联和耦合。失控体系的行为是非线性的，即系统的输出不是简单地等于输入的线性组合。此外，失控体系具有自适应性和自组织性，能够根据外界环境和内部状态的变化自主调整和组织。

失控体系在某些条件下可能会出现温度升高的现象，甚至达到极端的高温。这是因为失控体系中的元素之间的相互作用可能会导致能量的积累和释放，从而引发温度升高。

2）失控反应最大反应速率到达时间 TMR_{ad}

失控反应体系的最坏情形为绝热条件。在绝热条件下，失控反应到达最大反应速率所需要的时间，称为失控反应最大反应速率到达时间，可以通俗地理解为致爆时间。TMR_{ad}是温度的函数，是一个时间衡量尺度，用于评估失控反应最坏情形发生的可能性，是人为控制最坏情形发生所拥有的时间长短。

3）绝热温升 ΔT_{ad}

在冷却失效等失控条件下，体系不能进行能量交换，放热反应放出的热量，全部用来升高反应体系的温度，是反应失控可能达到的最坏情形。

对于失控体系，反应物完全转化时所放出的热量导致物料温度的升高，称为绝热温升。绝热温升与反应的放热量成正比，对于放热反应来说，反应的放热量越大，绝热温升越高，导致的后果越严重。绝热温升是反应安全风险评估的重要参数，是评估体系失控的极限情况，可以评估失控体系可能导致的严重程度。

4）工艺温度 T_p

目标工艺温度，也是反应过程中冷却失效时的初始温度。

冷却失效时，如果反应体系同时存在物料最大量累积和物料具有最差稳定性的情况，在考虑控制措施和解决方案时，必须充分考虑反应过程中冷却失效时的初始温度，安全地确定工艺温度。

5）技术最高温度 MTT

技术最高温度可以按照常压体系和密闭体系两种方式考虑。

对于常压体系来说，技术最高温度为反应体系溶剂或混合物料的沸点；对于密闭体系而言，技术最高温度为反应容器最大允许压力时所对应的温度。

6）失控体系能达到的最高温度 MTSR

当放热化学反应处于冷却失效、热交换失控的情况下，由于反应体系存在热量累积，整个体系在一个近似绝热的情况下发生温度升高。在物料累积最大时，体系能够达到的最高温度称为失控体系能达到的最高温度。MTSR 与反应物料的累积程度相关，反应物料的累积程度越大，反应发生失控后，体系能达到的最高温度 MTSR 越高。

（二）精细化工工艺危险性的评估方法与流程

精细化工生产的主要安全风险来自工艺反应的热风险。根据《国民经济行业分类》（GB/T 4754），生产精细化工产品的企业中反应安全风险较大的有：化学农药、化学制药、有机合成染料、化学品试剂、催化剂以及其他专业化学品制造企业。

1. 精细化工反应安全风险评估方法

1）单因素反应安全风险评估

依据反应热、失控体系绝热温升、最大反应速率到达时间进行单因素反应安全风险评估。

2）混合叠加因素反应安全风险评估

以最大反应速率到达时间作为风险发生的可能性，失控体系绝热温升作为风险导致的严重程度，进行混合叠加因素反应安全风险评估。

3）反应工艺危险度评估

依据4个温度参数（即工艺温度、技术最高温度、最大反应速率到达时间为24 h对应的温度，以及失控体系能达到的最高温度）进行反应工艺危险度评估。

对精细化工反应安全风险进行定性或半定量的评估，针对存在的风险，要建立相应的控制措施。反应安全风险评估具有多目标、多属性的特点，单一的评估方法不能全面反映化学工艺的特征和危险程度，因此，应根据不同的评估对象，进行多样化的评估。

2. 反应安全风险评估流程

1）物料热稳定性风险评估

对所需评估的物料进行热稳定性测试，获取热稳定性评估所需要的技术数据。主要数据包括物料热分解起始分解温度、分解热、绝热条件下最大反应速率到达时间为24 h对应的温度。对比工艺温度和物料稳定性温度，如果工艺温度大于绝热条件下最大反应速率到达时间为24 h对应的温度，物料在工艺条件下不稳定，需要优化已有工艺条件，或者采取一定的技术控制措施，保证物料在工艺过程中的安全和稳定。根据物质分解放出的热量大小，对物料潜在的燃爆危险性进行评估，分析分解导致的危险性情况，对物料在使用过程中需要避免受热或超温，引发危险事故的发生提出要求。

2）目标反应安全风险发生可能性和导致的严重程度评估

实验测试获取反应过程绝热温升、体系热失控情况下工艺反应可能达到的最高温度，以及失控体系达到最高温度对应的最大反应速率到达时间等数据。考虑工艺过程的热累积度为100%，利用失控体系绝热温升，按照分级标准，对失控反应可能导致的严重程度进行反应安全风险评估；利用最大反应速率到达时间，对失控反应触发二次分解反应的可能性进行反应安全风险评估。综合失控体系绝热温升和最大反应速率到达时间，对失控反应进行复合叠加因素的矩阵评估，判定失控过程风险可接受程度。如果为可接受风险，说明工艺潜在的热危险性是可以接受的；如果为有条件接受风险，则需要采取一定的技术控制措施，降低反应安全风险等级；如果为不可接受风险，说明常规的技术控制措施不能奏效，已有工艺不具备工程放大条件，需要重新进行工艺研究、工艺优化或工艺设计，保障化工过程的安全。

3）目标反应工艺危险度评估

实验测试获取包括目标工艺温度、失控后体系能够达到的最高温度、失控体系最大反应速率到达时间为24 h对应的温度、技术最高温度等数据。在反应冷却失效后，4个温度数值大小排序不同，根据分级原则，对失控反应进行反应工艺危险度评估，形成不同的危险度等级；根据危险度等级，有针对性地采取控制措施。应急冷却、减压等安全措施均可以作为系统安全的有效保护措施。对于反应工艺危险度较高的反应，需要对工艺进行优化或者采取有效的控制措施，降低危险度等级。常规控制措施不能奏效时，需要重新进行工艺研究或工艺优化，改变工艺路线或优化反应条件，减少反应失控后物料的累积程度，实现化工过程安全。

3. 评估标准

1）物质分解热评估

对物质进行测试，获得物质的分解放热情况，开展风险评估，评估准则见表2-1。

表2-1 分解热评估

等 级	分解热/$(J \cdot g^{-1})$	说 明
1	分解热<400	潜在爆炸危险性
2	400≤分解热≤1200	分解放热量较大,潜在爆炸危险性较高
3	1200<分解热<3000	分解放热量大,潜在爆炸危险性高
4	分解热≥3000	分解放热量很大,潜在爆炸危险性很高

分解放热量是物质分解释放的能量,分解放热量大的物质,绝热温升高,潜在较高的燃爆危险性。实际应用过程中,要通过风险研究和风险评估,界定物料的安全操作温度,避免超过规定温度,引发爆炸事故的发生。

2)严重度评估

严重度是指失控反应在不受控的情况下能量释放可能造成破坏的程度。由于精细化工行业的大多数反应是放热反应,反应失控的后果与释放的能量有关。反应释放出的热量越大,失控后反应体系温度的升高情况越显著,容易导致反应体系中温度超过某些组分的热分解温度,发生分解反应以及二次分解反应,产生气体或者造成某些物料本身的气化,而导致体系压力的增加。在体系压力增大的情况下,可能致使反应容器的破裂以及爆炸事故的发生,造成企业财产损失、人员伤害。失控反应体系温度的升高情况越显著,造成后果的严重程度越高。反应的绝热温升是一个非常重要的指标,绝热温升不仅仅是影响温度水平的重要因素,同时还是失控反应动力学的重要影响因素。

绝热温升与反应热成正比,可以利用绝热温升来评估放热反应失控后的严重度。当绝热温升达到200 K及200 K以上时,反应物料的多少对反应速率的影响不是主要因素,温升导致反应速率的升高占据主导地位,一旦反应失控,体系温度会在短时间内发生剧烈的变化,并导致严重的后果。而当绝热温升为50 K及50 K以下时,温度随时间的变化曲线比较平缓,体现的是一种体系自加热现象,反应物料的增加或减少对反应速率产生主要影响,在没有溶解气体导致压力增长带来的危险时,这种情况的严重度低。

利用严重度评估失控反应的危险性,可以将危险性分为4个等级,评估准则见表2-2。

表2-2 失控反应严重度评估

等 级	$\Delta T_{ad}/K$	后 果
1	≤50 且无压力影响	单批次的物料损失
2	$50 < \Delta T_{ad} < 200$	工厂短期破坏
3	$200 \leq \Delta T_{ad} < 400$	工厂严重损失
4	≥400	工厂毁灭性的损失

绝热温升为200 K及200 K以上时,将会导致剧烈的反应和严重的后果;绝热温升为50 K及50 K以下时,如果没有压力增长带来的危险,将会造成单批次的物料损失,危险等级较低。

3)可能性评估

可能性是指由于工艺反应本身导致危险事故发生的可能概率大小。利用时间尺度可以对事故发生的可能性进行反应安全风险评估,可以设定最危险情况的报警时间,便于在失控情况发生时，在一定的时间限度内，及时采取相应的补救措施，降低风险或者强制疏散，最大限度地避免爆炸等恶性事故发生，保证化工生产安全。

对于工业生产规模的化学反应来说，如果在绝热条件下失控反应最大反应速率到达时间大于或等于 24 h，人为处置失控反应有足够的时间，导致事故发生的概率较低。如果最大反应速率到达时间小于或等于 8 h，人为处置失控反应的时间不足，导致事故发生的概率升高。采用上述的时间尺度进行评估，还取决于其他许多因素，如化工生产自动化程度的高低、操作人员的操作水平和培训情况、生产保障系统的故障频率等，工艺安全管理也非常重要。

利用失控反应最大反应速率到达时间 TMR_{ad} 为时间尺度，对反应失控发生的可能性进行评估，评估准则见表 2-3。

表 2-3　失控反应发生可能性评估

等　级	TMR_{ad}/h	后　　果
1	$TMR_{ad} \geqslant 24$	很少发生
2	$8 < TMR_{ad} < 24$	偶尔发生
3	$1 < TMR_{ad} \leqslant 8$	很可能发生
4	$TMR_{ad} \leqslant 1$	频繁发生

4）矩阵评估

风险矩阵是以失控反应发生后果严重度和相应的发生概率进行组合，得到不同的风险类型，从而对失控反应的反应安全风险进行评估，并按照可接受风险、有条件接受风险和不可接受风险，分别用不同的区域表示，具有良好的辨识性。

以最大反应速率到达时间作为风险发生的可能性，失控体系绝热温升作为风险导致的严重程度，通过组合不同的严重度和可能性等级，对化工反应失控风险进行评估。风险评估矩阵如图 2-1 所示。

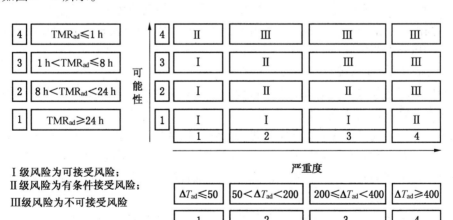

图 2-1　风险评估矩阵

失控反应安全风险的危险程度由风险发生的可能性和风险带来后果的严重度两个方面决定，风险分级原则如下：

Ⅰ级风险为可接受风险：可以采取常规的控制措施，并适当提高安全管理和装备水平。

Ⅱ级风险为有条件接受风险：在控制措施落实的条件下，可以通过工艺优化、工程、管理上的控制措施，降低风险等级。

Ⅲ级风险为不可接受风险：应当通过工艺优化、技术路线的改变，工程、管理上的控制措施，降低风险等级，或者采取必要的隔离方式，全面实现自动控制。

5）反应工艺危险度评估

反应工艺危险度评估是精细化工反应安全风险评估的重要评估内容。反应工艺危险度指的是工艺反应本身的危险程度，危险度越大的反应，反应失控后造成事故的严重程度就越大。

温度作为评价基准是工艺危险度评估的重要原则。考虑 4 个重要的温度参数，分别是工艺操作温度 T_p、技术最高温度 MTT、失控反应最大反应速率到达时间 TMR_{ad} 为 24 h 对应的温度 T_{D24}，以及失控体系能达到的最高温度 MTSR，评估准则见表 2-4。

表 2-4 反应工艺危险度等级评估

等　级	温　　度	后　　果
1	$T_p < \text{MTSR} < \text{MTT} < T_{D24}$	反应危险性较低
2	$T_p < \text{MTSR} < T_{D24} < \text{MTT}$	潜在分解风险
3	$T_p \leqslant \text{MTT} < \text{MTSR} < T_{D24}$	存在冲料和分解风险
4	$T_p \leqslant \text{MTT} < T_{D24} < \text{MTSR}$	冲料和分解风险较高，潜在爆炸风险
5	$T_p < T_{D24} < \text{MTSR} < \text{MTT}$	爆炸风险较高

针对不同的反应工艺危险度等级，需要建立不同的风险控制措施。对于危险度等级在 3 级及以上的工艺，需要进一步获取失控反应温度、失控反应体系温度与压力的关系、失控过程最高温度、最大压力、最大温度升高速率、最大压力升高速率及绝热温升等参数，确定相应的风险控制措施。

（三）建议采用的安全技术措施

对于反应工艺危险度为 1 级的工艺过程，应配置常规的自动控制系统，对主要反应参数进行集中监控及自动调节（DCS 或 PLC）。

对于反应工艺危险度为 2 级的工艺过程，在配置常规自动控制系统，对主要反应参数进行集中监控及自动调节（DCS 或 PLC）的基础上，要设置偏离正常值的报警和联锁控制，在非正常条件下有可能超压的反应系统，应设置爆破片和安全阀等泄放设施。根据评估建议，设置相应的安全仪表系统。

对于反应工艺危险度为 3 级的工艺过程，在配置常规自动控制系统，对主要反应参数进行集中监控及自动调节，设置偏离正常值的报警和联锁控制，以及设置爆破片和安全阀等泄放设施的基础上，还要设置紧急切断、紧急终止反应、紧急冷却降温等控制设施。根据评估建议，设置相应的安全仪表系统。

对于反应工艺危险度为 4 级和 5 级的工艺过程，尤其是风险高但必须实施产业化的项目，要努力优先开展工艺优化或改变工艺方法降低风险，如通过微反应、连续流完成反应；要配置常规自动控制系统，对主要反应参数进行集中监控及自动调节；要设置偏离正常值的报警和联锁控制，设置爆破片和安全阀等泄放设施，设置紧急切断、紧急终止反应、紧急冷却等控制设施；还需要进行保护层分析，配置独立的安全仪表系统。对于反应工艺危险度达到 5 级并必须实施产业化的项目，在设计时，应设置在防爆墙隔离的独立空间中，并设置完善的超压泄爆设施，实现全面自控，除装置安全技术规程和岗位操作规程中对于进入隔离区有明确规定的，反应过程中操作人员不应进入所限制的空间内。

第二节 工艺安全风险分析技术

一、基本概念

根据美国军标《系统及相关子系统和设备的系统安全方案》（MIL-STD-882D）的规定，危险（hazard）是导致人员伤亡或疾病，或导致全系统、设备、社会财富损失、损坏或环境破坏的任何真实或潜在的条件。

事故（mishap，accident）是导致人员伤亡或职业病、设备、社会财富损失、损坏或环境破坏的不希望发生的单个或一系列事件。

危险不等于事故，是导致事故的潜在条件；事故是已经真实发生了的损失、损坏或伤亡等。危险是事故的前兆，只有在一些触发事件刺激下，危险才可能演变为事故。危险和事故关系如图 2-2 所示。

图 2-2 危险和事故关系

危险包含以下 3 个方面的属性：危险含有危险因素（hazardous elements，HE）、触发机理（initiating mechanism，IM）和威胁目标（target and threat，T/T）属性。危险因素属性是促使危险产生的根源，如导致爆炸的危险的能量；触发机理属性是指触发事件导致危险发生，从而将危险转变为事故；威胁目标属性是指人或设备面对伤害、损坏的脆弱性，它反映了事故的严重度。危险的三要素可通过危险三角形表示，如图 2-3 所示，图 2-4 所示是危险属性的实例，表 2-5 给出几个危险属性的例子。可以看出，当危险的三个属性同时具备时，事故则会发生。

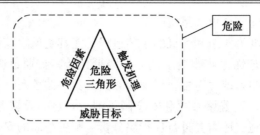

图 2-3 危险三要素图

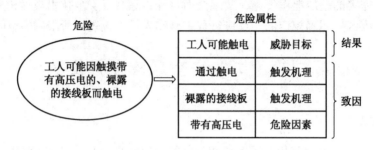

图 2-4 危险属性实例

表 2-5 危险属性实例

危 险 因 素	触 发 机 理	威 胁 目 标
弹药	没有标识；射频能	爆炸、死伤
高压储罐	储罐破裂	爆炸、死伤
燃料	油料泄漏且遇火源	火灾、系统损坏或死伤
高压电	因暴露而触摸	触电、死伤

二、事故风险

MIL-STD-882D 对事故风险的定义是：风险是用潜在事故的严重度（severity）和发生概率（probability）来表达事故的影响和可能性。通常人们用 $R=S\times P$ 或 $R=S\cdot P$ 来表达风险，"×"或"·"是指逻辑相乘，并非真正数学意义上的"相乘"。

事故风险的概念表明：风险是由两个因素确定，既要考虑后果，又要考虑其发生概率。安全与风险相对，它表明人们对一定事故风险的接受程度。如 MIL-STD-882D 对安全的定义是：不会引起死亡、伤害、职业病、设备的损坏或财产的损失，或环境危害的状态。

三、危险辨识

（一）危险辨识的定义

危险辨识是指对产品或系统，在其生命周期各阶段采用适当的方法，识别其可能导致人员伤亡或职业病，或设备损坏、社会财富损失或工作环境破坏的潜在条件。

"危险辨识"又称为"危险和有害因素辨识""危险和危害因素辨识",它们是基于强调危险是导致人员伤亡的条件,而危害或有害因素是强调导致人员职业病的条件。

（二）危险类型划分

（1）按《常用危险检查表》进行分类。

（2）按《企业职工伤亡事故分类》（GB 6441）进行分类。

（3）按《生产过程危险和有害因素分类与代码》（GB/T 13861）进行分类。

（4）按《职业危害因素分类目录》进行分类。

（三）危险辨识方法

1. 对照经验法

该方法是对照有关标准、法规、检查表或依靠分析人员的观察分析能力,借助于经验和判断能力直观地辨识危险的方法。其优点是简便、易行,缺点是受辨识人员知识、经验和占有资料的限制,可能出现遗漏。该方法的另一种方式是类比,利用相同或相似系统或作业条件的经验和职业健康的统计资料来类推、分析以辨识危险。

2. 系统安全分析法

该方法包括:预先危险性分析（preliminary hazard analysis,PHA）、故障模式及影响分析（failure mode and effect analysis,FMEA）、危险与可操作性研究（hazard and operability study,HAZOP）、事故树（fault tree analysis,FTA）、事件树（event tree analysis,ETA）、原因后果分析法（cause – consequence analysis,CCA）、安全检查表法（safety checklist,SCL）、故障假设分析（what – if analysis,WIA）。

3. 工艺危害分析方法

实施工艺危害分析需要根据项目的不同阶段、研究对象的性质、危险性的大小、复杂程度和所能获得的资料数据情况等,选择合适的工艺危害分析方法。根据《化工过程安全管理导则》（AQ/T 3034）的规定,常用的工艺危害分析方法主要有:预先危险性分析（PHA）、危险与可操作性研究（HAZOP）、故障假设分析（WIA）、故障模式及影响分析（FMEA）、事故树（FTA）、安全检查表法（SCL）、故障假设与安全检查表分析（What – if/Checklist）。考虑到危险和可操作性研究方法已在本教材"化工建设项目安全技术"章节中进行了介绍,这里主要介绍预先危险性分析、故障假设分析两种方法。

1）预先危险性分析

（1）预先危险性列表。

预先危险性列表通常采用头脑风暴（braining storming）的方法得出或按照系统的功能结构逐一识别系统的风险。分析人员应该是系统涉及的各专业工程师或专家,通过已有的设计知识和相关的危险方面的知识,收集获取系统或相关系统曾经有过的经验教训,通过分析、比较、讨论等方式最终提供该系统存在的危险,可能导致的事故以及进一步设计中的关键因素等。例如,电饭锅和压力锅是常见的两种炊具,有没有可能把这两种炊具的功能结合到一起呢?如果生产一种新型电压力锅,都会存在哪些风险、可能造成哪些事故呢?这就需要采用预先危险性分析列表的方法进行分析,可以得出电压力锅可能出现的危险:触电、爆炸、烫伤、火灾。

（2）概念。

预先危险性分析是在设计、施工、生产等活动之前，预先对系统可能存在的危险的类别、事故出现的条件以及导致的后果进行概略地分析，从而避免采用不安全的技术路线、使用危险性物质、工艺和设备，防止由于考虑不周而造成的损失。其目的在于辨识和罗列出系统一直存在的和有可能存在的各种危险，并能进一步了解确保系统安全的关键点以及相应危险可能造成的事故，所有系统在其生命周期初始阶段都可采用该方法。

（3）人员。

分析人员应该是系统所涉及的各专业的工程师或专家，采用头脑风暴法按照系统的功能结构逐一辨识系统的危险所在。分析小组通过已有的设计知识和相关的危险方面的知识，收集获取系统或相关系统曾经出现过的经验教训，通过分析、比较、讨论等方式最终提供该系统存在的危险、可能导致的事故以及进一步设计中的关键因素。

（4）分析流程。

预先危险性分析是在预先危险性列表的基础上分析系统中存在的危险、危险产生原因、可能导致的后果，然后确定其风险等级，从而在技术资料信息不够充分的情况下确定在设计中应采取什么措施消除或控制这些风险。

第一步：熟悉系统，确定系统将要保护的对象，通常为人、机、环三个方面。

第二步：建立 PHA 计划，确定风险可接受水平。定义要分析系统的边界条件，了解其功能以及该分析处在生命周期哪个阶段，明确该分析是基于什么样的前提下进行，是基于建造还是基于设计，或是基于确定控制措施。系统确定得越清晰，危险分析才能越彻底全面。

第三步：确定 PHA 小组成员，由所涉及的各专业专家、工程师以及操作人员组成。

第四步：收集资料，尽管在进行 PHA 分析时，可获取的直接资料较少，但应了解相似系统或相关系统的情况，资料收集越充分，危险辨识才能越准确。

第五步：辨识系统中存在的危险，分析每一个危险将要危及的对象。注意危险并不等于后果，危险描述用危险三要素来表达：

① 凭借分析人员的直觉。

② 检查和调查相似的设备或系统、拜访相关人员。

③ 查阅相关标准、法规或准则。

④ 查阅有关检查表。

⑤ 查阅有关历史文档，如事故文件、未遂事件报告、伤害记录、制造商的可靠性分析记录等。

⑥ 考虑"外部环境"的影响，如气象条件、所处的地理环境、员工性格等。

⑦ 考虑接触的各种能量，因为能量是事故致因的一个关键。

第六步：评估每一个危险对每一个目标影响的严重程度以及发生概率，评估时：

① 每一个危险的严重程度随所影响的目标不同而不同。

② 每一个危险发生概率应与第二步定义的概率相一致，其可能随暴露时间、目标、人员或所处生命周期的阶段不同而不同。

③ 发生概率的确定在一定程度上有主观性，因而需要各专业的专家或工程师协商决定。

第七步：根据风险评估结果决定风险可否接受，如果风险不可接受，是否提出风险控制措施，风险控制措施的优先顺序也应确定。

第八步：提出风险控制措施后，要对系统重新进行评估已确定采用控制措施过程是否出现新的危险，如新风险不可接受，则需重新制定控制措施，重新评估。

第九步：汇总分析结果并形成文件，通常以工作表形式体现，在此基础上形成 PHA 报告。

（5）应用举例：氯乙烯单体（VCM）可行性研究阶段——预先危险性分析实例。

① 背景：

某公司要建设 VCM 项目，计划在氯装置附近建设 VCM 装置，选址主要考虑以下原因：

a）最近的居住区人口数量最小。

b）距离上游装置原料的管输距离最小。

c）运输方便。

图 2-5 所示是 VCM 装置的平面布置图，图中的 VCM 装置布置在氯装置的东侧。

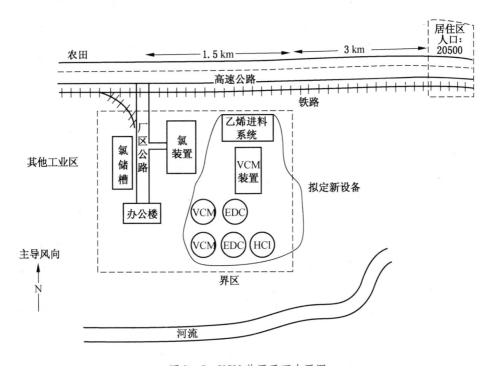

图 2-5 VCM 装置平面布置图

根据这些资料，该公司决定进行预先危险性分析，希望知道 VCM 工艺过程是否存在安全风险。

② 已有资料：

因项目处于可研阶段，公司为预先危险性分析工作小组提供了以下资料：

a）初步拟定的原料、中间产品、最终产品清单（表 2-6）。

b）初步拟定的主要容器清单（表 2-7）。

c）VCM 项目的可行性研究报告。

d）以前收集到的关于二氯乙烯（EDC）和 VCM 的文献资料。

e）与氯装置有关的系统的初步清单。

表 2-6　VCM 装置的部分物料清单

序　号	内　容	序　号	内　容	序　号	内　容
1	乙烯（液）	4	氯乙烯单体	7	轻烃
2	氯	5	氯化氢	8	重烃
3	二氯乙烯	6	乙烯（气）	9	天然气

表 2-7　VCM 装置的主要设备

设　备	数　量	化 学 物 质	容　积
直接氯化反应器	1	氯、乙烯	大（液体）
压缩机	1	乙烯	中（气体）
球罐	4	EDC、VCM	大（液体）
储槽	1	盐酸	大（液体）
精馏塔	4	EDC、VCM、HCl、轻烃、重烃	大（液体/气体）
缓冲罐	尚未确定	EDC、VCM、HCl	中（液体）
裂解炉	1	EDC、VCM	中（液体）
焚烧炉	1	混合物	中（液体）

分析小组还需要氯装置的资料，特别是应急预案、安全设备、紧急停车联锁等资料，该公司按照要求提供了以上资料。

③ 工艺危害分析方法的选择：

因工艺过程还未完全确定，分析小组很快决定不能采用 HAZOP 分析方法，不能采用安全检查表分析方法（因为没有好的检查表可供使用），只能采用预先危险性分析（PHA）方法。

④ 分析准备：

分析组组长召集小组成员讨论了 PHA 分析的内容，确定了需要讨论的问题（表 2-8）以及必要的文件资料：

表 2-8　VCM 可研阶段 PHA 分析问题

序号	内　容	序号	内　容
1	VCM 装置距离最近的居民区、最近的工厂有多远？	4	河流发洪水会对装置造成威胁吗？
		5	该位置的风玫瑰图是什么样？
2	为何装置在东面？在西面、北面或南面呢？	6	装置内和装置外有何防火措施？
3	如果大量的氯释放采取何种应急措施？		

a）PHA 分析日期、时间（预计需要 1 天）、地点。

b）PHA 分析目的的说明。

c）以前的危险性分析报告、研究开发报告、初步工程分析复印件。

⑤ 分析说明：

PHA 分析包含下列任务：

a）现场查看氯装置和拟定的 VCM 装置的位置。

b）VCM 装置的 PHA 分析会议。

c）PHA 分析结果。

一般来说，PHA 分析不包含现场查看，但是分析小组成员不了解装置现场的，可以简短地看一下现场，记录下来氯装置的设备和人员的位置、待建 VCM 装置，还查看了现场应急设施（如报警、火灾监视器、消防栓）以及这些设备的位置。

现场查看结束后，PHA 分析组集中在会议室开始分析。组长对 PHA 分析方法做了简要说明、传阅 PHA 分析表、解释危险分析内容、提请分析组考虑因为危险情况导致相邻设备和系统的损坏（例如，起重机倾倒砸断管道，化学物质放出并导致化学物质的储槽爆炸）；为保证 PHA 正常进行，分析组长决定由他提出问题，然后从头至尾对工艺过程进行分析，找出原因、后果、改进措施；最后，组长对 VCM 的生产过程做了简单说明，然后开始分析。

以下是 PHA 分析过程组长与组员之间交流的部分内容：

组长：首先从有毒物质的危险开始。从乙烯进料开始，有哪些可能的原因？

组员甲：乙烯本身是无毒的，它是窒息剂且有易燃危险。

组长：是的，首先考虑其他有毒物质，然后再考虑这些危险。连接 VCM 装置的氯气管道如何？

组员乙：据我所知，氯是以液态送入 VCM 装置的（研究部门已经确认用液氯的氯化产率高）。法兰和垫片泄漏将释放出氯气，但其泄漏量可能很小。至于管道破裂，如起重机倾倒砸断管道事故，将泄漏出大量的氯气。管道内热膨胀也可能导致从垫片和阀门处泄漏，或者引起管道破裂。

组员甲：也许我们该考虑把管道埋入地下，这样可以解决因为起重机倾倒可能导致的事故。

组长：请稍等一下，在建议进行修改前，让我们来分析一下这种情况的后果如何，已有哪些保护措施。

组员乙：……好的。后果是部分操作人员或办公楼的人员将处在高浓度氯气环境中，这取决于风向。然而，我们已有的安全防护措施包括：①附近有防毒面具；②有安全避难室；③所有管道的焊缝经 X 射线检测没有缺陷；④管道上装有膨胀节；⑤该区域装有氯气检测和报警装置；⑥装置的员工已受过氯气泄漏的应急培训。还需要什么呢？

组长：那么暴露在氯气中的人员呢？

组员乙：最近的居民距离装置有 3.5 km 远。公司现有的预案中已考虑到了这个问题。

组长：你认为氯气输送管道还需要采取哪些特殊保护措施呢？

组员乙：如果 VCM 装置长期停车，则应保证管道中无残留氯气。

组员甲：如果管道断裂，如何进行隔离？

组员乙：我们需要止回阀，或者是管道破裂联锁装置。顺便说一句，VCM 装置的人员还必须学习氯气泄漏的应急预案，并且有保护设备。如果 VCM 系统紧急停车，我们还需要保证氯系统能应付由此带来的冲击。

组员甲：将氯气输送管道埋入地下如何？

组员乙：不，那样不好，少量的氯气泄漏很快变成大的泄漏；因为我们看不到管道，所以无法尽早发现管道泄漏。

组长：在 PHA 表中我已注明了这些情况。管道泄漏和管道破裂如何分级？

组员乙：少量的氯气泄漏是存在的，但是不会有什么麻烦，我把它定为 4 级；而管道破裂很严重，我把它定为 1 级。

组员甲：有道理。

组长：好的，如没有其他问题我们继续往下进行分析。（暂停）下一个主要设备是直接氯化反应器。

组员乙：让我说明一下，液态氯和乙烯在该反应器中混合并生成二氯乙烯，反应是放热的。

组长：是的。

组员乙：会爆炸吗？

组长：我不知道。我相信设计人员将针对最坏的情况设计压力释放系统。我们假设应该如此，不过我们将提请设计人员注意。

组员乙：反应器中有多少氯？温度是多少？

组长：现在还无法回答这个问题，我想可能超过 10 t，但我不知道温度是多少。

组员乙：如果反应器发生爆炸，装置区域将被高浓度氯气包围。15 年前该公司把储槽移位到公路的东面就是担心发生大量氯气释放，按危险等级为 1 级。我想环境部门已对此采取了措施。

组长：有哪些安全措施？

组员甲：我们还不知道反应器的型号，我相信我们会考虑适合的联锁装置避免失控反应。但是一旦不能阻止失控反应，将有大量的氯气和乙烯释放出来，氯气检测器如何？

组员乙：检测器安装在装置内某个确定位置。但是风向是向居民区，检测器则检测不到氯气，如果反应器上的爆破片或安全阀打开，我们会听到的。

组长：那么，你是不是认为应该把 VCM 装置移到道路的西边？

组员甲：我认为我们应该建立大量氯气释放的模型并预估其后果，如果后果很严重，我同意将装置移到西边。

组员乙：我认为我们还是应该考虑把装置移到西边。因为已经有液氯管道，因此管道破裂的风险不会增加；另外还增加了居住区保护间距。但是，装置附近的工厂需要加强防范氯气泄漏的措施。

组长：如果这样的话我们将购买更多的土地。我将记下你们这两种观点，交给项目部门决定。下一个问题是 EDC 储罐，它们会释放出有毒气体吗？

……

这种讨论一直进行下去，分析组将对所有主要设备的有毒气体释放原因加以分析。然后组长再引导分析组从头开始分析易燃物质释放的原因。分析组从头至尾对装置进行多次分析，每一次分析一种危险（如失控反应、有毒气体释放、低温作用）以及处理这些危险的建议措施（有些分析组的分析方式可能是对某个设备或工段存在的所有危险进行分析后，再进行下一个设备或工段的分析，直至所有的设备或工段都进行了分析，PHA 分析结束）。

PHA 分析结束时，组长宣布由自己整理 PHA 分析表并发给大家进行审查，请大家在 2 周内完成，然后根据所提建议和意见，编写形成最终的分析报告提交 VCM 项目部门。

⑥ 分析结果：

表 2-9 是 PHA 分析报告举例。表中包括所考虑的危险、产生这些危险的原因、提请该公司考虑改正或采取预防措施的建议。

表 2-9　VCM 装置可研阶段 PHA 工作表

区域：VCM 装置——可研阶段

图纸：图 2-5

会议时间：××××年××月××日

分析人员：组长、组员甲、组员乙

危险	原　因	主要后果	危险等级①	改正措施/预防办法
有毒物质释放	氯管道法兰/垫片泄漏	装置内少量氯气释放	IV	无
	氯管道破裂	大量氯气释放，对装置内和装置外有很大影响	I	若 VCM 装置停车时间较长应确保管道中无氯 安装阀门或联锁装置以便管道破裂时能有效隔离 对 VCM 装置的员工进行氯气泄漏应急培训 给 VCM 装置员工配备氯气防护设施 不要将氯气管道埋入地下
	直接氯化反应器释放	大量氯/EDC/乙烯释放，与反应器的大小/操作条件有关，对装置外有影响	I	考虑将 VCM 装置移至厂区公路的西面 建立氯气释放模型，评估因放热反应引起氯气/EDC/乙烯释放对装置外的影响 确认反应器压力释放系统能否处理释放出来的氯/EDC/乙烯
	直接氯化反应器破裂	大量氯/EDC/乙烯释放，与反应器的大小/操作条件有关，对装置外有影响	I	让进入反应器的氯/EDC/乙烯的量最小
	直接氯化反应器安全阀起跳	大量氯/EDC/乙烯释放出来	II	确认反应器的安全阀释放系统的焚烧炉和洗涤器能有效处理这种释放
	EDC 储罐破裂	大量 EDC 释放，对装置外有影响，可能污染河流	I	考虑将 EDC 储罐破裂导致的泄漏物收集到特定的设施并远离河流布置
	洪水破坏 EDC 储罐	大量 EDC 释放，对装置外有影响，可能污染河流	I	考虑将 EDC 储罐远离河流布置 确认 EDC（和其他储槽）的基础支撑足够抗击洪水冲击

注：① 按照轻微、一般、重大、严重 4 个级别划分。

除了这张 PHA 表外，分析组长对此次 PHA 分析进行了简要总结、列出参加分析人员、对哪些内容进行了分析、有哪些主要发现。PHA 分析结果对 VCM 装置的设计人员非常有用，在项目的可研阶段就能对不当之处进行修改。

⑦ 结果讨论：

PHA 分析组对拟建的 VCM 装置的危险进行了分析并提出了相应的建议措施，一些主要建议措施如下：

a）考虑将装置移到装置道路的西面（取决于氯气扩散分析结果）。

b）让 EDC、VCM、HCl 储槽远离河流（分析组考虑到洪水的袭击及释放物有可能污染河流）。

c）让 EDC、VCM、HCl 在装置内的储存量最小，这需要对一些设备进行设计修改，使装置布局在保证安全操作的基础上更加紧凑。

d）修改装置的应急预案并确定易燃物质的释放（装置内的运输工具可能点燃这些易燃物质）。

e）确认装置的消防系统有足够的供水能力，并有防爆保护。

根据 PHA 分析结果可得出以下结论：

① 未发现其他危险（有毒物质、易燃物质等），然而，如果改变拟建的 VCM 装置位置可能有新的危险，这是因为拟建装置和已有装置之间存在相互影响。

② 许多危险性的原因或后果与设备位置有关，因此，所做出的建议需要重新考虑设备的位置。

③ PHA 分析组的经验是成功的关键，特别是组员想到了大量氯气储存在厂区公路西侧避免了一些不必要的厂址选址工作。

因为 VCM 项目处在可研阶段，所以 PHA 分析所用时间较少。

总之，PHA 分析组找出了 VCM 装置设计人员在设备总平面布置设计时应考虑的危险情况。找出这些危险是为了装置更加安全，而且能够避免在将来进行大的修改，从而节约费用。

2）故障假设分析

（1）概念。

故障假设分析方法是对工艺过程或操作的创造性分析方法，这种分析方法可辨识检查设计、安装、技改或操作过程中可能产生的危险，参与故障假设分析的人员在分析会上围绕分析人员确定的安全分析项目对工艺过程或操作进行分析，鼓励每个分析人员对假定的故障问题发表不同的看法，分析的结果通常以工作表的形式体现。

故障假设分析与检查表相似，旨在对生产系统进行检查，但该方法在进行危险辨识时常采用一种固定的模式进行提问，假设某处出现故障后的情况，即"如果某某出现了问题会出现什么情况"。分析小组在提出这样的问题后，再通过回答、分析这些问题可能导致的后果、已采用的安全措施以及还应补充的措施等对整个生产系统进行全面、系统的分析。

（2）分析过程。

① 首先要熟悉系统，确定要分析的范围，然后提出要分析的问题。

② 分析的过程仍旧采用头脑风暴的方法，分析中应确定假设出现某故障时可能导致的最坏的后果，列出所有的后果。

③ 检查和分析系统在设计初始阶段针对该故障已经采取的安全措施，判断其是否能够真正阻止危险或风险降低到可接受的水平。

④ 若上一步不足以保证生产安全，则需要进一步的控制措施。

故障假设分析结果以工作表表达，工作表形式不拘一格，可采用表 2-10 的形式。

表 2-10　故障假设分析工作表示例

问题 如果……将发生什么情况	后　果	已有安全措施	建　议

（3）故障假设分析实例。

以磷酸二铵（DAP）反应系统为例，针对反应过程以下问题进行分析：

① 进料不是磷酸而是其他物质。

② 磷酸浓度过低。

③ 磷酸中含有其他杂质。

④ 阀门 B 关闭或堵塞。

⑤ 进入反应器中的氨比例过高。

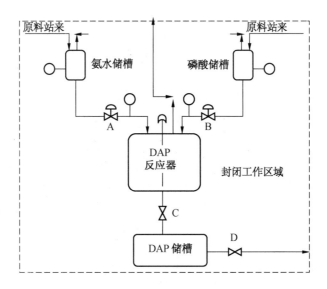

图 2-6　DAP 工艺流程图

如图 2-6 所示，磷酸溶液与氨水溶液加入带夹套的反应器中反应生成 DAP，DAP 是无任何危险的产品。如果进入反应器的磷酸溶液流量太大，则得不到合格产品，但反应是安全的；如磷酸溶液和氨水溶液的流量同时增加，此时反应放出的热量将增加，反应过程变得不可控制；如氨水溶液进料流量太大，未反应的氨水与 DAP 一起进入 DAP 储槽，DAP 储槽将放出氨气充满工作区。此例的分析结果见表 2 – 11。

表 2 – 11 故障假设分析工作表

问题 如果……将发生什么情况	后 果	已有安全措施	建 议
进料不是磷酸而是其他物质	其他物质与磷酸或氨反应可能产生危险，或产品不符合质量要求	供应商可靠；装置物料的管理规程	保证物料管理规程得以严格执行
磷酸浓度过低	未反应的氨带到 DAP 储槽并释放到工作区域	供应商可靠；氨气检测仪和报警器	在送入储槽之前分析磷酸的浓度
磷酸中含有其他杂质	磷酸中的杂质与氨反应可能带来危险，或产品质量不合格	供应商可靠；装置物料的管理规程	保证物料管理规程得以严格执行
阀门 B 关闭或堵塞	未反应的氨带到 DAP 储槽并释放到工作区域	定时维修；氨检测器和报警器；磷酸管道上有流量计	通过阀门 B 的流量较低时，阀门 A 氨报警或关闭
进入反应器中的氨比例过高	未反应的氨带到 DAP 储槽并释放到工作区	氨水管线上有流量表、氨气检测仪和报警器	通过阀门 A 的流量较高时，阀门 A 氨报警或关闭

第三节 化工装置开停工安全技术

化工装置在开停工阶段存在的安全风险因素比正常生产阶段更集中、更危险、更复杂，也是事故多发的过程，其危险性表现在：一是装置的开停工技术要求高、程序复杂、操作难度大，是一个需要多专业、多岗位紧密配合的系统工程。在开停工过程中，装置工况处于不稳定、操作条件时刻变化、不断进行操作调整的状态，全厂性的动力供应等也处于不稳定状态。二是检修后装置的开工，所有设备、仪表等，随着开工进度陆续投用，逐一经受考验，随时可能出现故障、泄漏等问题。三是新建装置的开工，装置的流程、设备没有经过正式生产的检验，人员对新装置的认识、操作熟练程度、处理问题的经验等达不到老装置人员的水平。因此，开停工过程的风险因素是随时变化的，也是不确定的。相比而言，新建装置的开工比老装置停工检修后的再开工风险更大。鉴于装置开停工过程的危险性，企业对装置开停工过程应予以高度重视。

开工管理是指生产装置或设施安装、变更或检修施工状态结束，开始转入开工过程，直到开工正常、产品合格的管理过程；停工管理是指生产装置或设施从开工状态转入停工操作，包括退料、吹扫等，直到交付检修的过程。

下文将以石油化工企业为例，详细介绍生产装置开停工安全技术要点。

一、制定开停工方案

开停工方案是操作规程的重要内容之一，但由于开停工过程中涉及的操作调整多，所以内容也比较多，一般开停工方案要独立成册或独立成章节。

（一）总则

总则主要包括开停工的目标、时间进度和总体要求等。HSE 目标必须是具体的，如不发生超温超压、着火爆炸、泄漏中毒、不放火炬等。目标一旦确定，必须努力达到。

编制开停工进度表，并要对每天、每小时的开停工进度做出计划，使全体参加开停工的人员做到心中有数，使相关单位做好配合。

（二）设置组织机构，明确职责分工

新建（含改建、扩建）装置、大修装置或多套装置的开停工，由企业主管生产、技术的领导担任总指挥；其他类型的装置开停工，一般由车间主任或副主任担任总指挥，其他主任分工负责把关，技术人员按照专业或生产单元分工。

（三）风险识别和对策措施

开工过程中包括吹扫试压、联运、引料开工等步骤，停工过程包括退料、吹扫等步骤，在开停工方案编写前，基层单位要组织有关人员，认真识别分析各项操作步骤存在的风险，并制定有针对性的防范措施，明确措施的具体落实人，最大限度地控制风险，削减污染物的排放。

（1）开停工过程中可能产生的安全风险包括可能引起的超温、超压，停工时的硫化亚铁自燃和开工时的冲塔、满（冒）罐等。

（2）开停工过程中可能产生的环保风险包括废气（恶臭气体）、废水、废渣的产生情况（设备），以及这些污染物的品质、排放量、排放温度、排放时间和排放去向等。

（3）明确物料及公用工程系统的隔离措施和状态，对于联合装置不同步开停工或未退料设备，要有防止物料互串的隔离和防范措施。隔离措施要符合有关规定，如《盲板管理规定》等。

（4）明确停工时放射源、特殊催化剂、特殊物料等的防护措施和开工时联锁等自保系统的状态。

（5）制定吹扫过程中防止吹出物伤人和烫伤的措施，开工试压过程中防止超压的措施，试验压力的检测不能少于两块压力表。如果进行爆破吹扫、打靶吹扫，要制定专项安全措施。

（6）明确下水井系统的处理措施以及设备底部排放（水）的处理措施。

（7）预防水体污染系统要检查、清理、畅通。

（8）开工时，要明确火炬排放系统、报警仪、安全阀、压力表、防爆门、消防气防设施、风向标等安全附件的检查、投用时间。

（9）各项措施的落实、确认要明确程序、时间和责任人，同时要注明需要各部门、单位配合的事项和时间。

上述措施可以单独写在开停工方案中，也可以写在相应的操作过程步骤中。

（四）按流程、单元或岗位编制开停工方案

一般吹扫试压按流程编写方案，引料开停工按生产单元或岗位编写方案，也可以相互结合，具体内容包括以下各方面：

（1）装置开工具体方案应包括装置开工所需的检查、材料准备、吹扫试压、气密、真空试验、置换、点炉、衬里烘干、单机试运、水联运、油运、溶剂及介质循环、升（降）温升压、催化剂和助剂投用、投料、质量调节、产品外送等所有本装置应有的开工环节。机组的开车应有专门方案。联锁校验应全部通过并有相关单位人员的确认记录，重要阀门的调试应有确认记录。

（2）装置停工具体方案应包括停工准备、切断进料、停剂、卸剂、退料、降（升）温降压、退溶剂、置换、停炉、吹扫、蒸塔蒸罐、烧焦、催化剂再生、钝化除臭、开人孔、通风冷却、气体分析、现场检查等所有本装置应有的停工环节。机组的停车应有专门方案。

（3）在开停工具体方案中要明确装置开停工的主要节点、易出问题环节及应对措施。对以往开停工及日常运行中出现的问题，开停工方案中要作为重点加以体现，让每名职工都要熟知，避免问题重复发生。

（4）在开停工具体方案中应有详细的盲板表，明确盲板位置、规格、加装人、拆装人、确认人等。

（5）在开停工具体方案中应明确保证公用工程系统安全的措施，对于使用完毕的公用介质应加盲板隔离。

（6）在开停工具体方案中关键点控制要量化，对温度、压力、流量、液位等参数的控制范围及方法要明确、量化，使操作人员容易把握，不允许有模糊语言。

（7）开停工具体方案中要明确对动静设备、特殊阀门、仪表的保护措施。

（8）开工方案的审查会签、批准、培训、变更程序同操作规程。

二、开停工过程安全技术要点

车间应组织本单位职工认真学习开停工方案，进行书面考试并记录成绩，确保每个操作人员均能熟练掌握开停工的有关步骤，熟知开停工过程中可能出现的人身、工艺、设备、安全、环保问题及防范措施。首次开停工装置要对开停工方案反复学习、现场演练。

开停工前车间应组织职工开会，明确开停工进度，明确人员责任，强调应注意的主要问题，避免连续疲劳作业。有改造项目的单位，开工前须由车间领导和技术员进行交底，讲明差异性、注意事项和操作要点，必要时要进行现场交底或操作演示。

装置开停工前，车间要将开停工方案、大事记录、进度表和盲板表张贴上墙，根据需要绘制装置（反应器、再生器、加热炉、余热炉等单体设备）的升温升压或降温降压曲线图。

装置开停工前需进行现场和操作室清理，保证消防通道、工作线路畅通。开停工过程中要保持良好的工作秩序，非必要人员不得进入装置区域和操作室。

（一）停工过程注意事项

在停工过程中，操作人员要在较短的时间内操作很多阀门和仪表，密切注意各部位温度、压力、流量、液位等参数变化，劳动强度大，精神紧张，为了避免出现差错，停车时必须按确定的方案进行。要求注意以下几点：

（1）控制好降温降量降压的速度。降温降量的速度不宜过快，尤其在高温条件下，温度骤变会造成设备和管道变形、破裂，引起易燃易爆、有毒介质泄漏而发生着火爆炸或人员中毒。

（2）开关阀门的操作要缓慢。开阀门时，打开前两扣后要停片刻，使物料少量通过，观察物料畅通情况，然后再逐渐开大，直到达到要求为止。开蒸汽阀门时要注意管线的预热、排凝和防水击。

（3）停炉操作应严格按照工艺规程规定的降温曲线进行，注意各部位火嘴熄火对炉膛降温均匀性的影响。

（4）装置停车时，系统内的物料应尽可能倒空、抽净、降温后，送出装置，可燃、有毒气体应排至火炬烧掉，对残存物料的排放，不得就地排放或排入下水道中，退净介质后，才能进行下一步的吹扫置换步骤。

（二）吹扫

设备和管线内没有排净的可燃、有毒液体，一般采用蒸汽或惰性气体进行吹扫。吹扫时要根据停工方案制定的吹扫流程图、方法步骤和所选吹扫介质，按管线号和设备位号逐一进行，并填写登记表，以确保所有设备、管线都吹扫干净不遗漏或留死角。设备、管线物料吹扫前，岗位之间要加强联系，防止憋压、冒顶等事故；吹扫介质（氮气）压力不能过低，以防止被吹扫介质倒流至氮气管网，存放酸碱介质的设备、管线，应先予以中和或加水冲洗；低沸点物料倒空置换一定要先排液后放压，防止液态烃排放过程大量汽化，使管线设备冷脆断裂。要严格按操作规程和吹扫方案进行吹扫，各岗位要安排吹扫负责人，并对负责人进行考核。做到扫得净、放得空、无死角、不超压，不用错吹扫介质，吹扫一次合格。吹扫合格后，应先关闭有关阀门，再停气，以防止系统介质倒回，同时及时加盲板与有物料系统隔离。

（三）置换

对可燃、有毒气体的置换，大多采用蒸汽、氮气等惰性气体为置换介质，也可采用注水排气法，将可燃、有毒气体排净。置换和被置换介质进出口和取样部位的确定，应根据置换和被置换介质密度的不同来选择，若置换介质的密度大于被置换介质，取样点宜设置在顶部及易产生死角的部位；反之，则改变其方向，以免置换不彻底。置换出的可燃、有毒气体，应排至火炬烧掉。用惰性气体置换过的设备，若需进入其内部作业，还必须采用自然通风或强制通风的方法将惰性气体置换掉，化验分析合格后方可进入作业，以防窒息事故发生。

（四）蒸煮和清洗

对吹扫和置换都无法清除的残渣、沉积物等，可用蒸汽、热水、溶剂、洗涤剂或酸、碱溶液来蒸煮或清洗。蒸煮或清洗时，应根据积附物的性质选择不同的方法，如水溶性物质可用水洗或热水蒸煮，黏稠性物料可先用蒸汽吹扫，再用热水煮洗，对那些不溶于水或在安全上有特殊要求的积附物，可用化学清洗的方法除去，如积附氧化铁、硫化铁类沉积物的设备、管线等，化学清洗时，应注意采取措施防止可能产生的硫化氢等有毒气体危害人体。

（五）抽堵盲板

抽堵盲板做到由专人统一负责编号登记管理、检查核定、现场挂牌。未经吹扫处理的设备、容器、管道与系统隔离应设置明显标志，并向岗位相关人员交底。

（六）其他

做好下水系统及其他相关系统的安全处理。在完成了装置停车、倒空、吹扫、置换、蒸煮、清洗和隔离等工作后，装置停车即告完成。在正式转入检修施工之前，要对地面、明沟内的油污进行清理，对装置及其周围的所有下水井和地漏进行封堵，对于转动设备或其他有电源的设备，检修前切断一切电源，必要时悬挂警示牌或上锁。

三、停工检修条件联合检查确认

生产装置或设施在停工处理后，交付检修施工单位前，需对检修条件进行确认，不仅是对停工结果的检查确认，也是为了防止在检修过程中发生事故。此项工作一般由安全管理部门牵头组织，相关职能部门和单位参加。

检修条件确认至少包括以下内容：

（1）承包商施工准备情况：

① 提供相应的施工资质和 HSE 业绩证明材料，签订施工 HSE 合同，购买工伤保险和安全生产责任保险。

② 制定检修施工方案，进行了危害识别并制定相应的安全措施，施工方案、应急预案已经相关部门审批完毕。

③ 有健全的 HSE 管理体系并配备具备资质的专职安全生产监督管理人员，配置数量满足要求。

④ 所有参加检修人员已进行两级安全教育并与所在单位签订 HSE 承诺书。

⑤ 为参加检修人员配备合格的个体防护用品。

⑥ 特种作业人员持政府主管部门颁发的特种作业操作资格证书。

（2）施工主管部门负责检查承包商单位和人员资质、特种设备安全等情况，并对承包商施工准备情况进行审核，组织对检修施工方案及 HSE 方案审核。

（3）生产管理部门组织对盲板抽堵情况进行检查，对停工装置（设施）区域标识情况进行检查。

（4）安全生产监督管理部门负责检查承包商人员入厂安全教育，检查下水系统安全防护、安全气采样分析等情况，并对承包商安全准备情况进行审核。

（5）环保监督管理部门负责检查承包商环保措施制定情况、废弃物处置准备情况等。

（6）消防气防监督管理部门负责现场消防、气防措施和设施落实。

（7）电气、仪表等参加检修的单位负责对现场电气仪表设备设施进行安全防护，检查专业安全管理措施落实情况。

（8）生产装置（设施）所在单位负责二级安全教育、盲板抽堵、下水系统处理、应急措施准备、监护人安排等。

上述内容需要进一步细化分解，防止遗漏，逐项明确负责单位，确认后签字，强化责任落实。

四、开工条件联合检查确认

新建生产装置或设施安装、变更或检修完毕，要通过系统的安全检查，确保工艺系统满足设计、安装和测试等相关的要求，符合安全投产的条件。

对于新建生产装置或大修装置，一般分两次进行开工条件确认，即中间交接前进行"三查四定"和装置引料前进行开工条件检查；对于单体设备设施，投入使用前一般只进行开工条件检查。

（一）"三查四定"

"三查四定"，即查设计漏项、查工程质量及隐患、查未完工程量，定任务、定人员、定时间、定措施，限期完成。

"三查四定"一般在项目进度完成了90%～95%时进行，一方面，这时安装工作基本完成，通过现场可以预计工艺设施以后的安全情况，便于开展各项现场检查工作；另一方面，如果发现有需要整改的地方，项目管理部门还有一定的时间去执行，对施工进度影响不大。

（二）中间交接

中间交接，即将建设或大修项目由施工管理单位逐渐交付给生产单位的时间界面。按照中间交接的标准进行"三查四定"并完成问题整改后，就可以进行中间交接。中间交接后，施工进入收尾阶段，生产单位人员进入现场，开始熟悉现场、吹扫试压等工作。中间交接的一般要求：

（1）工程按设计内容完成施工。

（2）工程质量符合国家和行业标准及工程项目合同中约定的内容。

（3）工艺、动力管道的耐压试验完成，系统清洗、吹扫完成，保温基本完成。

（4）静设备无损检验、强度试验、内件安装、清扫完成；安全附件（安全阀、防爆门等）已调试合格。

（5）转动设备单机试车合格（需用物料或特殊介质而未试车者除外）。

（6）大型机组空负荷试车完成，机组仪表、保护性联锁和报警等自控系统调试联合合格。

（7）装置电气、仪表（含计量仪表）、计算机、防毒防火防爆等调试联校合格。

（8）装置区施工临时设施拆除，已经做到"工完、料净、场地清"，竖向工程施工完成。

（9）对联动试运有影响的"三查四定"项目及设计变更项处理完，其他未完施工尾项责任、完成时间已明确。

（三）开工条件确认

生产装置或设施引料前，必须按专业、按工种确认开工条件，最后由分管领导批准引料开工。这项工作一般由生产管理部门牵头组织。开工条件确认至少包括以下内容：

（1）施工完成情况，由施工管理部门和设计管理部门组织施工单位、设计单位、监理单位、生产单位等，对设计的符合性、完整性、施工质量、特种设备取证等情况进行检查确认。

（2）生产单位准备情况，由生产管理部门组织生产单位检查开工方案、操作规程、工艺标准等开工文件是否审核批准，检查操作人员是否培训考核合格，检查原材料、助剂等是否准备到位等。

（3）安全仪表、电气系统调校情况，由设备管理部门组织仪表、电气等单位对仪表联锁、报警、电气保护、电气安全、机泵试运情况进行检查。

（4）公共系统准备情况，由生产管理部门组织有关单位对原材料和水电气风供应、产品和中间产品储存、火炬排放系统等进行检查。

（5）专项安全消防情况，由安全和消防部门组织有关单位对劳动保护设施、消防道路、消防气防设施、应急通信、应急预案等情况进行检查。

（6）专项环境保护情况，由环保部门组织有关单位对"三废"排放和治理、环境应急预案和应急设施等情况进行检查。

上述内容需要进一步细化分解，防止遗漏，逐项明确负责单位，确认后签字，强化责任落实。

（四）开工过程安全管理

步步有确认是确保方案达到预期目的、取得预期效果的必要保证。一般步骤操作员自己确认，关键步骤由工程技术人员进行确认，使操作、进度始终处于受控状态，对开工过程中的引蒸汽、氮气、瓦斯、化工原料等重要步骤，可以提前制定详细的确认检查表，按各职能部门的职责划分进行检查确认，达到条件并签字后，方可进行操作。开工过程重点注意以下事项。

（1）开工前至少必须确认：

① 已经对员工进行了开工方案的培训和考试，员工已熟练掌握。

② 已经完成系统试压并做到气密性良好。

③ 系统的空气已经彻底吹扫完成、置换干净合格，不会产生爆炸性混合气体。

④ 所有管线、设备上的盲板已经全部拆除并做到销号和记录。

（2）开工过程中至少应当做到：

① 使用蒸汽前已经脱净冷凝水。

② 在开工过程中严密监测加热炉的负荷变化，严格执行加热炉的操作规程。

③ 操作人员认真对待各类报警信号，对所发生的各种报警认真检查确认。

④ 当管线、容器内有介质存在时，不带压进行更换垫片、压盘根等操作。

⑤ 各类塔、容器恒温脱水时操作人员不得离开。

⑥ 针对开工阶段产生毒物的过程，现场人员全部佩戴合适的空气呼吸器和便携式有毒气体检测报警仪。

⑦ 开工阶段，各专业人员、各级人员认真巡回检查，及时发现并处理出现的问题。

⑧ 保运单位配备足够的保运人员，随时处理开工过程中出现的各种设备、电气、仪表故障。

⑨ 开工完成后的运行初期，装置工况还不稳定，建议开展一次综合大检查，以及时发现可能存在的技术问题和安全隐患。

第四节 主要化工机械设备安全技术

化工机械设备是化学工业生产中所用的机器和设备的总称。主要分类：①化工机器，指主要作用部件为运动的机械，如各种过滤机、破碎机、离心分离机、旋转窑、搅拌机、旋转干燥机以及流体输送机械等。化工机器的划分是不严格的，一些流体输送机械（如泵、风机和压缩机等）在化工行业常被称作化工机械，但同时它们又是各种工业生产中的通用机械。②化工设备，指主要作用部件是静止的或者只有很少运动的机械，如各种容器（槽、罐、釜等）、普通窑、塔器、反应器、换热器、普通干燥器、蒸发器，反应炉、电解槽、结晶设备、传质设备、吸附设备、流态化设备、普通分离设备以及离子交换设备等。

化工机械设备安全要求：一是应当有足够的强度，为确保化工机械设备长期、稳定、安全地运行，必须保证所有零部件有足够的强度。要求设计和制造单位严把设计、制造质量关，消除隐患，特别是对于压力容器，必须严格按照国家有关标准进行设计、制造和检验，严禁粗制滥造和任意改造结构及选用代材。

二是应当做到密封可靠，化工生产的物料大都是易燃、易爆、有毒和腐蚀性强的介质，如果由于机械设备密封不严而造成泄漏，将会引起燃烧爆炸、灼伤、中毒等事故。因此，不管是高压还是低压设备，在设计、制造、安装及使用过程中，都必须重视化工机械设备的密封问题。

三是必须具备配套的安全保护装置。随着科学技术的发展，现代化工生产装置大量采用了自动控制、信号报警、安全联锁和工业电视等一系列先进手段。自动联锁与安全保护装置的采用，在化工机械设备出现异常时，会自动发出警报或自动采取安全措施，以防事故发生，保证安全生产。

四是应当具有很强的适用性，也就是说当运行条件稍有变化，如温度、压力等条件有变化时，能完全适应并维持正常运行，而且当由于某种原因发生事故时，可立即采取措施，防止事态扩大，并在短时间内予以修复、排除。这除了要求安装有相应的安全保护装置外，还要有方便修复的合理机构，备有标准化、通用化、系列化的零部件。

五是规范运行操作和检维修管理。要求操作人员严格履行岗位责任制，遵守操作规程。严禁违章指挥、违章操作，严禁超温、超压、超负荷运行。同时还要加强维护管理，定期检查设备与机器的腐蚀、磨损情况，发现问题及时修复或更换，特别是化工机械设备达到使用年限后，应及时更新，以防因腐蚀严重或超期服役而发生重大设备事故和人员伤亡事故。

总之，化工机械设备运行状况的好坏，将直接影响化工生产的连续性、稳定性和安全性，而且生产的特殊性使整个装置设备存在许多不安全因素。因此，强化化工机械设备的维护管理，提高职工队伍的安全技术素质，确保化工机械设备的安全运行，在化工生产中越来越重要。

一、主要化工设备类型、危险特性及安全运行的基本要求

化工生产过程十分复杂，需要使用到各种设备，例如，反应设备、换热设备、塔设

备、干燥设备、分离设备、储罐、压缩机、泵等。这些设备的完好性是化工生产的重要安全保障。因此，了解化工机械设备工作原理，掌握其常见的危险特性是安全生产工作者必备的能力。

（一）反应设备

1. 定义

在工业生产过程中，为化学反应提供反应空间和反应条件的装置称为反应设备或反应器（图2-7）。它是石油、化工、医药、生物、橡胶、染料等行业生产中的关键设备之一，主要用于完成氧化、氢化、磺化、烃化、水解、裂解、聚合、缩合及物料混合、溶解、传热和悬浮液制备等工艺过程，使物质发生质的变化，生成新的物质而得到所需要的中间产物或最终产品。可见，反应设备对产品生产的产量和质量起着决定作用。

图2-7 反应设备

2. 常用反应设备的类型

反应设备的结构型式与工艺过程密切相关，种类也各不相同，如用于有机染料和制药工业的各种反应釜，制碱工业的苛化桶，炼化装置的加氢、重整反应器，化肥工业的甲醇合成塔和氨合成塔以及乙烯工程高压聚乙烯聚合釜等。常见反应设备的类型包括：

（1）管式反应器。由长径比较大的空管或填充管构成，可用于实现气相反应和液相反应。

（2）釜式反应器。由长径比较小的圆筒形容器构成，常装有机械搅拌或气流搅拌装置，可用于液相单相反应过程和液液相、气液相、气液固相等多相反应过程。用于气液相反应过程的称为鼓泡搅拌釜（见鼓泡反应器）；用于气液固相反应过程的称为搅拌釜式浆态反应器。

（3）有固体颗粒床层的反应器。气体和液体通过固定的或运动的固体颗粒床层以实现多相反应过程，包括固定床反应器、流化床反应器、移动床反应器、涓流床反应器等。

（4）塔式反应器。用于实现气液相或液液相反应过程的塔式设备，包括填充塔、板式塔、鼓泡塔等。

（5）喷射反应器。利用喷射器进行混合，实现气相或液相单相反应过程和气液相、液液相等多相反应过程的设备。

（6）其他多种非典型反应器。如回转窑、曝气池等。

3. 反应设备的危险性

反应设备中的化学反应需在一定的条件（压力、温度、催化剂等）下进行。因此，反应设备属于维持一定压力、完成化学反应的压力容器，通常还装设一些加热（冷却）装置、触媒筐和搅拌器，以便于对反应进行控制。此外，由于涉及反应器物系配置、投料速度、投料量、升温冷却系统、检测、显示、控制系统以及反应器结构、搅拌、安全装置、泄压系统等。反应设备具有较大的危险性，易于引发各类事故，如检修中未进行彻底置换、违章动火、物料性能不清、开车程序不严格、操作中超压和泄漏造成的爆炸事故，因泄漏严重、违章进入釜内作业造成的中毒事故等。触媒中毒、冷管失效也是常见的反应器事故形式。

1）固有危险性

（1）物料：化工反应设备中的物料大多属于危险化学品，如果物料属于自燃点和闪点较低的物质，一旦泄漏后，会与空气形成爆炸性混合物，遇到点火源（明火、火花、静电等），可能引起火灾爆炸，如果物料属于毒害品，一旦泄漏，可能造成人员中毒、窒息。

（2）设备装置：反应器设计不合理、设备结构形状不连续、焊缝布置不当等，可能引起应力集中；材质选择不当，制造容器时焊接质量达不到要求，以及热处理不当等，可能使材料韧性降低；容器壳体受到腐蚀性介质的侵蚀、强度降低或安全附件缺失等，均有可能使容器在使用过程中发生爆炸。

2）操作过程危险性

反应设备在生产操作过程中主要存在以下风险：

（1）反应失控引起火灾爆炸：许多化学反应，如氧化、氯化、硝化、聚合等，均为强放热反应。若反应失控或突遇停电、停水，造成反应热蓄积，反应釜内温度急剧升高、压力增大，超过其耐压能力，会导致容器破裂；不稳定的过热液体会引起二次爆炸（蒸汽爆炸）；喷出的物料再迅速扩散，反应釜周围空间被可燃液体的雾滴或蒸汽笼罩，遇点火源还会发生三次爆炸（混合气体爆炸）。导致反应失控的主要原因有反应热未能及时移出、反应物料没有均匀分散和操作失误等。

（2）反应容器中高压物料窜入低压系统引起爆炸：与反应容器相连的常压或低压设备，由于高压物料窜入，超过反应容器承压极限，从而发生物理性容器爆炸。

（3）水蒸气或水漏入反应容器发生事故：如果加热用的水蒸气、导热油或冷却用的水漏入反应釜、蒸馏釜，可能与釜内的物料发生反应，分解放热，造成温度、压力急剧上升，物料冲出，发生火灾事故。

（4）蒸馏冷凝系统缺少冷却水发生爆炸：物料在蒸馏过程中，如果塔顶冷凝器冷却水中断，而釜内的物料仍在继续蒸馏循环，会造成系统由原来的常压或负压状态变成正压，超过设备的承受能力发生爆炸。

（5）容器受热引起爆炸事故：反应容器由于外部可燃物起火，或受到高温热源热辐射，引起容器内温度急剧上升，压力增大发生冲料或爆炸事故。

（6）物料进出容器操作不当引发事故：很多低闪点的甲类易燃液体通过液泵或抽真空的办法从管道进入反应釜、蒸馏釜，这些物料大多数属绝缘物质，导电性较差，如果物料流速过快，会造成积聚的静电不能及时导除，发生燃烧爆炸事故。

4. 反应器安全运行的基本要求

反应器应该满足反应动力学要求、热量传递的要求、质量传递过程与流体动力学过程的要求、工程控制的要求、机械工程的要求、安全运行要求，基本要求如下：

（1）必须有足够的反应容积，以保证设备具有一定的生产能力。保证物料在设备中有足够的停留时间，使反应物达到规定的转化率。

（2）有良好的传质性能，使反应物料之间或与催化剂之间达到良好的接触。

（3）适当的温度下进行。

（4）有足够的机械强度和耐腐蚀能力，并要求运行可靠，经济适用。

（5）在满足工艺条件的前提下，结构尽量合理，并具有进行原料混合和搅拌的性能，易加工。

（6）材料易得到，价格便宜。

（7）操作方便，易于安装、维护和检修。

（8）开停工要注意升温、升压速度以及降温、降压速度的控制。

（二）换热设备

1. 定义

在工业生产中，为了工艺流程的需要，往往需要进行各种不同方式的热量变换，如加热、冷却、蒸发和冷凝等，换热器就是用来实现上述热量交换与传递的设备。通过各种设备，以便使热量从温度较高的流体传递给温度较低的流体，以满足生产工艺的需要。换热器在化工生产中起着非常重要的作用，它对于装置的安稳长期运行和热能有效利用的经济性等方面都有很大的影响。因此换热器（图 2-8）的正确使用、管理、维护检修等都非常重要。

图 2-8 换热器

2. 分类

1）换热器按传热原理分类

（1）表面式换热器。表面式换热器是温度不同的两种流体在被壁面分开的空间里流动，通过壁面的导热和流体在壁表面对流，两种流体之间进行换热。表面式换热器有管壳式、套管式、板式和其他型式的换热器。

（2）蓄热式换热器。蓄热式换热器通过固体物质构成的蓄热体，把热量从高温流体传递给低温流体，热介质先通过加热固体物质达到一定温度后，冷介质再通过固体物质被加热，使之达到热量传递的目的。蓄热式换热器有旋转式、阀门切换式等。

（3）流体连接间接式换热器。流体连接间接式换热器，是两个表面式换热器由在其中循环的热载体连接起来的换热器，热载体在高温流体换热器和低温流体换热器之间循环，在高温流体换热器接受热量，在低温流体换热器把热量释放给低温流体。

（4）直接接触式换热器。直接接触式换热器是两种流体直接接触进行换热的设备，例如，冷水塔、气体冷凝器等。

2）换热器按用途分类

（1）加热器。加热器是把流体加热到必要的温度，但加热流体没有发生相的变化。

（2）预热器。预热器预先加热流体，为工序操作提供标准的工艺参数。

（3）过热器。过热器用于把流体（工艺气或蒸汽）加热到过热状态。

（4）蒸发器。蒸发器用于加热流体达到沸点以上温度，使流体蒸发，一般有相的变化。

3）按换热器的结构分类

可分为：浮头式换热器、固定管板式换热器、U 形管板换热器、板式换热器等。

3. 常见故障及预防措施

1）管束故障

（1）管束的腐蚀、磨损造成管束泄漏或者管束内结垢造成堵塞引起故障。冷却水中含有铁、钙、镁等金属离子及阴离子和有机物，活性离子会使冷却水的腐蚀性增强，其中金属离子的存在引起氢或氧的去极化反应从而导致管束腐蚀。同时，由于冷却水中含有 Ca^{2+}、Mg^{2+} 离子，长时间在高温下易结垢而堵塞管束。为了提高传热效果，防止管束腐蚀或堵塞，采取了以下几种方法：

① 对冷却水进行添加阻垢剂并定期清洗。例如，对煤气冷却器的冷却水采用离子静电处理器或投加阻垢缓蚀剂和杀菌灭藻剂，去除污垢，降低冷却水的硬度，从而减小管束结垢程度。

② 保持管内流体流速稳定。如果流速增大，则导热系数变大，但磨损也会相应增大。

③ 选用耐腐蚀性材料（不锈钢、铜）或增加管束壁厚的方式。

④ 当管的端部磨损时，可在入口 200 mm 长度内接入合成树脂、陶瓷管或钛管等保护管束。

（2）振动造成的故障。造成振动的原因包括：由泵、压缩机的振动引起管束的振动；由旋转机械产生的脉动；流入管束的高速流体（高压水、蒸汽等）对管束的冲击。降低管束的振动常采用以下方法：

① 尽量减少开停车次数。

② 在流体的入口处，安装调整槽，减小管束的振动。

③ 减小挡板间距，使管束的振幅减小。

④ 尽量减小管束通过挡板的孔径。

2）法兰盘泄漏

法兰盘的泄漏是由于温度升高，紧固螺栓受热伸长，在紧固部位产生间隙造成的。因此，在换热器投入使用后，需要对法兰螺栓重新紧固。换热器内的流体多为有毒、高压、高温物质，一旦发生泄漏容易引发中毒和火灾事故，在日常工作中应特别注意以下几点：尽量减少密封垫使用数量和采用金属密封垫；采用以内压力紧固垫片的方法；采用可计量力矩扳手等易紧固的作业方法。

（三）储罐

相关内容参见第四章化学品储运安全技术。

（四）塔

1. 定义

塔设备（图2-9）是化工、炼油生产中最重要的设备之一。塔是化工生产过程中可使气液或液液两相之间进行紧密接触，达到相际传质及传热目的的设备。塔设备的基本功能在于提供气、液两相以充分接触的机会，使传质、传热两种传递过程能够迅速有效地进行；并能使接触之后的气、液两相及时分开，互不夹带。

图2-9 塔设备

2. 塔设备的分类

（1）按操作压力分类：加压塔，减压塔，常压塔。

（2）按化工单元操作分类：精馏塔，吸收塔和解吸塔，萃取塔，反应塔，再生塔，干燥塔。

（3）按气液接触的基本构件分类：填料塔，板式塔。

二、主要化工机械类型、危险特性及安全运行的基本要求

（一）分离设备

1. 定义

分离器（图 2 - 10）是把混合的物质分离成两种或两种以上不同的物质的机器。

图 2 - 10　分离器

2. 分离器工作原理

1）离心式工作原理

离心分离器又称离心机。利用离心力将溶液中密度不同的成分进行分离的一种设备。可进行固液分离、液液分离（重液体和轻液体及乳浊液等）。该设备的主要部分是电机带动一个可旋转的圆筒，称作转鼓。有的转鼓壁上有很多小孔，离心分离时，转鼓壁上衬有滤布，使固体物留在鼓壁而液体通过小孔甩出。也有的转鼓无小孔，被甩液体可以用导管排出。

旋风分离器也是一种离心分离设备，是利用离心力分离气流中固体颗粒或液滴的设备。

油雾分离器也是一种离心分离设备，当控制器接通电源时，吸雾口产生的强大负压迫使油雾被定向吸入吸雾器内。油雾微粒在吸雾器内风轮的作用下发生碰撞，微小的颗粒集合成能被控制的较大颗粒，在高效吸雾材料的阻挡下被拦截下来，通过回流口收集并回收。

2）静电式工作原理

静电分离器又称静电分离设备，是通过高压静电、把导体物质与非导体物质进行分离的设备。

静电油雾分离器是静电分离器的一种，是利用静电场对油雾进行分离的设备。其主要原理是静电力的作用。在静电油雾分离器中，通过加高电压在极板之间建立强电场，当油雾通过时，由于静电作用力的作用，使油雾被吸附在导电板上，从而实现油雾的分离。

静电油雾分离器工作时，油雾经过进气口进入设备，随后被高压电场进行分离。在分离过程中，油雾被静电场吸附在导电板上，而清洁空气透过导电板被释放到空气当中，从而使得油雾与空气分离，达到净化效果。被吸附在导电板上的油雾经过积累，积聚至一定程度后通过定期清洗导电板来保证设备的正常工作。

图 2-11　压缩机

（二）压缩机组

1. 定义

压缩机（图 2-11）是用来提高气体压力和输送气体的机械。

2. 压缩机分类

（1）按作用原理分：容积式和速度式（离心式，也叫透平式）压缩机。

（2）按压送的介质分类：空气压缩机、氮气压缩机、氧气压缩机、氢气压缩机等。

（3）按排气压力分类：低压（0.3～1.0 MPa）、中压（1.0～10 MPa）、高压（10～100 MPa）、超高压（>100 MPa）。

（4）按结构型式分类：压缩机分为容积式和速度式。容积式压缩机可分为回转式（包括螺杆式、滑片式、罗茨式）、往复式（包括活塞式、隔膜式）；速度式压缩机可分为离心式、轴流式、喷射式、混流式。

（三）泵

1. 定义

泵，一种用以增加液体或气体的压力，使之输送流动的机械，是一种用来移动液体、气体或特殊流体介质的装置，即是对流体做功的机械。

2. 分类

1）按工作原理分

（1）容积式泵。靠工作部件的运动造成工作容积周期性地增大和缩小而吸排液体，并靠工作部件的挤压而直接使液体的压力能增加。

根据运动部件运动方式的不同又分为往复泵和回转泵两类。

根据运动部件结构不同有活塞泵和柱塞泵，有齿轮泵、螺杆泵、叶片泵和水环泵。

（2）叶轮式泵。叶轮式泵是靠叶轮带动液体高速回转而把机械能传递给所输送的液体。

根据泵的叶轮和流道结构特点的不同叶轮式又可分为：①离心泵（centrifugal pump）；②轴流泵（axial pump）；③混流泵（mixed-flow pump）；④旋涡泵（vortex pump）。

（3）喷射式泵（jet pump），是靠工作流体产生的高速射流引射流体，然后再通过动量交换而使被引射流体的能量增加。

2）按泵轴位置分

（1）立式泵（vertical pump）。

（2）卧式泵（horizontal pump）。

3）按吸口数目分

（1）单吸泵（single suction pump）。

（2）双吸泵（double suction pump）。

4）按驱动泵的原动机分

（1）电动泵（motor pump）。

（2）汽轮机泵（gas turbine pump）。

（3）柴油机泵（diesel pump）。

（4）气动隔膜泵（diaphragm pump）。

3. 性能参数

主要有流量和扬程，此外还有轴功率、转速和必需汽蚀余量。流量是指单位时间内通过泵出口输出的液体量，一般采用体积流量；扬程是单位质量输送液体从泵入口至出口的能量增量，对于容积式泵，能量增量主要体现在压力能增加上，所以通常以压力增量代替扬程来表示。泵的效率不是一个独立性能参数，它可以由别的性能参数如流量、扬程和轴功率按公式计算求得。反之，已知流量、扬程和效率，也可求出轴功率。

泵的各个性能参数之间存在着一定的相互依赖变化关系，可以通过对泵进行试验，分别测得和算出参数值，并画成曲线来表示，这些曲线称为泵的特性曲线。每一台泵都有特定的特性曲线，由泵制造厂提供。通常在工厂给出的特性曲线上还标明推荐使用的性能区段，称为该泵的工作范围。

泵的实际工作点由泵的曲线与泵的装置特性曲线的交点来确定。选择和使用泵，应使泵的工作点落在工作范围内，以保证运转经济性和安全。此外，同一台泵输送黏度不同的液体时，其特性曲线也会改变。通常，泵制造厂所给的特性曲线大多是指输送清洁冷水时的特性曲线。对于动力式泵，随着液体黏度增大，扬程和效率降低，轴功率增大，所以工业上有时将黏度大的液体加热使黏性变小，以提高输送效率。

4. 主要用途

泵主要用来输送液体包括水、油、酸碱液、乳化液、悬乳液和液态金属等，也可输送液体、气体混合物以及含悬浮固体物的液体。

三、阀门

阀门（图 2 - 12）是管路流体输送系统中的控制部件，用来改变通路断面和介质流动方向，具有导流、截止、节流、止回、分流或溢流卸压等功能。在流体系统中，阀门是用来控制流体的方向、压力、流量的装置，使配管和设备内的介质（液体、气体、粉末）流动或停止并能控制其流量的装置。

用于流体控制的阀门，从最简单的截止阀到极为复杂的自控系统中所用的各种阀门，其品种和规格繁多，阀门的公称通径从极微小的仪表阀大至通径达 10 m 的工业管路用阀。可用于控制水、蒸汽、油品、气体、泥浆、各种腐蚀性介质、液态金属和放射性流体等各种类型流体的流动。阀门的工作压力可从 0.0013 MPa 的微压到 1000 MPa 的超高压，工作温度从 -270 ℃ 的超低温到 1430 ℃ 的超高温。阀门根据材质还分为铸铁阀门、铸钢阀门、不锈钢阀门（201、304、316 等）、铬钼钢阀门、铬钼钒钢阀门、双相钢阀门、塑料阀门、非标订制阀门等。

图 2 - 12 各类阀门

阀门的控制可采用多种传动方式，如手动、电动、液动、气动、涡轮、电磁动、电磁液动、电液动、气液动、正齿轮、伞齿轮驱动等；可以在压力、温度或其他形式传感信号的作用下，按预定的要求动作，或者不依赖传感信号而进行简单的开启或关闭，阀门依靠驱动或自动机构使其启闭件作升降、滑移、旋摆或回转运动，从而改变其流道面积的大小以实现其控制功能。

（一）分类

1. 按照作用和用途分类

（1）截断类阀门：如闸阀、截止阀、旋塞阀、球阀、蝶阀、针型阀、隔膜阀等。截断类阀门又称闭路阀，其作用是接通或截断管路中的介质。

（2）止回类阀门：如止回阀。止回阀又称单向阀或逆止阀，止回阀属于一种自动阀门，其作用是防止管路中的介质倒流、防止泵及驱动电机反转，以及防止容器介质的泄漏。水泵吸水管的底阀也属于止回类阀门。

（3）安全类阀门：如安全阀、防爆阀、事故阀等。安全类阀门的作用是当安装此类阀门的管路或装置内介质的压力超过此类阀门的设定压力时，能够及时开启泄放能量，防止管路或装置中的介质压力超过规定数值，从而达到安全保护的目的。

（4）调节类阀门：如调节阀、节流阀和减压阀。其作用是调节介质的压力、流量等参数。

（5）真空类阀门：如真空球阀、真空挡板阀、真空充气阀、气动真空阀等。真空类阀门是指在真空系统中，用来改变气流方向，调节气流量大小，切断或接通管路的真空系统元件。

（6）特殊用途类阀门：如清管阀、放空阀、排污阀、排气阀、过滤器等。排气阀是管道系统中必不可少的辅助元件，广泛应用于锅炉、空调、石油天然气、给排水管道中，往往安装在制高点或弯头等处，用以排除管道中多余气体，提高管道使用效率及降低能耗。

2. 按照公称压力分类

(1) 真空阀：指工作压力低于标准大气压的阀门。

(2) 低压阀：指公称压力 ≤1.6 MPa 的阀门。

(3) 中压阀：指公称压力为 2.5 MPa、4.0 MPa、6.4 MPa 的阀门。

(4) 高压阀：指公称压力为 10.0～80.0 MPa 的阀门。

(5) 超高压阀：指公称压力 ≥100.0 MPa 的阀门。

3. 按照工作温度分类

(1) 超低温阀：用于介质工作温度 $t < -101 ℃$ 的阀门。

(2) 常温阀：用于介质工作温度 $-29 ℃ < t < 120 ℃$ 的阀门。

(3) 中温阀：用于介质工作温度 $120 ℃ < t < 425 ℃$ 的阀门。

(4) 高温阀：用于介质工作温度 $t > 425 ℃$ 的阀门。

4. 按照驱动方式分类

阀门按照驱动方式可分为手动阀和机械驱动阀。机械驱动阀又可分为气动阀、液压阀和电动阀。此外，还有以上几种驱动方式的组合，如气电动阀等。

电力驱动阀是常用的驱动方式阀门，通常称这种驱动装置为阀门电动装置。阀门电动装置一般由传动机构（减速器）、电动机、行程控制机构、转矩限制机构、手动－电动切换机构、开度指示器等组成。阀门电动装置按所驱动的阀门类型不同，可分为 Z 型和 Q 型两大类。Z 型阀门电动装置的输出轴可以转出很多圈，适用于驱动闸阀、截止阀、隔膜阀等；Q 型阀门电动装置的输出轴只能旋转 90°，适用于驱动旋塞阀、球阀和蝶阀等。按其防护类型有普通型、隔爆型（以 B 表示）、耐热型（以 R 表示）和三合一型（即户外、防腐、隔爆，以 S 表示）。

阀门电动装置的特点如下：

(1) 启闭迅速，可以大大缩短启闭阀门所需的时间。

(2) 可以大大减轻操作人员的劳动强度，特别适用于高压、大口径阀门。

(3) 适用于安装在不能手动操作或难于接近的位置，易于实现远距离操纵，而且安装高度不受限制。

(4) 有利于整个系统的自动化。

(5) 电源比气源和液源容易获得，其电线的敷设和维护也比压缩空气和液压管线简单得多。

(6) 构造复杂，在潮湿的地方使用更为困难，用于易爆介质时，需要采用隔爆措施。

5. 按照公称通径分类

(1) 小通径阀门：公称通径 DN ≤40 mm 的阀门。

(2) 中通径阀门：公称通径 DN 为 50～300 mm 的阀门。

(3) 大通径阀门：公称通径 DN 为 350～1200 mm 的阀门。

(4) 特大通径阀门：公称通径 DN ≥1400 mm 的阀门

6. 按照结构特征分类

阀门根据关闭件相对于阀座移动的方向可分为以下 6 种。

(1) 截门形：关闭件沿着阀座中心移动，如截止阀。

（2）旋塞和球形：关闭件是柱塞或球，围绕本身的中心线旋转，如旋塞阀、球阀。

（3）闸门形：关闭件沿着垂直阀座中心移动，如闸阀、闸门等。

（4）旋启形：关闭件围绕阀座外的轴旋转，如旋启式止回阀等。

（5）蝶形：关闭件的圆盘，围绕阀座内的轴旋转，如蝶阀、蝶形止回阀等。

（6）滑阀形：关闭件在垂直于通道的方向滑动，如滑阀等。

7. 按照连接方法分类

（1）螺纹连接阀：阀体带有内螺纹或外螺纹，与管道螺纹连接。

（2）法兰连接阀：阀体带有法兰，与管道法兰连接。

（3）焊接连接阀：阀体带有焊接坡口，与管道焊接连接。

（4）卡箍连接阀：阀体带有夹口，与管道夹箍连接。

（5）卡套连接阀：与管道采用卡套连接。

（6）对夹连接阀：用螺栓直接将阀门及两头管道穿夹在一起的连接形式。

8. 按照阀体材料分类

（1）金属材料阀门：其阀体等零件由金属材料制成，如铸铁阀门、铸钢阀、合金钢阀、铜合金阀、铝合金阀、铅合金阀、钛合金阀、蒙乃尔合金阀等。

（2）非金属材料阀门：阀体等零件由非金属材料制成，如塑料阀、搪瓷阀、陶瓷阀、玻璃钢阀门等。

（二）安全阀

安全阀（又称泄压阀）是根据压力系统的工作压力（工作温度）自动启闭，一般安装于封闭系统的设备或管路上以保护系统安全。当设备或管道内压力或温度超过安全阀设定压力时，即自动开启泄压或降温，保证设备和管道内介质压力（温度）在设定压力（温度）之下，保护设备和管道正常工作，防止发生意外，减少损失。

安全阀主要被广泛应用于蒸汽锅炉、液化石油气汽车槽车或液化石油气铁路罐车、采油井、蒸汽发电设备的高压旁路、压力管道、压力容器等。安全阀口径一般都不大，常用的都在 DN15 ~ DN80 之间，超 150 mm 一般都称为大口径安全阀。

1. 定义

安全阀是一种自动阀门，它不借助任何外力，只是利用介质本身的能量来排出一定数量的介质，以防止压力超过额定的安全值。当压力恢复正常后，阀门再自行关闭并阻止介质继续流出。

2. 类型

1）直接载荷式安全阀

一种仅靠直接的机械加载装置如重锤、杠杆加重锤或弹簧来克服由阀瓣下介质压力所产生作用力的安全阀。

2）平衡式安全阀

一种采取措施将背压对动作特性（整定压力、回座压力以及排量）的影响降低到最小限度的安全阀。

3）先导式安全阀

一种依靠从导阀排出介质来驱动或控制的安全阀，该导阀本身应是一种直接载荷式安全阀。

4）带动力辅助装置的安全阀

该安全阀借助一个动力辅助装置（如气压、液压、电磁等），可以在压力低于正常整定压力时开启。

3．安装

1）安装位置

安全阀的安装位置应当符合以下要求：

（1）在设备或者管道上的安全阀竖直安装。

（2）一般安装在靠近被保护设备，安装位置易于维修和检查。

（3）蒸汽安全阀装在锅炉的锅筒、集箱的最高位置，或者装在被保护设备液面以上气相空间的最高处。

（4）液体安全阀装在正常液面的下面。

2）进出口管道

安全阀的进出口管道应当符合以下要求：

（1）安全阀的进出口管道直径不小于安全阀的进口直径，如果几个安全阀共用一条进口管道时，进口管道的截面积不应小于这些安全阀的进口截面积总和。

（2）安全阀的出口管道直径不小于安全阀的出口直径，安全阀的出口管道接向安全地点。

（3）安全阀出口的排放管上如果装有消声器，必须有足够的流通面积，以防止安全阀排放时所产生的背压过高而影响安全阀的正常动作及其排放量。

（4）安全阀的进出口管道一般不允许设置截断阀，必须设置截断阀时，需要加铅封，并且保证锁定在全开状态，截断阀的压力等级需要与安全阀进出口管道的压力等级一致，截断阀进出口公称直径不小于安全阀进出口法兰的公称直径。

3）安装前检查

安全阀安装前，应当按照《安全阀安全技术监察规程》（TSG ZF001）附录 B 的要求进行宏观检查、整定压力和密封试验，有特殊要求时，还应当进行其他性能试验。

4．使用

1）选用

安全阀的选用应当符合以下要求：

（1）安全阀适用于清洁、无颗粒、低黏度的流体。

（2）全启式安全阀适用于排放气体、蒸汽或者液体介质，微启式安全阀一般适用于排放液体介质，排放有毒或者可燃性介质时必须选用封闭式安全阀。

2）日常检修

安全阀在使用中应当按照以下要求做好日常检查和维护工作：

（1）安全阀使用单位需要经常检查安全阀的密封性能及其与管路连接处的密封性能。

（2）运行中安全阀开启并回位后，需要检查其有无异常情况，并且进行记录。

（3）运行中发现安全阀不正常（泄漏或者其他故障）时，需要及时进行检修或者更换。

（4）锅炉运行中，安全阀需要定期进行手动排放试验，锅炉停止使用后又重新启用时，安全阀也需要进行手动排放试验。

5. 定期检查

1）在线检查和检测

（1）在线检查和检测的含义与人员要求：在线检查和检测是指在在线状态下（安全阀安装在设备上受压或不受压状态下）对安全阀进行的检查和检测。从事在线检测的人员应当在设备操作、在线检测装置使用以及现场问题处理等方面受过专业培训并取得特种设备作业人员证书。

（2）在线检查内容：

① 安全阀的资料是否齐全（铭牌、质量证明文件、安装号、校验记录及报告）。

② 安全阀安装是否正确。

③ 安全阀外部调节机构的铅封是否完好。

④ 有无影响安全阀正常功能的因素。

⑤ 必须设置截断阀的情况时，其安全阀进口前和出口后的截断阀铅封是否完好并且处于正常开启位置。

⑥ 安全阀有无泄漏。

⑦ 安全阀外表有无腐蚀情况。

⑧ 为波纹管设置的泄出孔应当敞开和清洁。

⑨ 提升装置（扳手）动作有效，并处于适当位置。

⑩ 安全阀外部相关附件完整无损并且正常。

（3）在线检测方法：

① 采用被保护系统及其压力进行试验。

② 采用其他压力源进行试验

③ 采用辅助开启装置进行试验。

（4）在线检测工作的基本要求：

① 在线检测前，对被检测安全阀按照《安全阀安全技术监察规程》（TSG ZF001）B6.1.2进行检查。

② 在线检测时，检测单位制定切实可行的检测程序，并且做好各项物质准备和技术准备。

③ 在线检测时，使用单位的主管技术人员和操作人员必须到场，当发现有偏离正常操作状况的迹象时，必须立即停止并且及时采取措施，确保安全。

④ 在线检测过程中必须注意防止高温、噪声以及介质泄漏对人员的伤害。

⑤ 在线检测装置能够保证安全阀的基本性能要求。

⑥ 做好在线检查和检测记录并且存档。

2）离线检查

离线检查是指在离线状态下，将安全阀从设备上拆下，对安全阀进行的检查。

（1）离线检查条件：

① 安全阀校验有效期已经到期。

② 在线运行时，安全阀出现故障或者性能不正常。

③ 安全阀从被保护设备上拆卸下来。

（2）离线检查的工作内容：

① 从被保护设备上拆卸安全阀。

② 宏观检查。

③ 检查整定压力。

④ 分解安全阀，并且对零件进行清洗和检查。

⑤ 零件的检修和更换。

⑥ 重新装配安全阀。

⑦ 调整整定压力。

⑧ 检查阀座集气密封垫片的密封性。

⑨ 完成必需的记录。

其中，①、⑤、⑥属于离线检查时需要做的拆卸、更换和装配工作。

（3）离线检查工作基本要求：

① 安全阀拆卸下来前，必须做好检查工作计划，以便尽量减少离线持续时间，并且在工艺管线上采取相应的安全措施。

② 在进行安全阀检查和维修前，其设备如果在运行状态，需要采取预防措施维持被保护设备的安全，并且采取预防措施防止阀体及其连接部件内残存的有毒、易燃介质造成事故。

③ 离线检查前，必须获得每台安全阀自从上次检查后在线运行期间异常情况的记录。

④ 每个从被保护设备上拆卸的安全阀，需要携带一个可以识别的标签，标明设备号、工位号、整定压力、最后一次校验日期。

（4）处理。安全阀有以下情况时，应当停止使用并且更换，其中有①～⑤项问题的安全阀应当予以报废：

① 阀瓣和阀座密封面损坏，已经无法修复。

② 导向零件锈蚀严重，已经无法修复。

③ 调节圈锈蚀严重，已经无法进行调节。

④ 弹簧腐蚀，已经无法使用。

⑤ 附件不全而无法配置。

⑥ 历史记录丢失。

⑦ 选型不当。

3）校验

（1）校验周期。安全阀的校验周期应当符合以下要求：

① 安全阀定期校验，一般每年至少一次，安全技术规范有相应规定的从其规定。

② 经解体、修理或更换部件的安全阀，应当重新进行校验。

（2）校验周期的延长。当符合以下基本条件时，安全阀校验周期可以适当延长，延长期限按照相应安全技术规范的规定：

① 有清晰的历史记录，能够说明被保护设备安全阀的可靠使用。

② 被保护设备的工艺运行条件稳定。

③ 安全阀内件材料没有被腐蚀。

④ 安全阀在线检查和在线检测均符合使用要求。

⑤ 有完善的应急预案。

对生产需要长周期连续运转时间超过 1 年以上的设备，可以根据同类设备的实际使用情况和设备制造质量的可靠性以及生产操作采取的安全可靠措施等条件，并且符合《安全阀安全技术监察规程》(TSG ZF001) 要求，可以适当延长安全阀校验周期。

6. 技术档案

安全阀的制造单位、使用单位、校验单位都应当建立安全阀技术档案。

1）制造单位的技术档案

安全阀制造单位的技术档案内容按《安全阀安全技术监察规程》(TSG ZF001) B3.4.5 规定。

2）使用单位的技术档案

安全阀使用单位的技术档案应当包括以下内容：

（1）安全阀制造单位的产品质量证明文件、安装及其使用维护、校验说明书。

（2）安全阀定期检查记录及报告。

（3）延期校验的批准文件。

（4）安全阀的日常使用状况和维护保养记录。

（5）安全阀运行故障和事故记录。

3）维护、检修和校验单位的技术档案

安全阀维护、检修和校验单位的技术档案应当包括安全阀维护、检修记录和安全阀校验记录和报告。安全阀报废时，还应当有报废安全阀的有关记录档案。

7. 标志

1）标志内容

在安全阀铭牌上或者安全阀外表面至少有以下内容的明显标志，其中产品编号应当为阀体上的永久性标志：

（1）安全阀制造许可证编号及标志。

（2）制造单位名称。

（3）安全阀型号。

（4）制造日期及其产品编号。

（5）公称压力（压力级）。

（6）流道直径或者流道面积。

（7）整定压力。

（8）阀体材料。

（9）额定排量系数或者对某一流体保证的额定排量。

2）铭牌材料及其固定

铭牌应当用耐腐蚀材料制造，而且必须牢固固定在阀体或者阀盖外表面。

3）出厂资料

每台安全阀交付用户时，制造单位必须随产品附带以下资料：

（1）质量证明文件。

（2）安全阀简图以及材料明细表。

（3）安装及其使用维护、校验说明书。

（4）制造单位与用户合同规定的有关文件。

4）质量证明文件

安全阀质量证明文件至少包括以下内容：

（1）制造许可证编号。

（2）制造单位名称。

（3）产品名称。

（4）安全阀型号。

（5）产品编号。

（6）制造日期。

（7）公称直径。

（8）流道直径或者流道面积。

（9）公称压力（压力级）。

（10）整定压力（冷态试验差压力）。

（11）排放压力。

（12）开启高度。

（13）启闭压差（或者回座压力）。

（14）适用温度。

（15）适用介质。

（16）阀体材料。

（17）背压力（适用时）。

（18）额定排量系数或者某一流体保证的额定排量。

（19）制造依据的标准。

（20）出厂检验报告。

（21）其他特殊要求。

（22）检查人员签章以及制造单位检验章。

5）产品制造档案

每台安全阀出厂后，制造单位必须将以下资料归档备查：

（1）图纸。

（2）材料质量证明文件。

（3）制造过程中的质量跟踪记录。

（4）出厂检验报告。

（三）爆破片安全装置

爆破片又称防爆片，是一种断裂型的超压防护装置，用来装设在压力容器上，当压力容器内的压力超过正常工作压力并达到设计压力时，即自行爆破，使压力容器内的物料经爆破片断裂后经出口向外排出，避免压力容器本体发生爆炸，泄压后断裂的防爆片不能继续使用，压力容器也被迫停止运行。

1. 定义

（1）爆破片安全装置是指由爆破片（或爆破片组件）和夹持器（或支撑圈）等零部件组成的非重闭式压力泄放装置。在设定的爆破温度下，爆破片两侧压力差达到预定值时爆破片即刻动作（破裂或脱落），并泄放出流体介质。

（2）爆破片是指爆破片安全装置中，因超压而迅速动作的压力敏感元件。

（3）爆破片组件是指由爆破片、背压托架、加强环、保护膜及密封膜等两种或两种以上零件构成的组合件，又称组合式爆破片。

2. 分类

爆破片按失效方式及材料的不同分为如下 4 个类别：

（1）正拱形爆破片，如图 2 – 13 所示。

（2）反拱形爆破片，如图 2 – 14 所示。

（3）平板形爆破片，如图 2 – 15 所示。

（4）石墨爆破片，如图 2 – 16 所示。

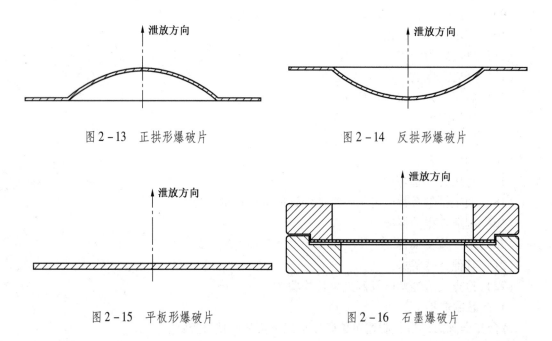

图 2 – 13　正拱形爆破片　　　　　　图 2 – 14　反拱形爆破片

图 2 – 15　平板形爆破片　　　　　　图 2 – 16　石墨爆破片

3. 应用

1）一般要求

（1）爆破片安全装置的应用除满足本部分的要求外，还应符合相应安全技术规范的规定。

（2）爆破片安全装置可以单独使用，也可作为组合泄放装置的一部分与安全阀组合使用。

2）爆破片安全装置单独使用

（1）符合下列条件之一的被保护承压设备，应单独使用爆破片安全装置作为超压泄放装置：

① 容器内压力迅速增加，安全阀来不及反应的。

② 设计上不允许容器内介质有任何微量泄漏的。

③ 容器内介质产生的沉淀物或黏着胶状物有可能导致安全阀失效的。

④ 由于低温的影响，安全阀不能正常工作的。

⑤ 由于泄压面积过大或泄放压力过高（低）等原因安全阀不适用的。

（2）移动式压力容器的相关标准有特殊规定的，如长管拖车和管束式集装箱等被保护承压设备可使用爆破片安全装置作为单一超压泄放装置。

（3）经常超压或温度波动较大的被保护承压设备，不应单独使用爆破片安全装置作为超压泄放装置。

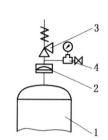

1—承压设备；2—爆破片
安全装置；3—安全阀；
4—指示装置

图 2-17　爆破片
安全装置串联在
安全阀入口侧

3）爆破片安全装置与安全阀组合使用

根据爆破片安全装置与安全阀的连接方式及相对位置的不同，可分为下列三种组合形式：爆破片安全装置串联在安全阀入口侧（图 2-17）、爆破片安全装置串联在安全阀出口侧（图 2-18）、爆破片安全装置与安全阀并联使用（图 2-19）。

（1）爆破片安全装置串联在安全阀入口侧。

① 属于下列情况之一的被保护承压设备，爆破片安全装置应串联在安全阀入口侧：

a）为避免因爆破片的破裂而损失大量的工艺物料或盛装介质的。

b）安全阀不能直接使用场合（如介质腐蚀、不允许泄漏等）的。

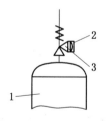

1—承压设备；2—爆破片安全装置；3—安全阀

图 2-18　爆破片安全装置串联在
安全阀出口侧

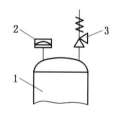

1—承压设备；2—爆破片安全装置；3—安全阀

图 2-19　爆破片安全装置与
安全阀并联使用

c）移动式压力容器中装运毒性程度为极度、高度危害或强腐蚀性介质的。

② 当爆破片安全装置安装在安全阀的入口侧时，应满足下列要求：

a）爆破片安全装置与安全阀组合装置的泄放量应不小于被保护承压设备的安全泄放量。

b）爆破片安全装置公称直径应不小于安全阀入口侧管径，并应设置在距离安全阀入口侧 5 倍管径内，且安全阀入口管线压力损失（包括爆破片安全装置导致的）应不超过其设定压力的 3%。

c）爆破片爆破后的泄放面积应大于安全阀的进口截面积。

d）爆破片在爆破时不应产生碎片、脱落或火花，以免妨碍安全阀的正常排放功能。

e）爆破片安全装置与安全阀之间的腔体应设置压力指示装置、排气口及合适的报警指示器。

③ 入口侧串联爆破片安全装置的安全阀，其额定泄放量应以单个安全阀额定泄放量乘以系数 0.9 作为组合装置泄放量。

（2）爆破片安全装置串联在安全阀的出口侧。

① 若安全阀出口侧有可能被腐蚀或存在外来压力源的干扰时，应在安全阀出口侧设置爆破片安全装置，以保护安全阀的正常工作。

② 移动式压力容器设置的爆破片安全装置不应设置在安全阀的出口侧。

③ 当爆破片安全装置设置在安全阀的出口侧时，应满足下列要求：

a）爆破片安全装置与安全阀组合装置的泄放量应不小于被保护承压设备的安全泄放量。

b）爆破片安全装置与安全阀之间的腔体应设置压力指示装置、排气口及合适的报警指示器。

c）在爆破温度下，爆破片设计爆破压力与泄放管内存在的压力之和应不超过下列任一条件：

（a）安全阀的整定压力。

（b）在爆破片安全装置与安全阀之间的任何管路或管件的设计压力。

（c）被保护承压设备的设计压力。

④ 爆破片爆破后的泄放面积应足够大，以使流量与安全阀的额定排量相等。

⑤ 在爆破片以外的任何管道不应因爆破片爆破而被堵塞。

（3）爆破片安全装置与安全阀并联使用。

① 属于下列情况之一的被保护承压设备，可设置一个或多个爆破片安全装置与安全阀并联使用：

a）防止在异常工况下压力迅速升高的。

b）作为辅助安全泄放装置，考虑在有可能遇到火灾或接近不能预料的外来热源需要增加泄放面积的。

② 安全阀及爆破片安全装置各自的泄放量均应不小于被保护承压设备的安全泄放量。

③ 爆破片的设计爆破压力应大于安全阀的整定压力。

4. 选择

1）一般要求

（1）选择爆破片安全装置时，应考虑爆破片安全装置的入口侧和出口侧两面承受的压力及压力差等因素。

（2）当被保护承压设备存在真空和超压两种工况时，应选用具有超压和负压双重保护作用的爆破片安全装置，或者选用具有超压泄放和负压吸入保护作用的两个单独的爆破片安全装置。

（3）爆破片安全装置的入口侧可能会有物料黏结或固体沉淀的情况下，选择的爆破片类型应与这种工况条件相适应。

（4）选用带背压托架的爆破片时，爆破片泄放面积的计算应考虑背压托架影响。

（5）当爆破片的爆破压力会随着温度的变化而变化时，确定该爆破片的爆破压力时应考虑温度变化的影响。

（6）爆破片安全装置用于液体时，应选择适合于全液相的爆破片安全装置，以确保爆破片爆破时系统的动能将膜片充分开启。

2）爆破片类型的选择

（1）选择爆破片形式时，应综合考虑被保护承压设备的压力、温度、工作介质、最大操作压力比等因素的影响。爆破片的选型可参照《爆破片安全装置　第2部分：应用、选择与安装》（GB 567.2）附录A。

（2）应合理选择爆破片的类型与结构形式，以便获得较长使用周期的爆破片安全装置。

（3）用于爆炸危险介质的爆破片安全装置还应满足如下要求：

① 爆破片爆破时不应产生火花。

② 与安全阀串联时，爆破片爆破时不应产生碎片。

（4）爆破片安全装置的主要技术参数见《爆破片安全装置　第2部分：应用、选择与安装》（GB 567.2）附录B的规定。

3）爆破片材料的选择

（1）根据被保护承压设备的工作条件及结构特点，爆破片可选用铝、镍、奥氏体不锈钢、因康镍、蒙乃尔、石墨等材料。有特殊要求时，也可选用钛、哈氏合金等材料。常用材料的最高允许使用温度见《爆破片安全装置　第1部分：基本要求》（GB 567.1）附录A的规定。

（2）用于腐蚀环境，且有可能导致爆破片安全装置提前失效的，可采用在爆破片表面进行电镀、喷涂或衬膜等防腐蚀处理措施，防止爆破片安全装置腐蚀失效。

（3）综合考虑爆破片在使用环境中入口侧和出口侧的化学和物理条件，合理地选择爆破片材料。

4）爆破压力的选择

（1）爆破片安全装置中爆破片的设计爆破压力应由被保护承压设备的设计单位根据承压设备的工作条件和相关安全技术规范的规定确定。

（2）爆破片安全装置的设计单位应根据被保护承压设备的工作条件、结构特点、使用单位的要求、相应类似工程使用结果、相关安全技术规范的规定及制造范围的影响等因素综合考虑，合理地确定爆破片的最小爆破压力和最大爆破压力。

（3）爆破片安全装置中爆破片爆破压力的确定还应符合《爆破片安全装置　第1部分：基本要求》（GB 567.1）的规定。

5）爆破片泄放量的确定

（1）当爆破片安全装置为唯一超压泄放装置时，其泄压系统的泄放量可采用《爆破

片安全装置 第2部分：应用、选择与安装》(GB 567.2) 5.5.2 或 5.5.3 规定来进行计算。

（2）爆破片安全装置在泄压系统的设置满足下列条件时，其泄放量的计算按《爆破片安全装置 第2部分：应用、选择与安装》(GB 567.2) 附录C的规定：

① 直接向大气排放。

② 爆破片安全装置离承压设备本体的距离不超过8倍管径。

③ 爆破片安全装置泄放管道长度不超过5倍管径。

④ 爆破片安全装置上、下游接管的公称直径不小于爆破片安全装置的泄放口公称直径。

（3）爆破片安全装置在泄压系统的设置不满足《爆破片安全装置 第2部分：应用、选择与安装》(GB 567.2) 5.5.2 中要求或由于爆破片安全装置及其上、下游配置若干管道和配件时，可能会形成较大的流体阻力，这时可以用分析总的系统流通阻力，即考虑爆破片安全装置、管路和包括承压设备上的出口接管、弯头、三通、变径段和阀门等元件的流体阻力来确定泄放量。泄放量的计算采用可接受的工程实践方法进行，结果应乘一个不大于0.9的系数进行修正。

（4）爆破片安全装置流体阻力系数的测定方法按《爆破片安全装置 第4部分：型式试验》(GB 567.4) 的规定。

5. 安装

1）爆破片安全装置的安装位置及管路设置

（1）在系统中的安装位置。

① 爆破片安全装置应设置在承压设备的本体或附属管道上，且应便于安装、检查及更换。

② 爆破片安全装置应设置在靠近承压设备压力源的位置。若用于气体介质，应设置在气体空间（包括液体上方的气相空间）或与该空间相连通的管线上；若用于液体介质，应设置在正常液面以下。

③ 当压力由外界传入承压设备，且能得到可靠控制时，爆破片安全装置应直接安装在承压设备或进口管道上。

④ 有下列情况之一者，可作为是一个受压密闭空间，且在危险的空间（承压设备）设置爆破片安全装置：

a）与压力源相连接的承压设备本身不产生压力，该装置的设计压力达到了压力源的压力时。

b）多个相通的承压设备的设计压力相同或略有差异，承压设备之间采取口径足够大的管道连接，且中间无阀门隔断时。

⑤ 换热器等承压设备，若高温介质有可能泄漏到低温介质而产生蒸气时，应在低温空间一侧设置爆破片安全装置。

（2）爆破片安全装置的管路设置。

① 承压设备和爆破片安全装置之间的所有管路、管件的截面积应不小于爆破片安全装置的泄放面积，爆破片安全装置的排放管的截面积应大于爆破片安全装置泄放面积。

② 爆破片安全装置进口管应尽可能短、直，以免产生过大的压力损失。安装在室外的泄放管应有防雨、防风措施。

③ 当有两个及两个以上爆破片安全装置采用排放汇集管时，汇集管的截面积应不小于各爆破片安全装置出口管道截面积的总和。

④ 爆破片安全装置在爆破时应保证安全，根据介质的性质可采取在室内就地排放（注意排放位置和方向，保证安全）或引导到安全场所排放，同时爆破片的碎片应不阻碍介质的排放。

⑤ 爆破片安全装置的排放管，应通过大半径弯头从装置中接出，在排放管的适当部位开设排泄孔，用于防止凝液等积存在管内。

⑥ 爆破片安全装置的排放管线在安装时，管线的中心线应与爆破片安全装置的中心线对齐，以避免出现爆破片受力不均，造成爆破片抽边或改变爆破压力。在排放物料性能允许的情况下建议采用套管式排放管道，可免除上述隐患，并可将排放管中的凝液、雨水等收集在集液盘中，引入下水道。

⑦ 当爆破片安全装置的排放管中可能有可燃性介质排放时，应采取装设阻火器等预防措施，防止着火的危险。

⑧ 当爆破片安全装置的排放管中可能有毒性程度为中度的介质排放时，应装设辅助设施解除介质毒性后方可排出。

⑨ 在爆破片安全装置的排放系统中，一般不应设置截断阀，当符合《爆破片安全装置　第2部分：应用、选择与安装》（GB 567.2）6.1.4时，可设置截断阀。

（3）爆破片安全装置与安全阀组合装置的安装。

① 爆破片安全装置设置在承压设备和安全阀之间时，在安全阀入口侧应设置压力表、泄放阀等，以防止爆破片和安全阀间形成任何压力积聚。

② 安全阀设置在承压设备和爆破片安全装置之间时，在安全阀的出口侧应设置放空管、排液管等，以防止安全阀和爆破片装置之间形成压力积聚。

③ 爆破片安全装置和安全阀并联组合设置时，各自有引入管和引出管，应分别符合《爆破片安全装置　第2部分：应用、选择与安装》（GB 567.2）6.1.2的要求。

（4）爆破片安全装置的管路上设置截断阀。

① 截断阀应采用直通型结构，其连接形式与强度等应与爆破片安全装置配套，且阀门应能被锁住或铅封（全开或全关时）。

② 当爆破片安全装置与承压设备之间设置截断阀，若承压设备自身产生压力的，且设置截断阀为检修或更换爆破片安全装置用时，则截断阀在正常工况下应保持全开启状态并被锁住或铅封。当需关闭截断阀，且承压设备仍在正常使用时，管理人员应留在现场；当管理人员离开现场，截断阀应处于全开启状态，并有铅封等防止关闭的措施。

③ 当承压设备的压力源来自外界，截断阀能切断压力源时，则截断阀不应将其处于全开启状态。

④ 当爆破片安全装置的排放管与一个共用集管连接时，可在爆破片安全装置的排放侧安装截断阀。在正常工况下，截断阀应处于全开启状态，并有铅封等防止关闭的措施；当需关闭截断阀，且承压设备仍在正常使用时，管理人员应留在现场，若需离开应将截断

阀处于全开启状态，并有铅封等防止关闭的措施。

（5）其他。

① 爆破片安全装置排放管较长时，应考虑到因温度影响使管线变形较大，且可能对爆破片性能严生影响，必要时应安装膨胀节，以减少过度的管线变形。

② 大直径、泄放口向上且安装在室外的爆破片安全装置，在其出口侧应加装防护罩，以避免杂物掉入损伤爆破片。

③ 在冷却时可能会引起腐蚀或固化等情况的高黏度液体介质，应在爆破片安全装置的进口管和出口管线上采用加热或保温措施。

④ 当螺塞型爆破片安全装置需设置排放管时，应安装相关的连接件，以便于安装和更换爆破片。

⑤ 采用块状石墨爆破片时，爆破片出口侧的排放管内径应比石墨的排放孔径大。

2）爆破片安全装置的安装

（1）安装前的注意事项。

① 应核对安装的爆破片安全装置的各项技术参数，应保证其与承压设备的要求一致。

② 认真阅读安装说明书，了解其安装要求，并严格按安装说明书的要求进行操作。

③ 在安装前，管线系统清扫干净，避免有固体物品损伤爆破片，法兰、夹持器等密封面应清理擦拭干净，擦拭时应避免使密封面损伤。

④ 除制造单位同意外，爆破片安全装置中的任何一个部件，在任何情况下都不应更改。

（2）爆破片组件。

① 爆破片从盒内取出，确认表面无缺陷及损伤后，小心地放入夹持器中，安装中应避免损坏。

② 爆破片安装时，应确认其与夹持器的标志一致、泄放方向一致。

③ 除制造单位同意外，爆破片与夹持器的密封面上不允许附加保护膜、垫片等物品。

（3）夹持器。

① 夹持器的内部结构与尺寸应能保证爆破片正常发挥其性能和爆破片爆破后泄放面积的开启。

② 夹持器的外部结构与尺寸应和系统联结方式的要求一致。

③ 夹持器与爆破片（或其组件）组装后，其端面一般应高出爆破片的拱顶表面，有特殊要求时，也可以采用低于爆破片的拱顶表面的设计结构，但应经使用单位技术负责人同意，并采取适当的保护措施，防止爆破片安全装置在储运或安装过程中受到意外损坏。

④ 带刀架的夹持器应检查刀片，当有损伤缺口或刀口明显变钝时应进行更换。

⑤ 反拱脱落型爆破片，夹持器上应设置捕集器装置。

⑥ 当爆破片安全装置的出口侧需连接安全阀或另一个爆破片安全装置时，夹持器上应有通孔，以便安装压力表、泄放阀等。

（4）法兰、螺栓系统。

① 爆破片安全装置放入法兰时，应注意泄放箭头的方向，安装在管道上时不允许装反。

② 当爆破片安全装置的夹持器为插入式时，夹持器应安装在法兰的中心，保证其密封面和法兰的密封面完全对齐，不允许偏心。

③ 爆破片安全装置和法兰间采用的密封垫片应能保证密封性能，且不影响爆破片安全装置的爆破性能。

④ 爆破片安全装置放入法兰内后，螺栓的拧紧应采用对称、交替、每次少量、逐次加载的方式进行紧固，不允许单方向依次并一次拧紧；如有扭矩要求时，应采用扭力扳手按规定力矩值拧紧。

（5）标志。

① 带有标志牌的爆破片安全装置在安装时，标志牌应尽量放置在便于识别的方位。

② 当爆破片不能安装标志牌时，应将标志牌固定在爆破片安全装置的附近，以便于检查是否已装配了安全装置并能识别其性能参数。

③ 当爆破片安全装置采用保温措施或其他原因，导致标志牌无法看清时，应制作一块永久性标志牌，固定在爆破片安全装置的附近。该标志牌与原标志牌的标识内容应一致。

6. 爆破片安全装置的使用

使用单位应当对爆破片安全装置进行日常检查、定期检查以及定期更换，并且保留爆破片安全装置使用技术档案。

1）日常检查

使用单位应当经常检查爆破片安全装置是否有介质渗漏现象。如果爆破片为外露式安装时，应当查看爆破片是否有表面损伤、腐蚀和明显变形等现象。

2）定期检查

爆破片安全装置定期检查周期可以根据使用单位具体情况作出相应的规定，但是定期检查周期最长不得超过1年。定期检查应当包括以下内容：

（1）检查爆破片安全装置安装方向是否正确，核实铭牌上的爆破压力和爆破温度是否符合运行要求。

（2）检查爆破片外表面有无损伤和腐蚀情况，是否有明显变形，有无异物黏附，有无泄漏等。

（3）爆破片安全装置与安全阀串联使用时，检查爆破片安全装置与安全阀之间的压力指示装置，确认爆破片安全装置、安全阀是否泄漏。

（4）检查排放接管是否畅通，是否有严重腐蚀，支撑是否牢固。

（5）带刀架的夹持器，检查其刀片（如有可能）是否有损伤缺口或者刀口变钝。

（6）如果在爆破片安全装置与设备之间安装有截止阀，检查截止阀是否处于全开状态，铅封是否完好。

3）更换

（1）爆破片更换。

爆破片更换周期应当根据设备使用条件、介质性质等具体影响因素，或者设计预期使用年限合理确定，一般情况爆破片安全装置更换周期为2~3年，苛刻条件或重要场合下使用的爆破片应每年定期更换。爆破片更换周期的确定可参考《爆破片安全装置 第2

部分：应用、选择与安装》(GB 567.2) 附录 D 的规定。对于腐蚀性、毒性介质以及苛刻条件下使用的爆破片安全装置应当缩短更换周期。

爆破片安全装置出现以下情况时，应当立即更换：

① 存在定期检查中（1）～（3）所属问题。

② 设备运行中出现超过最小爆破压力而未爆破。

③ 设备运行中出现使用温度超过爆破片装置材料允许使用温度范围。

④ 设备检修中拆卸。

⑤ 设备长时间停工后（超过 6 个月），再次投入使用。

（2）夹持器更换。

爆破片更换时，应当对夹持器作相应的清洗和检查，如果存在以下情况，应当将夹持器送交原制造单位进行维修或作报废处理：

① 夹持器出现变形、裂纹或者有较大面积腐蚀。

② 夹持器密封面损坏。

③ 带刀架夹持器的刀片损伤或者变钝。

④ 存在其他影响爆破片正常安装或者正常工作的问题。

4）改造、维修

爆破片只能与原制造单位提供的夹持器配套使用。爆破片安全装置的所有零部件，使用单位不得自行改造、维修。

5）爆破片安全装置使用技术档案

使用单位应当建立爆破片安全装置使用技术档案。使用技术档案应当包括以下内容：

（1）爆破片安全装置产品质量证明文件、安装、使用说明书。

（2）爆破片安全装置定期检查记录、报告。

（3）爆破片安全装置日常使用记录。

（4）爆破片安全装置或者零部件更换记录。

（5）爆破片安全装置运行故障、事故以及维修记录。

四、化工机械设备的安全管理

机械设备安全管理主要包括机械设备的设计、制造、安装、运行、检修等 5 个方面，其中，机械设备的安装、运行、检修环节，直接和企业的安全运行相关，且与人员的"三违"引发的事故具有最直接的关系。因此，机械设备的安全管理应主要抓好机械设备的安装调试、运行和检修安全。

（一）机械设备的安装调试安全

凡需要投入使用的机械设备，按照工艺平面布置图及有关安装技术要求，对已到货的并经开箱验收后的外购机械设备或自制机械设备，安装找平、灌浆稳固，使机械设备安装达到规范要求，通过调试、运转，验收合格后移交生产。机械设备从购进到投入使用的这一过程中安全管理的重点是保证机械设备安装符合有关的安全技术规范，检查、审核机械设备及生产运行过程中的安全管理内容。要求整个安装调试过程都应在受控状态下进行，对每一项施工工序进行安全验收并签署验收凭证，认定安全合格、手续完备方可投入正式使用。

1. 机械设备安装调试过程及一般要求

1）开箱验收

新机械设备到货后，由机械设备管理部门会同购置单位、使用单位（或接收单位）进行开箱验收，检查机械设备在运输过程中有无损坏、丢失，附件、随机备件、专用工具、技术资料等是否与合同、装箱单相符，并填写机械设备开箱验收单，存入机械设备档案，若有缺损及不合格现象应立即向有关单位交涉处理，索取或索赔。

2）机械设备安装施工

按照工艺技术部门绘制的机械设备工艺平面布置图及安装施工图、基础图、机械设备轮廓尺寸以及相互间距等要求画线定位，组织基础施工及机械设备搬运就位。在设计机械设备工艺平面布置图时，对机械设备定位要考虑以下因素：

（1）应适应工艺流程的需要。

（2）应便于工件的存放、运输和现场的清理。

（3）机械设备及其附属装置的外形尺寸、运动部件的极限位置及安全距离。

（4）应保证机械设备安装、维修、操作安全的要求。

（5）厂房与机械设备工作匹配，包括门的宽度、高度，以及厂房的跨度、高度等。

应按照机械设备安装验收有关规范要求，做好机械设备安装找平，保证安装稳固，减轻震动，避免变形，保证加工精度，防止不合理的磨损。安装前要进行技术交底，组织施工人员认真学习机械设备的有关技术资料，了解机械设备性能及安全要求和施工中应注意的事项。

安装过程中，对基础的制作，装配链接、电气线路等项目的施工，要严格按照施工规范执行。安装工序中如果有恒温、防震、防尘、防潮、防火等特殊要求时，应采取措施，条件具备后方能进行该项工程的施工。

3）机械设备试运转

机械设备试运转一般可分为空转试验、负荷试验、精度试验 3 种。

（1）空转试验：机械设备安装工作完成后，需要对机械设备在无负荷运转状态下的参数和性能进行考核，考核内容包括机械设备安装精度的保持性，机械设备的稳固性，以及机械设备的传动、操纵、控制、润滑、液压等系统是否正常，是否灵敏可靠等。一定时间的空负荷运转是新机械设备投入使用前必须进行磨合的步骤。

（2）负荷试验：试验机械设备在数个标准负荷工况下进行试验。在负荷试验中应按规范检查轴承的温升、振动，考核液压系统、传动、操纵、控制、安全等装置工作是否达到出厂标准，是否正常、安全、可靠。不同负荷状态下的试运转，也是新机械设备进行磨合所必须进行的工作，磨合试验质量的优劣，对于机械设备使用寿命影响极大。

（3）精度试验：一般应在负荷试验后按说明书的规定进行，既要检查机械设备本身的几何精度，也要检查工作（加工产品）的精度。这项试验大多在机械设备投入使用两个月后进行。

4）机械设备试运转后的工作

按照机械设备说明书或操作规程，将机械设备停机后，首先断开机械设备的总电路和

动力源,然后做好下列机械设备检查、记录工作:

(1) 做好磨合后对机械设备的清洗、润滑、紧固,更换或检修故障零部件并进行调试,使机械设备进入最佳使用状态。

(2) 做好并整理机械设备几何精度、加工精度的检查记录和其他机械性能的试验记录。

(3) 整理机械设备试运转中的状况(包括故障排除)记录。

(4) 对于无法调整的问题,分析原因,从机械设备设计、制造、运输、保管、安装等方面进行归纳。

(5) 对机械设备试运转作出评定结论,给出处理意见,办理移交手续,并注明参加试运转的人员和日期。

5) 机械设备安装工程的验收与移交使用

(1) 机械设备基础的施工验收由建设部门质量检查员会同土建施工员及监理进行验收,填写施工验收单。基础的施工质量必须符合基础图和技术要求。

(2) 机械设备安装工程的最后验收,在机械设备调试合格后进行。由机械设备管理部门和工艺技术部门会同其他部门,在安装、检查、安全、使用等各方面有关人员共同参加下进行验收,作出鉴定,填写安装施工质量、精度检验、安全性能、试车运转记录等凭证和验收移交单(由参加验收的各方人员签字)后方可竣工。

(3) 机械设备验收合格后办理移交手续,机械设备开箱验收单(或机械设备安装移交验收单)、机械设备运转试验记录单(由参加验收的各方人员签字)及随机械设备带来的技术文件,由机械设备管理部门纳入机械设备档案管理;随机械设备的配件、备品应填写备件入库单,并送交机械设备仓库入库保管。安全管理部门应就安装试验中的安全问题进行建档。

(4) 机械设备移交完毕,由机械设备管理部门签署机械设备投产通知书,并将副本分别交机械设备管理部门、使用单位、财务部门、生产管理部门,作为存档、通知开始使用、固定资产管理凭证、考核工程计划的依据。

2. 机械设备安装调试的安全要求

机械设备安装调试中的安全包括机械设备安装施工中的安全、机械设备试运行安全和机械设备自身的安全状况,安装施工和试运行的安全应按有关作业和运行操作安全要求进行,这里仅分析对机械设备自身安全状况的要求。机械设备安装好后,应逐项检查机械设备的安全状态及性能是否符合要求。检查的安全项目包括静态和动态两方面。静态检查项目在机械设备不运行的条件下进行,如机械设备表面安全性。动态检查项目在机械设备运行的条件下进行,如机械设备的安全防护装置的工作性能与可靠性,运行中尘毒、易燃等物的产生情况等。

机械设备安装调试的安全检查除参照上述机械设备购置的各项安全要求外,还应检查下列安全要求。

1) 控制系统

(1) 控制装置应保证当动力源发生异常(偶然或人为地切断或变化)时,不会造成危险,即使系统发生故障或损坏时也不至于造成危害。必要时,控制装置应能自动切换到备用动力源和备用机械设备系统。自动或半自动控制系统应设有必要的保护装置，以防止控制指令紊乱。同时在每台机械设备上还应辅以能单独操纵的手动控制装置。

（2）对复杂的生产机械设备和重要的安全系统应配置自动监控装置，重要生产机械设备的控制装置应安装在使操作人员能看到整个机械设备动作的位置上。对于某些在启动机械设备时见全貌的生产机械设备，应配置开车预警信号装置，预警信号装置应有足够的报警时间。调节装置应采用自动联锁装置，以防止误操作和自动调节、自动操纵线（管）路等的误通断。

控制系统内关键的元器件、控制阀等均应符合可靠性指标要求。控制装置和作为安全技术措施的离合器、制动装置和联锁装置，应具有良好的可靠性并符合其产品规定的可靠性指标要求。

（3）若存在下列情况之一时，生产机械设备必须配置紧急开关：

① 发生事故或出现机械设备功能紊乱时，不能迅速通过停车开关来终止危险的运行。

② 不能通过一个开关迅速中断若干个能造成危险的运动单元。

③ 由于切断某个单元会导致其他危险。

④ 在操纵台处不能看到所控制的全貌。

紧急开关须有足够的数量，应在所有控制点和给料点都能迅速而无危险地触及。紧急开关的形状应有别于一般开关，其颜色应为红色或有鲜明的红色标记。当生产机械设备启用紧急开关停车后，其残余能量可能引起危险时，必须设有与之联动的减缓运行或防逆转装置，必要时，应设有能迅速制动的安全装置。

（4）对于在调整、检查、维修时需要察看危险区域或人体局部（手或臂）需要伸进危险区域的生产机械设备，必须采取防止意外启动措施，这些措施包括：

① 在对区域进行防护（如机械式防护）的同时，还应能强制切断机械设备的启动源系统。

② 在总开关柜上设有多把锁，只有开启全部锁时才能合闸。

③ 控制或联锁元件应直接位于危险区域，并只能由此处启动或停车。

④ 机械设备上具有多种操纵和运转方式的选择器，应能锁闭在按预定的操作方式所选择的位置上，选择器的每一位置，仅能与一种操作方式或运转方式相对应。

（5）生产机械设备因意外启动可能危及人身安全时，应配置起强制作用的安全防护装置。必要时，应配置两种以上互为联锁的安全装置，以防止意外启动。动力源因偶然切断后又重新自动接通时，控制装置应能避免机械设备产生危险运转。

2）安全防护装置性能

安全防护装置应使操作者触及不到运转中的可动零部件，其防护距离符合《机械安全 防止上下肢触及危险区域的安全距离》（GB 23821）的要求。在操作者接近可动零部件并有可能发生危险的紧急情况下，设备不能启动或能立即自动停机、制动。安全防护装置应符合产品标准规定的可靠性指标要求，应便于调节、检查和维修，并不得成为危险源。避免在安全防护装置和可动零部件之间产生接触危险。所有安全显示与报警装置都应灵敏、可靠。电气设备接地和防雷接地必须牢固可靠，接地电阻符合规范标准要求。

3）尘毒产生情况

凡工艺过程中能产生粉尘、有害气体和其他毒物的生产机械设备，应尽量采用自动加料、自动卸料和密闭装置，并必须设置吸收、净化、排放装置，以保证工作场所和排放的有害物质浓度符合国家标准规定。对于有毒有害物质的密闭系统，应避免跑、冒、滴、漏。必要时，应配置监测、报警装置。对生产过程中尘毒危害严重的生产机械设备，必须安装可靠事故处理装置及应急防护措施。检查尘毒量是否符合规定要求。

4）噪声和振动的机械设备

噪声和振动的机械设备，必须在产品标准中明确规定噪声、振动指标限值，并采取有效防治措施。对固有强噪声、强振动机械设备，宜设置隔离或遥控装置。机械设备噪声、振动应符合标准限值规定。

5）防火与防爆性能

生产、使用、贮存和运输易燃易爆物质和可燃物质的生产机械设备，应根据其燃点、闪点、爆炸极限等不同性质采取相应预防措施，包括实行密闭，严禁跑、冒、滴、漏；配置监测报警、防爆及消防安全设施；避免摩擦撞击，消除接近燃点、闪点的高温因素，消除电火花和静电积聚；设置惰性气体（氮气、二氧化碳、水蒸气等）置换及保护系统，设置水封阻火器等安全装置等。试运转时，应严格检查机械设备的防火措施是否达到原设计的防火要求。对于爆炸和火灾危险场所，必须审核所使用的电气设备、仪器、仪表是否符合相应的防爆等级和有关标准。对于因物料爆聚、分解反应造成超温、超压可能引起火灾、爆炸危险的生产机械设备，应检查其所设置的报警信号系统、自动和手动紧急泄压排放装置是否灵敏可靠。

6）人员操作的安全性

生产机械设备上供人员作业的工作位置应安全可靠，其工作空间应保证操作人员的头、臂、手、腿、足在正常作业中有充足的活动余地，危险作业点应留有足够的退避空间。操作位置高度在距离地面 20 m 以上的生产机械设备，宜配置安全可靠的载人升降附属机械设备。对于噪声、振动、粉尘、毒物、热辐射危害较严重的作业场所，如果原机械设备没有安全可靠的操作室，则应在合适地点设置操作室，并应使操作室满足下列要求：

（1）保证人员在操作时安全、方便和舒适，同时保证操作人员在座位上能直接控制全部操作位及操作件并具有良好的视野。

（2）应采用防火材料，其门窗透光部分应采用易清洗的安全材料制造，并应保证操作人员在操作室内就能擦拭。必要时，应在门窗透光部分配置擦拭装置。

（3）应具有防御外界有害作用（如噪声、振动、粉尘、毒物、热辐射和落物等）的良好性能。当操作室工作环境温度低于 −0.5 ℃ 或高于 35 ℃ 时，应配置安全的采暖、降温装置。

（4）操作室应保证操作人员在事故状态下能安全撤出。对于有可能发生倾覆的可行驶生产机械设备，除应设置保护操作室外的安全支撑外，还应设置能从里面打开的紧急安全出口。

7）机械设备的照明系统

生产机械设备必须保证操作点和操作区域有足够的照度，但要避免各种频闪和眩光现象。可移动式机械设备，其灯光应符合有关专业标准。生产机械设备内部需要经常观察的部位，应设置有照明装置或符合安全电压要求的电源插座。

（二）机械设备的运行安全

为确保化工机械设备长期、稳定、安全地运行，必须保证所有零部件处于完好状态。因此，必须加强机械设备运行中的维护管理，定期检查设备与机器的腐蚀、磨损情况，发现问题及时修复或更换，特别是当化工机械设备达到使用年限后，应及时更新，以防因腐蚀严重或超期服役而发生重大设备事故。

化工生产的物料大都是易燃、易爆、有毒和腐蚀性强的介质，如果由于机械设备密封不严而造成泄漏，将会引起燃烧爆炸、灼伤、中毒等事故。因此，必须高度重视运行中各类化工机械设备的密封问题。

现代化工生产装置大量采用了自动控制、信号报警、安全联锁和工业电视等一系列先进手段，做到了化工机械设备出现异常时，这些设施会自动发出警报或自动采取安全措施，保证安全运行。

化工机械设备运行状况的好坏，将直接影响化工生产的连续性、稳定性和安全性，而且生产的特殊性使整个装置设备存在许多不安全因素。因此，强化化工机械设备的维护管理，确保化工机械设备的安全运行，在化工生产中具有极为重要的意义。

（1）作为生产一线的车间机械设备管理人员必须认真执行设备巡检制度，做到及时巡回检查，并做好记录，发现机械设备异常问题，必须及时发出异常情况反馈单，并就存在的问题制定纠正和预防措施，予以整改。作为机械设备管理的职能部门就该做到每周至少检查一次，而其他的相关部门（如安全管理部门）应每月组织一次综合安全大检查，并不定期检查机械设备运行及安全管理状况。

（2）作为操作人员必须掌握机械设备操作的"四懂三会"；做到持证上岗；严格按操作规程进行机械设备的启动、运行与停车，严禁违章操作；坚守岗位，严格执行巡回检查制度，认真填写运行记录；认真做好机械设备润滑工作，并做好记录。机械设备润滑应严格按"五定""三过滤"执行；严格执行交接班制度，将班内所有情况交接清楚；经常擦拭机械设备的各个部件，使其无油垢、无漏油，运转灵活，及时消除机械设备的跑、冒、滴、漏。

（3）作为维修人员应主动了解机械设备运行状况，并定时、定点检查。维修或操作人员发现机械设备不正常，应立即查找原因，及时上报有关部门或人员，在紧急情况下，应采取果断措施或立即停车，没有弄清原因、没有排除故障时，不得盲目开车。发生的问题及处理情况必须详细如实地记录，并向下一班交代清楚。

（4）机械设备停运期间，应有专人负责，定期检查维护，做好防尘、防潮、防冻、防腐蚀工作，对于转动机械设备还应定期进行盘车，使其处于良好备用状态。

（三）机械设备的检修安全

在化工生产中，特别是大型化工联合企业中，各个生产装置之间，乃至厂与厂之间，是一个有机整体，它们相互制约，紧密联系。一个装置的开停车必然会影响到其他装置的生产，因此在检修前，必须制定一个全面的检修计划。在检修计划中，应根据生产工艺过程及公用工程之间的相互关联，规定各装置先后停车的顺序；停水、停气、停电、灭火炬、点火炬的具体时间；还要明确规定各个装置的检修时间，检修项目的进度，以及开车顺序等。一般都要画出检修计划图（鱼翅图）。在计划图中标明检修期间的各项作业内容，以便于对检修工作的管理。

1. 化工机械设备检修的分类

化工机械设备的检修，主要分为计划内检修和计划外检修。

1）计划内检修

计划内检修是指企业根据机械设备管理、使用的经验，以及机械设备状况，制定机械设备检修计划，对机械设备进行有组织、有准备、有安排的检修。计划内检修又可分为大修、中修、小修。

2）计划外检修

计划外检修是指因突发性的故障或事故而造成机械设备或装置临时性停车进行的抢修。计划外检修事先无法预料，无法安排计划，而且要求检修时间短，检修质量高，检修的环境及工况复杂，故难度较大。

2. 化工机械设备检修的特点

1）化工机械设备检修的频繁性

所谓频繁性是指计划内检修、计划外检修的次数多；化工生产的复杂性，决定了化工机械设备及管道的故障和事故的频繁性，因而也决定了检修的复杂性。

2）化工机械设备检修的复杂性

由于化工生产中使用的化工设备、机械、仪表、管道阀门等，种类多，数量大，结构和性能各异，要求从事检修的人员具有丰富的知识和技术，熟悉和掌握不同机械设备的结构、性能和特点。检修中由于受到环境、气候、场地的限制，有些需要在露天作业，有些需要在设备内作业，有些需要在地坑或井下作业，有些还需要上、中、下立体交叉作业，给化工检修增加了复杂性。

3）化工机械设备检修的危险性

化工生产的危险性决定了化工机械设备检修的危险性。化工机械设备和管道中有很多残存的易燃易爆、有毒有害、有腐蚀性的物质，而化工检修又离不开动火、进容器作业，稍有疏忽就会发生火灾、爆炸、中毒和化学灼伤等事故。统计资料表明，化工企业发生的事故中，停车检修作业或在运行中抢修作业中发生的事故占有相当大的比例。

3. 机械设备检修前的准备

（1）机械设备的小修、计划外检修、日常检修，应指定专人负责，并办理各种手续和票证，同时指定安全负责人。机械设备的年度大修应由分管领导负责，并成立大修项目管理机构，制定大修方案，另外也必须指定机械设备检修安全负责人。

（2）机械设备的大修，应制定安全及防护措施，同时还应制定置换、清洗、中和、吹扫、抽堵盲板、重物起吊等方案，并经有关部门进行技术安全会审并批准。

（3）检修前，除企业已制定的安全规定以外，还必须针对检修作业内容、范围提出补充安全要求，明确作业程序、安全纪律，并指派专人负责现场安全监督检查工作，属于危险化学品企业的还应当严格执行《危险化学品企业特殊作业安全规范》（GB 30871）的要求。

（4）检修前必须根据检修项目、内容、要求，准备好所需材料、附件、机械设备，做好各种工器具的安全检查，按规定搭好脚手架，并指定专人仔细检查安全防护用具、测量仪器、消防器材。

（5）检修施工前必须明确各种配合联络程序、信号。

（6）施工前还须对全体参加检修人员进行一次全面安全教育，对特殊工种人员，必须进行重点安全教育。

4. 检修的实施

（1）施工单位在检修前必须办理检修许可证、动火安全作业票、受限空间安全作业票等各种安全作业票证。

（2）检修前必须对机械设备进行盲板抽堵、清洗置换、卸压、切断电源等安全技术处理，解除机械设备的危险因素。

（3）检修中应经常清理现场，保持道路畅通，对于危险区域，应设置安全标识或防护栅栏。

（4）检修中要求各级人员分片包干，责任到人，经常进行巡回检查，加强现场安全管理。

（5）检修中必须对检修内容、作业方法等情况作详细记录，各种作业必须遵守有关安全制度。检修现场的十大禁令：

① 不戴安全帽、不穿工作服者禁止进入现场。

② 穿凉鞋、高跟鞋者禁止进入现场。

③ 上班前饮酒者禁止进入现场。

④ 在作业中禁止打闹或其他有碍作业的行为。

⑤ 检修现场禁止吸烟。

⑥ 禁止用汽油或其他化工溶剂清洗机械设备、机具和衣物。

⑦ 禁止随意泼洒油品、化学危险品、电石废渣等。

⑧ 禁止堵塞消防通道。

⑨ 禁止挪用或损坏消防工具和机械设备。

⑩ 现场器材禁止为私活所用。

5. 机械设备检修的验收

（1）检修完毕时，检修人员必须清理现场，将各种垃圾清除，并将各种安全设施全部恢复原状，防止各种工、器具遗留在机械设备内，做到工完料净场地清。

（2）竣工验收前，必须对检修情况进行全面检查，检查检修项目有无遗漏、检修质量是否符合要求、机械设备盘车是否正常等。

（3）全面检查后，必须对机械设备进行试车，包括试温、试压、试漏、试安全装置及仪表的灵敏度等。

（4）试车合格后，必须办理验收手续，按验收质量标准进行逐项复查验收，全部合格后，办理竣工验收单，并正式移交生产，同时移交修理记录，并存档备查。

（四）机械设备的防腐管理

在化工生产中，绝大多数化工机械设备的失效是由腐蚀引起的。如何进行科学的防腐管理是化工生产过程中一个极为重要的环节。防腐管理的好坏直接关系到化工机械设备能否长期安全运行，关系到生产能否正常进行和企业的经济效益。

防腐管理是整个企业管理中的重要内容之一，在化工生产管理中起着一种全局性的作用，绝不能忽视。化工机械设备的防腐管理工作贯穿于设备的设计、制作、储运和安装、使用、维修等方面，必须全过程地进行控制。

1. 设计中的防腐管理

搞好化工防腐管理，在机械设备设计时就应有足够的考虑，应运用防腐的知识和经验来设计。防腐设计的主要内容包括选材、工艺设计、强度设计、设备与部件的结构设计和防腐方法选择等。

1）选材

要根据介质环境考虑材料的耐蚀性，尤其是耐点蚀、耐应力腐蚀、耐晶间腐蚀、耐缝隙腐蚀和耐疲劳腐蚀的性能；还应注意整个系统中材料相互之间的适应性，尽量避免不同的金属材料相互接触。对于保温材料要选配恰当，含大量氯化物的保温材料不适用于不锈钢设备。

2）工艺设计

介质要保持适当的、均匀的流速，要保持适当的温度和浓度等。

3）强度设计

要考虑腐蚀性环境对于材料强度的影响，要正确考虑腐蚀裕量，特别要注意产生局部腐蚀、疲劳腐蚀和蠕变情况下的强度设计。

4）设备与部件的结构设计

应尽量避免形成缝隙和形成积液的死区，排污孔应放在能全部排清残液的部位即最底端。尽量采用对接焊缝，避免搭接。换热设备的管板与换热管最好采用焊接加贴胀或强度胀加密封焊，必要时在流体入口处还应增加挡板以避免流体对设备的直接冲刷。

5）防腐方法选择

防腐材料是用金属还是用非金属，非金属是用涂料还是用衬里，是用哪一种涂料或衬里，这些都要视具体环境进行正确选用。

2. 制作过程中的防腐管理

很多化工机械设备的腐蚀是由于制作过程中的缺陷而引起的。因此，化工机械设备在制作过程中必须按照相关的规程或规定来进行。

1）投料

要按照设计要求，认真检查所用的材料，不能误用。例如：Q235 - B 与 Q345R 虽同为碳钢，但它们的强度及使用范围不一样，用错后可能在设备运行中引起事故；不锈钢有各种各样的牌号，不同牌号的不锈钢的耐蚀性能差异很大，用 316 L 钢（022Cr17Ni12Mo2）制造的设备，若错用了 304 L 钢（022Cr19Ni10）便可造成这一部位的严重腐蚀，从而不能体现设计者的初衷。为此，对材料必须有严格的管理，要求清晰地标记出执行规范，当材料的牌号混淆不清时有必要进行复验。

2）冷加工

冷加工会在工件中留下很大的残余应力。有资料表明，奥氏体不锈钢设备的应力腐蚀事故主要是冷加工残余应力造成的，因此当整个设备制作完成后，应尽可能进行整体或局部热处理以消除残余应力，如旋压封头在旋压后应进行消除应力处理。同时，在制作过程中要避免用重物乱捶乱打。《固定式压力容器安全技术监察规程》(TSG 21) 也明确规定，容器在制作过程中不允许强力组装。

3）焊接

焊接工艺及其质量对设备寿命影响很大，这主要是它与腐蚀的关系极为密切。设备要尽量减少焊缝，尽可能避免交叉焊缝。《固定式压力容器安全技术监察规程》（TSG 21）中对金属压力容器焊接明确规定：球形储罐球壳板不允许拼接，压力容器不宜采用十字焊缝，压力容器制造过程中不允许强力组装。焊接对不锈钢的耐蚀性能影响更大，奥氏体不锈钢焊接时必须选择适当的焊接工艺，焊接操作要快，焊后要快冷，避免敏化温度下长时间停留而产生晶间贫铬现象。因而，加强对焊接工艺的管理与指导有重要的意义。另外，焊接中的起弧、飞溅、气孔等与设备的腐蚀有很大的关系，在焊接过程中应十分注意。

4）热处理

热处理工艺与质量直接影响设备的使用寿命与安全运行，必须了解不同材质的热处理特性，给予区别对待，应根据不同材质、不同的使用条件、不同的热处理目的制定不同的工艺规范。采用热处理消除残余应力是防止应力腐蚀破裂的重要措施，如盛装液化石油气、液氨等介质的容器。热处理要严格按照规范进行，应优先采用在炉内加热的办法，以确保热处理的质量。对热处理的设备、管道焊口要严格控制热处理过程中的升温速度、降温速度、恒温速度和恒温时间以及任意两测点间的温差等，铬钼钢管道焊口热处理后要做100%硬度检测。当热处理效果或热处理记录曲线存在疑问时，宜通过其他检测方法进行复查与评估。

5）防腐衬里

防腐衬里效果的好坏取决于衬里施工质量，衬里防腐层不论是金属覆盖层还是非金属覆盖层，都要求在施工前进行一系列表面处理。表面处理采用手工打磨或喷砂的办法，要求达到平整，无明显凸凹、尖角、砂眼、缝隙等缺陷，转折处的圆角半径应不小于5 mm，表面的油污也必须清除干净。在非金属衬里的设备中，衬里后不得施焊，也不得撞击敲打，以免破坏衬里层而引起设备腐蚀，所以设备的铭牌座等所有结构件应在衬里施工前焊好。

3. 储运和安装过程中的防腐管理

设备从出厂到投产之前要经过库存、运输的过程，然后进行安装，在这些环节中必须有相应的防腐管理，如果管理不善，将造成腐蚀。

设备的库存期间主要应防止大气腐蚀，对不锈钢设备应防止氯离子污染，对钛材要防止铁离子污染，所以要根据具体情况采取投放干燥剂或充惰性气体保护等短期或长期的防护措施。设备在储运和安装过程中要防止碰撞、划伤（特别是搪玻璃设备），要防止因储运引起变形而增加应力腐蚀破裂的危险。安装时的紧固力要适中，避免用力过大留下残余应力。为了运输或安装方便，在设备上焊接的临时吊耳和拉筋等应采用与壳体相同或相似的材料，并用相适应的焊接材料和焊接工艺进行焊接，割除后留下的疤痕必须打磨平滑。这些都易在施工中被忽略而造成腐蚀。

安装完毕后要及时清洗、清理，做好金属表面防腐。设备的水压试验也必须按规程的规定进行。

4. 使用过程中的防腐管理

在使用过程中，由于设备长期与腐蚀介质接触，生产又是在高温高压下进行的，所以在此过程中的腐蚀更为严重，尤其要加强管理。在生产过程中，正常运行时的参数不能随意更改。工艺条件是经过反复试验和生产实践而总结出来的，不能为了增加产量就任意改变参数，使设备超负荷运行，一定要保证均衡生产。严格控制化工生产工艺条件是防腐管理的一个重要方面，如果违反生产工艺操作规程，必然会造成包括腐蚀在内的种种后果。有经验表明，腐蚀事故多数发生在新投产的项目上，所以防止试车时设备的腐蚀十分重要。这是因为设备在试车时的操作条件不稳，物料的组成、浓度、流速和温度变化较大，同时设备刚开始运行，可能清洗不彻底，残留泥砂和杂质，会促使设备的腐蚀比正常运行时快，因此必须从各方面加强管理以保护设备。例如：试车前应对设备严格清洗，试车时尽量保持工艺条件稳定，适当提高缓蚀剂的添加量等。

防腐工作是全流程开展的工作。重点做好工艺防腐和设备防腐两项工作。工艺防腐方面，要对全流程的腐蚀介质分布进行分析，绘制分布图，对不同的部位进行注水，注缓蚀剂、中和剂等进行调整，必须全程分析化验，对铁离子、H_2S、NH_3、Cl^- 等腐蚀性介质定量分析。在运行操作中，升温升压严格按照规程要求，防止应力腐蚀的出现。对出现的问题及时分析处理。设备防腐方面，对全流程材质防腐蚀速率要设置设防值，对材质的选用要进行分析，对系统进行定期测厚，对相变区域、变径区域、弯头、三通等特殊位置定期检测，有条件的可以设置在线防腐蚀监测系统、高温测厚系统等监测系统，对长输管线、场站埋地管线、大型储罐可以设置阴极保护系统等。

设备管理人员必须建立设备腐蚀档案，按相关规定定期进行内外部检测，加强巡检，随时了解腐蚀情况，特别是要做好重点部位腐蚀情况观测，严格控制腐蚀环境。如有的水中氯离子含量虽然很低，但不锈钢表面由于氯离子的吸附、浓缩，含量可以达到很高的程度，像不锈钢换热器这样的设备很有必要进行定期清洗和及时排污，防止局部地方氯离子浓缩而引起腐蚀。

5. 设备维修过程中的防腐管理

当生产设备停止运行以后，必须将废液、废渣排除干净，不得滞留于设备内，防止残留的介质引起腐蚀。有的还要选择合适的方案进行处理，如锅炉系统停车后为防止其发生腐蚀，常用氮气密封或注满加有缓蚀剂的水等。

维修时要根据不同情况制定对设备保护的措施，并应认真做好停车期间的设备检查和腐蚀检测。主要检查在设备运转中无法检查或无明确把握的腐蚀形态、腐蚀分布及损伤等，特别是锅炉、热交换器、管路等的结垢和堵塞情况；要检查材料强度劣化情况，看有无回火脆性、氢脆、应力腐蚀破裂等，对重点部位要测定壁厚。同时对出现的这些情况应找出原因，杜绝设备失效后只单纯更换新设备的不良习惯，对腐蚀事故一定不能放过，以免再次发生。

另外，在维修过程中要避免对设备造成新的损伤，与制作过程一样要注意防止产生新的腐蚀隐患，如不能混用材料（包括焊接材料）、不能随意更换保温材料等。

从以上各方面的防腐蚀管理工作可以看到，有的直接影响设备使用寿命，有的影响系统，有的甚至影响整个企业的生产。由此可见，化工机械设备防腐管理具有十分重要的意义，设备管理人员应深入开展防腐工作，分析、研究、解决化工生产中存在的各种腐蚀问题，提高防腐效果和经济效益。

（五）机械设备的安全检测技术

化工设备在制造过程中可能产生缺陷，而它们都是各种事故的隐患，因此确保容器在制造过程中得到可靠的质量保证，是十分重要的。化工设备检测是指对化工设备（尤其是锅炉、压力容器、机器的主要部件等）的原材料、设计、制造、安装、运行、维护等各个环节的检验、测量、试验和监督。目的在于依据相关法规，经过专职检验人员的判断下结论，提前消除各环节中出现的不安全因素，更可靠地保证安全。

常见的化工设备检测技术分类如下：

一是常规检测。包括宏观检测和工量具检测等，是检查人员凭眼睛、手等感觉器官和简单工具等对设备进行检测，判别化工设备存在的外在缺陷。

二是无损检测。无损检测是不损坏材料而通过射线、超声波、磁粉、渗透和涡流检测等方法对设备及焊接接头内部和表面的缺陷进行检验。各种方法都有其局限性，如超声波检测对裂纹这类平面型缺陷灵敏度比射线探伤高，而射线检测则以检验如气孔、夹渣等体积型缺陷较有效；磁粉、渗透检测主要用于检查表面缺陷。

三是理化检测。通常指机械性能测试和金相试验，用物理和化学方法分别检测装备构件的母材和焊接接头的力学性质、金相组织以及所含化学元素种类和含量，判别材质和焊接接头的缺陷。

1. 常规检测

1）宏观检测

宏观检测是指不采用或采用一些最基本的工具进行的总体上的、带有直观或外观性质的检验。宏观检测常用的工具有手锤、手电筒、放大镜、照相机等。宏观检测作为一种简单快速的检测方法，应用十分广泛，贯穿于设备使用的整个生命周期。

（1）通过宏观检测，可以达到如下检测目的：

① 从总体上大致了解容器的质量状况，如产品制造的外观质量、焊接接头的成型质量与表面质量，在用设备的腐蚀状况、磨损情况、变形情况、有无泄漏等。

② 通过宏观检测确定是否需要作进一步的检验，如 NDT、金相、光谱或强度校核等。

③ 通过宏观检测，可以查出部分肉眼可见的缺陷，如表面腐蚀、表面损伤、异常变形、表面裂纹、焊缝咬边等。

④ 通过宏观检测确定某些几何尺寸测量的部位，如焊缝余高、焊缝错边量、焊缝棱角度等。

（2）在宏观检测过程中，注意事项如下：

① 宏观检测的主要方法是目视检查（VT）。

② 宏观检测的部位要考虑全面，不能遗忘任何细节；具体地讲，所有部位都要检查，所有部件都要检查，能检查的项目都得检查（当然也需考虑有详有略）。

③ 要根据设备的特点确定宏观检测的重点部位和重点内容。

④ 发现问题要思考、要分析，要弄清缺陷产生的原因，缺陷的程度和范围，可能带来的危害，以及应如何作进一步的检测等。

⑤ 要重视宏观检测，它是一种必要的检验手段，也是其他检测的基础，通过宏观检测往往能发现很多缺陷。

（3）在用压力容器外部检查中涉及的宏观检测项目：

① 检查压力容器的本体、接口部位、焊接接头等是否有裂纹、过热、变形、泄漏等。

② 检查压力容器的外表面有无腐蚀。

③ 检查保温层有无破损、脱落、潮湿、跑冷。

④ 检查检漏孔、信号孔的漏液、漏气情况并疏通检漏管。

⑤ 检查压力容器与相邻管道或构件的异常振动、响声及相互摩擦。

⑥ 检查安全附件。

⑦ 检查支承或支座的损坏，基础下沉、倾斜、开裂，以及坚固螺栓的完好情况。

⑧ 检查排放（疏水、排污）装置等。

2）工量具检测

工量具检测则指借助一定的工量具所进行的测量。工量具检查的目的是测量压力容器的几何尺寸，压力容器的成型或安装误差尺寸，焊缝尺寸，以及有关缺陷的尺寸等。压力容器检验常用的工量具有钢直尺、钢卷尺、焊缝检验尺、样板、多功能检验尺、细钢丝线、垫块、塞规、游标卡尺等。

压力容器检测中涉及的工具检测项目：

（1）压力容器或其部件的主要几何尺寸，如长度、高度、直径、厚度等。

（2）与压力容器成型或组装有关的尺寸，如最大最小直径差、容器直线度、封头形状偏差等。

（3）与焊缝有关的尺寸，如焊缝坡口角度、焊缝余高、焊缝宽、焊缝错边量、焊缝棱角度、角焊缝焊脚高等。

（4）某些缺陷的尺寸，如焊缝咬边的深度和长度、表面凹坑深度等。

2. 无损检测

无损检测技术是目前在物理学、电子学、电子计算机技术、信息处理技术、材料科学等学科的成果基础上发展起来的一门综合性技术，是现代工业过程设备安全管理体系中的主要技术之一。加强和发展无损检测技术是现代工业发展的重要保证。无损检测技术是保证过程设备安全运行的一门共性技术，已被广泛应用于现代工业的各个领域。先进发达的工业国家特别重视无损检测技术。美国为了保持其在世界上的领先地位，早在1979年的一次政府工作报告中就提出成立六大技术中心，其中之一就是无损检测技术中心。从这里可以看到工业发达国家对无损检测技术的重视和无损检测技术在现代工业发展中的地位。在现代化学工业的发展过程中，随着运行条件（设计）不断向高温、高压、高速、高应力发展，对材料的要求越来越高，允许材料和部件内部存在的缺陷越来越小，并要求得知缺陷的形态和性质，以便对检测对象作出全面的分析和判断。正是由于无损检测技术在工艺设备安全管理中的无可替代的作用，使得无损检测技术成为现代工业发展过程中重要的安全措施。

一台设备在制造过程中，可能产生各种各样的缺陷，如裂纹、疏松、气泡、夹渣、未焊透和未熔合等。在运行过程中，由于应力、疲劳、腐蚀等因素的影响，各种缺陷又会不断产生和扩展。出现在设备外表面的缺陷可以通过宏观检测的方法找出来，出现在材料内部的缺陷，或外表面极其微小，无法通过常规检测发现的缺陷则需要通过无损探伤技术加以检测及评价。

无损探伤即无损检测，是指在不损伤和破坏材料结构的情况下，对材料或设备构件的物理性质、工作状态和内部结构进行检测，并由所测的不均匀性或缺陷来判断材料是否合格、是否正常的检测技术。

现代无损检测与评价技术，不但要检测出缺陷的存在，而且要对其作出定性、定量评价。其中包括对缺陷的定量测量（形状、大小、位置、取向、内含物等），进而对有缺陷的设备分析其缺陷的危害程度，以便在保障安全运行的条件下，作出带"伤"设备可否继续服役的选择，避免由于设备不必要的检修和更换所造成的浪费。

随着科技的发展，各种无损探伤技术相继产生。但是在现代工业中应用最为普遍也较为成熟的试验方法，也就是平常所称的常规无损检测方法，主要包括射线照相检测（RT）、超声波检测（UT）、磁粉检测（MT）、渗透检测（PT）、涡流检测（ET）、衍射时差法超声检测（TOFD）等。

1）射线照相检测

射线照相检测是指用 X 射线或 γ 射线穿透试件，以胶片作为记录信息的器材的无损检测方法，该方法是最基本且应用最广泛的一种非破坏性检验方法。

（1）射线照相检测的原理。射线能穿透肉眼无法穿透的物质使胶片感光，当 X 射线或 γ 射线照射胶片时，与普通光线一样，能使胶片乳剂层中的卤化银产生潜影，由于不同密度的物质对射线的吸收系数不同，照射到胶片各处的射线能量也就会产生差异，便可根据暗室处理后的底片各处黑度差来判别缺陷。

（2）射线照相检测的特点：

① 可以获得缺陷的直观图像，定性准确，对长度、宽度尺寸的定量也比较准确。

② 检测结果有直接记录，可长期保存。

③ 对体积型缺陷（气孔、夹渣、夹钨、烧穿、咬边、焊瘤、凹坑等）检出率很高；对面积型缺陷（未焊透、未熔合、裂纹等），如果照相角度不适当，容易漏检。

④ 适宜检验厚度较薄的工件，不适宜检验较厚的工件，因为检验厚工件需要高能量的射线设备，而且随着厚度的增加，其检验灵敏度也会下降。

⑤ 适宜检验对接焊缝，不适宜检验角焊缝，以及板材、棒材、锻件等。

⑥ 对缺陷在工件中厚度方向的位置、尺寸（高度）的确定比较困难。

⑦ 检测成本高、速度慢。

⑧ 具有辐射生物效应，无损检测超声波探伤仪能够杀伤生物细胞，损害生物组织，危及生物器官的正常功能。

总的来说，射线照相检测的特性是定性更准确，有可供长期保存的直观图像，总体成本相对较高，而且射线对人体有害，检验速度会较慢。

2）超声波检测

（1）超声波检测的定义：通过超声波与试件相互作用，就反射、透射和散射的波进行研究，对试件进行宏观缺陷检测、几何特性测量、组织结构和力学性能变化的检测和表征，并进而对其特定应用性进行评价的技术。

（2）超声波工作的原理：主要是基于超声波在试件中的传播特性。

① 声源产生超声波，采用一定的方式使超声波进入试件。

② 超声波在试件中传播并与试件材料以及其中的缺陷相互作用，使其传播方向或特征被改变。

③ 改变后的超声波通过检测设备被接收，并可对其进行处理和分析。

④ 根据接收的超声波的特征，评估试件本身及其内部是否存在缺陷及缺陷的特性。

（3）超声波检测的优点：

① 适用于金属、非金属和复合材料等多种制件的无损检测。

② 穿透能力强，可对较大厚度范围内的试件内部缺陷进行检测。如对金属材料，可检测厚度为 1~2 mm 的薄壁管材和板材，也可检测几米长的钢锻件。

③ 缺陷定位较准确。

④ 对面积型缺陷的检出率较高。

⑤ 灵敏度高，可检测试件内部尺寸很小的缺陷。

⑥ 检测成本低、速度快，设备轻便，对人体及环境无害，现场使用较方便。

（4）超声波检测的局限性：

① 对试件中的缺陷进行精确的定性、定量仍需作深入研究。

② 对具有复杂形状或不规则外形的试件进行超声波检测有困难。

③ 缺陷的位置、取向和形状对检测结果有一定影响。

④ 材质、晶粒度等对检测有较大影响。

⑤ 以常用的手工 A 型脉冲反射法检测时结果显示不直观，且检测结果无直接见证记录。

（5）超声波检测的适用范围：

① 从检测对象的材料来说，可用于金属、非金属和复合材料。

② 从检测对象的制造工艺来说，可用于锻件、铸件、焊接件、胶结件等。

③ 从检测对象的形状来说，可用于板材、棒材、管材等。

④ 从检测对象的尺寸来说，厚度可小至 1 mm，也可大至几米。

⑤ 从缺陷部位来说，既可以是表面缺陷，又可以是内部缺陷。

3）磁粉检测

（1）磁粉检测的原理：铁磁性材料和工件被磁化后，由于不连续性的存在，使工件表面和近表面的磁力线发生局部畸变而产生漏磁场，吸附施加在工件表面的磁粉，形成在合适光照下目视可见的磁痕，从而显示出不连续性的位置、形状和大小。

（2）磁粉检测的适用性和局限性：

① 磁粉探伤适用于检测铁磁性材料表面和近表面尺寸很小、间隙极窄（如可检测出长 0.1 mm、宽为微米级的裂纹），目视难以看出的缺陷。

② 磁粉检测可对原材料、半成品、成品工件和在役的零部件检测，还可对板材、型材、管材、棒材、焊接件、铸钢件及锻钢件进行检测。

③ 可发现裂纹、夹杂、发纹、白点、折叠、冷隔和疏松等缺陷。

④ 磁粉检测不能检测奥氏体不锈钢材料和用奥氏体不锈钢焊条焊接的焊缝，也不能检测铜、铝、镁、钛等非磁性材料。对于表面浅的划伤、埋藏较深的孔洞和与工件表面夹角小于20°的分层和折叠难以发现。

4）渗透检测

（1）液体渗透检测的基本原理：零件表面被施涂含有荧光染料或着色染料的渗透剂后，在毛细管作用下，经过一段时间，渗透液可以渗透进表面开口缺陷中；经去除零件表面多余的渗透液后，再在零件表面施涂显像剂，同样，在毛细管的作用下，显像剂将吸引缺陷中保留的渗透液，渗透液回渗到显像剂中，在一定的光源下（紫外线光或白光），缺陷处的渗透液痕迹被显示（黄绿色荧光或鲜艳红色），从而探测出缺陷的形貌及分布状态。

（2）渗透检测的优点：

① 可检测各种材料，金属、非金属材料，磁性、非磁性材料，以及焊接、锻造、轧制等加工方式。

② 具有较高的灵敏度（可发现0.1 μm宽的缺陷）。

③ 显示直观、操作方便、检测费用低。

（3）渗透检测的缺点及局限性：

① 只能检出表面开口的缺陷。

② 不适于检查多孔性疏松材料制成的工件和表面粗糙的工件。

③ 只能检出缺陷的表面分布，难以确定缺陷的实际深度，因而很难对缺陷作出定量评价。检出结果受操作者的影响也较大。

5）涡流检测

涡流检测是建立在电磁感应原理基础之上的一种无损检测方法，它适用于导电材料。如果把一块导体置于交变磁场之中，在导体中就有感应电流存在，即产生涡流。由于导体自身各种因素（如电导率、磁导率、形状、尺寸和缺陷等）的变化，会导致感应电流的变化，利用这种现象而判知导体性质、状态的检测方法称为涡流检测方法。

涡流检测是工业上无损检测的方法之一。给一个线圈通入交流电，在一定条件下通过的电流是不变的。如果把线圈靠近被测工件，工件内会感应出涡流，受涡流影响，线圈电流会发生变化。由于涡流的大小随工件内有没有缺陷而不同，所以线圈电流变化的大小能反映有无缺陷。

涡流检测方法的操作速度很快，按照检验员的经验反馈，一条12 m的长管，在顺利的情况下只需要几十秒就完成检验。

6）衍射时差法超声检测

衍射时差法超声检测又称超声波衍射时差法（Time of Flight Diffraction，TOFD），是利用缺陷端点的衍射波信号探测和测定缺陷尺寸的一种自动超声检测方法。

衍射时差法超声检测是国内外无损检测行业公认的新的检测技术，其主要优势是检测图像比较直观、检测能力强、精度高。在国外工程上应用广泛，而且有逐渐取代X射线检测方式的趋势。

（1）衍射时差法超声检测技术的特点：

① TOFD 技术的定量精度高。TOFD 技术对缺陷的定量精度远高于常规手工超声波检测。如对线性缺陷或面积型缺陷，TOFD 定量误差小于 1 mm。对裂纹和未熔合缺陷高度测量误差通常只有零点几毫米。

② TOFD 技术的可靠性好。衍射波进行检测过程中，衍射信号不受声束及方位的影响，缺陷都能有效发现，检出率较高。国外研究机构的缺陷检出率的试验评价：手工 UT，50% ~70%；TOFD，70% ~90%；机械扫查 UT + TOFD，80% ~95%。

③ TOFD 简单快捷，适应环境能力强。最常用的非平行扫查只需一人即可以操作，探头只需沿焊缝两侧移动即可，检测效率高，操作成本低。在许多不宜使用射线的场合，可以利用 TOFD 替代射线探伤进行作业。

④ TOFD 系统采用数字化处理数据，数据存储量大，识别精度较高。配有自动或半自动扫查装置，能够确定缺陷与探头的相对位置，信号通过处理可以转换为精细的 TOFD 图像，更有利于缺陷的识别和分析。

（2）TOFD 技术与常规脉冲回波超声检测技术相比，主要不同点：

① 缺陷衍射信号与角度无关，检测可靠性和精度不受角度影响。

② 根据衍射信号传播时差确定衍射点位置，缺陷定量定位不依靠信号振幅。

（3）TOFD 技术与常规 X 射线检测技术相比，主要不同点：

① TOFD 能够判断厚度方向的长度缺陷。TOFD 能对缺陷的深度和自身高度进行精确测量，而射线只能得到缺陷的俯视图信息，不能定量。

② TOFD 技术可探测的厚度大，对厚板探伤的效果远大于射线对厚板的穿透能力。

③ TOFD 技术检测缺陷的能力非常强，检出率约 90%，而相比之下，射线检测的检出率约 75%。

④ TOFD 技术所采集的是数据信息，能够进行多方位分析，甚至可以对缺陷进行立体复原。

⑤ TOFD 技术是利用超声波进行探伤，对检测时的工作环境没有特殊的要求，检测操作简单，扫查速度快，检测效率高。射线检测因其放射的危害性受到国家政策的严格控制，现场只能单工种工作，过程烦琐，耗时长，降低了检测工作效率。

⑥ TOFD 成本低，重复成本少；射线检测需建造暗室、冲洗拍片，投入较高。

第五节　特殊作业环节安全技术

由于新建、改建、扩建工程项目施工和装置检修、抢修等，化工企业每年都有大量的动火、进入受限空间、临时用电等安全风险较高的特殊作业，这些特殊作业集中了建筑、石油化工两个行业生产过程所具有的风险，是化工企业安全管理工作的重点和难点，也是近年来化工企业事故多发的环节。近些年来，国家有关部门相继颁布了一些国家标准和安全规范，明确了动火作业、受限空间作业、高处作业、动土作业、临时用电作业、吊装作业、盲板抽堵作业、断路作业、检维修作业等化工企业中常见的特殊作业安全技术要求、管理要求，为化工企业制定、完善作业许可管理提供了安全标准与规范的依据，化工企业逐渐形成了一套比较完善的管理方法，通过作业许可制度、危害识别、层层审批把关、作业过程监护等方法，实现了特殊作业安全风险的可控。

本节主要参考了《危险化学品企业特殊作业安全规范》（GB 30871，该标准不包含检修作业、射线探伤作业）、《化学品生产单位设备检修作业安全规范》（AQ 3026）的要求，充分考虑了化工企业特殊作业的实际需要，梳理了动火作业、受限空间作业、高处作业、动土作业、临时用电作业、吊装作业、盲板抽堵作业、断路作业、设备检修作业、射线探伤作业等 10 个作业类别的安全风险要点，从安全技术角度阐述特殊作业前、作业过程中和作业结束后的安全风险分析要点，帮助安全管理人员了解、熟悉、掌握化工企业特殊作业存在的主要安全风险及其风险管控措施，指导化工生产一线安全技术实践。

一、动火作业安全技术

根据《危险化学品企业特殊作业安全规范》（GB 30871），动火作业是指在直接或间接产生明火的工艺设施以外的禁火区内从事可能产生火焰、火花和炽热表面的非常规作业，如使用电焊、气焊（割）、喷灯、电钻、砂轮、喷砂机等进行的作业。

（一）化工企业动火作业类型

化工企业主要的动火作业类型有：

（1）气焊、电焊、铅焊、锡焊、塑料焊等各种焊接作业及气割、等离子切割机、砂轮机、磨光机等各种金属切割作业。

（2）使用喷灯、液化气炉、火炉、电炉等明火作业。

（3）烧（烤、煨）管线、熬沥青、炒砂子、铁锤击（产生火花）物件、喷砂和产生火花的其他作业。

（4）生产装置和罐区连接临时电源并使用非防爆电气设备和电动工具。

（5）使用雷管、炸药等进行爆破作业。

（二）动火作业危险性分析安全技术要点

1. 作业前的危险性分析安全技术要点

动火作业的危害及常见的不安全行为、不安全状态是引发火灾、爆炸事故的原因，对作业人员来说，可能发生灼烫、触电等人身伤害，由于动火作业过程也可能涉及高处作业、受限空间作业等，所以在动火过程中也有可能发生高处坠落、中毒窒息、触电等事故。

1）发生火灾、爆炸、中毒事故的原因

（1）设备、管线不置换或虽经置换但未达到安全要求。

（2）设备、管线和运行系统没有可靠隔离，系统中的可燃物或有毒物质泄漏而引起火灾、爆炸或中毒事故。

（3）动火设备本体采取了可靠的措施，但附近的设备未采取防范措施或动火点周围的可燃物未清除，动火中火花飞溅造成燃烧、爆炸事故。

（4）动火过程中，动火环境中释放出可燃气体，如地面下水井、地漏、切水井等没有进行封堵或者封堵不严实造成油气外逸，也可导致火灾、爆炸事故的发生。

（5）在气焊气割作业过程中，如果乙炔气瓶泄漏或者对其防护不当造成火花引燃气瓶胶管，也会导致火灾、爆炸事故的发生。

（6）在受限空间内动火过程中，动火可能会产生有毒气体、动火环境可能会释放出有毒气体，从而导致中毒事故。

2）其他不安全行为、不安全状态

（1）动火安全作业票存在问题：

① 动火安全作业票填写不认真，有些内容无法辨识。

② 动火安全作业票代签字。

③ 动火安全作业票级别与实际不符合，随意升级或者降级，在不符合固定用火区等条件的地方随意建立固定用火区，属于一级动火的签发二级动火安全作业票等。

④ 动火作业的时间、动火部位及内容与实际不符。

⑤ 不检查动火人的特殊工种证件，动火安全作业票中填写的作业人员与实际施工人员不符。

（2）施工作业负责人、施工作业所在单位的负责人、签发动火安全作业票的人等相关人员不到现场确认动火措施是否落实就在动火安全作业票上签字，或者实际措施与动火安全作业票填写的不符（如加盲板的数量不符）等。

（3）危害因素识别流于形式。

（4）对动火部位不进行可燃、有毒气体采样分析。

（5）动火作业安全措施不落实或落实不到位，如未对下水井进行有效封堵，未达到动火条件强行动火。

（6）施工机具存在着各种不安全状态，如乙炔气瓶距离动火点太近，乙炔气瓶卧放，气瓶缺少防震圈，使用工艺管线、设备或金属框架作为电焊机二次侧的回路线，电焊机电源线裸露等。

（7）与动火作业相连接的所有管线未进行有效隔离，用开关阀门代替盲板。

2. 作业过程中的危险性分析安全技术要点

动火作业过程中常见不安全行为、不安全状态主要表现在：

（1）作业地点周边存在影响动火作业安全的其他作业，如刷漆作业，现场不配备灭火设施等。

（2）动火作业过程，监护人随意离开现场，离开现场不通知作业人员停止作业；监护人在监护现场做与监护工作无关的事情，如玩手机、看报纸等，对现场的不安全行为和不安全状态视而不见，起不到监护作用。

（3）高处动火作业不采取防火花飞溅的措施，高处动火没有搭设安全、牢固的作业平台，不系安全带或安全带系挂不规范。

（4）动火作业结束后，对作业现场不进行检查验收等。

（三）动火作业安全防护措施

由于化工企业厂区内动火作业过程中存在的危害因素处于不断变化中，且动火作业是一项复杂、危险的作业活动，所以要求在正常运行生产区域内，凡可动可不动的动火一律不动火，凡能拆下来的设备、管线都应拆下来移到安全地方动火，严格控制动火作业。

1. 作业前的安全防护措施

1）工艺处置及采样分析

凡在盛有或盛装过助燃或易燃易爆危险化学品的设备、管道等生产、储存设施及《危险化学品企业特殊作业安全规范》（GB 30871）规定的火灾爆炸危险场所中生产设备上的动火作业，应将上述设备设施与生产系统彻底断开或隔离，进行设备、管道内部气体分析，不应以水封或仅关闭阀门代替盲板作为隔断措施。经彻底吹扫、清洗、置换后，打开人孔，通风换气；打开人孔时，应自上而下依次打开，并经分析合格后方可动火。动火点周围或其下方如有可燃物、电缆桥架、孔洞、窨井、地沟、水封设施、污水井等，应检查分析并采取清理或封盖等措施；对于动火点周围 15 m 范围内有可能泄漏易燃、可燃物料的设备设施，应采取隔离措施；对于受热分解可产生易燃易爆、有毒有害物质的场所，应进行风险分析并采取清理或封盖等防护措施。在盛装或输送过蒸汽、水、风等介质的塔、罐、容器等设备和管线上动火的，应断开法兰或加装盲板，并进行设备、管线内部气体分析和环境气体化验分析，分析数据填入动火安全作业票中，分析单附在动火安全作业票的存根上，以备存查和落实防火措施。

在作业过程中可能释放出易燃易爆、有毒有害物质的设备上或设备内部动火时，动火前应进行风险分析，并采取有效的防范措施，必要时应连续检测气体浓度，发现气体浓度超限报警时，应立即停止作业；在较长的物料管线上动火，动火前应在彻底隔绝区域内分段采样分析。在管道、储罐、塔器等设备外壁上动火，应在动火点 10 m 范围内进行动火气体分析，同时还应检测设备内气体含量。气体分析取样时间与动火作业开始时间间隔不应超过 30 min；特级、一级动火作业中断时间超过 30 min，二级动火作业中断时间超过 60 min，应重新进行气体分析；每日动火前均应进行气体分析；特级动火作业期间应连续进行监测。

当被测气体或蒸气的爆炸下限大于或等于 4% 时，其被测浓度应不大于 0.5%（体积分数）；当被测气体或蒸气的爆炸下限小于 4% 时，其被测浓度应不大于 0.2%（体积分数）。动火部位存在有毒有害介质的，应对其浓度作检测分析，若其含量超过《工作场所有害因素职业接触限值 第 1 部分：化学有害因素》（GBZ 2.1）规定的接触限值时，应采取相应的安全措施，并在"动火安全作业票"上注明。停工大修装置在彻底撤料、吹扫、置换、化验分析合格后，工艺系统要采取有效隔离措施，设备、容器、管道首次动火，须采样分析合格。

设备、容器与工艺系统已彻底隔离，内部无夹套、填料、衬里、密封圈等，不会再释放有毒有害和可燃气体的，首次取样分析合格后，分析数据长期有效；当设备、容器内存有夹套、填料、衬里、密封圈等，有可能释放有毒有害、可燃气体的，采样分析合格后超过规定时间动火的，须重新检测分析合格后方可动火。

分析采样时，采样点的选择要有代表性，在较大的设备内动火，必须选择有代表性的上、中、下（左、中、右）三个点进行检测，采样时要将采样管伸向设备内部。设备内的气体比空气重时，应在底部采样；设备内的气体比空气轻时，应在上部采样。

2）动火环境的检查确认

作业前，要检查确认动火环境是否安全，对动火点周围下水系统存油进行冲洗，下水系统内无存油后要对下水系统进行有效封堵，下水井及地漏系统用不少于两层的石棉布覆盖，并用不少于5 cm厚的细土封堵，或用水泥抹死，无存油的地沟要灌满水。动火前应清除现场一切可燃物，并准备好消防器材。

3）动火安全作业票的办理

动火作业实行分级管理。根据《危险化学品企业特殊作业安全规范》（GB 30871），动火作业分为特级动火作业、一级动火作业和二级动火作业，一般按照动火作业的部位、时间、危险程度等分为特级、一级、二级以及固定动火区作业。

由于动火作业的危险性大，且动火作业的部位千差万别，有的在设备内，有的在设备外，有的在高空，有的在井下，加之设备管道内的介质也各不相同，动火作业的环境也大有不同。因此，在办理"动火安全作业票"时，必须针对作业的内容结合作业位置、作业环境等进行危害识别，制定相应的作业程序及安全措施，并将安全措施填入"动火安全作业票"内。"动火安全作业票"是动火作业的凭证和依据，不得随意涂改、代签，并应妥善保管。

对于动火作业，各企业有不同的要求和管理方法，需要提醒的是，在盛装或输送可燃气体、可燃液体、有毒有害介质或其他重要的运行设备、容器、管线上进行焊接作业时，设备管理部门必须对施工方案进行确认，对设备、容器、管线进行测厚，并在动火安全作业票上签字。施工动火作业涉及其他管辖区域时，由所在管辖区域单位领导审查会签，并由双方单位共同落实安全措施，各派一名动火监护人，按动火级别进行审批后，方可动火。动火点距生产装置、罐区边界15 m以内（一般生产装置边界是装置围栏或相当于围栏的位置，罐区边界是防火堤），对该装置或罐区安全生产可能造成威胁时，"动火安全作业票"必须由该单位领导或值班人员会签，必要时加派动火监护人。一张"动火安全作业票"只限一处动火，实行一处（一个动火地点）、一证（"动火安全作业票"）、一人（动火监护人）。

4）现场检查安全措施交底

动火作业前，基层单位必须向施工单位进行现场检查交底，基层单位有关专业技术人员会同施工单位作业负责人及有关专业技术人员、监护人，对需动火作业的设备设施进行现场检查，对动火作业内容、可能存在的风险及施工作业环境进行安全措施交底，结合施工作业环境对动火安全作业票列出的有关安全措施逐条确认，并将补充措施确认后填入相应栏内。

施工单位作业负责人应向施工作业人员进行作业程序和安全措施交底，并指派作业监护人。

安全措施交底主要包括两个方面的内容：一是在作业（施工）方案的基础上按照作业（施工）的要求，对作业（施工）方案的安全措施进行细化和补充的内容；二是要将作业人员（操作者）的安全注意事项讲清楚，保证作业人员的人身安全。需要说明的是，《危险化学品企业特殊作业安全规范》（GB 30871）明确提出，作业前应对参加作业的人员进行安全措施交底，主要内容有：

（1）作业现场和作业过程中可能存在的危险、有害因素及采取的具体安全措施与应急措施。

（2）会同作业单位组织作业人员到作业现场，了解和熟悉现场环境，进一步核实安全措施的可靠性，熟悉应急救援器材的位置及分布。

（3）涉及断路、动土作业时，应对作业现场的地下隐蔽工程进行交底。

安全措施交底工作完毕后，所有参加交底的人员必须履行签字手续，基层单位班组、交底人、作业人员、作业监护人各留执一份，并记录存档。

2. 作业过程中的安全防护措施

动火作业实行"三不动火"，即没有经批准的"动火安全作业票"不动火、动火监护人不在现场不动火、安全管控措施不落实不动火。作业过程中的管理是动火作业管理的重中之重，在此过程中，动火监护人和作业人员的良好安全行为对作业安全起着至关重要的作用。

1）对作业监护人的要求

动火监护人应了解动火区域或岗位的生产过程，熟悉工艺操作和设备状况，有处理应对突发事故的能力，有较强的责任心，出现问题能正确处理；动火监护人应参加由企业安全监督管理部门组织的动火监护人培训班，考核合格后由企业安全监督管理部门发放动火监护人资格证书，做到持证上岗。

动火监护人在接到"动火安全作业票"后，应在安全技术人员和单位负责人的指导下，逐项检查落实防火措施，检查动火现场的情况。动火监护人在监护过程中应佩戴明显标志，如挂牌或者穿反光马甲等，动火过程中，不得离开现场，要随时注意环境的变化，发现异常情况，立即停止动火，当作业内容发生变更时，应立即停止作业，"动火安全作业票"同时废止。确需离开时，由监护人收回"动火安全作业票"，暂停动火，当发现动火部位与"动火安全作业票"不相符合，或者动火安全措施不落实时，动火人出现不安全的行为或作业现场出现不安全状况时，动火监护人要及时制止动火作业并采取相应措施，若动火人不执行或不听劝阻，动火监护人应收回"动火安全作业票"，并向上级报告。

由于动火作业现场条件随时变化，为了确保现场作业条件符合安全要求，也为了约束动火监护人能够尽职尽责，可以采用作业过程监护检查表的形式，列出动火监护人在动火前、动火过程中需要检查的内容，对照检查表定时检查并在相应的项目内做好标记，发现不符合可以立即予以整改或者制止作业活动。

2）对作业人员的要求

作业人员必须接受安全教育并考试合格，具备一定的安全技能。特种作业人员应有相应的操作资格证书，施工单位作业负责人、安全管理人员需经政府主管部门考核并取得安全资质证书。施工人员应能解读装置现场各类安全警示标志的含义，具备在作业现场发生危险情况时的逃生技能。同时，掌握基本的消防知识，能熟练使用常用消防器材。在作业过程中，严格执行规章制度和操作规程，对监护人或者主管部门、消防队人员提出的要求应立即执行，但有权拒绝违章指挥的指令。作业人员还要按规定穿戴好防护服装、用品，确保作业过程中的自身安全。电焊作业人员要戴专用的防护手套、防护口罩和护目镜等，如在高处作业时还应系挂安全带。

3）动火作业过程中的管理要求

动火作业过程中，实行"三不动火"。安全监督部门、消防队、施工所在单位的领导或安全管理人员要不定时去现场监督检查监护人的履职情况，掌握施工现场的动态，在发现违反制度的动火作业或危险动火作业时，要及时收回"动火安全作业票"，停止动火。

（1）动火期间，距动火点30 m内严禁排放各类可燃气体，15 m内严禁排放各类可燃液体。在动火点10 m范围内、动火点上方及下方不应同时进行可燃溶剂清洗或喷漆作业。在动火点10 m范围内不应进行可燃性粉尘清扫作业。

（2）涉及可燃性粉尘环境的动火作业应满足《粉尘防爆安全规程》（GB 15577）要求。

（3）装置停工吹扫期间，严禁一切明火作业。动火作业期间，施工人员、监护人要分别随身携带自己应持有的作业票，以便于监督检查。

（4）在厂内铁路沿线25 m以内动火作业时，如遇装有危险化学品的火车通过或停留时，应立即停止作业。

（5）遇五级风以上（含五级风）天气，禁止露天动火作业；因生产确需动火，动火作业应升级管理。

（6）特级动火作业应采集全过程作业影像，且作业现场使用的摄录设备应为防爆型。

（7）特级、一级动火安全作业票有效期不应超过8 h；二级动火安全作业票有效期不应超过72 h。

在受限空间内动火，除遵守上述安全措施外，还要执行受限空间特有的一些安全要求，在受限空间内进行动火作业、临时用电作业时，不允许同时进行刷漆、喷漆作业或使用可燃溶剂清洗等其他可能散发易燃气体、易燃液体的作业。

3. 作业结束后的安全防护措施

动火作业结束后，动火人收好工具，与监护人以及参与动火作业的其他人员一起检查和清理现场，施工余料运走，用电设备拉闸、上锁，卸下氧气瓶、乙炔瓶上的阀门、胶管等，气瓶存放到气瓶库中；检查确认现场无残留火种后方可离开现场。监护人确认现场满足安全条件后，在"动火安全作业票"的"完工验收"栏中签字。如果第二天继续施工，施工余料或机具可暂放在现场，但要摆放整齐，不得占用消防通道，不得放在巡检通道、过桥台阶上等影响正常操作或者应急救援的位置。

4. 焊接和切割作业安全

焊接和切割作业是动火作业中最为常见的动火形式，是一种明火高温作业，气焊、气割的火焰温度达3300 ℃，电焊更高达4200 ℃，火星和熔渣能飞溅到5 m以外。气焊、气割用的乙炔是易燃易爆物质，爆炸极限又特别宽，只要空气中有2.5%的乙炔遇到明火就会产生爆炸。气焊、气割用的氧气瓶、乙炔瓶均属压力容器，盛装的又是易燃易爆物质，危险性就更大。电焊、气焊的作业场所不固定，很多时候安全条件较差，鉴于焊接、切割作业的危险性，在此专门作些介绍。

1）电焊作业安全

手工电弧焊是利用电弧放电时产生的热量熔化接头而实现焊接的。手工电弧焊操作者接触电的机会比较多，更换焊条时，手要与电极接触，电气装置出故障，防护用品有缺陷及违反操作规程等，都有可能发生触电事故，尤其是在容器内（或大直径管道）工作时，因四周都是金属导体，触电的危险性更大。焊条是由钢丝（焊芯）和药皮两部分组成的，钢丝用来传导焊接电流并产生电弧，使其本身熔化，形成焊缝中的主要填充金属，药皮是焊条的重要组成部分，它由一定数量和不同用途的矿石、铁合金、化工原料（有的焊条还有有机物）混合而成。焊条及焊件在焊接电弧高温作用下，发生物质蒸发、凝结和气化并产生大量烟尘，同时还会产生臭氧、氮氧化物等有毒气体，在通风条件差的作业环境下长期工作，易使人中毒。弧光中的紫外线和红外线，会引起眼睛和皮肤疾病。针对上述危险，电焊作业要注意以下安全事项：

（1）作业前先检查设备和工具，重点是设备的接地或接零、线路的连接和绝缘性能等。

（2）焊工施焊应穿绝缘胶鞋，戴绝缘手套；在金属容器设备内、地沟里或潮湿环境作业，应采用绝缘衬垫以保证焊工与焊件绝缘；焊工的手和身体的其他部位不应随便接触二次回路的导体（如焊钳口、焊条、工作台等），使用照明行灯的电压不应超过 12 V，严禁露天冒雨从事电焊作业。

（3）焊接和切割操作中，应注意防止由于热传导作用引起的火灾、爆炸，防止电火花和火星点燃可燃易爆物质，工作结束后要仔细检查，确认安全后，方可离开现场。

（4）气体保护焊接都使用压缩气瓶，必须采取防止气瓶爆炸的措施。

（5）电焊设备的安装、接线、修理和检查，须由专业电工进行，焊工不得擅自拆修设备，在办理临时用电手续后，由电工接通电源，焊工不得自行处理；在闭合或拉开电源闸刀时，应戴干燥的绝缘手套，防止触电和保险丝熔断时产生弧光烧伤皮肤。

（6）电焊工不要携带电焊把钳进出设备，带电的把钳应由外面的配合人员递进递出，工作间断时，把钳应放在干燥的木板上或绝缘良好处。

（7）电焊与气焊在同一地点作业时，电焊设备与气焊设备以及把线和气焊胶管，都应该分离开，相互间最好有 10 m 以上的距离。

（8）在高处进行焊接作业时要采取防止火花飞溅的措施，防止落下的火花引发火灾、爆炸事故。

（9）移动电焊机时，要先切断电源；焊接中突然停电时，要切断电源。

（10）电焊机应放置在防雨、干燥和通风良好的地方。

（11）电焊机电源侧应设置漏电保护器，漏电保护器参数应符合规范要求，电焊机的金属外壳和正常不带电金属部分应与保护零线作电气连接。额定空载电压高于交流 68 V（峰值）和 48 V（有效值）或直流 113 V（峰值）的电焊机必须安装二次侧防触电装置，如二次侧空载降压保护装置等。

（12）为电焊机配置的开关箱应靠近电焊机布置，便于紧急情况下快速切断电源。交流弧焊机变压器的一次侧电源线长度不应大于 5 m，线数及相数与焊机要求相符。二次侧电源线应采用防水橡皮护套铜芯软电缆，与焊机连接处应有防护装置，电缆长度不应大于 30 m，不得有裸露部分，不得使用工艺管线、设备或金属框架作为电焊机二次侧的回路线。

（13）使用电焊机作业时，电焊机与动火点的间距不应超过 10 m，不能满足要求时应将电焊机作为动火点进行管理。

2）气焊与气割作业

气焊是将化学能转变为热能的一种熔化焊接方法，它是利用可燃气体与氧气混合燃烧的火焰加热金属的，气焊所用的可燃气体主要是乙炔气或液化石油气等。气焊应用的设备主要有氧气瓶、乙炔瓶、液化气罐等，应用的器具包括焊炬、减压器及胶管等。气焊主要应用于薄钢板、有色金属、铸铁件、刀具、硬质合金等材料，以及磨损、报废零部件的焊接。

气割是利用可燃气体与氧气混合燃烧的预热火焰，将金属加热到燃烧点，并在氧气射流中剧烈燃烧而将金属分开的加工方法。切割所用的可燃气体主要是乙炔和丙烷。气割的实质是金属在高纯度氧中的燃烧，并用氧气吹力将熔渣吹除的过程，而不是金属的熔化过程。

气焊与气割所用的乙炔、液化石油气、氧气等都是易燃易爆气体，氧气瓶、乙炔发生器、乙炔瓶和液化石油气瓶等都属于压力容器，气焊与气割操作中需与危险物品接触，同时又使用明火，易造成火灾和爆炸事故。气焊气割作业要注意以下事项：

（1）作业前要清除工作场地周围的可燃物和易爆物，防止熔珠、火星和熔渣等飞溅引起火灾和爆炸事故，作业时要防止火星、铁熔珠和熔渣等四处飞溅造成灼烫事故。

（2）在进行气焊与气割作业前应对气瓶系统进行气密性检查，系统有泄漏时不得使用。

（3）乙炔瓶使用时必须垂直放置，应有防倾倒措施，不得卧放使用，使用时应安装防回火装置，乙炔气瓶上的易熔塞朝向无人处。

（4）乙炔减压器与瓶连接必须牢固可靠，严禁在漏气情况下使用；如发现瓶阀、减压器、易熔塞着火时，用干粉灭火器或二氧化碳灭火器扑救，禁用四氯化碳灭火器扑救。

（5）不得使用绳拉等危险方式往高处运送气瓶，也不得采用从楼梯或斜道自由滚落的方式往下运送气瓶。

（6）乙炔瓶用完之前要保留瓶内最低余压，减少瓶内丙酮损失。

（7）氧气瓶阀口处不得沾染油脂。

（8）氧气瓶、乙炔瓶存放于通风良好的专用棚内，不得靠近火源或在烈日下暴晒；冬季如发现瓶阀冻结，严禁用明火烘烤，宜用 40 ℃以下的温水解冻，存放地点悬挂警示标识。氧气瓶不得与乙炔瓶或其他易燃气瓶混放。氧气瓶、乙炔瓶应避免同车运输，装卸气瓶时严禁摔、抛、滚动和碰撞，无防护帽、防震圈的气瓶不得搬运或装车。

（9）使用气焊、气割动火作业时，乙炔瓶应直立放置，不应卧放使用；氧气瓶与乙炔瓶的间距不应小于 5 m，二者与动火点间距不应小于 10 m，并应采取防晒和防倾倒措施；乙炔瓶应安装防回火装置。

（10）气瓶压力表与气阀必须完好，与气瓶连接的胶管必须使用箍件绑扎牢固，破损和严重老化的胶管不得使用，不得使用超期使用及没有制造和检验钢印的气瓶。

二、受限空间作业安全技术

受限空间作业涉及的行业多，作业环境复杂，危险有害因素多，是风险非常高的作业活动。化工企业每年都有大量因有章不循、盲目施救或救援方法不当而造成伤亡扩大的事故发生，这些死伤事故不仅仅发生在复杂的作业场地，也常常发生在一些看似很平常、很简单的受限空间作业中，死伤的人员中，既有在受限空间作业的人员，又有未经培训、没有应急救援设备的盲目施救的"应急救援人员"。因此，做好受限空间作业安全管理非常重要。

根据《危险化学品企业特殊作业安全规范》(GB 30871)，受限空间是指进出受限，通风不良，可能存在易燃易爆、有毒有害物质或缺氧，对进入人员的身体健康和生命安全构成威胁的封闭、半封闭设施及场所，如反应器、塔、釜、槽、罐、炉膛、锅筒、管道以及地下室、窖井、坑（池）、管沟或其他封闭、半封闭场所。

（一）受限空间作业类型

化工企业的受限空间作业一般是指进入所辖区域的炉、塔、釜、罐、仓、槽车、管道、烟道、下水道、沟、井、池、涵洞、裙座等地点进行检维修、清理等作业。

有些区域或地点不符合受限空间的定义，但是可能面临类似于受限空间作业时发生的潜在危害，此时建议按照受限空间作业管理，例如：

（1）把头伸入 30 cm 以上直径的管道、洞口、氮气吹扫过的罐内。

（2）高于 1.2 m 的垂直墙壁围堤，且围堤内外没有到顶部的台阶，在围堤区域内，作业者身体暴露于物理或化学危害之中。

（3）在化工装置区域内动土或开渠深度大于 1.2 m，或作业时人员的头部在地面以下的。

（4）化工装置多层管廊、有毒介质机泵房等。

（二）受限空间作业危险性分析安全技术要点

1. 作业前的危险性分析安全技术要点

受限空间作业危险性分析及常见不安全行为、不安全状态如下所述。

（1）火灾、爆炸事故风险：

① 受限空间可能盛装过或积存有毒有害、易燃易爆物质，如果工艺处理不彻底，或对需进入的设备未采取有效的隔离措施，就会使可燃气体、有毒有害气体残留或突然窜入。

② 受限空间一般平时处于密闭状态或低洼处，通风不良，不利于有害气体的排出，施工人员将施工用的氧气瓶、乙炔瓶带进受限空间内，乙炔瓶可能发生泄漏。

③ 受限空间内动火作业时，同时进行刷漆作业，其中的可燃溶剂挥发，也可造成火灾、爆炸事故。

（2）中毒和窒息事故风险：

① 如果受限空间内储存的介质为有毒有害介质，作业前没有按规定蒸煮、隔离、通风并化验分析合格，人员一旦进入往往会造成中毒、窒息事故。

② 对与受限空间相连的氮气等窒息性气体管线没有彻底隔离，依靠关闭阀门代替盲板隔离，或阀门关闭不严致使气体窜入受限空间内。

③ 受限空间内作业期间，未经允许擅自关闭出入口。

（3）有些设备设施内可能还有各种传动装置和电气系统，如搅拌装置等，如果检修前没有彻底切断电源，可能造成人员物体打击、触电等事故。

（4）受限空间作业危险性很大，而受限空间一般较狭小，对于作业人员的逃生及获救都有不利影响，一定要制定应急救援预案，防止事故的发生。

2. 作业过程中的危险性分析安全技术要点

受限空间作业常见不安全行为、不安全状态主要包括：

（1）对受限空间作业的概念理解有偏差或误区，对原本属于进入受限空间的作业不办理受限空间安全作业票或不认真执行特殊作业管理制度，如对一些半封闭的作业场所，有人认为不存在有毒有害气体逸出就不需办理"受限空间安全作业票"，导致很多受限空间作业没有办理"受限空间安全作业票"，或者是受限空间安全作业票有代签、漏项、缺项现象。

（2）不重视危害识别，识别不准确，对作业过程的危害认识不清，填写时存在应付现象。

（3）不重视作业方案的编制，不制定作业方案或方案简单，操作性不强，细节规定不明确，实施过程中操作弹性大，不仅施工质量难以保障，还容易在作业过程中发生事故。例如，在受限空间内的高处作业识别不到位，防坠落措施不落实导致发生高处坠落事故。

（4）对作业部位、作业活动填写不具体、不准确。

（5）不重视气体化验分析，没有拿到化验分析结果即开具受限空间安全作业票，甚至开始作业；作业过程中忽视对环境可燃/有毒气体检测，没有意识到现场作业是一个动态的过程，任何事情随时有可能发生。

（6）对作业环境处理不到位，如用关闭阀门代替加盲板，不严格落实安全措施，申请人、审批人、作业负责人等不到现场检查确认。

（7）对外来作业人员的管理不到位，不进行车间级安全教育，或者只进行口头的安全教育和技术交底。

（8）监护人不佩戴明显标志，监护人对现场的违章和脏乱差现象视而不见，不能及时制止。

（9）指派监护人时，往往选择一些技术水平低、责任心差、体弱多病者，甚至指派新入厂员工负责监护任务。

（10）监护人没有责任心，敬业精神不强，对监护人的职责不清楚，执行监护任务时溜号、打瞌睡、看报纸、聊天等做与监护工作无关的事情，对现场出现的不安全行为和不安全的状态，不能准确识别，如对作业人员擅自变更作业地点等，不能及时制止，监护人有事离开现场不与作业人员通报，作业人员在监护人离开现场的情况下，继续作业。

（11）不重视应急管理，表现在制定的应急预案走形式，应急器材不落实，发生事故时不能及时施救，或盲目施救造成事故扩大。

（三）受限空间作业安全防护措施

针对受限空间作业存在的危害分析，应从工艺处置、作业人员个体防护、作业机具、作业环境和关联特殊作业等多方面入手。根据《危险化学品企业特殊作业安全规范》（GB 30871）等要求，以及实际工作中发现的问题，提出以下安全措施。

1. 作业前的安全防护措施

1）危害识别

在受限空间作业前，必须对作业过程中可能存在的危害进行识别并评估危害可能带来的风险大小。在此基础上，编制作业方案，方案中要有作业程序和安全防护措施等内容，作业方案要由相关单位会签。在进入受限空间前，受限空间作业地点所属单位负责人与施工单位作业负责人应对作业监护人和作业人员进行必要的安全教育，内容应包括所从事作业及作业过程中可能存在的危害和可能带来的风险以及相应的安全知识、紧急情况下的处理和救护方法等。

2）应急预案制定

应急预案的内容要针对该作业可能存在的危害和带来的风险发生时，作业人员的逃生路线和救护方法，监护人与作业人员约定联络信号，现场应配备的救生设施和灭火器材等。现场人员应熟知应急预案内容，在受限空间外的现场配备一定数量符合规定的应急救护器具（包括空气呼吸器、供风式防护面具、救生绳等）和灭火器材。出入口内外不得有障碍物，保证其畅通无阻，便于人员出入和抢救疏散。

3）工艺处置

（1）清洗与置换。根据受限空间盛装（过）的介质特性，对受限空间进行清洗或置换。对盛装过能产生自聚物的设备容器，作业前应进行工艺处理，如采取蒸煮、置换等方法，并作聚合物加热等试验。

（2）隔离。作业前，应对受限空间进行安全隔离，要求如下：

① 与受限空间连通的可能危及安全作业的管道应采用加盲板或拆除一段管道的方式进行隔离；不应采用水封或关闭阀门代替盲板作为隔断措施。

② 与受限空间连通的可能危及安全作业的孔、洞应进行严密封堵。

③ 对作业设备上的电器电源，应采取可靠的断电措施，电源开关处应上锁并加挂警示牌。

（3）通风。作业前，应保持受限空间内空气流通良好，可采取如下措施：

① 打开人孔、手孔、料孔、风门、烟门等与大气相通的设施进行自然通风。

② 必要时，可采用强制通风或管道送风，管道送风前应对管道内介质和风源进行分析确认。

③ 在忌氧环境中作业，通风前应对作业环境中与氧性质相抵的物料采取卸放、置换或清洗合格的措施，达到可以通风的安全条件要求。

（4）气体环境要求。作业前，应确保受限空间内的气体环境满足作业要求，内容如下：

① 作业前 30 min 内，对受限空间进行气体检测，检测分析合格后方可进入。

② 检测点应有代表性，容积较大的受限空间，应对上、中、下（左、中、右）各部位进行检测分析。

③ 检测人员进入或探入受限空间检测时，应佩戴符合规定的个体防护装备。

④ 涂刷具有挥发性溶剂的涂料时，应采取强制通风措施。

⑤ 不应向受限空间充纯氧气或富氧空气。

⑥ 作业中断时间超过 60 min 时，应重新进行气体检测分析。

（5）降温。受限空间作业前，应将温度降至适宜人员进入作业的温度。

4）气体检测内容及要求

（1）氧气含量为19.5%～21%（体积分数），在富氧环境下不应大于23.5%（体积分数）。

（2）有毒物质允许浓度应符合《工作场所有害因素职业接触限值 第1部分：化学有害因素》(GBZ 2.1) 的规定。

（3）可燃气体、蒸气浓度要求应符合动火分析合格判定指标的规定。

（4）首次采样分析，必须使用色谱仪进行分析。作业时，作业现场应配置移动式气体检测报警仪，连续检测受限空间内可燃气体、有毒气体及氧气浓度，并2 h记录1次；气体浓度超限报警时，应立即停止作业、撤离人员、对现场进行处理。处理后应再次使用色谱仪对受限空间内的气体采样分析，合格后方允许人员再次进入受限空间。

5）对作业人员的要求

（1）作业人员应充分了解作业内容、地点（位号）、时间、要求，熟知作业中的危害因素和"受限空间安全作业票"中的安全措施，持有审批同意的"受限空间安全作业票"方可施工作业。

（2）"受限空间安全作业票"所列的安全防护措施应经落实确认、监护人同意后，方可进行受限空间作业，对违反制度的强令作业、违章指挥、安全措施不落实、作业监护人不在场等情况有权拒绝作业。

6）对作业监护人的要求

（1）受限空间作业要安排专人现场全程监护，不应在无任何防护措施的情况下探入或进入受限空间；作业期间，作业监护人严禁离岗。

（2）作业监护人要熟悉作业区域的环境和工艺情况，有判断和处理异常情况的能力，懂急救知识，作业前负责对安全措施落实情况进行检查，发现安全措施不落实或不完善时，要及时制止作业活动。

（3）作业监护人要携带移动式气体检测报警仪器、通信设备、救援设备，监护人一般应有2人，监护人应选择适当的监护地点，注意自身防护。在风险较大的受限空间作业时，应增设监护人员，并随时与受限空间内作业人员保持联络。

（4）对时间长，需要倒班监护的工作，应安排人员轮换进行。

（5）监护人应对进入受限空间的人员及其携带的工器具种类、数量进行登记，作业完毕后再次进行清点，防止遗漏在受限空间内。对作业人员出现的异常行为及时警觉并作出判断，与作业人员保持联系和交流，观察作业人员的状况；发现异常时，立即向作业人员发出撤离警报，并帮助作业人员逃生，同时立即呼叫紧急求援。

7）个体防护

进入受限空间作业的人员应正确穿戴相应的个体防护装备。进入下列受限空间作业应采取如下防护措施：

（1）缺氧或有毒的受限空间经清洗或置换仍达不到受限空间内气体检测要求的，应佩戴满足《呼吸防护用品的选择、使用与维护》(GB/T 18664) 要求的隔绝式呼吸防护装备，并正确拴带救生绳。

（2）易燃易爆的受限空间经清洗或置换仍达不到受限空间内气体检测要求的，应穿防静电工作服及工作鞋，使用防爆工器具。

（3）存在酸碱等腐蚀性介质的受限空间，应穿戴防酸碱防护服、防护鞋、防护手套等防腐蚀装备。

（4）在受限空间内从事电焊作业时，应穿绝缘鞋。

（5）有噪声产生的受限空间，应佩戴耳塞或耳罩等防噪声护具。

（6）有粉尘产生的受限空间，应在满足《粉尘防爆安全规程》（GB 15577）要求的条件下，按《个体防护装备配备规范 第1部分：总则》（GB 39800.1）要求佩戴防尘口罩等防尘护具。

（7）高温的受限空间，应穿戴高温防护用品，必要时采取通风、隔热等防护措施。

（8）低温的受限空间，应穿戴低温防护用品，必要时采取供暖措施。

（9）在受限空间内从事清污作业，应佩戴隔绝式呼吸防护装备，并正确拴带救生绳。

（10）在受限空间内作业时，应配备相应的通信工具。

8）受限空间安全作业票的办理

（1）受限空间施工单位作业负责人，应持有施工任务单，到设施所属单位办理"受限空间安全作业票"。

（2）设施所属单位安全负责人与施工单位作业负责人针对作业内容，对受限空间进行危害识别，制定相应的作业程序、安全措施和安全应急预案。安全应急预案内容包括作业人员紧急状况时的逃生路线和救护方法。

（3）在对受限空间内部各类气体检测分析合格后，将分析报告单附在"受限空间安全作业票"存根上。

（4）设施所属单位安全负责人和领导要对作业程序和安全措施进行确认后，方可签发"受限空间安全作业票"，并指派作业监护人。施工单位作业负责人应向作业人员进行作业程序和安全措施的交底，并指派作业监护人。

（5）受限空间作业时，应将相关的受限空间安全作业票、施工方案、应急预案、气体连续监测记录、人员及工具出入记录等文件贴挂在现场。

9）现场检查和安全措施交底

受限空间作业前，基层单位必须向施工单位进行现场检查交底，基层单位有关专业技术人员会同施工单位作业负责人及有关专业技术人员、监护人，对需进入受限空间作业的设备设施进行现场检查，对受限空间作业内容、可能存在的风险及施工作业环境进行安全措施交底，结合施工作业环境对受限空间安全作业票列出的有关安全措施逐条确认，并将补充措施确认后填入相应栏内。

施工单位作业负责人应向施工作业人员进行作业程序和安全措施交底，并指派作业监护人。

安全措施交底主要包括两个方面的内容：一是在作业（施工）方案的基础上按照作业（施工）的要求，对作业（施工）方案的安全措施进行细化和补充的内容；二是要将作业人员（操作者）的安全注意事项讲清楚，保证作业人员的人身安全。需要说明的是，

《危险化学品企业特殊作业安全规范》（GB 30871）明确提出，作业前应对参加作业的人员进行安全措施交底，主要内容有：

（1）作业现场和作业过程中可能存在的危险、有害因素及采取的具体安全措施与应急措施。

（2）会同作业单位组织作业人员到作业现场，了解和熟悉现场环境，进一步核实安全措施的可靠性，熟悉应急救援器材的位置及分布。

（3）涉及断路、动土作业时，应对作业现场的地下隐蔽工程进行交底。

安全措施交底工作完毕后，所有参加交底的人员必须履行签字手续，基层单位班组、交底人、作业人员、作业监护人各留执一份，并记录存档。

2. 作业过程中的安全防护措施

（1）受限空间作业实行"三不进入"，即未持有经批准的"受限空间安全作业票"不进入，安全措施不落实到位不进入，监护人不在场不进入。

（2）受限空间出入口保持畅通，在该设备外明显部位应挂上"设备内有人作业"的牌子。停止作业期间，应在受限空间入口处增设警示标志，并采取防止人员误入的措施。

（3）当受限空间状况改变时，作业人员应立即撤出现场，同时为防止人员误入，在受限空间入口处应设置"危险！严禁入内"警告牌或采取其他封闭措施。处理后需重新办理受限空间安全作业票方可进入。

（4）为保证受限空间内空气流通和人员呼吸需要，可采用自然通风，必要时采取强制通风，严禁向内充氧气。

（5）难度大、劳动强度大、时间长、高温的受限空间作业应采取轮换作业方式。

（6）作业期间，受限空间人员进出通道必须保持畅通，禁止在人员进出通道口堆放施工机具、物料。

（7）对带有搅拌器、电离器等转动部件的设备，应在停机后切断电源，摘除保险或挂接地线，给开关上锁并在开关上挂"有人工作、严禁合闸"警示牌，必要时派专人监护。

（8）接入受限空间的电线、电缆、通气管应在进口处进行保护或加强绝缘，应避免与人员出入使用同一出入口。受限空间作业应使用安全电压和安全行灯。进入金属容器（炉、塔、釜、罐等）和特别潮湿、工作场地狭窄的金属容器内作业，照明电压不大于12 V；需使用电动工具或照明电压大于12 V时，应按规定安装漏电保护器，其接线箱（板）严禁带入容器内使用。受限空间作业环境原来盛装可燃性液体、气体等介质的，应使用防爆电筒或电压不大于12 V的防爆安全行灯，行灯变压器不得放在容器内或容器上；作业人员应穿戴防静电服装，使用防爆工具，严禁携带手机等非防爆通信工具和其他防爆器材。

（9）受限空间作业，不得使用卷扬机、吊车等运送作业人员；作业人员所带的工具、材料须登记，作业人员不应携带与作业无关的物品进入受限空间；作业中不应抛掷材料、工器具等物品。

（10）在特殊情况下（如油罐清罐、氮气状态下），作业人员可戴供风式面具、空气呼吸器等。使用供风式面具时，必须安排专人监护供风设备。

（11）受限空间作业期间，严禁同时进行各类与该受限空间有关的试车、试压或试验。

（12）受限空间作业监护人严禁进入受限空间内，受限空间内的作业人员发生中毒、窒息的紧急情况，监护人严禁未佩戴防护用具即进入受限空间内，应迅速与其他人员联系，抢救人员必须佩戴隔离式防护面具进入受限空间，并至少有一人在受限空间外部负责联络工作。

（13）作业停工期间，应在受限空间的入口处设置"危险！严禁入内"警告牌或采取其他封闭措施防止人员进入。

（14）上述措施如在作业期间发生异常变化，应立即停止作业，经处理并达到安全作业条件后，方可继续作业。

（15）作业人员必须按"受限空间安全作业票"上的规定进行作业，服从作业监护人的指挥，禁止携带与作业无关的物品进入受限空间；作业期间发生异常情况时，未穿戴符合规定个体防护装备的人员严禁入内救援，发现情况异常或感到不适和呼吸困难时，应立即向作业监护人发出信号、迅速撤离现场，严禁在有毒、窒息环境中摘下防护面罩；发现作业监护人不在现场，要立即停止作业。

（16）施工的氧气瓶、乙炔瓶严禁带入受限空间内。

（17）受限空间内动火作业时，严禁同时进行刷漆、防腐作业。在受限空间内刷漆或防腐喷涂作业时，保持受限空间内通风良好，必要时可接风机强制通风。

（18）受限空间安全作业票有效期不应超过24 h。

3. 作业结束后的安全防护措施

（1）施工单位作业负责人组织作业人员清理作业现场，作业人员全部撤出，并将所有带入的工器具、剩余的材料或废料带出。

（2）作业监护人对撤出的作业人员数，以及带出受限空间的工器具、材料等物件进行清点，确保受限空间内作业人员已全部撤出，工器具、未消耗材料没有遗落在受限空间内。

（3）施工单位作业负责人安排人员关闭受限空间出入口，暂时不能关闭的，要设置围挡和"危险！严禁入内"警示标识。

（4）设施所属单位安全负责人与施工单位作业负责人对受限空间内外进行全面检查，确认无误后方可封闭受限空间，并在"受限空间安全作业票"的完工验收栏中签名确认。

三、高处作业安全技术

化工装置多为多层布局，高处作业或交叉作业比较多，如装置检修，设备、管线、阀门拆装、更换，防腐刷漆保温，仪表调校，电缆架空敷设等。同时，在项目建设建筑施工过程中，高处坠落事故发生的频率很高，因此有效控制高处作业风险是保证作业安全的核心内容。

根据《危险化学品企业特殊作业安全规范》（GB 30871），高处作业是指在距坠落基准面2 m及2 m以上有可能坠落的高处进行的作业。坠落基准面是指坠落处最低点的水平面。

（一）高处作业分级

根据《危险化学品企业特殊作业安全规范》（GB 30871），高处作业按照作业高度 h 分为 2 m≤h≤5 m、5 m<h≤15 m、15 m<h≤30 m、h>30 m 等 4 个区段。

根据《高处作业分级》（GB/T 3608），高处作业分级按照表 2-12 进行分级。

表 2-12 高处作业分级

分类方法	作业高度 h			
	2 m≤h≤5 m	5 m<h≤15 m	15 m<h≤30 m	h>30 m
A	Ⅰ	Ⅱ	Ⅲ	Ⅳ
B	Ⅱ	Ⅲ	Ⅳ	Ⅳ

当作业面临的危险因素存在以下危险因素的一种或一种以上时，按表 2-15 规定的 B 类法分级；当作业面临的危险因素不存在以下危险因素时，按表 2-15 规定的 A 类法分级。这些危险因素分为以下几类：

（1）阵风风力五级（风速 8.0 m/s）以上。

（2）平均气温等于或低于 5 ℃的作业环境。

（3）接触冷水温度等于或低于 12 ℃的作业。

（4）作业场地有冰、雪、霜、水、油等易滑物。

（5）作业场所光线不足或能见度差。

（6）作业活动范围与危险电压带电体的距离小于表 2-13 的规定。

表 2-13 作业活动范围与危险电压带电体的距离

危险电压带电体的电压等级/kV	距离/m	危险电压带电体的电压等级/kV	距离/m
≤10	1.7	220	4.0
35	2.0	330	5.0
63~110	2.5	500	6.0

（7）摆动，立足处不是平面或只有很小的平面，即任一边小于 500 mm 的矩形平面、直径小于 500 mm 的圆形平面或具有类似尺寸的其他形状的平面，致使作业者无法维持正常姿势。

（8）存在有毒气体或空气中含氧量低于 19.5%（体积分数）的作业环境。

（9）可能会引起各种灾害事故的作业环境和抢救突然发生的各种灾害事故。

（二）高处作业危险性分析安全技术要点

高处作业最为常见的事故就是高处坠落事故，可引起高处坠落事故的危险因素主要有：

（1）作业地点的洞、坑无盖板或检修过程中移去盖板。

（2）平台、扶梯的栏杆不符合安全要求，临时拆除栏杆后没有防护措施，不设警告标志。

（3）高处作业不挂安全带或安全带不合格、没有使用全身式安全带，或佩戴、系挂时不规范、不挂安全网。

（4）在管道上施工，没有设置系挂安全带的生命绳。

（5）梯子使用不当或梯子不符合安全要求。

（6）不采取任何安全措施，在石棉瓦之类不坚固的结构上作业。

（7）脚手架有缺陷，使用不合格的脚手架、吊篮、吊板、梯子。

（8）高处作业用力不当、重心失稳。

（9）临时拆除的护栏、格栅没有保护措施。

（10）高处作业拆卸的设备零部件或者使用的工器具缺少防护措施，有可能掉落伤人，造成物体打击事故。检修工器具、配件没有防坠落措施等。

（三）高处作业安全防护措施

1. 作业前的安全防护措施

1）高处安全作业票的办理

（1）根据《危险化学品企业特殊作业安全规范》（GB 30871），从事高处作业的单位应办理"高处安全作业票"，落实安全防护措施后方可作业。

（2）施工单位作业负责人应根据高处作业的分级和类别向审批单位提出申请，办理"高处安全作业票"。

（3）"高处安全作业票"审批人员应在作业现场检查确认安全措施后，方可批准高处作业。

（4）高处作业的有效期最长为7天。当作业中断，再次作业前，应重新对环境条件和安全措施进行确认。在作业期内，施工单位作业负责人应经常深入现场检查，发现隐患及时整改，并做好记录。若作业条件发生重大变化，应重新办理"高处安全作业票"。

2）个体防护用品的配备

（1）施工现场要配备必要的救生设施、灭火器材和通信器材等。

（2）在使用个人防护坠落的装备之前，应注意使用人员已接受培训，能够识别坠落隐患并正确使用个人防护坠落装备；装备的所有组件应与制造商的说明书一致；所有的设备，包括安全带、系索、安全帽、救生索等，不得存在如焊接损坏、化学腐蚀、机械损伤等状况，锚固点和连接器已经检验合格；在每次使用前必须对个人防护坠落装备所有附件进行检查并消除工作面的不稳定和人员的晃动带来的坠落隐患；在坠落过程中，有可能撞上低层的表面或物体，对这种可能也要采取相应的措施。

（3）高处作业人员必须系好安全带和安全绳，戴好安全帽，衣着要灵便，禁止穿带钉易滑的鞋。安全带要符合《安全带》（GB 6095）的要求，安全绳要符合《坠落防护　安全绳》（GB 24543）的要求，安全帽要符合《安全帽》（GB 2811）的要求等。30 m 以上高处作业时应配备通信联络工具，安全带的各种部件不得任意拆除。安全带使用时必须挂在施工作业处上方的牢固构件上，应高挂（系）低用，不得采用低于肩部水平的系挂方法，不得系挂在有尖锐棱角的部位，安全带系挂点下方应有足够的净空。

（4）高处作业时必须有稳定的工作面，应根据实际需要配备符合安全要求的作业平台、吊笼、梯子、挡脚板、跳板等；脚手架的搭设、拆除和使用应符合《建筑施工脚手架安全技术统一标准》（GB 51210）等有关标准要求。

（5）高处作业人员不应站在不牢固的结构物上进行作业；在彩钢板屋顶、石棉瓦、瓦棱板等轻型材料上作业，应铺设牢固的脚手板并加以固定，脚手板上要有防滑措施；不应在未固定、无防护设施的构件及管道上进行作业或通行。

（6）在邻近排放有毒、有害气体、粉尘的放空管线或烟囱等场所进行作业时，应预先与作业属地生产人员取得联系，并采取有效的安全防护措施，作业人员应配备必要的符合国家相关标准的防护装备（如隔绝式呼吸防护装备、过滤式防毒面具或口罩等）。

（7）在同一坠落方向上，一般不应进行上下交叉作业，如需进行交叉作业，中间应设置安全防护层，坠落高度超过24 m的交叉作业，应设双层防护。

（8）根据实际要求配备符合安全要求的吊笼、梯子、电梯等防坠落用品与登高器具、设备等。

3）现场检查和安全措施交底

高处作业前，基层单位必须向施工单位进行现场检查交底，基层单位有关专业技术人员会同施工单位作业负责人及有关专业技术人员、监护人，对作业现场的设备设施进行现场检查，对高处作业内容、可能存在的风险及施工作业环境安全措施进行交底，结合施工作业环境对高处安全作业票列出的有关安全措施逐条确认，并将补充措施确认后填入相应栏内。

施工单位作业负责人应向施工作业人员进行作业程序和安全措施交底，并指派作业监护人。

安全措施交底主要包括两个方面的内容：一是在作业（施工）方案的基础上按照作业（施工）的要求，对作业（施工）方案的安全措施进行细化和补充的内容；二是要将作业人员（操作者）的安全注意事项讲清楚，保证作业人员的人身安全。需要说明的是，《危险化学品企业特殊作业安全规范》（GB 30871）明确提出，作业前应对参加作业的人员进行安全措施交底，主要内容有：

（1）作业现场和作业过程中可能存在的危险、有害因素及采取的具体安全措施与应急措施。

（2）会同作业单位组织作业人员到作业现场，了解和熟悉现场环境，进一步核实安全措施的可靠性，熟悉应急救援器材的位置及分布。

（3）涉及断路、动土作业时，应对作业现场的地下隐蔽工程进行交底。

安全措施交底工作完毕后，所有参加交底的人员必须履行签字手续，基层单位班组、交底人、作业人员、作业监护人各留执一份，并记录存档。

4）其他作业前的安全防护措施

（1）尽可能把工作安排在地面上进行，避免高处作业。必须进行高处作业时，专业人员（设备、工艺、安全）参与作业前工作危害分析（JHA），制定详细的高处作业方案（包括救援、急救方案），并确定合适的坠落保护措施和设备，尽可能采用脚手架、操作平台和升降机等作为作业安全平台，在搭设脚手架、钢结构的同时应设置楼梯、扶手和救生索。做好临边防护措施，并尽可能在地面预制好装设缆绳、护栏等设施的固定点以及锚固点和生命线等，避免在高处进行焊接。

（2）高处作业人员必须经过专业技术培训并考试合格，持证上岗，并定期进行体格检查。患有职业禁忌证（如高血压、心脏病、贫血病、癫痫病、精神疾病等）、年老体弱、疲劳过度、视力不佳及其他不适于高处作业的人员，不得进行高处作业。

（3）夜间必须进行的高处作业，作业前要制定专项施工方案并经施工管理部门审批，现场要有充足的照明；雨天和雪天高处作业前，采取可靠的防滑、防寒和防冻措施，冰、雪均应及时清除；上下垂直作业前，搭设防护棚，采取隔离措施，作业场所有坠落可能的物件，应一律先行撤除或加以固定，所使用的工具、材料、零件等放入工具袋。工具使用时要系安全绳，不用时应放入工具袋内。现场负责人要对所用安全设施进行检查，发现松动、变形、损坏或脱落等现象，要及时修理完善，确认其牢固、可靠；施工项目所在单位安全负责人与施工单位作业负责人对作业人员进行必要的安全教育，进行作业程序和安全措施的交底，并查验安全措施全部落实。

2. 作业过程中的安全防护措施

1）作业现场安全防护措施

（1）高处作业严禁投掷工具、材料及其他物品，所用材料应堆放平稳，必要时应设安全警戒区并设专人监护；作业人员上下时手中不得持物，不得在高处作业处休息，不得在不坚固的结构（如彩钢板屋顶、石棉瓦、瓦棱板等轻型材料等）上作业。

（2）因作业需要，临时拆除或变动安全防护设施时，要经作业负责人同意，并采取相应的措施，作业后应立即恢复。

（3）雨天和雪天作业时，应采取可靠的防滑、防寒措施；遇有 5 级以上（含 5 级）强风、浓雾等恶劣天气，不应进行高处作业、露天攀登与悬空高处作业；暴风雪、台风、暴雪后，应对作业安全设施进行检查，发现问题立即处理。

（4）在作业点附近设有排放有毒有害气体及粉尘超出允许浓度的烟囱及设备时，严禁进行高处作业。作业人员在作业中如发现情况异常或感到不适和呼吸困难时，应立即向作业监护人发出信号、迅速撤离现场，严禁在有毒、窒息环境中摘下防护面罩。

（5）施工作业区域内，直径小于 500 mm 的洞口要进行可靠封盖或封堵，直径大于 500 mm 的洞口除封盖外，还要加装栏杆围护，并设置醒目的警示标志。

（6）进行格栅板、花纹板铺设时，要边铺设边固定，在上下同一垂直面上不得同时进行格栅板、花纹板的铺设作业，高处作业人员佩戴全身式安全带时，在移动过程中必须保证至少有一个挂钩有效。

2）高处作业防护装备

高处作业除为个人配备的防护用品，如安全帽、安全带以外，还需综合考虑现场作业条件，设置防高处坠落的其他装备，以确保作业安全。下面简单介绍几种防坠落设备。

（1）防坠落装备。高处作业应设置用于阻止作业人员从工作高度坠落的一系列的防护装备，包括：锚固点连接器、生命绳、全身式安全带、抓绳器、减速装置、定位系索或其组合。

锚固点连接器是把坠落保护设施固定到锚固点上的一个部件或装置。

生命绳是指一根垂直或水平的绳，固定到一个锚固点上或两个锚固点之间，可以在其上面挂系索或安全带。水平绳选用外有绝缘材料直径不小于 12 mm 的钢丝绳，水平绳的紧固采用 ϕ12 mm 马鞍卡。锚固点是指用于其上固定生命线、引入线或系索的固定点。

全身式安全带是能够系住人的躯干，把坠落力量分散在大腿上部、骨盆、胸部和肩部等部位的安全保护装备，包括用于挂在锚固点或生命线上的两根系索。

系索是用于将人员和锚固点或生命绳连接在一起的短绳或系带。

（2）梯子。高处作业中经常需要使用梯子，在使用中常常因梯子质量、放置、监护等环节出现疏漏而导致事故的发生，因此在使用梯子时应注意以下几方面的要求：

① 在使用木竹梯子之前，应检查其有无损坏，凡有腐朽枯节、裂纹、虫蛀等缺陷时，不得使用。不得把短梯拼接成长梯使用。

② 在使用前，必须把梯子安置牢固，不可使其摇动或倾斜过度。在光滑坚硬的地面上使用梯子时，需在地面上垫草袋子或橡胶板，并用绳索将梯子下端与固定物绑紧。也可以设专人在下面扶梯子。

③ 在梯子上工作时，梯子与地面的倾斜度一般为 55°～60°。

④ 禁止两人同登一梯，不准在梯子顶档作业。

⑤ 对于需要的物件，可在爬到作业的高度后再用绳索提上，或者装在工具袋内，用绳索传递。

⑥ 靠在管线上使用梯子，其上端必须设有挂钩或用绳索绑住。

⑦ 人字梯须有坚固的铰链和限制开关的拉链，使用前一定要做好检查。

⑧ 在道路上使用梯子时，下面应有监护人；梯子不应放在门前使用，防止门突然开启或关闭时出现问题。

⑨ 人在梯子上时，禁止移动梯子。上下梯子时，应两手抓紧梯子，严禁从梯子上滑下。

（3）脚手架。脚手架是建筑施工企业的一种常用的、典型的过程安全产品。脚手架随着工程进程而搭设、工程完毕即拆除，对建筑施工的进度、工作效率、工程质量，以及施工人员的安全有着直接的影响。脚手架搭设的不合格或在使用中突然坍塌，是导致高处作业过程中发生高处坠落事故的重要原因之一。

化工企业施工中使用的脚手架大多为钢管脚手架，木脚手架使用较少，而钢管脚手架又以扣件式钢管脚手架为主。扣件式钢管脚手架主要结构包括立杆、大横杆、小横杆、扫地杆、脚手板、栏杆、支杆和剪刀杆、斜道和阶梯。

对脚手架的要求如下：

① 搭设脚手架的基础底面必须平整、夯实、坚硬，其金属基板必须平整，不得有任何变形。地面较松软时必须使用扫地杆或垫板以增大稳定性。地基排水要良好，防止积水。

② 脚手架必须设有供施工人员上下的斜梯或阶梯，严禁施工人员沿脚手架爬上爬下。

③ 储罐内的脚手架严禁对罐底、罐壁造成变形、损坏，储罐内一般应搭设满堂架。

④ 未取得登高架设作业特种作业上岗操作证的人员，严禁从事脚手架的搭设和拆除作业。

⑤ 脚手架搭设完毕要验收，严禁使用未经验收合格的脚手架。

⑥ 脚手架使用过程中，要加强检查，尤其是大风、大雪、大雨后，要认真检查脚手架有无变形、坍塌等，确认无误后方允许继续使用。

⑦ 拆除脚手架、防护棚时，应设警戒区并派专人监护，不应上下同时施工。

（4）吊篮、吊板。部分高处作业的作业环境有所限制，无法搭设作业平台，可考虑采用吊篮或吊板来保证高处作业人员的安全。吊篮是架设于建（构）筑物上的非常设悬挂设备，用提升机驱动悬吊平台通过钢丝绳沿立面上下运行。吊板是供个体使用的具有防坠功能的沿建筑物立面自上而下移动的无动力载人用具。

① 一般要求：

a）吊篮、吊板中的作业人员应系安全带和安全绳，安全带的一端应系于安全绳上，使用时安全绳应基本保持垂直于地面，作业人员身后余绳不得超过 1 m。

b）吊板仅用于大型储罐的外部防腐悬吊作业和建筑物的清洗、粉饰、养护悬吊作业。

c）吊篮或吊板作业单位、吊篮或吊板作业设备安装以及检修单位应取得相应的高处悬挂作业安全资格证。

d）吊篮、吊板搭设完毕必须经过设备管理部门验收。

e）钢丝绳每次施工前应检查一次，一个月至少应润滑一次，安全带和安全绳每次施工前应检查一次。

f）新安装、大修后及闲置一年以上的吊篮装置，启动前必须由有资质的安全检测机构进行安全性能检查。

g）有架空输电线场所，吊篮或吊板的任何部位与输电线的安全距离不应小于 10 m。

h）使用吊板悬吊作业时，储罐或建筑物顶部应由经过专业培训的人员监护，施工单位应在该吊篮或吊板作业现场的地面区域内设置警戒区，并安排一名地面监护人员阻止行人通行。

② 吊篮使用安全技术要求：

a）利用吊篮进行电焊作业时，严禁用吊篮作电焊接线回路，吊篮内严禁放置氧气瓶、乙炔瓶等易燃易爆品。

b）吊篮内侧距离作业设备间隙为 100 ~ 200 mm，吊篮的最大长度不宜超过 4 m，宽度为 0.8 ~ 1.2 m，特殊需要应专门设计，高度不超过 2 m，吊篮立杆的纵向间距为 1.5 ~ 2 m，挡脚板高度不小于 200 mm；吊篮外侧必须在 0.6 m 和 1.2 m 高处各设一道护身栏杆，此外，吊篮顶部必须设护头棚，外侧与两端用安全网封严。

c）吊篮严禁超载或带故障使用，吊篮在正常使用时，严禁使用安全锁制动。吊篮的升降机构、控制设备和保险设备必须完好，并经常进行检查和维修保养。

③ 吊板使用安全技术要求：

a）吊板由挂点装置、悬吊下降系统和坠落保护系统组成。悬吊下降系统包括工作绳、下降器、连接器、座板装置、吊带、衬带、挡腰带，坠落保护系统包括柔性导轨、自锁器、安全带、安全短绳。

b）吊板为单人吊具，总载重量不应大于 165 kg，每个作业人员应单独配备坠落保护系统。

c）座板上表面应具有防滑功能，吊带应为一根整带工作绳、柔性导轨、安全绳不应有接头。

d）挂点装置安装在罐顶防护栏或建筑物的混凝土结构上，以防护栏或混凝土结构作为固定栓固点，挂点装置静负荷承载能力不应小于总载重量的 2 倍；安全绳固定在罐顶顶部透气孔根部或建筑物混凝土结构上。

e）工作绳、柔性导轨和安全短绳不得使用丙纶纤维材料制作，三者应配套使用；工作绳和柔性导轨不准使用同一挂点装置。经过挂吊板的工作绳可采用强度合适的棕绳，用两根悬挂吊篮，一根固定在罐顶顶部作为安全绳。

f）将承重工作绳穿过滑轮一端与吊板固定连接，另一端挂在储罐下部牢固的物体上，有专人值守。

四、动土作业安全技术

根据《危险化学品企业特殊作业安全规范》（GB 30871），动土作业是指挖土、打桩、钻探、坑探、地锚入土深度在 0.5 m 以上；使用推土机、压路机等施工机械进行填土或平整场地等可能对地下隐蔽设施产生影响的作业。

化工企业的运行维护、检修、技改技措项目施工、装置扩能改造、装置建设等，需要经常进行动土作业。由于地下分布着给排水管网、动力电缆、通信电缆、地下工艺物料管道等设施，如有问题，将直接影响到生产装置的安全稳定运行；同时，化工企业的生产特点决定生产装置区域属于易燃易爆区域，在此区域内进行混凝土地坪和建（构）筑物的拆除会产生火花；开挖、掘进、钻孔、打桩、爆破等各种动土作业不仅对周边正在运行的设备产生不利影响，也会对作业区域的作业人员造成危险。因此，必须重视化工企业动土作业的管理，防止动土作业中损坏埋于地下的电力电缆、通信电缆、给排水管道和工艺物料管道等设施，预防可能产生的塌方、人身伤亡、火灾、爆炸等事故。

（一）动土作业常见事故

1. 生产停工事故

化工企业厂区的地下生产设施复杂隐蔽，如地下敷设的电缆有动力电缆、仪表电缆、通信电缆等，另外还有敷设的生产管线。随意开挖厂区土方，有可能损坏电缆或管线，动力电缆损坏导致人员触电伤亡和生产装置停车，通信电缆损坏导致通信中断，管道泄漏造成爆炸和环境污染等。

2. 坍塌事故

在开挖沟、槽、坑的作业过程中，未按施工规范要求设置斜坡或因施工场地限制无法放坡又未进行支撑加固，或挖掘出的土方、物料就近堆放且堆放过高，或有重型机械在周围施工，未采取加固和支撑，以及雨季施工中，未在沟、槽、坑周围设置排水沟，或沟、槽、坑内积水未及时排出，造成土质渗水坍塌。塌方可导致地面装置、建筑物沉降、倾斜、坍塌和人员伤亡。

3. 坠落事故

在挖开的孔洞旁边，没有设围栏、警示灯或警示标志，极易造成人员或车辆误入，造成坠落事故或交通事故等。

（二）动土作业危险性分析安全技术要点

1. 作业前的安全危害分析技术要点

动土作业过程中存在诸多不安全因素，施工作业前要充分考虑动土作业过程中存在的危害，并对危害进行风险评估。

（1）对于地下情况复杂、危险性较大的动土项目，开工前，项目管理部门应组织总图、调度、工艺、设备、电仪、网络通信、给排水、消防、安全等隐蔽设施的主管单位及属地单位向作业单位交底，明确地下管网、设施的位置、走向及可能存在的危害，必要时，可采用探测设备进行探测。

（2）作业单位按照施工要求编制施工方案，施工方案应考虑以下内容：

① 交通状况，附近的振动源、隐蔽电气、管网等设施的分布情况。

② 邻近的建筑结构及其状况，土质类型，地表水和地下水对土壤和水的污染。

③ 架空的公用设施，挖出物及施工材料的存放。

④ 有害气体、易燃气体，液体排放（泄漏），使用的工器具，气候等。

⑤ 施工平面图、地下隐蔽工程图。

⑥ 施工安全管理方案（含安全管理组织及作业现场安全负责人、施工作业安全风险分析、安全措施及其落实责任人、施工应急预案等）。

（3）项目管理部门组织相关单位对作业单位编制的施工方案进行审查。

（4）作业前，作业单位应严格按照施工方案，逐条落实安全措施，并对所有作业人员进行安全教育和安全技术交底后方可施工。

（5）动土作业涉及电力、电信、地下供排水管线、生产工艺埋地管道等地下设施时，施工单位应设专人进行施工安全监督。

（6）还应充分考虑厂区消防通道和疏散通道的畅通，不能影响事故状态下的应急救援。

（7）动土作业人员在相关专业技术人员的指导下，了解并熟悉地下电缆、管道等地下设施的走向、方位，在施工现场应作出明确标识。在破土开挖前，应先做好地面和地下排水措施，严防地面积水渗入作业层面造成塌方。

（8）现场检查和安全措施交底：

动土作业前，基层单位必须向施工单位进行现场检查交底，基层单位有关专业技术人员会同施工单位作业负责人及有关专业技术人员、监护人，对作业现场的设备设施进行现场检查，对动土作业内容、可能存在的风险及施工作业环境进行安全措施交底，结合施工作业环境对动土安全作业票列出的有关安全措施逐条确认，并将补充措施确认后填入相应栏内。

施工单位作业负责人应向施工作业人员进行作业程序和安全措施交底，并指派作业监护人。

安全措施交底主要包括两个方面的内容：一是在作业（施工）方案的基础上按照作业（施工）的要求，对作业（施工）方案的安全措施进行细化和补充的内容；二是要将作业人员（操作者）的安全注意事项讲清楚，保证作业人员的人身安全。需要说明的是，

《危险化学品企业特殊作业安全规范》（GB 30871）明确提出，作业前应对参加作业的人员进行安全措施交底，主要内容有：

（1）作业现场和作业过程中可能存在的危险、有害因素及采取的具体安全措施与应急措施。

（2）会同作业单位组织作业人员到作业现场，了解和熟悉现场环境，进一步核实安全措施的可靠性，熟悉应急救援器材的位置及分布。

（3）涉及断路、动土作业时，应对作业现场的地下隐蔽工程进行交底。

安全措施交底工作完毕后，所有参加交底的人员必须履行签字手续，基层单位班组、交底人、作业人员、作业监护人各留执一份，并记录存档。

2. 作业过程中的安全防护措施

（1）动土开挖时，应防止邻近建（构）筑物、道路、管道等下沉和变形，必要时采取防护措施，加强观测，防止位移和沉降；要由上至下逐层挖掘，严禁采用挖空底脚和挖洞的方法。在破土开挖过程中应采取防止滑坡和塌方措施。

（2）对于附近结构物挖掘前应确定是否需要临时支撑。必要时由有资质的专业人员对邻近结构物基础进行评价并提出保护措施建议。如果挖掘作业危及邻近的房屋、墙壁、道路或其他结构物，应当使用支撑系统或其他保护措施，如支撑、加固或托换基础来确保这些建（构）筑物的稳固性，并保护员工免受伤害。

（3）当挖掘深度超过 1.2 m，遇到可能存在危险性气体的场所或与地漏、下水井、阀门井相连时，要增加挖掘作业相关安全措施（如进行气体检测等）。在生产装置区、罐区等危险场所动土时，遇有埋设的易燃易爆、有毒有害介质管线、窨井等可能引起燃烧、爆炸、中毒、窒息危险，且挖掘深度超过 1.2 m 时，应执行受限空间作业相关规定。

（4）机械开挖时，应避开构筑物、管线，在距管道边 1 m 范围内应采用人工开挖；在距直埋管线 2 m 范围内宜采用人工开挖，避免对管线或电缆造成影响。

（5）在生产装置区、罐区等危险场所动土时，监护人员应与所在区域的生产人员建立联系，当生产装置区、罐区等场所发生突然排放有害物质时，监护人员应立即通知作业人员停止作业，迅速撤离现场。

（6）在电力电缆防护区内动土作业，如果动土时决定不切断电源，应确保工具接地良好、施工者穿戴绝缘个人防护用品，采用人工破土方式。动力电缆和通信电缆区域的破土作业，必须采用人工破土，严禁机械开挖。

（7）施工单位作业负责人应事先组织做好地面和地下积水的排水措施，应采用导流渠、构筑堤防或其他适当的措施，防止地表水或地下水进入挖掘处造成塌方。在落实排水措施后，方可进行挖掘作业。

（8）要视土壤性质、湿度和挖掘深度设置安全边坡或固壁支撑。挖出的泥土堆放处所和堆放的材料至少距坑、槽、井、沟边沿 1 m，高度不得超过 1.5 m。对坑、槽、井、沟边坡或固壁支撑要随时检查，特别是雨雪后和解冻时期，如发现边坡有裂缝、疏松或支撑有折断、走位等异常危险征兆时，及时采取可靠的安全措施。

（9）在坑、槽、井、沟边缘安放机械、铺设轨道及通行车辆时，要保持适当距离并采取有效的固壁措施，确保安全。所有人员不准在坑、槽、井、沟内休息，作业人员多人同时挖土应相距在 2 m 以上，防止工具伤人。严禁在土壁上挖洞攀登，坑、槽、井、沟上端边沿不准人员站立、行走。

（10）动土作业区域周围应设围栏和警示牌，夜间应设警示灯等警示标志以免人员误入作业现场的敞口或要害处，出现摔伤或坠落等事件或事故；如破土深度超过 2 m 或道路施工，要用保护性围栏而非警示性围栏，严禁用帆布等遮盖敞口而不设围栏。在地下通道施工或进行顶管作业时，也应设围栏、警示牌、警示灯，以确保地面安全和地下安全作业。警示灯应符合作业周围环境防爆要求。

（11）动土作业时，作业人员和作业监护人对临近建（构）筑物、道路、管道等下沉、位移、变形、坑边裂缝、土层的滑动或松动、渗水情况加强观察、观测，发现问题及时处理。在施工过程中，如发现不能辨认的物体时，不得敲击、移动，应立即停止作业，报告施工所在单位领导，待查清物体情况或者采取可靠措施后，方可继续施工。

（12）在作业过程中，有下列情形之一的，应报告作业管理部门，采取有效措施后方可继续进行作业：

① 发现不明物体或管线、出现异常情况。

② 需要占用规划批准范围以外的场地。

③ 可能损坏道路、管线、电力、邮电通信等公共设施的。

④ 需要临时停水、停电、中断道路交通的。

⑤ 需要进行爆破的，需办理相关的安全作业票。

（13）动土作业过程中，一旦出现滑坡、塌方或其他险情时，作业人员应立即停止作业，关闭用电设施的电源，并有序撤离现场。项目现场主管人、监护人应立即采取可行的措施防止险情扩大，划出警戒区，挂出有明显标志的警告牌，夜间设警示灯，通知施工管理部门，共同对险情进行调查，研究和实施进一步的处理办法。

3. 作业结束后的安全防护措施

动土作业完工后，由施工单位作业负责人、监护人、项目现场主管人分别对相关内容进行现场确认，应及时回填土石，恢复地面设施，满足各项安全条件后项目现场主管人告知相关岗位及人员，由项目管理部门对施工现场进行检查验收。

五、临时用电作业安全技术

化工企业在生产、抢修、检维修过程中经常进行临时用电作业，临时用电具有施工作业单位多、拆接和移动频繁，施工单位供配电设备完好情况和人员对施工用电规程、规范熟悉程度差异大等特点，临时用电成为现场施工作业中潜在危险性最多的作业。作业过程中，施工管理人员和现场作业人员如果不认真严格执行《电气安全工作规程》和《施工现场临时用电安全技术规范》(JGJ 46)，忽视作业过程潜在的危害，很可能酿成人身触电伤亡、设备损坏和火灾等恶性事故。

根据《危险化学品企业特殊作业安全规范》(GB 30871)，临时用电是指正式运行的电源上所接的非永久性用电。

在正式运行的供电系统上加接或拆除如电缆线路、变压器、配电箱等设备，以及使用电动机、电焊机、潜水泵、通风机、电动工具、照明器具等一切临时性用电负荷，均为临时用电。

（一）临时用电作业前安全危险性分析技术要点及容易发生的安全事故

1. 作业前安全危险性分析技术要点

1）作业许可审批环节常见安全隐患

（1）接临时电源，未办理"临时用电安全作业票"。

（2）在生产装置、罐区等易燃易爆场所接临时电源时，未办理"动火安全作业票"。

（3）"临时用电安全作业票"填写不规范，或漏填、漏签、涂改。

2）作业人员资质、能力方面常见安全隐患

（1）非电工人员进行临时用电的操作与维护，或电工未考取特种作业人员资格证。

（2）在靠近带电部位进行作业时未设监护人，未采取防止施工人员靠近的措施。

3）电气设备方面常见安全隐患

（1）电气设备的金属外壳不接地、地线断开或接地错误、接地线串接、接地线没有接线鼻子直接缠绕在接地柱上等。

（2）施工现场用电线、电缆有破皮、老化、漏电、绝缘层裂纹等现象，电缆线有多个接头，而且中间接头又不按规范连接，使接头处不能保持绝缘良好。

（3）现场临时用电配电盘、箱无编号，或无防雨措施，配电箱及电缆浸泡在水中，盘、箱、门不能牢靠关闭；配电箱的接入、配出电缆从配电箱门引入使电缆被门边沿割破电缆绝缘层，造成漏电或短路。

（4）施工现场用电网络防护未采用三级漏电保护网络，总配电箱、分配电箱、线路末端用电设备的开关箱中未装设漏电保护装置。

（5）临时用电设备和线路未按供电电压等级和容量正确使用，所用的电气元件不符合国家标准规范要求，临时用电电源施工、安装未严格执行电气施工安装规范、做到接地良好。

（6）开关、线路与用电设备的容量不匹配，如负载容量大而选用的电缆截面偏小，长时间使用后电缆发热严重，加速电缆绝缘层老化，降低绝缘水平，可能造成漏电或短路。

（7）临时用电架空线未采用绝缘铜芯线。架空线最大弧垂与地面距离，在施工现场低于 4.0 m，穿越机动车道低于 6.0 m。架空线未架设在专用电杆上（严禁架设在树木和脚手架上）。

（8）将电线直接挂在树上、金属设备、构件和钢脚手架上，或用金属丝绑扎电缆（线），现场布线混乱、不固定，电源线路拖拉在地面上或接近热源，电线通过马路及易被损坏处未加设钢质套管保护，或套管不固定，电缆线路未采取避免机械损伤和介质腐蚀的措施；低压架空线路未采用绝缘导线，或最大弧垂与地面距离、穿越机动车道等低于规定高度。

（9）现场临时用电引接线路摆放不整齐，存在乱拖乱拉现象，电缆接头牢固不可靠，绝缘不好；电缆未按规定从带有保护套的专用进出口（孔）进入或接出临时配电箱、盘；临时用电接线未使用螺栓拧紧（采用弯钩、浮挂搭接，将导线直接插在插座内代替插头使用）。

（10）配电线路浸入水中或通过地沟、地井，直接敷设在金属设备或构件上。通过高温、振动、腐蚀、积水、易受机械损伤等有危害的部位时，配电线路有接头，未采取相应的保护措施。

（11）电缆接头未设在接线盒内，或接线盒不防水、损伤。

（12）将电线芯线直接插入插座或将芯线挂在电源开关上，电线（电缆）、软线、电焊把线与钢丝绳绞在一起。

（13）在防爆场所使用的临时电源、电气元件和线路未达到相应的防爆等级要求，未采取相应的防爆安全措施；临时用电线路及设备的绝缘未达到良好状况。

（14）对需埋地敷设的电缆线路要设走向标志和安全标志。电缆埋地深度小于 0.7 m，穿越公路或有重物挤压危险的部位时未加设防护套管，套管未固定。

（15）移动电气设备时，不切断电源。

（16）检修和施工队伍的自备电源私自接入公用电网。

4）施工机具方面常见安全隐患

（1）进入现场的施工机具，未经使用单位检验合格加贴合格证。

（2）作业所需的电气设备，如临时电源柜（箱）、拖线盘、电焊机、切割机、磨光机、各种电钻、临时照明设备、电动开孔设备、其他电动器具等未经检查确认后完好；临时用电设备送电前，供电单位和用电单位未共同对临时用电线路和设备进行检查，检查人未签字确认。

（3）移动工具、手持式电动工具缺少"一机一闸一保护"安全措施，手持式电动工具的外壳、手柄、导线、插头、开关等有破损，插座有缺陷，或电动工具上无插头，直接用电缆芯线捅入电源插座等。未落实以下漏电保护安全措施：移动工具、手持式电动工具应安装符合规范要求的漏电保护器；总配电箱中漏电保护器的额定漏电动作电流应大于 30 mA，额定漏电动作时间应大于 0.1 s，但其额定漏电动作电流与额定漏电动作时间的乘积不应大于 30 mA·s；开关箱中漏电保护器的额定漏电动作电流不大于 30 mA，额定漏电动作时间不大于 0.1 s；在潮湿、有腐蚀介质场所和受限空间使用的开关箱，其剩余电流保护器额定漏电动作电流不得大于 15 mA，额定漏电动作时间不得大于 0.1 s；在金属物体上工作时，手持式电动工具开关箱中漏电保护器，其额定漏电动作电流不大于 10 mA，额定漏电动作时间不大于 0.1 s；配电箱的电器安装板上必须设 N 线端子板和 PE 线端子板，N 线端子板必须与金属电器安装板绝缘，PE 线端子板必须与金属电器安装板作电器连接，进出线中的 N 线必须通过 N 线端子板连接，PE 线必须通过 PE 线端子板连接。

（4）电焊机的一次侧电源线长度大于 5 m，二次线未采用防水橡皮护套铜芯软电缆，电缆的长度大于 30 m，采用金属构件或结构钢筋代替二次线的地线。

（5）电焊机二次侧电源线接口处无保护罩；焊线破损，没有作绝缘处理；焊机利用金属构架、工艺管道、设备等作为焊接电源回路。

5）施工照明方面常见安全隐患

（1）照明灯具悬挂高度过低，不设保护罩，或任意挪动，当行灯使用。

（2）照明设备拆除后，现场留有带电电线。电线必须保留时，未切断电源并将线头绝缘。

（3）在特别潮湿的场所或塔、釜、槽、罐等金属设备内作业时，行灯电压超过 12 V，在易燃易爆区域，使用非防爆型安全行灯；行灯电压超过 36 V，或行灯无金属保护罩。

6）其他方面常见安全隐患

（1）在配电箱、开关及电焊机等电气设备附近摆放易燃易爆、腐蚀性等危险物品（距动火 30 m 内严禁排放各类可燃气体，15 m 内严禁排放各类可燃液体）。

（2）施工现场铁皮房子、休息室内的用电往往是检查盲点，其照明线、用电设备等经常存在多种不符合规范的现象。

2. 临时用电作业容易发生的安全事故

1）火灾、爆炸事故

化工企业在生产过程使用的原材料、辅材料、产品、半成品等物质具有可燃、易燃易爆的特点，当设备发生跑、冒、滴、漏，以及排污管线、污水井散发的可燃气体，遇临时用电产生的电气火花易发生火灾、爆炸事故。

2）生产事故

当临时用电超过额定负荷或临时用电系统出现短路而过流保护系统又未及时动作，可造成正式运行电源系统波动或停电事故，甚至可能波及生产装置的正常生产，从而造成因临时用电引发的生产事故。

3）人身伤害事故

（1）临时用电系统的变压器、配电箱、开关箱、用电设备等未按照规范要求设置接地保护，容易造成电击事故危及人身安全。

（2）未经培训、考核取证的非电气作业人员安装临时用电线路及设备，临时用电设备、移动式电动工具、手持电动工具等未安装漏电保护器及实施"一机一闸一保护"，临时照明、移动照明未落实安全电压等，容易发生电击造成人身伤害事故。

（3）临时用电系统的架空线路与地面或建（构）筑物的安全距离、电缆地面敷设的埋深、埋地敷设电缆走向标志等不符合规范要求，电缆容易遭受外力损伤或破坏，从而引发事故。

（4）现场临时用电配电盘、配电箱无防雨措施，配电盘、配电箱无防护，容易发生漏电或意外人身触电事故。

（二）临时用电作业前的安全防护措施

（1）在运行的火灾爆炸危险场所生产装置、罐区和具有火灾爆炸危险场所内不应接临时电源，确需时应对周围环境进行可燃气体检测分析，分析结果应符合动火作业气体分析的要求。

（2）各类移动电源及外部自备电源，不应接入电网。

（3）在开关上接引、拆除临时用电线路时，其上级开关应断电、加锁并挂安全警示标牌。拆、接线路作业时，应有监护人在场。

（4）临时用电应设置保护开关，使用前应检查电气装置和保护设施的可靠性。所有的临时用电均应设置接地保护。

（5）临时用电设备和线路应按供电电压等级和容量正确使用，所用的电器元件应符合国家相关产品标准及作业现场环境要求，临时用电电源施工、安装应符合《建设工程施工现场供用电安全规范》（GB 50194）的有关要求，并有良好的接地。

（6）火灾爆炸危险场所应使用相应防爆等级的电源及电气元件，并采取相应的防爆安全措施。

（7）临时用电线路及设备应有良好的绝缘，所有的临时用电线路应采用耐压等级不低于 500 V 的绝缘导线。

（8）临时用电线路经过火灾爆炸危险场所或有高温、振动、腐蚀、积水及产生机械损伤等区域，不应有接头，并应采取相应的保护措施。

（9）办理"临时用电安全作业票"，由供电单位指定电源接入点，并规定，凡在具有火灾、爆炸危险场所内的临时用电，应在办理临时用电安全作业票前，办理"动火安全作业票"。临时用电时间一般不超过 15 天，特殊情况不应超过 30 天。用于动火、受限空间作业的临时用电时间应和相应作业时间一致。

（10）施工单位用电负责人持"特种作业操作证（电工）""动火安全作业票"（具有火灾、爆炸危险场所内）或持工作任务单（一般场所、固定动火区等）到供电单位办理"临时用电安全作业票"手续。临时用电票签发前，供电单位和施工单位都应针对作业内容、作业环境等进行危害识别，制定相应的作业程序及安全措施。如有特殊要求，临时用电单位和供电单位共同确定补充安全措施，并在"临时用电安全作业票"的补充安全措施栏中说明，经供电单位现场确认签字，临时用电负责人要将以上相关内容对用电作业人员进行交底。

（11）现场检查和安全措施交底。

临时用电作业前，基层单位必须向施工单位进行现场检查交底，基层单位有关专业技术人员会同施工单位作业负责人及有关专业技术人员、监护人，对作业现场的设备设施进行现场检查，对临时用电作业内容、可能存在的风险及施工作业环境进行安全措施交底，结合施工作业环境对安全作业票列出的有关安全措施逐条确认，并将补充措施确认后填入相应栏内。

施工单位作业负责人应向施工作业人员进行作业程序和安全措施交底，并指派作业监护人。

安全措施交底主要包括两个方面的内容：一是在作业（施工）方案的基础上按照作业（施工）的要求，对作业（施工）方案的安全措施进行细化和补充的内容；二是要将作业人员（操作者）的安全注意事项讲清楚，保证作业人员的人身安全。需要说明的是，《危险化学品企业特殊作业安全规范》（GB 30871）明确提出，作业前应对参加作业的人员进行安全措施交底，主要内容如下：

① 作业现场和作业过程中可能存在的危险、有害因素及采取的具体安全措施与应急措施。

② 会同作业单位组织作业人员到作业现场，了解和熟悉现场环境，进一步核实安全措施的可靠性，熟悉应急救援器材的位置及分布。

③ 涉及断路、动土作业时，应对作业现场的地下隐蔽工程进行交底。

安全措施交底工作完毕后，所有参加交底的人员必须履行签字手续，基层单位班组、交底人、作业人员、作业监护人各留执一份，并记录存档。

化工企业内的临时用电，一般由供电单位负责其管辖范围内临时用电的审批，并负责临时用电主电源动力箱的接线，施工单位负责所接临时用电的现场运行、设备维护、安全监护和管理，临时用电设备（含接入主电源动力箱的出线电缆）的接线，原则上由用电单位自行负责，临时用电票的签发人应具有电气运行经验并接受过临时用电管理培训，供电单位送（停）电作业人员和施工单位安装临时用电线路的电气作业人员应持有有效"特种作业操作证（电工）"。

（12）对于基本建设使用的 6 kV 临时电源，用电者需向单位电气主管部门提出申请，按照电气设备运行相关规定办理相关的手续。

（三）临时用电作业过程中的防护措施

（1）严禁临时用电单位未经审批变更用电地点和工作内容。

（2）供电单位要将临时用电设施纳入正常电气运行巡回检查范围，确保每天不少于两次巡回检查，并建立检查记录和隐患问题处理通知单，确保临时供电设施完好。对存在重大隐患和发生威胁安全的紧急情况时，供电单位有权紧急停电处理。

供电单位检查的重点内容：总配电箱电压表、电流表指示正确；现场临时用电使用设备符合临时用电申请内容；设备和线路符合要求，采取架空或穿管保护方式，无过负荷、过热现象；"临时用电安全作业票"是否在有效期限；移动用电设备的配电是否满足"一机一闸一保护"，保护接地、接零装置是否完好等。

（3）临时用电单位应严格遵守临时用电规定，不得变更地点和工作内容，禁止任意增加用电负荷或私自向其他单位转供电。

（4）在临时用电有效期内，如遇施工过程中停工、人员离开时，临时用电单位要从受电端向供电端逐次切断临时用电开关；等重新施工时，对线路、设备进行检查确认后，方可送电。

（四）临时用电作业结束后的安全防护措施

作业完工后，施工单位应及时通知供电单位停电，并作相应确认后，供电单位拆除临时用电线路。线路拆除后，供电单位应到现场进行检查，确认现场已清理，临时变动的防小动物、防火和防雨等安全设施已恢复。对未能及时拆除的临时用电设施，用电单位负责继续管理，不得留有安全隐患。

六、吊装作业安全技术

根据《危险化学品企业特殊作业安全规范》（GB 30871），吊装作业是指利用各种吊装机具，将设备、工件、器具、材料等吊起，使其发生位置变化的作业过程。

起重机械是指用于垂直升降或者垂直升降并水平移动重物的机电设备，其范围规定为额定起重量大于或者等于 0.5 t 的升降机；额定起重量大于或者等于 1 t，且提升高度大于或者等于 2 m 的起重机；承重形式固定的电动葫芦等。常用的大型起重机械设备有桥式起重机（也叫天车）、臂架类起重机（如起重汽车、吊车）、升降机、电梯等；大量应用的是轻小型起重机械，如千斤顶、手拉葫芦、电葫芦等；在化工设备安装作业中常用塔式起重机、桅杆式起重机、卷扬机等。

（一）吊装作业分级

根据《危险化学品企业特殊作业安全规范》（GB 30871），吊装作业按照吊装重物质量 m 不同分为：

（1）一级吊装作业，$m > 100$ t。

（2）二级吊装作业，40 t $\leqslant m \leqslant 100$ t。

（3）三级吊装作业，$m < 40$ t。

（二）吊装作业前安全危险性分析技术要点及容易发生的安全事故

1. 作业前安全危险性分析技术要点

（1）作业人员无证上岗。吊装作业属特种作业，作业人员要身体健康，并熟悉吊装作业操作规程，同时具备操作知识和技能，并经考试合格后，方可胜任此工作。

（2）起重工及其他操作人员不戴安全帽或佩戴不规范。

（3）作业区域不拉警戒线，起重机械与地面之间不设垫木，起重机械支撑在井盖、电缆沟槽的盖板上，支腿不完全伸出。占路施工时，不设置绕行交通标示，或长时间占用消防通道施工。

（4）吊装作业警戒区内、起重机吊臂或吊钩下，无关人员随意通过或逗留，或施工人员继续施工，对警戒线视而不见。

（5）使用未经正规设计、制造、检验的自制、改造和修复的吊具、索具等简易起重机械或辅助设施，有些粗制滥造、简陋破旧。

（6）在停工或休息时，将吊物、吊笼、吊具和吊索悬吊在空中。

（7）利用管道管架、电杆、机电设备、脚手架等作吊装锚点。未经土建专业审查核算，将建筑物、构筑物作为锚点。

（8）放置大型吊物就位时，直接人工就位，不使用拉绳或撑竿、钩子等辅助工具。

（9）手拉葫芦的吊钩回扣到起重链条上起吊重物，吊钩无防脱钩保险等，用工艺管线、平台的悬臂梁等作起吊锚点等。

2. 作业容易发生的安全事故

1）吊物坠落事故

吊物坠落造成的伤亡事故占起重伤害事故的比例最高，主要原因是吊索具有缺陷，如钢丝绳拉断、平衡梁失稳弯曲、滑轮破裂，导致钢丝绳脱槽，起升高度限位器失灵，吊钩上无防脱钩棘爪导致吊索绳从钩中脱落，吊耳脱落等，其次是吊装时捆扎方法不妥，如吊物重心不稳、绳扣结法错误、吊挂方式不正确、超载等也可导致吊物坠落。

2）挤压碰撞事故

吊装作业人员在起重机和结构物之间或人在两机之间作业时，因机体运行、回转挤压、吊物或吊具在吊运过程中晃动、被吊物件在吊装过程中或摆放时倾倒，起重机作业场所没有畅通的吊运通道，与附近的设备、管线及建筑物等未保持一定的安全距离，可导致挤压碰撞事故和损坏管线设备设施的事故。

3）机体倾翻

当操作不当（如超载、臂架变幅或旋转过快等）、支腿未找平或地基沉陷等原因使倾覆力矩增大，可导致起重机倾翻，另外由于安全防护设施缺失或失效，在坡度或风载荷作用下，使起重机沿路面或轨道滑动也可导致倾翻。双机抬吊，负荷分布不均，导致一台吊车过载失稳而发生事故。

（三）吊装作业前的安全防护措施

1. 编制吊装作业方案

吊装作业前应根据《起重机械安全规程 第1部分：总则》（GB 6067.1）和《石油化工工程起重施工规范》（SH/T 3536）的相关要求，编制吊装作业施工方案，明确吊装安全技术要点和保证安全的技术措施。一、二级吊装作业，应编制吊装作业方案。吊装物体质量虽不足 40 t，但形状复杂、刚度小、长径比大、精密贵重，以及在作业条件特殊的情况下，三级吊装作业也应编制吊装作业方案。吊装作业施工方案由施工单位组织吊装专业技术人员编制，建设单位根据实际情况分级审批，并对施工安全措施和应急预案审查。

2. 起重机械与人员要求

起重机械进入施工现场前，施工单位应向建设单位或项目部（组）进行报验，审查合格后，方可进场。报验的材料应包括：国家特种设备监督检验部门颁发的起重机检验报告、起重机械合格证、起重人员相应的操作资格证书、起重机械的保险、安全年检合格证明等。应按规定负荷进行吊装，吊具、索具经计算选择使用，不应超负荷吊装。用定型起重机械（例如履带吊车、轮胎吊车、桥式吊车等）进行吊装作业时，除遵守本节内容外，还应遵守该定型起重机械的操作规程。

3. 施工场地要求

（1）吊装作业场地平整、坚实，具有足够的承载能力；需进行地基处理的严格按照施工方案实施，经具有相应资质的第三方检验，并取得合格报告。另外，需要核实天气情况，室外作业遇到大雪、暴雨、大雾及 6 级以上大风时，不得进行吊装作业。

（2）吊装场所如有含危险物料的设备、管道时，应制定详细吊装方案，并对设备、管道采取有效防护措施，必要时停车，放空物料，置换后再进行吊装作业。

（3）不应靠近高架电力线路进行吊装作业；确需在电力线路附近作业时，起重机械的安全距离应大于起重机械的倒塌半径并符合《电业安全工作规程（电力线路部分）》（DL 409）的要求；不能满足时，应停电后再进行作业。

4. 现场警戒

吊装作业单位应按照《起重机 安全标志和危险图形符号 总则》（GB 15052）要求对危险部位分别标志黄黑相间、红白相间、红色、红色灯光和文字等标志，并对标志进行经常性检查维护，保证标志清洁、完整、正确、醒目。做好吊装警戒区域的划定、安全警戒标识、区域隔离等。

5. 现场设备检查与安全措施交底

吊装作业前，基层单位必须向施工单位进行现场检查交底，基层单位有关专业技术人员会同施工单位作业负责人及有关专业技术人员、监护人，对作业新厂的设备设施进行现场检查，对吊装作业内容、可能存在的风险及施工作业环境进行安全措施交底，结合施工作业环境对吊装安全作业票列出的有关安全措施逐条确认，并将补充措施确认后填入相应栏内。

施工单位作业负责人应向施工作业人员进行作业程序和安全措施交底，并指派作业监护人。

安全措施交底主要包括两个方面的内容：一是在作业（施工）方案的基础上按照作业（施工）的要求，对作业（施工）方案的安全措施进行细化和补充的内容；二是要将作业人员（操作者）的安全注意事项讲清楚，保证作业人员的人身安全。需要说明的是，《危险化学品企业特殊作业安全规范》（GB 30871）明确提出，作业前应对参加作业的人员进行安全措施交底，主要内容有：

（1）作业现场和作业过程中可能存在的危险、有害因素及采取的具体安全措施与应急措施。

（2）会同作业单位组织作业人员到作业现场，了解和熟悉现场环境，进一步核实安全措施的可靠性，熟悉应急救援器材的位置及分布。

（3）涉及断路、动土作业时，应对作业现场的地下隐蔽工程进行交底。

在吊装作业前，对吊装所涉及的所有人员进行一次专题安全教育培训，对作业方案和作业过程中的危险因素、注意事项等作详细讲解，大型工件吊装前，还要检查吊装工艺参数和吊装机索具，确认符合吊装方案要求等。

安全措施交底工作完毕后，所有参加交底的人员必须履行签字手续，基层单位班组、交底人、作业人员、作业监护人各留执一份，并记录存档。

吊装工作开始前，应对起重运输和吊装设备以及所用索具、卡环、夹具、卡具、锚碇等的规格、技术性能进行细致检查或试验，发现有损坏或松动现象，应立即调换或修好。起重设备应进行试运转，发现转动不灵活、有磨损的应及时修理；重要构件吊装前应进行试吊，试吊中检查全部机具、地锚受力情况，发现问题应将吊物放回地面，排除故障后重新试吊，经检查各部位正常后才可进行正式吊装；吊物接近或达到额定起重吊装能力时，应检查制动器，用低高度、短程试吊后，再起。以下情况不应起吊：

① 无法看清场地、吊物，指挥信号不明。

② 起重臂、吊钩或吊物下面有人，吊物上有人或浮置物。

③ 重物捆绑、紧固、吊挂不牢，吊挂不平衡，绳打结，绳不齐，斜拉重物，棱角吊物与钢丝绳之间没有衬垫。

④ 吊物质量不明、与其他吊物相连、埋在地下、与其他物体冻结在一起。

6. 吊装安全作业票的办理

"吊装安全作业票"的申请人、办理人、监护人、审核人、签发人等应熟悉吊装作业内容及相关安全要求，按照职责组织危害识别和风险评价，到现场进行安全措施确认，避免出现人员资质不合格、安全措施落实不到位等现象。

基层单位项目负责人应对起重机械作业人员的资格、吊装作业施工方案是否审批进行确认，符合要求后方可填写"吊装安全作业票"。

（四）吊装作业过程中的安全防护措施

（1）在作业时必须明确指挥人员，指挥人员应佩戴鲜明的标志或特殊颜色的安全帽，按《起重机　手势信号》（GB/T 5082）规定的联络信号进行指挥，选择正确的吊索或吊具，指挥吊运、下放吊钩或吊物时，应确保下部人员、设备的安全，重物就位前不得解开吊装索具，对可能出现的事故，应及时采取必要的防范措施。

（2）起重机司机（起重操作人员）必须按指挥人员（中间指挥人员）所发出的指挥信号进行操作。对紧急停车信号，不论任何人发出，均应立即执行。当起重臂、吊钩或吊物下面有人，吊物上有人或有浮置物时不得进行起重操作；在制动器、安全装置失灵、吊钩螺母防松装置损坏、钢丝绳损伤达到报废标准等情况下禁止起重操作；吊物捆绑、吊挂不牢或不平衡而可能滑动、吊物棱角与钢丝绳之间未加衬垫时不得进行起重操作；无法看清场地、吊物情况和指挥信号时不得进行起重操作；在起重机械工作时，不得对起重机械进行检查和检修，不得在有载荷的情况下调整起升机构的制动器；下放吊物时，严禁自由下落，不得利用极限位置限制器停车。

（3）司索人员（起重工）要听从指挥人员的指挥，并及时报告险情。根据重物的具体情况选择合适的吊具与吊索。不准用吊钩直接缠绕重物，不得将不同种类或不同规格的吊索、吊具混在一起使用。吊挂重物时，起吊绳、链所经过的棱角处应加衬垫，吊物捆绑必须牢靠，吊点和吊物的重心应在同一垂直线，捆绑余下的绳头，应紧绕在吊钩或吊物之上，多人绑挂时，应由一人负责指挥。高空吊装体积较大的物件时，应捆绑拉绳。吊运零散的物件时，必须使用专门的吊篮、吊斗等器具。吊具承载不得超过额定起重量，吊索不得超过安全负荷；起升吊物，应检查其连接点是否牢固、可靠。禁止随吊物起吊或在吊钩、吊物下停留，因特殊情况进入吊物下方时，必须事先与指挥人员和起重机司机（起重操作人员）联系，并设置支撑装置，不得停留再起吊。起重机运行轨道上不得绑挂、起吊不明质量、与其他重物相连、埋在地下或与地面和其他物体黏结在一起的重物。人员与吊物应保持安全距离，放置吊物就位时，应用拉绳或撑竿、钩子就位。

（4）吊装作业时，吊装作业单位和吊装作业区域所在单位应同时安排作业监护人。作业过程中，监护人应检查起重设备的支撑与地面之间是否有合格的支垫，是否将起重机械支撑在井盖、电缆沟槽的盖板上，是否划定了危险区、设置了警示标志，防止任何人进入作业区域，检查现场作业人员劳动保护用品使用是否符合规范；吊装作业时，要防止对附近的设备，特别是在用设备造成威胁。一旦发生事故，要紧急疏散现场人员，同时处理事故。

（5）利用两台或多台起重机械吊运同一重物时应保持同步，各台起重机械所承受的载荷不应超过各自额定起重能力的80%；施工前，所有参加施工人员必须熟悉吊装方案，尽量选用相同机种、相同起重能力的起重机并合理布置，同时明确吊装总指挥和中间指挥，统一指挥信号。

（6）作业地面应坚实平整，支脚必须支垫牢靠（轮胎均需离开地面），回转半径及有效高度以外5 m内不得有障碍物。

（7）起重机械操作人员、司索人员必须听从指挥人员的指挥，不得各行其是。

（8）吊起重物时，应先将重物吊离地面10 cm左右，停机检查制动器灵敏性和可靠性，以及重物绑扎的牢固程度，确认情况正常后，方可继续工作。

（9）监护人员应确保吊装过程中警戒范围区内没有非作业人员或车辆经过；吊装过程中吊物及起重臂移动区域下方不应有任何人员经过或停留。工作中，任何人不准上下机械，提升物体时，禁止猛起、急转弯和突然制动。

（10）起重物不准长时间滞留空中，起吊物吊在空中时，驾驶员不得离开驾驶室。停工和休息时，不应将吊物、吊笼、吊具和吊索悬在空中。

（11）遇到6级及以上大风或大雪、大雨、大雾等恶劣天气时，不得从事露天作业，夜间工作需有良好的照明。

（12）起升和降下重物时，速度应均匀、平稳、保持机身的稳定，防止重心倾斜，严禁起吊的重物自由下落，从卷筒上放出钢丝绳时，至少要留有5圈，不得放尽。

（五）吊装作业后的安全防护措施

吊装作业终止后，只是表明吊物已经安全就位，但起重机还处于工作状态，吊装作业风险还未完全消除，落实吊装后的安全措施尤为重要。吊装作业完成后，应将吊钩和起重臂放置于规定的稳妥位置，所有控制手柄均应放到零位；使用电气控制的起重机，总电源开关应切断；在轨道上工作的起重机要有效锚定；使用完毕的吊索、吊具要收回放置于规定的地方，并对其进行检查、维护、保养。在对起重机械进行维护保养时，应切断主电源并挂上标志牌或加锁。对接替工作人员，应告知设备设施的异常情况及尚未消除的故障。

七、盲板抽堵作业安全技术

化工企业停车检修的设备必须与运行系统或无关联的系统进行隔离，使用开关阀门的方式进行隔离是不安全的，因为阀门经过长期的介质冲刷、腐蚀、结垢或杂质的积存，难保严密，一旦易燃易爆、有毒、腐蚀性、高温、窒息性介质窜入检修设备中，极易造成事故。所以，在实际工作中，最可靠的办法是将系统与检修设备用盲板进行隔离，装置开车前再将盲板抽掉。抽堵盲板工作既有很大的危险性，又有较复杂的技术性，必须由熟悉生产工艺的人员负责，严加管理。

根据《危险化学品企业特殊作业安全规范》（GB 30871），盲板抽堵作业是指在设备、管道上安装和拆卸盲板的作业。

（一）盲板抽堵作业前的危险有害因素分析要点

1. 盲板缺陷

如果盲板本身有缺陷或者其材质、厚度达不到要求，或者安装不规范，如所加垫片不合格等，就有可能起不到有效的隔离作用。例如：2004年10月11日，某市化肥厂停工检修过程中，虽然对系统进行了泄压、置换、上盲板隔离、清洗、通风，塔内气体取样分析合格，但在进行焊接过程中，焊接处还是发生了爆炸，焊工当场被炸死，其助手重伤，后经多方分析和调查，发现与生产系统相连的盲板上有穿透性裂缝，该裂缝泄漏了可燃性气体，引起了动火的爆炸事故。另外，如果盲板强度不够、自制盲板或选用盲板厚度不够、材质缺陷等，在使用过程中可能发生破裂，失去隔离的作用，所以对盲板本身的检查尤其应该引起注意，切不可认为加了盲板就能做到万无一失。

2. 盲板抽堵作业的危害因素

盲板抽堵作业本身有可能发生物体打击、高空坠落、火灾、爆炸、中毒窒息等事故。在作业过程中，如工作人员站位不好、使用工具有缺陷、操作失误、有关人员配合不好等，有可能发生物体打击事故。在高处作业时，若使用的劳动防护用品不合格或不正确使用，如安全带、脚手架缺陷等，有可能发生高处坠落事故；高处作业时，操作失误也可能发生高处坠物，砸坏下部的设备、管线，或者砸伤人员。若系统置换、清洗不彻底，残留易燃易爆或有毒有害介质，使用的非防爆工具或者所使用劳动保护用品不合格，在作业过程中有可能发生火灾、爆炸或者中毒窒息事故。

3. 盲板及垫片的技术要求

作业单位应根据管道内介质的性质、温度、压力和管道法兰密封面的口径等选择相应材料、强度、口径和符合设计、制造要求的盲板及垫片，高压盲板使用前应经超声波探伤；盲板选用应符合《管道用钢制插板、垫环、8字盲板系列》（HG/T 21547）或《阀门零部件 高压盲板》（JB/T 2772）的要求。盲板应按管道内介质的性质、压力、温度选用适合的材料，一般可用20号钢、16MnR，禁止使用铸铁、铸钢材质。管线中介质已经放空或介质压力小于或等于2.5 MPa时，可以使用光滑面盲板，其厚度不应小于管壁厚度，或根据表2-14选取。管线中介质没有放空且介质压力大于2.5 MPa时，或者需要其他形式的盲板，如凹凸面盲板、槽型盲板、8字盲板等，生产单位要委托设计单位按设计规范设计、制造并经超声波探伤合格。

表2-14 光面盲板厚度规格 　　　　　　　　　　mm

管线直径	盲板厚度		
	压力为1.0 MPa时	压力为1.6 MPa时	压力为2.5 MPa时
25	4	4	4
32	4	4.5	4.5
40	4	4.5	4.5
50	6	6	6
65	6	8	8
80	6	8	8
100	8	8	10
125	8	10	12
150	10	12	14
200	12	14	18
250	14	16	20
300	16	20	24
350	18	22	26
400	20	24	30

盲板的直径应依据管道法兰密封面直径制作，盲板的直径应大于或等于法兰密封面直径。一般盲板应有1个或2个手柄，便于辨识、抽堵，8字盲板可不设手柄。至于盲板垫片，应按管道内介质性质、压力、温度选用合适的材料来制作。

4. 盲板抽堵作业程序

盲板抽堵作业实施盲板抽堵安全作业票管理，作业前应办理"盲板抽堵安全作业票"。施工单位作业负责人持施工任务单,到实施抽堵盲板的单位办理盲板抽堵安全作业票、实施抽堵盲板的单位负责人与施工单位作业负责人针对作业内容,进行危害识别,制定相应的作业程序及安全措施,对作业复杂、危险性大的场所还要制定应急预案。

实施抽堵盲板的单位负责人与施工单位作业负责人对作业程序和安全措施进行确认后,方可签发"盲板抽堵安全作业票",施工单位作业负责人要向作业人员进行作业程序和安全措施的交底,并指派监护人。

同一盲板的抽、堵作业分别办理盲板抽、堵安全作业票,一张作业票只能进行一块盲板的一项作业。

装置大检修时,需要抽堵的盲板较多,实施抽堵盲板的单位要根据装置的检修计划,预先绘制盲板位置图,对盲板进行统一编号,注明抽堵盲板的部位和盲板的规格,该项工作要设专人负责;对于日常抢修或施工作业中需要加装的盲板数量较少时,也应绘制盲板位置图。

施工单位按盲板位置图及盲板编号,进行作业,作业过程中,监护人不得离开作业现场,实施抽堵盲板的单位可设专人统一指挥作业,逐一确认并做好记录。

每个盲板应设标牌进行标识,标牌编号应与盲板位置图上的盲板编号一致。作业结束后,施工单位和实施抽堵盲板的单位专人共同确认。

在不同危险化学品企业共用的管道上进行盲板抽堵作业,作业前应告知上下游相关单位。

作业前,应降低系统管道压力至常压,保持作业现场通风良好,并设专人监护。

5. 现场检查和安全措施交底

盲板抽堵作业前,实施抽堵盲板的基层单位必须向施工单位进行现场检查交底,基层单位有关专业技术人员会同施工单位作业负责人及有关专业技术人员、监护人,对作业现场的设备设施进行现场检查,对盲板抽堵作业内容、可能存在的风险及施工作业环境进行安全措施交底,结合施工作业环境对盲板抽堵安全作业票列出的有关安全措施逐条确认,并将补充措施确认后填入相应栏内。

施工单位作业负责人应向施工作业人员进行作业程序和安全措施交底,并指派作业监护人。

安全措施交底主要包括两个方面的内容:一是在作业(施工)方案的基础上按照作业(施工)的要求,对作业(施工)方案的安全措施进行细化和补充的内容;二是要将作业人员(操作者)的安全注意事项讲清楚,保证作业人员的人身安全。需要说明的是,《危险化学品企业特殊作业安全规范》(GB 30871)明确提出,作业前应对参加作业的人员进行安全措施交底,主要内容有:

(1)作业现场和作业过程中可能存在的危险、有害因素及采取的具体安全措施与应急措施。

(2)会同作业单位组织作业人员到作业现场,了解和熟悉现场环境,进一步核实安全措施的可靠性,熟悉应急救援器材的位置及分布。

(3)涉及断路、动土作业时,应对作业现场的地下隐蔽工程进行交底。

安全措施交底工作完毕后,所有参加交底的人员必须履行签字手续,基层单位班组、交底人、作业人员、作业监护人各留执一份,并记录存档。

（二）盲板抽堵作业过程中的安全措施

（1）在有毒介质的管道、设备上进行盲板抽堵作业时，应将系统压力泄净，加盲板的位置，应在有物料来源的阀门的另一侧，盲板两侧均应安装垫片，所有螺栓都要紧固，以保持严密性，作业人员应按《个体防护装备配备规范　第 1 部分：总则》（GB/T 39800.1）的要求选用防护用具。在涉及硫化氢、氯气、氨气、一氧化碳及氰化物等毒性气体的管道、设备上作业时，除满足上述要求外，还应佩戴移动式气体检测仪。

（2）在火灾爆炸危险场所进行盲板抽堵作业时，作业人员应穿防静电工作服、工作鞋；距作业地点 30 m 内不得有动火作业；工作照明应使用防爆灯具；作业时应使用防爆工具，禁止用铁器敲打管线、法兰等。

（3）在强腐蚀性介质的管道、设备上进行抽堵盲板作业时，作业人员应采取防止酸碱灼伤的措施。

（4）在介质温度较高或较低、可能对作业人员造成烫伤或冻伤的情况下，作业人员应采取防烫、防冻措施。

（5）若抽堵盲板的法兰与塔、罐等带压或有危险物料的设备无切断阀门或切断阀门严重内漏无法隔离时，要采取退净物料、泄压、置换等措施，必要时需进行气体采样分析合格，同时要防止管线内的余压或残余物料喷出伤人。

（6）不得在同一管道上同时进行 2 处及 2 处以上的盲板抽堵作业，拆卸法兰时应隔 1 个螺栓逐步松开，以防管道内余压或残料喷出伤人；如果盲板处距离两侧管架较远，要采取临时支架或吊挂措施，防止拆开法兰螺栓后管线下垂伤人。

（7）作业过程中，如果不具备安全条件，要停止作业。

（三）盲板抽堵作业后的安全措施

（1）盲板抽堵作业结束，由作业单位和基层单位专人共同确认。

（2）盲板抽堵作业完成后，企业生产指挥部门应组织基层单位填写盲板管理台账，生产指挥部门应建立全厂盲板动态管理图，实时掌握全厂工艺设备、管道上的所有盲板使用状态。

（3）基层单位应建立盲板管理台账，台账内容与生产指挥部门实时保持一致。

八、断路作业安全技术

根据《危险化学品企业特殊作业安全规范》（GB 30871），断路作业是指在生产区域内，交通主、支路与车间引道上进行工程施工、吊装、吊运等各种影响正常交通的作业。

（一）断路作业安全风险分析要点

1. 作业前的安全风险分析要点

（1）未按要求办理断路安全作业票。

（2）办理断路安全作业票以后没有通知受断路作业影响的相关部门。

（3）作业人员安全防护措施不落实。

（4）未进行现场检查和安全技术交底。

（5）作业现场缺少作业监护人。

（6）作业现场未设置围栏、未设置实施该作业期间的通行道路导向标以及相应的安全警示标识。

2. 作业过程中的安全风险分析要点

（1）没有对断路作业内容进行确认就开始作业。

（2）擅自变更作业内容、范围和地点。

（3）无关人员进入作业区域。

（4）夜间作业未设置夜间警示灯、围栏。

（二）断路作业前的安全防护措施

（1）作业前，施工单位应会同本单位相关主管部门制定交通组织方案，方案应能保证消防车和其他重要车辆的通行，并满足应急救援要求。

（2）施工单位应根据需要在断路的路口和相关道路上设置交通警示标志，在作业区附近设置路栏、道路作业警示灯、导向标等交通警示设施。

（三）断路作业过程中的安全防护措施

（1）作业前确认作业内容，并与有关部门进行作业交底。

（2）无关人员不得进入作业区域。

（3）在道路上进行定点作业，白天不超过 2 h，夜间不超过 1 h 即可完工的，在有现场交通指挥人员指挥交通的情况下，只要作业区设置了完善的安全设施，即白天设置了锥形交通路标或路栏，夜间设置了锥形交通路标或路栏及道路作业警示灯，可不设标志牌。

（4）断路作业单位应根据需要在作业区相关道路上设置作业标志、限速标志、距离辅助标志等交通警示标志，以确保作业期间的交通安全。

（5）断路作业单位应在作业区附近设置路栏、锥形交通路标、道路作业警示灯、导向标等交通警示设施。

（6）夜间作业应设置道路作业警示灯。道路作业警示灯设置在作业区周围的锥形交通路标处，应能反映作业区的轮廓，道路作业警示灯应为红色，警示灯应防爆并采用安全电压，道路作业警示灯设置高度应离地面 1.5 m，不低于 1.0 m。

（7）道路作业警示灯遇雨、雪、雾天时应开启，在其他天气条件下应自傍晚前开启，并能发出至少自 150 m 以外清晰可见的连续、闪烁或旋转的红光。

（8）断路申请单位应根据作业内容会同作业单位编制相应的事故应急措施，并配备有关器材。

（9）动土挖开的路面宜做好临时应急措施，保证消防车的通行。

（四）断路作业结束后的安全防护措施

（1）及时清理作业现场，恢复交通秩序。

（2）撤出警示标识和作业围栏，通知受作业影响的相关部门作业已经结束。

九、设备检修作业安全技术

设备检修作业是指为了保持和恢复设备、设施规定的性能而采取的技术措施，包括检测和修理。

（一）检修作业类别

根据化工企业的实际情况，设备检修一般分为大、中、小修与各种抢修作业，也可根据时间和规模分为日常检维修和定期的装置大检修。

1. 日常检维修

日常检维修一般由各生产车间负责，对生产装置中出现的影响安全生产的设备故障、隐患，及时进行检维修。除此之外，有些作业活动，如建筑施工、设备及管线的防腐与保温、场地清理、厂区绿化等作业活动，需要装置之外的人员具体实施，也应按照设备日常检维修的要求来进行管理。为了便于管理和控制作业过程中的风险；设备日常检维修实行检维修安全作业票制度。当作业活动涉及动火、受限空间、高处、临时用电、破土等特殊作业，应办理相应的检维修安全作业票，并按照相应的制度执行。

2. 装置大检修

装置大检修是装置运行周期中必需的过程，是解决设备瓶颈问题和消除设备安全隐患的重要途径，检修质量是保证长周期运行的关键。另外，装置大检修的过程也是集中进行多种危险作业的过程，是易发生事故的过程，需要比较完善的组织和计划。

（二）日常检维修作业安全风险分析要点

1. 检修作业前的安全风险分析要点

（1）作业人员（承包商）对现场不熟悉，对化工企业危险性质不熟悉，入厂前的安全教育培训不到位，有可能无意中违章，误碰阀门、管线，作业部位错误等，对操作造成不良影响。

（2）设备检维修之前，应对具体检修活动进行有针对性的工作危害分析，制定相应风险控制措施，申请办理相关检维修安全作业票，经逐级审批后实施。生产车间项目负责人、专业技术管理人员向施工单位作业负责人、作业人员交底。交底内容应包括作业内容、作业环境的危害和风险、安全注意事项、作业人员劳动保护装备、应急安全措施等。检维修安全作业票签发生效后，生产车间项目负责人应将现场作业安排情况在作业实施之前通知作业区域的岗位人员，以便岗位人员做好配合工作。

（3）作业前现场检查和安全措施交底。施工单位取得作业票后，施工单位作业负责人组织作业。施工单位应确保作业机具达到作业所在区域或部位的防火防爆等级要求，项目负责人应对作业机具是否符合防火防爆等级要求进行检查，不符合要求的机具不得使用。作业人员必须严格按任务单、作业票及现场交底的要求作业，严格遵守操作规程和与作业有关的规章制度。

（4）基层单位必须向施工单位进行现场检查交底，基层单位有关专业技术人员会同施工单位作业负责人及有关专业技术人员、监护人，对作业现场的设备设施进行现场检查，对检维修作业内容、可能存在的风险及施工作业环境进行安全措施交底，结合施工作业环境对检维修安全作业票列出的有关安全措施逐条确认，并将补充措施确认后填入相应栏内。

施工单位作业负责人应向施工作业人员进行作业程序和安全措施交底，并指派作业监护人。

安全措施交底主要包括两个方面的内容：一是在作业（施工）方案的基础上按照作业（施工）的要求，对作业（施工）方案的安全措施进行细化和补充的内容；二是要将作业人员（操作者）的安全注意事项讲清楚，保证作业人员的人身安全。需要说明的是，《危险化学品企业特殊作业安全规范》（GB 30871）明确提出，作业前应对参加作业的人员进行安全措施交底，主要内容有：

①作业现场和作业过程中可能存在的危险、有害因素及采取的具体安全措施与应急措施。

②会同作业单位组织作业人员到作业现场，了解和熟悉现场环境，进一步核实安全措施的可靠性，熟悉应急救援器材的位置及分布。

③涉及断路、动土作业时，应对作业现场的地下隐蔽工程进行交底。

安全措施交底工作完毕后，所有参加交底的人员必须履行签字手续，基层单位班组、交底人、作业人员、作业监护人各留执一份，并记录存档。

2. 检修作业过程中的安全风险分析要点

（1）设备检维修作业主要的危害有工作过程中对作业人员的机械伤害、物体打击、灼烫、中毒窒息等。

（2）日常检维修过程涉及动火、进入受限空间等危险作业活动，常见的安全风险在前文已经进行了介绍，在此不再赘述。

（3）在作业过程中，工作人员站位不好、使用工具有缺陷、未进行有效固定、操作失误、有关人员配合不好等。

（4）对需要作业的电气设备或与电气设备系统相连，未在停机后切断电源、摘除保险或挂接地线，并在开关上挂"有人工作、严禁合闸"警示牌。

（5）未办理完检维修安全作业票就开始作业，或作业内容、人员、有效期等与检维修安全作业票不符。

（6）劳动保护用品配备不到位，如产生粉尘的作业不配备防尘口罩而是用纱布口罩代替，穿易产生静电的服装、服饰和带铁钉的鞋进入生产装置和易燃易爆区。

（7）作业过程就地排放易燃易爆物料及化学危险品，或者用汽油等易挥发溶剂擦洗设备、衣物、工具及地面。

（8）在液化烃和轻质油装置、罐区，用黑色金属和易产生火花的工具进行敲打、撞击作业，在高温管线上刷漆、保温等。

（9）作业期间，生产车间项目负责人和管理人员未对作业现场进行抽查，监督施工单位是否按章作业。

（10）在拆卸、解体和维修高温设备时，必须待设备内部温度冷却至正常温度时，再进行拆卸、解体和维修作业。开启设备人孔，拆卸设备的头盖、管线的法兰、机泵等工作时，最主要的是要防止残存物料喷出、部件坠落造成人身机械伤害、中毒、烫伤等伤害。非本装置人员进入生产装置作业时，一定要注意装置内设置的警示牌、风向标等。

（11）作业过程中发现异常现象（如现场消防警报、紧急撤离警报响起），生产单位项目负责人或者许可证签发人、监护人等立即通知作业人员暂停作业并撤离，作业人员必须立即暂停作业并从作业区域撤离。当异常情况解除，需要恢复作业时，应由基层单位领导分析、核查暂停作业的原因是否已得到有效消除，并对相关的安全措施重新检查确认后恢复作业。

（12）当作业内容与作业票上说明的作业内容相比发生变更时，或环境条件变化时，需要重新办理检维修安全作业票。

（13）施工作业完工后，由生产车间项目负责人、监护人和施工单位作业负责人确认并在相应作业票上"完工验收"栏中签名，还要将完工信息告知相关岗位和人员。

（三）装置大检修安全风险分析要点

1. 大检修作业前的安全风险分析要点

生产装置大检修具有作业时间周期短，现场交叉作业多，作业场地狭窄，施工环境差，施工机具、原料、物品种类零散繁多，施工人员素质参差不齐，有时候受生产经营条件限制，需要边生产边施工作业，在检维修作业过程中极易发生火灾、高处坠落、起重伤害、中毒窒息等各类人身伤害事故，以及环境污染事故等，检维修过程中安全管理具有一定难度。做好检修作业前安全风险分析应关注以下内容。

1）大检修作业前人员要求

（1）把好承包商准入关。从近年来化工企业检维修过程中发生的事故来看，事故的责任主体绝大多数是外来承包商、分包商，因此，要求化工企业建立完善承包商管理制度，在施工项目招标阶段，对施工单位的营业执照、法定工程资质、特种作业人员资质、安全生产资质和安全管理能力等内容进行招标入围前审查；施工单位中标以后，企业要严格施工人员进入现场的厂级安全教育、车间级安全教育、作业前危害告知等安全教育培训的管理；在施工作业过程中，企业对承包商施工现场作业行为进行监督检查与考核，淘汰现场施工安全管理能力低下的承包商。

（2）对其他人员要求。对参加检修的所有人员进行各专业施工安全规程的专题安全教育，生产单位组织本单位员工学习装置检修安全健康环保（HSE）管理规定、危险源辨识、风险评价后提出的 HSE 控制措施、应急预案、停工方案等，对照应急预案进行演练，并考试合格。

2）停工过程要求

（1）严格按照审批后的停工方案停工，停工过程的每一关键步骤都有专人负责确认，制定大检修作业施工方案，进行危害识别并制定相应的安全措施。

（2）易燃易爆、有毒、腐蚀、污染性物料按规定回收或排放火炬。

（3）对盛装有毒有害、易燃易爆等介质的设备、塔、罐、换热器、管线等按照方案进行吹扫、蒸煮、酸碱中和、氮气置换、空气置换，使其不存留介质，按照方案规定的时间通风后采样分析合格。

（4）进出装置的油、瓦斯、氢气、氮气、蒸汽、化工物料等管线要加装盲板，使其与装置有效隔离，盲板安排专人管理、装拆，编号登记，并在现场做好明显标识。

（5）含油污水系统的检查井、地漏、下水井等内表面油污应清洗干净，装置区明沟、地面、平台及设备、管道外表油污清扫干净。

（6）对下水系统进行有效封堵，下水井及地漏系统用不少于 2 层的石棉布、5 cm 厚的细土封堵，或用水泥封闭；无存油的地沟要灌清水；Y 型地漏，不能把放空管线和漏斗封闭在一起。

（7）进入特殊部位进行检查、清扫、检修要制定并落实好防范措施。

（8）安排合格的作业监护人。

（9）对危险区域、设施、电缆沟、禁动区域设施等做好警示标志。

（10）在施工作业现场划出安全隔离作业区，办理临时固定动火点，进行预制作业；

施工单位根据作业内容和作业场所环境情况制定出安全有效的作业区隔离措施方案。

（11）做好检修期间废弃物处理的安排。

（12）落实现场消防措施，消防、气防设施、器材完好。

（13）重要仪表采取适当并有效的防护措施。

（14）所有机泵等用电设备全部断电并告知生产车间，未断电的设备要做好标识和防护。

（15）需夜间检修的作业场所，设有足够亮度的照明装置。

（16）对检修现场的坑、井、洼、沟、陡坡等应填平或铺设与地面平齐的盖板，也可设置围栏和警告标志，并设夜间警示红灯；检修现场的爬梯、栏杆、平台、铁箅子、盖板等要安全可靠。

（17）加强道路交通管理，检查、清理检修现场的消防通道、行车通道，保证畅通无阻，规定施工作业期间哪些路段禁止通行，哪些路段禁止停放车辆，必要时安排专人进行交通管理。

3）组织检修前的生产装置联合检查确认

实施大检修前组织相关部门和单位按照专业分工对检修条件进行确认，确保装置内工艺系统、检修环境等已得到妥善处理，各类安全措施得到落实，对达不到检修条件或者开工条件的内容，应督促进行进一步完善，避免由于准备不充分、条件不具备而引发各类事故，为整个检修过程提供安全的作业条件；检查应急准备情况，一旦发生事故，可保证得到及时有效的处理。

4）大检修施工现场管理要点

检修现场要保证安全施工，不污染环境，不堵塞交通要道和消防通道。安全管理以现场安全施工、文明作业和反"三违"为主。装置检修前期，以防火防爆为主要控制内容；检修中期，以防机械伤害、高处坠落、起重事故、触电等为主要内容，检修后期，要防止人员因疲劳、麻痹、侥幸心理而造成工作失误和违章作业。重点关注以下各方面的内容：

（1）临时用电。临时用电要符合《施工现场临时用电安全技术规范》（JGJ 46）的要求，做到"一机一闸一保护、三相五线制、三级配电"等，电线要整齐规范，并认真执行《危险化学品企业特殊作业安全规范》（GB 30871）中临时用电的规范。

（2）高处作业。高处坠落是检修施工作业的高发事故，必须对高处作业的防护予以重点关注。检修期间应认真执行《危险化学品企业特殊作业安全规范》（GB 30871）中高处作业的规范并重点关注高处作业人员是否系安全带，且安全带的使用方法是否正确；对于施工过程中最常用到的脚手架，要求必须经专业人员检查后挂牌使用。尽量杜绝交叉作业，如果有无法避免的上下交叉作业，必须在每个作业层设防护网，必要时指派专人进行统一指挥与协调，避免高空坠物对下部人员造成伤害。另外，根据施工需要，临时拆除的平台、护栏等必须及时加装临时防护措施，临时防护措施要能确保安全，防止人员和物体坠落。对于平台上的孔洞要及时修补，杂物要及时清理，防止坠落伤人。

（3）受限空间作业。装置检修期间，受限空间作业较多，最容易发生中毒窒息事故，在实施受限空间作业时应认真执行《危险化学品企业特殊作业安全规范》（GB 30871）中受限空间作业规范，并做到受限空间作业前要化验分析合格，对受限空间做到有效隔离，受限空间作业人员的劳动防护用品要合格，作业监护人要尽职尽责，受限空间的出口周围不能堆放杂物，要能够保证作业人员紧急状况下的脱险和救护，对于进出人员要进行登记，另外，受限空间内使用的手持式电动工具、照明行灯、电压等要符合要求。

（4）吊装作业。吊装作业是检修期间最常见的提举重物的方式，大量使用吊车、手拉葫芦等起重机具。起重事故也是装置大检修、工程建设过程中的多发事故。在实施吊装作业时应认真执行《危险化学品企业特殊作业安全规范》（GB 30871）中吊装作业规范，并要求卷扬机、手拉葫芦、电动葫芦、吊篮等的使用符合规范的要求，自制起重工具要严加控制。为了防止吊物坠落伤人，一定要在可能造成伤害的范围内做好警戒，并派专人管理。汽车起重机的支腿要完全伸出，并且要垫枕木，防止地面塌陷和起重设施倾倒事故。

（5）动火作业。检修期间动火作业主要的危险是下水井或地漏积存的易燃易爆介质和施工现场的易燃易爆物质，如乙炔瓶等。在实施动火作业时应认真执行《危险化学品企业特殊作业安全规范》（GB 30871）中关于动火作业的规范要求，并重点关注动火点周围消防设施是否齐备，要特别注意对下水井和地漏的检查，防止施工过程破坏，确保其处于密封状态。动火点周围不能存有易燃物质，在动火点 10 m 范围内及动火点下方不应同时进行可燃溶剂清洗或喷漆作业。禁止在受限空间内同时进行刷漆和用火作业，高处的动火作业要采取防火花飞溅的措施。使用前对乙炔瓶等进行试漏，电焊机具、导线、各种气瓶等要符合《焊接与切割安全》（GB 9448）的要求。

（6）作业人员的劳保护品。要求施工单位为进入施工作业现场的施工人员配备必要的符合规范要求的个体劳动防护用品，同一个施工单位要配备统一的符合要求的劳保服装和劳保鞋，按照作业现场的工作性质配备适用的防护用品，如防尘口罩、防毒面罩、耳塞、防护目镜等，受限空间作业还要配备空气呼吸器、长导管呼吸器等。

2. 大检修结束后的管理要点

大检修工作结束后，企业要组织相关部门和专业管理单位及施工单位组成大检修工作联合检查验收组，对大检修工作的完成情况进行联合验收。主要验收内容如下：

（1）检修项目全部完工，质量符合检修工作任务书要求。

（2）脚手架、临时照明设备、临时电源线全部拆除并做到不影响正常开工和生产巡检要求。

（3）施工机具全部运走，保运机具移至装置外围。

（4）梯子、平台、栏杆、地沟、吊装孔恢复完好。

（5）安全装置齐备，灵敏好用，照明（包括事故照明）正常。

（6）消防道路畅通，消防/气防设备、器材和个体防护用具齐全完好。

（7）地面平整清洁，工业垃圾、废弃包装物、边角废料、多余的土石方等得到合理处置，不污染环境，做到工完、料净、场地清。

（8）压力容器及储罐等设备及管线，按规定进行试压、试漏和气密试验；安全阀、压力表、温度计、液位计等安全附件调试安装并具备投用条件，仪表自保联锁校验合格并具备投用条件，通风设备完好。

（9）涉及易燃易爆物料的密闭设备和管道具备按工艺要求进行气体置换的条件，化工原材料准备齐全。

（10）做好开工过程使用的公用工程准备工作，具备按照操作规程引入水、电、蒸汽、风、瓦斯进入生产装置区的条件。

（11）施工人员全部撤离现场，保运人员进入指定位置工作，组织岗位操作人员学习开工方案并经考试合格。

（12）生产车间按开工方案组织开工前安全条件确认检查，做好系统开车的准备。

检修过程是一个动态的过程，各种危险因素随时会出现，在检修过程中，提倡全员参与安全管理，人人都做安全员，尤其是监护人，能够对作业全过程进行监督管理，能够及时发现问题，及时制止，及时反映，对各种风险进行有效控制。

十、射线探伤作业安全技术

射线探伤作业是指利用 X 射线、γ 射线、高能射线和中子射线等对金属内部可能产生的气孔、针孔、夹渣、疏松、裂纹、偏析、未焊透和熔合不足等缺陷进行质量检查的一种作业。

（一）射线探伤类型

射线探伤是利用射线穿透物体来发现物体内部缺陷的探伤方法。射线探伤是无损检测材料、零件、部件和构件质量的基本方法之一，是焊缝检测中最常用的检测方法，在对铸造、焊接和其他不可拆卸的连接器件进行检查时，在所采用的无损检查手段和方法中，射线探伤占很大的比例。其工作原理是射线穿过材料到达底片，会使底片均匀感光，如果遇到裂缝、洞孔、气泡和夹渣等缺陷，将在底片上显示出暗影区来。这种方法能检测出缺陷的大小和形状，还能测定材料的厚度。在石化企业中，射线探伤作业所使用的主要辐射源是 X 射线机、密封放射源。选用何种辐射源主要取决于被检测物体的材料和厚度。

γ 射线探伤机使用的辐射源多为 ^{60}Co 和 ^{192}Ir，其特点是射线穿透力强，放射源可通过窄小部位进行透照，适用于异形物体探伤，特别适合于作环形或球形物体探伤，γ 射线探伤机与 X 射线探伤机不同的是，工业 X 射线探伤机只有在开机加高压后，才产生 X 射线，而 γ 射线探伤机不论是否开机，放射性核素源总有射线射出，因此对防护的要求更高。

（二）射线探伤作业前安全危险性分析技术要点

（1）作业单位、作业人员资质要求。作业单位必须依法取得有效的"辐射安全许可证"，作业人员取得"放射工作人员证"；禁止无证或者不按照规定的种类和范围进行射线探伤作业。作业人员上岗前要进行必要的放射性知识培训并经考试合格（其他相关人员也要进行必要的放射性知识培训）。

（2）对于使用放射源的异地施工单位应根据《放射性同位素与射线装置安全和防护条例》（国务院令第 449 号）的要求，持有迁出地和接受地环保部门审批的"放射性同位素异地使用备案表"和所使用放射源身份编码和活度证明材料，并将这些材料登记备案留存，没有办理放射性同位素异地使用备案的单位严禁开展放射源异地探伤作业。

（3）射线探伤作业过程中，主要的危险是无关人员的误照射，发生这种情况的原因主要是作业之前，未通知到可能受影响的单位，作业时，未设置明显的警示标志或有效隔离，无关人员不知道有探伤作业误入作业区从而被照射。另外，作业结束后，作业人员不及时通知相关单位和人员，虽然对人员不会有什么危险，但会因不知情导致不敢进入作业影响区域而影响其他工作。

（4）对于γ射线探伤机来说，由于探伤机的质量问题，如防护壳屏蔽有问题，造成密封源泄漏；由于设计不合理或组装不牢、松动，导致放射源脱落；或者因输源管破裂等故障源不能被收回至防护罐内，放射源也有可能脱落；运输中保管不善，源容器丢失，如果被人发现捡回家中，就会造成多人受照射。另外，探伤机故障维修，未注意做好防护，也可能对作业人员造成照射事故。

（5）工业X射线探伤发生放射事故多为开机时误照，如调试机器时分工不明；误传联络信号；开机未示警；二人作业，配合失误；检修机器故障等都有可能发生作业人员的误照射。

（三）射线探伤作业前应落实的安全防护措施

1. 作业许可的申请

从事射线探伤作业的单位，须向进行射线探伤作业的企业安全（放射）管理部门提供省级环境保护主管部门颁发的"辐射安全许可证"、施工单位及射线工作人员的资质、施工方案、放射源的转让手续、安全防护措施和事故应急预案，经企业相关的安全管理部门审查通过后办理放射源入厂许可后，才有资格在企业装置范围内进行射线探伤作业。不含放射源的设备不需要办理入厂许可。

射线探伤作业单位根据作业任务单编制射线探伤作业防护方案（其内容包括施工简明示意图、防护距离、防护措施及应急处理措施等），提前一天向作业区域所属单位报告，作业区域所属单位负责人会同施工单位作业负责人填写"射线探伤安全作业票"，经企业主管部门和相关单位审核批准后，方可作业。

射线探伤工作人员必须经过辐射专业知识培训，能正确使用射线探伤机，操作时严格遵守各项操作规程，射线探伤工作人员要接受个人剂量监测，射线探伤工作单位要为射线探伤工作人员建立个人剂量档案。

射线探伤作业单位要明确现场的专职安全负责人，负责作业时安全防护工作，作业时间原则上也要夜间人少时进行，特殊情况下须经企业主管部门或领导批准同意。

射线探伤作业所在单位要严格控制探伤作业时探伤机的台数、作业点位置，探伤时的方向要尽量避开人员出入频繁的装置和易受辐射影响的装置，进入现场作业的探伤机原则上X射线探伤机不得超过1台，γ放射源的使用更应严格控制。原则上不得进行射线探伤交叉作业，如必须进行交叉作业的，射线探伤作业所在单位要和射线探伤作业单位达成协议并制定详细的防护方案，经相关的管理部门批准同意后方可作业。

进行γ射线探伤作业前，操作人员应检查射线探伤装置的安全锁、联锁装置、位置指示器、输源管、驱动装置等的性能。严禁使用铭牌模糊不清或安全锁、联锁装置、输源管、控制缆、源辨位置指示器等存在故障的探伤装置。射线探伤装置必须专车运输，专人押运。押运人员必须全程监护射线探伤装置。

2. 射线探伤作业前的告知

射线探伤作业单位要在作业区域（装置、车间、作业区）等人员通行的位置设置射线探伤作业告示牌，告示牌要注明射线探伤作业的时间、地点及作业简单示意图，并将内容通知所涉及的周边单位，同时汇报企业射线探伤作业主管部门，接到通知的单位负责通知到本单位的相关人员，避免人员误入警戒区。

作业所在单位要安排值班人员对作业现场的防护措施进行检查确认，确认后在作业票上签字。公共区域、生产区外管网区域的射线探伤作业，实行"谁委托、谁管理"的原则，由所委托的单位对射线防护工作进行监督管理，射线探伤作业的防护距离涉及多个单位的，"射线探伤安全作业票"要由所涉及单位进行会签，会签单位负责本单位的告知工作。

（四）射线探伤作业过程的安全防护措施

射线探伤作业过程中操作人员必须严格遵守作业前制定的各项操作规程，采取可靠的安全措施和科学管理来防止射线事故的发生。

进行射线探伤作业前，作业单位和作业项目所在单位必须先将工作场所划分为控制区和监督区。控制区边界外空气比释动能率应低于 $40\ \mu Gyh^{-1}$。在其边界必须悬挂清晰可见的"禁止进入射线探伤工作场所"警示标识。未经许可任何人员不得进入该范围，必须采用警戒绳和安排监督人员实施人工管理。控制区、监督区范围的计算方法见《工业 γ射线探伤放射防护标准》（GBZ 132）或《工业 X 射线探伤放射防护要求》（GBZ 117）。

进行射线探伤作业时，必须考虑射线探伤机和被检物体的距离、照射方向、时间、屏蔽条件，以保证作业人员的受照剂量尽可能低。由于环境条件限制，进行短距离操作时，必须使用现场射线探伤的防护装置，如铅防护屏、铅防护亭、铅防护车等，射线探伤作业人员必须佩戴个人防护用品，必要时可设专人站岗。每个射线探伤作业人员必须配备一部合格有效的放射量测定仪。

射线探伤作业期间必须有监护人（与射线探伤安全作业票上的相符）始终在现场，并沿警示带不间断巡检，防止其他人员误入。监护人要利用便携式射线监测仪器按照要求的频次进行监测与检查，发现超标要立即通知施工单位停止作业。

进行 γ 射线探伤作业时，至少有 2 名操作人员同时在场，每名操作人员应配备 1 台个人剂量报警仪和个人剂量计。个人剂量计应定期送交有资质的检测部门进行测量，并建立个人剂量档案。

γ 射线探伤装置用毕不能及时返回施工单位放射源库保管的，应利用保险柜现场保存，但须派专人 24 h 现场值班。保险柜表面明显位置应粘贴电离辐射警告标志。

施工单位需要在企业存放放射性同位素的，施工单位应落实防火、防水、防盗、防丢失、防破坏、防射线泄漏安全防护措施，专人保管放射性同位素，建立登记、检查制度，确保账物相符。

发生辐射事故时应立即停止作业，启动本单位应急预案，对可能受到辐射伤害人员，应立即送到当地卫生主管部门指定的医院或者有条件救治辐射损伤病人的医院进行检查和治疗，或者请求医院立即派人赶赴事故现场，采取救治措施。

（五）射线探伤作业结束后的安全防护措施

射线探伤作业人员解除警戒，并向探伤作业所涉及的单位负责人报告作业终止时间，将作业所用的所有设备撤离现场，使用放射源探伤的，作业结束后要立即将放射源撤离，射线探伤作业所涉及的单位负责人和施工单位作业负责人对作业结束后的现场进行检查，确认无误后撤离现场。

使用 γ 射线探伤机作业结束后，必须用辐射剂量监测仪进行监测，确定放射源收回源容器后，由检测人员在检查记录上签字，方能携带探伤装置离开现场。

十一、工作危害分析方法简介

工作危害分析是一种危害辨识与风险分析方法，该方法是为了安全地完成某项工作（或作业活动），把工作（或作业活动）内容划分为若干个子步骤，依据安全健康管理法律法规、标准规范，以及企业安全健康管理要求对每一个子步骤包含的潜在危险、有害因素进行辨识，针对辨识结果制定安全风险管控措施的工作过程。在化工企业安全管理实务中，工作危害分析通常被称作工作危害分析（job hazard analysis，JHA）或工作安全分析（job safety analysis，JSA）。该方法适用于化工企业作业活动前的风险分析。

（一）实施方法

（1）划分作业步骤。把工作（或作业活动）分解为若干个相连的工作子步骤。通常情况下，工作（或作业活动）内容相对简单的可以划分为 5~7 个工作子步骤，划分过多或过少的工作子步骤都可能影响危险有害因素识别效果，工作量较大、内容较多的工作（或作业活动）可以划分出更多数量的工作子步骤。

（2）辨识每一步骤危险、有害因素。根据《生产过程危险和有害因素分类与代码》（GB/T 13861）的规定，辨识每一步骤的危险源及潜在事件。根据《企业职工伤亡事故分类》（GB 6441）的规定，分析危险源及潜在事件可能造成的后果。

（3）制定安全风险管控措施。针对每一起危险源及潜在事件可能造成的后果，从工程控制、管理措施、安全教育培训、个体防护、应急处置等方面制定风险管控措施。

（4）评估风险、判定等级。根据企业风险管理制度判定每一起危险源及潜在事件可能造成的后果的安全风险等级。

（5）填写工作危害分析评价记录，见表 2-15。

表 2-15 工作危害分析评价记录

（记录受控号）单位： 岗位： 工作（或作业活动）名称： No：

| 序号 | 作业步骤 | 危险源或潜在事件（人、物、作业环境、管理） | 主要后果 | 现有控制措施 | | | | | L | S | R | 评价级别 | 建议新增（改进）措施 | 安全风险管控措施负责人 |
				工程技术	管理措施	安全教育培训	个体防护	应急处置						

分析人： 日期： 审核人： 日期： 审定人： 日期：

填表说明：1. 审核人为所在岗位/工序负责人，审定人为上级负责人。

　　　　　2. 评价级别是运用风险评价方法确定的风险等级。

　　　　　3. 安全风险管控措施负责人是指每一项风险管控措施的落实人员，需要注意的是不同的安全风险管控措施应由不同专业、不同岗位的人员负责落实。

　　　　　4. 企业可结合安全管理实际参照表格形式制定其他形式表格。

注：L—危险源或潜在事件造成风险的可能性等级；

　　S—危险源或潜在事件造成风险的严重度等级；

　　R—危险源或潜在事件造成风险的风险度等级。

（二）应用示例

某化工企业为了控制气柜运行过程中的泄漏风险，保证气柜安全运行，需要对气柜进行定期检修。气柜的检修作业是一种高风险的作业，必须加强风险管控。

该企业采用工作危害分析方法，识别作业中潜在的危害，确定相应的工程措施，提供适当的个体防护设施，以防止事故发生，防止人员受到伤害。工作危害分析需要将作业活动的每一步骤进行分析，从而辨识潜在的危害并制定安全措施。确定对策时，从工艺处理、作业风险的控制措施两个方面加以考虑。该企业检修气柜工作危害分析见表 2-16。

表 2-16 某化工企业检修气柜工作危害分析表

工作/任务：检修气柜　　　　　区域/工艺过程：气柜

序号	工作步骤	危害或潜在事件	主要后果	现在安全控制措施	L	S	R	建议改正/控制措施
1	准备工作	防护用品佩戴不合格	中毒、窒息、爆炸	进行安全教育，检查防护用品完好性及佩戴方式	2	5	10	
		不按要求着装	产生静电，引发爆炸	进行安全教育，按规范着装和穿戴劳保用品	2	5	10	
		未带瓦斯、硫化氢检测仪	中毒、窒息、爆炸	携带便携式检测仪，列表检查确认	2	5	10	
		未带工具袋	工具掉落伤人	佩戴工具袋，列表检查确认	1	4	4	
2	拆卸、开侧窗、天窗通风	工具非防爆	爆炸	使用防爆工具，列表检查确认	2	5	10	
		作业不熟练	碰伤、坠落	进行教育培训，监督佩戴安全带	1	4	4	
		残留有毒爆炸物质	中毒、窒息、爆炸	气柜柜底彻底除油、清淤，置换至合格，岗位培训，作业时佩戴空气呼吸器，使用防爆工具，将气柜加盲板隔离	3	5	15	
		工具摆放位置有误	从高处坠落伤人	把工具放在不易碰落位置	1	4	4	
		平台有杂物	绊倒、坠落、摔伤	作业前检查平台	1	4	4	
3	进气柜作业	采样数据不准确或未采样分析	化验结果有误造成中毒、窒息、爆炸	采样位置分上、中、下，应具有代表性，使用化验分析与便携检测仪互相验证的方法检测数据	3	5	15	
		无票作业	中毒、窒息、爆炸	开具作业票落实安全措施	3	5	15	
		无监护人	中毒、窒息、爆炸	委派有资质的监护人，落实监护人职责	3	5	15	

注：$R = LS$。

通过工作危害分析可知，人孔拆卸和进入气柜内作业风险最高，风险度 $R \geq 15$，有可能出现人员中毒、窒息或者爆炸的危险，必须采取安全措施，避免上述风险。需要提示的是，表 2-16 仅仅是分析结果示例，在实践应用过程中，企业应注意安全控制措施的完整性，以及每一项措施要有具体的人员进行落实、签字确认。

第六节　化工过程控制和检测技术

随着过程自动化控制水平的不断提高，自控及仪表系统已成为企业安全设施的重要组成部分，化工企业生产过程中的工艺介质及装置设备的运行状况，如流量、温度、压力、转速、振动等参数，都由仪表及自动化控制系统进行自动检测、显示、控制和保护联锁。

一、化工过程控制系统的工作原理

当控制系统受到扰动作用后，被控变量（如温度、压力、液位）发生变化，通过检测变送仪表得到其测量值；控制器接受被控变量（如温度、压力、液位）测量变送器送来的测量信号，与设定值相比较得出偏差，按某种运算规律进行运算并输出控制信号；控制阀接受控制器的控制信号，按其大小改变阀门的开度，调整被控变量的数值，以克服扰动的影响，使被控变量回到设定值，最终达到控制被控变量（如温度、压力、液位）稳定的目的，这样就完成了所要求的控制任务。这些自动控制装置和被控工艺设备组成了一个没有人直接参与的自动控制系统。

通常，设定值是控制系统的输入变量，而被控变量是控制系统的输出变量。控制系统的输出变量通过适当的测量变送仪表又引回到系统输入端，并与输入变量相比较，这种做法称为反馈。当反馈信号与设定值相减时，称为负反馈；反馈信号取正值与设定值相加，称为正反馈。输出变量与输入变量相比较所得的结果称为偏差，控制装置根据偏差的方向、大小或变化情况进行控制，使偏差减小或消除。发现偏差，然后去除偏差，这就是反馈控制的原理。利用这一原理组成的系统称为反馈控制系统，通常也称为自动控制系统。在一个自动控制系统中，实现自动控制的装置可以各不相同，但反馈控制的原理却是相同的。由此可见，有反馈存在、按偏差进行控制，是自动控制系统最主要的特点。

二、化工过程检测

在化工生产过程中，为了有效地进行生产操作和自动控制，需要对工艺生产过程中的压力、料位、流量、温度等参数和产品的成分及物性进行自动检测。为满足化工过程的检测要求，应采用相应的检测方法、测量误差分析与处理方法来获得被测参数的真实值。

（一）检测方法

1. 偏差法

偏差法是用测验仪表的指针相对于仪表刻度零位的位移（偏差）量直接表示被测量大小，如弹簧秤、压力表、体温表、体温计等指示式仪表。偏差法测量方式属于开环测量方式，仪表刻度是预先用标准仪器标定好的，测量结果的好坏取决于测量元件和转换放大环节的性能。偏差法测量的特点是直观、简便、速度快，相应的仪表结构简单，测量精度较低，测量范围小。

2. 零位法

零位法是将被测量与已知标准量进行比较，当两者差值为零时，由标准量的值即可确定被测量的大小。零位属于反馈型闭环检测方法，如用天平测量物体质量的方法就是零位法。在现代仪表中，零位法的平衡操作完全是自动完成的，如电子电位差计等便是如此。零位法测量具有测量精度高、测量过程复杂等特点，不适用于测量快速变化的参数。

3. 微差法

微差法是将偏差法和零位法组合使用的一种测量方法。测量过程中将被测量的大部分用标准量平衡，而剩余部分采用偏差法测量。利用不平衡电桥测量热电阻的变化便是如此，桥路中被测电阻的静态电阻使电桥处于平衡状态，而热电阻的电阻变化量使电桥失去平衡，产生相应的电压输出，被测热电阻的大小等于其静态电阻与用电桥输出电压确定的电阻变化量之和。微差法具有测量精密度高、反应速度快等特点。

（二）测量误差分析与处理方法

1. 测量误差的形式

1）绝对误差

绝对误差是仪表的指示值与真实值之间的代数差，绝对误差的大小可以反映仪表指示值接近真实值的程度，但不能反映不同测量值的可信程度。

2）相对误差

相对误差是检测仪表的绝对误差和真实值之比，常用百分数表示；相对误差越小，说明测量结果的可信度越高。相对误差就是用来判断测量结果的准确程度，即测量精度。

3）引用误差

检查仪表的绝对误差与仪表的量程之比的百分数，称为引用误差。引用误差可以表示检测仪表的准确程度，引用误差小，表明仪表产生的测量误差相对的小，测量结果相对可信度高。

2. 测量误差的分类

1）系统误差

系统误差是在相同测量条件下，多次测量同一被测量时，测量结果的误差大小与符号均保持不变或按某一确定规律变化的误差。它是由于测量过程中仪表使用不当或测量时外界条件变化等原因所引起的。

2）随机误差

随机误差是在相同测量条件下，对参数进行重复测量时，测量结果的误差大小与符号以不可预计的方式变化的误差。随机误差的大小反映对同一测量值多次重复测量结果的离散程度。产生随机误差的原因很复杂，一般是由许多微小变化的复杂因素共同作用的结果。

3）粗大误差

粗大误差是测量结果显著偏离被测值的误差，没有任何规律可循。产生粗大误差的主要原因是测量方法不当、工作条件显著偏离测量要求等，但更多的是人为因素造成的，如工作人员在读取或记录测量数据时疏忽大意。带有这类误差的测量结果毫无意义，应予以剔除。

3. 测量误差的分析与处理

在测量过程中,如何处理带有未知误差的数据,甄选不同的测量误差,从繁杂的测量数据中筛选出被测量的真实值,是保证测量质量的关键。分析过程中,一般先分析粗大误差,剔除粗大误差后分析系统误差,对测量结果进行修正,之后对随机误差进行统计分析。

1) 系统误差的分析与处理

系统误差的特性具有确定性、重视性和修正性。通过试验对比,用高精度的测验仪表校验普通仪表时,可以发现固定不变的系统误差(定值系统误差)。通过对误差大小及符号变化的分析,来判断变化的系统误差(变值系统误差)。但是,通常不容易从测量结果中发现变值系统误差并认识其规律,只能具体问题具体分析,这在很大程度上取决于测量者的知识水平、经验和技巧。为了减小系统误差的影响,可以从以下两方面着手进行处理。

(1) 消除系统误差产生的根源。合理选择测量方法,校验检测仪表,保证仪表的测量条件,防止产生系统误差。

(2) 在实际测量中,采用一些有效的测量方法来消除或减小系统误差。可以采用的测量方法有交换法、代替法、补偿法、对称量法等。

2) 随机误差的分析与处理

随机误差在测量次数足够多时,一般呈正态分布规律,具有对称性、有界性和抵偿性。为消除随机误差,需要在消除了系统误差和粗大误差的影响之后,对同一被测量介质进行多次测量(一般为 5~10 次即可),计算多次测量结果的算术平均值,任意一次测量结果位于算术平均值的置信区间内(置信区间是数理统计学知识,在此不再赘述)。

3) 粗大误差的分析与处理

误差会显著歪曲测量结果,所以必须在剔除含有粗大误差的测值后,再进行数据的统计分析,从而得到符合客观实际的测量结果;目前判定粗大误差的常用方法是莱伊特准则,它以 $\pm 3\sigma$ (西格玛)为置信区间,凡超过此值的剩余误差均作粗大误差处理,予以剔除。

三、化工仪表的类型

化工企业仪表设备一般分为常规仪表、仪表控制系统、仪表联锁保护系统、分析仪表、安全环保仪表及其他仪表。常规仪表包括检测仪表、显示或报警仪表、控制仪表、辅助单元、执行器及其附件等。仪表控制系统包括集散控制系统(DCS)、可编程控制系统(PLC)、机组控制系统(CCS)、工业控制计算机系统(IPC)、监控和数据采集系统(SCADA)等。仪表联锁保护系统包括紧急停车系统(ESD)、安全仪表系统(SIS)、安全停车系统(SSD)、安全保护系统(SPS)、逻辑运算器、继电器等。分析仪表包括在线分析仪表、化验室分析仪器。安全环保仪表包括可燃气体检测报警器,有毒气体检测报警器,氨氮分析仪,化学需氧量(COD)分析仪,烟气排放二氧化硫分析仪,外排废水、废气流量计等,另外,还有振动/位移检测仪表、调速器、标准仪器、工业电视监控系统等。

（一）常规仪表

常规仪表主要是指通过被测量与标准量相比较得到结果的原理制造的仪表。通过常规仪表可以对工艺生产过程中的温度、压力、流量、液位四类参数进行检测；控制仪表根据检测到的仪表示值与所要控制的示值进行偏差比较后，输出信号到执行器及其附件使其输出发生变化，直到变化后的参数符合生产的要求。

（二）仪表控制系统

一般情况下，仪表控制系统至少要完成三个任务：

（1）实时数据处理。对来自测量变送装置的被控变量数据进行巡回采集、分析处理、性能计算及显示、记录、制表等。

（2）实时监督决策。对系统中的各种数据进行超限报警、事故预报与处理，根据需要进行设备启停，对整个系统进行诊断与管理等。

（3）实时控制及输出。根据生产过程的特点和控制要求，选择合适的规律，包括复杂的先进控制策略，然后按照给定的控制策略和实时的生产情况，实现在线、实时控制。

（三）仪表联锁保护系统

仪表联锁保护系统用于监视生产装置或独立单元的操作，如果生产过程超出安全操作范围，可以使其进入安全状态，确保装置或独立单元具有一定的安全度。安全仪表系统不同于批量控制、顺序控制及过程控制的工艺联锁，当过程变量（温度、压力、流量、液位等）超限，机械设备故障，系统本身故障或能源中断时，安全仪表系统能自动（必要时可手动）地完成预先设定的动作，使操作人员、工艺装置处于安全状态。

（四）分析仪表

分析仪表是指对物质的组成和性质进行分析和测量，并直接指示物质的成分及含量的仪表。实验室仪表是由人工现场采样，然后由人工进行分析，分析结果一般较为准确；在线分析仪表用于连续生产过程，能自动采样，自动分析，自动指示、记录、打印分析结果。

（五）安全环保仪表

安全环保仪表可对生产过程中可能产生的废弃物或异常情况下可能泄漏或外排的气体、液体的成分进行分析及检测，以便于进行生产调整，减少生产安全事故或影响环境的事件发生。

四、仪表设备易发生的事故类型及影响

在仪表的设计、安装和使用维护中稍有闪失，就有可能会造成仪表故障，从而波及生产的安全和稳定，影响产品质量，引发停车，带来重大的经济损失。

（1）常规仪表故障及其影响：多数仪表故障出现在与被测量介质相接触的传感器和调节阀上，这类故障占60%以上；这类故障出现在一般检测回路上，对生产装置不会有太大的影响。

（2）仪表系统性故障及其影响：仪表机柜电源是控制系统的命脉。当仪表机柜电源发生不输出的故障时，操作人员对所有的监控数据无法把握，必定会造成所控制的装置生产波动，引发装置停车。

（3）当仪表气源发生停气或压力下降的故障时，装置所有的控制阀门将回到自然状态，也就是设计时所选择的安全状态，这种情况下生产装置的介质及设备会处于"保险"状态，不会引起超温、超压，但会引起装置的停车。

（4）当控制系统发生死机时，一般情况下所有的操作失去控制，也会造成装置停车。当安全仪表系统中联锁回路的检测、控制设备及相关附件发生故障时，都会引起生产波动，关键参数还可能互相影响而导致全装置停车。

五、仪表的设计、选型和安装的总体要求

仪表的选型遵循安全可靠、技术成熟、经济合理的原则，仪表设备施工单位必须具有相应的施工资质、施工能力，并具有健全的工程质量保证体系。

仪表设备工程项目的竣工验收应按设计要求及《自动化仪表工程施工及质量验收规范》（GB 50093）、《石油化工仪表工程施工技术规程》（SH/T 3521）、《石油化工建设工程项目交工技术文件规定》（SH/T 3503）进行。工程项目竣工验收资料应齐全完整，主要包括：工程竣工图（包括装置整套仪表自控设计图纸及竣工图），设计修改文件和材料代用文件，隐蔽工程资料和记录，仪表安装及质量检查记录，电缆绝缘测试记录，接地电阻测试记录，仪表风管和导压管等扫线、试压、试漏记录，仪表设备和材料的产品质量合格证明，仪表校准和试验记录，回路试验和系统试验记录，报警、联锁系统调试记录，智能仪表、DCS、ESD（SIS）、PLC、CCS、SCADA 等组态记录工作单及相关软件版本记录、用户应用软件备份，仪表设备交接清单，仪表回路图，联锁接线图、逻辑图，仪表设备说明书，未完工程项目明细表。

（一）常规仪表

1. 选型

常规仪表的选型应遵循《石油化工自动化仪表选型设计规范》（SH/T 3005）、《油气田及管道工程仪表控制系统设计规范》（GB/T 50892）。在满足生产需要的前提下，综合考虑仪表的安全可靠性、技术先进性、经济实用性，另外还应考虑企业现状和发展规划，力求品种统一，有利于全厂或区域性的集中控制和集中管理。电涌保护器的设计应遵循《建筑物防雷设计规范》（GB 50057）、《石油化工仪表系统防雷工程设计规范》（SH/T 3164）的规定。

2. 调节阀的过程控制

工业里最常用的终端控制元件就是调节阀。调节阀调节流动的流体，如气体、蒸汽、水或化学混合物，以补偿负载扰动并使得被控制的过程变量尽可能地靠近需要的设定点。

许多人讨论调节阀或阀门，其实他们指的是控制阀组件。典型的控制阀组件由阀体、阀内件零件、提供阀门操作驱动力的执行机构以及各种各样的阀门附件所组成。阀门附件包括定位器、转换器、供气压力、调节器、手动操纵器、阻尼器或限位开关。

执行机构和调节阀的选择依据：根据工艺条件，选择合适的调节阀的结构形式和材质；根据工艺对象的特点，选择合适的流量特性；根据工艺参数的大小，选择合理的阀门尺寸；根据阀杆受力的大小，选择有足够推力的执行机构；根据工艺过程要求，选择合适

的辅助装置。

调节阀的安装要求：调节阀应安装在水平管道上，DN＞50 mm 的阀应设有永久性支架；安装位置应便于操作和维修，必要时应设置平台，调节阀上下方应留有足够的空间，以便维修时取下执行机构、阀内件；调节阀阀组配管应组合紧凑，便于操作、维修和排液；环境温度一般不高于 60 ℃，不低于 30 ℃；远离连续振动设备，当安装于有振动场合时，应采取防振措施；用于高黏度、易结晶、易气化及低温流体时，应采取保温或防冻措施；用于浆料和高黏度的流体时，应配冲洗管线。

3. 防爆型仪表的管理

根据使用场所爆炸危险区域的划分，选择满足防爆等级的仪表。防爆型仪表的安装、配线及电缆应按安装场所爆炸性气体混合物的类别、级别、组别确定安装、敷设方式。防爆型仪表及其辅助设备、接线盒等均应有防爆合格证，其构成的系统应符合整体防爆的设计要求。防爆型仪表检修时不得随意更改零部件的结构、材质。在爆炸危险区域对原有的防爆型仪表进行更新、改造或新增时，必须满足原有的防爆要求，不得降低防爆等级。

4. 放射性仪表的管理

放射性仪表现场 10 m 之内要有明显的警示标识，维护人员应接受政府主管部门的专门培训并取得其颁发的放射工作人员证后，才能进行仪表的维护、检修、校准工作，并配备必要的防护用品和监测仪器。

5. 常规仪表的校准、检修

常规仪表的校准周期，原则上为所在装置大修周期；日常故障修复后必须校准，并做好校准记录；严禁使用超期未检或检定不合格的标准仪器，各种标准仪器应按有关计量法规要求进行周期检定。常规仪表设备校准后应进行回路试验及联校，参加联锁的仪表还应进行联锁回路的调试和确认。

常规仪表的检修，原则上随装置停工检修进行，在检修前应根据实际情况制定检修计划，准备必要的备品配件、检修材料、工具和标准仪器，并编制切实可行的检修管理网络。应根据常规仪表设备的运行状况，组织预防性检修。常规仪表设备检修按《石油化工设备维护检修规程》要求进行，在每个检修周期内，应进行校准或检查确认。

（二）仪表控制系统

企业应建立健全控制系统运行、维护、检修等各种规程和管理制度。控制系统的选型、配置应遵循《石油化工分散控制系统设计规范》（SH/T 3092）、《分散型控制系统工程设计规范》（HG/T 20573）、《油气田及管道工程仪表控制系统设计规范》（GB/T 50892）等的要求。系统运行负荷、通信能力应满足先进控制和管控一体化发展需要。

1. 控制系统机房

控制系统机房环境必须满足控制系统设计规定的要求，消防设施应配备齐全，有防小动物措施；进入机房作业人员宜采取静电释放措施，消除人身所带的静电；在装置运行期间，控制系统机房内应控制使用移动通信工具，并张贴警示标志；机房内严禁带入食品、液体、易燃易爆和有毒物品等，机房内禁止堆放杂物，机柜上禁放任何物品；无关人员不得进入机房；不得安装非控制系统的机柜或设备。

2. 控制系统的日常维护

主管单位应定时检查主机/控制器、外围设备硬件的完好或运行状况，环境条件、供电及接地系统应满足控制系统正常运行要求，按规定周期做好设备的清洁工作。

严禁在控制系统上使用无关的软件，系统软件和应用软件必须有双备份，并异地妥善保管；控制系统的密码或键锁开关的钥匙要由专人保管，控制系统要设置分级管理，并执行规定范围内的操作内容；系统软件和主要应用软件修改应经使用单位主管部门批准后进行；软件备份要注明软件名称、修改日期、修改人，并将有关修改设计资料存档。

DCS 操作站的鼠标、键盘、显示器严禁私自更换，需更换时由仪表维护人员根据鼠标、键盘、显示器、打印机的型号及序列号进行更换。

严禁将水杯、食物、手套、饭盒、工具等物品放置在控制系统操作台、自保操作台和辅助操作台上以及操作键盘上，操作人员应爱护控制系统操作站，对鼠标、键盘等的操作应轻柔。

3. 控制系统故障处理

控制系统运行时出现异常或故障，维护人员应及时处理，并对故障现象、原因、处理方法及结果做好记录。

4. 控制系统检修管理

控制系统的大修，原则上随装置停工大修同步进行。控制系统的检修应按《石油化工设备维护检修规程》要求进行。

严禁执行与控制系统无关的操作，严禁外来计算机接入控制网络，控制系统与信息管理系统间如需连接，应采取隔离措施，以防范外来计算机病毒侵害。电视监控系统、工业无线网络不应与控制移动存储设备一起接入控制系统计算机，如需接入，需专人负责，采用指定设备，严防病毒入侵。

5. 控制系统变更管理

严禁随意更改工艺报警定值、控制方案或增加仪表回路，已投用的系统如需要修改，必须通过主管部门审批，由仪表维护人员实施。控制系统的备品配件管理要有专门的账卡；保管储存控制系统备品配件的环境应符合要求。

企业应制定控制系统事故应急预案。控制系统出现故障时，应按事故应急预案执行。在处理控制系统重大故障时，按事故报告制度执行。

（三）在线分析仪表管理

1. 在线分析仪表的配置、选型

在线分析仪表的配置、选型应遵循《石油化工自动化仪表选型设计规范》（SH/T 3005）。在线分析仪表选型应遵循技术成熟、性能可靠，操作、维修简便的原则，且满足被分析介质的操作温度、压力和物料性质、工艺流程的要求。用于腐蚀性介质测量或安装在易燃易爆危险场所的在线分析仪表，应符合有关标准规范的规定，用于控制系统的分析仪表，其线性范围和响应时间须满足控制系统的要求。当在线分析仪表需要与 DCS 进行数据通信时，应有通用的通信接口，其通信协议、通信速率应和 DCS 系统要求相匹配。

1）在线分析仪表选型的一般原则

（1）选用过程分析仪表时，应详尽了解被分析对象工艺过程介质特性、选用仪表的技术性能及其他限制条件。

（2）应对仪表的技术性能和经济效果作充分评估，使之能在保证产品质量和生产安全、增加经济效益、减轻环境污染等方面起到应有的作用。

（3）所选用分析仪表检测器的技术要求应能满足被分析介质的操作温度、压力和物料性质，特别是全部背景组分及含量的要求。

（4）仪表的选择性、适用范围、精确度、量程范围、最小检测量和稳定性等技术指标，须满足工艺流程要求，并应性能可靠，操作、维修简便。

（5）对用于腐蚀性介质或安装在易燃、易爆、危险场所的分析仪表，应符合相关条件或在采取必要的措施后能符合使用要求。

（6）用于控制系统的分析仪表，其线性范围和响应时间须满足控制系统的要求。

（7）分析混合气中的单一组分或多流路多组分的含量，其浓度范围可从 10^{-6} 级到 100% 含量，要求分析精度小于 1 级时，宜选用工业气相色谱仪、质谱仪等在线分析仪表，响应时间取决于采样周期和气体预处理时间。

2）典型化工常用在线分析仪表举例

（1）热导式气体分析器。被测气体通过热导池，检测热导池中热丝电阻的变化，可得知其中各成分的含量。主要用于分析混合气中氢气、二氧化硫或二氧化碳的含量。

（2）流程 pH 计。基于水溶液中氢离子浓度与插入溶液中一对电极所产生的电动势的电化学特性，通过测量电动势值获得被测溶液的 pH。常用于石油炼制工业，尤其在污水处理工程中应用更多。

（3）氧化锆氧分析器。有氧离子在高温环境具有导电性。若在氧化锆管的内外两侧贴上铂电极，当电极两侧的气体含氧量不同，电极就产生电动势，测量该电动势值，就得知被测气体中含氧量的多少。常用于工业炉窑烟道气含氧量的测量和控制，提高燃烧热效率。

（4）红外线气体分析器。基于各种气体对红外线辐射能具有选择性吸收的特性，红外线被气体中一种组分吸收后，辐射能部分地转化为热能，使气体温度升高，通过测量气体温度变化或恒容积内气体压力的变化，就可得知气体中这一组分的含量。

（5）在线色谱分析仪。利用不同物质在不同相中具有不同分配系数的特性，对分配系数不同的组分进行分离，并依先后顺序在检测器中逐个测出，各组分及其浓度的信号被自动记录，形成色谱图。据图可定性和定量地求出被测物质的组成和含量。

（6）在线质谱分析仪。质谱仪采用在真空系统中磁扇扫描原理实现对多种气体浓度的检测。

3）在线分析仪表集中管理系统

在线分析仪表集中管理系统为每个分析仪提供了通往 DCS 和远程工作站的接口。在中心控制室设置工作站，可以对每台分析仪进行集中管理和数据采集。也可以在现场机柜室通过工作站对本装置的在线分析仪表进行维护。所有工艺参数和报警应能经由在线分析仪表网络通信到 DCS 中。

设置工作站的目的是在正常生产中显示每个分析组分，监视在线分析仪表工作状态，并对在线分析仪表进行参数设定等维护。工作站操作级别分为操作员和工程师两级，并设置安全密码，可实现远程控制操作权限，进而实现分级管理、远程操控和维护的功能。在工作站上可以完成以下操作：

（1）显示仪表谱图信息。

（2）显示趋势画面。

（3）编辑在线分析仪表控制参数。

（4）显示在线分析仪表工作状态。

（5）报警显示。

（6）显示分析结果。

（7）储存分析结果。

（8）远程操作和软件问题判断及处理。

2. 在线分析仪表的使用、日常维护、故障处理和检修管理的要求

1）综合管理要求

（1）使用管理要求。分析仪器四率达标：仪表使用率≥99%、仪表综合完好率≥99%、静密封点泄漏率≤0.005%、动密封点泄漏率≤0.02%。

（2）杜绝因维护原因影响生产装置安全稳定运行和产品产量，不发生因人员误操作而导致的生产非计划性停车。

（3）在维护过程中，确保设备无跑、冒、滴、漏现象的发生。

（4）保证维护后现场的干净整洁，做到工完料净场地清。

（5）定期组织人员清理卫生，保证分析仪器的清洁。

（6）严格按照化工仪表维护规程维护设备，杜绝因仪表维护原因而导致人身安全事故。

（7）在进行机械设备常规性维修、一般事故抢修时完成与维护分析仪器有关的工作。

2）在线分析仪表的日常维护、故障处理和检修管理要求

（1）在线分析仪表的维护、检修及校准应根据《石油化工设备维护检修规程》及相应在线分析仪表说明书中的要求进行。在线分析仪表运行时如发现显示值异常或故障，维护人员应及时进行处理，并对故障现象、原因、处理方法及结果做好记录。

（2）各种标准仪器应按有关计量法规要求进行周检，严禁使用超期未检或检定不合格的标准仪器，标定时所采用的标准气体应符合相关规程要求。

（3）在线分析仪表的大修，原则上随装置停工大修进行；大修期间要对在线分析仪表进行全面彻底的清洗和系统地调试、诊断、维护、联校。

3. 在线分析仪表样品处理系统的日常维护和检修管理

企业应建立健全在线分析仪表样品处理系统的维护、检修规程，定时对样品处理系统进行检查，在线分析仪表样品处理系统的维护、检修根据《石油化工设备维护检修规程》及样品处理系统说明书的要求进行。装置停工检修时，应对在线分析仪表样品处理系统进行全面彻底的清洗和系统地调试、诊断、维护。在线分析仪表的样品预处理系统日常维护和检修管理内容主要有：

（1）系统全面检测、维修和更换。检查阀的开关状态，取样探头冷却情况等。

（2）过滤器检查。检查系统所有过滤器使用情况，视具体情况更换过滤器的滤芯。

（3）检查管线接口密封、腐蚀、是否存在化学反应。

（4）流路选择、步进检查。

（5）进样回路大气平衡检查。

（6）系统防进样滞后、死区检查。

（7）各调节器或平衡阀工作情况检查。

（8）气路密封性检查。

（9）各压力、流量、元部件检查。

（10）对于预处理不合适的地方需要改造，提出书面性的可实施方案。

（四）就地式工业压力表管理

1. 压力表的选用

工作压力小于 2.45 MPa 的锅炉及低压容器，压力表精度不得低于 2.5 级；工作压力等于或大于 2.45 MPa 的锅炉及中高压容器，压力表精度不得低于 1.5 级；压力表的量程应与设备工作压力相适应，通常为工作压力的 1.5～3.0 倍。

2. 压力表分级

压力表根据 1988 年 10 月 10 日化学工业部、国家技术监督局发布的《化工部化学工业计量器具分级管理办法》（〔1988〕化生字第 806 号）进行分级，用于锅炉及三类压力容器设备的工业压力表列入 A 级管理，A 类压力表需要画红线，检定周期半年。用于工艺过程压力控制回路的工业压力表（已列入 A 级的除外）列入 B 级管理，B 类压力表需要画红线，随装置大检修周期进行检定。其余用于监视用的工业压力表列入 C 级管理，一次性故障更换。

3. 工业压力表检定

工业压力表列入《市场监管总局关于调整实施强制管理的计量器具目录的公告》（2020 年第 42 号），应根据国家计量检定规程《弹性元件式一般压力表、压力真空表和真空表检定规程》（JJG 52）的规定进行检定，并提供有效检定标识。工业压力表须有铅封、校验标签、检定记录，校验标签张贴在工业压力表上。工业压力表检定、校准仪器人员应取得有效的计量检定员证书。

（五）仪表电源、气源管理

1. 仪表电源管理要求

企业主管人员要定期对供电系统的各部位进行巡回检查，检查电源箱、电源分配器、开关、熔断器等各部件运行情况，发现问题及时分析处理。并联使用的电源箱，在线检查其运行情况，负载应均衡，每个电源箱的输出电流均不得超过其额定值。在硬性条件具备时，应设置电源故障报警功能。

供电系统中的开关、电源分配器、供电端子排的标识必须准确清晰，严禁从仪表电源上向非仪表负载供电，严禁从仪表电源上搭接临时负载，仪表盘（柜）的仪表供电开关宜留有至少 10% 的备用回路，控制系统及联锁保护系统供电采用双路独立供电方式，其中至少有一路采用 UPS 电源，仪表供电系统应合理设置电涌保护器。机柜的照明及辅助用电，应引入第三路电源供电。

2. 仪表气源管理要求

仪表气源专线专用，净化后的气体中不含有易燃易爆、有毒有害及腐蚀性气体（或蒸汽）。在操作压力下的气源露点温度，应比工作环境或历史上当地年极端最低温度至少低 10 ℃，控制室内应设供气系统压力的监视与报警，主管人员定期对供气系统（风罐、阀门、管线、过滤器、减压阀、压力表等）进行检查，定期对在用的过滤器、低点处的排污阀进行排空，视仪表供气品质及安装地点可适当增加排空次数。气源用压力容器应符合《固定式压力容器安全技术监察规程》（TSG 21）的要求。

六、检测报警设施安全技术

检测报警设施包括：压力、温度、液位、组分等报警设施，可燃气体和有毒气体检测报警系统，便携式可燃气体和有毒气体检测报警器，火灾报警系统，氧气检测报警器，放射源检测报警器，静电测试仪器（电荷密度计、静电电压表），漏油检测报警器，对讲机，报警电话，电视监视系统等。

（一）可燃气体和有毒气体检测报警系统

设置可燃气体和有毒气体检测报警系统的目的是检测泄漏的可燃气体或有毒气体的浓度并及时报警，预防人身伤害以及火灾与爆炸事故的发生。2019 年，国家住房和城乡建设部、国家市场监督管理总局联合发布了《石油化工可燃气体和有毒气体检测报警设计标准》（GB/T 50493），重新明确了可燃气体和有毒气体的定义。可燃气体又称易燃气体，甲类气体或甲、乙$_A$类可燃液体汽化后形成的可燃气体或可燃蒸气；有毒气体是指劳动者在职业活动过程中，通过皮肤接触或呼吸可导致死亡或永久性健康伤害的毒性气体或毒性蒸气，常见的有毒气体有：一氧化碳、氯乙烯、硫化氢、氯、氰化氢、丙烯腈、二氧化氮、苯、氨、碳酰氯、二氧化硫、甲醛、环氧乙烷、溴等。

设置可燃气体和有毒气体检测报警系统的基本规定：

（1）在生产或使用可燃气体及有毒气体的生产设施及储运设施的区域内，泄漏气体中可燃气体浓度可能达到报警设定值时，应设置可燃气体探测器；泄漏气体中有毒气体浓度可能达到报警设定值时，应设置有毒气体探测器；既属于可燃气体又属于有毒气体的单组分气体介质，应设有毒气体探测器；可燃气体与有毒气体同时存在的多组分混合气体，泄漏时可燃气体浓度和有毒气体浓度有可能同时达到报警设定值，应分别设置可燃气体探测器和有毒气体探测器。

（2）可燃气体和有毒气体的检测报警应采用两级报警。同级别的有毒气体和可燃气体同时报警时，有毒气体的报警级别应优先。

（3）可燃气体和有毒气体检测报警信号应送至有人值守的现场控制室、中心控制室等进行显示报警；可燃气体二级报警信号、可燃气体和有毒气体检测报警系统报警控制单元的故障信号应送至消防控制室。

（4）控制室操作区应设置可燃气体和有毒气体声、光报警；现场区域警报器宜根据装置占地的面积、设备及建构筑物的布置、释放源的理化性质和现场空气流动特点进行设置，现场区域警报器应有声、光报警功能。

（5）可燃气体探测器必须取得国家指定机构或其授权检验单位提供的计量器具型式批准证书、防爆合格证和消防产品型式检验报告；参与消防联动的报警控制单元应采用按专用可燃气体报警控制器产品标准制造并取得检测报告的专用可燃气体报警控制器；国家法规有要求的有毒气体探测器必须取得国家指定机构或其授权检验单位提供的计量器具型式批准证书。安装在爆炸危险场所的有毒气体探测器还应取得国家指定机构或其授权检验单位提供的防爆合格证。

（6）需要设置可燃气体、有毒气体探测器的场所，宜采用固定式探测器；需要临时检测可燃气体、有毒气体的场所，宜配备移动式气体探测器。

（7）进入爆炸性气体环境或有毒气体环境的现场工作人员，应配备便携式可燃气体和（或）有毒气体探测器。进入的环境同时存在爆炸性气体和有毒气体时，便携式可燃气体和有毒气体探测器可采用多传感器类型。

（8）可燃气体和有毒气体检测报警系统应独立于其他系统单独设置。

（9）可燃气体和有毒气体检测报警系统的气体探测器、报警控制单元、现场警报器等的供电负荷，应按一级用电负荷中特别重要的负荷考虑，宜采用 UPS 电源、装置供电。

（10）确定有毒气体的职业接触限值时应按最高容许浓度、时间加权平均容许浓度、短时间接触容许浓度的优先次序选用。

（11）常见易燃气体、蒸气特性以及常见有毒气体、蒸气特性应按《石油化工可燃气体和有毒气体检测报警设计标准》（GB/T 50493）的要求采用。

（二）检（探）测点的确定

1．一般规定

（1）可燃气体和有毒气体探测器的检测点，应根据气体的理化性质、释放源的特性、生产装置布置、地理条件、环境气候、探测器的特点、检测报警可靠性要求、操作巡检路线等因素进行综合分析。选择可燃气体及有毒气体容易积聚、便于采样检测和仪表维护之处布置。

（2）判别泄漏气体介质是否比空气重，应以泄漏气体介质的分子量与环境空气的分子量的比值为基准，并按下列原则判别：

① 比值大于或等于 1.2 时，则泄漏的气体重于空气。

② 比值大于或等于 1.0、小于 1.2 时，则泄漏的气体为略重于空气。

③ 比值为 0.8～1.0 时，则泄漏的气体为略轻于空气。

④ 比值小于或等于 0.8 时，则泄漏的气体为轻于空气。

（3）下列可燃气体和（或）有毒气体释放源周围应布置检测点：

① 气体压缩机和液体泵的动密封。

② 液体采样口和气体采样口。

③ 液体（气体）排水（气）口和放空口。

④ 常拆卸的法兰和经常操作的阀门组。

（4）检测可燃气体和有毒气体时，探测器探头应靠近释放源，且在气体、蒸气易于聚集的地点。

（5）当生产设施及储运设施区域内泄漏的可燃气体和有毒气体可能对周边环境安全有影响需要监测时，应沿生产设施及储运设施区域周边按适宜的间隔布置可燃气体探测器或有毒气体探测器，或沿生产设施及储运设施区域周边设置线型气体探测器。

（6）在生产过程中可能导致环境氧气浓度变化，出现欠氧、过氧的有人员进入活动的场所，应设置氧气探测器。当相关气体释放源为可燃气体或有毒气体释放源时，氧气探测器可与相关的可燃气体探测器、有毒气体探测器布置在一起。

2. 生产设施

（1）释放源处于露天或敞开式厂房布置的设备区域内，可燃气体探测器距其所覆盖范围内的任一释放源的水平距离不宜大于 10 m，有毒气体探测器距其所覆盖范围内的任一释放源的水平距离不宜大于 4 m。

（2）释放源处于封闭式厂房或局部通风不良的半敞开厂房内，可燃气体探测器距其所覆盖范围内的任一释放源的水平距离不宜大于 5 m；有毒气体探测器距其所覆盖范围内的任一释放源的水平距离不宜大于 2 m。

（3）比空气轻的可燃气体或有毒气体释放源处于封闭或局部通风不良的半敞开厂房内，除应在释放源上方设置探测器外，还应在厂房内最高点气体易于积聚处设置可燃气体或有毒气体探测器。

3. 储运设施

（1）液化烃、甲$_B$、乙$_A$类液体等产生可燃气体的液体储罐的防火堤内，应设探测器。可燃气体探测器距其所覆盖范围内的任一释放源的水平距离不宜大于 10 m，有毒气体探测器距其所覆盖范围内的任一释放源的水平距离不宜大于 4 m。

（2）液化烃、甲$_B$、乙$_A$类液体的装卸设施，探测器的设置应符合下列规定：

① 铁路装卸栈台，在地面上每一个车位宜设一台探测器，且探测器与装卸车口的水平距离不应大于 10 m。

② 汽车装卸站的装卸车鹤位与探测器的水平距离不应大于 10 m。

（3）装卸设施的泵或压缩机区的探测器设置，应符合生产设施的设置规定。

（4）液化烃灌装站的探测器设置，应符合下列规定：

① 封闭或半敞开的灌瓶间，灌装口与探测器的水平距离宜为 5 ~ 7.5 m。

② 封闭或半敞开式储瓶库，应符合生产设施设置要求的第 2 条规定；敞开式储瓶库房沿四周每隔 15 ~ 20 m 应设一台探测器，当四周边长总和小于 15 m 时，应设一台探测器。

③ 缓冲罐排水口或阀组与探测器的水平距离宜为 5 ~ 7.5 m。

（5）封闭或半敞开氢气灌瓶间，应在灌装口上方的室内最高点易于滞留气体处设探测器。

（6）可能散发可燃气体的装卸码头，距输油臂水平平面 10 m 范围内，应设一台探测器。

（7）其他储存、运输可燃气体、有毒气体的储运设施，可燃气体探测器和（或）有毒气体探测器应按生产设施的规定设置。

4. 其他有可燃气体、有毒气体的扩散与积聚场所

（1）明火加热炉与可燃气体释放源之间应设可燃气体探测器，探测器距加热炉炉边的水平距离宜为 5 ~ 10 m。当明火加热炉与可燃气体释放源之间设有不燃烧材料实体墙时，实体墙靠近释放源的一侧应设探测器。

（2）设在爆炸危险区域 2 区范围内的在线分析仪表间，应设可燃气体和（或）有毒气体探测器，并同时设置氧气探测器。

（3）控制室、机柜间的空调新风引风口等可燃气体和有毒气体有可能进入建筑物的地方，应设置可燃气体和（或）有毒气体探测器。

（4）有人进入巡检操作且可能积聚比空气重的可燃气体或有毒气体的工艺阀井、管沟等场所，应设可燃气体和（或）有毒气体探测器。

（三）检（探）测器和指示报警设备的选用

1. 一般规定

（1）可燃气体和有毒气体检测报警系统应由可燃气体或有毒气体探测器、现场警报器、报警控制单元等组成。

（2）可燃气体的第二级报警信号和报警控制单元的故障信号，应送至消防控制室进行图形显示和报警。可燃气体探测器不能直接接入火灾报警控制器的输入回路。

（3）可燃气体或有毒气体检测信号作为安全仪表系统的输入时，探测器宜独立设置，探测器输出信号应送至相应的安全仪表系统，探测器的硬件配置应符合现行国家标准《石油化工安全仪表系统设计规范》（GB/T 50770）的有关规定。

（4）可燃气体和有毒气体检测报警系统配置图应符合《石油化工可燃气体和有毒气体检测报警设计标准》（GB/T 50493）的要求。

2. 选用要求

探测器选用、现场警报器选用和报警控制单元选用应符合《石油化工可燃气体和有毒气体检测报警设计标准》（GB/T 50493）的要求。

3. 测量范围及报警值设定

（1）测量范围应符合下列规定：

① 可燃气体的测量范围应为 0～100% LEL。

② 有毒气体的测量范围应为 0～300% OEL；当现有探测器的测量范围不能满足上述要求时，有毒气体的测量范围可为 0～30% IDLH；环境氧气的测量范围可为 0～25% VOL。

③ 线型可燃气体测量范围为 0～5 LEL·m。

（2）报警值设定应符合下列规定：

① 可燃气体的一级报警设定值应小于或等于 25% LEL。

② 可燃气体的二级报警设定值应小于或等于 50% LEL。

③ 有毒气体的一级报警设定值应小于或等于 100% OEL，有毒气体的二级报警设定值应小于或等于 200% OEL。当现有探测器的测量范围不能满足测量要求时，有毒气体的一级报警设定值不得超过 5% IDLH，有毒气体的二级报警设定值不得超过 10% IDLH。

④ 环境氧气的过氧报警设定值宜为 23.5% VOL，环境欠氧报警设定值宜为 19.5% VOL。

⑤ 线型可燃气体测量一级报警设定值应为 1 LEL·m；二级报警设定值应为 2 LEL·m。

（四）检（探）测器和指示报警设备的安装

1. 探测器的安装

（1）探测器应安装在无冲击、无振动、无强电磁场干扰、易于检修的场所，探测器安装地点与周边工艺管道或设备之间的净空不应小于 0.5 m。

（2）检测比空气重的可燃气体或有毒气体时，探测器的安装高度宜距地坪（或楼地板）0.3~0.6 m；检测比空气轻的可燃气体或有毒气体时，探测器的安装高度宜在释放源上方 2.0 m 内。检测比空气略重的可燃气体或有毒气体时，探测器的安装高度宜在释放源下方 0.5~1.0 m；检测比空气略轻的可燃气体或有毒气体时，探测器的安装高度宜高出释放源 0.5~1.0 m。

（3）环境氧气探测器的安装高度宜距地坪或楼地板 1.5~2.0 m。

（4）线型可燃气体探测器宜安装于大空间开放环境，其检测区域长度不宜大于 100 m。

2. 报警控制单元及现场区域警报器的安装

（1）可燃气体和有毒气体检测报警系统人机界面应安装在操作人员常驻的控制室等建筑物内。

（2）现场区域警报器应就近安装在探测器所在的报警区域。

（3）现场区域警报器的安装高度应高于现场区域地面或楼地板 2.2 m，且位于工作人员易察觉的地点。

（4）现场区域警报器应安装在无振动、无强电磁场干扰、易于检修的场所。

（五）气体报警器的维护及注意事项

（1）使用可燃气体和有毒气体检测报警器的企业，应配备必要的标定设备及标准气体。

（2）采用多点式指示报警器或信号引入系统时，应具有相对独立、互不影响的报警功能，并能区分和识别报警场所的位号。

（3）日常巡回检查时，要检查指示、报警是否工作正常，检查检测器是否意外进水。

（4）根据环境条件和仪表工作状况，定期通气，检查和试验检测报警器是否正常。

（5）可燃气体和有毒气体检测报警器的检定按照国家计量检定规程《可燃气体检测报警器》（JJG 693）、《硫化氢气体检测仪》（JJG 695）等要求进行。可燃气体和有毒气体检测报警器检查校准每季度一次。可燃气体和有毒气体检测报警器的检定由有资质单位按国家规定每年进行一次。检查、检定人员应取得有效的资格证书。

（6）可燃气体和有毒气体检测报警器的移位、停运、拆除、停用，必须由相应主管部门审批后方可实施。维护单位拆修在用可燃气体和有毒气体检测报警器时，必须通知使用单位，应在 24 h 内修复；若不能修复，必须通知使用单位，并上报相关部门备案。

七、安全仪表系统

安全仪表系统（safety instrumented system，SIS）包括仪表保护系统（instrument protection system，IPS）、紧急停车系统（emergency shut–down system，ESD）。国际电工委员会（IEC）标准 IEC61508 及 IEC61511 定义 SIS 为专门用于安全的控制系统。安全仪表系统在生产装置的开车、运行、维护操作和停车期间，对装置设备、人员健康及环境提供安全保护。无论是人为因素导致的危险，还是生产装置本身出现的故障危险以及一些不可抗因素引发的危险，SIS 都应按预先设定的程序立即作出正确的反应并给出相应的逻辑信号，使生产装置安全联锁或停车，阻止危险的发生及扩散，使危害降到最低。

（一）安全仪表系统设计基本原则

（1）安全仪表系统应符合安全完整性等级要求。安全完整性等级可采用计算安全仪表系统的失效概率的方法确定。

（2）安全仪表系统应独立于基本过程控制系统，并应独立完成安全仪表功能。安全仪表系统不应介入或取代基本过程控制系统的工作。基本过程控制系统不应介入安全仪表系统的运行或逻辑运算。

（3）安全仪表系统应设计成故障安全型。当安全仪表系统内部产生故障时，安全仪表系统应能按设计预定方式，将过程转入安全状态。

（4）安全仪表系统的逻辑控制器应具有硬件和软件自诊断功能。安全仪表系统的中间环节应少。逻辑控制器的中央处理单元、输入输出单元、通信单元及电源单元等，应采用冗余技术。

（5）安全仪表系统逻辑控制器一般规定：

逻辑控制器宜采用可编程电子系统。对于输入、输出点数较少、逻辑功能简单的场合，逻辑控制器可采用继电器系统。逻辑控制器也可采用可编程电子系统和继电器系统混合构成。

用于逻辑控制器的可编程电子系统应取得国家权威机构的功能安全认证。

逻辑控制器的响应时间应包括输入、输出扫描处理时间与中央处理单元运算时间，宜为 $100 \sim 300$ ms。逻辑控制器的中央处理单元负荷不应超过 50%。逻辑控制器的内部通信负荷不应超过 50%，采用以太网的通信负荷不应超过 20%。

（6）安全仪表系统通信接口一般规定：

安全仪表系统与基本过程控制系统通信宜采用 RS 485 串行通信接口，MODBUS RTU 或 TCP/IP 通信协议。安全仪表系统与基本过程控制系统通信接口宜冗余配置。冗余通信接口应有诊断功能。安全仪表系统与基本过程控制系统通信不应通过工厂管理网络传输。

除旁路信号和复位信号外，基本过程控制系统不应采用通信方式向安全仪表系统发送指令。除基本过程控制系统外，安全仪表系统与其他系统之间不应设置通信接口。安全仪表系统与其他系统之间的连接应采用硬接线方式。

（7）安全仪表系统人机接口一般规定：

安全仪表系统的人机接口包括操作员站、辅助操作台、工程师站、顺序记录站。

安全仪表系统宜设操作员站。在操作员站失效时，安全仪表系统的逻辑处理功能不应受影响。安全仪表系统应采用操作员站作为过程信号报警和联锁动作报警的显示和记录。操作员站设置的软件旁路开关应加键锁或口令保护，并应设置旁路状态报警和记录。操作员站应提供程序运行，联锁动作，输入、输出状态，诊断结果等显示，并应具有报警及记录等功能。

紧急停车按钮、开关、信号报警器及信号灯等，应安装在安全仪表系统的辅助操作台。紧急停车按钮、开关、信号报警器等与安全仪表系统连接，应采用硬接线方式，不应采用通信方式。紧急停车按钮应采用红色，旁路开关宜采用黄色，确认按钮宜采用黑色，试验按钮宜采用白色。紧急停车按钮、开关、信号报警器等与安全仪表系统相距较远的场合，应采用远程输入、输出接口或远程控制器方式进行信号连接。

安全仪表系统应设工程师站。工程师站应用于安全仪表系统组态编程、系统诊断、状态监测、编辑、修改及系统维护。

安全仪表系统应设事件顺序记录站。事件顺序记录站可单独设置，也可与安全仪表系统的工程师站共用。事件顺序记录站应记录每个事件的时间、日期、标识、状态等，事件顺序记录站应设密码保护。

（二）安全仪表系统的组成

安全仪表系统由传感器、逻辑运算器、最终执行元件及相应软件等组成，图 2-20 所示为典型的 SIS 构成图。

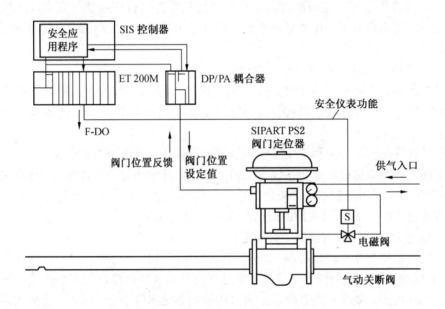

图 2-20　典型的 SIS 构成图

（1）传感器。是测量过程变量的单一或组合的设备。用于 SIS 回路的传感器，通常需要在权威机构获得认证，以符合相应的安全完整性等级界定。

（2）逻辑运算器。在 SIS 或过程控制系统中，逻辑运算器是用来完成一个或多个逻辑功能的部件。逻辑运算器在实际选型中一般采用三重化冗余的可编程控制器来实现。

（3）最终执行元件。最终执行元件执行逻辑运算器指定的动作，以使过程达到安全状态。原则上，最终执行元件也需要在权威机构获得认证，以符合相应安全完整性等级界定。

（三）安全仪表系统的作用

SIS 既可以降低事故发生的概率，又能监视生产过程的状态，在危险条件出现时采取相应的保护措施，以防止危险发生，避免潜在风险损害人身安全、设备损失、环境污染等。

在装置稳定运行时，一个现代石化装置的典型保护层见表2-17。

表2-17 化工装置为安全所设置的保护层

层 次	名 称	说 明
第一层	过程设计	过程设计实现本质安全
第二层	基本过程控制系统（BPCS）	如DCS，以正常运行的监控为目的
第三层	区别于BPCS的重要报警	操作人员介入需要有一定的操作裕度
第四层	安全仪表系统	系统自动地使工厂安全停车
第五层	物理保护层（一）	如安全阀泄压、过压保护系统
第六层	物理保护层（二）	将泄漏液体局限在局部区域的防护堤
第七层	工厂内部紧急应对计划	工厂内部的应急计划
第八层	周边区域防灾计划	周边居民、公共设施的应急计划

保护层对风险降低的作用如图2-21所示。

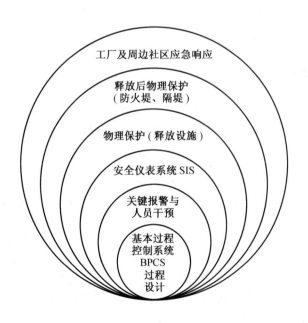

图2-21 保护层对风险降低的作用

由表2-17及图2-21可知，第二层至第四层的保护都是用自控和仪表系统来实现的。SIS处于仪表系统的最后一层保护，其作用更是至关重要。在事故和故障状态下，SIS能够使装置安全停车并且处于安全模式下。因此，安全仪表系统本身必须是故障安全型的，要求系统的硬件和软件有很高的可靠性。

（四）安全仪表系统的特征

作为一个安全仪表系统通常应具备以下特征：

（1）独立于其他控制系统。

（2）是一套硬件冗余的系统，单点故障不会导致停车。

（3）能够带电热插拔卡件。

（4）具有全面的在线自诊断并带有故障报警指示。

（5）系统具有故障安全性。

（6）具有相当快的扫描时间。

（7）具有在线修改下装功能。

（8）具有在线对点的强制功能。

（9）具有下装前的离线仿真及比较功能。

（10）具有严格的版本记录功能。

（11）具有 SOE 事件顺序记录功能。

（五）安全完整性等级的划分

为满足安全相关系统达到必要的风险降低，用一系列离散的等级，来满足分配到安全相关系统的安全完整性要求。软件安全完整性等级是规定安全软件执行的安全功能的安全完整性要求的基础。安全完整性要求规范应规定 E/E/PE 安全相关系统的安全完整性等级。

IEC61508 中规定了 4 种安全完整性等级，安全完整性等级 1 为最低，安全完整性等级 4 为最高，见表 2 - 18。

表 2 - 18 安全完整性等级

安全完整性等级	平均失效概率	减少风险
1	$10^{-2} \sim 10^{-1}$	$10 \sim 100$
2	$10^{-3} \sim 10^{-2}$	$100 \sim 1000$
3	$10^{-4} \sim 10^{-3}$	$1000 \sim 10000$
4	$10^{-5} \sim 10^{-4}$	$10000 \sim 100000$

（1）低要求操作模式。对一个安全相关系统提出的操作要求的频率小于或者等于每年一次和小于或者等于 2 倍的检验测试频率的安全仪表功能被认为是低要求操作模式。

（2）高要求操作模式。一个安全相关系统提出的操作要求的频率大于每年一次和大于 2 倍的检验测试频率的安全仪表功能被认为是高要求操作模式。

其中低要求操作模式以化工行业为主，高要求操作模式以铁路行业为主。其根本区别在于，低要求操作模式下的安全相关系统失效不会立即带来危险，它只随着危险情景的出现而发生危险；高要求操作模式下的安全相关系统失效会随时带来危险。

（六）安全仪表系统与基本过程控制系统

在工业中，绝大部分控制系统都是基本过程控制系统。它们的服务对象是同一套装置，两者之间需要建立数据联系，特别是安全仪表系统的动作条件、联锁结果、保护设施等都需要在上位机通过各种方式在线监视。如果想在线监视并记录与安全仪表系统关联的设备状态、事件顺序，就需要建立与安全仪表系统的通信，获取其设备的数据信息，并按事件顺序记录和处理，实现在线监控及故障追忆。虽然安全仪表系统和基本过程控制系统都属于控制系统的范畴，但是两者有很大的区别，主要体现在以下三个方面。

1）两者执行的功能有所不同

基本过程控制系统是执行常规正常生产功能的控制系统。据统计，工业中 95% 以上的控制系统都是基本过程控制系统。由此可见，基本过程控制系统执行基本生产控制功能，已达到生产过程的正常操作要求。安全仪表系统则监视生产过程的状态，判断危险条件，防止风险的发生或减轻风险造成的后果。

因此，一个生产过程应该具备过程控制系统和安全仪表系统这两类不同功能的系统。前者用来执行系统的基本控制功能，后者用来监视生产过程的状态，以保证整个系统的安全运行。

2）两者具备不同的工作状态

基本过程控制系统是主动的、动态的。它用来满足生产需要，必须根据系统的设定要求和生产过程的扰动状态不断地动态运行，才能保持生产过程的连续稳定运行。一旦其运行终止，则整个生产过程也就随之失去控制。

相反，安全仪表控制系统则是被动的、休眠的。在基本过程控制系统正常运行时，安全仪表系统一般是处于静态的。它在很长一段时间都会处于"休眠"状态，而且理想状态是它一直"休眠"下去。这表明基本过程控制系统控制下的生产过程的安全运行。

3）对于失效，两种控制系统有着不同的表现形式

对于基本过程控制系统来说，其大部分失效都是显而易见的。例如：工业过程中的控制阀发生了故障，在需要时不能达到特定的开关状态，必定会影响正常的生产过程，因此产生的故障现象会立刻显现出来。

安全仪表系统由于其大部分时间是处于"休眠"状态，所以很难觉察它是否出现了失效或存在问题。因此，安全仪表系统需要人为地进行周期性的离线测试或在线测试，而有些安全系统则带有内部的自诊断测试系统。

（七）紧急停车系统

紧急停车系统（ESD）是 20 世纪 90 年代发展起来的一种专用的安全保护系统，以它的高可靠性和灵活性而受到一致好评和广泛应用。ESD 是一种专门的仪表保护系统，具有很高的可靠性和灵活性，当生产装置出现紧急情况时，保护系统能在允许的时间内作出响应，及时地发出保护联锁信号，对现场设备进行安全保护。

1. ESD 的显著特点

（1）系统必须有很高的可靠性和有效性（如冗余）。

（2）系统必须是故障安全型的。

（3）如果故障不能避免，故障必须是以可预见的安全方式出现。

（4）强调内部诊断，采用硬件和软件相结合，检测系统内不正常的操作状态。

（5）采用故障模式和影响分析技术指导系统设计，要确定系统的每个元件会出现怎样的故障，以及怎样检测出这些故障。

（6）平时处于静态，当过程参数超限时执行保护动作，它是被动的。

在石化等工业企业的重要装置，如催化、焦化、加氢、合成、硝化反应等系统都独立设置 ESD 系统，其必要性在于降低控制功能和安全功能同时失效的概率，当维护 DCS 部分故障时也不会危及安全保护系统。DCS 故障时 ESD 联锁系统作为最后一道安全防线将装置安全地停下来，避免事故扩大。

2. 安装 ESD 的意义

近半个世纪以来，工业的飞速发展给人们带来巨大经济效益的同时，也伴随着越来越多的火灾、爆炸等事故。特别是高温、高压、易燃易爆、有毒的化工行业以及一些大型高速运转设备，一旦发生一次事故，将会导致巨大经济损失，轻者设备损坏，重者机毁人亡。因此，ESD 防护对于减少损失、提高产品质量与生产效率具有非常重要的意义。

对于大型装置或旋转机械设备而言，实时控制装置中紧急停车系统响应速度越快越好。这有利于保护设备，避免事故扩大，并有利于分辨事故原因记录。DCS 处理大量过程监测信息，因此其响应速度难以达到很快；DCS 系统是过程控制系统，是动态的，需要人工频繁地干预，而且 DCS 操作界面主要是面对操作人员的，这有可能引起人为误动作。而 ESD 是静态的，不需要人为干预，设置 ESD 就可以避免人为误动作。据有关资料，人在危险时刻的判断和操作往往是滞后的、不可靠的，当操作人员面临生命危险时，要在 60 s 内作出反应，错误决策的概率高达 99.9%。因此，设置独立于控制系统的 ESD 系统是十分有必要的，这是做好安全生产的重要准则。

在正常范围内允许控制系统自动切换和手动操作，但操作人员某些重大失误也可能造成不安全，为了克服人为的不安全因素，安全系统应从一般控制系统分离出来；装置周围环境如发生火灾或可燃性气体、有毒气体导致影响设备安全和人身安全时，也需要安全系统发挥作用。

3. 设计原则

为了设计合适的 ESD 系统逻辑单元，应该遵循以下原则：

（1）在紧急停车系统的设计中，安全度等级是设计的标准。在 ESD 的设计过程中，首先应该确定生产装置的安全度等级，依据此安全度等级，选择合适的安全系统技术和配置方式。在应用中应该参照国际上的有关标准，参比同类装置已经采用的 ESD 运行情况，结合本企业的生产实际情况，来确定采用 ESD 的安全等级要求。根据经验，石化装置一般采用的 ESD 安全等级为 SIL3，即 TÜV 的 AK5 或 AK6。

（2）紧急停车系统必须是故障安全型。故障安全是指 ESD 系统在故障时使得生产装置按已知预定方式进入安全状态，从而可以避免由于 ESD 自身故障或因停电、停气而使生产装置处于危险状态。

（3）紧急停车系统必须是容错系统。容错是指系统在一个或多个元件出现故障时，系统仍能继续运行的能力。一个容错系统应该具有以下的功能：

一是检测出发生故障的元件。

二是报告操作人员何处发生故障。

三是即使存在故障，系统依然能够持续正常运行。

四是检测出系统是否已被修理恢复常态。

容错系统不同于一般的双机热备份系统。一般的双机热备份系统仅仅是模块或总线上的简单的双热备，一旦输入模块出现了故障，处理器模块也有一块出现了故障，这时系统可能因此而瘫痪；但是具有容错功能的系统，除在模块、总线、通信上有冗余设计之外，还具有自诊断功能，能准确识别各部件的故障，并对任何故障能进行补偿（如对故障部件的信号强制为指定状态）。

在选择容错系统时有两个方面需要考虑：

① 系统是软件容错还是硬件容错。为实现容错，一种是在使用标准硬件的基础上用软件实现容错，即 SIFT（软件实现容错）；另一种是认为软件是系统中最不可靠的部分，因此把软件的应用减少到最少，即用硬件实现容错（HIFT）。在 ESD 系统中最明显的同原因故障（是指影响系统多处的故障）就是操作系统，HIFT 和 SIFT 最基本的区别就是为实现容错而需要的软件复杂程度不一样，只有软件的作用得到了限制，才能保证一定的安全水平。所以应该采用硬件实现系统容错。

② 容错系统结构的确定。在基于处理器的容错系统中大致可以分成两类系统，一类是双重冗余系统，另一类是三重冗余系统或三重模块冗余系统。它们的共同特点是都具有表决电路，但究竟选用哪类系统，则由装置所要求的安全性和可靠性（可用度）来决定。

可用度是基于导致系统的故障进行计算的，该故障包括引起系统进入安全状态的故障（安全故障或显性故障）和引起系统进入危险状态的故障（危险故障或隐性故障），它是系统故障频度的度量。高可用度的重要性在于系统很少出现进入安全状态或危险状态的故障。高安全性的目标在于避免故障的发生，即使系统出现故障时也不会出现灾难性的事故。一个理想的紧急停车系统应该兼顾安全性和可用度的要求。

a）双重冗余系统：

双重冗余系统提供了第二条信号线路，并在两条信号线路之间提供某种表决格式。一般采用的表决原则有１ＯＯ２（双通道２选１表决）和２ＯＯ２（双通道２选２表决）。

双通道２选１表决，在此系统中，任何一个通道的故障将导致系统误动作，构成或逻辑。由于两通道均可导致系统停车，因此其安全性高（隐性故障率低），但误停车率高（显性故障率高）。

双通道２选２表决，在此系统中，必须两个通道同时故障才导致系统误动作，构成与逻辑。由于需要两个一致才可以停车，因此误停车率低（显性故障率低），如果２选２系统的某一通道中存在隐性故障，则有可能引起系统的失效，导致危险发生（隐性故障率高），因此２选２系统安全性低。

由此可见，虽然双重冗余系统提供了一定程度的容错功能，但由于系统具有公用的切换部分（这是导致系统同原因故障的最大隐患环节），会使得系统可靠性大打折扣。再者其系统无论是采用１ＯＯ２还是采用２ＯＯ２表决原则，都不能同时兼顾安全性和可用度的要求。

b）三重冗余系统或三重模块冗余系统：

在三重冗余系统或三重模块冗余系统中，系统采用的表决原则都是２ＯＯ３（通道３选２表决），在此系统中，任何两个通道的故障将导致系统误动作。３选２表决原则意味着出现单个故障的元件不会导致误停车或危险的发生，兼顾了可用度与安全性的要求。

在三重模块冗余系统中是通过多重模块实现容错的，而三重冗余系统是采用一个模块中的多重电路实现容错的，由于把电路组合在一块卡或模块上增加了潜在的同原因故障，所以系统设计不应采用此种方案。较好的设计就是不论是处理器还是输入输出都采用模块设计，使同原因故障减到最少。

综上所述，采用了三重化模块冗余技术和硬件实现容错，并进行３选２表决逻辑控制运算的紧急停车系统，是最优的选择。同时若将现场重要的检测点改为用３台变送器同时测量，将３选２表决逻辑运算从微处理器一直前推到检测点，会从根本上保证系统的安全性和可用度。

4. 其他注意的问题

（1）ESD 选用的 PLC 一定是有安全证书的 PLC。

（2）应该充分考虑系统扫描时间，1 ms 可运行 1000 个梯形逻辑。

（3）系统必须易于组态并具有在线修改组态的功能。

（4）系统必须易于维护和查找故障并具有自诊断功能。

（5）系统必须可与 DCS 及其他计算机系统通信。

（6）系统必须有硬件和软件的权限人保护。

（7）系统必须有提供第一次事故记录（SOE）的功能。

（八）仪表联锁保护系统

仪表联锁保护系统是指按装置的工艺过程要求和设备要求，使相应的执行机构动作，或自动启动备用系统，或实现安全停车。联锁保护系统既能保护装置和设备的正常开、停、运转，又能在工艺过程出现异常情况时，按规定的程序保证安全生产，实现紧急操作（切断或排放）、安全停车、紧急停车或自动投入备用系统。危险化学品生产企业应按照相关规范的要求设置过程控制、安全仪表及联锁系统，并满足《石油化工安全仪表系统设计规范》（GB/T 50770）的要求。仪表联锁保护系统包括紧急停车系统（ESD）、安全仪表系统（SIS）、安全停车系统（SSD）、安全保护系统（SPS）、逻辑运算器、继电器等。

1. 联锁保护系统的技术要求

（1）功能安全系列标准 IEC61508/61511 规定了安全仪表系统能实现人身保护、环境保护、工厂和设备保护的功能，应独立于 DCS 系统和其他子系统单独设置，必须设计成故障安全型，所有的安全仪表系统要符合功能安全系列标准至 IEC61508/61511 的要求。

（2）设计严格按照《石油化工安全仪表系统设计规范》（GB/T 50770）执行，要防止不足设计、过度设计，不得将安全联锁保护系统用于普通的过程控制、两位式控制或逻辑控制。

（3）联锁保护装置原则上独立设置，检测元件、执行机构、逻辑运算器原则上也独立设置，关键工艺参数的检测元件常按"三取二"联锁方案配置。

（4）联锁保护系统设置有手动复位开关，当联锁动作后，必须进行手动复位才能重新投运，有时复位开关还设置在现场或执行器上。

（5）紧急停车的联锁保护系统具有手动停车功能，以确保在出现操作事故、设备事故、联锁失灵的异常状态时实现紧急停车。

（6）联锁保护系统中的相关设备应设立明显的警示标识。凡是紧急停车按钮、开关，一定要设有适当护罩。

（7）重要的执行机构要具有安全措施，一旦能源中断，使执行机构趋向并进入的最终（或所处）位置能确保工艺过程和设备处于安全状态。

（8）联锁保护系统动作时，同时伴有声光报警；灯光显示应采用闪光、平光或熄灭表示报警顺序的不同状态。红色灯光表示越限报警或紧急状态，黄色灯光表示预报警，绿色灯光表示运转设备或过程变量正常。联锁报警常与其他工艺变量共用信号报警系统，因此也能进行消声、确认和试验。

（9）部分联锁保护系统设有投入/解除开关（或钥匙型转换开关）。解除位置时，联锁保护系统则失去保护功能，并设有明显标志显示其状态，系统应有相应记录；联锁保护系统中部分重要联锁参数通常还有旁路开关，并设有明显标志显示其状态，系统也应有相应记录。

（10）联锁保护系统还具有延时、缓冲、记忆、保持、选择、触发及第一原因识别等功能。在联锁保护装置中还有信息存储、事故打印等功能。

（11）在爆炸危险场所的联锁保护系统，按防爆要求采取合理的正压防爆、隔离防爆或本安防爆等措施，与非危险区电信号（或供电）连接，还设有合理的隔离设施。检测元件及执行器在室外安装时，一般具有全天候的外壳和敷线保护。

（12）制造厂必须提供有 TÜV 认证的，安全级别为 SIL3（IEC61508）和 AK5/6（TÜV）的 SIS 系统。

2. 联锁保护系统使用、故障管理、维护要求

（1）企业应该制定联锁保护系统的管理规定，明确各单位的职责，主管部门对执行情况进行经常性的监督检查和考核。

（2）联锁保护系统根据其重要性及安全完整性等级要求，宜实行分级管理并制定相应的分级管理细则。

（3）联锁保护系统应建立设备档案，记录联锁保护系统的全寿命运行过程信息。档案应详细记录联锁保护系统发生动作情况、故障情况、原因分析及整改措施。

（4）联锁保护系统软件和应用软件至少有两套备份，并异地妥善保管；软件备份要注明软件名称、版本、修改日期、修改人，并将有关修改设计资料存档。

（5）新装置或设备检修后投运之前、长期解除的联锁保护系统恢复之前，应对所有的联锁回路进行全面的检查和确认。对联锁回路的确认，由使用单位组织实施并填写联锁保护系统验收单，联锁保护系统验收单的内容可包括装置名称、验收时间、工艺位号、联锁内容、动作情况等，相关单位人员共同参加确认并会签。

（6）联锁保护系统所用器件（包括一次检测元件、线路和执行元件）、运算单元应随装置停车周期检修、校准、标定。新更换的元件、仪表、设备必须经过检验、标定之后方

可装入系统，联锁保护系统检修后必须进行联校。

（7）为杜绝误操作，在进行解除或恢复联锁回路的作业时，必须实行监护操作，作业人员在操作过程中应与工艺操作人员保持密切联系。

（8）要明确联锁系统的盘前开关、按钮和盘后开关、按钮的操作权限，无关人员不得进入有联锁回路仪表、设备的仪表盘后。一般盘前开关、按钮由装置的操作工操作，盘后开关、按钮由仪表维护人员操作。

（9）生产车间及负责仪表维护的单位均需建立工艺联锁台账，台账的内容要包括位号、内容、一次仪表名称、型号、设定值等。

（10）联锁保护系统应配备适量的备品配件。

（11）仪表维护人员应定期检查联锁系统的诊断报警情况，保持系统的完好运行状态；环境条件应满足仪表正常运行要求；按规定周期做好设备的清洁工作；做好相关记录。

（12）工艺操作人员应随时监控联锁系统的报警信息。

（13）联锁保护系统运行出现异常或故障时，维护人员应及时处理，并对故障现象、原因、处理方法及结果做好记录。

（14）联锁保护系统仪表的维护和检修按《石油化工设备维护检修规程》要求进行，联锁保护系统的检修情况和结果都应有详细记录，为计划检修提供依据，并存档妥善保管。正在运行的装置中个别联锁回路需检修时，必须核实其检修过程不会对其他检测、控制回路造成不应有的影响。

（15）检修、校验、标定的各种记录、资料和联锁工作票，要存到设备档案中，妥善保管以备查用。

3. 联锁系统的变更

联锁保护系统对装置的安全运行发挥着重要的作用，其投用、摘除等变更往往决定着人身、设备安全及生产的连续性，因此必须采取严格的审批程序。

（1）联锁保护系统的变更（包括仪表器件/接线、联锁条件/方式、设定值修改、临时/长期解除、取消、恢复、新增），必须由使用单位提出并办理审批。解除联锁保护系统时应制定相应的安全防范措施及应急预案，须经使用单位/生产车间、仪表维护单位、主管部门等相关单位会签审查、审批后方可实施。

（2）执行联锁保护系统的变更（包括仪表器件/接线、联锁条件/方式、设定值修改、临时/长期解除、取消、恢复、新增）等作业时，建议执行工作票制度，可以制定"仪表联锁工作票"，注明作业的依据、作业内容、作业执行人、检查/监护人、作业完成工艺确认、时间等，并由仪表维护和使用单位分别保留归档。

（3）根据工艺生产操作法要求，在开、停工时需要临时切除的联锁，不属于联锁变更管理范围，但应严格按工艺操作法执行。

新增联锁保护系统或者联锁保护系统变更，必须做到图纸、资料齐全。

（九）先进过程控制系统的作用和原理

先进过程控制（APC）技术将整个生产装置或者某个工艺单元作为一个整体研究对象，首先通过现场测试，量化描述各变量之间的相互关系，建立过程多变量控制器模型；

然后，通过已建好的控制器模型对装置的未来变化进行预测、优化和控制，使装置得到最优的控制状态。

在多变量控制器中，一般被控变量多于操纵变量，利用该模型可以预测装置被控变量的变化，提前调节多个相关的操作变量，并采用稳态 LP/QP 技术计算优化控制方案，使装置处于最优操作点附近运行，解决大时滞、强耦合的多变量过程控制问题，从而最大限度地提高目的产品产率、降低消耗，增加经济效益。

八、电视监视系统

（一）电视监视系统的作用

监视系统能在人们无法直接观察的场合，实时、形象、真实地反映被监视控制对象的画面，目前已成为人们在现代化管理中监控的一种极为有效的观察工具。在炼化企业，电视监视系统主要作为生产监控、消防监督、治安保卫工作，已成为运行管理中不可缺少的手段，它可以通过遥控摄像机及其辅助设备（镜头、云台等）直接观看被监视场所的一切情况，如设备或工艺参数、火灾情况等可以一目了然。同时，电视监视系统还可以与防盗报警系统等其他安全技术防范体系联动运行，使其防范能力更加强大。

（二）电视监视系统的组成

电视监视系统一般由以下设备组成：前端设备、传输部分、显示终端、存储记录系统、控制主机、控制终端、数字网关等。

（1）前端设备，包括摄像机、前端箱、云台、防护罩、解码器视终端、固定杆或架等。

（2）传输部分，包括电缆、光缆、光端机等。

（3）控制设备，包括矩阵控制器、视频编码器、控制键盘等。

（4）图像处理及显示，包括监视器、画面处理器、显示器、投影仪等。

（5）存储记录系统，包括长时间录像机、影片盘录像机等。

（三）工业电视监视设备配置、日常管理、维护要求

1. 配置、选型、安装、调试要求

工业电视监视设备的配置、选型应执行《工业电视系统工程设计规范》（GB 50115）、《安全防范工程技术标准》（GB 50348）的规定，工业电视监视系统设备选型应技术先进、性能可靠、操作、维修简便，用于爆炸和火灾危险环境的工业电视监视前端设备，应符合《爆炸危险环境电力装置设计规范》（GB 50058），工业电视监视设备的安装、调试应执行《安全防范工程程序与要求》（GA/T 75）、《隔爆型防爆应用电视设备防爆性能试验方法》（GB/T 13953）、《石油化工仪表工程施工技术规程》（SH/T 3521）、《自动化仪表工程施工及质量验收规范》（GB 50093）等标准规范的要求。

2. 系统日常维护要求

对于工业电视监视系统，应定期对系统及软件进行备份，以备故障时系统紧急恢复，定期检查主机系统的功能设置，保证系统正常运行，定期检查系统供电质量和一次系统的接地电阻（防雷和安全）确保供电和接地系统良好，定期对系统除尘，清洁除尘时，不允许水分或湿气进入机器内部，不允许用砂布、腐蚀性的布擦拭机器。

对于前端设备，要定期检查云台的水平、垂直转动角度，定期给限位开关上油，保证限位开关/云台工作正常，定期检查摄像机在防护罩内的紧固情况（防爆机除外），不定期对前端设备除尘，确保图像清晰，定期检查线缆防爆管是否有裂缝，如有问题应立即更换处理。

对于传输系统，应定期检查传输电缆敷设状况，检查电缆外护层、屏蔽层是否完好，保证传输电缆不受外强磁场干扰，定期查看每对光端机的运行状态，确保通信正常，定期检查监视终端的运行状况。

工业电视监视设备的维护如需外委，维护单位需有相关资质，维护人员对所负责设备必须做到"三清楚""四懂三会"。"三清楚"即监视位置清楚、电气接线清楚、设备规格清楚，"四懂"即懂原理、懂性能、懂用途、懂结构，"三会"即会使用、会维护保养、会排除故障。维护人员在生产装置处理设备故障、进行维护保养等工作时，必须严格执行工作票制度，认真严格落实 HSE 各项措施，要做到工完、料尽、场地清。设备维护工作完成后，维护人员应对设备故障现象、原因、处理方法及结果做好记录，并经使用单位人员签字确认。

电视监视系统分布在各单位，一般要求使用单位负责所辖区域工业电视监视前端设备的运行管理，建立所辖区域的工业电视监视设备台账，向主管部门提出工业电视监视设备变动、停用、拆除、新增、更新、维修计划或申请，负责所辖区域的电视监视设备的巡检，主要是防止监视设备丢失、人为破坏或光缆电缆损坏等，发现故障或问题应及时向主管部门报告或提出维修申请。

九、化工过程故障诊断技术

（一）安全检测与监控的一般步骤

安全检测与监控主要有数据采集、数据处理、故障检测、安全决策与安全措施 5 个阶段组成。

1. 数据采集

采集数据的主要工具是传感器（或敏感器）。对动态系统运行过程而言，传感器或测量设备输出信息通常是以等间隔或不等间隔的采样时间序列的形式给出的。监控系统的数据采集必须同时兼顾到采集过程的工程可实现性和采样数据有效性。此处所谓数据有效性，主要是指采样的测量数据与过程系统故障之间有内在关联性。

2. 信号处理

通常，在对过程进行故障检测与诊断之前必须借助滤波、估计或其他形式的数据处理与特征信息技术对过程系统采样时间序列进行信息压缩，使之更符合于故障检测与诊断。

3. 故障检测

故障检测就是判断并指明系统是否发生了异常变化及异常变化发生时的时间。例如，对于正在运行的系统或按规定标准进行生产的设备，辨别其是否超出预先设定或技术规范规定的无故障工作门限。

监控系统的故障检测的首要任务是依据压缩之后的过程信息或借助直接从测量数据中

提取的反映过程异常变化或系统故障特征的信息，判断系统运行过程是否发生了异常变化，并确定异常变化或系统故障发生的时间。

通常，依据处理方式和处理时间的不同，过程监控可分为在线监视和离线监测两大类。其中，在线监视可以对设备运行状况或系统功能进行及时的检测，一旦发现有异常征兆就及时报警，是实时监控系统和过程安全控制系统的核心。

4. 安全决策

所谓安全决策，是指通过足够数量测量设备（如传感器）观测到的数据信息、过程系统动力学模型、系统结构知识，以及过程异常变化的征兆与过程系统故障之间的内在联系，对系统的运行状态进行分析和判断，查明故障发生的时间、位置、幅度和故障模式。依据安全决策时所凭借的冗余信息类型的不同，安全决策分为基于硬件冗余、解析冗余和知识冗余，以及基于多种冗余信息融合等不同方式。

5. 安全措施

对具体工程活动而言，分析出故障产生的原因及部位后，下一步必须考虑故障的处理方法。较典型的故障处理方法有顺应处理、容错处理与故障修复三大类。在实施过程监控时，必须根据系统具体情况，综合考虑研究对象、故障特点及影响程度等多方面的因素，针对不同故障制定不同的处理对策。

（二）旋转机械故障动态诊断技术

进入 20 世纪以来，国内外陆续发生了因大型旋转机械，如离心泵、电动机、发动机、发电机、压缩机、汽轮机等出现故障导致的生产安全事故，因此，实时监测这些设备的工作状态对于提高大型旋转机械的产品质量，提高设备运行周期，减少突发性设备事故，避免重大经济损失，减少由大型旋转机械发生故障而引发的生产装置非计划停工，以及非计划停工过程伴随的生产安全事故有着重要的指导意义。这里简要介绍一下旋转机械动态监测技术的主要内容。

旋转机械状态监测，是指利用各种仪器和仪表，对反映旋转机械运动状态的参数进行测量和监视，从而了解其运动状态，保证安全运行，提高设备的科学管理水平。目前，在线监测的状态参数主要有轴的径向振动、轴向位移、机器转速、键相、轴承温度等。

1. 监测参量

1）振动测量

大型旋转机械振动测量具有其特殊性，表现在测量的主要对象是一个转动部件，即转子或转轴以及转动体与静止体之间的相对关系等。所谓振动测量就是机械相对于某一已知参考系的振动的测量。转轴、汽封、轴承箱及机壳均为最受关注的机械部件，准确地对这些部件进行测量和监测可以对机器的机械状态进行描述。

（1）振幅。一般来说，振幅是振动强度的标志，它可用来监测机器运行的平稳程度。一台正常运行的机器有一个稳定的、可接受的低振幅值，任何振幅读数的变化都反映了机器状态的改变。

（2）振动烈度。在机器表面测得的频率在 10～1000 Hz 范围内振动速度的均方根值为表征机器振动状态的测量参数，在规定的测量点和规定的测量方向上测得的最大值作为机器的振动烈度。

（3）相角。振动相角测量可用来描述某一特定时刻机器转子的位置。一个好的相角测量系统能够确定每一传感器信号上对应的机器转子的"高点"相对转子上某一固定点的位置。通过确定机器转子上"高点"的位置，就能确定机器的平衡状态，机器转子平衡状态的改变将引起高点的变化，这种变化通过相角变化而显示出来。在平衡机器的转子或分析机器的某一特殊故障时，相角测量非常重要，通过测定机器转子的相角数据，可以得到机器体系运行状态的资料。

（4）振动形式。振动形式是分析振动数据的最重要的方法。通过对振动形式的观测，能直观地了解机器的运行状态。上面讨论的振幅、频率、相角三种参数都是可测量的参数并能在仪表上指示或显示出来，而振动形式是显示在示波器上的原始振动波形。

（5）振型。所谓振型是转轴在一定的转速下沿轴向的一种变形。测量振型的方法是沿转轴的轴向每隔一定间距放置一组 $X—Y$（互成90°）传感器，分别测得相应转轴截面的中心线振动情况。综合所测得的这些数据便能得到转轴的振型。振型有助于估算转子与固定部件之间的内部间隙，并能估算出转轴上"节点"的位置。

2）位置测量

在分析旋转机器总的运行情况时，还应测量和估计另外一些位置测量参量。对某些特殊机器及其故障进行监测分析时，这些参量特别重要。这些位置参量主要有：

（1）轴在轴承内的径向位置（或称偏心位置）。径向位置是指转子在轴承中的径向平均位置。在转轴没有内部和外部负荷的正常运转情况下，大多数转轴会在油压阻尼作用下，在设计确定的位置浮动。然而，一旦机器承受一定的外部或内部的预加负荷（稳态力），轴承内的轴颈就会出现偏心。这种偏心是测量轴承磨损和预加负荷状态（如不对中）的一种指示。

定期测量偏心位置非常必要。因为在出现重大负荷情况下，偏心较大，振幅无法增加，在这种情况下出现振幅没有报警的现象时，极易导致由于偏心太大而发生故障。因此必须及时地检查偏心位置，才能对故障作出早期预判。

（2）轴向位置。轴向位置测量用来描述止推法兰和止推轴承之间的相对位置。对于一台离心压缩机或一台蒸汽涡轮机来说，轴向位置是最重要的测量参量。轴向位置监测的主要目的是消除机器转子和定子之间的轴向摩擦。轴向止推轴承的故障是最严重的故障，因此应该认真地进行监测，以防止发生这种类型的故障，保护机器的安全。

（3）偏心度峰–峰值。偏心度峰–峰值是对转轴在静态时弯曲的测量。在发电用的大型蒸汽透平和某些化工企业用的汽轮机中，经常需要测量偏心度峰–峰值。

（4）差胀。发电用大型蒸汽透平等机组在启动时，要求机壳与转子必须以同样的比率受热膨胀。如果转子与机壳受热膨胀的比率不同，就可能发生轴向摩擦而使机器受到损害。

（5）机壳膨胀。对某些大型机组，除测量差胀以外，还要进行机壳膨胀的测量。知道了机壳膨胀和差胀，就可以确定转子和机壳的膨胀率。如果机壳膨胀不正常，机壳的"滑脚"就会被卡住。

（6）对中。对一些机组来说，各机壳之间的对中性是有一定要求的。不对中是经常出现的一种故障状态，特别是在压缩机机组和燃气轮机驱动泵机组的安装过程中常常发生这种故障。通常利用机组中各种不同机器的膨胀资料，并经过计算画出一份安装对中图纸，作为一种粗略的参考，最后还要用仪器来确定机器的热运转状态。

在热对中测量技术方面，可以利用类似于大地测量用的光学仪器或激光技术来测量不同机壳的转轴之间相对位置的变化。

3）其他参量测量

（1）转速。在对旋转机械运行状态分析中找出振动和转速之间的关系是很重要的，在设计离心类机器时，它的转速运行范围应避开机器的平衡共振，并且使其运行转速也不激发机器的这些特殊共振。机器启动时的数据在确定平衡共振时至关重要，这些数据可表示为振动幅度和相角与机器转速之间的关系曲线，在描绘这种曲线和寻找这些参量之间的关系时，可以很容易地确定机器的平衡共振（临界共振）。

（2）温度测量。在旋转机械运行状态的分析中，温度也是最常用和最重要的参量之一。径向和轴向轴承的巴氏合金衬的温度测量现在正变得越来越重要。找出温度数据和振动测量结果以及（或者）温度数据和位置测量结果之间的关系有助于我们发现机器可能存在的故障。

2. 电涡流非接触式传感器系统

为了能了解机器的运行情况是否正常，需要对机器的状态进行监测，这首先就需要用到传感器。传感器是将机械振动量转换为电量的机电转换装置。传感器的性能及传感器的选用都直接影响整个测试系统的功能。在旋转机械测试装置中，用于测量振动和位移的传感器主要有三种：趋近式电涡流非接触式传感器、惯性式速度传感器、压电式加速度传感器等。

趋近式电涡流非接触式传感器系统：是将机械振动转换为一个正比于振动位移的电信号，即位置距离发生的变化。趋近式电涡流非接触式传感器系统可用于直接测量转轴在径向和轴向两个方向的运动。

速度传感器系统：是将机械振动转换为正比于振动速度的电信号，速度即为位移相对于时间变化的速率。这种传感器主要用来测量基座或壳体的振动。

压电式速度传感器系统：它与普通的速度传感器系统进行同样的测量并提供同样类型的输出。唯一不同的是速度传感器由磁铁、弹簧、线圈系统组成，而压电式速度传感器则由质量块、弹簧、压电陶瓷系统组成。

最具有特点的是电涡流非接触式传感器，它适合于测量转子相对于轴承的相对位移（包括轴心平均位置及振动位移）。由于转轴表面具有很大的切线速度，因此用接触式传感器难以实现振动的接收。比如大型汽轮发电机组的发电机转子，轴颈直径为 300 ~ 400 mm，转速为 3000 r/min，因此其轴颈表面的线速度达 47 ~ 62 m/s，至于某些高速离心式压缩机，其转子轴表面的线速度可能更高。电涡流非接触式传感器是利用转轴表面与传感器探头端部间的间隙变化来测量振动，从而避免了与转轴表面的直接接触。涡流式位移传感器另一特点是具有零频率响应，因此它不仅可以测出转轴轴心振动位移，而且还可以测出转轴轴心的静态位置的偏离，这在判断轴心在运转过程中是否处于正常的偏心位置是非常实用的。

1）电涡流探头的主要特点

（1）非接触式测量。

（2）测量范围宽。

（3）动态响应好。

（4）能连续长期可靠地工作。

（5）长线传输抗干扰能力强。

（6）能在油、气及某些化学成分介质中工作。

（7）能直接与计算机 A/D 接口相连。

（8）可直接测量轴相对于机壳的振动。

（9）可测量轴的位置或机械的其他部分与探头的相对位置。

由于它具有上述特点，因而被广泛用于石油、化工、冶炼、机械、电力、大专院校、航空航天等部门旋转机械的轴向位移、轴的径向振动、轴转速的在线检测和安全监控，也可用于转子动力学研究、零件尺寸检测等方面。

2）电涡流非接触式传感器的组成

电涡流非接触式传感器由探头、延伸电缆、前置器等三部分组成，如图 2-22 所示。从探头到前置器总的电缆长度有两种规格，分别为 5 m 和 9 m，这两种都可以由探头所带电缆加上延伸电缆组成。有的探头本身就带有 5 m 或 9 m 长电缆，这样就不再需要延伸电缆，整个传感器组成就只有两部分了。如图 2-23 所示为探头与被测物体的相对位置图，探头端部与被测物表面之间有一间隙，二者不能接触，这是电涡流探头的特点之一。

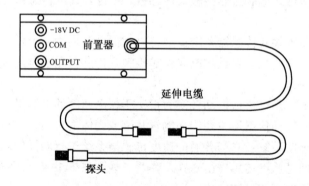

图 2-22　电涡流非接触式传感器的组成

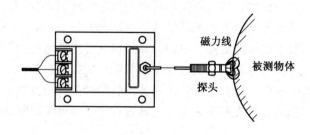

图 2-23　探头与被测物体的相对位置

　　电涡流非接触式传感器是通过传感器端部线圈与被测物体（导电体）间的间隙变化来测量物体的振动和静位移的。它与被测物之间没有直接的接触，因此，特别适合测量具有表面线速度的转子的振动。电涡流非接触式传感器具有很宽的使用频率范围，从 $0 \sim 10$ kHz。因此，它不仅可以测量频率较高的振动位移，而且可以测量转子的平静位移，比如轴心的偏心率。虽然有多种其他变换原理的传感器也可进行不接触式测量，例如变电容式和变电感式等，但相比之下，电涡流非接触式传感器具有线性范围宽（一般是端部线圈直径的一半），在线性范围内灵敏度不随初始间隙而变等优点。因此，目前被广泛应用于转子的振动监测。

　　随着信息化技术和大数据应用技术的不断发展，旋转机械动态监测技术必将日臻成熟与完善，从化工企业过程控制的功能角度来说，其对化工企业设备安全运行将发挥越来越重要的作用。

第三章 化工防火防爆安全技术

根据物质燃烧原理，在化工生产和使用的建筑物中，防止发生火灾爆炸事故的基本原则有以下3点：一是控制可燃物和助燃物的浓度、温度、压力及混触条件，避免物料处于燃爆的危险状态；二是消除一切足以导致着火的火源，以防发生火灾、爆炸事故；三是采取一切阻隔手段，防止火灾、爆炸事故的扩展。

显而易见，前两种措施是针对物质燃烧的必要条件提出来的。从理论上讲，这两种措施中的任一种措施只要能够有保证地实行，即足以防止事故发生。但是在实践中，由于各种原因，这两种措施都不能绝对有保证地实行，所以为了确保安全，这两种措施必须同时实行。采取这样的做法，一方面是为了提高安全程度；另一方面因为受生产条件的限制，或受不可控制的因素影响，会使一种措施失去作用，这就需要同时实行另一种措施来保证安全。应当指出，采取防止火灾爆炸事故扩展的阻隔措施也是重要的。在化工装置设计、科研、生产以及装置检修等各个环节中，都应充分考虑，认真采取各种防火防爆措施，并应严格执行。

第一节 化工防火防爆基本要求

一、控制可燃物的措施

控制可燃物，就是使可燃物达不到燃爆所需要的数量、浓度或者使可燃物难燃化或用不燃材料取而代之，从而消除发生燃爆的物质基础。这主要通过下面所列举的措施来实现。

（一）利用爆炸极限、相对密度等特性控制气态可燃物

（1）当容器或设备中装有可燃气体或蒸气时，根据生产工艺要求，可增加可燃气体浓度或用可燃气体置换容器或设备中的原有空气，使其中的可燃气体浓度高于爆炸上限。

（2）散发可燃气体或蒸气的车间或仓房，应加强通风换气，防止形成爆炸性气体混合物。其通风排气口应根据气体的相对密度设在房间的上部或下部。

（3）对有泄漏可燃气体或蒸气危险的场所，应在泄漏点周围设立禁火警戒区，同时用机械排风或喷雾水枪驱散可燃气体或蒸气。若撤销禁火警戒区，则必须用可燃气体检测仪检测该场所可燃气体浓度是否处于爆炸极限之外。

（4）盛装可燃液体的容器需要焊接动火检修时，一般需排空液体、清洗容器，并用可燃气体测爆仪检测容器中可燃蒸气浓度是否达到爆炸下限，在确认无爆炸危险时方能动火进行检修。

（二）利用闪点、自燃点等特性控制液态可燃物

（1）根据需要和可能，用不燃液体和闪点较高的液体代替闪点较低的液体。例如：用三氯乙烯、四氯化碳等不燃液体代替酒精、汽油等易燃液体作溶剂；用不燃化学混合剂（表3-1）代替汽油、煤油作金属零部件的脱脂剂等。

（2）利用不燃液体稀释可燃液体，会使混合液体的闪点、自燃点提高，从而减小火灾危险性。如用水稀释酒精，便会起到这一作用。

（3）对于在正常条件下有聚合放热自燃危险的液体（如异戊二烯、苯乙烯、氯乙烯等），在储存过程中应加入阻聚剂（如对苯二酚苯醌等），以防止该物质暴聚而导致火灾爆炸事故。

表3-1　不燃化学混合剂组成

组　　分	混合剂内组分含量/$(g \cdot L^{-1}H_2O)$						
	1	2	3	4	5	6	7
氢氧化钠（苛性钠）	80~100	110~150	20~30	—	—	—	3~5
磷酸钠	30~40	—	70~80	30~35	80~100	20~25	2~4
碳酸钠	—	30~50	—	20~25	—	20~25	40~50
水玻璃	—	3~5	5~8	5~10	10~15	—	20~30
彼得洛夫接触剂	40~50	—	—	—	—	—	10~20
活性剂 on-7 或 on-10	—	5~7	5~7	3~5	—	5~7	—

（三）利用燃点、自燃点等数据控制一般的固态可燃物

（1）选用砖石等不燃材料代替木材等可燃材料作为建筑材料，可以提高建筑物的耐火极限。

（2）选用燃点或自燃点较高的可燃材料或难燃材料代替易燃材料或可燃材料。例如，用醋酸纤维素代替硝酸纤维素制造胶片，燃点则由180℃提高到475℃，可以避免硝酸纤维胶片在长期储存或使用过程中的自燃危险。

（3）用防火涂料涂层或阻燃剂浸涂木材、纸张、织物、塑料、纤维板、金属构件等可燃材料或不燃材料，可以提高这些材料的耐燃性和耐火极限。对于金属构件的抗燃烧性，可用耐火极限评价。例如，钢构件喷涂4 mm厚的LB钢结构膨胀型防火涂料，其耐火极限可由15 min提高到1~1.5 h。

（四）利用负压操作对易燃物料进行安全干燥、蒸馏、过滤或输送

因为负压操作能够降低液体物料的沸点和烘干温度，缩小可燃物料的爆炸极限，所以通常应用于下列场合。

（1）真空干燥和蒸馏在高温下易分解、聚合、结晶的硝基化合物、苯乙烯等物料，可减少火灾危险性。

（2）减压蒸馏原油，分离汽油、煤油、柴油等，可防止高温引起油料自燃。

（3）真空过滤有爆炸危险的物料，可避免爆炸危险。

（4）负压输送干燥、松散、流动性能好的粉状可燃物料，有利于安全生产。

负压操作除了要求设备密闭并设置可靠的控压仪表和安装止逆阀外，必须保持一定的安全压力即真空度。只有在安全压力下，所处理的易燃物料才能避免燃爆危险。某些可燃液体物料的安全压力，可通过式（3-1）求出：

$$A = L/K \tag{3-1}$$

式中 A——安全压力，$mmHg^*$，$1\ mmHg = 133.3\ Pa$，$*$代表真空度；

　　　K——$1\ mmHg$ 压力下可燃物浓度，g/m^3（表3-2）；

　　　L——可燃物料的爆炸下限，g/m^3（表3-2）。

表3-2 可燃物料在20℃时的K值和L值

可燃物	K 值	L 值	可燃物	K 值	L 值
甲醇	1.74	73	苯	4.31	39
乙醇	2.52	67	二硫化碳	4.16	30
丙酮	3.16	60	乙酸乙酯	4.82	90
乙醚	4.05	50	甲苯	5.04	46
丁醇	4.00	50	乙酸戊酯	7.17	60

二、控制助燃剂的措施

控制助燃剂，就是使可燃性气体、液体、固体、粉体物料不与空气、氧气或其他氧化剂接触，或者将它们隔离开来，即使有点火源作用，也因为没有助燃物参混而不致发生燃烧、爆炸。通常通过下面途径达到这一目的。

（一）密闭设备系统

把可燃性气体、液体或粉体物料放在密闭设备或容器中储存或操作，可以避免它们与外界空气接触而形成燃爆体系。为了保证设备系统的密闭性，要求做到下列各点：

（1）对有燃爆危险物料的设备和管道，尽量采用焊接，减少法兰连接。如必须采用法兰连接，应根据操作压力大小，分别采用平面、凹凸面等不同形状的法兰，同时衬垫要严实，螺丝要拧紧。

（2）所采用的密封垫圈，必须符合工艺温度、压力和介质的要求，一般工艺可用石棉橡胶垫圈；有高温、高压或强腐蚀性介质的工艺，宜采用聚四氟乙烯塑料垫圈。所以近几年来，有些机泵改成端面机械密封，防腐蚀密封效果较好，如果采用填料密封达不到要求，有的可加水封和阀门，可将物料从顶部抽吸排出。

（3）输送燃爆危险性大的气体、液体管道，最好用无缝钢管。盛装腐蚀性物料的容器尽可能不设开关和阀门，可将物料从顶部抽吸排出。

（4）接触高锰酸钾、氯酸钾、硝酸钾、漂白粉等粉状氧化剂的生产传动装置，要严加密封，经常清洗，定期更换润滑油，以防止粉尘漏进变速箱中与润滑油混合接触而引起火灾。

（5）对加压和减压设备，在投入生产前和定期检修时，应做气密性检验和耐压强度试验。在设备运行中，可用皂液、pH 试纸或其他专门方法检验气密状况。

（二）惰性气体保护

惰性气体是指那些化学活泼性差、没有燃爆危险的气体。如氮气、二氧化碳、水蒸气、烟道气等，其中使用最多的是氮气。它们的作用有：隔绝空气，减少氧含量，缩小以至消除可燃物与助燃物形成的燃爆浓度。

惰性气体保护，主要应用于以下几个方面：

（1）覆盖保护易燃固体的粉碎、研磨、筛分和混合及粉状物料的输送。

（2）压送易燃液体和高温物料。

（3）充装保护有爆炸危险的设备和储罐。

（4）保护可燃气体混合物的处理过程。

（5）封锁可燃气体发生器的料口及废气排放系统的尾部。

（6）吹扫置换设备系统内的易燃物料或空气。

（7）充氮保护非防爆型电器和仪表。

（8）稀释泄漏的易燃物料，扑救火灾。

惰性气体的需用量，可根据危险物料系统燃烧必需的最低含氧量计算，见表 3-3。

表 3-3　某些气态可燃物惰化时最高允许含氧量（a_{MOC}）

气态可燃物	a_{MOC}（加 N_2 时）/%	a_{MOC}（加 CO_2 时）/%	气态可燃物	a_{MOC}（加 N_2 时）/%	a_{MOC}（加 CO_2 时）/%
甲烷	12	14.5	丁二烯	10	13
乙烷	11.0	11.3	苯	11	14
丙烷	11.5	14	甲醇	10	13.5
丁烷	12	14.5	乙醇	10.5	13
异丁烷	12	15	乙醚	10.5	13
戊烷	12.1	14.4	丙酮	13.5	15.5
己烷	12.1	14.5	氢气	5	6
汽油	11.8	14.5	一氧化碳	5.5	6
乙烯	10	11.5	硫化氢	7.5	11.5
丙烯	11.5	14	二硫化碳	5	8
环戊烷	11.7	13.9			

如使用纯惰性气体时，惰性气体需用量按式（3-2）计算：

$$X = \frac{21 - a_{MOC}}{a_{MOC}} V \qquad (3-2)$$

式中　　X——惰性气体需用量，m^3；

　　　　a_{MOC}——氧的最高允许含量，可从表 3-3 查得；

　　　　V——设备中原有的空气体积（其中氧占 21%），m^3。

（三）隔绝空气储存

遇到空气或受潮、受热极易自燃的物品，可以隔绝空气进行安全储存。如金属钠储存于煤油中，黄磷存于水中，活性镍存于酒精中，烷基铝封存于氮气中，二硫化碳用水封存等。

（四）通风置换

在散发可燃气体较多的场所（如液化气充装站），应采用半敞开式建筑或露天布置，以保持良好通风自然扩散。在有可燃气体的或危险粉尘的厂房内，应安装通风设施，以降低浓度，使之在爆炸范围以下。

（五）严格工艺纪律

操作人员应熟悉生产工艺流程及操作规程，精心操作，防止超温、超压和物料跑损而引起火灾爆炸事故。一旦出现险情，应迅速处理，避免事故扩大。

三、控制点火源的措施

在多数场合，可燃物和助燃物的存在是不可避免的，因此，消除或控制点火源就成为防火防爆的关键。但是，在生产加工过程中，点火源常常是一种必要的热能源，故须科学地对待点火源，既要保证安全地利用有益于生产的点火源，又要设法消除能够引起火灾爆炸的点火源。

在化工企业中能够引起火灾爆炸事故的点火源有：明火、摩擦与撞击、高温物体、电气火花、光线照射、化学反应热等。

（一）消除和控制明火

明火，是指敞开的火焰、火花、火星等。如吸烟用火、加热用火、检修用火、高架火炬及烟囱、机械排放火星等。这些明火是引起火灾爆炸事故的常见原因，必须严加防范。

（1）在有火灾爆炸危险场所严禁吸烟，应设置醒目的"禁止烟火"标志，吸烟应到专设的吸烟室，不准乱扔烟头和火柴余烬。驶入危险区的汽车、摩托车等机动车辆，其废气排气管应装设阻火器。

（2）生产用明火、加热炉宜集中布置在厂区的边缘，且应位于有易燃物料的设备全年最小频率风向的下风侧。明火地点与甲类厂房防火间距不少于 30 m，明火地点与液化烃储罐防火间距最小为 40 m。加热炉的钢支架应覆盖耐火极限不小于 2 h 的耐火层。燃烧燃料气的加热炉应设长明灯和火焰检测器。

（3）使用气焊、电焊、喷灯进行安装和维修时，必须按危险等级办理动火审批手续，并消除物体和环境的危险状态，备好灭火器材，在采取防护措施，确保安全无误后，方可动火作业。焊割工具必须完好。操作人员必须有资格证，作业时必须遵守安全技术规程。

（4）全厂性的高架火炬应布置在生产区全年最小频率风向的上风侧；可能携带可燃性液体的高架火炬与相邻居住区、工厂应保持不小于 120 m 的防火间距，与厂区内装置、储罐、设施保持不小于 90 m 的防火间距。装置内的火炬，其高度应使火焰的辐射热不致影响人身和设备的安全，顶部应有可靠的点火设施和防止下"火雨"的措施；严禁排入火炬的可燃气体携带可燃液体；距火炬筒 30 m 范围内，禁止可燃气体放空。

（二）防止撞击火花和控制摩擦

当两个表面粗糙的坚硬物体相互猛烈撞击或剧烈摩擦时，有时会产生火花，这种火花可认为是撞击或摩擦下来的高温固体微粒。据测试，若火星的微粒是 0.1 mm 和 1 mm 的直径，则它们所带的热能分别为 1.76 mJ 和 176 mJ，超过大多数物质的最小点火能，足以点燃可燃的气体、蒸气和粉尘，故应严加防范。

（1）机械轴承存在缺油、润滑不均等问题时，会摩擦生热，具有引起附着可燃物着火的危险。要求对机械轴承等转动部位及时加油，保持良好润滑，并经常注意清扫附着的可燃污垢。

（2）物料中的金属杂质以及金属零件、铁钉等落入反应器、粉碎机、提升机等设备内，由于铁器与机件的碰击，能产生火花而招致易燃物料着火或爆炸。要求在有关机器设备上装设磁力离析器（磁力分离器、磁性筛选器），以捕捉和剔除金属硬质物；对研磨、粉碎特别危险物料的机器设备，宜采用惰性气体保护。

（3）金属机件摩擦碰撞，钢铁工具相互撞击或与混凝土地面撞击，均能产生火花，引起火灾爆炸事故。所以对摩擦或撞击能产生火花的两部分，应采用不同的金属制造，如搅拌机和通风机的轴瓦或机翼采用有色金属制作；扳手等钢铁工具改成铍青铜或防爆合金材料制作等。在有爆炸危险的甲、乙类生产厂房内，禁止穿带钉子的鞋，地面应用摩碰、撞击不产生火花的材料铺筑。

（4）在倾倒或抽取可燃液体时，由于铁制容器或工具与铁盖（口）相碰能迸发火星引起可燃蒸气燃爆，为防止此类事故的发生，应用铜锡合金或铝皮等不易产生火花的材料将容易摩碰的部位覆盖起来。搬运盛装易燃易爆化学物品的金属容器时，严禁抛掷、拖拉、摔滚，有的可加防护橡胶套（垫）。

（5）金属导管或容器突然开裂时，内部可燃的气体或溶液高速喷出，其中夹带的铁锈粒子与管（器）壁冲击摩擦变为高温粒子，也能引起火灾爆炸事故。因此，对有可燃物料的金属设备系统内壁表面应作防锈处理，定期进行耐压试验，经常检查其完好状况，发现缺陷，及时处置。

（三）防止和控制高温物体作用

高温物体，一般是指在一定环境中能够向可燃物传递热量并能导致可燃物着火的具有较高温度的物体。在化工生产中常见的高温物体：加热装置（加热炉、裂解炉、蒸馏塔、干燥器等）、蒸气管道、高温反应器、输送高温物料的管线和机泵，以及电气设备和采暖设备等，这些高温物体温度高、体积大、散发热量多，能引起与其接触的可燃物着火。预防措施如下：

（1）禁止可燃物料与高温设备、管道表面接触。在高温设备、管道上不准搭晒可燃衣物。可燃物料的排放口应远离高温物体表面。沉落在高温物体表面上的可燃粉尘、纤维要及时清除。

（2）工艺装置中的高温设备和管道要有隔热保护层。隔热材料应为不燃材料，并应定期检查其完好状况，发现隔热材料被泄漏介质侵蚀破损，应及时更换。

（3）在散发可燃粉尘、纤维的厂房内，集中采暖的热媒温度不应过高。一般要求热水采暖不应超过 130 ℃，蒸气采暖不应超过 110 ℃。采暖设备表面应光滑不沾灰尘。在有二硫化碳等低温自燃物的厂（库）房内，采暖的热媒温度不应超过 90 ℃。

（4）加热温度超过物料自燃点的工艺过程，要严防物料外泄或空气侵入设备系统。

如需排送高温可燃物料，不得用压缩空气，应当用氮气压送。

（四）防止电气火花

电气火花是一种电能转变成热能的常见点火源。电气火花大体上有：电气线路和电气设备在开关断开、接触不良、短路、漏电时产生火花，静电放电火花，雷电放电火花等。电气火花引起火灾爆炸事故的原因及其防范措施见本书有关内容。

（五）防止日光照射和聚光作用

直射的日光通过凸透镜、圆烧瓶或含有气泡的玻璃时，会被聚集的光束形成高温而引起可燃物着火。某些化学物质，如氯与氢、氯与乙烯或乙炔混合在光线照射下能爆炸。乙醚在阳光下长期存放，能生成有爆炸危险的过氧化物。硝化棉及其制品在日光下曝晒，自燃点降低，会自行着火。在烈日下储存低沸点易燃液体的铁桶，能爆裂起火。压缩和液化气体的储罐或钢瓶在烈日照射下，会使内部压力激增而引起爆炸及次生火灾。因此，应采取如下措施，加以防范，保证安全。

（1）不得用椭圆形玻璃瓶盛装易燃液体，用玻璃瓶储存时，不得露天放置。

（2）乙醚必须存放在金属桶内或暗色的玻璃瓶中，并在每年 4 月至 9 月以冷藏运输。

（3）受热易蒸发分解气体的易燃易爆物质不得露天存放，应存放在有遮挡阳光的专门库房内。

（4）储存液化气体和低沸点易燃液体的固定储罐表面，无绝热措施时应涂以银灰色，并设冷却喷淋设备，以便夏季防暑降温。

（5）易燃易爆化学物品仓库的门窗外部应设置遮阳板，其窗户玻璃宜采用毛玻璃或涂刷白漆。

（6）在用食盐电解法制取氯气和氢气时，应控制单槽、总管和液氯废气中的氢含量分别在2%、0.4%、3.5%以下。在用电石法制备乙炔时，如用次氯酸钠作清净剂，其有效氯含量不应超过0.1%。

四、控制工艺参数的措施

控制工艺参数，就是控制反应温度、压力、流量，控制投料的速度、配比、顺序以及原材料的纯度和副反应等。因为工艺参数失控，常常是造成火灾爆炸事故的根源之一，所以严格控制工艺参数，使之处于安全限度之内，乃是防火防爆的根本措施之一。

（一）控制温度的措施

温度是化工生产的重要条件之一。加热升温，可以加速物料的化学反应，使石油裂解；降温深冷可以使气体液化、混合气体分离，从而提高产品收率。但如果温度超高，反应物可能分解着火，造成压力升高，导致爆炸；也可能因温度过高产生副反应，生成新的危险物质。升温过快、过高或冷却设施故障，还可能引起剧烈反应，发生冲料或爆炸。温度过低有时会造成反应速度减慢或停滞，而且一旦温度恢复正常时，则往往因为未反应的物料过多而发生剧烈反应，引起爆炸。温度过低，还会使某些物料冻结，造成管路堵塞憋爆，致使易燃物料泄漏而发生火灾爆炸事故。因此，正确控制反应温度不仅是保证产品质量、降低能源消耗所必需的，也是防火防爆所必需的。常见控温措施有以下几种。

1. 移走反应热量

化学反应一般都有热效应，如氧化、氯化、聚合等反应都是放热反应，裂解、脱氢、脱水等都是吸热反应。为使反应在一定温度下进行，必须向反应系统加入或移去一定的热量，以防发生危险。

移走反应热量的基本方法如图3-1所示。其中最常用的方法是夹套冷却法、内蛇管冷却法和夹套内蛇管兼用冷却法。

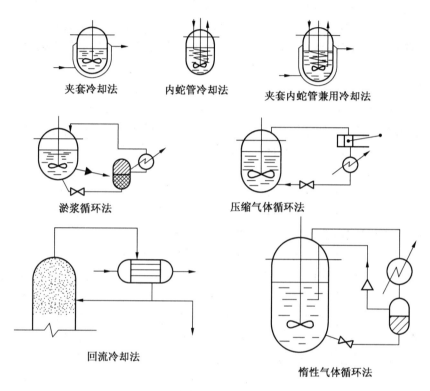

图3-1 移走反应热量的基本方法

此外，在工艺或结构上还有其他特殊的除热冷却法。例如，合成甲醇是一种强烈的放热反应，为了能及时移走热量并加以利用，在反应器内装上热交换装置，用混合气吸走合成气的反应热，以控制反应温度。又如，乙醇氧化制乙醛是采用将乙醇蒸气、空气和水蒸气的混合气体送入氧化反应器，使之在催化剂作用下生成乙醛，利用水蒸气的吸热作用将多余的反应热带走。

2. 防止搅拌中断

搅拌可以加速热量的传导，使反应物料进行均匀的混合和反应，若在反应过程中中断搅拌，则会造成散热不良或局部反应剧烈而发生危险。例如，某厂用异戊二烯和丁二烯制取乙烯基降冰片烯，其反应是在温度120℃、压力2.1 MPa下进行得比较缓慢的放热反应。一天，在进行设备检修、停止反应操作时，由于关闭进料阀后，在温度没有下降的情况下又关闭了冷却液进口阀并中断了搅拌，反应器内仍进行着局部放热反应和丁二烯自聚放热反应，致使温度、压力急剧上升而酿成火灾事故。

在生产过程中，若由于停电、机械故障等原因造成搅拌中断，应立即停止加料，并采取有效的降温措施。必要时，可以将物料放入事故槽或放空。对因搅拌中断可能引起事故的化工装置，应采用双路供电电源、增设人工搅拌器的办法来保证搅拌不中断。

3. 正确选择传热介质

正确选择和使用热载体如水蒸气、热水、烟道气、联苯醚、液体石蜡、熔盐、熔融金属等，对加热过程的安全控制具有十分重要的意义。

（1）避免使用与反应物料性质相抵触的物质作传热介质。冷却或加热容易与水发生剧烈反应的物料时，不应选用热水或水蒸气作介质，而应选用液体石蜡或矿物油作传热介质。

（2）防止传热壁面结疤。传热壁面结疤的原因：一是水质不好而结成水垢；二是聚合、碳化、凝聚等而结疤。传热壁面结疤不仅影响传热效率，更危险的是因物料局部过热而引起分解导致事故。这种情况，特别是用火直接加热的设备和管路更易发生。例如，精萘蒸馏有的是用火直接加热，如果锅底物料聚合结疤，不但影响传热，而且严重时会导致钢板软化破裂，物料泄漏着火。又如硝基苯甲醚的生产，其分离中间物的加热过程，物料易在蛇管上结疤，受热能引起分解爆炸。为了防止结疤引起事故，对用火直接加热的一般物料设备，要定期清洗除垢和测量壁厚。对于易结疤能引起分解爆炸的物料，应特别注意改进搅拌方式，并且尽可能不用加热方式而采用加酸、加盐、吸附等工艺方法。对于易分解物料的加热设备，尽量采用低液位加热面，加热面不够时可增设蛇管，甚至可以采用外热式加热器。换热器内的流体宜采用较高流速，不仅可以提高传热系数，而且可以减少污垢在换热管表面沉积。

（3）谨慎处理热不稳定物。热不稳定物是指受热容易分解爆炸的物质。如偶氮染料生产中遇到的重氮盐及乙醚在长期储存中生成的过氧化物等，都具有受热易分解爆炸的性质。对这类物质，要采取隔热和降温的措施，或在加热、蒸馏之前设法除掉。对某些热不稳定易燃有机物排渣时，应用氮气或水蒸气保护。

4. 设置测温仪表

根据生产过程使用温度的范围来选择测温方法和仪表。常见的测温仪表及其原理和测温范围见表3-4。

表3-4 常见的测温仪表

类 别	原 理	测温范围/℃
膨胀式温度计	物体受热时产生膨胀	-150 ~ 400
压力式温度计	液体、气体或蒸气在封闭系统受热时，其体积或压力发生变化	-60 ~ 500
热电耦式温度计	利用物体的热电特性	-100 ~ 1600
电阻温度计	利用导体受热后电阻值变化的性质	-200 ~ 500
辐射高温计	利用物体的热辐射	100 ~ 2000

（二）控制压力的措施

压力是确定物质状态和生产的基本参数之一。在化工生产中，有许多反应需要在一定压力下才能进行，或者要用加压的方法来加快反应速度，提高收率。因此，加压操作在石油化工生产中普遍采用，所使用的塔、釜、器、罐大部分是压力容器。

但是，超压或压力过高也是造成火灾和爆炸事故的重要因素之一。例如：加压能够强化可燃物料的化学活性，扩大燃爆极限范围；久受高压作用的设备容易脱碳、变形、渗漏，以致破裂和爆炸；处于高压的可燃气体介质从设备系统的孔隙中喷出，还会由于急剧摩擦和静电而发生火灾或爆炸等。反之，压力过低，会使设备变形，易从外部渗入空气，与设备内易燃物料形成爆炸性混合物而导致燃烧爆炸。

因此，为了确保安全生产，除要求受压容器必须耐压强度高、气密性好、有安全阀保护外，还必须装设灵敏、准确、可靠的测量压力的仪表——压力计。

1. 压力计的分类

工业上使用的测量压力和真空度的仪表，依据转换原理和显示压力值方式的不同，大致可分为表3-5所示的四类压力计。

表3-5　测压仪表的类型及原理

类　型	原　　理	举　例　与　用　途
液柱式	将被测压力转换成液柱高度来显示压力值	U形管压力计；单管压力计和斜管压力计；可用于测量最低负压
弹力式	将被测压力转换成弹性元件变形的位移来显示压力值	波纹膜和波纹管压力计多用于微压、低压和负压的测量；弹簧和螺管弹簧则用于高、中、低压及负压的测量
电气式	将被测压力转换成电阻、电量来显示压力值	有压式、应变片式、振弦式压力计；热电耦式、电离式真空计，适用于压力变化迅速、超高压和真空压力的测量
活塞式	将被测压力转换成活塞上所加平衡砝码的质量来显示压力值	弹簧压力计校验表

2. 压力计的选用

根据容器的设计压力或最高工作压力，正确选用压力计的精确度级（以其允许误差占表刻度极限值的百分数来表示级别精确度）。低压设备的压力计精度不得低于2.5级，中压不得低于1.5级，高压、超高压则不低于1级。为便于操作人员观察和减少视差，选用的压力计量程最好为最高工作压力的2倍，不得小于1.5倍，也不得大于3倍；表盘直径以大于100 mm为宜。

3. 压力计的安装

压力表应安装在照明充足、便于观察、没有振动、不受高温辐射和低温冰冻的地方。压力计与设备间的连接管上应装三通旋塞或针形阀，以便切换或现场校验。工作介质为高温蒸气时，其压力计的接管上应装上起冷凝作用的一个弯管，以防止元件因高温作用而损坏或变形。工作介质有腐蚀性时，其压力计与容器的接管上应充填隔离液（与被测介质不能混溶），或者选用抗腐蚀的压力计。

4. 压力计的使用

根据设备允许的最高工作压力，在压力计刻度盘上画以红线，作为警戒。运行中应保持压力计洁净，表面玻璃清晰，并定期进行清洗，以便于观察。按规定，贮罐用压力计每年校验一次，槽车及其他设备用压力计每半年校验一次，合格的应加铅封。若无压时出现指针回不到零位、表面玻璃破碎、表盘刻度模糊、铅封损坏、逾期未校验、表内漏气或指针跳动等情形之一时，均应停用。

（三）控制投料措施

控制投料，一般包括以下5个方面。

1. 控制投料速度和数量

在化工生产中，控制投料速度和数量不仅是保证产品质量的需要，也是保安全防事故的需要。对于有放热反应的生产过程，投料速度不能超过设备的传热能力，否则，物料温度将会急剧升高，引起物料的分解、突沸或冲料起火、爆炸。在一次投料生产中，如果投料过量，则物料升温后体积膨胀，可能导致设备爆裂。对于反应过程中有气体产生的生产工艺，投料速度过快，还可能造成尾气吸收不完全，引起可燃气体或毒气外逸而酿成火灾、中毒事故。此外，投料数量过少，也可能出现两种引起事故的情况：一是加料量少，使温度计接触不到液面而出现假象，导致误判断，造成事故；二是加料量过少，使物料的气相部分与加热面（如夹套、蛇管的加热面）接触而导致易于热分解的物料局部过热，引起分解爆炸事故。因此，必须按照工艺参数的要求，设置必要的投料计时器、流量计、液位计和联锁装置。操作人员要密切注视仪表显示值，做到精心平稳操作，发现异常，及时处置。

2. 控制投料配比

投入原料的配比不仅关系到产品质量，也关系到生产安全。对于连续化程度较高、火灾危险较大的生产，更要注意反应物料的配比关系。例如：环氧乙烷生产中乙烯和氧的混合反应；硝酸生产中氨和空气的氧化反应以及丙烯腈生产中丙烯、氨、空气的氧化反应，其原料配比都接近爆炸下限，且反应温度又接近或超过物料的自燃点，一旦投料比例失调，就可能发生爆炸火灾。尤其是在开停车过程中，各种物料的浓度都在发生变化，而且开车时催化剂活性较低，容易造成反应器出口氧浓度升高，引起危险。另外，催化剂对化学反应速度的影响很大。如果催化剂过量，有可能发生危险，导致事故。因此，为了保证生产安全，应严格控制投入原料的配比，经常核对物料的组成比例，尽量减少开停车次数。对于接近爆炸下限或处于爆炸极限范围的生产，工艺条件允许时，可充氮保护或加水蒸气稀释。与此同时，在反应器上应装设灵活好用的控料阀、流量计及联锁装置。

3. 控制投料顺序

化工生产要求按一定顺序投料，是防止火灾、爆炸事故的重要方法。例如：氯化氢的合成应先投氢后投氯，三氯化磷的生产应先投磷后投氯，硫磷脂与一甲胺反应时应先投硫磷脂后滴加一甲胺等，否则，就有发生燃爆的危险。

4. 控制原材料纯度和副反应

有许多化学反应，往往由于物料中危险杂质的增加，导致副反应、过反应的发生而造成火灾爆炸事故。例如：电石中含磷量过高，在制取乙炔时易发生燃爆事故；五硫化二磷中含游离磷量过高易自燃；氯气中含氢量过高、氢气中含氯量过高、氧气中含乙炔量过高，在生产或压缩过程中会发生爆炸。其原因主要是原材料纯度不合格，或因包装不符合要求而在储运中混入杂质等。因此，要求做到以下几点：

（1）严格执行原料分析化验规程，除去有害杂质，保证纯度合格；并应在投料前，将设备清洗干净。

（2）执行包装的标准化，加强储运管理，防止杂质混入。

（3）严格控制操作温度、压力和原料配比，防止过反应的发生，否则，会生成不稳定反应产物而引起事故。例如，苯、甲苯过硝化反应，易生成不稳定的二硝基苯和二硝基甲苯，在精馏时易发生爆炸。对这类反应，应保留一部分未反应物，以防产生过反应物。

（4）对有较大危险的副反应物，要避免超期超量储存。例如，液氯系统常有不稳定的三氯化氮存在，如用加热气化法灌装液氯，其操作会使整个系统处于较高压力状态，容易使三氯化氮在汽化器内积累引起事故，采用泵输送方式则可避免这种情况的发生。

5. 控制溢料和漏料

（1）溢出可燃物料，容易酿成火灾。造成溢料的原因很多，它与物料的构成、反应温度、加料速度以及消泡剂的质量、用量等有关。例如，加料量过大或加料速度过快，会使产生的气泡大量溢出，同时夹带走大量物料；加热速度太快，容易产生沸溢现象；物料黏度大，也易产生气泡而引起溢料。为此，应针对造成溢料原因作相应处置。例如，对黏度大而易产生气泡的物料，可通过提高温度、降低黏度等方法来减少泡沫，也可以通过喷入少量的消泡剂来降低其表面张力，或在设备结构方面采用能打散泡沫的打泡桨等。

（2）可燃物料泄漏导致火灾爆炸的事例也并不少见。造成漏料的原因也很多，有人为操作造成的，也有设备缺陷、故障原因造成的；有技术方面的原因，也有维护管理等方面的原因。预防漏料的关键是防止误操作，加强设备维修保养，严禁超量、超温、超压，加强防火管理和安全教育。制止漏料的措施主要有：安装泄漏检测报警装置，做到早发现、早处置；发现泄漏物料应采取通风、置换，或吹扫、捕集等方法处理；及时采取堵漏、补漏等措施修复，避免外漏延续不止。重要位置的阀门应采取两级控制。例如，聚合釜下面的切断阀的控制关系见表3-6。

表3-6　聚合釜下面的切断阀的控制关系

控制室的控制阀	现场控制阀	切断阀	控制室的控制阀	现场控制阀	切断阀
开	开	开	关	开	关
	关	关		关	关

从表3-6中可以看出，切断阀必须是控制室和现场两级控制阀都打开时才能打开。当操作切断阀的空气压力降低时，切断阀有朝关闭方向动作的结构。

对危险性大的装置，应设远距离遥控断路阀，以备一旦装置发生异常时立即与其他装置隔离。为了防止误操作，重要控制阀的管线应涂色，或挂标志、加锁。仪表配管也要用各种颜色加以区别。各管道的阀门要保持一定的间距，并设法消除剧烈的震动和流体的脉动，以及不必要的气液相变（水锤冲击）。

五、防火防爆安全装置

为防止火灾爆炸的发生，阻止其扩展和减少破坏，已研制出许多防火防爆和防止火焰、爆炸扩展的安全装置，并在实际生产中广泛使用，取得了良好的效果。

（一）阻火设施

包括安全液封、水封井、阻火器、阻火阀等，其作用是防止外部火焰蹿入设备、管道或阻止火焰在其间扩展。

阻火器是阻止易燃气体和易燃蒸气的火焰和火花继续传播的安全装置。一般安装在产生火星的设备和管道上，以防止飞出的火星引燃易燃易爆物质。阻火器有金属丝网型、波纹板型和其他型（如填料型）等型式。金属丝网型阻火器在 20 世纪 80 年代以前被广泛应用。但是这种阻火器由于其阻爆性能和耐烧性能都达不到《石油储罐阻火器》（GB 5908）的要求，已经被淘汰。目前只能选用波纹型阻火器，如油罐阻火器、管道阻火器、机动车排气火花熄灭器等。

（二）防爆泄压设备

防爆泄压设备包括安全阀、爆破片（防爆片）、防爆门和放空管等。安全阀主要用于防止物理性爆炸。爆破片和防爆门主要用于防止化学性爆炸。放空管是用来紧急排泄有超温、超压、爆聚和分解爆炸危险的物料。

1. 安全阀

（1）属于下列情况之一的容器和设备必须装设安全阀，以防止压力过高发生爆炸。

① 在生产过程中有可能因物料的化学反应，使其内压增加的容器、设备；

② 盛装液化气的容器、设备；

③ 压力来源处没有安全阀和压力表的容器、设备；

④ 最高工作压力小于压力来源处压力的容器、设备。

安全阀的开启压力不得超过容器设计压力，一般按设备的操作压力再增加 5% ～10% 来进行调整。安全阀的排气能力必须大于容器的安全泄放量。

安全阀按其结构和作用原理可分为静重式、杠杆式和弹簧式等。

静重式安全阀由阀芯、阀座和环形铁块三部分组成，在阀芯上部压着若干环形铁块，用增减铁块的质量控制安全阀的开启压力。

杠杆式安全阀由重锤、杠杆和阀芯组成，其开启压力可用移动重锤的距离或改变重锤的质量加以调整。

弹簧式安全阀由阀体、阀座、阀芯、阀杆和弹簧等部分组成，靠弹簧的弹力抵住器内压力，其开启压力可扭动调整动作压力的螺帽进行调整。

（2）设置安全阀应注意以下几点：

① 安全阀应垂直安装并应装设在容器或管道气相界面位置上。容器与安全阀之间不

得装有任何阀门。但对于盛装易燃、剧毒、有毒或黏性介质的容器，为便于安全阀的更换、清洗，可在容器与安全阀之间装截止阀，正常运行时，截止阀必须保持全开，并加铅封。

② 安全阀用于泄放易燃可燃液体时，宜将排泄管接入储槽或容器。用于泄放遇空气可能立即着火的高温油气或易燃可燃液体时，宜接入密闭系统的放空塔或事故储槽。

③ 安全阀定期校验，一般每年至少一次。

④ 杠杆式安全阀应有防止重锤自动移动的装置和限制杠杆越出的导架；弹簧式安全阀应有防止随便拧动调整螺丝的铅封装置；静重式安全阀应有防止重片飞脱的装置。

2. 爆破片

它的作用是排出设备内气体、蒸气或粉尘等发生化学性爆炸时产生的压力，以防设备、容器炸裂。

设备内工作介质，如黏性大、腐蚀、有毒、易结晶或聚合等原因。安全阀不能可靠地工作时，应装设爆破片代替安全阀，或采用爆破片与安全阀共用的重叠式结构。

正常生产时压力很小（微正压或微负压）的设备，可用石棉板、塑料片、橡胶板作为爆破片；操作压力较高的设备可采用铝板、铜板。铁片破裂时能够产生火花，可引起易燃易爆物质燃烧爆炸，所以不宜采用铁片作为爆破片。

爆破片的爆破压力不得超过容器的设计压力，一般按不超过操作压力的 25% 考虑。对易燃或有毒介质的容器，应在爆破片的排放口装设放空导管，并引至安全地点。

爆破片更换周期应当根据设备使用条件、介质性质等具体影响因素，或设计预期使用年限合理确定，一般情况下爆破片装置更换周期为 2～3 年。对于腐蚀性、毒性介质及苛刻条件下使用的爆破片装置应当缩短更换周期。对于超压未爆破的爆破片应立即更换。

爆破片一般装设在爆炸中心的附近效果最好。

3. 防爆门

防爆门一般设置在燃油、燃气和燃烧煤粉的燃烧室外壁上，以防燃烧室发生燃爆或爆炸时，设备遭到破坏。防爆门的总面积，一般按燃烧室内部净容积 1 m³ 不少于 250 cm² 计算。为了防止燃烧气体喷出时将人烧伤，或者翻开的盖子将人打伤，防爆门应设置在人们不常到的地方，高度最好不低于 2 m。

（三）消防自动报警器

消防自动报警器根据它的用途可分为两大类型：一种是用于发生火灾时能做到尽快自动报警，如果与自动灭火装置之间设有自动联锁装置时，还可以自动启动灭火装置，及时扑灭火灾；另一种是用于自动检测可燃气体和易燃液体蒸气，有无逸漏和逸漏后所达到的浓度，如果与生产安全装置之间设有自动联锁装置，还可以用于控制生产过程中的物料温度，检测设备中可燃气体和易燃液体蒸气的浓度，当达到某一温度或某一浓度时，即自动报警，自动停车，以及自动采取预防措施，继而启动自动灭火装置等，以防止火灾爆炸事故的发生。

消防自动报警装置由自动报警器和接收器两大部分组成。自动报警器（检测器、探测器、探头）按其结构不同，可分为感温报警器、感光报警器、感烟报警器、可燃气体报警器等。

第二节 主要化工防火防爆技术

一、火灾与爆炸过程和预防基本原则

采取预防措施是战胜火灾和爆炸的根本办法。为此，应当分析有关火灾和爆炸发展过程的特点，从而有针对性地采取相应的预防措施。

（一）火灾发展过程与预防基本原则

1. 火灾发展过程的特点

当燃烧失去控制而发生火灾时，将经历下列发展阶段。

（1）酝酿期。可燃物在热的作用下蒸发析出气体、冒烟和阴燃。

（2）发展期。火苗蹿起，火势迅速扩大。

（3）全盛期。火焰包围整个可燃物体，可燃物全面着火，燃烧面积达到最大限度，燃烧速度最快，放出强大辐射热，温度高，气体对流加剧。

（4）衰灭期。可燃物质减少，火势逐渐衰弱，终至熄灭。

2. 火灾变化的因素

（1）可燃物的数量。可燃物数量越多，火灾载荷密度越高，则火势发展越猛烈；如果可燃物较少，火势发展较弱；如果可燃物之间不相互连接，则一处可燃物燃尽后，火灾会趋向熄灭。

（2）空气流量。室内火灾初起阶段，燃烧所需的空气量足够时，只要可燃物的数量多，燃烧就会不断发展。但是，随着火势的逐步扩大，室内空气量逐渐减少，这时只有不断从室外补充新鲜空气，即增大空气的流量，燃烧才能继续，并不断扩大。如果空气供应量不足，火势会趋向减弱阶段。

（3）蒸发潜热。可燃液体和固体是在受热后蒸发出气体的燃烧。液体和固体需要吸收一定的热量才能蒸发，这些热量称蒸发潜热。

一般是固体的蒸发潜热大于液体，液体大于液化气体。蒸发潜热越大的物质越需要较多的热量才能蒸发，火灾发展速度亦较慢。反之，蒸发潜热较小的物质，容易蒸发，火灾发展较快。因此，可燃液体或固体单位时间内蒸发产生的可燃气体与外界供给的热量成正比，与它们的蒸发潜热成反比。

3. 预防火灾的基本原则

防火的要点是根据对火灾发展过程特点的分析，采取以下基本措施：

（1）严格控制火源。

（2）监视酝酿期特征。

（3）采用耐火材料。

（4）阻止火焰的蔓延。

（5）限制火灾可能发展的规模。

（6）组织训练消防队伍。

（7）配备相应的消防器材。

（二）爆炸发展过程与预防基本原则

1. 爆炸发展过程的特点

可燃性混合物的爆炸虽然发生于顷刻之间，但还是有下列发展过程：

（1）可燃物（可燃气体、蒸气或粉尘）与空气或氧气的相互扩散，均匀混合而形成爆炸性混合物。

（2）爆炸性混合物遇着火源，爆炸开始。

（3）由于连锁反应过程的发展，爆炸范围扩大和爆炸威力升级。

（4）最后是完成化学反应，爆炸威力造成灾害性破坏。

2. 预防爆炸的基本原则

防爆的基本原则是根据对爆炸过程特点的分析，采取相应措施，防止第一过程的出现，控制第二过程的发展，削弱第三过程的危害。其基本原则有以下几点：

（1）防止爆炸性混合物的形成。

（2）严格控制着火源。

（3）燃爆开始就及时泄出压力。

（4）切断爆炸传播途径。

（5）减弱爆炸压力和冲击波对人员、设备和建筑的损坏。

（6）检测报警。

二、工业建筑防火与防爆

（一）生产和储存过程中的火灾危险性分类

为防止火灾和爆炸事故的发生，首先应了解化工生产过程和物质贮存的火灾危险是属于哪一类型，存在哪些可能发生着火或爆炸的因素，发生火灾爆炸后火势蔓延扩大的条件等。

生产与储存的火灾危险性分类原则是在综合考虑全面情况的基础上，确定生产和储存的火灾危险性类别。主要根据生产和储存中物料的燃爆性质及其火灾爆炸危险程度，反应中所用物质的数量，采取的反应温度、压力以及使用密闭的还是敞开的设备进行生产操作等条件来进行分类。

生产和储存物品的火灾危险性分类，是确定建（构）筑物的耐火等级、布置工艺装置、选择电器设备型式等，以及采取防火防爆措施的重要依据，而且依此确定防爆泄压面积、安全疏散距离、消防用火、采暖通风方式以及灭火器设置数量等。举例见表3-7、表3-8。

表3-7　生产的火灾危险性分类

生产的火灾危险性类别	使用或产生下列物质生产的火灾危险性特征
甲类	1. 闪点小于 28 ℃ 的液体 2. 爆炸下限小于 10% 的气体 3. 常温下能自行分解或在空气中氧化能导致迅速自燃或爆炸的物质 4. 常温下受到水或空气中水蒸气的作用，能产生可燃气体并引起燃烧或爆炸的物质 5. 遇酸、受热、撞击、摩擦、催化以及遇有机物或硫黄等易燃的无机物，极易引起燃烧或爆炸的强氧化剂 6. 受撞击、摩擦或与氧化剂、有机物接触时能引起燃烧或爆炸的物质 7. 在密闭设备内操作温度不小于物质本身自燃点的生产

表3-7（续）

生产的火灾危险性类别	使用或产生下列物质生产的火灾危险性特征
乙类	1. 闪点不小于28℃，但小于60℃的液体 2. 爆炸下限不小于10%的气体 3. 不属于甲类的氧化剂 4. 不属于甲类的易燃固体 5. 助燃气体 6. 能与空气形成爆炸性混合物的浮游状态的粉尘、纤维、闪点不小于60℃的液体雾滴
丙类	1. 闪点不小于60℃的液体 2. 可燃固体
丁类	1. 对不燃烧物质进行加工，并在高温或熔化状态下经常产生强辐射热、火花或火焰的生产 2. 利用气体、液体、固体作为燃料或将气体、液体进行燃烧作其他用的各种生产 3. 常温下使用或加工难燃烧物质的生产
戊类	常温下使用或加工不燃烧物质的生产

表3-8 储存物品的火灾危险性分类

储存物品的火灾危险性类别	储存物品的火灾危险性特征	举 例
甲类	1. 闪点小于28℃的液体 2. 爆炸下限小于10%的气体，受到水或空气中水蒸气的作用能产生爆炸下限小于10%气体的固体物质 3. 常温下能自行分解或在空气中氧化能导致迅速自燃或爆炸的物质 4. 常温下受到水或空气中水蒸气的作用，能产生可燃气体并引起燃烧或爆炸的物质 5. 遇酸、受热、撞击、摩擦以及遇有机物或硫黄等易燃的无机物，极易引起燃烧或爆炸的强氧化剂 6. 受撞击、摩擦或与氧化剂、有机物接触时能引起燃烧或爆炸的物质	1. 己烷、戊烷、环戊烷、石脑油、二硫化碳、苯、二甲苯、甲醇、乙醇、乙醚、蚁酸甲酯、醋酸甲酯、硝酸乙酯、汽油、丙酮、丙烯、酒精度为38度及以上的白酒 2. 乙炔、氢、甲烷、环氧乙烷、水煤气、液化石油气、乙烯、丙烯、丁二烯、硫化氢、氯乙烯、电石、碳化铝 3. 硝化棉、硝化纤维胶片、喷漆棉、火胶棉、赛璐珞棉、黄磷 4. 金属钾、钠、锂、钙、锶、氢化锂、氢化钠、四氢化锂铝 5. 氯酸钾、氯酸钠、过氧化钠、过氧化钾、硝酸铵 6. 赤磷、五硫化二磷、三硫化二磷
乙类	1. 闪点不小于28℃，但小于60℃的液体 2. 爆炸下限不小于10%的气体 3. 不属于甲类的氧化剂 4. 不属于甲类的易燃固体 5. 助燃气体 6. 常温下与空气接触能缓慢氧化，积热不散引起自燃的物品	1. 煤油、松节油、丁烯醇、异戊醇、丁醚、醋酸丁酯、硝酸戊酯、乙酰丙酮、环己胺、溶剂油、冰醋酸、樟脑油、蚁酸 2. 氨气、一氧化碳 3. 硝酸铜、铬酸、亚硝酸钾、重铬酸钠、铬酸钾、硝酸、硝酸汞、硝酸钴、发烟硫酸、漂白粉 4. 硫黄、镁粉、铝粉、赛璐珞板（片）、樟脑、萘、生松香、硝化纤维漆布、硝化纤维色片 5. 氧气、氟气、液氯 6. 漆布及其制品，油纸及其制品，油绸及其制品

表 3 - 8（续）

储存物品的火灾危险性类别	储存物品的火灾危险性特征	举　例
丙类	1. 闪点不小于 60 ℃ 的液体 2. 可燃固体	1. 动物油、植物油，沥青，蜡，润滑油、机油、重油，闪点大于或等于 60 ℃ 的柴油，糠醛，白兰地成品库 2. 化学、人造纤维及其织物，纸张，棉、毛、丝、麻及其织物，谷物，面粉，粒径大于或等于 2 mm 的工业成型硫黄，天然橡胶及其制品，竹、木及其制品，中药材，电视机、收录机等电子产品，计算机房已录数据的磁盘储存间，冷库中的鱼、肉间
丁类	难燃烧物品	自熄性塑料及其制品，酚醛泡沫塑料及其制品，水泥刨花板
戊类	不燃烧物品	钢材、铝材、玻璃及其制品、搪瓷制品、陶瓷制品，不燃气体，玻璃棉、岩棉、陶瓷棉、硅酸铝纤维、矿棉，石膏及其无纸制品，水泥、石、膨胀珍珠岩

（二）爆炸危险场所等级

为防止电气设备和线路（电火花和电弧、危险温度等）引起爆炸火灾事故，在电力装置设计规范中，根据发生事故的可能性及其后果、危险程度及物质状态的不同，将爆炸危险场所划为两类六个区域，以便采取相应措施，防止由于电气设备及线路引起爆炸和发生火灾，见表 3 - 9。

爆炸危险场所是指在易燃易爆物质的生产、使用和贮存过程中，能够形成爆炸性混合物，或爆炸性混合物能够侵入的场所。

在划分爆炸危险场所的类别和等级时，应考虑可燃物质（可燃气体、液体和粉尘）在该场所内的数量、爆炸极限和自燃点、设备条件和工艺过程、厂房体积和结构、通风设施等情况，进行综合全面的评定。

表 3 - 9　爆炸危险场所的类别和等级

类　别	爆炸危险区域	特　征
有可燃气体或易燃液体蒸气爆炸危险的场所	0 区	连续出现或长期出现爆炸性气体混合物的环境
	1 区	在正常运行时可能出现爆炸性气体混合物的场所
	2 区	在正常运行时不太可能出现爆炸性气体混合物的环境，或即使出现也仅是短时存在的爆炸性气体混合物的环境
有可燃粉尘和可燃纤维爆炸危险的场所	20 区	空气中的可燃性粉尘云持续地或长期地或频繁地出现于爆炸性环境中的区域
	21 区	在正常运行时，空气中的可燃性粉尘云很可能偶尔出现于爆炸性环境中的区域
	22 区	正常运行时，空气中的可燃粉尘云一般不可能出现于爆炸性粉尘环境中的区域，即使出现，持续时间也是短暂的

（三）工业建筑的耐火等级

1. 耐火等级分级

建筑物的耐火能力对限制火灾蔓延扩大和及时进行扑救、减少火灾损失具有重要意义。厂房和库房的耐火等级是由建筑构件的燃烧性能和最低耐火极限决定的，是衡量建筑物耐火程度的标准。根据国家建筑设计防火规范，建筑物的耐火等级分为 4 级，建筑物的耐火等级见表 3 - 10。

表 3-10　建筑物耐火等级

名　称		耐　火　等　级			
构　件		一　级	二　级	三　级	四　级
墙	防火墙	不燃烧性 3.00	不燃烧性 3.00	不燃烧性 3.00	不燃烧性 3.00
	承重墙	不燃烧性 3.00	不燃烧性 2.50	不燃烧性 2.00	难燃烧性 0.50
	楼梯间和前室的墙 电梯井的墙	不燃烧性 2.00	不燃烧性 2.00	不燃烧性 1.50	难燃烧性 0.50
	疏散走道两侧的隔墙	不燃烧性 1.00	不燃烧性 1.00	不燃烧性 0.50	难燃烧性 0.25
	非承重外墙 房间隔墙	不燃烧性 0.75	不燃烧性 0.50	难燃烧性 0.50	难燃烧性 0.25
柱		不燃烧性 3.00	不燃烧性 2.50	不燃烧性 2.00	难燃烧性 0.50
梁		不燃烧性 2.00	不燃烧性 1.50	不燃烧性 1.00	难燃烧性 0.50
楼板		不燃烧性 1.50	不燃烧性 1.00	不燃烧性 0.75	难燃烧性 0.50
屋顶承重构件		不燃烧性 1.50	不燃烧性 1.00	难燃烧性 0.50	燃烧性
疏散楼梯		不燃烧性 1.50	不燃烧性 1.00	不燃烧性 0.75	燃烧性
吊顶（包括吊顶搁栅）		不燃烧性 0.25	难燃烧性 0.25	难燃烧性 0.15	燃烧性

注：二级耐火等级建筑内采用不燃材料的吊顶，其耐火极限不限。

2. 耐火等级的选用要求

（1）高层厂房，甲、乙类厂房的耐火等级不应低于二级，建筑面积不大于 300 m^2 的独立甲、乙类单层厂房可采用三级耐火等级的建筑。

（2）单、多层丙类厂房和多层丁、戊类厂房的耐火等级不应低于三级。

使用或产生丙类液体的厂房和有火花、赤热表面、明火的丁类厂房，其耐火等级均不应低于二级；当为建筑面积不大于 500 m^2 的单层丙类厂房或建筑面积不大于 1000 m^2 的单层丁类厂房时，可采用三级耐火等级的建筑。

（3）使用或储存特殊贵重的机器、仪表、仪器等设备或物品的建筑，其耐火等级不应低于二级。

（4）锅炉房的耐火等级不应低于二级，当为燃煤锅炉房且锅炉的总蒸发量不大于 4 t/h 时，可采用三级耐火等级的建筑。

（5）油浸变压器室、高压配电装置室的耐火等级不应低于二级，其他防火设计应符合现行国家标准《火力发电厂与变电站设计防火规范》（GB 50229）等标准的规定。

（6）高架仓库、高层仓库、甲类仓库、多层乙类仓库和储存可燃液体的多层丙类仓库，其耐火等级不应低于二级。

单层乙类仓库，单层丙类仓库，储存可燃固体的多层丙类仓库和多层丁、戊类仓库，其耐火等级不应低于三级。

（7）粮食筒仓的耐火等级不应低于二级；二级耐火等级的粮食筒仓可采用钢板仓。

粮食平房仓的耐火等级不应低于三级；二级耐火等级的散装粮食平房仓可采用无防火保护的金属承重构件。

（8）甲、乙类厂房和甲、乙、丙类仓库内的防火墙，其耐火极限不应低于 4.00 h。

（9）一、二级耐火等级单层厂房（仓库）的柱，其耐火极限分别不应低于 2.50 h 和 2.00 h。

（10）采用自动喷水灭火系统全保护的一级耐火等级单、多层厂房（仓库）的屋顶承重构件，其耐火极限不应低于 1.00 h。

（11）除甲、乙类仓库和高层仓库外，一、二级耐火等级建筑的非承重外墙，当采用不燃性墙体时，其耐火极限不应低于 0.25 h；当采用难燃性墙体时，不应低于 0.50 h。

4 层及 4 层以下的一、二级耐火等级丁、戊类地上厂房（仓库）的非承重外墙，当采用不燃性墙体时，其耐火极限不限。

（12）二级耐火等级厂房（仓库）内的房间隔墙，当采用难燃性墙体时，其耐火极限应提高 0.25 h。

（13）二级耐火等级多层厂房和多层仓库内采用预应力钢筋混凝土的楼板，其耐火极限不应低于 0.75 h。

（14）一、二级耐火等级厂房（仓库）的上人平屋顶，其屋面板的耐火极限分别不应低于 1.50 h 和 1.00 h。

（15）一、二级耐火等级厂房（仓库）的屋面板应采用不燃材料。

屋面防水层宜采用不燃材料、难燃材料；当采用可燃防水材料且铺设在可燃、难燃保温材料上时，防水材料或可燃、难燃保温材料应采用不燃材料作为防护层。

（16）建筑中的非承重外墙、房间隔墙和屋面板，当确需采用金属夹芯板材时，其芯材应为不燃材料，且耐火极限应符合本规范有关规定。

（17）除《建筑设计防火规范》（GB 50016）另有规定外，以木柱承重且墙体采用不燃材料的厂房（仓库），其耐火等级可按四级确定。

（18）预制钢筋混凝土构件的节点外露部位，应采取防火保护措施，且节点的耐火极限不应低于相应构件的耐火极限。

3. 厂房和仓库的层数、面积

厂房的耐火等级、厂房的层数和每个防火分区的最大允许建筑面积的选择见表 3 - 11，仓库耐火等级层数和面积的选择见表 3 - 12。

表 3 - 11　厂房的耐火等级、厂房的层数和每个防火分区的最大允许建筑面积

生产的火灾危险性类别	厂房的耐火等级	最多允许层数	每个防火分区的最大允许建筑面积/m²			
			单层厂房	多层厂房	高层厂房	地下或半地下厂房（包括地下室和半地下室）
甲	一级	宜采用单层	4000	3000	—	—
	二级		3000	2000	—	—
乙	一级	不限	5000	4000	2000	—
	二级	6	4000	3000	1500	—
丙	一级	不限	不限	6000	3000	500
	二级	不限	8000	4000	2000	500
	三级	2	3000	2000	—	—
丁	一、二级	不限	不限	不限	4000	1000
	三级	3	4000	2000	—	—
	四级	1	1000	—	—	—
戊	一、二级	不限	不限	不限	6000	1000
	三级	3	5000	3000	—	—
	四级	1	1500	—	—	—

注：1. 防火分区之间应采用防火墙分隔。除甲类厂房以外的一、二级耐火等级厂房，当其防火分区的建筑面积大于本表规定，且设置防火墙有困难时，可采用防火卷帘或防火分隔水幕分隔。

2. 除麻纺厂外，一级耐火等级的多层纺织厂房和二级耐火等级的单层、多层纺织厂房，其每个防火分区的最大允许建筑面积可按照本表的规定增加 0.5 倍，但厂房内的原棉开包，清花车间和厂房内其他部位之间均应采用耐火极限不低于 2.5 h 的防火隔墙分隔，需要开设门、窗、孔洞时，应设置甲级防火门、窗。

3. 一、二级耐火等级的单、多层造纸生产联合厂房，其每个防火分区的最大允许建筑面积可按本表的规定增加 1.5 倍。一、二级耐火等级的湿式造纸联合厂房，当纸机烘缸罩内设置自动灭火系统，完成工段设置有效灭火设施保护时，其每个防火分区的最大允许建筑面积可按工艺要求确定。

4. 一、二级耐火等级的谷物筒仓工作塔，当每层工作人数不超过 2 人时，其层数不限。

5. 一、二级耐火等级卷烟生产联合厂房内的原料、备料及成组配方、制丝、储丝和卷接包、辅料周转、成品暂存、二氧化碳膨胀烟丝等生产用房应划分独立的防火分隔单元，当工艺条件许可时，应采用防火墙进行分隔。其中制丝、储丝和卷接包车间可划分为一个防火为分区，且每个防火分区的最大允许建筑面积可按工艺要求确定，但制丝、储丝及卷接包车间之间应采用耐火极限不低于 2.00 h 的防火隔墙和 1.00 h 的楼板进行分隔，厂房内各水平和竖向防火分隔之间的开口应采取防止火灾蔓延的措施。

6. 厂房内的操作平台、检修平台，当使用人数少于 10 人时，平台的面积可不计入所在防火分区的建筑面积内。

7. "—"表示不允许。

表 3-12　仓库的耐火等级、层数和面积

储存物品的火灾危险性类别		仓库的耐火等级	最多允许层数	每座仓库的最大允许占地面积和每个防火分区的最大允许建筑面积/m²						
				单层仓库		多层仓库		高层仓库		地下或半地下仓库（包括地下或半地下室）
				每座仓库	防火分区	每座仓库	防火分区	每座仓库	防火分区	防火分区
甲	3、4 项	一级	1	180	60	—		—		—
	1、2、5、6 项	一、二级	1	750	250	—		—		—
乙	1、3、4 项	一、二级	3	2000	500	900	300	—		—
		三级	1	500	250	—		—		—
	2、5、6 项	一、二级	5	2800	700	1500	500	—		—
		三级	1	900	300	—		—		—
丙	1 项	一、二级	5	4000	1000	2800	700	—		150
		三级	1	1200	400	—		—		—
	2 项	一、二级	不限	6000	1500	4800	1200	4000	1000	300
		三级	3	2100	700	1200	400	—		—
丁		一、二级	不限	不限	3000	不限	1500	4800	1200	500
		三级	3	3000	1000	1500	500	—		—
		四级	1	2100	700	—		—		—
戊		一、二级	不限	不限	不限	不限	2000	6000	1500	1000
		三级	3	3000	1000	2100	700	—		—
		四级	1	2100	700	—		—		—

注：1. 仓库内的防火分区之间必须采用防火墙分隔，甲、乙类仓库内防火分区之间的防火墙不应开设门、窗、洞口；地下或半地下仓库（包括地下或半地下室）的最大允许占地面积，不应大于相应类别地上仓库的最大允许占地面积。

2. 石油库区内的桶装油品仓库应符合现行国家标准《石油库设计规范》（GB 50074）的规定。

3. 一、二级耐火等级的煤均化库，每个防火分区的最大允许建筑面积不应大于 12000 m²。

4. 独立建造的硝酸铵仓库、电石仓库、聚乙烯等高分子制品仓库、尿素仓库、配煤仓库、造纸厂的独立成品仓库，当建筑的耐火等级不低于二级时，每座仓库的最大允许占地面积和每个防火分区的最大允许建筑面积可按本表的规定增加 1.0 倍。

5. 一、二级耐火等级粮食平房仓的最大允许占地面积不应大于 12000 m²，每个防火分区的最大允许建筑面积不应大于 3000 m²；三级耐火等级粮食平房仓的最大允许占地面积不应大于 3000 m²，每个防火分区的最大允许建筑面积不应大于 1000 m²。

6. 一、二级耐火等级且占地面积不大于 2000 m² 的单层棉花仓库，其防火分区的最大允许建筑面积不应大于 2000 m²。

7. 一、二级耐火等级冷库的最大允许占地面积和防火分区的最大允许建筑面积，应符合现行国家标准《冷库设计规范》（GB 50072）的规定。

8. "—"表示不允许。

（四）防火分隔与防爆泄压

为实现安全生产，首先强调防患于未然，把预防放在第一位。但一旦发生事故，则应设法限制火灾的蔓延扩大和削弱爆炸威力的升级，以减少损失。而这些措施在厂房或库房等建筑设计时就应重点考虑。通常采取的措施有防火墙、防火门、防火间距和防爆泄压设施等。

1. 防火墙

根据在建筑物中的位置和构造形式，有与屋脊方向垂直的横向防火墙、与屋脊方向平行的纵向防火墙、内墙防火墙、外墙防火墙和独立防火墙等。内防火墙是把厂房或库房划分成防火单元，可以阻止火势在建筑物内的蔓延扩展；外防火墙是邻近两幢建筑的防火间距不足而设置的无门窗洞的外墙，或两幢建筑物之间的室外独立防火墙。防火墙的耐火极限应符合《建筑设计防火规范》（GB 50016）的有关规定；甲、乙类厂房和甲、乙、丙类仓库内的防火墙，其耐火极限不应低于 4.00 h。

为了给扑灭火灾赢得时间，要求防火墙应由非燃烧体材料构成，防火墙应直接设置在建筑的基础或框架、梁等承重结构上，框架、梁等承重结构的耐火极限不应低于防火墙的耐火极限，当防火墙一侧的屋架、梁和楼板被烧毁或受到严重破坏时，防火墙不致倒塌；防火墙内不应设置通风排气道；不应开设门、窗洞口，如必须开设时，应设置耐火等级不低于 1.2 h 的防火门，并能自行关闭；可燃气体和液体管道不应穿过防火墙，其他管道若必须穿过时，应用非燃烧材料将管道四周缝隙填塞紧密等。

2. 防火门

已采取防火分隔的相邻区域如需要互相通行时，可在中间设防火门。按燃烧性能不同有非燃烧体防火门和难燃烧体防火门；按开启方式不同有平开门、推拉门、升降门和卷帘门等。

防火门是一种活动的防火分隔物，要求防火门应能关闭紧密，不会窜入烟火；应有较高的耐火极限，甲级防火门的耐火极限不低于 1.5 h，乙级不低于 1.0 h，丙级不低于 0.5 h；为保证在着火时防火门能及时关闭，最好在门上设置自动关闭装置。设置在建筑内经常有人通行处的防火门宜采用常开防火门。常开防火门应能在火灾时自行关闭，并应具有信号反馈的功能。除允许设置常开防火门的位置外，其他位置的防火门均应采用常闭防火门。常闭防火门应在其明显位置设置"保持防火门关闭"等提示标识。

3. 防火间距

火灾发生时，由于强烈的热辐射、热对流以及燃烧物质的爆炸飞溅、抛向空中形成飞火，能使邻近甚至远处建筑物形成新的起火点。为阻止火势向相邻建筑物蔓延扩散，应保证建筑物之间的防火间距，《建筑设计防火规范》（GB 50016）对防火间距作出了详细规定，因篇幅原因在此不再赘述。

4. 防爆泄压设施

有爆炸危险的甲、乙类厂房应设置泄压设施，构成薄弱环节，一旦爆炸发生时，这些薄弱部位首先遭受破坏，瞬时把大量气体和热量泄入大气，削弱爆炸威力的升级，从而减轻承重结构受到的爆炸压力，避免造成倒塌破坏。

厂房的泄压设施可采用轻质板制成的屋顶和易于泄压的门、窗（应向外开启），也可用轻质墙体泄压。当厂房周围环境条件较差时，宜采用轻质屋顶泄压。

泄压面积与厂房体积的比值（单位 m^2/m^3）宜采用 $0.05 \sim 0.22$ m^2/m^3，对爆炸介质威力较强或爆炸压力上升速度较快的厂房，应尽量采用较大比值。对容积超过 1000 m^3 的厂房，采用上述比值有困难时，可适当减少，但最低不应小于 0.03 m^2/m^3。

泄压设施应布置在靠近易发生爆炸的部位，但应避开人员密集场所和主要交通通道等场所。有爆炸危险的生产部位，宜布置在单层厂房的靠外墙处和多层厂房的顶层靠外墙处，以减少爆炸时对其他部位的影响。

三、主要危险场所的防火与防爆

（一）油库

油库是防火与防爆的重点部位。一方面是油库的易燃易爆介质存在着火灾爆炸危险性；另一方面在库房周围往往有较多的火源，如铸造车间的冲天炉、锻工车间加热炉的烟囱，常年喷射火花，还有热处理车间和电气焊等。因此，油库必须采取切实可靠的防火与防爆措施。

1. 油库的火灾爆炸危险性

油库贮存的石油产品如汽油、柴油和煤油等，具有易挥发、易燃烧、易爆炸、易流淌扩散、易受热膨胀、易产生静电以及易产生沸溢或喷溅的火险特性。有的油品如汽油的闪点很低，为 -39 ℃，在天寒地冻的严冬季节仍存在发生燃爆危险，即低温火灾爆炸的危险性。

油库火灾主要是由各种明火源、静电放电、摩擦撞击以及雷击等原因引起的。例如我国东北某企业在春节前进行安全保卫检查，发现汽油库的铁门关闭不严，则让电焊工修理铁门，当时气温是 -20 ℃，汽油在此温度下仍具有火灾爆炸危险，电焊工刚刚引弧即听到一声巨响，汽油库发生爆炸，把库房炸成平地，紧接着在库房的废墟上爆炸转化为着火，顿时烈火熊熊，造成三人死亡和严重财产损失。

油库发生着火爆炸的主要原因有：

（1）油桶作业时，使用不防爆的灯具或其他明火照明。

（2）利用钢卷尺量油、铁制工具撞击等碰撞产生火花。

（3）进出油品方法不当或流速过快，或穿着化纤衣服等，产生静电火花。

（4）室外飞火进入油桶或油蒸气集中的场所。

（5）油桶破裂，或装卸违章。

（6）维修前清理不合格而动火检修，或使用铁器工具撞击产生火花。

（7）灌装过量或日光曝晒。

（8）遭受雷击，或库内易燃物（油棉丝等）、油桶内沉积含硫残留物质的自燃，通风或空调器材不符合安全要求出现火花等。

2. 油库的分类

根据储存液化烃、易燃和可燃液体的火灾危险性，《石油库设计规范》（GB 50074）将储存物质分甲、乙、丙三类，见表 3 - 13。按油库容量的大小分为 6 个等级，见表 3 - 14。

表3-13　石油库储存液化烃、易燃和可燃液体的火灾危险性分类

类　　别		特征或液体闪点（F_t）
甲	A	15 ℃时的蒸气压力大于 0.1 MPa 的烃类液体或其他类似的液体
	B	甲$_A$ 类以外，$F_t < 28$ ℃
乙	A	28 ℃ $\leqslant F_t < 45$ ℃
	B	45 ℃ $\leqslant F_t < 60$ ℃
丙	A	60 ℃ $\leqslant F_t \leqslant 120$ ℃
	B	$F_t > 120$ ℃

表3-14　石油库的等级划分

等　级	石油库储罐计算总容量（TV）/m³	等　级	石油库储罐计算总容量（TV）/m³
特级	$1200000 \leqslant TV \leqslant 3600000$	三级	$10000 \leqslant TV < 30000$
一级	$100000 \leqslant TV < 1200000$	四级	$1000 \leqslant TV < 10000$
二级	$30000 \leqslant TV < 100000$	五级	$TV < 1000$

（二）电石库

根据贮存物品的火灾和爆炸性分类，电石库属甲类物品库房（电石属于甲类储存物品第 2 项），其防火与防爆的安全要求和措施主要有以下几点。

1. 布设原则

（1）电石库房的地势要高且干燥，不得布置在易被水淹的低洼地方。

（2）严禁以地下室或半地下室作为电石库房。

（3）电石库不应布置在人员密集区域和主要交通要道处。

（4）企业设有乙炔站时，电石库宜布置在乙炔站的区域内。

（5）电石库与其他建（构）筑物的防火间距，不应小于表 3-15 的规定。在乙炔站内电石库，当与制气厂房相邻的较高一面的外墙为防火墙时，其防火间距可适当缩小，但不应小于 6 m。

表3-15　电石库与建（构）筑物的防火间距　　　　　　　　　　　　　　　　m

名　　　称			防 火 间 距	
			贮量≤10 t	贮量>10 t
高层民用建筑、重要公共建筑			50	50
裙房、其他民用建筑、明火或散发火花的地点			25	30
其他建筑物	耐火等级	一、二级	12	15
		三级	15	20
		四级	20	25

表 3-15（续）　　　　　　　　　　　　　　　　　　　　　m

名　　称	防　火　间　距	
	贮量≤10 t	贮量>10 t
室外变电站、配电站	25	30
甲类仓库	20	20

（6）电石库与铁路、道路的防火间距不应小于下列规定：

① 厂外铁路线（中心线）40 m。

② 厂内铁路线（中心线）30 m。

③ 厂外道路（路边）20 m。

④ 厂内主要道路（路边）10 m。

⑤ 厂内次要道路（路边）5 m。

电力牵引机车的厂外铁路线的防火间距可减为 20 m。至电石库的装卸专用铁路线和道路的防火间距，可不受上列规定的限制。

2. 库房设置安全要求

（1）电石库应是单层的一、二级耐火建筑。库房应设置泄压装置（易掀开的轻质房顶，易于泄压的门、窗和墙等），其泄压面积与库房容积之比应大于等于 0.200 m²/m³。泄压装置应靠近易爆炸部位，不得面对人员集中的地方和主要交通道路。作为泄压的窗不应采用双层玻璃。

电石库的门窗均应向外开启，库房应有直通室外或通过带防火门的走道通向室外的出入口。出入口应位于事故发生时能迅速疏散的地方。

电石仓库内应设火灾报警和可燃气体浓度检测报警仪。

（2）电石库房严禁铺设给水、排水、蒸汽和凝结水等管道。

（3）电石库应设置电石桶的装卸平台。平台应高出室外地面 0.4~1.1 m，宽度不宜小于 2 m。库房内电石桶应放置在比地坪高 0.02 m 的垫板上。

（4）装设于库房的照明灯具、开关等电气装置，应采用防爆安全型；或者将灯具和开关装在室外，用反射方法把灯光从玻璃窗射入室内。库内严禁安装采暖设备。

3. 消防措施

（1）电石库应备有干砂、二氧化碳灭火器或干粉灭火器等灭火器材。

（2）电石库房的总面积不应超过 750 m²，并应用防火墙隔成数间，每间的面积不应超过 250 m²。

（三）管道

在化工、炼油、冶炼等工厂里，通过管道将许多机器设备互相联通起来。根据管道输送介质的状态、性质、压力和温度等不同，可以分成多种不同管道。这里着重讨论输送可燃介质和助燃介质管道的防爆设施，并且以可燃气体乙炔和助燃气体氧气管道为例，研究管道发生爆炸的原因和应当采取的防爆措施。

1. 管道发生着火爆炸的原因

（1）管道里的锈皮及其他固体微粒随气体高速流动时的摩擦热和碰撞热（尤其在管道拐弯处），是管道发生着火爆炸的一个因素。

（2）由于漏气，在管道外围形成爆炸性气体滞留的空间，遇明火而发生着火和爆炸。

（3）外部明火导入管道内部。这里包括管道附近明火的导入，以及与管路相连接的焊接工具由于回火而导入管道内。

（4）管道过分靠近热源，管道内气体过热引起着火爆炸。

（5）氧气管道阀门沾有油脂。

（6）带有水分或其他杂质的气体在管道内流动时，超过一定流速就会因摩擦产生静电积聚而放电。此外，由于雷击产生巨大的电磁、热、机械效应和静电作用等，也会使管道及构筑物遭到破坏或引起火灾爆炸事故。

2. 管道防爆与防火措施

（1）限定气体流速。乙炔在管道中的最大流速，不应超过下列规定：

厂区和车间的乙炔管道，工作压力为 0.007 MPa 以上至 0.15 MPa 时，其最大流速为 3 m/s。

乙炔站内的乙炔管道，工作压力为 2.5 MPa 及其以下者，其最大流速为 4 m/s。

氧气在管道中的最大流速，不应超过表 3 – 16 的规定。

表 3 – 16　氧气管道内的最高流速

设计压力/MPa	管　材	最高允许流速/(m·s⁻¹)
≤0.1	—	按管道系统允许压力降确定
>0.1, 且≤1.0	碳钢	20
	不锈钢	30
>1.0, 且≤3.0	碳钢	15
	不锈钢	25
>3.0, 且≤10.0	不锈钢	4.5
>10.0, 且≤20.0	不锈钢	4.5
	铜基合金	6

（2）管径的限定及管道连接的安全要求：

① 工作压力在 0.007 MPa 以上至 0.15 MPa 的中压乙炔管道，内径不应超过 30 mm。

② 工作压力在 0.15~2.5 MPa 的高压乙炔管道，管内径不应超过 20 mm。

③ 乙炔管道的连接应采用焊接，但与设备、阀门和附件的连接处可采用法兰或螺纹连接。

④ 乙炔管道在厂区的布设，应考虑到由于压力和温度的变化而产生局部应力，管道应有伸缩余地。

⑤ 氧气管道应尽量减少拐弯。拐弯时宜采用弯曲半径较大或内壁光滑的弯头，不应采用折皱或焊接弯头。

（3）防止静电放电的接地措施。

乙炔和氧气管道在室内外架空或埋地铺设时，都必须可靠接地。室外管道埋地铺设时，在管线上每隔 200~300 m 设置一接地极；架空铺设时，每隔 100~200 m 设置一接地极；室内管道不论架空或地沟铺设（不宜采用埋地铺设），每隔 30~50 m 设置一接地极。但不管管线的长短如何，在管道的起端和终端及管道进入建筑物的入口处，都必须设置接地极。接地装置的接地电阻不得大于 10 Ω。

对离地面 5 m 以上架空铺设的氧气和乙炔管道，为防止雷击放电产生的静电或电磁感应对管道的作用，要求缩短管道两接地极的距离，一般不超过 50 m。

（4）防止外部明火导入管道内部。

可采用水封法（如前面已介绍过的水封回火防止器）或采用火焰消除器，以防止火焰导入管道内部和阻止火焰在管道里蔓延。

火焰消除器亦称阻火器，可用粉末冶金片或是用多层细孔铜网（也可用不锈钢网或铝网）重叠起来制成。

（5）防止在管道外围形成爆炸性气体滞留的空间。

乙炔管道通过厂房车间时，应保证室内通风良好，并应定期监测乙炔气体浓度，以便及时采取措施排除爆炸性混合气。还应检查管道是否漏气，防止着火爆炸事故。

地沟铺设乙炔管道时，在沟里应填满不含杂质的砂子；埋地铺设时，应在管道下部先铺一层厚度约 100 mm 的砂子。如沟底有坚硬石块以及考虑到局部有不均匀下沉的可能性时，砂层的厚度还应大些，然后再在管子两侧和上部填以厚度不少于 20 mm 的砂子。填充砂子的目的是保证管道周围回填密实，没有大的缝隙。当管道一旦发生不均匀下沉时，由于砂子有一定流动性，也随之下沉，不至于在管道附近形成过大的缝隙，造成爆炸性气体聚集停留有较大的空间。

（6）管道的脱脂。

氧气和乙炔管道在安装使用前都应进行脱脂。常用脱脂剂二氯乙烷和酒精为易燃液体，四氯化碳和三氯乙烯虽是不燃液体，但在明火和灼热物体存在条件下，易分解成剧毒气体——光气。故脱脂现场必须严禁烟火。

（7）气密性和泄漏性试验。

氧气和乙炔管道除与一般受压管道同样要求做强度试验外，还应做气密性试验和泄漏量试验。

在强度试验合格并用热风吹干后，才可进行试验。试验压力一般为工作压力的 1.05 倍。对于工作压力 ≤0.007 MPa 的乙炔管道，其试验压力为工作压力加 0.01 MPa；试验介质为空气或惰性气体，用涂肥皂水等方法进行检查。达到试验压力后保压 1 h，如压力不下降，则气密性试验合格。

泄漏量试验的压力为工作压力的 1.5 倍，但不得小于 0.1 MPa，试验介质为空气或氮气。其泄漏标准为试验 12 h 后，泄漏量不超过原气体容积的 0.5% 为合格。泄漏量可按式（3-3）计算：

$$V = 100 \left[1 - \frac{p_2(273 + t_1)}{p_1(273 + t_2)} \right] \% \tag{3-3}$$

式中　　　V——泄漏量，%；

　　　p_1，p_2——试验开始和终结时管道内介质的绝对压力，Pa；

　　　t_1，t_2——试验开始和结束时管道内介质的温度，℃。

（8）埋地乙炔管道不应铺设在下列地点：烟道、通风地沟和直接靠近高于50 ℃热表面的地方；建筑物、构筑物和露天堆场的下面。

架空乙炔管道靠近热源铺设时，宜采用隔热措施，管壁温度严禁超过70 ℃。

（9）乙炔管道可与供同一使用目的的氧气管道共同铺设在非燃烧体盖板的不通行地沟内，地沟内必须全部填满砂子，并严禁与其他沟道相通。

（10）乙炔管道严禁穿过生活间、办公室。厂区和车间的乙炔管道，不应穿过不使用乙炔的建筑物和房间。

（11）氧气管道严禁与燃油管道共沟铺设。架空铺设的氧气管道不宜与燃油管道共架铺设，如确需共架铺设时，氧气管道宜布置在燃油管道的上面，且净距不宜小于0.5 m。

（12）乙炔管路使用前，应用氮气吹洗全部管道，取样化验合格后方准使用。

（四）喷漆

喷漆方法主要有空气喷漆和静电喷漆两种。目前不少工厂还大量采用空气喷漆的方法，即利用喷枪来压缩空气气流，将漆料从喷嘴以雾状喷出，沉积在产品表面。漆料和稀释剂大多是硝基物质，喷成雾状后有50%以上扩散在空间，这不仅危害人身健康，同时能与空气形成爆炸性混合物，遇火源便会发生燃烧爆炸。由于喷漆中的溶剂含量比较高，而且喷漆要求快干，所用物料的沸点低，容易挥发，因此防火防毒是喷漆安全的重点。其安全要求主要有以下几点。

（1）喷漆属于甲类生产，其车间厂房应为一、二级耐火结构，不宜设在二层以上的建筑物上。贮存和调漆应在符合防火要求的专门房间内进行。地面应采用耐火且不易碰出火花的材料。

（2）喷漆厂房与明火操作场所的距离应大于30 m。

（3）喷漆车间和喷漆料、溶剂的贮存、调配间的各种电器应符合电气防爆规范要求。如采用无防爆灯具，可在墙外设强光灯通过玻璃照射。工作人员不得携带火柴、打火机等火种进入生产场所。

（4）动火检修时，必须采取防火措施。例如，事先清除油漆及其沉淀物、增设灭火器材、专人监护等。还必须经相关管理部门审批同意后，才能动火。

（5）喷漆车间应根据生产情况设置足够的通风和排风装置，将可燃气体及时排出。中小型零件喷漆时，最好采用水帘过滤抽风柜。通风机必须采用专门的防爆型风机，并经常检查，防止摩擦撞击。所有电气设备应有良好接地。如果车间没有严格的保温要求，尽量采用自然通风。

（6）操作时应控制喷速，空气压力应控制在0.2~0.4 MPa，喷枪与工件表面的距离宜保持在300~500 mm。

（7）车间里的油漆和溶剂贮存量以不超过一日用量为宜。为减少挥发量，容器应加盖。

（8）在特殊情况下，如大型机械、机车等机件庞大且又不宜搬动的喷漆操作，若确需在现场进行，而现场的电气设备又不防爆时，应将现场电源全部切断，待喷漆结束、可燃蒸气全部排除后方可通电。

（9）在露天进行喷漆操作时，应避开焊割作业、砂轮、锻造、铸造等明火场所。

（10）喷漆的防火还应从改进工艺和材料着手。如采用静电喷漆，材料利用率可提高到 80% ~98% 以上，扩散的漆雾大大减少。又如采用电泳涂漆，以水作溶剂，消除了溶剂中毒和火灾的危险等。

四、电气防火防爆安全技术

（一）生产场所爆炸性环境分类与分级

1. 爆炸性气体环境分类与分级

1）爆炸性气体释放源与分级

释放源是指可释放出能形成爆炸性混合物的物质所在的部位或地点。释放源应按可燃物质的释放频繁程度和持续时间长短分为连续级释放源、一级释放源、二级释放源，释放源分级应符合下列规定：

（1）连续级释放源应为连续释放或预计长期释放的释放源。下列情况可划为连续级释放源：

① 没有用惰性气体覆盖的固定顶盖贮罐中的可燃液体的表面。

② 油、水分离器等直接与空间接触的可燃液体的表面。

③ 经常或长期向空间释放可燃气体或可燃液体的蒸气的排气孔和其他孔口。

（2）一级释放源应为在正常运行时，预计可能周期性或偶尔释放的释放源。下列情况可划为一级释放源：

① 在正常运行时，会释放可燃物质的泵、压缩机和阀门等的密封处。

② 贮有可燃液体的容器上的排水口处，在正常运行中，当水排掉时，该处可能会向空间释放可燃物质。

③ 正常运行时，会向空间释放可燃物质的取样点。

④ 正常运行时，会向空间释放可燃物质的泄压阀、排气口和其他孔口。

（3）二级释放源应为在正常运行时，预计不可能释放，当出现释放时，仅是偶尔和短期释放的释放源。下列情况可划为二级释放源：

① 正常运行时，不能出现释放可燃物质的泵、压缩机和阀门的密封处。

② 正常运行时，不能释放可燃物质的法兰、连接件和管道接头。

③ 正常运行时，不能向空间释放可燃物质的安全阀、排气孔和其他孔口处。

④ 正常运行时，不能向空间释放可燃物质的取样点。

2）爆炸性气体环境分区

爆炸性气体环境应根据爆炸性气体混合物出现的频繁程度和持续时间分为 0 区、1 区、2 区，分区应符合下列规定。

（1）0 区应为连续出现或长期出现爆炸性气体混合物的环境。

（2）1 区应为在正常运行时可能出现爆炸性气体混合物的环境。

（3）2 区应为在正常运行时不太可能出现爆炸性气体混合物的环境，或即使出现也仅是短时存在的爆炸性气体混合物的环境。

（4）符合下列条件之一时，可划为非爆炸危险区域：

① 没有释放源且不可能有可燃物质侵入的区域。

② 可燃物质可能出现的最高浓度不超过爆炸下限值的 10% 。

③ 在生产过程中使用明火的设备附近，或炽热部件的表面温度超过区域内可燃物质引燃温度的设备附近。

④ 在生产装置区外，露天或开敞设置的输送可燃物质的架空管道地带，但其阀门处按具体情况确定。

（5）爆炸危险区域的划分应按释放源级别和通风条件确定，存在连续级释放源的区域可划为 0 区，存在一级释放源的区域可划为 1 区，存在二级释放源的区域可划为 2 区，并应根据通风条件按下列规定调整区域划分：

① 当通风良好时，可降低爆炸危险区域等级，但当通风不良时，应提高爆炸危险区域等级。

② 局部机械通风在降低爆炸性气体混合物浓度方面比自然通风和一般机械通风更为有效时，可采用局部机械通风降低爆炸危险区域等级。

③ 在障碍物、凹坑和死角处，应局部提高爆炸危险区域等级。

④ 利用堤或墙等障碍物，限制比空气重的爆炸性气体混合物的扩散，可缩小爆炸危险区域的范围。

3）爆炸性气体混合物的分级、分组

爆炸性气体混合物应按其最大试验安全间隙（MESG）或最小点燃电流比（MICR）分级。爆炸性气体混合物分级应符合表 3 - 17 的规定。

表 3 - 17 爆炸性气体混合物分级

级 别	最大试验安全间隙（MESG）/mm	最小点燃电流比（MICR）
ⅡA	≥0.9	>0.8
ⅡB	0.5 < MESG < 0.9	0.45 ≤ MICR ≤ 0.8
ⅡC	≤0.5	< 0.45

注：1. 分级的级别应符合现行国家标准《爆炸性环境 第12部分：气体或蒸气混合物按照其最大试验安全间隙和最小点燃电流的分级》(GB 3836.12) 的有关规定。

2. 最小点燃电流比（MICR）为各种可燃物质的最小点燃电流值与实验室甲烷的最小点燃电流值之比。

2. 爆炸性粉尘环境分类与分级

1）爆炸性粉尘释放源分级

粉尘释放源应按爆炸性粉尘释放频繁程度和持续时间长短分为连续级释放源、一级释放源、二级释放源，释放源应符合下列规定。

（1）连续级释放源应为粉尘云持续存在或预计长期或短期经常出现的部位。

（2）一级释放源应为在正常运行时预计可能周期性的或偶尔释放的释放源。

（3）二级释放源应为在正常运行时，预计不可能释放，如果释放也仅是不经常地并且是短期地释放。

（4）下列三项不应被视为释放源：

① 压力容器外壳主体结构及其封闭的管口和人孔。

② 全部焊接的输送管和溜槽。

③ 在设计和结构方面对防粉尘泄漏进行了适当考虑的阀门压盖和法兰接合面。

2）爆炸性粉尘环境危险区域分区

爆炸危险区域应根据爆炸性粉尘环境出现的频繁程度和持续时间分为 20 区、21 区、22 区，分区应符合下列规定。

（1）20 区应为空气中的可燃性粉尘云持续地或长期地或频繁地出现于爆炸性环境中的区域。

（2）21 区应为在正常运行时，空气中的可燃性粉尘云很可能偶尔出现于爆炸性环境中的区域。

（3）22 区应为在正常运行时，空气中的可燃粉尘云一般不可能出现于爆炸性粉尘环境中的区域，即使出现，持续时间也是短暂的。

（4）爆炸危险区域的划分应按爆炸性粉尘的量、爆炸极限和通风条件确定。

（5）符合下列条件之一时，可划为非爆炸危险区域：

① 装有良好除尘效果的除尘装置，当该除尘装置停车时，工艺机组能联锁停车。

② 设有为爆炸性粉尘环境服务，并用墙隔绝的送风机室，其通向爆炸性粉尘环境的风道设有能防止爆炸性粉尘混合物侵入的安全装置。

③ 区域内使用爆炸性粉尘的量不大，且在排风柜内或风罩下进行操作。

④ 为爆炸性粉尘环境服务的排风机室，应与被排风区域的爆炸危险区域等级相同。

3）爆炸性粉尘环境中粉尘分级

在爆炸性粉尘环境中粉尘可分为下列三级。

（1）ⅢA 级为可燃性飞絮。

（2）ⅢB 级为非导电性粉尘。

（3）ⅢC 级为导电性粉尘。

（二）防爆电气设备

1. 防爆电气设备类型

化工企业经常使用各种易燃、易爆的化学物质，作为生产原料或者就是生产的产品，由于各种原因导致生产过程中发生化学品的泄漏、挥发等情况，从而在电气设备周边形成爆炸性环境，因此，在化工生产中要求在爆炸性环境使用的电气设备应当具有一定的防爆功能。爆炸性环境使用的电气设备与爆炸危险物质的分类相对应，被分为Ⅰ类、Ⅱ类、Ⅲ类。

（1）Ⅰ类电气设备。用于煤矿瓦斯气体环境。Ⅰ类防爆型式考虑了甲烷和煤粉的点燃及地下用设备的机械增强保护措施。

（2）Ⅱ类电气设备。用于爆炸性气体环境。具体分为ⅡA、ⅡB、ⅡC三类。ⅡB类的设备可适用于ⅡA类设备的使用条件，ⅡC类的设备可用于ⅡA或ⅡB类设备的使用条件。

（3）Ⅲ类电气设备。用于爆炸性粉尘环境。具体分为ⅢA、ⅢB、ⅢC三类。ⅢB类的设备可适用于ⅢA设备的使用条件，ⅢC类的设备可用于ⅢA或ⅢB类设备的使用条件。

2. 设备保护等级（EPL）

引入设备保护等级（EPL）目的在于指出设备的固有点燃风险，区别爆炸性气体环境、爆炸性粉尘环境和煤矿有甲烷的爆炸性环境的差别。

用于煤矿有甲烷的爆炸性环境中的Ⅰ类设备EPL分为Ma、Mb两级。

用于爆炸性气体环境的Ⅱ类设备的EPL分为Ga、Gb、Gc三级。

用于爆炸性粉尘环境的Ⅲ类设备的EPL分为Da、Db、Dc三级。

其中，Ma、Ga、Da级的设备具有"很高"的保护等级，该等级具有足够的安全程度，使设备在正常运行过程中、在预期的故障条件下或者在罕见的故障条件下不会成为点燃源。对Ma级来说，甚至在气体突出时设备带电的情况下也不可能成为点燃源。

Mb、Gb、Db级的设备具有"高"的保护等级，在正常运行过程中，在预期的故障条件下不会成为点燃源。对Mb级来说，在从气体突出到设备断电的时间范围内，预期的故障条件下不可能成为点燃源。

Gc、Dc级的设备具有爆炸性气体环境用设备。具有"加强"的保护等级，在正常运行过程中不会成为点燃源，也可采取附加保护，保证在点燃源有规律预期出现的情况下（如灯具的故障），不会点燃。

3. 防爆电气设备防爆结构型式

1）爆炸性气体环境防爆电气设备结构型式及符号

为了选择适用于爆炸性气体环境的电气设备，将爆炸性气体混合物按其最大试验安全间隙或最小点燃电流分级，分为ⅡA、ⅡB、ⅡC。最大试验安全间隙是制造电气设备隔爆外壳的基础数据，在隔爆外壳中是以隔爆间隙喷射出的爆炸产物所具有的能量点燃周围爆炸性的气体混合物，因此隔爆型防爆结构的定义为当可燃气体或蒸气进入外壳内部发生爆炸时，该外壳能承受爆炸压力且爆炸的火焰不会引燃该外壳外部的可燃气体或蒸气的全封闭结构。最小点燃电流比是设计本质安全型电路的依据，在本质安全电路中，是用电火花点燃爆炸性气体混合物。因此本安型防爆结构的定义为电气设备产生的火花、电弧或高温不会引燃可燃气体或蒸气的结构。

用于爆炸性气体环境的防爆电气设备结构型式及符号分别是：

（1）隔爆型（d）。

（2）增安型（e）。

（3）本质安全型（i，对应不同的保护等级分为 ia、ib、ic）。

（4）浇封型（m，对应不同的保护等级分为 ma、mb、mc）。

（5）无火花型（nA）。

（6）火花保护（nC）。

（7）限制呼吸型（nR）。

（8）限能型（nL）。

（9）油浸型（o）。

（10）正压型（p，对应不同的保护等级分为 px、py、pz）。

（11）充砂型（q）等设备。

各种防爆型式及符号的防爆电气设备有其各自对应的保护等级，供电气防爆设计时选用。

2）爆炸性粉尘环境防爆电气设备结构型式及符号

用于爆炸性粉尘环境的防爆电气设备结构型式及符号分别是：

（1）隔爆型（t，对应不同的保护等级分为 ta、tb、tc）。

（2）本质安全型（i，对应不同的保护等级分为 ia、ib、ic）。

（3）浇封型（m，对应不同的保护等级 EPL 分为 ma、mb、me）。

（4）正压型（p）等设备。

4. 防爆电气设备的标志

防爆电气设备的标志应设置在设备外部主体部分的明显地方，且应设置在设备安装之后能看到的位置。标志应包含：制造商的名称或注册商标、制造商规定的型号标识、产品编号或批号、颁发防爆合格证的检验机构名称或代码、防爆合格证号、Ex 标志、防爆结构型式符号、类别符号、表示温度组别的符号（对于 II 类电气设备）或最高表面温度及单位，前面加符号 T（对于 III 类电气设备）、设备的保护等级（EPL）、防护等级（仅对于 III 类，例如 IP54）。

表示 Ex 标志、防爆结构型式符号、类别符号、温度组别或最高表面温度、保护等级、防护等级的示例：

（1）ExdIIBT3Gb——表示该设备为隔爆型"d"，保护等级为 Gb，用于 IIB 类 T3 组爆炸性气体环境的防爆电气设备。

（2）ExpIIICT120 ℃ DbIP65——表示该设备为正压型"p"，保护等级为 Db，用于有 JDC 导电性粉尘的爆炸性粉尘环境的防爆电气设备，其最高表面温度低于 120 ℃，外壳防护等级为 IP65。

用于含有爆炸性气体（即除甲烷外）时，应按照 I 类和 II 类相应可燃性气体的要求进行制造和检验。该类电气设备应有相应的标志，如"ExdI／IIBT3"或者"ExdI／II（NH₃）"。

5. 爆炸危险环境中电气设备的选用原则

（1）应根据电气设备使用环境的区域、电气设备的种类、防护级别和使用条件等选择电气设备。具体选择时，应根据爆炸危险区域的分区，可燃性物质和可燃性粉尘的分级，可燃性物质的引燃温度，可燃性粉尘云、可燃性粉尘层的最低引燃温度等因素进行选择。

（2）所选用的防爆电气设备的类别和组别不应低于该危险环境内爆炸性混合物的类别和组别。

（3）危险区域划分与电气设备保护级别的关系应符合下列规定：

① 爆炸性环境内电气设备保护级别（EPL）的选择应符合表 3-18 的规定。

表3-18 爆炸性环境内电气设备保护级别（EPL）的选择

危 险 区 域	设备保护级别	危 险 区 域	设备保护级别
0 区	Ga	20 区	Da
1 区	Ga 或 Gb	21 区	Da 或 Db
2 区	Ga、Gb 或 Gc	22 区	Da、Db 或 Dc

② 电气设备保护级别（EPL）与电气设备防爆结构的关系应符合表3-19的规定。

表3-19 电气设备保护级别（EPL）与电气设备防爆结构的关系

设备保护级别（EPL）	电气设备防爆结构	防 爆 形 式
Ga	本质安全型	"ia"
	浇封型	"ma"
	由两种独立的防爆类型组成的设备，每一种类型达到保护级别 Gb 的要求	—
	光辐射式设备和传输系统的保护	"op is"
Gb	隔爆型	"d"
	增安型	"e"①
	本质安全型	"ib"
	浇封型	"mb"
	油浸型	"o"
	正压型	"px" "py"
	充砂型	"q"
	本质安全现场总线概念（FISCO）	—
	光辐射式设备和传输系统的保护	"op pr"
Gc	本质安全型	"ic"
	浇封型	"mc"
	无火花	"n" "nA"
	限制呼吸	"nR"
	限能	"nL"
	火花保护	"nC"
	正压型	"pz"
	非可燃现场总线概念（FNICO）	—
	光辐射式设备和传输系统的保护	"op sh"

表 3 - 19（续）

设备保护级别（EPL）	电气设备防爆结构	防爆形式
Da	本质安全型	"iD"
	浇封型	"mD"
	外壳保护型	"ta"
Db	本质安全型	"iD"
	浇封型	"mD"
	外壳保护型	"tb"
	正压型	"pD"
Dc	本质安全型	"iD"
	浇封型	"mD"
	外壳保护型	"tc"
	正压型	"pD"

注：①在 1 区中使用的增安型 "e" 电气设备仅限于下列电气设备。在正常运行中不产生火花、电弧或危险温度的接线盒和接线箱，包括主体为 "d" 或 "m" 型，接线部分为 "e" 型的电气产品；按现行国家标准《爆炸性环境 第 3 部分：由增安型 "e" 保护的设备》（GB 3836. 3）附录 D 配置的合适热保护装置的 "e" 型低压异步电动机，启动频繁和环境条件恶劣者除外；"e" 型荧光灯；"e" 型测量仪表和仪表用电流互感器。

（4）防爆电气设备的级别和组别不应低于该爆炸性气体环境内爆炸性气体混合物的级别和组别，并应符合下列规定：

① 气体、蒸气或粉尘分级与电气设备类别的关系应符合表 3 - 20 的规定。当存在有两种以上可燃性物质形成的爆炸性混合物时，应按照混合后的爆炸性混合物的级别和组别选用防爆设备，无据可查又不可能进行试验时，可按危险程度较高的级别和组别选用防爆电气设备。对于标有适用于特定的气体、蒸气的环境的防爆设备，没有经过鉴定，不得使用于其他的气体环境内。

表 3 - 20　气体、蒸气或粉尘分级与电气设备类别的关系

气体、蒸气或粉尘分级	设 备 类 别	气体、蒸气或粉尘分级	设 备 类 别
ⅡA	ⅡA、ⅡB 或 ⅡC	ⅢA	ⅢA、ⅢB 或 ⅢC
ⅡB	ⅡB 或 ⅡC	ⅢB	ⅢB 或 ⅢC
ⅡC	ⅡC	ⅢC	ⅢC

② Ⅱ类电气设备的温度组别、最高表面温度和气体、蒸气引燃温度之间的关系符合表 3 - 21 的规定。

③ 安装在爆炸性粉尘环境中的电气设备应采取措施防止热表面点可燃性粉尘层引起

的火灾危险。Ⅲ类电气设备的最高表面温度应按国家现行有关标准的规定进行选样。电气设备结构应满足电气设备在规定的运行条件下不降低防爆性能的要求。

（5）当选用正压型电气设备及通风系统时，应符合下列规定：

表 3 - 21　Ⅱ类电气设备的温度组别、最高表面温度和气体、蒸气引燃温度之间的关系

电气设备温度组别	电气设备允许最高表面温度/℃	气体/蒸气的引燃温度/℃	适用的设备温度级别
T1	450	>450	T1 ~ T6
T2	300	>300	T2 ~ T6
T3	200	>200	T3 ~ T6
T4	135	>135	T4 ~ T6
T5	100	>100	T5 ~ T6
T6	85	>85	T6

① 通风系统应采用非燃性材料制成，其结构应坚固，连接应严密，并不得有产生气体滞留的死角。

② 电气设备应与通风系统联锁，运行前应先通风，并应在通风量大于电气设备及其通风系统管道容积的 5 倍时，接通设备的主电源。

③ 在运行中，进入电气设备及其通风系统内的气体不应含有可燃物质或其他有害物质。

④ 在电气设备及其通风系统运行中，对于 px、py 或 pD 型设备，其风压不应低于 50 Pa；对于 pz 型设备，其风压不应低于 25 Pa。当风压低于上述值时，应自动断开设备的主电源或发出信号。

⑤ 通风过程排出的气体不宜排入爆炸危险环境；当采取有效地防止火花和炽热颗粒从设备及其通风系统吹出的措施时，可排入 2 区空间。

⑥ 对闭路通风的正压型设备及其通风系统应供给清洁气体。

⑦ 电气设备外壳及通风系统的门或盖子应采取联锁装置或加警告标志等安全措施。

（6）应用示例：

如图 3 - 2 所示，某炼化公司油品质量升级项目的"三苯罐区"在装卸泵的电动机选型上，根据爆炸危险分区和《爆炸危险环境电力装置设计规范》（GB 50058）的要求，选用了防爆等级不低于 dⅡB T4 或 eⅡT3 的防爆型电动机。

（三）防爆电气线路

在爆炸危险环境中，电气线路安装位置的选择、敷设方式的选择、导体材质的选择、连接方法的选择等均应根据环境的危险等级进行。

1. 敷设位置

电气线路应当敷设在爆炸危险性较小或距离释放源较远的位置。

2. 敷设方式

爆炸危险环境中电气线路主要采用防爆钢管配线和电缆配线，在敷设时的最小截面、

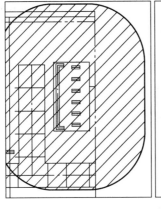

非爆炸危险区

气体危险区
2 区（油气、氢气）
其内电气设备防爆
等级不低于 dⅡBT4
（dⅡC T4）或 eⅡT3

图 3-2　某炼化企业三苯罐区爆炸危险区域划分图（节选）

接线盒、管子连接要求等方面应满足对应爆炸危险区域的防爆技术要求。

3. 隔离密封

敷设电气线路的沟道以及保护管、电缆或钢管在穿过爆炸危险环境等级不同的区域之间的隔墙或楼板时，应采用非燃性材料严密堵塞。

4. 导线材料选择

在爆炸危险区内，除在配电盘、接线箱或采用金属导管配线系统内，无护套的电线不应作为供配电线路。

在 1 区内应采用铜芯电缆；除本质安全电路外，在 2 区内宜采用铜芯电缆，当采用铝芯电缆时，其截面不得小于 16 mm^2，且与电气设备的连接应采用铜 - 铝过渡接头。敷设在爆炸性粉尘环境 20 区、21 区以及在 22 区内有剧烈振动区域的回路，均应采用铜芯绝缘导线或电缆。

除本质安全系统的电路外，爆炸性环境电缆配线的技术要求和在爆炸性环境内电压为 1000 V 以下的钢管配线的技术要求应符合《爆炸危险环境电力装置设计规范》（GB 50058）的有关规定。

5. 允许载流量

1 区、2 区绝缘导线截面和电缆截面选择，导体允许载流量不应小于熔断器熔体额定电流和断路器长延时过电流脱扣器整定电流的 1.25 倍。引向低压笼型感应电动机支线的允许载流量不应小于电动机额定电流的 1.25 倍。

6. 电气线路的连接

1 区和 2 区的电气线路的中间接头必须在与该危险环境相适应的防爆型的接线盒或接头盒内部。1 区宜采用隔爆型接线盒，2 区可采用增安型接线盒。

（四）爆炸性气体环境危险区域范围典型示例图

根据《爆炸危险环境电力装置设计规范》（GB 50058），下面以部分化工企业生产现场为例，描述爆炸性气体环境危险区域范围。该标准在实践应用中要结合具体情况，充分分析影响区域的等级和范围的各项因素，包括可燃物的释放量、释放速度、沸点、温度、闪点、相对密度、爆炸下限、障碍等及其生产条件，运用实践经验加以分析判断时，可使用下列示例来确定范围，图中释放源除注明外均为第二级释放源。

（1）可燃物质重于空气、通风良好且为第二级释放源的主要生产装置区（图3-3和图3-4），爆炸危险区域的范围宜符合下列规定：

① 在爆炸危险区域内，地坪下的坑、沟可划为1区。

② 与释放源的距离为7.5 m的范围内可划为2区。

③ 以释放源为中心，总半径为30 m，地坪上的高度为0.6 m，且在2区以外的范围内可划为附加2区。

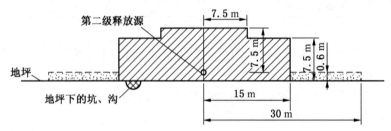

注：重于空气的气体或蒸气（相对密度大于1.2的气体或蒸气）

图3-3 释放源接近地坪时可燃物质重于空气、通风良好的生产装置区

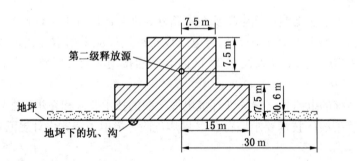

注：重于空气的气体或蒸气（相对密度大于1.2的气体或蒸气）

图3-4 释放源在地坪以上时可燃物质重于空气、通风良好的生产装置区

（2）可燃物质重于空气，释放源在封闭建筑物内，通风不良且为第二级释放源的主要生产装置区（图3-5），爆炸危险区域的范围划分宜符合下列规定：

① 封闭建筑物内和在爆炸危险区域内地坪下的坑、沟可划为1区。

② 以释放源为中心，半径为15 m，高度为7.5 m的范围内可划为2区，但封闭建筑物的外墙和顶部距2区的界限不得小于3 m，如为无孔洞实体墙，则墙外为非危险区。

③ 以释放源为中心，总半径为30 m，地坪上的高度为0.6 m，且在2区以外的范围内

可划为附加2区。

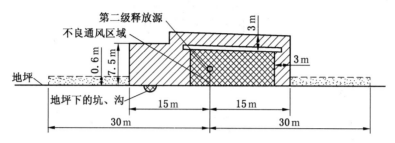

注：用于距释放源在水平方向15m的距离，或在建筑物周边3m范围，取两者中较大者

图3-5　可燃物质重于空气、释放源在封闭建筑物内通风不良的生产装置区

（3）对于可燃物质重于空气的贮罐（图3-6和图3-7），爆炸危险区域的范围划分宜符合下列规定：

① 固定式贮罐，在罐体内部未充惰性气体的液体表面以上的空间可划为0区，浮顶式贮罐在浮顶移动范围内的空间可划为1区。

② 以放空口为中心，半径为1.5m的空间和爆炸危险区域内地坪下的坑、沟可划为1区。

③ 距离贮罐的外壁和顶部3m的范围内可划为2区。

④ 当贮罐周围设围堤时，贮罐外壁至围堤，其高度为堤顶高度的范围内可划为2区。

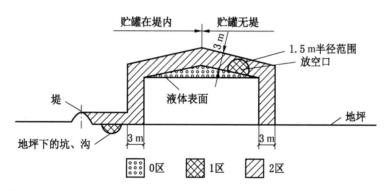

图3-6　可燃物质重于空气、设在户外地坪上的固定式贮罐

（4）可燃液体、液化气、压缩气体、低温液体装载槽车及槽车注入口处（图3-8），爆炸危险区域的范围划分宜符合下列规定：

① 以槽车密闭式注入口为中心，半径为1.5m的空间或以非密闭式注入口为中心，半径为3m的空间和爆炸危险区域内地坪下的坑、沟可划为1区。

② 以槽车密闭式注入口为中心，半径为4.5m的空间或以非密闭式注入口为中心，半径为7.5m的空间以及至地坪以上的范围内可划为2区。

（5）对于可燃物质轻于空气，通风良好且为第二级释放源的主要生产装置区（图

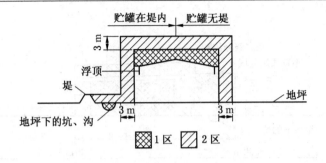

图 3-7 可燃物质重于空气、设在户外地坪上的浮顶式贮罐

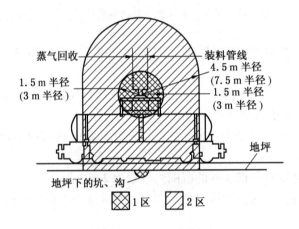

注：可燃液体为非密闭注送时采用括号内数值

图 3-8 可燃液体、液化气、压缩气体等密闭注送系统的槽车

3-9)，当释放源距离地坪的高度不超过 4.5 m 时，以释放源为中心，半径为 4.5 m，顶部与释放源的距离为 4.5 m，及释放源至地坪以上的范围内可划分为 2 区。

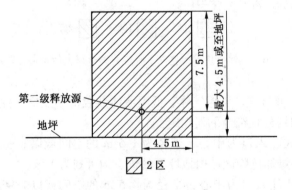

注：释放源距地坪的高度超过 4.5 m 时，应根据实践经验确定

图 3-9 可燃物质轻于空气、通风良好的生产装置区

（6）对于可燃物质轻于空气，下部无侧墙，通风良好且为第二级释放源的压缩机厂房（图3-10），爆炸危险区域的范围划分宜符合下列规定：

① 当释放源距离地坪的高度不超过4.5 m时，以释放源为中心，半径为4.5 m，地坪以上至封闭区底部的空间和封闭区内部的范围内可划为2区。

② 屋顶上方百叶窗边外，半径为4.5 m，百叶窗顶部以上高度为7.5 m的范围内可划分为2区。

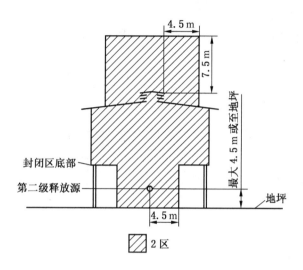

注：1. 释放源距地坪高度超过4.5 m时，应根据实践经验确定；

  2. 轻于空气的气体或蒸气（相对密度小于0.8的气体或蒸气）

图3-10 可燃物质轻于空气、通风良好的压缩机厂房

（7）对于可燃物质轻于空气，通风不良且为第二级释放源的压缩机厂房（图3-11），爆炸危险区域的范围划分宜符合下列规定：

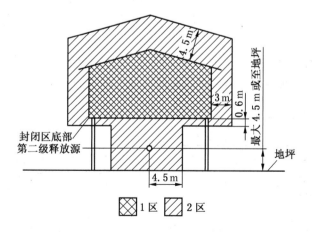

注：释放源距地坪的高度超过4.5 m时，应根据实践经验确定

图3-11 可燃物质轻于空气，通风不良的压缩机厂房

①封闭区域内部可划分为1区。

②以释放源为中心，半径为4.5 m，地坪以上至封闭区底部的空间和距离封闭区外壁3 m，顶部的垂直高度为4.5 m的范围内可划为2区。

（8）对于开顶贮罐或池的单元分离器、顶分离器和分离器（图3-12），当液体表面为连续级释放源时，爆炸危险区域的范围划分宜符合下列规定：

①单元分离器和预分离器的池壁外，半径为7.5 m，地坪上高度为7.5 m，及至液体表面以上的范围内可划为1区。

②分离器的池壁外，半径为3 m，地坪上高度为3 m，及至液体表面以上的范围内可划为1区。

③1区外水平距离半径为3 m，垂直上方3 m，水平距离半径为7.5 m，地坪上高度为3 m以及1区外水平距离半径为22.5 m，地坪上高度为0.6 m的范围内可划为2区。

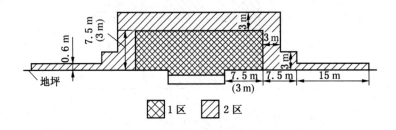

图3-12　单元分离器、顶分离器和分离器

（9）对于开顶贮罐或池的溶解气游离装置（溶气浮选装置）（图3-13），当液体表面处为连续级释放源时，爆炸危险区域的范围划分宜符合下列规定：

①液体表面至地坪的范围可划为1区。

②1区外及池壁外水平距离半径为3 m，地坪上高度为3 m的范围内可划为2区。

（10）对于开顶贮罐或池的生物氧化装置（图3-14），当液体表面处为连续级释放源时，开顶贮罐或池壁外水平距离半径为3 m，液体表面上方至地坪上高度为3 m的范围内宜划为2区。

（11）对于在通风良好区域内的带有通风管的盖封地下油槽或油水分离器（图3-15），当液体表面为连续释放源时，爆炸危险区域范围划分宜符合下列规定：

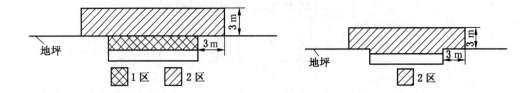

图3-13　溶解气游离装置（溶气浮选装置）(DAF)　　图3-14　生物氧化装置（BIOX）

①液体表面至盖底及以通风管口为中心，半径为1 m的范围可划为1区。

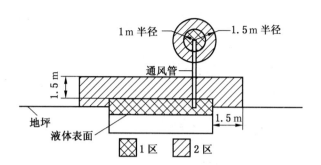

图 3 - 15 在通风良好区域内的带有通风管的盖封地下油槽或油水分离器

② 槽壁外水平距离 1.5 m，盖子上部高度为 1.5 m，及以通风管口为中心，半径为 1.5 m 的范围可划为 2 区。

（12）对于处理生产装置用冷却水的机械通风冷却塔（图 3 - 16），当划分为爆炸危险区域时，以回水管顶部烃放空管管口为中心，半径为 1.5 m 和冷却塔及其上方高度为 3 m 的范围可划分为 2 区，地坪下的泵坑的范围宜为 1 区。

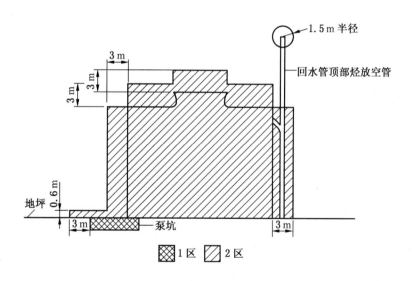

图 3 - 16 处理生产装置用冷却水的机械通风冷却塔

（13）无释放源的生产装置区与通风不良的，且有第二级释放源的爆炸性气体环境相邻（图 3 - 17），并用非燃烧体的实体墙隔开，其爆炸危险区域的范围划分宜符合下列规定：

① 通风不良的，有第二级释放源的房间范围内可划为 1 区。

② 当可燃物质重于空气时，以释放源为中心，半径为 15 m 的范围内可划为 2 区。

③ 当可燃物质轻于空气时，以释放源为中心，半径为 4.5 m 的范围内可划为 2 区。

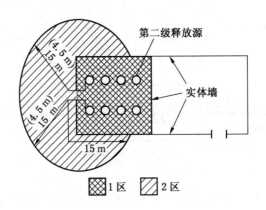

图 3-17　与通风不良的房间相邻

五、防静电与防雷安全技术

（一）静电的防护

化工企业应按照《防止静电事故通用导则》（GB 12158）、《液体石油产品静电安全规程》（GB 13348）、《防静电工程施工与质量验收规范》（GB 50944）、《静电防护管理通用要求》（GB/T 39587）、《化工企业静电安全检查规程》（HG/T 23003）等国家标准的有关规定，从技术上和管理上做好静电防护工作。

防止静电危害一方面要控制静电的产生，另一方面要防止静电的积累。控制静电的产生主要是控制工艺过程和控制工艺过程中所用材料的选择；控制静电的积累主要是设法加速静电的泄漏和中和，使静电不超过安全限度。接地、增湿、加入抗静电剂等均属于加速静电泄漏的方法，运用感应中和器、外接电源式中和器、放射线中和器等装置消除静电危害的方法均属于加速静电中和的方法。

静电导致火灾爆炸的条件有 5 个方面：①产生静电电荷；②有足够的电压产生火花放电；③有能引起火花放电的合适间隙；④产生的电火花要有足够的能量；⑤在放电间隙及周围环境中有易燃易爆混合物。上述条件缺一不可。因此，只要消除其中之一，就可达到防止静电引起燃烧爆炸危害的目的。

防止静电危害主要有控制并减少静电的产生，设法导走、消散静电，封闭静电，防止静电发生放电，改变生产环境等措施。具体的方法有工艺控制法、泄漏导走法、中和电荷法、封闭削尖法和防止人体带静电的方法等。

1. 工艺控制法

工艺控制法就是从工艺流程、设备结构、材料选择和操作管理等方面采取措施，限制静电的产生或控制静电的积累，使之达不到危险的程度。

1）限制输送速度

降低物料移动中的摩擦速度或液体物料在管道中的流速等工作参数，可限制静电的产生。对于液体物料的输送，主要通过控制流速来限制静电的产生。此外，输送管路应尽量减少弯曲和变径。液体物料中不应混入空气、水、灰尘和氧化物等杂质，也不可混入可溶性物品。用油轮、罐车、汽车、槽车等进行输送，其输送速度不应急剧变化，同时应在罐内装设分室隔板将液体分隔开等。

例如，油品在管道中流动所产生的流动电流或电荷密度的饱和值近似与油品流速的二次方成正比，所以对液体物料来说，控制流速是减少静电电荷产生的有效办法。

对气体物料输送应注意，先用过滤器将其中的水雾、尘粒除去后再输送或喷出。在喷出过程中，要求喷出量小，压力低，管路应清扫，如二氧化碳喷出时尽量防止带出干冰。液化气瓶口及易喷出的法兰处，应定期清扫干净。

2）加快静电电荷的逸散

在产生静电的任何工艺过程中，总是包含着产生和逸散两个区域。逸散就是指电荷自带电体上泄漏消散。

（1）缓冲器。输送液体物料时，在管道末端加缓冲器，以利用流速减慢时消散显著的特点，使带电的液体通过管道进入贮罐之前，先进入缓冲器内"缓冲"一段时间，将大部分电荷在这段时间里逸散，从而大大减少了进入贮罐的电荷。

（2）静置时间。经输油管注入贮罐的液体带入一定的静电荷，根据同性相斥的原理，液体内的电荷将向器壁、液面集中并泄入大地，此过程需一定时间，因此石油产品送入贮罐后，应静置一段时间后才能进行检尺、采样等工作。静置时间应符合表 3 - 22 的规定。

表 3 - 22　静 置 时 间 表

液体电导率/ （s·m⁻¹）	液体体积/m³			
	<10	10～50（不含）	50～5000（不含）	≥5000
	静置时间/min			
$>10^{-8}$	1	1	1	2
$10^{-12}～10^{-8}$	2	3	20	30
$10^{-14}～10^{-12}$	4	5	60	120
$<10^{-14}$	10	15	120	240

3）消除产生静电的附加源

产生静电的附加源如液流的喷溅、容器底部积水受到注入流的搅拌、在液体或粉体内夹入空气或气泡、粉尘在料斗或料仓内冲击、液体或粉体的混合搅动等。只要采取相应的措施，就可以减少静电的产生。

（1）为了避免液体在容器内喷溅，应从底部注油或将油管延伸至容器底部液面下。

（2）为了减轻从油槽车顶部注油时的冲击，从而减少注油时产生的静电，应改变注油管出口处的几何形状，如图 3 - 18 所示。这样做对降低油槽内油面的电位有一定的效果。

（3）为了降低罐内油面电位，过滤器不宜离管出口太近。一般要求从罐内到出口有 30 s 的缓冲时间，如满足不了则要配置缓冲器或其他防静电措施。

4）消除杂质

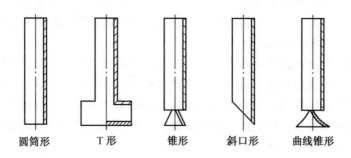

| 圆筒形 | T 形 | 锥形 | 斜口形 | 曲线锥形 |

图 3 - 18 注油管头示意图

油罐或管道内混有杂质时，有类似粉体起电的作用，静电发生量将增大。实践证明，油中含水 5%，会使起电效应增大 10 ~ 50 倍。

油品采用空气调和也是很不安全的。石油产品在生产输送中，要避免水、空气及其他杂质与油品之间以及不同油品之间相混合。

在粉体输送过程中，要防止尘埃、杂物落入料斗，料斗应有斜面，以减少冲击。并要除掉粉体内的杂质，因为各种杂质的沉降速度不一致，会形成二次分离，产生带电尘雾，在悬浮的粒子中易造成火花放电。

5）降低爆炸性混合物浓度

降低爆炸性混合物浓度，可消除或减轻爆炸性混合物；也可以在危险场所充填惰性气体，如二氧化碳和氮气等，隔绝空气或稀释爆炸性混合物，以达到防火防爆的目的。

6）材料的选用

一种材料与不同种类的其他材料接触而后分离时，其上静电电荷的数量和极性是随其他材料不同而不同的。因此，在存在摩擦且容易产生静电的场合，利用静电序列表优选原料配方和使用材质，使相互摩擦或接触的两种物质在序列表中位置相近，减少静电产生。也可以人为地使生产物料与不同材料制成的设备发生摩擦，并且与一种材料制成的设备发生摩擦时物料带正电，而与另一种材料制成的设备摩擦时物料带负电，以使得物料上的静电互相抵消，从而消除静电的危害。

7）适当安排物料的投入顺序

在某些搅拌工艺过程中，适当安排加料顺序，可降低静电的危害性。例如，在某液浆搅拌过程中，先加入汽油及其他溶质搅拌时，液浆表面电压小于 400 V，而最后加入汽油时，液浆表面电压则高达 10 kV 以上。

2. 泄漏导走法

泄漏导走法即在工艺过程中，采用空气增湿、加抗静电添加剂、静电接地和规定静止时间的方法，使带电体上的电荷向大地泄漏消散，以期得到安全生产的保证。

1）空气增湿

带电体在自然环境中放置，其所带有的静电荷会自行逸散。逸散的快慢与介质的表面电阻率和体积电阻率有很大关系，而介质的电阻率又和环境的湿度有关。提高环境的相对湿度，不只是加快静电的泄漏，还能提高爆炸性混合物的最小引燃能量。空气增湿可以降低静电非导体的绝缘性，湿空气在物体表面覆盖一层导电的液膜，提高电荷经物体表面泄放的能力，即降低物体泄漏电阻，使所产生的静电被导入大地。在工艺条件允许的情况下，空气增湿取相对湿度 70% 为合适。增湿以表面可被水湿润的材料效果为好，如醋酸纤维素、硝酸纤维素、纸张和橡胶等。对表面很难为水所湿润的材料，如纯涤纶、聚四氟乙烯和聚氯乙烯等效果就差。移动带电体再需消电处理，增湿水膜只需保持 1 ~ 2 s 即可。增湿的具体方法可采用安装空调设备进行调湿、喷雾器或挂湿布片、地面洒水以及喷放水蒸气等方法。

2）加抗静电添加剂

加抗静电添加剂，可以使绝缘材料增加吸湿性或离子性，使其电阻率降低到 1×10^5 Ω/m^2 或体积电阻率 $\leqslant 1 \times 10^4$ $\Omega \cdot cm$ 以下。如在航空煤油中加入百万分之一的抗静电添加剂后，可使油料中的静电迅速消散。抗静电添加剂种类繁多，如无机盐表面活性剂、无机半导体、有机半导体、高聚物以及电解质高分子成膜物等。抗静电添加剂的使用应根据使用对象、目的、物料的工艺状态以及成本、毒性、腐蚀性和使用场合的有效性等具体情况进行选择。如橡胶行业除炭黑外，不能选择其他化学防静电表面活性剂，否则会使橡胶贴合不平和起泡。再如对于纤维纺织，只要加入 0.2% 季铵盐型阳离子抗静电油剂，就可使静电电压降到 20 V 以下。对于悬浮的粉状或雾状物质，则任何防静电添加剂都无效。

3）静电接地连接

静电接地是消除静电的最简单最基本的方法，如无其他工艺条件配合，它只能消除导体上的静电而不能消除绝缘体上的静电，这是值得注意的地方。带静电物体的接地线必须连接牢靠，并有足够的机械强度，否则在松断处可能发生火花。对于活动性或临时性的带静电部件，不能靠自然接触接地，而应另用接地连接线接地。加工、储存、运输能够产生静电的管道、设备，如各种储罐、混合器、物料输送设备、过滤器、反应器、粉碎机械等金属设备与管线，通常将其连成一个连续的导电整体并加以接地。不允许设备内部有与大地绝缘的金属体。输送物料能产生静电危险的绝缘管道的金属屏蔽层也应接地。

（1）接地对象：

① 在易燃易爆场所，凡能产生静电的所有金属容器、输送机械、管道、工艺设备等。

② 输送油类等可燃液体的管道、贮罐、漏斗、过滤器以及其他有关的金属设备或物体。

③ 处理可燃气体或物质的机械外壳、转动的辊筒及一些金属设备。

④ 加油栈台、油槽车、油船体、铁路轨道、浮顶油罐。

⑤ 采用绝缘管道输送物料能产生静电的情况，在管道外的金属屏蔽层应接地，最好采用内壁衬有铜丝网的软管并接地。

（2）接地方式：

① 油罐罐壁用焊接钢筋或扁钢接地。

② 注油金属喷嘴与绝缘输油软管应先搭接后接地。

③ 铁路轨道、输油管道、金属栈桥和卸油台等的始末端和分支处应每隔 50 m 有一处接地。

④ 输油软管或软筒上缠绕的金属件也应接地。

⑤ 贮油罐的输入输出管间如有一定距离时，应先用连接件搭接后接地。

⑥ 在可燃液体注入容器时，注入器件（如漏斗、喷嘴）应接地。

4）静止时间

经输油管注入容器、储罐的液体物料带入一定量的静电荷，根据电导和同性相斥的原理，液体内的电荷将向器壁、液面集中泄漏消散。而液面电荷经液面导向器壁进而泄入大地，此过程需一定时间。如向燃料罐装液体，当装到 90% 时停泵，液面电压峰值常常出现在停泵后的 5～10 s 以内，然后电荷逐步衰减掉，该过程需 70～80 s。因此，绝对不准在停泵后马上检尺、取样。小容积槽车装完 1～2 min 后即可取样；对于大储罐则需要含水完全沉降后才能进行检尺工作。

3. 中和电荷法

绝缘体上的静电不能用接地法消除，但可利用极性相反的电荷中和原理以减少带电体上的静电量，即中和电荷法。属于该法的有静电消除器消电、物质匹配消电和湿度消电等。

1）静电消除器

静电消除器有自感应式、外接电源式、放射线式和离子流式等。

静电消除器的选用应从适用出发。

（1）自感应式是利用带电体的电荷与被感应放电针之间发生电晕放电，使空气被电离的方法来中和静电。这种消除器结构简单，容易制作，价格低，便于维修，本身不易成为引火源，是一种安全性较高的消电装置，对于不要求将静电消除得太干净的场合较为适用。自感应式静电清除器原则上适于任何级别的场合。

（2）外接电源式静电消除器是为了达到快速消除静电的效果，在放电针上加上交、直流高压，使放电针与接地体之间形成强电场，这样就加强了电晕放电，增强了空气电离，达到中和静电的效果。外接电源式静电消除器比自感应式静电消除器消电彻底，但容易使带电体载上反极性的静电。外接电源式静电消除器应按场合级别合理选择。如防爆场所应选用防爆型；相对湿度经常在 80% 以上的环境，尽量不用外接电源式静电消除器。

（3）利用放射性材料使空气电离，达到中和静电的目的。放射性材料尤其是射线对空气电离效果极佳，因此消除静电的效果也很好。这种消除器结构简单，不要求有外接电源，而且工作时又不产生火花，适用于有火灾和爆炸危险的场所，但是放射线式静电消除器能产生危害时不得使用。

（4）离子流型静电消除器则适用于远距离消电，在防火、防爆环境内使用等。

2）封闭削尖法

封闭削尖法是利用静电的屏蔽、尖端放电和电位随电容变化的特性，使带电体不致造成危害的方法。用接地的金属板、网或导电线圈把带电体电荷对外的影响局限在屏蔽层内，屏蔽层内物质不会受到外电场的影响，从而消除了"远方放电"等问题。这种封闭作用保证了系统的安全。

3）人体防静电

人体带电除了能使人体遭到电击和对安全生产造成威胁外，还能在精密仪器或电子器件生产中造成质量事故，为此必须解决人体带电对工业生产的危害。

人体在行走、穿脱衣服或从座椅上起立时都会产生静电。试验表明，其能量足以引燃石油类蒸气。因此，应引起足够的重视，加强规章制度的建立和安全技术教育。同时，通过接地、穿防静电鞋和防静电工作服等具体措施，也可减少静电在人体上的积累。

保证静电安全操作的具体措施如下：

（1）人体接地措施：操作者在进行工作时，应穿防静电鞋，防静电鞋的电阻必须小于 100 kΩ；不要穿羊毛或化纤的厚袜子，应穿防静电工作服，戴防静电手套和帽子，注意里面不要穿厚毛衣。在危险场所和静电产生严重的地点，不要穿一般化纤工作服，穿着以棉制品为好。在人体必须接地的场所应设金属接地棒，赤手接触即可导出人体静电。坐着工作的场合，可在手腕上佩戴接地腕带。

（2）地面应配用导电地面，产生静电的工作地面应是导电性的，其泄漏电阻既要小到防止人体静电积累，又要防止误触动力电而致人体伤害。

此外，用洒水的方法使混凝土地面、嵌木胶合板湿润，使橡皮、树脂和石板的黏合面以及涂刷地面能够形成水膜，增加其导电性。每日最少洒一次水，当相对湿度为 30% 以下时，应每隔几小时洒一次水。

（3）确保安全操作，在工作中尽量不做与人体带电有关的事情，如在接近或接触带电体以及与大地相绝缘的工作环境，不要穿脱工作服等。在有静电危险的场所操作、巡视、检查，不得携带与工作无关的金属物品，如钥匙、硬币、手表、戒指等。

（二）防雷技术措施

1. 建筑物的防雷分类

建筑物应根据建筑物的重要性、使用性质、发生雷电事故的可能性和后果，按防雷要求分为三类。

1）第一类防雷建筑物

在可能发生对地闪击的地区，遇下列情况之一时，应划为第一类防雷建筑物：

（1）凡制造、使用或贮存火炸药及其制品的危险建筑物，因电火花而引起爆炸、爆轰，会造成巨大破坏和人身伤亡者。

（2）具有 0 区或 20 区爆炸危险场所的建筑物。

（3）具有 1 区或 21 区爆炸危险场所的建筑物。因电火花而引起爆炸，会造成巨大破坏和人身伤亡者。

2）第二类防雷建筑物

在可能发生对地闪击的地区，遇下列情况之一时，应划为第二类防雷建筑物。

（1）国家级重点文物保护的建筑物。

（2）国家级的会堂、办公建筑物、大型展览和博览建筑物、大型火车站和飞机场、国宾馆，国家级档案馆、大型城市的重要给水泵房等特别重要的建筑物。

注：飞机场不含停放飞机的露天场所和跑道。

（3）国家级计算中心、国际通信枢纽等对国民经济有重要意义的建筑物。

（4）国家特级和甲级大型体育馆。

（5）制造、使用或贮存火炸药及其制品的危险建筑物，且电火花不易引起爆炸或不致造成巨大破坏和人身伤亡者。

（6）具有 1 区或 21 区爆炸危险场所的建筑物，且电火花不易引起爆炸或不致造成巨大破坏和人身伤亡者。

（7）具有 2 区或 22 区爆炸危险场所的建筑物。

（8）有爆炸危险的露天钢质封闭气罐。

（9）预计雷击次数大于 0.05 次/a 的部、省级办公建筑物和其他重要或人员密集的公共建筑物以及火灾危险场所。

（10）预计雷击次数大于 0.25 次/a 的住宅、办公楼等一般性民用建筑物或一般性工业建筑物。

3）第三类防雷建筑物

在可能发生对地闪击的地区，遇下列情况之一时，应划为第三类防雷建筑物。

（1）省级重点文物保护的建筑物及省级档案馆。

（2）预计雷击次数大于或等于 0.01 次/a，且小于或等于 0.05 次/a 的部、省级办公建筑物和其他重要或人员密集的公共建筑物，以及火灾危险场所。

（3）预计雷击次数大于或等于 0.05 次/a，且小于或等于 0.25 次/a 的住宅、办公楼等一般性民用建筑物或一般性工业建筑物。

（4）在平均雷暴日大于 15 d/a 的地区，高度在 15 m 及以上的烟囱、水塔等孤立的高耸建筑物；在平均雷暴日小于或等于 15 d/a 的地区，高度在 20 m 及以上的烟囱、水塔等孤立的高耸建筑物。

2. 建筑物的防雷措施

1）外部防雷装置

各类防雷建筑物应设防直击雷的外部防雷装置，并应采取防闪电电涌侵入的措施。第一类防雷建筑物和第二类防雷建筑物的（5）~（7）项（见上文第二类防雷建筑物）所规定的第二类防雷建筑物，尚应采取防闪电感应的措施。

2）内部防雷装置

各类防雷建筑物应设内部防雷装置，并应符合下列规定。

（1）在建筑物的地下室或地面层处，下列物体应与防雷装置做防雷等电位连接：

① 建筑物金属体。

② 金属装置。

③ 建筑物内系统。

④ 进出建筑物的金属管线。

（2）除上述①~④项措施外，外部防雷装置与建筑物金属体、金属装置、建筑物内系统之间，尚应满足间隔距离的要求。

3）防雷击电磁脉冲的措施

第二类防雷建筑（2）~（4）项所规定的第二类防雷建筑物尚应采取防雷击电磁脉冲的措施。其他各类防雷建筑物，当其建筑物内系统所接设备的重要性高，以及所处雷击磁场环境和加于设备的闪电电涌无法满足要求时，也应采取防雷击电磁脉冲的措施。防雷击电磁脉冲的措施应符合防雷击电磁脉冲的有关标准规定。

4）相关标准

具体的防雷措施，应按照《建筑物防雷设计规范》（GB 50057）、《石油化工装置防雷设计规范》（GB 50650）、《建筑物电子信息系统防雷技术规范》（GB 50343）、《建筑物防雷工程施工与质量验收规范》（GB 50601）等有关标准的规定实施。

3. 现代防雷技术

现代防雷技术，包括防止直接雷击，防止和抑制雷电电磁脉冲两大方面。基本内容就是采取接闪、均压、搭接、分流、屏蔽、接地、布线等综合防雷措施，令雷击能量安全地泄放与转换，全面防止雷电以各种方式对建筑物及设备造成的危害。以下重点介绍有关技术和措施。

1）按雷击能量的分布划区保护

将建筑物需要保护的空间划分为几个防雷保护区，有利于指明对防雷电电磁脉冲（LEMP）有不同敏感度的空间，有利于根据设备的敏感性确定合适的连接点，推荐合适的保护。

IEC 的防雷分区：$LPZ0_A$、$LPZ0_B$、$LPZ1$、$LPZ2$ 等。

$LPZ0_A$ 区：本区内的各物体都可能遭到直接雷击，本区内电磁场没有衰减。

$LPZ0_B$ 区：本区内的各物体不可能遭到直接雷击，但本区内电磁场没有衰减。

$LPZ1$ 区：本区内的各物体不可能遭到直接雷击，流往各导体的电流比 $LPZ0_B$ 区进一步减少，电磁场衰减的效果取决于整体的屏蔽措施。后续的防雷区（$LPZ2$ 区等）：如果需要进一步减少所导引的电流和电磁场，就应引入后续防雷区，按照需要保护的系统所要求的环境区选择后续防雷区的要求条件。设置防雷保护区是为了避免因高能耦合而损坏设备，而序号更高的防雷区是为了防止信息失真和信息丢失而设置的。保护区序号越高，预期的干扰能量和干扰电压越低。在现代雷电防护技术中，防雷区的设置具有重要意义，它可以指导我们进行屏蔽、接地、等电位连接等技术措施的实施。

2）外部无源保护

在 LPZ0 保护区即外部作无源保护，主要有避雷针（网、线、带）和接地装置（接地线、接地极）保护原理：当雷云放电接近地面时，它使地面电场发生畸变。在避雷针（线）顶部，形成局间电场强度畸变，以影响雷电先导放电的发展方向，引导雷电向避雷针（线）放电，再通过接地引下线，接地装置将雷电流引入大地，从而使被保护物免受雷击。这是人们长期实践证明的有效的防直击雷的方法。

3）内部防护

（1）电源部分防护。雷电侵害主要是通过线路侵入。高压部分电力公司有专用高压避雷装置，电力传输线把对地的电压限制到小于 6000 V，而线对线则无法控制。所以，对 380 V 低压线路应进行过电压保护，按国家规范应分三部分：在高压变压器后端到总配电盘间的电缆内芯线两端应对地加电涌保护器（SPD），作一级保护；在总配电盘至分配电箱间电缆内芯线两端应对地加 SPD，作二级保护；在所有重要的、精密的设备以及 UPS 的前端应对地加装 SPD，作为三级保护。用分流（限幅）技术即采用高吸收能量的分流设备 SPD 将雷电过电压（脉冲）能量分流泄入大地，达到保护目的。分流（限幅）技术中采用防护器的品质、性能的好坏是直接关系防护的关键，因此，选择合格优良的 SPD 至关重要。

（2）信号部分保护。对于信息系统，应分为粗保护和精细保护。粗保护量级根据所属保护区的级别确定，精细保护要根据电子设备的敏感度来进行确定。在所有信息系统进入操作室的电缆内芯线端，应对地加装信号 SPD，电缆中的空线对应接地，并做好屏蔽接地，选择信号 SPD 应注意系统设备的在线电压、传输速率、接口类型等，以确保系统正常的工作。

4）接地

所有防雷系统都需要通过接地系统把雷电流泄入大地，从而保护设备和人身安全。如果接地系统做得不好，不但会引起设备故障，烧坏元器件，严重的还将危害工作人员的生命安全。另外还有防干扰的屏蔽问题、防静电的问题都需要通过建立良好的接地系统来解决。

一般整个建筑物的接地系统有：建筑物地网、电源保护地、电源工作地、逻辑地、防雷地等。然而，有些情况要求各接地系统必须独立，在这种情况下，如果相互之间距离达不到规范要求，则容易出现地电位反击事故，因此，各接地系统之间的距离达不到规范的要求时，应尽可能连接在一起，如实际情况不允许直接连接的，可通过地电位均衡器实现等电位连接。为确保系统正常工作，应每年定期用精密接地电阻测试仪检测接地电阻值。

第三节 化工消防技术

一、化工消防技术基本原理

危险化学品，是指具有毒害、腐蚀、爆炸、燃烧、助燃等性质，对人体、设施、环境具有危害的剧毒化学品和其他化学品。危险化学品大多具有爆炸、燃烧、毒害和腐蚀等特性，在生产、储存、经营、使用、运输、废弃处置等过程中，容易造成人身伤害、环境污染和财产损失，因而需要采取非常严格的安全措施和特别防护。在各类火灾中，危险化学品的火灾灾情复杂而严重，针对不同危险特性的危险化学品，需要采用相应的扑救措施和消防措施。

（一）火灾分类

1. 范围

《火灾分类》（GB/T 4968）根据可燃物的类型和燃烧特性将火灾定义为 6 个不同的类别。

2. 火灾分类的命名及其定义

《火灾分类》（GB/T 4968）规定的 6 类火灾如下：

（1）A 类火灾：固体物质火灾。这种物质通常具有有机物性质，一般在燃烧时能产生灼热的余烬。如木材、棉、毛、麻、纸张及其制品等燃烧的火灾。

（2）B 类火灾：液体或可熔化的固体物质火灾。如汽油、煤油、柴油、原油、甲醇、乙醇、沥青、石蜡等燃烧的火灾。

（3）C 类火灾：气体火灾。如煤气、天然气、甲烷、乙烷、丙烷、氢气等燃烧的火灾。

（4）D 类火灾：金属火灾。如钾、钠、镁、钛、锆、锂、铝镁合金等燃烧的火灾。

（5）E 类火灾：带电火灾。物体带电燃烧的火灾。

（6）F 类火灾：烹饪器具内的烹饪物（如动植物油脂）火灾。

（二）灭火基本原理和方法

1. 灭火基本原理

燃烧必须同时具备 3 个条件：可燃物质、助燃物质和火源。根据燃烧条件理论，灭火的基本原理就是破坏已经形成的燃烧条件，即消除助燃物、降低燃烧物温度、中断燃烧链式反应、阻止火势蔓延扩散，避免形成新的燃烧条件，从而使火灾熄灭，最大限度地减少火灾的危害。灭火就是为了破坏已经产生的燃烧条件，只要能去掉一个燃烧条件，火即可熄灭。但由于在灭火时，燃烧已经开始，控制点火源已经没有意义，主要是消除可燃物和助燃物这两个条件。

2. 灭火方法

根据物质燃烧原理及与火灾扑救的实践经验，灭火的基本方法有窒息灭火法、冷却灭火法、隔离灭火法、化学抑制灭火法等。

1）窒息灭火法

窒息灭火法即阻止空气流入燃烧区，或用惰性气体稀释空气，使燃烧物质因得不到足够的氧气而熄灭。

在火场上运用窒息法灭火时，可采用细水雾、石棉布、浸湿的棉被、帆布、沙土等不燃或难燃材料覆盖燃烧物或封闭孔洞，用水蒸气、惰性气体通入燃烧区域内，利用建筑物上原来的门、窗以及生产、贮运设备上的盖、阀门等封闭燃烧区，阻止新鲜空气流入等。此外，条件许可的情况下，可采取用水淹没（灌注）的方法灭火。

窒息灭火法注意事项：

（1）此法适用于扑救燃烧部位空间较小，容易堵塞封闭的房间、生产及贮运设备内发生的火灾，而且燃烧区域内应没有氧化剂存在。

（2）在采用水淹办法救火时，必须考虑到水对可燃物质接触后是否会产生不良后果（应特别注意遇水反应的化学品和剧毒化学品），如产生则不能用。

（3）采用此法时，必须在确认火已熄灭后，方可打开孔洞进行检查。严防因过早打开封闭的房间或设备，新鲜空气流入导致复燃。

（4）条件允许时，为阻止火迅速蔓延，可先采取临时性的封闭窒息措施或先不打开门、窗，把燃烧速度控制在最低程度，在组织好扑救力量后，再打开门、窗解除窒息封闭措施。

（5）采用惰性气体灭火时，必须保证充入燃烧区域内的惰性气体的数量，把燃烧区域内氧气的含量控制在 14% 以下，以求达到灭火的目的。

2）冷却灭火法

冷却灭火方法主要利用水和二氧化碳作为灭火剂，通过直接喷射或喷洒的方式，降低燃烧物体的温度至燃点以下，从而阻止燃烧反应的继续进行。这种方法的原理是将灭火剂直接喷射到燃烧的物体上，以降低燃烧的温度于燃点之下，使燃烧停止，或者将灭火剂喷洒在火源附近的物质上，使其不因火焰热辐射作用而形成新的火点。这种灭火方法在灭火过程中，灭火剂并不参与燃烧过程中的化学反应，而是起到物理降温的效果。冷却灭火法也被称为化学中断法，因为它能够使灭火剂在燃烧过程中与游离基结合，形成稳定的分子或低活性的游离基，从而停止燃烧反应。

3）隔离灭火法

隔离灭火法是将正在燃烧的物质和周围未燃烧的可燃物质隔离或移开，中断可燃物质的供给，使燃烧因缺少可燃物而停止。这种灭火方法适用于扑救各种固体、液体和气体火灾。

隔离灭火法常用的具体措施：将火源附近的可燃、易燃、易爆和助燃物品搬走，以减少可燃物质的量；关闭可燃气体的管道阀门，减少或阻止可燃物质进入燃烧区域；设法阻拦流散的易燃、可燃液体，防止其在火场中进一步传播。拆除与火源相毗连的易燃建筑物，形成阻止火势蔓延的空间地带。

4）化学抑制灭火法

化学抑制灭火方法是利用特定的化学物质，通过与燃烧过程中的自由基或其他中间体反应，打断燃烧链式反应，从而阻止或减缓燃烧过程的方法。窒息、冷却、隔离灭火法在灭火过程中灭火剂不参与燃烧反应，属于物理灭火方法；而化学抑制灭火法则是使灭火剂参与到燃烧反应中去，起到抑制反应的作用，使燃烧反应中产生的自由基与灭火剂中的卤素离子相结合，形成稳定分子或低活性的自由基，从而切断了氢自由基与氧自由基的联锁反应链，使燃烧停止。

上述4种基本灭火方法所采取的具体灭火措施是多种多样的，在灭火中，应根据可燃物的性质、燃烧特点、火灾大小、火场的具体条件以及消防技术装备的性能等实际情况，选择一种或几种灭火办法。一般说来，几种灭火法综合运用效果较好。

（三）灭火剂

1. 水灭火剂

水是一种由氢和氧两种元素组成的液体，分子式为 H_2O，不燃、无毒、无色、无味、无臭。在大气压101.325 kPa的条件下，冰点为0 ℃，沸点为100 ℃，4 ℃时密度为1 g/mL。水是一种天然的优良灭火剂，可以单独使用，也可以与其他灭火剂组成混合液使用，故适用范围最广，使用最普遍。

1）灭火机理

（1）冷却作用。水的热容量和汽化热都比较大，比热容为4.18 kJ/(kg·℃)，也就是说1 kg水，温度升高1 ℃，能够吸收4.18 kJ的热量；水的蒸发潜热为 2.259×10^3 kJ/kg，即每千克水蒸发汽化时，能够吸收2259 kJ的热量。所以，当水与炽热的燃烧物接触时，能够在被加热和汽化的过程中，吸收大量燃烧物的热量。不仅如此，水还能够在与炽热的含碳可燃物接触时，发生化学反应并吸收大量的热量：$C + H_2O \longrightarrow H_2 + CO + 161.5$ kJ；$CO + H_2O \longrightarrow H_2 + CO_2 - 0.8$ kJ。

另外，从燃烧物摄取实验表明，1 kg水能够生成1720 L水蒸气，在水遇到炽热的燃烧物后汽化产生的大量水蒸气，能够在一定程度上阻止空气进入燃烧区，并能稀释燃烧物周围区域中氧的含量，起到窒息的作用。对于相对密度大于 1.1 的可燃液体火灾，水的相对密度比它们小，可将水流入该液体的储器内，水就会飘浮于这些液体的液面上使之与空气隔绝，从而使火窒息。

（2）乳化作用。乳化是指两种互不溶解的液体在同一容器中进行搅拌时，一种液体以微滴的形式分散到另一种液体中的现象。当把滴状水或雾状水施加于一些不溶于水或非水溶性的黏性液体表面时，就会产生乳化作用形成以黏性液体为连续相的"油包水"型乳液。对于这些黏性液体的初期火灾，在未形成热波之前用滴状水或雾状水灭火，可在黏性液体表面形成一层乳液。虽然这种乳液的稳定性差，但由于水的连续施加，仍能够形成一个乳化层。由于水的乳化作用，可使着火液体表面受到冷却，降低可燃蒸气的产生速度，从而将火扑灭。对于某些重燃料油等黏性可燃液体，乳化作用可使其表面形成一层能够阻止可燃蒸气产生的含水油沫。但在灭火时一定要避免使用直流水，防止水冲击造成油与空气的接触面积加大。

（3）稀释作用。水蒸气能够阻止空气进入燃烧区域，并且可以减少燃烧区内氧的含量，从而减弱燃烧强度。此外，水还能稀释某些可燃液体的浓度，降低它们的燃烧强度直至灭火。

（4）水力冲击作用。经消防泵加压后输送到水枪、水炮喷射出来的水流具有很大的动能和冲击力。高压水流能够强烈冲击燃烧物和火焰，冲散燃烧物，减少燃烧强度，直至可能直接熄灭火势。

2）应用范围

（1）能够用水扑救的火灾包括以下几种情况：

① 一般固体火灾。如棉花、棉布、可燃纤维、粮食、木材、麦秸、稻草、烟草、木质家具、建筑物、构筑物、橡胶、塑料等固体火灾都可以用水进行扑救。

② 爆炸品、易燃固体（金属粉末类除外）、氧化剂、有机过氧化物、自燃物品（有机金属类除外）黄磷、651 除氧催化剂、二硫化碳等危险品火灾。其中爆炸品着火最好的灭火剂就是水，因为水不仅有很好的冷却作用，而且还能够渗透到炸药内部，并在炸药的结晶表面形成一层可塑性的柔软薄膜，将结晶包围起来使其钝感而防止爆炸；可用水扑救二硫化碳等不溶于水，且相对密度大于水的易燃液体火灾，因为水能覆盖在这些易燃液体的表面上使之与空气隔绝，但水层必须有一定的厚度。

③ 一定条件下，可以扑救带电物体火灾。试验表明，人体的电阻通常为 $1000 \sim 2000 \ \Omega$，当通过人体的电流不超过 1 mA 时，就不会有触电的危险。在使用一般淡水和直径为 $13 \sim 16$ mm 的直流水枪扑救 35 kV 以下带电设备火灾时，只要保持 10 m 安全距离，不会发生触电危险。

④ 可以用水冷却被火灾威胁的金属设备、容器和建筑物等，阻止火灾的蔓延。

（2）不能够用水扑救的火灾包括以下几种情况：

① 一般情况下除规范有特殊规定外，不能够用水扑救带电物体火灾。通常条件下的消防水都不是纯净的，具有一定的导电性。扑救带电设备火灾时，尤其是扑救高压带电设备火灾时，带电设备通过消防水流、喷嘴和灭火操作人员与大地相连，形成了一个通路，电流通过操作人员的身体会造成触电事故。

② 不能用水扑救遇水易燃品和金属（铜粉、铝粉、镁粉、锌粉等）火灾。如碱金属、碱土金属和一些轻金属着火时，能产生高温，水遇高温后会分解水放出氢气和氧气，并放出大量热，使氢气自燃或爆炸；电石遇水后会生成易燃的乙炔气，并放出大量的热，容易引起爆炸。

③ 不能用水扑救高温物体火灾。如熔化的铁水或钢水引起的火灾，在铁水或钢水未冷却时不能用水扑救，因为水在熔化的铁水或钢水的高温作用下会迅速蒸发并分解出氢和氧，故也有爆炸危险。也不能扑救高温设备火灾。

④ 不能用直流水扑救浓硫酸、浓硝酸和盐酸火灾和可燃粉尘（如面粉、煤粉、糖粉）聚集处的火灾。因为直流水能够引起酸液飞溅，以至造成人员伤害（但必要时，可用雾状水扑救）；直流水可引起面粉、煤粉、糖粉飞扬形成爆炸性混合物而发生粉尘爆炸。

⑤ 贵重设备、精密仪器、图书、档案火灾和遇水可风化的物品火灾不能用水扑救，因为易引起水渍损失，损坏设备。

⑥ 非水溶性可燃液体和沸溢性可燃液体的火灾，原则上不能用水扑救，但原油、重油可以用雾状水扑救。

2. 泡沫灭火剂

泡沫灭火剂是指能够与水混溶，并可通过化学反应或机械方法产生灭火泡沫的灭火剂。泡沫灭火剂一般由发泡剂、泡沫稳定剂、降黏剂、抗冻剂、助溶剂、防腐剂及水组成。泡沫灭火剂主要用于扑救非水溶性可燃液体及一般固体火灾。特殊的泡沫灭火剂还可以扑灭水溶性可燃液体火灾。泡沫灭火剂是可扑救可燃易燃液体的有效灭火剂，它主要是在液体表面生成凝聚的泡沫漂浮层，起窒息和冷却作用。泡沫灭火剂分为化学泡沫、空气泡沫、氟蛋白泡沫、水成膜泡沫和抗溶性泡沫等。

1）泡沫灭火剂的分类及适用范围

灭火剂是由碳酸氢钠和发泡剂（或机械发泡）组成的混合溶液。泡沫灭火剂分为化学泡沫和空气机械泡沫两种。化学泡沫由化学反应产生，泡沫中主要是二氧化碳。空气机械泡沫是由水流的机械作用产生，泡沫中主要是空气。它们的灭火原理是相同的。

泡沫灭火剂按发泡倍数不同还可以分为低倍数泡沫液、中倍数泡沫液和高倍数泡沫液。其中低倍数泡沫液按性质不同还可以分为蛋白泡沫液、氟蛋白泡沫液、水成膜泡沫液、抗溶性泡沫液等。

（1）蛋白泡沫灭火剂是以动物性蛋白质或植物性蛋白质的水解浓缩液为基料，加入适当的稳定剂、防腐剂和防冻剂等添加剂的起泡性液体。

蛋白泡沫灭火剂主要用于扑救各种石油产品、油脂等不溶于水的可燃液体火灾，也可用于扑救木材等一般可燃固体的火灾。由于蛋白泡沫具有良好的热稳定性，因而在油罐灭火中被广泛应用。还由于它析液较慢，可以较长时间密封油面，所以在防止油罐火灾蔓延时，常常将泡沫喷到未着火的油罐外表，以防止附近着火油罐的辐射热。蛋白泡沫不能用于扑救水溶性可燃液体、电器和遇水发生化学反应物质的火灾。

（2）氟蛋白泡沫灭火剂是指含有氟碳表面活性剂的蛋白泡沫灭火剂。它是在蛋白泡沫液中加入适量的预制液，预制液是由氟碳表面活性剂、异丙醇和水按 3∶3∶4 的质量比配制成的水溶液，又称为 FCS 溶液。

氟蛋白泡沫灭火剂主要用于扑救各种非水溶性可燃液体和一般可燃固体火灾，尤其被广泛用于扑救非水溶性可燃液体的大型储罐、散装仓库、输送中转装置、生产工艺装置、油码头的火灾及飞机火灾。氟蛋白泡沫灭火剂不能用于扑救水溶性可燃液体和遇水发生化学反应物质以及带电设备的火灾。

（3）水成膜泡沫灭火剂又称轻水泡沫灭火剂或氟化学泡沫灭火剂，由氟碳表面活性剂、碳氢表面活性剂和改进泡沫性能的各种添加剂及水组成，灭火原理主要靠泡沫和水膜的双重作用。

水成膜泡沫灭火剂主要用于扑救一般非水溶性可燃、易燃液体火灾，是一种理想的灭火剂。水成膜泡沫灭火剂不能用于扑救水溶性可燃液体及电气和具有遇湿易燃性物质的火灾。

（4）抗溶性泡沫灭火剂用于扑救醇、酯、醚、醛、酮、有机酸、胺等分子极性较强的水溶性可燃液体的火灾。由于这类泡沫灭火剂也能够扑救非极性液体燃料的火灾，所以又称为多功能泡沫灭火剂。抗溶性泡沫在灭火中的作用除与一般空气泡沫相同外，还由于从抗溶泡沫中析出的水，可以对水溶性可燃液体的表层有一定的稀释作用，而有利于灭火。

（5）高倍数泡沫灭火剂是以合成表面活性剂为基料、发泡倍数为数百倍乃至上千倍的泡沫灭火剂。

高倍数泡沫灭火剂主要适用于非水溶性可燃液体火灾和一般固体物质火灾。特别适于用全淹没的方式来扑灭汽车库、汽车修理间、可燃液体机房、油品厂房和库房、洞室油库、锅炉房的燃料油泵房、飞机库、飞机修理库、船舶舱室、油船舱室、地下室、地下建筑、煤矿坑道等有限空间的火灾，也适用于扑救油池火灾和可燃液体泄漏造成的流散液体火灾。另外，对低温的或有正常沸点的水溶性和非水溶性可燃液体火灾，封闭的带电设备火灾及控制液化石油气、液化天然气的流淌火灾也都是十分有效的。

高倍数泡沫灭火剂不能用于扑救油罐火灾。因为油罐着火时，油罐上方的热气体升力很大，而泡沫的相对密度很小，不能覆盖到油面上。也不适于扑救水溶性可燃液体火灾，但对室内储存的少量水溶性可燃液体火灾，也可用全充满的方法来扑灭。

采用高倍数泡沫灭火剂灭火时，要注意进入高倍数泡沫产生器的气体不得含有燃烧产物和酸性气体，否则，泡沫容易被破坏。

2）灭火机理

泡沫灭火剂的灭火机理如下：

（1）化学泡沫。是由酸性物质（硫酸铝）和碱性物质（碳酸氢钠）的水溶液混合后发生化学反应而生成的。反应生成的二氧化碳，一方面造成压力将泡沫液喷出，另一方面在发泡剂作用下形成以二氧化碳为核心、外包氢氧化铝的泡沫。它具有抗烧性强、持久性好、黏性好的特点，附着在着火物的表面上，具有很好的覆盖作用和冷却作用，能将易燃物和氧气隔绝，起到灭火作用。

（2）普通蛋白泡沫。是由蛋白型空气泡沫液、水和空气经机械作用而生成的灭火剂。空气泡沫液与水的比例为 6∶94 或 3∶97。普通蛋白泡沫可以有效地扑救易燃液体火灾。

（3）抗溶性空气泡沫。扑救水溶性液体的灭火剂，由抗溶性空气泡沫液与水按比例混合，经机械作用而形成。这种灭火剂加入了一种不溶解于水的脂肪酸锌皂，它能均匀地分布在泡沫壁上，有效地防止水溶性溶剂溶于泡沫中的水，保护了泡沫，使泡沫能够牢固地覆盖在溶剂液面上，起到灭火作用。

（4）高倍数泡沫。以少量高倍数泡沫液和水按一定比例混合后，再通过高倍数泡沫发生装置，吸入大量空气，把混合液吹成许许多多的灭火气泡。

3. 干粉灭火剂

干粉灭火剂，又称化学粉末灭火剂，它是一种易于流动的微细固体粉末。一般借助于专用的灭火器或灭火设备中的气体压力，将干粉从容器中喷出，以粉雾的形式灭火。

1）灭火机理

干粉灭火剂平时储存于灭火器或干粉灭火设备中。灭火时靠加压气体（二氧化碳或氮气）的压力将干粉从喷嘴射出，形成一股夹着加压气体的雾状粉流，射向燃烧物。当干粉与火焰接触时，便发生一系列的物理化学作用，把火焰扑灭。

（1）化学抑制作用。燃料在火焰的高温下吸收活化能而被活化，产生大量的活性基团，但在氧的作用下又被氧化成为非活性物（水及二氧化碳等）。干粉颗粒则是对燃烧活性基团发生作用，使其成为非活性的物质。当粉粒与火焰中产生的活性基团接触时，活性基团被瞬时吸附在粉粒表面，并发生反应：$M(粉粒) + OH^- \longrightarrow MOH; MOH + H^+ \longrightarrow M + H_2O$。

活泼的 OH^- 和 H^+ 在粉粒表面结合，形成了不活泼的水。所以，借助粉粒的作用，可以消耗火焰中活泼的 OH^- 和 H^+。当大量的粉粒以雾状形式喷向火焰时，可以大量地吸收火焰中的活性基团，使其数量急剧减少，并中断燃烧的链锁反应，从而使火焰熄灭。上述粉粒表面对活性基团的作用称为负催化作用或抑制作用。

此外，粒径的大小与灭火效能也有很大关系。从粉末对燃烧的化学抑制作用看，同一化学成分的粉粒，粒径越小，其比表面积越大，则与火焰的接触面积越大。因此，超细干粉灭火剂活性高，捕获自由基能力强，化学抑制作用明显，灭火速度快。

（2）"烧爆"作用。干粉与火焰接触时，其粉粒受高热的作用可以爆裂成为许多更小的颗粒，使在火焰中粉末的比表面积急剧增大，大大增加了与火焰的接触面积，从而表现出很高的灭火效果。

（3）降低热辐射和稀释氧的浓度。使用干粉灭火时，粉雾会将火焰包围，可以降低火焰对燃料的热辐射；同时粉末受高温的作用，会放出结晶水或发生分解，不仅可吸收火焰的部分热量，而分解生成的不活泼气体又可稀释燃烧区内氧的浓度。

2）干粉灭火剂的分类及适用范围

干粉灭火剂按用途分为以下 3 种：

（1）普通干粉灭火剂。普通干粉灭火剂主要是全硅化碳酸氢钠干粉。这类灭火剂适用于扑灭 B 类火灾和 C 类火灾，又称为 BC 类干粉。

BC 类干粉还按照主要成分分为钠盐干粉（以碳酸氢钠为基料）、紫钾盐干粉（以碳酸氢钾为基料）、钾钠盐干粉（以氯化钾为基料的钾盐干粉和以硫酸钾为基料）、氨基干粉（以尿素和碳酸氢钠或碳酸氢钾为基料）等。

（2）多用途干粉灭火剂。多用途干粉灭火剂主要是磷酸铵盐干粉，具有抗复燃的性能，不仅适用于扑救液体火灾、气体火灾，还适用于扑救一般固体物质的火灾（A类火），因此又称为 ABC 类干粉。

ABC 类干粉按照主要成分还可分为磷酸盐干粉（以磷酸二氢铵、磷酸氢二铵、磷酸铵或焦磷酸盐等为基料）和碳硫氨基干粉（以碳酸铵与硫酸铵混合为基料的干粉和以聚磷酸铵为基料）等。

（3）D 类干粉。D 类干粉是指适用于扑救 D 类火灾的干粉。其基料目前主要有氯化钠、碳酸氢钠和石墨等。

干粉灭火剂适用于扑救可燃液体、气体和电气设备的火灾，也可与氟蛋白泡沫和轻水泡沫联用扑灭大面积油类火灾，但因其对燃烧物的冷却作用很小，扑救大面积油类火灾时，如灭火不完全或因火场炽热物的作用，易引起复燃，这时需与喷雾水流配合。

干粉灭火剂不适于扑救木材、轻金属和碱金属火灾，且因其灭火后留有残渣，也不能扑救精密仪器设备火灾。

4. 惰性气体灭火剂

1）灭火机理

气体灭火剂是通过降低防护区的氧气浓度（空气中含氧量从 21% 降到 12.5% 以下），使火势不能持续燃烧而达到灭火的目的。

2）气体灭火剂的分类及应用范围

气体灭火剂可分为以下 2 种：

（1）二氧化碳灭火剂。二氧化碳在高温下可与强还原剂反应，如点燃的金属镁可在二氧化碳中继续燃烧，因为镁有很强的还原性，和二氧化碳发生氧化还原反应，能还原二氧化碳中的碳生成氧化镁和碳。

用二氧化碳灭火时，在燃烧区内能稀释空气，降低空气中的氧含量，当燃烧区域空气中氧的含量低于 12.5% 或者二氧化碳含量达到 30% ~ 35% 时，大多数燃烧物质火焰会熄灭，达到 43.6% 时能抑制汽油蒸气及其他易燃气体的爆炸。

二氧化碳较空气重，在灭火时会首先占据空间的下部，起到稀释和隔绝空气的作用；同时，由于二氧化碳是在高压液化状态下充装于钢瓶的，当放出时，会迅速蒸发，温度急剧降低到 −78.5 ℃，有 30% 二氧化碳凝结成雪花状固体，低温的气态和固态二氧化碳，对燃烧物也有一定的冷却作用。

（2）惰性混合气体灭火剂。惰性混合气体灭火剂的灭火机理与二氧化碳灭火剂灭火机理基本相同，即通过降低防护区的氧气浓度使其不能维持燃烧而达到灭火的目的。目前市场上主导的惰性混合气体灭火剂有：IG − 55 灭火剂、IG − 01 灭火剂、IG − 100 灭火剂以及 IG − 541 灭火剂。

惰性混合气体灭火剂适用于扑救各种可燃液体和用水、泡沫、干粉等灭火剂灭火时，容易受到污损的固体物质火灾，如电气、精密仪器、贵重设备、图书档案等。还可扑救 600 V 以下的各种电气设备火灾。惰性混合气体灭火剂不能扑救钠、钾、铝、锂等碱金属和碱土金属及其氢化物火灾，不能扑救在惰性介质中能自身供氧燃烧物质的火灾（如硝酸纤维）。

5. 气溶胶灭火剂

气溶胶灭火剂是一种以液体或固体为分散相，气体为分散介质所形成的粒径小于 5 μm 的溶胶体系的灭火介质，可以不受方向的限制绕过障碍物达到保护空间的任何角落，并能在着火空间有较长的驻留时间，从而实现全淹没灭火。

气溶胶灭火剂按形成方式的不同，气溶胶灭火剂分为热气溶胶和冷气溶胶。

1）热气溶胶灭火剂

热气溶胶灭火剂是将固体燃料混合剂（一般由氧化剂、还原剂、性能添加剂和黏合剂组成），通过自身燃烧反应产生足够浓度的悬浮固体惰性颗粒和惰性气体等具有灭火性质的气溶胶体，喷射并弥散于着火空间，抑制火焰燃烧并使火焰熄灭。热气溶胶中 60% 以上是由 N_2 等气体组成，含有的固体颗粒的平均粒径极小（小于 1 μm）。

热气溶胶灭火剂的灭火机理：热气溶胶固体颗粒主要是金属氧化物、碳酸盐或碳酸氢盐、碳粒以及少量金属碳化物；气体产物主要是 N_2、少量 CO_2 和 CO。热气溶胶灭火剂一般通过固体颗粒气溶胶吸热分解的降温作用、气相和固相的化学抑制作用以及惰性气体使局部氧含量下降的窒息作用等若干种机理发挥灭火作用。

热气溶胶灭火剂的燃烧是强放热反应，有序产生的生成物在高温和气流作用下，分散在火场中，形成小于 1 μm 的超细微粒。由于这些微粒及惰性气体抑制燃烧的协同作用（物理及化学作用），因而能够快速、有效地扑灭火灾。

2）冷气溶胶灭火剂

冷气溶胶灭火剂是针对热气溶胶灭火技术的一些不足而研发出来的一种新型高效粉体灭火剂。它由现有的高效干粉灭火剂、添加磨剂、分散剂、防潮剂、防静电剂和流动剂等，经过机械粉碎、气流粉碎或喷雾干燥等技术加工，形成粒径在 0.001～5 μm 之间的超细粉体，再由压缩气体（N_2 或 CO_2）或炸药、发射药等含能材料作为驱动源，将这些粉体以喷射或抛射的方式带入火灾空间形成分散性气溶胶灭火系统，可以局部保护或以全淹没方式进行灭火。

冷气溶胶的灭火机理是在密闭空间内靠单位质量中 80% 灭火组分微粒的化学抑制作用来实现的。其中，较小的微粒保证了空间的停留时间，能够有效地与火焰中活性物质反应而抑制燃烧；较大的微粒保证了灭火剂组穿过火焰的动量和密度，快速灭火。其灭火效率约高于普通干粉灭火剂的 4～6 倍。

6. 卤代烷灭火剂

卤代烷（halon，哈龙）是以卤素原子取代烷烃分子中的部分或全部氢原子后得到的一类有机化合物的总称，卤代烷灭火剂属于化学灭火剂，对大气臭氧层有极强的破坏作用，根据国际保护臭氧层的《蒙特利尔协议书》及我国《淘汰哈龙战略》，我国已停止了哈龙的生产，目前卤代烷替代灭火剂主要有七氟丙烷灭火剂、六氟丙烷灭火剂等。

1）七氟丙烷灭火剂

七氟丙烷灭火剂是一种无色、无味、不导电的气体，其化学分子为 CF_3CHFCF_3，是卤代烷灭火剂中的一种，分子量为 170，密度约为空气的 6 倍，采用高压液化储存。

七氟丙烷的灭火机理为抑制化学链反应，能在火焰的高温中分解产生活性游离基参与物质燃烧过程中的化学反应，消除燃烧所必需的活性游离基 H^+ 和 OH^- 等，生成稳定的分子 H_2O、CO_2 及活性较低的游离基等，从而使燃烧过程中化学链反应的链传递中断而灭火。

2）氟化酮灭火剂

氟化酮，化学名全称全氟乙基异丙基酮，其分子式为C_6Ft_{20}，是一种无色、透明、浅气味的液体。该药剂对人员是安全的，不破坏臭氧层，不会对地球气候变化有影响，具有良好的灭火性能，是技术上可行的哈龙替代物。

氟化酮灭火剂能灭 A、B、C 类火灾，灭火效率高，灭火浓度低，不导电，易挥发，不留痕迹残渣，灭火液与金属、橡胶等材料有较好的相溶性，对各种材料的使用影响较小，对装备和物品无任何损害，是真正的清洁灭火剂。可用于保护价值昂贵的装置和物品存放场所，可替代哈龙 1211，用于扑灭计算机房、数据中心、航空、轮船、车辆、采油和天然气生产和使用等场所发生的火灾。

3）三氟甲烷灭火剂

三氟甲烷无色、无味、低毒、不导电，对大气臭氧层的消耗潜值（ODP）为零。灭火速度快，灭火效能高，喷射后无残留物，对设备无污损，电绝缘性能好，可用于扑救 A、B、C 类火灾和电气设备火灾，也适用于保护经常有人的场所。三氟甲烷为化学灭火剂，其灭火机理为主要以物理方式和部分化学方式灭火。

二、消防设施

消防设施主要包括水消防系统（室内消火栓、室外消火栓系统、自动喷水灭火系统、水喷雾灭火系统）、气体灭火系统、泡沫灭火系统、细水雾灭火系统、火灾自动报警系统和防烟与排烟系统以及移动灭火设施等。消防设施的设计应符合国家有关标准、规范，如应符合《建筑设计防火规范》（GB 50016）、《石油化工企业设计防火标准》（GB 50160）、《消防给水及消火栓系统技术规范》（GB 50974）、《消防设施通用规范》（GB 55036）、《建筑防火通用规范》（GB 55037）、《自动喷水灭火系统设计规范》（GB 50084）、《泡沫灭火系统技术标准》（GB 50151）、《水喷雾灭火系统技术规范》（GB 50219）、《固定消防炮灭火系统设计规范》（GB 50338）、《消防控制室通用技术要求》（GB 25506）、《火灾自动报警系统设计规范》（GB 50116）、《建筑灭火器配置设计规范》（GB 50140）等标准要求。

（一）消防给水系统

1. 消防水源及最大消防用水量

消防水源应满足消防给水系统所需水量和水质的要求。当消防水源采取市政给水管网直接供水时，消防给水系统应至少从两条不同的市政给水干管上引入不少于两条供水管；当由消防水池（罐）供给时，消防水池（罐）应采用两路消防供水且连续补水能满足消防要求；当采用天然水源供水时，水源的水位、枯水流量保证率等应满足消防要求。

由于消防给水系统的取水、泵站、管网等构筑物的规模必须依据供应的水量来确定。因此，在进行消防给水系统设计时，首先应当确定最大消防用水量。一起火灾所需要的最大消防用水量应由同一时间火灾起数、火灾持续时间以及消火栓系统、自动喷水灭火系统、泡沫灭火系统、水喷雾灭火系统、固定消防炮灭火系统等同时作用的各种水灭火系统的设计流量组成并应符合下列规定：

（1）应按需要同时作用的各种水灭火系统最大设计流量之和确定。

（2）两座及以上建筑合用消防给水系统时，应按其中一座设计流量最大者确定。

（3）当消防给水与生活、生产给水合用时，合用系统的给水设计流量应为消防给水设计流量与生活、生产用水最大时流量之和。

（4）分区独立设置的相邻消防供水系统管网之间应设不少于 2 根带切断阀的连通管，并应满足当其中一个分区发生故障时，相邻分区能够提供 100% 的消防供水量。

2. 消防供水设施

1）消防水泵及泵房

（1）消防水泵房的位置。消防水泵房是指负责供应消防用水任务的场所，是消防给水系统的心脏。其位置宜设在被保护区域（化工装置区、油罐区）全年最小频率风向的下风侧，其地坪宜高于油罐区地坪标高，并应避开油罐事故可能波及的部位。

消防冷却水供水泵房可与泡沫供水泵房合建，其规模应满足所在被保护区域灭一次最大火灾的需要。建筑群共用临时高压消防给水系统时，工矿企业消防供水的最大保护半径不宜超过 1200 m，且占地面积不宜大于 200 hm^2。居住小区消防供水的最大保护建筑面积不宜超过 500000 m^2。泡沫消防水泵应保证启泵后 5 min 内，将泡沫消防用水和泡沫混合液送到任何一个着火点。

（2）消防水泵房建筑的要求。独立建造的消防水泵房耐火等级不应低于二级；附设在建筑物内的消防水泵房，应采用耐火极限不低于 2.0 h 的隔墙和 1.5 h 的楼板与其他部位隔开，且不应设置在地下三层及以下，或室内地面与室外出入口地坪高差大于 10 m 的地下楼层。消防水泵房的疏散门应直通室外或安全出口，且开向疏散走道的门应采用甲级防火门。消防水泵房应采取防水淹的技术措施。

（3）消防水泵的要求：

① 消防水泵的性能应满足消防给水系统所需流量和压力的要求。

② 一组消防水泵应设不少于两条吸水管，当其中一条损坏或检修时，其余吸水管应仍能通过全部消防给水设计流量；一组消防水泵应设不少于两条的输水干管与消防给水环状管网连接，当其中一条输水管检修时，其余输水管应仍能供应全部消防给水设计流量；当一条出水管检修时，其余出水管应能输送全部消防用水量。吸水管上应设置明杆闸阀或带自锁装置的蝶阀，但当设置暗杆阀门时应设有开启刻度和标志，当管径超过 DN300 时，宜设置电动阀门；出水管上应设止回阀、明杆闸阀，当采用蝶阀时，应带有自锁装置，当管径大于 DN300 时，宜设置电动阀门。

③ 消防水泵的吸水管、出水管道穿越外墙时，应采用防水套管；吸水管穿越消防水池时，应采用柔性套管。

④ 消防水泵应采取自灌式吸水，当从市政管网直接抽水时，应在消防水泵出水管上设置有空气隔断的倒流防止器。

⑤ 消防水泵、稳压泵和泡沫用水泵应分别设置备用泵，备用泵的性能应与工作泵性能一致。但对建筑高度小于 54 m 的住宅和室外消防给水设计流量小于等于 25 L/s 的建筑，以及室内消防给水设计流量小于等于 10 L/s 的建筑可不设备用泵。

⑥ 消防水泵应在接到报警后 2 min 以内投入运行，稳高压消防给水系统的消防水泵应能依靠管网压降信号自动启动。消防水泵房应设双动力源，并在火场断电时仍能正常运

转；当采用内燃机作为备用动力源时，内燃机的油料储备量应能满足机组连续运转 6 h 的要求。

2）消防水池的设置要求

（1）消防水池的容量应能满足火灾延续时间内，对消防用水总量的要求。消防水池容量是单位时间内消防用水量与火灾延续时间的乘积，减去火灾延续时间内的连续补水量。

（2）消防水池的补水时间不宜超过 48 h，但当消防水池有效总容积大于 2000 m^3 时，不应大于 96 h。

（3）供消防车取水的消防水池，应设取水口（井），且吸水高度不应大于 6 m。取水口（井）与建筑物（水泵房除外）的距离不宜小于 15 m，与甲、乙、丙类液体储罐等构筑物的距离不宜小于 40 m，与液化石油气储罐的距离不宜小于 60 m，若有防止辐射热的保护设施时，可减为 40 m。

（4）消防用水与生产、生活用水共用的水池，应有确保消防用水量不作他用的技术措施。消防水池的总蓄水量有效容积大于 500 m^2 时，宜设两格能独立使用的消防水池；当消防水池的容量大于 1000 m^3 时，应设置能独立使用的两座消防水池，每格（或座）消防水池应设置独立的出水管，并应设置满足最低有效水位的连通管，且其管径应能满足消防给水设计流量的要求。对寒冷地区的消防水池应有防冻设施。

（5）消防水池应设就地水位显示装置，并应在消防控制中心或值班室等地点设置显示消防水池水位的装置，同时应有最高和最低水位报警。消防水池的出水管应保证消防水池的有效容积能被全部利用，还应设置溢流水管和排水设施。

3）高位消防水箱的设置要求

高位消防水箱的设置位置应高于其所服务的水灭火设施，且最低有效水位应满足水灭火设施最不利点处的静水压力，即高位消防水箱宜设置在建筑物的最高位置，且其设置高度应保证最不利点灭火设备的水压要求。

对于室内消火栓给水系统，建筑高度不超过 100 m 的一类高层公共建筑，其高位消防水箱的设置高度应保证最不利点消火栓静水压不低于 0.10 MPa；建筑高度超过 100 m 时不应低于 0.15 MPa；其他高层和多层建筑，其高位消防水箱的设置高度应保证最不利点消火栓静水压不低于 0.07 MPa；工业建筑中其高位消防水箱的设置高度应保证最不利点消火栓静水压不低于 0.10 MPa；若建筑体积小于 20000 m^3 时不宜低于 0.07 MPa。对于自动喷水灭火系统等自动水灭火系统，其高位消防水箱的设置高度应保证最不利点喷头最低工作压力不低于 0.10 MPa。当消防水箱不能满足上述压力要求时，应设稳压泵。

3. 消火栓设施

消火栓系统是由供水设施、消火栓、配水管网和阀门等组成的系统。消火栓系统作为扑救火灾的重要设施，布置是否合理，会直接影响灭火的效果，因此必须满足灭火的实际要求。

1）室外消火栓

（1）消火栓的选用规格。

① 国内制造企业已生产适合不同冻土深度的地上式消火栓的系列产品，而且操作比

较方便，故石油化工企业多使用地上式消火栓。工艺装置区、罐区多选用公称直称为150 mm 的室外消火栓，采用独立的稳高压消防给水时，其压力宜为 0.7～1.2 MPa，消火栓的出口水压应满足最不利点消防供水要求；采用低压消防给水时，其压力应确保灭火时最不利点消火栓的水压不低于 0.15 MPa。

② 室外消火栓的作用是为水枪和消防车供水，室外地上式消火栓应有公称直径为150 mm 或 100 mm 和两个公称直径为 80 mm 或 65 mm 的栓口；室外地下式消火栓应有公称直径为 100 mm 和 65 mm 的栓口各一个。消火栓旁应设水带箱，箱内应配备 2～6 盘直径为 65 mm、每盘长 20 m 的带快速接口的水带和 2 支入口公称直径为 65 mm、喷嘴公称直径为 19 mm 的水枪，水带箱距消火栓不宜大于 5 m。

（2）室外消火栓的保护半径。

建筑室外消火栓的数量应根据室外消火栓设计流量和保护半径计算确定，保护半径不应大于 150 m，每个室外消火栓的出流量宜按 10～15 L/s 计算。

高压消防给水管道上消火栓的出水量应根据管道内的水压及消火栓出口要求的水压计算确定，低压消防给水管道上公称直径为 100 mm、150 mm 消火栓的出水量分别取 10 L/s、30 L/s。

（3）室外消火栓的设置数量。

① 室外消火栓的设置数量，应根据室外消火栓设计流量、保护半径和每个室外消火栓的给水量计算确定。每个消火栓的流量是根据消防车的用水量来确定的，按一辆消防车出 2 支喷嘴 19 mm 的水枪考虑，当水枪的充实水柱长度为 10～17 m 时，每支水枪用水量为 4.6～7.5 L/s，2 支水枪的用水量为 9.2～15 L/s，因此，每个室外消火栓的出水流量按10～15 L/s 计算。

如一个建筑物室外消火栓设计流量为 40 L/s，则该建筑物室外消火栓的数量为 40/（10～15）＝3～4 个，此时如果按保护半径 150 m 布置是 2 个，因此设计应按 4 个进行布置，这时消火栓的间距可能远小于规范规定的 120 m。

如一工程有多栋建筑物，其建筑物室外消火栓设计流量为 15 L/s，则该建筑物室外消火栓的数量为 15/（10～15）＝1～1.5 个，但该工程占地面积很大，其消火栓布置仍然要遵循消火栓的保护半径 150 m 和最大间距 120 m 的原则，若按保护半径计算的数量是 4个，则设计应按 4 个进行布置。

② 甲、乙、丙类液体储罐区和液化烃储罐区等发生火灾时，火场温度高，人员很难接近，同时还有可能发生泄漏和爆炸，因此室外消火栓应设在防火堤或防护墙外的安全地点，数量应根据每个罐的设计流量计算确定，距离罐壁 15 m 范围内的消火栓在火灾时因辐射热而难以使用，因此不应计算在该罐可使用的数量内。

③ 布置在建筑物周围的室外消火栓宜沿建筑周围均匀布置，且不宜集中布置在建筑一侧，建筑消防扑救面一侧的室外消火栓数量不宜少于 2 个。

（4）室外消火栓的间距。

① 消火栓的设置应方便消防队员使用，地下式消火栓因室外消火栓井口小，特别是冬季消防队员着装较厚，下井操作困难，而且地下消火栓容易锈蚀，因此推荐使用地上式室外消火栓。为便于火场使用和操作方便，室外消火栓宜在道路的一侧设置，并宜靠近十

字路口，但当道路宽度超过 60 m 时，应在道路的两侧交叉错落设置室外消火栓。消火栓距路边不宜大于 5 m；距建筑外墙不宜小于 5 m。消火栓还应避免设置在机械易撞击的地点，必须设置时应采取防撞措施。

② 工艺装置区和储罐区的室外消火栓间距应根据水带长度和充实水柱有效长度确定，且不应大于 60 m。当工艺装置区宽度大于 120 m 时，宜在该装置区内的路边设置室外消火栓。当装置内设有消防道路时，应在道路边设置消火栓。距保护对象 15 m 以内的消火栓不应计算在该保护对象可使用的数量之内。

③ 市政、化工厂公用工程及厂前区消火栓的间距不应超过 120 m。

2）室内消火栓

建筑物室内消火栓的设置应根据其物料性质、火灾危险性、火灾类型和不同灭火功能等因素综合确定。

（1）除不适合用水保护或灭火的场所、远离城镇且无人值守的独立建筑、散装粮食仓库、金库可不设置室内消火栓系统外，下列建筑应当设置室内消火栓系统：

① 建筑占地面积大于 300 m² 的甲、乙、丙类厂房和仓库。

② 高层公共建筑，建筑高度大于 21 m 的住宅建筑。

③ 建筑体积大于 5000 m³ 的车站、码头、机场的候车（船、机）建筑、展览建筑、商店建筑、旅馆建筑、医疗建筑、老年人照料设施、档案馆和图书馆建筑等单、多层建筑。

④ 特等和甲等剧场，超过 800 个座位的乙等剧场和电影院等，以及超过 1200 个座位的礼堂、体育馆等建筑。

⑤ 建筑高度大于 15 m 或体积大于 10000 m³ 的办公建筑、教学建筑和其他单、多层民用建筑。

⑥ 建筑面积大于 300 m² 的汽车库和修车库以及平时使用的人民防空工程。

⑦ 地铁工程中的地下区间、控制中心、车站及长度大于 30 m 的人行通道，车辆基地内建筑面积大于 300 m² 的建筑。

⑧ 通行机动车的一、二、三类城市交通隧道。

（2）应当设置室内消火栓的地点：

① 室内消火栓应设在明显易于取用以及便于火灾扑救的位置。

② 设有室内消火栓的建筑应设置带有压力表的试验消火栓，试验消火栓应设置在水力最不利处且便于操作和防冻的位置。

（3）室内消火栓的配置要求。室内消火栓应采用 DN65 栓口，并与消防软管卷盘或轻便水龙设置在同一箱体内；应配置 DN65 有内衬里的消防水带，每根水带的长度不宜超过 25 m；消防软管卷盘应配置内径不小于 19 mm 的消防软管，其长度宜为 30 m，并宜配置当量喷嘴直径为 16 mm 或 19 mm 的消防水枪。但当消火栓设计流量为 2.5 L/s 时宜配当量喷嘴直径为 11 mm 或 13 mm 的消防水枪；消防软管卷盘应配当量喷嘴直径为 6 mm 的消防水枪。

为了操作和使用方便，消火栓栓口的安装高度应便于消防水带的连接和使用，其距地面高度宜为 1.1 m，其出水方向应便于消防水带的敷设，并宜与设置消火栓的墙面呈 90°

或向下。

（4）室内消火栓的间距。消火栓按 2 支消防水枪的 2 股充实水柱布置的建筑物，消火栓的布置间距不应大于 30 m；消火栓按 1 支消防水枪的 1 股充实水柱布置的建筑物，消火栓的布置间距不应大于 50 m。

（5）室内消火栓的充实水柱和水压要求。高层建筑、厂房、库房和室内净空高度超过 8 m 的民用建筑等场所，消火栓栓口动压不应小于 0.35 MPa，消防水枪充实水柱应按 13 m 计算；其他场所，消火栓栓口动压不应小于 0.25 MPa，消防水枪充实水柱按 10 m 计算（充实水柱是指由水枪喷嘴起到射流 90% 水柱水量穿过直径 38 cm 圆圈处的一段射流长度）。

（6）室内消火栓的水压要求。室内消火栓栓口处的静压不应大于 1.0 MPa，否则，应采用分区给水系统。消火栓栓口动压力不应大于 0.5 MPa，当大于 0.7 MPa 时，应设置减压装置，以保护管路的安全。

3）消防软管卷盘与消防竖管

（1）消防软管卷盘是由阀门、输入管路、卷盘、软管、水枪等组成，并能在迅速展开软管的过程中喷射灭火剂的灭火设备，又名消防水喉。

由于消防软管卷盘，配有多用雾化水枪，可以喷射直流或雾化水流，避免高温设备遇水急冷导致设备破坏；且可由一人操作用于控制局部小火，用之辅以工艺操作的应急事故处理，能够达到扑灭或控制小泄漏的初期火灾的目的。所以，石油化工企业的工艺装置内、加热炉、甲类气体压缩机、介质温度超过自燃点的热油泵及热油换热设备、长度小于 30 m 的油泵房附近等易发生泄漏的火灾多发场所，宜设消防软管卷盘，以提高应急防护能力。但其保护半径不应大于 30 m。

（2）消防竖管是指贯穿楼层或工艺装置设备构架平台的用于消火栓或水喷淋给水的竖向管道。消防竖管与水枪的保护范围有所不同，可对水枪作用不到的地方进行保护。消防竖管一般供专职消防人员使用，由消防车供水或供泡沫混合液。其特点是设置简单，便于使用，可加快控火、灭火速度。

① 由于扑救火灾常用直径小于 19 mm 的手持水枪，水枪进口压力一般控制在约 0.35 MPa，可由一人操作，若水压再高则操作困难。在 0.35 MPa 水压下水枪充实水柱射高约为 17 m，故要求火灾危险性大的框架高于 15 m 时，需设置半固定式消防竖管。多层的甲、乙类厂房宜在楼梯间增设半固定式消防竖管，各层设置水带接口，竖管的入口应当设于室外便于操作的地点。

② 工艺装置内的甲、乙类设备的构架平台高于其所处地面 15 m 时，宜沿梯子敷设半固定式消防给水竖管，其各层需要设置带阀门的管牙接口；构架平台长度大于 25 m 时，宜在另一侧梯子处增设消防给水竖管，且消防给水竖管的间距不宜大于 50 m。

③ 易燃气体、液体储罐容量大于 400 m³ 时，供水竖管不宜少于两条，并应均匀布置。消防冷却水系统的控制阀应设于防火堤外且距罐壁不小于 15 m 的安全地点。同时，控制阀至储罐间的冷却水管道应设防止喷头堵塞的设施。

④ 消防竖管的直径取决于给水的高度，并根据所需供给的水量计算。直径为 19 mm 的水枪每支水枪控制面积可按 50 m² 考虑。对于工艺装置内的甲、乙类设备的构架平台，

平台面积小于或等于 50 m² 时,管径不宜小于 80 mm;大于 50 m² 时,管径不宜小于 100 mm。

4. 消防给水系统的控制操作与维护管理

1) 消防给水系统的自动联动控制

消防给水系统由消防给水设备（包括给水管网、加压泵及阀门等）和电控部分（包括启泵按钮、消防中心启泵装置及消防控制柜等）组成。当手动消防按钮的报警信号送入系统的消防控制中心后,消防泵控制装置通过手动或自动信号直接控制消防泵,同时接收水位信号器返回的上水信号。

（1）消防给水系统控制设备。消防给水系统通过消防控制柜或控制盘进行控制和操作,消防控制柜或控制盘应设置专用线路连接的手动直接启泵按钮,同时消防控制柜或控制盘应能显示消防水泵、稳压泵的运行状态,以及显示消防水池、高位消防水箱等水源的高水位、低水位报警信号和正常水位。

（2）消防给水系统的联动控制。消防泵的联动控制一般具备分散（现场）控制、集中（消防中心）管理的功能。当建筑物超过一定高度时,消防给水系统将采用分区给水的方式,每个供水区都设置独立的消火栓给水系统。启动消防泵采用水泵房的控制柜启泵按钮;停止消防泵工作时可以使用控制中心的停泵按钮,也可以使用水泵房的控制柜停泵按钮。消防泵一般分工作泵和备用泵,工作泵故障时可启动备用泵,主泵和备用泵可切换。泵推陈出新在控制盘上显示。

2) 室外消火栓的维护管理

室外消火栓由于处在室外,经常受到自然和人为的损害,所以要经常维护。检查、维护的主要内容:清除阀塞启闭杆端部周围杂物,将专用扳手套于杆头,检查是否合适,转动启闭杆,加注润滑油;用油纱头擦洗出水口螺纹上的锈渍,检查闷盖内橡胶垫圈是否完好;打开消火栓,检查供水情况,在放净锈水后再关闭,并观察有无漏水现象;外表油漆剥落后应及时修补;清除消火栓附近的障碍物,对地下消火栓,消除井内积聚的垃圾、砂土等杂物。

3) 室内消火栓的维护管理

室内消火栓给水系统,至少每半年（或按当地消防监督部门的规定）要进行一次全面的检查。检查的主要内容:室内消火栓、水枪、水带、消防卷盘是否齐全完好;有无生锈、漏水、接口垫圈是否完整无缺;消防水泵在火警后 5 min 内能否正常供水;报警按钮、指示灯及报警控制线路功能是否正常,有无故障;检查消火栓箱及箱内配装的消防部件的外观有无损坏,涂层是否脱落,箱门玻璃是否完好无缺。

对室内消火栓给水系统的维护,应做到使各组成设备经常保持清洁、干燥,防止锈蚀或损坏。为防止生锈,消火栓手轮丝杆处以及消防水喉卷盘等所有转动的部位应经常加注润滑油。设备如有损坏,应及时修复或更换。

4) 消防泵的检查与维护管理

消防水泵和稳压泵是供给消防用水的关键设备,必须定期进行试运转,保证发生火灾时正常启动、不卡壳,电源和内燃机驱动正常,自动启动或电源切换及时、无故障。消防水泵和稳压泵等供水设施的维护管理应符合下列要求:

（1）每月应手动启动消防水泵运转一次,并应检查供电电源的情况。

（2）每周应模拟消防水泵自动控制的条件，自动启动消防水泵运转一次，且应自动记录巡检情况，每月应检测记录。

（3）每日应对稳压泵的停泵启泵压力和启泵次数等进行检查和记录运行情况。

（4）每日应对柴油机消防水泵的启动电池的电量进行检测，每周应检查储油箱的储油量，每月应手动启动柴油机消防水泵运行一次。

（5）每季度应对消防水泵的出水流量和压力进行一次试验。

（6）每月应对气压水罐的压力和有效容积等进行一次检测。

（二）自动喷水灭火系统

自动喷水灭火系统是按一定的间距和高度设置一定数量喷头的供水灭火系统。按用途、组成部件和工作原理的不同，可分为湿式自动喷水灭火系统、干式自动喷水灭火系统、预作用式自动喷水灭火系统、雨淋系统、细水雾系统、水幕系统等。该系统发生火灾时能自动喷水灭火并能自动报警，在所有固定式灭火设备中，自动喷水灭火系统具有使用范围最广、价格最便宜。它工作性能稳定，灭火效果好，使用期长，维护方便，因而广泛应用于一切可以用水灭火的场所。可燃气体、可燃液体量大的甲、乙类设备的高大框架和设备群等工艺装置内，当固定水炮不能有效保护特殊危险设备及场所时，应设自动喷水灭火系统保护。

1. 湿式自动喷水灭火系统

湿式自动喷水灭火系统是指准工作状态时在报警阀的上下管道中始终充满着用于启动系统的有压力水的闭式系统。湿式自动喷水灭火系统具有灭火速度快，控火效率高，系统结构简单，设计、施工及管理方便，建设投资较低，应用范围广等特点。适用于环境温度在 4～70 ℃ 范围的建筑物和场所。

设置固定湿式自动喷水灭火系统的储罐，容积大于 400 m³ 时，供水竖管宜采用两条，并应对称布置；消防冷却水系统的控制阀，应设于防火堤外，且距罐壁不宜小于 15 m 的安全位置；阀门控制可采用手动或遥控，单阀控制时宜设置带旁通阀的过滤器；控制阀后及储罐上设置的管道，应采用镀锌管。

2. 干式自动喷水灭火系统

干式自动喷水灭火系统是指准工作状态时报警阀后的配水管道内平时没有水，充满着用于启动系统的有压气体的闭式系统。干式自动喷水灭火系统具有不受设置场所环境温度高低影响的特点，但建设投资费用较高，在灭火速度上不如湿式系统快，适用于在环境温度低于 4 ℃ 或高于 70 ℃ 的场所安装使用。

3. 预作用式喷水灭火系统

预作用式喷水灭火系统是在装有闭式喷头的干式自动喷水灭火系统上附加了一套报警装置，形成了兼有双重控制的新系统。该系统平时处于干式状态，在火灾发生时能实现初期报警，并迅速使管网充水，将系统转变为湿式，火情扩大时，闭式喷头打开，进行喷水灭火。由于系统的这种转变过程包含着预备动作的功能，故称预作用式喷水灭火系统。

在预作用式喷水灭火系统中，火灾发生时，火灾探测器首先发出火警报警信号，报警控制器在接到报警信号后作声光显示的同时启动电磁阀，使压力水迅速充满管网，当火场温度继续上升，达到喷头的动作温度后才开始喷水。因此，预作用式喷水灭火系统既比湿式系统的适用范围广，又避免了干式系统延缓喷水时间的缺点，其灭火效果优于上述两个系统，但由于该系统自动化部件多，系统结构复杂，投资费用大，技术要求高，遇维护不良时，可能会造成系统误启动或漏启动。

预作用式喷水灭火系统适用范围较大，凡是适用于湿式喷水灭火系统和充气式干式喷水灭火系统的场所，均适用于预作用式喷水灭火系统。尤其是不允许有水渍损失的建筑物、构筑物，宜采用预作用式喷水灭火系统。

4. 雨淋喷水灭火系统

雨淋喷水灭火系统是指由火灾自动探测报警联动系统控制，自动开启雨淋报警阀后，向开式洒水喷头供水的开式系统。发生火灾时，系统保护区域内的所有开式喷头同时喷水灭火，可以在瞬间喷出大量的水，覆盖或阻隔整个着火区域，从而提供一种整体保护用以对付和控制火灾。雨淋喷水灭火系统具有反应速度快、灭火效率高、灭火控制面积大的特点。

在石化企业，雨淋系统主要应用于易燃品加工车间、地下库房和生产过程中易着火而导致爆炸需要大面积喷水的严重危险级的建筑物和构筑物等区域。主要应用在以下几种情况：

（1）火柴厂的氯酸钾压碾厂房，建筑面积大于 100 m^2 生产、使用硝化棉、喷漆棉、火胶棉、赛璐珞胶片、硝化纤维的厂房。

（2）建筑面积超过 60 m^2 或储存量超过 2 t 的硝化棉、喷漆棉、火胶棉、赛璐珞胶片、硝化纤维的仓库。

（3）日装瓶数量超过 3000 瓶的液化石油气储配站的灌瓶间、实瓶库。

（4）粉状铵梯炸药、铵油炸药、梯恩梯粉碎；铵梯黑炸药生产；导火索生产的黑索药三成分混药、干燥、凉药、筛选、准备及制索；震源药柱生产的炸药熔混药、装药等生产工序。

5. 水喷雾灭火系统

水喷雾灭火系统是利用水雾喷头在较高的水压力作用下，将水流分离成 $0.2 \sim 2 \text{ mm}$ 甚至更小的细小水雾滴，喷向保护对象，通过表面冷却、窒息或冲击乳化、稀释等作用，达到灭火或防护冷却的目的。水喷雾灭火系统的应用发展，实现了用水扑救油类、电气设备火灾，并且克服了气体灭火系统不适合在露天环境和大空间场所使用的缺点。

水喷雾灭火系统对于化工企业中扑救各类露天设备火灾效果较好，具体使用范围：用于灭火时，可扑救固体火灾、闪点高于 60 ℃ 的液体火灾和电气火灾；用于防护冷却时，可应用于可燃气体和甲、乙、丙类液体储罐及装卸设施的冷却，且在冷却的同时，可有效地稀释泄漏的气体或液体；水喷雾灭火系统不得用于扑救与水发生化学反应造成燃烧、爆炸的火灾，以及水雾对保护对象造成严重破坏的火灾。

符合下列条件的建筑物及部位应设置水喷雾灭火系统：

（1）根据《建筑设计防火规范》（GB 50016）规定，对于单台容量在 40 MW 及以上厂矿企业的可燃油油浸电力变压器，单台容量在 90 MW 及以上发电厂的可燃油油浸电力变压器，或单台容量在 125 MW 及以上独立变电所的可燃油油浸电力变压器和飞机发动机试车台的试车部位，都应设置细水雾灭火系统。

（2）当储罐储存的物料燃烧，在罐壁可能生成碳沉积时，应设水喷雾系统。储罐的阀门、液位计、安全阀等均宜设喷头保护。

6. 水幕系统

水幕系统是利用水幕喷头密集喷洒所形成的水墙或水帘，起到挡烟阻火和冷却分隔物作用的一种自动喷水系统，即通过其特殊的喷头布置方式，对简易防火分隔物进行冷却，提高其耐火性能，或阻止火焰穿过开口部位，直接作防火分隔使用。

水幕系统适用在以下部位：宜设置水幕阻火系统的剧院、礼堂的舞台口；工业或民用建筑面积超过建筑物的防火分区要求时，采用水幕作防火分隔物来代替防火墙；防火分隔物的耐火时间不能达到耐火极限要求的，设置水幕系统提高防火分隔物的耐火性能；有门窗孔洞相通的厂房、库房采用防火卷帘进行分隔时，设水幕增强防火卷帘的耐火性能；在炼油和化工企业内的露天生产装置区内，为防止设备发生火灾后火势蔓延，采用喷雾水幕设备，将各生产单元的设备或设备与建筑物之间进行分隔；以及由于某些原因，建筑物之间的防火间距不能满足要求时，常采用水幕对耐火性能较差的门窗、可燃屋檐等进行保护，增强其耐火性能等。

甲、乙类油品海港码头，当停泊 35000 t 级及其以上船型时，宜设置防热辐射水幕。水幕应设置于码头前沿，其设置长度宜在装卸设施两端各延伸 5 m；水幕喷射高度宜高出被保护对象 1.5 m；当水幕喷射高度不超过 10 m 时，其每米水幕长度用水量不宜小于 100 L/min；当水幕射高超过 10 m 时，每增加 1 m 射高其用水量应增加 10 L/min。

7. 自动喷水灭火系统的控制操作与维护管理

1）自动喷水灭火系统的联动控制

自动喷水灭火系统的应用已有上百年的历史，由于该系统能在火灾时自动启动喷水灭火，使火灾在初期就及时得以控制，从而最大限度地减少了火灾损失，因此，它被国际上公认为扑救初期火灾最有效的消防设施。在自动喷水灭火系统中，湿式系统即充水式闭式自动喷水灭火系统是应用最广泛的一种。

（1）联动控制逻辑。自动喷水灭火系统的联动控制逻辑过程：当发生火灾、闭式水喷头的温度元件达到额定温度时，水喷头动作，系统支管的水流动，水流指示器动作，湿式报警阀动作，压力开关动作，这三个部件的动作信号均送消防控制室。随后，水流指示器和压力开关两个信号使消防水泵启动，启泵信号送消防控制室，且水力警铃报警，表明系统已喷水。如果是平时维修检查，则打开支管末端放水阀或试验阀，也将有相应的动作信号送入消防控制室，其动作过程同喷头动作一样。

（2）控制显示功能。消防控制设备对自动喷水和水喷雾灭火系统应当具有控制系统的启、停；显示消防水泵的工作、故障状态；显示水流指示器、报警阀、信号阀的工作状态等控制和显示功能。

如果使用干式喷水灭火系统，消防控制室还应显示：系统最高和最低气压；预作用系统还显示系统的最低气压；如果高层建筑采用高、中、低分区给水系统，则在消防控制室中应当分区实现自动喷水灭火系统的控制和显示功能。

2）自动喷水灭火系统的检查与维护

每一个自动喷水灭火系统必须始终处于正常的警戒状态，从使用方面应确立一套定期检查制度，检查内容包括以下几个方面。

（1）设备状态检查。对组成系统的喷头、报警控制阀、闸阀报警控制器、附件、管网接头等作外观检查，看有否损坏、锈蚀、渗漏、启闭位置不当等情况存在，一经发现应立即采取适当的维修、校正措施，使其恢复完好状态。

（2）系统功能检查。应按照各类系统的设计规定进行系统功能动态模拟试验。

① 每两个月应对水流指示器进行一次功能试验，利用管网末端试水装置排水，水流指示器应动作，消防控制中心应有信号显示。

② 每个季度应对报警阀进行一次功能试验，打开系统侧放水阀放水，报警阀瓣开启，延时器底部有水排出，并延时 5～90 s 内报警装置应开始连续报警；水力警铃应发出响亮的报警声，压力开关应接通电路报警，消防控制中心有显示，并应启动消防水泵。

（3）使用环境检查。使用环境及保护对象被人为地作了不恰当的改变时，会对系统功能造成不利的影响。如在仓库内货物堆高阻挡了喷头的喷洒范围；喷头被刷漆或包扎而延迟了动作灵敏度，从而改变了喷洒特性；可燃物数量和品种的改变或生产性质的改变，致使原设计标准已不符合现实的危险性等级要求等。因而对使用环境和条件要定期检核、评价，不允许有超过规定的改变。

（三）蒸汽灭火系统

蒸汽是水在温度超过其沸点（100 ℃）时蒸发而形成的一种不燃、无毒的惰性气体。由于水蒸气能冲淡燃烧区的可燃气体、蒸气，并能隔绝燃烧区内的空气，因而具有良好的灭火作用，所以水蒸气是一种较好的灭火剂。由于普通水对高温设备的骤冷会引起设备的损坏（冷水不能扑救高温物体设备火灾），而蒸汽扑灭高温设备火灾不会引起因设备热胀冷缩的应力对高温设备的破坏；还由于蒸汽灭火系统构造简单、取用方便、价格低廉，所以，在石油化工企业很有使用价值。

1. 蒸汽灭火系统的类型

蒸汽灭火系统按用途和安装方式可分为全充满固定灭火系统和局部应用式半固定灭火系统。

1）全充满固定灭火系统

（1）系统组成。全充满固定灭火系统一般由蒸汽源（蒸汽锅炉、蒸汽输气干管或蒸汽分配箱等），蒸汽灭火干管、支管和配气管等组成。

（2）适用场所。全充满固定灭火系统主要适合于油品加压站、石油码头的油泵房、油船的油舱、炼油厂、石油化工厂的生产厂房等有大量的可燃液体和气体；常处于高温、高压下运转，一旦发生事故会迅速流散或很快扩散到整个房间（或立即发生火灾）的设备和场所。

2）局部应用式半固定灭火系统

（1）局部应用式半固定蒸汽灭火系统一般由蒸汽源（蒸汽锅炉、蒸汽分配箱等），输汽干管、支管和短管（或蒸汽幕管）等组成。

（2）局部应用式半固定蒸汽灭火系统主要适用于燃油的火力发电厂锅炉房；炼油厂和石油化工厂露天生产装置区的加热炉、炼制塔、反应釜、泵房、换热器、冷凝器、中间储罐和管道等有大量的可燃液体或气体的处所和设备处于高温、高压下，一旦泄漏，可发生火灾，以防止泄漏出来的气态烃发生火灾和及时扑灭设备的泄漏火灾的设备或场所，或为阻止火势扩大和火灾蔓延的场所。

2. 蒸汽灭火系统的适用场所

在具有蒸汽供给源，使用蒸汽不会造成事故的场所宜设蒸汽灭火系统。如使用蒸汽的甲、乙类厂房；操作温度等于或超过本身自燃点的丙类液体厂房；液体硫黄的储罐；单台锅炉蒸发量超过2 t/h 的燃油、燃气锅炉房；炼油厂、石油化工厂、油泵房、重油罐区、露天生产装置区和重质油品库房等场所，均宜设置蒸汽灭火系统。但由于二硫化碳等挥发性大、闪点低的易燃液体设备，使用水蒸气可能造成事故，所以此类场所不得采用蒸汽灭火系统。

3. 蒸汽灭火系统的控制操作与维护管理

1）蒸汽灭火系统的使用

（1）全充满固定灭火系统的使用。设有固定灭火装置的房间（或舱室），一旦发生火灾，应自动或人工关闭室内（或舱室）一切可以关闭的机械或自然通风的孔洞门窗，人员立即离开着火房间，然后开启蒸汽灭火管线（打开选择阀），使整个房间内充满蒸汽，进行灭火。

（2）半固定灭火系统的使用。室内或露天生产装置区内的设备泄漏可燃气体或可燃液体时，应打开接口短管的开关，对着火源喷射蒸汽，进行灭火；若露天生产装置起火，有较大的风速时，灭火人员应站立在着火部位的上风处进行灭火，保证人身安全。

（3）移动式灭火系统的使用。可燃液体储罐区内的储罐发生火灾时，应立即在短管上接上橡胶输气带，将橡胶管的另一端绑扎在蒸汽挂钩上，或绑扎在泡沫室的泡沫输送管上。这些准备完成后，打开接口短管的阀门，向油罐液面上施放蒸汽，进行灭火。必须指出的是，在使用蒸汽扑灭油罐火灾的同时，应积极准备泡沫进攻，当蒸汽不能扑灭可燃液体油罐火灾时，应停止喷射蒸汽，采用泡沫灭火系统扑灭火灾。

2）蒸汽灭火系统的管理

蒸汽灭火系统的控制阀门，一般有分配箱处的灭火蒸汽总阀、全充满蒸汽灭火系统的室外选择阀、接口短管上的开关阀等。分配箱处的生产、生活蒸汽管线应设防回流的单向阀，以防止（石油、化工厂内）生产、生活蒸汽管线内的蒸汽被可燃液体气体污染而倒流入分配箱内，并保证灭火蒸汽管线内的蒸汽不含可燃的液体或气体，灭火蒸汽总阀应设在分配箱蒸汽输气管线出口处，用以开启或关闭蒸汽的输气管线。为使火场使用方便，蒸汽分配箱及其阀门离保护对象的距离不宜超过60 m。

全充满蒸汽灭火系统的室外选择阀，又称分配阀，是用以开启或关闭保护空间蒸汽管的阀门。此阀门应设在人员便于接近的地点，且应设在室外便于操作的地方。若设在室外有困难时（例如设在室外在防冻上有困难等），也可设在室内，但必须将阀门的手轮设在建筑物的外墙上，其位置与门、窗、孔、洞的距离不应小于1 m，以防在开启阀门时，被室内喷出的火焰灼伤。该控制阀杆穿过墙上的孔洞，应用不燃物严密填实堵塞，以防蒸汽从孔洞漏出。

接口短管的开关阀是局部应用式蒸汽灭火管线短管上的开关。室内蒸汽灭火短管的开关阀，也可设在蒸汽管线上，但其位置离保护油罐的距离，宜在15～30 m，且应设在防火堤之外。

蒸汽灭火系统应经常处于良好战备状态，及时地扑灭初期火灾，应当特别注意平时的管理和保养。输气管应良好，且应经常充满蒸汽，排除冷凝水设备工作正常，管内不积存冷凝水；保温设备、补偿设备、支座等应保持良好，无损坏；管线上的阀门灵活好用不漏气；短管上橡胶管连接可靠，完好整洁；筛孔管畅通，配气管要清洁卫生。

（四）泡沫灭火系统

泡沫灭火系统是扑灭甲、乙、丙类液体火灾和某些固体火灾时最行之有效的灭火手段。由于该系统具有安全可靠、经济实用、灭火效率高、无毒性的特点，目前已在国内外的石油化工企业、油库、地下工程、各类仓库、煤矿、汽车库、船舶等场所得到广泛的应用。

低倍数泡沫灭火系统是指发泡倍数低于 20 的泡沫灭火系统，中倍数泡沫灭火系统是指发泡倍数为 20~200 的泡沫灭火系统，高倍数泡沫灭火系统是指发泡倍数高于 200 的泡沫灭火系统。

1. 泡沫灭火系统的类型

1）低倍数泡沫灭火系统的类型

低倍数泡沫灭火系统按照安装形式不同有以下 3 种类型。

（1）固定式泡沫灭火系统。固定式泡沫灭火系统一般由消防水源、泡沫液罐、比例混合器、混合液管线、泡沫室（或泡沫产生器）或泡沫喷头等组成。

该灭火系统具有启动及时、安全可靠、操作方便、自动化程度高等优点，但系统投资大、设备利用率低、平时维护管理复杂。

（2）半固定式泡沫灭火系统。半固定式泡沫灭火系统由泡沫室或泡沫喷头、管线和水泵接合器组成，由泡沫消防车通过水泵接合器供应泡沫混合液。

该灭火系统由于没有固定设置的泡沫混合液泵、泡沫液储罐等设施，所以从维护、管理方面来看有一定的优越性，但它需要一定数量的消防车及专职的消防人员。该灭火系统主要适用于机动消防设施较强的企业附属可燃液体储罐区和石油化工生产装置区火灾危险性大的场所。

（3）移动式低倍数泡沫灭火系统。移动式低倍数泡沫灭火系统是以泡沫钩枪或泡沫管架代替泡沫室（或泡沫产生器），以消防车代替水泵，以水带代替管道的灭火设备。

该灭火系统是在火灾发生后铺设，不会遭到初期燃烧爆炸的破坏，使用机动灵活，但该系统操作比较复杂，受外界环境的影响较大，扑救火灾的速度不如固定和半固定式灭火系统，因此多作为固定和半固定式泡沫灭火系统的辅助灭火设施。

2）高、中倍数泡沫灭火系统的类型

高、中倍数泡沫灭火系统根据安装型式分为全淹没式、局部应用式和移动式 3 种类型。

（1）全淹没式泡沫灭火系统。全淹没式泡沫灭火系统是由固定式泡沫产生器直接或通过导泡筒将泡沫喷放到封闭或被围挡的防护区内，并在规定的时间内达到一定泡沫淹没深度的灭火系统。

全淹没系统可用于下列场所：

① 封闭空间场所。

② 设有阻止泡沫流失的固定围墙或其他围挡设施的场所。

③ 小型封闭空间场所与设有阻止泡沫流失的固定围墙或其他围挡设施的小场所，宜设置中倍数泡沫灭火系统。

（2）局部应用式泡沫灭火系统。局部应用式泡沫灭火系统是由固定式泡沫产生器直接或通过导泡筒将泡沫喷放到火灾部位的灭火系统。

中倍数泡沫局部应用系统可用于固定位置面积不大于 100 m² 的流淌 B 类火灾场所；高倍数泡沫局部应用系统可用于四周不完全封闭的 A 类火灾与 B 类火灾场所、天然气液化站与接收站的集液池或储罐围堰区。

局部应用系统的保护范围应包括火灾蔓延的所有区域。

（3）移动式泡沫灭火系统。移动式泡沫灭火系统的组件可以是车载式，也可以是便携式，系统全部组件可以移动，使用灵活、方便，而且随机应变性强。使用该灭火系统，泡沫通过导泡筒从远离火场的安全位置被输送到火灾区域扑灭火灾。故可用来扑救内部充满烟雾和有毒气体、人员无法靠近、火源难以找到或危及人生命安全的发生部位难以确定的地下工程、矿井等场所火灾。

移动式系统可用于下列场所：

① 发生火灾的部位难以确定或人员难以接近的场所。

② 发生火灾时需要排烟、降温或排除有害气体的封闭空间。

③ 中倍数泡沫系统还可用于面积不大于 100 m² 的可燃液体流淌火灾场所。

2. 泡沫灭火系统的适用场所

1）应采用固定式泡沫灭火系统的设备

（1）单罐容量等于或大于 10000 m³ 的非水溶性甲类、乙类、闪点小于等于 90 ℃ 的丙类可燃液体的固定顶罐和浮盘为易熔材料的内浮顶罐。

（2）单罐容积等于或大于 500 m³ 的水溶性甲类、乙类、闪点小于等于 90 ℃ 的丙类可燃液体的固定顶罐和浮盘为易熔材料的内浮顶罐。

（3）单罐容积等于或大于 50000 m³ 的甲类、乙类、闪点小于等于 90 ℃ 的丙类非水溶性可燃液体浮顶罐。

（4）单罐容积等于或大于 50000 m³ 的甲类、乙类、闪点小于等于 90 ℃ 的丙类非水溶性可燃液体浮盘为易熔材料的内浮顶罐。

（5）单罐容积等于或大于 1000 m³ 的甲类、乙类、丙类水溶性可燃液体浮顶罐。

（6）单罐容积等于或大于 1000 m³ 的甲类、乙类、丙类水溶性可燃液体浮盘为易熔材料的内浮顶罐。

（7）移动消防设施不能进行有效保护的可燃液体罐区。

（8）地形复杂消防车扑救困难的可燃液体罐区。

（9）停泊 5000 t 级及其以上船型的河港油码头或停泊 20000 吨级及其以上船型的海港油码头（其混合液供给速率不宜小于 60 L/s），宜设置两个固定式水 - 泡沫两用炮，每个炮喷射速率不宜小于 30 L/s；当海港油码头停泊 50000 吨级及其以上船型时，两用炮宜采用高架遥控炮。

2）应采用移动式泡沫灭火系统的设备

（1）罐壁高度小于 7 m 或容积等于或小于 200 m^3 的非水溶性可燃液体储罐。

（2）润滑油储罐。

（3）液体地面流淌火灾、油池火灾。

3）应采用半固定式泡沫灭火系统的场所

（1）不适宜安设固定和移动式灭火系统的可燃液体罐区。

（2）工艺装置及单元内的火灾危险性大的局部场所。

（3）含有轻质油品的酸性水原料罐及含油污水调节罐。

（4）停泊 1000 t 级及其以上船型的河港油码头或停泊 5000 t 级及其以上船型的海港油码头（其混合液供给速率不宜小于 30 L/s）。

3. 泡沫灭火系统的控制操作与维护管理

1）泡沫灭火系统的控制

消防控制设备对泡沫灭火系统具有 2 种功能：控制泡沫泵及消防水泵的启、停；显示系统的工作状态。

对于设置自动探测、报警系统对防护区进行有效监控的全淹没式高倍数泡沫灭火系统或局部应用式高倍数泡沫灭火系统在控制中心（室）和防护区设置声光报警装置，提示工作人员撤离，并根据需要控制有关的门、窗、排气口等装置以及断电机构的联动控制。

2）低倍数泡沫灭火系统的检查与维护管理

泡沫灭火系统验收应制定使用、维护保养和检查制度。岗位操作规程公布在消防泵房的设备附近。同时培训专职和兼职消防人员，这些人员应定期对系统进行操作、维修、检查和试验。

为确保灭火系统处于良好的准工作状态，应根据系统的类型及该系统对整个企业的安全重要性来决定是周检、月检、季检、半年检及年检的制度。对采用固定式泡沫灭火系统的独立的大型油库：

（1）周检主要是启动泵，看能否按时启动，运转是否良好；查看管道和阀门有无泄漏，管道和泡沫产生器有无损坏；全部操作装置和部件是否完好，消防泵能否正常供水，压力是否适宜等。发现问题应立即修理或更换。

（2）月检是除周检内容外，还应对操作者进行检查，考核他们对系统中设备的性能、用途、作用的掌握程度。

（3）季检应对全部电气装置和报警系统进行检查和试验。

（4）半年检：

① 检查产生泡沫的有关装置。如检查泡沫比例混合器、泡沫产生器有无机械损伤、腐蚀、空气入口有无堵塞，以及所有阀件手动是否灵活。

② 检查管道。对地上管道进行压力试验，以检查这些管道有无腐蚀及机械损伤。对地下管道应至少 5 年检查一次。

③ 检查过滤器。检查用过或做过流量试验后的清扫情况。

④ 检查报警和自动设备、自动和手动装置，看其性能是否正常良好。

⑤ 对泡沫液及其储存器进行检查。检查设备是否损坏，液位高低是否符合要求。

⑥ 年检除了半年检查的项目外，还要对泡沫液的成分和性能进行分析测试。将泡沫

液样品送交检测中心进行分析测试或交生产厂家进行化验分析。仔细检查储存泡沫液的容器内有无沉降物。

半固定式泡沫灭火系统也应根据具体情况，制定行之有效的检查和维修制度。

3）高倍数泡沫灭火系统的检查与维护管理

（1）使用前应按系统设计要求和有关规定，根据本单位具体情况制定使用、维修、保养、检查规程。可参照低倍数泡沫灭火系统的有关要求执行。

（2）系统应配有专门的操作人员，并进行必要的训练。

（3）高倍数泡沫液的储存。高倍数泡沫液一般应储存在专用的贮罐内，也可以储存在原装运的容器里，存放在指定的地点，储存条件应满足产品技术条件所规定的要求。

（4）手动灭火系统在发生火灾后应由专门人员按操作规程进行操作。

（5）为确保全淹没灭火系统启动后达到预期的灭火效果，应防止泡沫的泄漏，全淹没深度以下的开口，如门、窗等应在人员撤离后泡沫喷放前或与泡沫喷放的同时自动或手动关闭。

（6）高倍数泡沫灭火系统使用后，应在24 h内将消耗了的高倍数泡沫液补充完毕，并使系统重新处于完好状态。

（7）高倍数泡沫的清除。灭火后打开所有的开口，采用强制通风的方法从建筑内清除泡沫。在一些水对被保护对象影响不大的场所，还可以用喷射水的方法消除泡沫。

（8）灭火后必须对整个系统进行冲洗、检查，使全系统恢复到准工作状态。

（五）干粉灭火系统

1. 干粉灭火系统的类型

干粉灭火系统主要用于扑救可燃气体、可燃液体和电气设备火灾，其特点是能够长距离输送，设备可远离火区；不用水，特别适用于缺水地区，寒冷季节使用不需防冻；灭火时间短、效率高，特别对石油及石油产品的灭火效果尤为显著；绝缘性能好，可扑救带电设备火灾；以有相当压力的二氧化碳或氮气作为喷射动力，因而可不受电源限制。但干粉不具有冷却作用，容易发生复燃，不能扑救深度阴燃物质的火灾，不能扑救本身能供给氧的化学物质火灾。

干粉灭火系统根据被保护对象的特点分为全淹没干粉灭火系统、局部应用干粉灭火系统和移动式干粉灭火系统。

2. 干粉灭火系统的适用场所

干粉灭火系统对扑救石油化工厂的初期火灾，尤其是用于气体火灾是一种灭火效果好、速度快的有效灭火剂。

1）全淹没干粉灭火系统

全淹没干粉灭火系统主要用于地下室、船舱、变压器室、油漆仓库、油品仓库以及汽车库等密闭的或可密闭的建筑。某些物质的储存、装卸等的封闭场所及室外需重点保护的场所，石化企业装置中使用烷基铝为催化剂，该物料遇空气着火、遇水爆炸，故应当设有全淹没式自动干粉站以保护储存及装卸的场所。

2）局部应用干粉灭火系统

局部应用干粉灭火系统主要用于建筑物空间很大、不易形成整个建筑物火灾，或只有个别设备容易发生火灾，或者一些露天装置易发生火灾的场所，以及不可能也没有必要设置全淹没灭火系统的场所。对于火灾危险性大的气体加工装置内易发生火灾部位，应设置固定的干粉炮，针对某个容易发生火灾的部位设置局部应用的自动灭火系统。

3）移动式干粉灭火系统

大型干粉灭火设备普遍设置为移动式系统的干粉车，用于扑救工艺装置的初期火灾及液化烃罐区火灾效果较好。

3. 干粉灭火系统的控制操作与维护管理

1）干粉灭火系统的控制

消防控制设备对干粉灭火系统具有 2 种功能：控制系统的启、停；显示系统的工作状态。

一般自动干粉灭火系统、全淹没系统、局部灭火系统均设置火灾探测装置，系统由火灾探测器探测到着火后报警，再通过联动控制盘自动启动或消防人员人工操作启动。

2）干粉灭火系统的检查与保养

在干粉灭火设备存放地点要设详细的操作说明，工作人员必须严格遵守操作规程，对各部件勤检查，确保处于良好工作状态。

动力气瓶要定期检查，测定气体压力和质量是否在规定的范围内。低于规定的数值时，要找出原因，立即更换或修复。

要检查喷嘴的位置和方向是否正确，喷嘴上有无积存污物。对于加密封措施的喷嘴，要检查密封是否完好。

要检查阀门、减压阀、探测器、压力表等部件是否处于正常的工作状态。

干粉灭火剂应每隔 2 ~ 3 年进行开罐取样检查，把样品送往专业单位检测，如不符合性能标准的要求，要立即更换干粉灭火剂。

（六）消防炮灭火系统

消防炮是以炮的形式将水、泡沫混合液、干粉等灭火药剂高速喷射至一定距离进行灭火或冷却作业的消防设备。固定消防炮灭火系统是由固定消防炮和相应配置的系统组件组成的固定灭火系统。

固定消防炮用于保护面积较大、火灾危险性较高，而且价值较昂贵的重点工程、群组设备等要害场所，能够及时、有效地扑灭较大规模的区域性火灾。

1. 消防炮的类型

消防炮按照工作介质，可分为泡沫炮、水炮、泡沫 – 水两用炮和干粉炮等；按照应用场合可分为车用消防炮、船用消防炮和陆用消防炮等；按照安装形式可分为固定消防炮和移动消防炮（干粉炮仅有固定系统）；按照控制方式可分为就地控制消防炮、远程控制消防炮和智能消防炮等。

2. 固定消防炮的适用场所

消防炮灭火系统是一种通用性很强的灭火系统，在石油化工企业用途最广，是室外易燃液体、气体火灾非常有效的灭火手段。可燃气体、可燃液体量大的甲、乙类设备的高大构架和设备群应设置水炮保护，其设置位置距保护对象不宜小于 15 m，水炮的出水量宜为 30 ~ 40 L/S，喷嘴应为直流—水雾两用喷嘴，距罐壁宜为 15 ~ 40 m。对于醋酸纤维、黏胶纤维、锦纶、涤纶、腈纶纤维等易燃或燃烧猛烈的合成纤维库房，当其库房的跨度超过 30 m 时，可增设高架式水炮。

3. 消防炮系统的控制操作与维护管理

1）系统的使用

消防炮灭火系统验收合格后方可投入运行。系统应建立相应的文件体系，以规范系统的使用、操作与管理工作，确保文件体系的可追溯性。

2）系统的维护管理

（1）日常维护消防炮灭火系统应建立系统定期维护制度，每日巡视各阀门的完好状况和开闭位置；内燃机驱动的消防泵组应每周启动运转一次。

（2）月检要求每月应对系统进行一次外观检查。消防水泵应每月启动运转一次。当消防水泵为自动控制启动时，应每月模拟自动控制的条件启动运转一次。电磁阀应每月检查并应作启动试验，动作失常时应及时更换。

（3）季度检要求每季度应当对固定式消防炮的回转机构、仰俯机构或电动、气动操作机构进行检查，性能应达到标准的要求；消火栓和阀门的开启与关闭应自如，不应锈蚀；压力表、减压阀、管道过滤器、金属软管、管道及附件不应有损伤；电气控制设备的工作状况应良好。对消防炮系统进行一次供水试验，验证系统的供水能力。

（4）半年检要求消防炮系统管道的压力试验，每半年应当对地上管道进行一次，每五年对地下管道应进行至少一次。高压软管应无变形、裂纹及老化，必要时对每根高压软管进行水压强度试验和气压密封性试验。

（5）年检要求每年应对水源的供水能力进行一次测定。

（6）每两年应对消防储水设备进行检查，修补缺损和重新油漆。每 2~3 年应进行一次冷喷试验，试验完毕应对管道进行冲洗；并对系统所有的设备、设施、管道及附件进行全面检查，包括射程、流量、喷射型式、各相关设备的强度、油漆、腐蚀情况等，结果应符合设计要求。系统管道每 2~3 年应进行一次冲洗，清除锈渣，并进行刷漆处理。

（七）二氧化碳灭火系统

1. 二氧化碳灭火系统的类型

二氧化碳灭火系统按应用方式可分为全淹没灭火系统和局部应用灭火系统。全淹没灭火系统应用于扑救封闭空间内的火灾；局部应用灭火系统应用于扑救不需封闭空间条件的具体保护对象的非深位火灾。

二氧化碳灭火系统按灭火剂储存方式可分为高压系统和低压系统。管网起点计算压力（绝对压力），高压系统取 5.17 MPa，低压系统取 2.07 MPa。

2. 二氧化碳灭火系统的适用场所

1）适用的火灾场所

（1）灭火前可切断气源的气体火灾。

（2）液体火灾或石蜡、沥青等可熔化的固体火灾。

（3）固体表面火灾及棉毛、织物、纸张等部分固体深位火灾。

（4）电气火灾。

2）不适用的火灾场所

（1）二氧化碳全淹没灭火系统不应用于经常有人停留的场所。

（2）硝化纤维、火药等含氧化剂的化学制品火灾。

（3）钾、钠、镁、钛、锆等活泼金属火灾。

（4）氢化钾、氢化钠等金属氢化物火灾。

（八）气体灭火系统

1. 气体灭火系统的类型

气体灭火系统的类型包括七氟丙烷灭火系统、IG541 混合气体灭火系统和热气溶胶预制灭火系统。

2. 气体灭火系统的适用场所

1）适用的火灾场所

（1）电气火灾。

（2）固体表面火灾。

（3）液体火灾。

（4）灭火前可切断气源的气体火灾。

注：除电缆隧道（夹层、井）及自备发电机房外，K 型和其他型热气溶胶预制灭火系统不得用于其他电气火灾。

2）不适用的火灾场所

（1）硝化纤维、硝酸钠等氧化剂或含氧化剂的化学制品火灾。

（2）钾、钠、镁、钛、锆、铀等活泼金属火灾。

（3）氢化钾、氢化钠等金属氢化物火灾。

（4）过氧化氢、联胺等能自行分解的化学物质火灾。

（5）可燃固体物质的深位火灾。

（6）热气溶胶预制灭火系统不应设置在人员密集场所、有爆炸危险性的场所及有超净要求的场所。

（7）K 型及其他型热气溶胶预制灭火系统不得用于电子计算机房、通信机房等场所。

3. 气体灭火系统的控制操作

采用气体灭火系统的防护区，应设置火灾自动报警系统。管网灭火系统应设自动控制、手动控制和机械应急操作三种启动方式，预制灭火系统应设自动控制和手动控制，当采用自动控制启动方式时，根据人员安全撤离防护区的需要，应有不大于 30 s 的可控延迟喷射。

灭火设计浓度或实际使用浓度大于无毒性反应浓度的防护区和采用热气溶胶预制灭火系统的防护区，应设手动与自动控制的转换装置。当人员进入防护区时，应能将灭火系统转换为手动控制方式，当人员离开时，应能恢复为自动控制方式。防护区内外应设手动、自动控制状态的显示装置。

自动控制装置应在接到两个独立的火灾信号后才能启动。手动控制装置和手动与自动转换装置应设在防护区疏散出口的门外便于操作的地方。机械应急操作装置应设在储瓶间内或防护区疏散出口门外便于操作的地方。

气体灭火系统的操作与控制，应包括对开口封闭装置、通风机械和防火阀等设备的联动操作与控制。

（九）火灾报警系统

石油化工企业必须设置火灾报警系统，消防站内应设接收火灾报警的设施。

1. 火灾报警系统的组件

火灾自动报警系统一般由触发器件、火灾报警装置、火灾警报装置和电源组成，复杂的系统还包括消防控制设备。

1）触发器件

触发器件是火灾自动报警系统中，自动或手动产生火灾报警信号的器件。主要包括火灾探测器和手动火灾报警按钮。手动火灾报警按钮是通过设置在易发生火灾的区域的报警点，通过触动按钮使消防控制室显示装置显示火灾的位置、信号。火灾自动报警系统是通过火灾探测器实现报警。

大型石化企业的甲、乙类装置区及罐区四周应设置手动报警按钮。

2）火灾报警装置

火灾报警装置是火灾自动报警系统中，用以接收、显示和传递火灾报警信号，并能发出控制信号和其他辅助功能的控制指示设备。它具备为火灾探测器供电，接收、显示和传输火灾报警信号，并能对自动消防设备发出控制信号等功能，是火灾自动报警系统的核心组成部分。感烟、感温、火焰等自动报警器的信号盘应设置在其保护区的控制室或操作室内。

3）火灾警报装置

火灾警报装置是火灾自动报警系统中，用以发出区别于环境声、光的火灾报警信号的装置。它在火灾情况下以声响和光的方式向报警区域发出火灾警报信号，以警示人们采取安全疏散和灭火救灾措施。

4）电源

电源分为主电源和备用电源。火灾自动报警系统属于消防用电设备，其主电源应采用消防电源，备用电源采用蓄电池。

5）消防控制设备

消防控制设备是火灾自动报警系统中，当接收到来自触发器件的火灾报警信号，能自动或手动启动相关消防设备并显示其状态的设备。主要包括火灾报警控制器、自动灭火系统的控制装置、室内消火栓供水系统的控制装置、通风与防排烟系统的控制装置、常开防火门与防火卷帘的控制装置、电梯回降控制装置以及应急广播、火灾警报装置、消防通信设备、事故照明和疏散指示标志的控制装置等。

2. 探测器的分类与选择

1）火灾探测器的分类

火灾探测器分为点型火灾探测器、线型火灾探测器和可燃气体探测器。

点型火灾探测器是一种响应某一点周围的火灾参数的火灾探测器。点型火灾探测器主要有感烟探测器（离子感烟探测器、光电感烟探测器）、感温探测器（定温探测器、差温探测器）和火焰探测器。

线型火灾探测器是一种响应某一连续线路周围的火灾参数的火灾探测器。线型火灾探测器有红外光束线型感烟火灾探测器、缆式感温火灾探测器和空气管差温火灾探测器。

可燃气体火灾探测器是根据气体在空气中的含量，当空气中的可燃气体含量超过一定数值时进行报警的火灾探测器。目前常用的有催化型可燃气体火灾探测器和半导体型可燃气体探测器。

2）火灾不同阶段火灾探测器的选择

不同种类火灾探测器其响应原理、结构特点和适用场所等都不相同。在火灾自动报警系统中，探测器的选择应根据探测区域可能发生的初期火灾特点、房间高度、环境条件等因素综合确定。

（1）对火灾初期有阴燃阶段，产生大量的烟和少量的热，很少或没有火焰辐射的场所，应选择感烟探测器。

（2）对火灾发展迅速，可产生大量热、烟和火焰辐射的场所，可选择感温探测器、感烟探测器、火焰探测器或其组合。

（3）对火灾发展迅速，有强烈的火焰辐射和少量的烟、热的场所，应选择火焰探测器。

（4）对火灾形成特征不可预料的场所，可根据模拟试验的结果选择探测器。

（5）对使用、生产或聚集可燃气体或可燃液体蒸气的场所，应选择可燃气体探测器。

3）不同环境条件下探测器的选择

不同类型探测器的选择，还应符合相关设置环境和探测器设置高度要求。对于不同环境条件下，探测器的选择应符合下列要求：

（1）对于相对湿度经常大于95%、产生无烟火灾、有大量的粉尘，或在正常情况下有烟和蒸汽滞留的房间等场所，宜选择感温探测器，而不宜选择感烟探测器。

（2）对于可能产生阴燃火或发生火灾不及时报警将造成重大损失的场所，不宜选择感温探测器，而宜选择感烟探测器。

（3）对于可能发生无焰火灾、探测器镜头容易被污染或视线被遮挡，以及在正常情况下有明火作业或有X射线等影响的场所，不宜选择火焰探测器。

（4）对于无遮挡的大空间或有特殊要求的场所，宜选择红外光束感烟探测器。

（5）对于电缆隧道、电缆竖井、电缆夹层、电缆桥架，配电装置、开关设备、变压器，各种皮带输送装置，控制室、计算机室的闷顶内、地板下及重要设施隐蔽处，以及其他环境恶劣不适合安装点型探测器的危险场所，宜选择缆式线型定温探测器。

（6）对于可能产生油类火灾且环境恶劣的场所，以及不易安装点型探测器的夹层、闷顶等，宜选择空气管式线型差温探测器。

4）可燃气体、蒸气场所探测器的选择

建筑内可能散发可燃气体、可燃蒸气的场所应设可燃气体报警装置。可燃气体探测器是利用测试环境的可燃性气体对气敏元件造成影响（主要是对其欧姆特性的影响）的原理制成的火灾探测器。它主要应用于易燃易爆场合的可燃性气体检测，例如日常生活中使用的煤气、石油气，在工业生产中产生的氢、氧、烷（甲烷、丙烷等）、醇（乙醇、甲醇等）、醛（丙醛等）、苯（甲苯、二甲苯等）、一氧化碳、硫化氢等气体，使现场可能泄漏的可燃气体的浓度被监视在爆炸下限的 $1/4 \sim 1/6$ 之间，超过这一浓度时就要发出报警信号，以便采取应急措施。液化天然气站场内必须备有一定数量的防护服和至少 2 个手持可燃气体探测器。

3. 消防控制室

消防控制室是火灾自动报警系统的控制信息中心，也是火灾时灭火指挥和信息中心，具有十分重要的地位和作用。对设有火灾自动报警系统和自动灭火系统或设有火灾自动报警系统和机械防（排）烟设施的建筑，都应当设置消防控制室。

1）消防控制室的建筑要求

（1）消防控制室应当单独建造，其耐火等级不应低于二级；附设在建筑物内的消防控制室，宜设置在建筑物内首层的靠外墙部位，也可设置在建筑物的地下一层，但应与其他部位隔开，并应设置直通室外的安全出口。严禁与消防控制室无关的电气线路和管路穿过；不应设置在电磁场干扰较强及其他可能影响消防控制设备工作的设备用房附近。

（2）控制室与其他建筑物合建时，应单独设置防火分区；控制室、配电间的布置，防火墙、门窗及地面等设置均应符合防火要求。为了保证消防控制设备安全运行，便于检查维修，控制室内严禁与其无关的电气线路及管路穿过；为了保证消防控制室的安全，控制室的送、回风管在其穿墙处均设防火阀。

（3）为了防止烟火危及消防控制室工作人员的安全，控制室的门要向疏散方向开启；为了便于消防人员扑救时联系工作，控制室要在入口处设置明显的标志。

（4）消防控制室内要显示被保护建筑的重点部位、疏散通道及消防设备所在位置的平面图或模拟图等。

2）消防控制室内设备的布置要求

设备面盘前的操作距离：单列布置时不小于 1.5 m；双列布置时不小于 2 m。在值班人员经常工作的一面，设备面盘至墙的距离不小于 3 m。设备面盘后的维修距离一般不小于 1 m。设备面盘的排列长度大于 4 m 时，其两端应设置宽度不小于 1 m 的通道。火灾报警控制器安装在墙上时其底边距地高度一般为 1.3 ~ 1.5 m，其靠近门轴的侧面距墙不小于 0.5 m，正面操作距离不小于 1.2 m。

3）消防控制室设备的通信要求

消防控制室与值班室、消防水泵房、配电室、通风空调机房、电梯机房、区域报警控制器及各种管网灭火系统、应急操作装置处，都要设置固定的对讲电话；手动报警按钮处一般设置对讲电话插孔；消防控制室内要设置向当地公安部门直接报警的外线电话。

4）消防控制室管理及应急程序

消防控制室必须实行每日 24 h 专人值班制度，每班不应少于 2 人。

消防控制室的日常管理应符合《建筑消防设施的维护管理》（GB 25201）的有关要求。

消防控制室应确保火灾自动报警系统和灭火系统处于正常工作状态。

消防控制室应确保高位消防水箱、消防水池、气压水罐等消防储水设施水量充足；确保消防泵出水管阀门、自动喷水灭火系统管道上的阀门常开；确保消防水泵、防排烟风机、防火卷帘等消防用电设备的配电柜开关处于自动（接通）位置。

接到火灾警报后，消防控制室必须立即以最快方式确认。

火灾确认后，消防控制室必须立即将火灾报警联动控制开关转入自动状态（处于自动状态的除外)，同时拨打"119"火警电话报警。

消防控制室必须立即启动单位内部灭火和应急疏散预案，并应同时报告单位负责人。

4. 火灾自动报警系统的日常管理维护

火灾自动报警系统的管理维护是使系统长期稳定准确、可靠工作的保证，特别是火灾探测器，对环境有一定的要求，如果达不到要求，会发生一些误报的现象。因此必须加强日常的管理维护工作。

火灾自动报警系统的使用单位必须具有系统竣工图、设备技术资料、使用说明书及调试开通报告、竣工报告等文件资料，并经当地公安消防监督机构验收合格后，方可正式投入运行。

必须制定严格的系统管理制度，包括系统操作规程，系统操作人员消防工作职责，值班制度，系统定期检查、维护、保养制度等，管理者要定期检查制度的落实情况。

必须配备责任心强、具有较高文化程度和专业知识的人员负责系统的管理、使用和维护，其他无关人员不得随意触动设备。

操作、维护人员应熟练掌握火灾自动报警系统的结构、主要性能、工作原理和操作规程，对本单位报警系统的报警区域，探测区域的划分以及火灾探测器的分布应做到了如指掌，并经过专业培训取得上岗证，持证上岗。

必须建立火灾自动报警系统的技术档案，制定《火灾自动报警系统运行记录》《火灾自动报警系统维护保养记录》等，每天做好记录。发现问题及时报告，并及时恢复正常状态。

应建立定期检查、维护程序，经常检查控制器的功能运行是否正常，并进行必要的试验。

火灾探测器投入运行两年后，应当进行一次全面清洗，使用环境比较差的火灾探测器应每年进行一次清洗。火灾探测器的清洗应当由专业部门进行，清洗维护后要对火灾探测器逐个进行响应试验。

（十）灭火器的管理与维护

为确保建筑灭火器的合理配置与使用，及时有效地扑灭初起火灾，最大限度地减少火灾损失，应及时解决以下问题：

（1）建筑设计单位在进行新建、扩建和改建工程的消防设计时，应按《建筑灭火器配置设计规范》的要求将灭火器的配置类型、规格、数量以及位置纳入设计内容，并在工程设计图纸上标明。建设单位必须按照消防机构审核合格的设计内容配置灭火器。其他单位在购买灭火器时，应申请消防监督机构根据本单位使用场所的性质，确定灭火器的配置类型及数量。

（2）使用单位必须组织员工尤其是岗位责任人接受灭火器维护管理和使用操作的安全教育培训，适时组织灭火演练，确保每个员工都会正确维护和使用灭火器，单位还应当保存培训和演练情况的记录。

（3）使用单位应按《建筑灭火器配置验收及检查规范》(GB 50444) 的有关规定做好检查、维护、送修、报废等工作。使用单位必须加强对灭火器的日常管理和维护，建立维护管理档案，明确维护管理责任人，并且对维护情况进行定期检查。单位应当至少每 12

个月组织或委托维修单位对所有灭火器进行一次功能性检查。

(4) 根据消防行业标准《灭火器维修》(XF 95) 规定，灭火器不论已经使用还是未经使用，手提式和推车式的干粉、二氧化碳灭火器，距出厂日期满 5 年，以后每隔 2 年，必须进行水压试验等检查；手提式清水灭火器距出厂日期满 3 年，以后每隔 2 年，必须进行水压试验等检查。

(5) 手提式干粉灭火器（储气瓶式）满 8 年的，手提储压式干粉灭火器、推车式干粉灭火器（储气瓶式）距出厂日期满 10 年的，手提式和推车式二氧化碳灭火器、推车储压式干粉灭火器距出厂日期满 12 年的，均应予以强制报废。

（十一）化工厂灭火注意事项

由于化工原料、成品、半成品大多具有易燃、易爆、易腐蚀、有毒害等特点，且化工生产装置种类繁多，高度密集，各种塔、釜、槽、罐、阀门比比皆是，管道（线）纵横交错，自动化生产程度高，连续性强，生产工艺复杂。因此，在生产、运输、储存和使用过程中，极易发生泄漏、燃烧、爆炸事故。一旦发生火灾，火势猛烈，燃烧强度大，辐射热强，蔓延速度快，极易形成立体火灾，或形成大面积火灾和流淌火，导致复燃和多次爆炸，易造成重大人员伤亡和财产损失，扑救和处置难度大。因此，为能及时有效地扑救化工火灾，最大限度地减少火灾损失和人员伤亡，各级救援人员要强化理论学习，制定切实可行的灭火救援预案，适时开展诸多力量联合实战演练。在扑救化工火灾的过程中，应注意以下几个方面。

1. 了解火灾现场具体情况

化工厂发生火灾事故后，救援人员应该了解火灾现场具体情况后再进行扑救，以免因盲目施救而造成人员伤亡及损失扩大。应该了解的火灾现场具体情况包括：

(1) 是燃烧引起爆炸，还是爆炸引起燃烧。

(2) 火势发展蔓延以及有无人员被困和伤亡情况。

(3) 有无发生爆炸和二次爆炸的危险及生产技术人员对初起火灾的处置情况。

(4) 有无有毒有害物质产生。

(5) 爆炸后产生的冲击波对火势及毗邻生产装置的影响。

(6) 着火生产装置名称、燃烧物料名称及理化性质。

(7) 周围环境和水源情况。

2. 确立重点，积极冷却，防止爆炸

化工厂发生火灾事故后，许多反应塔、釜、罐、管道、设备处于熊熊烈火之中，受到火势威胁的化工装置随时都有发生爆炸的可能，甚至引起连锁爆炸。因此，救援人员到达现场后，要把防止化工装置变形、倒塌、爆炸、抢救和疏散被困人员作为主攻方向，把冷却防爆作为重中之重；要充分利用事故单位固定或半固定的灭火设施，发挥移动装备的机动灵活性，对着火和邻近化工装置实施全方位冷却，特别对高大的装置应在上、中、下部位部署冷却力量，防止出现断层和空白点；要采取积极有效的冷却措施，抑制火势发展，控制火场局面，掌握灭火主动权，消除爆炸危险，为彻底消灭火灾奠定坚实的基础。

3. 科学决策，正确处理进攻与撤退的关系

在扑救化工火灾过程中，总的来说是以进攻战术为主，如积极冷却、堵截火势、重点

突破等战术措施。但是，化工生产工艺复杂，成品、半成品繁多，在火灾情况下变得异常复杂，很容易产生突变，随时都有发生爆炸的可能。一旦发生爆炸，威力大，波及范围广，对化工装置的破坏性强，易产生连锁爆炸，造成重大人员伤亡和财产损失。

为避免救援人员的无畏牺牲，应做好第二次进攻的准备，在化工火灾扑救过程中火场指挥员要审时度势地采取撤退战术。要求是事先规定撤退路线、信号，在紧急情况下可自动撤离。因此在灭火战斗中要设立火场安全员（具备丰富的理论水平和实战经验）专门负责火情侦察，密切关注火场情况变化，当发现燃烧火焰突然发白发亮，烈火之中的罐体发生剧烈颤动，并发生"嘶嘶"呼叫声等爆炸前兆时，应立即向指挥部报告，火场总指挥员应果断下达撤退命令，前方作战人员应迅速撤离，在撤离时要求关闭水枪，充分利用地形地物作掩护，积极做好反攻准备，以便爆炸后快速回到各自战斗岗位投入灭火战斗之中。

4. 关阀断料灭火，做好防范措施

由于化工生产连续性强，生产设备种类繁多，管道（线）纵横交错，互相沟通。当发生火灾时，为了能有效控制火势蔓延，为消灭火灾创造有利条件，经常采取关阀断料的工艺措施灭火，即切断着火设备、反应容器、储罐之间的物料来源，中断物料的持续供应，降低着火设备的压力。

在实施过程中，首先做到事前与车间或工段的技术、操作人员共同研究，制定科学合理的最佳行动方案，保证所关阀门切实能起到断料的作用。其次，要组织实战经验丰富，身体素质好、业务技术过硬的消防特勤人员按要求穿戴好个人防护装备，负责用喷雾或开花水流掩护操作人员，确保关阀人员的安全。关阀工作必须由事故单位有关的工程技术人员和操作人员亲自进行，消防特勤人员不得擅自行动、冒险蛮干，防止出现意外，引起不必要的人员伤亡和财产损失。

5. 做好个人安全防护工作

由于化工火灾的特殊性，救援人员面临着浓烟、易燃易爆、高温、有毒有害、腐蚀的恶劣环境，直接威胁着救援人员的生命安全。为能及时有效地进行火情侦察，圆满完成灭火抢险救援过程中的各项任务，指挥员必须考虑所有救援人员的个人防护问题。

实践证明，在扑救化工火灾过程中由于没有个人防护装备或后期供应不上，造成救援人员中毒的现象时有发生。因此，所有参战人员必须按照要求佩戴个人防护装备，如佩戴空气呼吸器，穿避火服、隔热服、防化服、防化靴，携带防爆照明灯具等。只有在做好个人防护的前提下，确定专人负责，规定联络方式，才能进入现场参加灭火战斗。

第四章 化学品储运安全技术

化学品的储存和运输系统（储运系统）是化工企业不可缺少的重要组成部分，与生产装置相比，虽然技术要求不高、操作难度不大，但是由于储运系统往往储存巨量的危险物料，且占地面积大，相关联的管线较长，设备较多，操作条件较为复杂，一旦发生事故很难处置。近年来，储运系统事故多发且影响范围很大，因此做好储运系统的安全管理十分重要。化工企业常用储运设施一般包括储罐、化学品仓库、装卸设施等。本章以石化企业为例，介绍储运安全技术。

第一节 化工企业常用储存设施及安全附件

在化工企业，化学品储运方式有整装化学品储运和散装化学品储运。整装储运是指包装容器随同化学品一起出厂、运输，直至送抵用户，如桶装烧碱、桶装润滑油等；散装储运是指在固定安装的储罐内储存化学品，用罐车或长输管道运输送抵用户，这些储罐只起转输和短期储存作用。储罐是化学品储运的主要设备，包含以下几种。

一、常用储罐简介

按形状和结构特征，储罐可分为立式圆筒形罐（图4-1）、卧式圆筒形罐和特殊形状罐，立式圆筒形钢制油罐是目前石油化工企业应用范围最广的一种储罐，主要有立式拱顶罐、浮顶罐和内浮顶罐；压力储罐主要为球罐。

图4-1 立式圆筒形罐

（一）立式拱顶罐

立式拱顶罐是立式圆筒形储罐中的一种。由于具有容易施工、造价低、节省钢材等优点而得到了广泛的应用。它由带弧形的罐顶、圆筒形罐壁及平罐底组成。由于罐顶以下的气相空间大，化学品的蒸发损耗会加大，所以，立式拱顶罐不宜储存挥发性较高的化学品，适宜于储存挥发性较低的化学品。

（二）浮顶罐

浮顶罐是带有浮顶、上部敞口的立式圆筒形罐，它利用浮顶把液面和大气隔开，因而大大减少了化学品的蒸发损耗，降低了化学挥发物对大气环境的污染，并降低了火灾危险性，因此浮顶罐被各油田、石油化工企业和油库广泛应用于储存原油、汽油和其他易挥发油品。

由于浮顶罐的浮顶与罐壁间是相对运动的，因此浮顶罐罐壁圈板间的焊接方式应采用对接式，要保证罐内壁平滑，以利于浮顶上下运动顺畅。浮顶罐是敞口容器，为使储罐在风载作用下保持其圆度，不致使罐壁出现局部失稳，即出现被风局部吹瘪现象，常在浮顶罐罐壁的顶圈设置抗风圈。

（三）内浮顶罐

内浮顶罐是装有浮顶的拱顶罐。它兼有拱顶罐防雨、防尘和浮顶罐降低蒸发损耗的优点，因而在化工企业中多用于储存航空煤油、喷气燃料、汽油、溶剂油、甲醇、MTBE 等品质较高的易挥发油品。严禁内浮顶罐运行中浮盘落底。

（四）卧罐

卧式圆筒形储罐一般简称为卧罐。与立式圆筒形储罐相比，卧罐的容量小，承压能力范围大，被广泛用作各种生产过程中的工艺容器。卧罐可用于储存各种油料和化工产品，如汽油、柴油、液化石油气、丙烷、丙烯等。卧罐的结构包括筒体和封头，通常卧罐放置在两个对称的马鞍形支座上。卧罐的封头种类较多，常用的有平封头和蝶形封头。平封头卧罐承压能力较低，一般用作常压储罐。蝶形封头受力状态好，常用于压力容器。卧罐作为一般化学品储罐时，其附件一般有进出物料管、人孔、量油孔、排污 – 放水管、呼吸阀或通压管等，其作用与立式储罐相同。卧罐作为压力容器储存高蒸气压产品时，为密闭储存，其附件设置见球罐部分。

（五）球罐

球罐是一种压力储罐，在化工企业中被广泛应用于储存液化气体和其他低沸点油品。球罐由球壳、支柱、拉杆、顶部操作台及球罐附件组成。

球壳是球罐的主体，可分为带式球壳和足球式球壳。带式球壳板规格尺寸较多，预制比较麻烦，但现场组装比较方便；足球式球壳板规格尺寸统一，预制方便，但组装比较困难。目前我国应用的球罐绝大多数为带式球壳。

球罐支座有柱式和裙式两种。柱式支座又分为赤道正切式、V 形柱式、三柱合一式等形式，其中应用最普遍的是赤道正切式支柱。裙式支座较低，球罐重心也低，比较稳定，但其操作、检修不便，故应用较少。

二、化学品储存设施的选用

根据《石油化工储运系统罐区设计规范》（SH/T 3007）的要求：

（1）储罐应地上露天设置，有特殊要求的可采取埋地方式设置。

（2）易燃和可燃液体储罐应采用钢制储罐。

（3）液化烃等甲$_A$类液体常温储存应选用压力储罐。

（4）储存沸点低于45 ℃或在37.8 ℃时饱和蒸气压大于88 kPa的甲$_B$类液体，应采用压力储罐、低压储罐或降温储存的常压储罐，并应符合下列规定：

① 选用压力储罐或低压储罐时，应采取防止空气进入罐内的措施，并应密闭收集处理罐内排出的气体。

② 选用降温储存的常压储罐时，应采取下列措施之一：

a）选用内浮顶储罐，设置氮气或其他惰性气体密封保护系统，控制储存温度使液体蒸气压不大于88 kPa。

b）选用固定顶储罐，设置氮气或其他惰性气体密封保护系统，控制储存温度低于液体闪点5 ℃及以下。

c）选用固定顶储罐，设置氮气或其他惰性气体密封保护系统，控制储存温度使液体蒸气压不大于88 kPa，密闭收集处理罐内排出的气体。

（5）储存沸点大于或等于45 ℃或在37.8 ℃时饱和蒸气压不大于88 kPa的甲$_B$、乙$_A$类液体，应采用浮顶储罐或内浮顶储罐。其他甲$_B$、乙$_A$类液体化工品有特殊需要时，可选用固定顶储罐、低压储罐和容量小于或等于100 m³的卧式储罐，但应采取下列措施之一：

① 设置氮气或其他惰性气体密封保护系统，密闭收集处理罐内排出的气体。

② 设置氮气或其他惰性气体密封保护系统，控制储存温度低于液体闪点5 ℃及以下。

（6）储存乙$_B$和丙类液体可选用浮顶储罐、内浮顶储罐、固定顶储罐和卧式储罐。

（7）容量小于或等于100 m³的储罐，可选用卧式储罐。

（8）浮顶储罐应选用钢制单盘或双盘式浮顶。

（9）内浮顶储罐的内浮顶选用应符合下列规定：

① 应采用金属内浮顶，且不得采用浅盘式或敞口隔仓式内浮顶。

② 储存Ⅰ、Ⅱ级毒性液体的内浮顶储罐和直径大于40 m的甲$_B$、乙$_A$类液体内浮顶储罐，不得采用易熔材料制作的内浮顶。

③ 直径大于48 m的内浮顶储罐，应选用钢制单盘式或双盘式内浮顶。

（10）储存Ⅰ、Ⅱ级毒性的甲$_B$、乙$_A$类液体储罐不应大于10000 m³，且应设置氮气或其他惰性气体密封保护系统。

（11）设置有固定式和半固定式泡沫灭火系统的固定顶储罐直径不应大于48 m。

（12）酸类、碱类宜选用固定顶储罐或卧式储罐。

三、常压和低压储罐附件的选用

（1）浮顶罐和内浮顶罐应设置量油孔、人孔、排污孔（或清扫孔）和排水管，原油和重油储罐宜设置清扫孔，轻质油品宜设置排污孔，其设置数量应依据《立式圆筒形钢制焊接油罐设计规范》（GB 50341）和《石油化工储运系统罐区设计规范》（SH/T 3007）。

（2）拱顶罐宜设置通气管、量油孔、透光孔、人孔、排污孔（或清扫孔）和放水管。采用氮气或其他惰性气体密封保护系统的拱顶罐，还应设置事故泄压设施。拱顶罐的量油孔、人孔、排污孔（或清扫孔）和放水管的设置数量应依据《立式圆筒形钢制焊接油罐设计规范》（GB 50341）和《石油化工储运系统罐区设计规范》（SH/T 3007）。

（3）需要从罐顶部扫入介质的拱顶罐应设置罐顶扫线接合管。

（4）储存甲_B、乙类液体的固定顶罐和地上卧式储罐、采用氮气或其他惰性气体密封保护系统的储罐的通气管上应安装呼吸阀。

（5）储存甲_B、乙、丙_A类液体的固定顶罐和地上卧式储罐，储存甲_B、乙类液体的覆土卧式储罐，采用氮气或其他惰性气体密封保护系统的储罐应在其直接通向大气的通气管或呼吸阀上安装阻火器，内浮顶储罐罐顶中央通气管上应安装阻火器。

四、储罐附件

储罐附件是储罐自身的重要组成部分。它的设置按其作用可分成 4 种类型：
（1）保证完成物料收发、储存作业，便于生产、经营管理。
（2）保证储罐使用安全，防止和消除各类储罐事故。
（3）有利于储罐清洗和维修。
（4）能降低物品蒸发损耗。

储罐除一些通用附件外，盛装不同性质化学品，用于不同结构类型的储罐，还应配置具有专门性能的附件，以满足安全与生产的特殊需要。

（一）储罐一般附件

在各种储罐上，通常都装有下列一般储罐附件，应依据《立式圆筒形钢制焊接油罐设计规范》（GB 50341）和《石油化工储运系统罐区设计规范》（SH/T 3007）进行设计。

（1）扶梯和栏杆。扶梯是专供操作人员上罐检尺、测温、取样、巡检而设置的。它有直梯和盘梯两种，一般来说，小型储罐用直梯，大型储罐用盘梯。

（2）人孔。人孔是供清洗和维修储罐时，操作人员进出储罐而设置的。一般立式油罐，人孔都装在罐壁最下层圈板上，且和罐顶上方采光孔相对。人孔直径多为 600 mm，孔中心距罐底为 750 mm。通常 3000 m³ 以下油罐设 1 个人孔，3000 ~ 5000 m³ 设 1 ~ 2 个人孔，5000 m³ 以上储罐则必须设 2 个人孔。

（3）透光孔。透光孔又称采光孔，是供储罐清洗或维修时采光和通风所设。它通常设置在进出物料管上方的罐顶上，直径一般为 500 mm，外缘距罐壁 800 ~ 1000 mm，设置数量与人孔相同。

（4）量油孔。量油孔是为检尺、测温、取样所设，安装在罐顶平台附近。每个储罐只设一个量油孔，它的直径为 150 mm，距罐壁距离在 1 m 左右。

（5）脱水管。脱水管也称放水管，它是专门为排除罐内水杂和清除罐底污油残渣而设的。放水管在罐外一侧装有阀门，为防止脱水阀不严或损坏，通常安装两道阀门。冬天还应做好脱水阀门的保温，以防冻凝或阀门冻裂。

（6）泡沫发生器。空气泡沫发生器安于储罐顶层圈板上用来产生空气泡沫的装置。每个储罐设置不少于 2 个（宜对称布置），平时它与储罐通过密封玻璃隔开，一旦储罐发生火灾，经管线导入的泡沫液流经产生器时将空气吸入，并与泡沫混合形成空气泡沫，冲破密封玻璃，流入罐内，覆盖在物料液面上，窒息灭火。

（7）接地线。接地线是消除储罐静电的装置。

（二）轻质油储罐专用附件

轻质油（包括汽油、煤油、柴油等）属黏度小、质量轻、易挥发的油品，盛装这类油品的储罐，都装有符合它们特性并满足生产和安全需要的各种储罐专用附件，应依据《立式圆筒形钢制焊接油罐设计规范》（GB 50341）和《石油化工储运系统罐区设计规范》（SH/T 3007）进行设计。

（1）储罐呼吸阀。呼吸阀是轻质石油化工产品储罐上的安全装置之一，主要用来减少产品的蒸发损耗，并保证罐内气体压力在一定范围内正常运行。它由压力阀和真空阀两部分组成，通过这两个阀使储罐平时保持密闭状态，并可以控制罐内的最大正、负工作压力。当罐内的压力达到储罐设计的允许压力时，压力阀开启，气体从罐内排至大气，当罐内的压力降至允许的真空度时，真空阀开启，外界空气进入储罐内。呼吸阀分为一般型和防冻型（全天候）两种。

（2）液压安全阀。液压安全阀是为提高储罐更大安全使用性能的重要附件，它的工作压力比机械呼吸阀要高出 5% ~ 10%，它的额定通气量和机械呼吸阀一致。正常情况下，它是不动的，当机械呼吸阀因阀盘锈蚀或卡住失效时，可以代替呼吸阀的作用；液压安全阀也兼有"紧急通气"的功能，当机械呼吸阀并未失效，或在油罐储罐收付作业异常而出现罐内超压或真空度过大时，它可以提供紧急呼气，起到储罐安全密封和防止油罐损坏的作用。

（3）阻火器。阻火器又称储罐防火器，是储罐的防火安全设施，它装在机械呼吸阀或液压安全阀下面，内部装有许多铜、铝或其他高热熔金属制成的丝网或波纹板。当外来火焰或火星通过呼吸阀进入防火器时，金属丝网或波纹板能迅速吸收燃烧物质的热量，使火焰或火星熄灭，防止油罐着火。

（4）喷淋冷却装置。储罐设置喷淋冷却装置（系统）是为了对储罐进行保护。一方面，火灾发生时，需要对着火储罐和临近罐采取消防冷却应急降温措施；另一方面，因夏季高温对储罐实施的日常性防护冷却，即防日晒冷却。由于对着火储罐和临近罐冷却用水量及设备要求更高，所以前者冷却系统调节水量后可兼作防日晒冷却。

根据《石油库设计规范》（GB 50074），单罐容量不小于 3000 m³ 或罐壁高度不小于 15 m 的地上立式储罐，应设固定式消防冷却水系统；单罐容量小于 3000 m³ 且罐壁高度小于 15 m 的地上立式储罐，可设移动式消防冷却水系统。

《石油化工企业设计防火标准》（GB 50160）规定，罐壁高于 17 m 的储罐、容积等于或大于 10000 m³ 的储罐、容积等于或大于 2000 m³ 的低压储罐，应设置固定式消防冷却水系统；全压力式及半冷冻式液化烃球罐的容积等于或大于 1000 m³ 时，应采取固定式水喷雾（水喷淋）系统及移动消防冷却水系统；容积在 100 ~ 1000 m³ 的球罐应设置固定式水喷雾（水喷淋）系统和移动式消防冷却系统，也可使用固定式水炮和移动式消防冷却系统。

喷淋系统应设控制阀和放空阀，且均应设在防火堤外，控制阀距被保护罐壁不宜小于 15 m，控制阀后及储罐上的喷淋管道应为镀锌钢管，喷淋水进水立管下端应设排渣口。如以地面水为水源，喷淋管道上应设置过滤器。

消防喷淋系统的控制阀可使用手动或遥控控制阀。对容积等于或大于 1000 m³ 的球罐，应使用遥控控制阀。

采用固定消防冷却方式的地上立式储罐，喷淋水环管上应设置水幕式喷头，喷头间距不宜大于 2 m，喷头出水压力不应小于 0.1 MPa。

除了上述附件或附属设施外，常压和低压储罐一般还有人孔、测量仪表、高低液位报警器、放水管、转动扶梯、紧急排水口、高位带芯人孔等。

（三）内浮顶罐专用附件

内浮顶罐和一般拱顶罐相比，由于结构不同，并根据其使用性能要求，它装有独特的各种专用附件。

（1）通气孔。内浮顶油罐由于内浮盘盖住了油面，油气空间基本消除，因此蒸发损耗很少，所以罐顶上不设机械呼吸阀和安全阀。但在实用中，浮顶环形间隙或其他附件接合部位，仍然难免有油气泄漏之处，为防止油气积聚达到危险程度，在油罐顶和罐壁上都开有通气孔。

（2）静电导出装置。内浮顶罐在进出油作业过程中，浮盘上积聚了大量静电荷，由于浮盘和罐壁间多用绝缘物作密封材料，所以浮盘上积聚的静电荷不可能通过罐壁导走。为导走这部分静电荷，在浮盘和罐顶之间安装了静电导出线。一般为两根软铜裸绞线，上端和采光孔相连，下端压在浮盘的盖板压条上。

（3）防转钢绳。为了防止油罐壁变形，浮盘转动影响平稳升降，在内浮顶罐的罐顶和罐底之间垂直地张紧两条不锈钢缆绳，两根钢绳在浮顶直径两端对称布置。浮顶在钢绳限制下，只能垂直升降，因而防止了浮盘转动。

（4）自动通气阀。自动通气阀设在浮盘中部位置，它是为保护浮盘处于支撑位置时，油罐进出油料时能正常呼吸，防止浮盘以下部分出现抽空或憋压而设。

（5）浮盘支柱。内浮顶罐使用一段时间后，浮顶需要检修，储罐需清洗，这时浮顶就需降到距罐底一定高度，由浮盘上若干支柱来支撑。

（6）扩散管。扩散管在油罐内与进口管相接，管径为进口管的2倍，并在两侧均匀钻有众多直径2 mm的小孔。它起到油罐收油时降低流速，保护浮盘支柱的作用。

（7）密封装置及二次密封装置。密封装置是安装在浮盘外缘环板与罐壁间并固定在浮盘上的密封材料，用以减少油品的蒸发损耗，同时还可防止风、沙、雨、雪对油品的污染。密封装置的形式很多，早期使用的主要是机械密封，目前多使用弹性填料密封或管式密封，此外还有唇式密封和迷宫式密封等。只使用上述任何一种形式的密封，一般称为单密封。为了进一步减少油品的损耗，提高密封装置的防尘、防雨水效果，在单密封的基础上再增加的一套密封装置，称为二次密封，原来的密封装置则称为一次密封。容积大于或等于50000 m³的大型储罐应设置一次密封和二次密封。在雷雨多发区域，一次密封宜采用软密封，二次密封宜采用L形结构。当采用其他结构时，密封油气空间内不得有金属凸出物。

（四）浮顶罐专用附件

浮顶罐除了前面所述的一般附件外，其专用附件有中央排水管。中央排水管是浮顶罐为了排掉浮顶上的雨水而设置的，它设置于浮顶的下面。它可以随浮顶的高度伸直或折曲，其上端装有单向阀，以防排水管或接头泄漏时倒流到浮顶上。排水管上端与浮顶中央的集水窝相接，下端与管壁底圈上的排水管接合管相连，罐外设阀门，以防排水管泄漏时漏油，平时该阀门关闭，雨天开启。

五、球罐的主要附件、附属设施

压力储罐除应设置梯子、平台、人孔和接管、放水管，还应有安全阀、压力表、液位计、紧急放空阀、紧急切断阀等。在化工企业中，应用最为广泛的压力储罐是球罐，球罐的主要附件及附属设施主要有以下6个部分。

（一）安全阀

安全阀是为了防止罐内压力突然升高引起严重事故而设置的一种安全附件。当罐内压力超过安全阀定压值时，安全阀自动开启，将罐内的一部分气态液化气排出，使罐内压力降低，当降低到安全阀的关闭压力时，安全阀便自动关闭。

球罐一般设两个安全阀，任意一个安全阀的排放能力都应大于球罐事故状态下最大泄放量，排放能力和安全泄放量应严格执行《固定式压力容器安全技术监察规程》（TSG 21）、《压力容器》（GB/T 150.1）的有关规定。安全阀应选用弹簧封闭全启式安全阀，安全阀应垂直安装，并应装在球罐顶部的气相空间部分，或装设在与球罐气相空间相连的管道上。安全阀与球罐之间应设手动全通径切断阀，切断阀口径不应小于安全阀出、入口口径，阀门要保持全开状态并加铅封或锁定。安全阀排放口原则上应接到火炬系统，当受条件限制时，可直接排入大气，但排气管口应高出8 m范围内储罐罐顶平台3 m以上。

安全阀的开启压力（定压）值不能大于球罐的设计压力。安全阀定压值不得随意更改。安全阀的检测校验应严格执行《安全阀安全技术监察规程》（TSG ZF001）的有关规定。

（二）压力表

球罐使用的压力表应设置压力指示仪表和压力远传仪表，且不得共用一套开口。压力表必须与罐内储存介质相适应，其精度等级不应低于1.5级，压力表盘刻度极限值应为设计压力的1.5～3.0倍，表盘直径不应小于150 mm。

球罐使用的压力表首次安装使用前应进行校验，之后每半年校验一次，在刻度盘上应标注出最高工作压力的红线以及下次校验日期，校验合格的压力表应加铅封固定。

球罐的压力表应安装在便于观察的位置；每个球罐至少应安装两个压力表，其中一个应安装在球罐顶部。球罐压力表下应设三通旋塞或针型阀，其上应有开启标志和锁紧装置。

（三）液位计

球罐的液位计应根据储存介质、最高工作压力和温度正确选用。液位计在安装使用前，应进行1.25～1.5倍液位计公称压力的液压试验。液位计应设一套远传仪表和一套就地指示仪表。就地指示仪表不应选用玻璃液位计。液位测量远传仪表应设置高低液位报警，高液位报警的设定高度应为储罐的设计储存高液位，低液位报警的设定高度应满足从报警开始10～15 min内泵不会发生汽蚀的要求。

液位计应安装于便于观察的位置，液位计上最高和最低安全液位应作出明显标示。液位计应实行定期检修制度。当液位计出现下列情况时，应停止使用并进行维修或处理：

（1）超过检验周期。

（2）玻璃板（管）上有裂纹、破碎。

（3）阀件坏死。

（4）指示不清或出现假液面。

（四）紧急切断阀

紧急切断阀是安装在球罐进出口管道上、发生事故或异常情况能够快速切断和隔离易燃及有毒物料的阀门。当球罐液位达到或超过高高液位限时，紧急切断阀能用于防止物料溢罐。它应容易启动，便于手动开启或关闭。紧急切断阀有油压式、气压式、电动式及手动式几种。

紧急切断阀应与工艺控制阀相区别。其密封结构应采用耐火结构并符合 ANSI/API STD607 标准；允许泄漏量应符合 ANSI B16.104（FCI70-2）CLASS V 级或以上级。

紧急切断阀应具备可远程操作的功能，其执行机构应选用故障安全型。

（五）紧急放空阀

紧急放空阀也称为安全阀的副线阀，是紧急状况下泄放罐内压力的设施，其管径不应小于安全阀入口的直径。

（六）罐底注水设施

罐底注水设施是在球罐底部泄漏时向罐内注水，以减少液化气体的泄漏、降低事故损失的补救措施。注水设施的设计以安全、快速有效、可操作性强为原则。注水水源可考虑本企业的稳高压消防水系统，注水可采用直接注水和借用工艺泵注水的方案。

对于操作压力低于 0.4 MPa（表压）的球罐，如稳高压消防系统的压力稳定在 0.7～1.2 MPa 之间时，可采用直接注水方案；如稳高压消防系统的压力不能满足要求或球罐的操作压力高于 0.4 MPa（表压）时，应采用工艺泵的注水方案。

六、储罐及附件安全管理要求

（1）新建或改建储罐应符合国家标准规范要求，验收合格后方可投产使用。

（2）储罐应按规范要求，安装高低液位报警、高高液位报警和自动切断联锁装置。储罐发生高低液位报警时，应到现场检查确认，采取措施，严禁随意消除报警。

（3）储罐应按规定进行检查和钢板测厚，在用储罐应视腐蚀严重情况增加检测次数。罐体应无严重变形，无渗漏。罐体铅锤的允许偏差不大于设计高度的 1%（最大限度不超过 9 cm）。罐内壁平整、无毛刺，底板及第一圈板 50 cm 高度应进行防腐处理，罐外表无大面积锈蚀、起皮现象，漆层完好。

（4）储罐附件如呼吸阀、安全阀、阻火器、量油孔等齐全有效；储罐阻火器应为波纹板式阻火器。通风管、加热盘管不堵不漏；升降管灵活，排污阀畅通，扶梯牢固，静电消除，接地装置有效；储罐进、出口阀门和人孔无渗漏，各部件螺栓齐全、紧固；浮盘、浮梯运行正常、无卡阻，浮盘、浮仓无渗漏；浮盘无积油、排水管畅通。

（5）储罐进出物料时，现场阀门开关的状态在控制室应有明显的标记或显示，避免误操作，并有防止误操作的检测、安全自保等措施，防止物料超高、外溢。

第二节　罐区安全技术

石油库一般指油田、销售企业收发和储存原油、成品油、半成品油、溶剂油、润滑油、沥青和重油等储运设施。罐区指炼化企业收发和储存原油、成品油、半成品油、溶剂油、润滑油、沥青和重油等储运设施。石油天然气站场石油库应符合《石油天然气工程设计防火规范》(GB 50183) 规定；石油化工企业罐区应符合《石油化工企业设计防火标准》(GB 50160) 规定；石油库应符合《石油库设计规范》(GB 50074) 规定。

一、安全管理要求

石油库及远离石油化工企业的独立罐区应设置包围整个区域的围墙，实施封闭化管理，24 h 有人值班，入口处应设置明显的警示标识，严禁将香烟、打火机、火柴和其他易燃易爆物品带入库区和罐区。进入石油库、罐区机动车辆应佩戴有效的防火罩和小型灭火器材，装卸油品的机动车辆应有可靠的静电接地部位，静电接地拖带应保持有效长度，符合接地要求，各种外来机动车辆装卸油后，不准在石油库内停放和修理。

企业应该建立健全罐区各项规章制度，包括储罐使用管理、现场操作管理、防止人员中毒伤害、事故应急管理、职业安全教育、培训等管理制度。具体为储罐的防腐蚀管理、储罐的使用管理、储罐附件的检查与维护管理、罐区及储罐的日常检查管理。内容应明确管理要求和标准；罐区与 DCS 的双重巡回检查、流程切换要求与操作程序、储罐使用及切换和新罐投用程序、罐区双人操作制度；罐区储存的毒害物质特性、对人体的危害以及预防控制措施、含有毒害物质的储罐、容器操作的安全规定以及进入储罐、容器等受限空间作业以及有毒有害介质泵房的通风的相关规章制度；DCS 监控报警与处理方法、事故应急演练的要求、事故处理程序等；储罐区、装卸作业区、油泵房、消防泵房、锅炉房、配发电间等重点部位应设置安全标志和警示牌，且安全标志的使用应符合《安全标志及其使用导则》(GB 2894) 的要求；储存含硫化氢、苯或其他有毒有害介质的储罐、管线、设备等要设有明显标志和报警仪器，并画出毒害物质分布图。

储存、收发甲、乙、丙类易燃、可燃液体的储罐区、泵房、装卸作业等作业场所应设可燃气体报警器，其设置数量、安装高度和报警信号应符合《石油化工可燃气体和有毒气体检测报警设计标准》(GB/T 50493) 的有关规定，并按规定定期进行检测标定。靠山修建的石油库、覆土隐蔽库应在库区周围修筑防火沟、防火墙或防火带，防止山火侵袭。每年秋季应对防火墙内的枯枝落叶、荒草等进行清除。

二、防火堤要求

罐区防火堤是在储罐发生泄漏、沸溢时的第一道防护措施，其技术方面应满足《储罐区防火堤设计规范》(GB 50351) 的相关要求。地上储罐组应设防火堤。防火堤内的有效容量，不应小于罐组内一个最大储罐的容量。地上立式储罐的罐壁至防火堤内堤脚线的距离，不应小于罐壁高度的一半。卧式储罐的罐壁至防火堤内堤脚线的距离，不应小于 3 m。依山建设的储罐，可利用山体兼作防火堤，储罐的罐壁至山体的距离最小可为 1.5 m。地上储罐组的防火堤实高应高于计算高度 0.2 m，防火堤高于堤内设计地坪不应小于 1.0 m，高于堤外设计地坪或消防车道路面（按较低者计）不应大于 3.2 m。地上卧式储罐的防火堤应高于堤内设计地坪不小于 0.5 m。防火堤宜采用土筑防火堤，其堤顶宽度不应小于 0.5 m。不具备采用土筑防火堤条件的地区，可选用其他结构形式的防火堤。防火堤应能承受在计算高度范围内所容纳液体的静压力且不应泄漏；防火堤的耐火极限不应低于 5.5 h。管道穿越防火堤处应采用不燃烧材料严密填实。在雨水沟（管）穿越防火堤处，应采取排水控制措施。防火堤每一个隔堤区域内均应设置对外人行台阶或坡道，相邻台阶或坡道之间的距离不宜大于 60 m。立式储罐罐组内应按下列规定设置隔堤：

（1）多品种的罐组内下列储罐之间应设置隔堤：①甲$_B$、乙$_A$类液体储罐与其他类可燃液体储罐之间；②水溶性可燃液体储罐与非水溶性可燃液体储罐之间；③相互接触能引起化学反应的可燃液体储罐之间；④助燃剂、强氧化剂及具有腐蚀性液体储罐与可燃液体储罐之间。

（2）非沸溢性甲$_B$、乙、丙$_A$类储罐组隔堤内的储罐数量，不应超过表 4-1 的规定。

表 4-1　非沸溢性甲$_B$、乙、丙$_A$类储罐组隔堤内的储罐数量

单罐公称容量 V/m^3	一个隔堤内的储罐数量/座
$V < 5000$	6
$5000 \leqslant V < 20000$	4
$20000 \leqslant V < 50000$	2
$V \geqslant 50000$	1

注：当隔堤内的储罐公称容量不等时，隔堤内的储罐数量按其中一个较大储罐公称容量计。

（3）隔堤内沸溢性液体储罐的数量不应多于 2 座。

（4）非沸溢性的丙$_B$类液体储罐之间，可不设置隔堤。

（5）隔堤应是采用不燃烧材料建造的实体墙，隔堤高度宜为 0.5 ~ 0.8 m。

防火堤内不得种植作物或树木，不得有超过 0.15 m 的草坪。防火堤与消防道路之间不得种植树木，覆土罐顶部附件周围 5 m 内不得有枯草。

三、泵房

甲、乙类油品泵房应加强通风，间歇作业、连续作业 8 h 以上的，室内油气浓度应符合职业健康标准要求。付油亭下部设有阀室或泵房的，应敞口通风，不得设置围墙。确保设备完好，安全运行。

四、设备安全技术档案

设备安全技术档案主要内容包括建造竣工资料、检验报告、技术参数、检修记录、维护保养记录、安全技术操作规程、巡检记录、检修计划等。

五、检测设备

检测设备应满足检测环境的防火、防爆要求，经验收检验合格后方可投入使用。石油库应按照规范要求配置测厚仪、试压泵、可燃气体浓度检测仪、接地电阻测试仪等检测设备。

六、泵

操作人员应严格执行泵操作规程，定期检查运行状况，发现异常情况，应查明原因，

严禁带故障运行，做好泵运行记录。新安装的泵和经过大修的泵，应进行试运转，经验收合格后才能投入使用，泵及管线应标明输送液体品名、流向，泵房内应有工艺流程图，泵联轴器应安装便于开启的防护罩。

七、管道

新安装和大修后的管道，按国家有关规定验收合格后才能使用，管道应有工艺流程图、管网图。埋地管道除应有工艺流程图外，还应有埋地敷设走向图，图中管道走向、位置、埋设深度应准确无误。使用中的管道应结合储罐清洗进行强度试验，压力管道检测执行国家有关标准。穿越道路、铁路、防火堤等的管道应有套管保护。企业应加强管道的日常维护保养，定期检查，清除周边杂草杂物，排除管沟内积水，管道应按规定进行防腐处理，埋地管道时间 5 年以上，每年应在低洼、潮湿处开挖检查 1 次。管道穿过防火堤处应严密填实，罐区雨水排水阀应设置在堤外，并处于常闭状态，阀的开关应有明显标志。石油库内输油管道在进入油泵房、灌油间和储罐组防火堤处应设隔断墙，管沟应全部用砂填实。

八、电气管理

（1）设置在爆炸危险区域内的电气设备、元器件及线路应符合该区域的防爆等级要求；设置在火灾危险区域的电气设备应符合防火保护要求；设置在一般用电区域的电气设备，应符合长期安全运行要求。

（2）架空电力线路不得跨越储罐区、桶装油品区、收发油作业区、油泵房等危险区域。

（3）电缆穿越道路应穿管保护，埋地电缆地面应设电缆桩标志。通往趸船的线路应采用软质电缆，并留有足够的长度满足趸船水位上下变化。

（4）架空线路的电杆杆基或线路的中心线与危险区域边沿的最小水平间距应大于 1.5 倍杆高。

（5）在爆炸危险区内，禁止对设备、线路进行带电维护、检修作业；在非爆炸危险区内，因工作需要进行带电检修时，应按有关安全规定作业。

九、防雷、防静电

（1）石油库和罐区防雷、防静电的设施、装置等应符合设计规范要求，应绘制防雷、防静电装置平面布置图，建立台账。

（2）石油库和罐区的防雷、防静电接地装置每半年进行 1 次测试，并做好测试记录，接地线应做可拆装连接。防雷、防静电接地装置应保持完好有效。当防雷接地、防静电接地、电气设备的工作接地、保护接地及信息系统的接地等设备共用接地装置时，按最小考虑，其接地电阻不应大于 4 Ω。

（3）铁路罐车装卸设施，钢轨、工艺管道、鹤管、钢栈桥等应按规范作等电位跨接并接地，两组跨接点的间距不应大于 20 m，每组接地电阻不应大于 10 Ω，跨接线的截面面积不应小于 48 mm^2。

（4）罐区不宜装设消雷器。

（5）严禁使用塑料桶或绝缘材料制作的容器灌装或输送甲、乙类油品。

（6）不准使用两种不同导电性能的材质制成的检尺、测温和采样工具进行作业。使用金属材质时应与罐体跨接，操作时不得猛拉快提，在爆炸危险场所人员应穿防静电工作服，禁止在爆炸危险场所穿脱衣服、帽子或类似物，禁止在爆炸危险场所用化纤织物拖擦工具、设备和地面。

（7）严禁用压缩空气吹扫甲、乙类油品管道和储罐，严禁使用汽油、苯类等易燃溶剂对设备、器具擦洗和清洗。

（8）储罐、罐车等容器内和可燃性液体的表面，不允许存在不接地的导电性漂浮物；油轮装油时，不准将导体放入油舱内。

（9）储存甲、乙、丙$_A$类液体储罐的上罐扶梯入口处、泵房的门外、装卸作业区操作平台扶梯入口处、码头上下船的出入口处等应设消除人体静电装置。

十、消防管理

石油库应设置专人负责消防管理工作，并指定防火责任人。消防设施、装备、器材应符合国家有关消防法规、标准规范的要求，并定期组织检验、维修，确保消防设施和器材完好、有效。

（1）各作业场所和辅助生产作业区域应按规定设置消防安全标志、配置灭火器材。露天设置的手提式灭火器应安放在挂钩、托架或专用箱内，并应防雨、防尘、防潮。各类灭火器应标识明显、取用方便，并按期检验、充气、换药，不合格的灭火器应及时报废、更新。

（2）石油库和罐区应安装专用火灾报警装置（电话、电铃、警报器等），爆炸危险区域的报警装置应采用防爆型，保证及时、准确报警。

（3）消防水池内不得有水草、杂物，寒冷地区应有防冻措施，地下供水管道应常年充水，主干线阀门保持常开，管道每半年冲洗一次，系统启动后，冷却水到达指定喷淋罐冷却时间应不大于 5 min。

（4）定期巡检消火栓，每季度做一次消火栓出水试验。距消火栓 1.5 m 范围内无障碍，地下式消火栓标志明显，井内无积水、杂物。

（5）消防泵应每天盘车，每周应试运转一次，系统设备运转时间不少于 15 min，泵房内阀门标识明显，启闭灵活。

（6）消防水带应盘卷整齐，存放在干燥的专用箱内，每半年进行一次全面检查。

（7）固定冷却系统每季度应对喷嘴进行一次检查，清除锈渣，防止喷嘴堵塞。储罐冷却水主管应在下部设置排渣口。

（8）泡沫液应储存在 0～40 ℃的室内，每年抽检 1 次泡沫质量，空气泡沫比例混合器每年进行一次校验，各种泡沫喷射装备应经常擦拭，加润滑油，每季度进行一次全面检查。泡沫产生器应保持附件齐全，滤网清洁，无堵塞、腐蚀现象，密封玻璃完好有效。泡沫灭火系统启动后，泡沫混合液到控制区内所有储罐泡沫产生器喷出时间应不大于 5 min。泡沫管道应加强防腐，每次使用后均应用清水冲洗干净，清除锈渣，泡沫支管控制阀应定期润滑，每周启闭 1 次。

（9）消防水泵、给水管道涂红色，泡沫泵、泡沫管道、泡沫液储罐、泡沫比例混合器、泡沫产生器涂黄色，当管道较多，与工艺管道涂色有矛盾时，也可涂相应的色带或色环。

十一、罐区安全检查内容和要求

（1）呼吸阀、阻火器每年进行一次检查、校验，清理网罩上的污物，校验呼吸阀片的启、闭压力，保证灵活好用。

（2）安全阀要每年对其定压值校验一次，确保达到起跳压时能起跳泄压，达到回座压力能及时复位。在使用中，不管什么原因造成安全阀起跳，都要重新定压、校验。检验完后要加铅封标示。

（3）储罐的静电接地电阻每半年测试一次，不合格的部位，要立即整改。浮顶罐的静电导出线每月至少检查一次，发现断裂、缺失，要立即修复。

（4）储罐泡沫发生器每年检查一次，发现网罩缺失、敞开、玻璃破碎等，要立即维修处理；消防快速接头处的闷盖缺失要及时补齐；储罐消防线底部排渣口每年打开检查，清除管线内的锈渣，保证畅通。

（5）储罐的其他附件如人孔、加热器、排污孔等，要作为操作人员日常巡回检查的内容，以便尽早发现问题。

（6）储罐按要求每年进行一次外部检查，每 6 年进行一次内部全面检查，发现罐壁减薄、穿孔、焊缝渗漏、基础下沉等问题要及时采取措施，避免扩大化。储罐的防腐涂层起皮、脱落总面积达 1/4 时，应立即清除更换，以减缓储罐的腐蚀，延长使用寿命。

（7）含硫介质的储罐的检测时间应根据日常对介质的监控情况适当缩短时间。

（8）球罐的定期检验要严格执行《压力容器定期检验规则》(TSG R7001) 和《固定式压力容器安全技术监察规程》(TSG 21) 的相关规定，每月对球罐罐底注水设施进行试验，每天对注水泵进行盘车，确保设施处于完好状态，寒冷地区冬季做好注水系统的防冻防凝工作，防止管线冻裂而影响使用。

第三节 储罐安全操作与维护技术

一、储罐日常操作

（一）物料收付

物料收付作业要做到"五要"：作业要联系，流程要核对，设备要检查，动态要掌握，计量要准确。

收付作业前必须先有调度指令，并与收付对方联系，原料油付装置时和付油前必须脱去罐内明水，以防影响装置正常操作；油品装车出厂前必须先检查油罐的脱水情况，再进行装车，以免影响产品质量；重质油品进行收付作业时，先开伴热及暖线、暖泵，收付作业完应及时对所用管线机泵进行处理，防止凝冻设备；输送的油温不得超过规定的控制范围,否则必须采取加温或降温措施;在收付油过程中,要认真做好油罐、油位、油温等各种记录,同时要加强对与收付油管线相连的其他油罐设施的检查。

（二）物料加温

为保证油品必要的流动性,便于输送和油水分离,原油、含蜡馏分油、渣油等需要加温。目前大型油罐对油品的加温普遍通过安装于罐底上的加热器,利用过热蒸汽作为热源。油品加温首先要确定各种油品在油罐中的最高和最低储存温度,对罐内油品进行加温,必须在油面高于加热器500 mm时才允许开启加热器,当油面低于加热器时,加热器必须保持关闭状态。当罐内油品凝固时,禁用加热器加温,因为此时对流传热不好,会造成加热器附近油品局部过热,造成油罐的破坏。应先将其他同品种的热油品倒进该罐,待油品全部融化后,再用加热器加温。

油罐加温时,必须先排除盘管内冷凝水,缓慢开大进汽阀,防止水击,严格控制温升速度,一般应控制在5～10 ℃/h为宜;重油储罐加温前,应先将罐内明水切掉。在加温过程中,必须加强对油罐的脱水,经常检查加热器出口排水情况,从水质判断加热器是否运行正常,如发现排出的冷凝水中含油,则有可能是加热器泄漏。如接到停汽通知,应在蒸汽停送前将油罐加热器入口阀关闭,防止油罐加热器泄漏引起油品倒串入蒸汽管道。

（三）物料脱水

为保证原料油和出厂成品油质量,降低对罐底腐蚀,需对油罐进行脱水,通常也称切水。脱水方式有自动与人工两种,利用自动脱水器脱水,称自动脱水,目前,自动脱水器因其安全可靠、环保、节省人力等多种优越性已在众多企业广泛应用。要保证自动脱水器正常使用,需按产品维护要求对其进行定期清理和保养,尤其是过滤器。此外,重、原油罐上安装的自动脱水器能否正常使用,油品温度是关键。

人工脱水需要注意,油品从装置入罐后,要充分沉降脱水,此时要保持一定的温度,一般可控制在储存温度的上限范围,控制好油温,可提高脱水效率。油罐脱水前要检查脱水阀、脱水管及脱水井的完好情况。脱水时,应先停止罐区及附近一切动火,不允许任意排放,脱水时缓慢打开脱水阀,仔细观察排水情况,控制好阀门开度,使脱水尽量不带油,阀门开度掌握"小—大—小"的原则。油罐脱水作业时,严禁将轻油、凝缩油、液态烃放入下水道,以免引起火灾、爆炸事故。原料油在送装置处理前除含水分析要达到规定指标外,在付油前还要进行一次脱水检查,防止罐底明水带入装置,确保装置正常生产。脱水过程中,人不得离开现场,以防跑油,操作人员应佩戴防毒面具、站在上风口,防止油气中毒。

（四）物料计量

油罐在收油、输转、调和、装车和脱水作业前后都应进行计量,用量油尺检测容器内油品液面高度（简称油高）的过程称为检尺,通过手工操作对容器内所盛装的介质进行实测检尺的过程称为人工检尺。人工检尺要注意,严禁携带引火物或穿带钉鞋上油罐,上罐前,要用裸手触摸扶梯底部的人体静电消除装置,以消除静电。检尺时提尺、下尺速度应缓慢,在油罐上进行计量测量时应站在上风位置,照明灯应采用防爆灯具,晚间开、关手电时应离开量油孔,量油孔采用衬铝或铅垫,量油孔盖应轻拿轻放,雨、雪天计量时,应十分小心,以防发生滑、摔事故。上罐检尺、取样完后,要及时关闭量油孔盖,防止油气挥发。

（五）物料调和

油品调和通常分为两种类型，一种是油品组分的调和，是将各种油品基础组分，按比例调和成基础油或成品油；另一种是基础油与添加剂的调和，油品调和的目的是让油品具有使用的各种性质和性能，符合标准，并保持产品质量的稳定性，提高产品的质量等级，改善油品的使用性能，使组分合理使用，有效提高产品的收率。目前调和分为两大类，即油罐调和和管道调和，油罐调和可分为泵循环喷嘴调和与机械搅拌调和两种。

（六）物料测温

油品的温度对于装置加工、油量计算和节约能源等都是一个重要参数。测量完容器内油品液面高度后，应立即测量油温。油品测温方式主要有两种：现场温度计测量油温、温度远传信号测量。为了提高测温的速度，在储罐的罐壁上安装双金属温度计，用双金属温度计测量油温时，要注意罐内油品液面必须高于双金属温度计 0.5 m 以上，读取温度计读数时，眼睛要平视温度计测量盘。目前，绝大多数储罐都安装远传信号测量温度，要求远传测温要与双金属温度计对照，温度差应不大于 8 ℃。误差较大时，以双金属温度计为准。

（七）扫线

使用气体介质将管线内油品吹扫出来，称为扫线。扫线的目的是防止管线内油品凝固而影响管线使用，原油、重质油品停输后，一般应进行扫线，避免油品凝结。另外，需要施工动火的管线，一般应进行扫线，保证动火施工安全。扫线介质与油品混合后不能产生可燃或易爆气体，且与油品接触后不发生冷凝堵塞现象，扫线的去向可为油罐或低压放空系统。扫线前要首先打开油罐或低压放空系统入口控制阀，保证扫线后路畅通。扫线一般通过专用的扫线管进罐，原则上不经主管道进罐，严禁大量蒸汽经主管道自油品下部进入，以防突沸事故发生。扫线过程要认真检查管线、设备状况，发现异常立即停止。扫线要设专罐，扫线罐液位不能过高，扫线前后做好联系工作。扫线后注意脱水，原则上不应向浮顶罐、内浮顶罐扫线，尤其是铝制内浮顶油罐。扫线完毕，要立即关闭相关阀门，防止串油、串汽。埋地管线严禁使用蒸汽吹扫，以免高温损坏防腐层。

二、储罐清洗

（一）需要对储罐进行清洗的情况

（1）因检修或技术改造罐体需动火。

（2）罐内杂质较多，影响物料质量或影响油罐正常运行与操作。

（3）储罐储存介质变换，原介质残留会影响生产进行。

（4）按照相关规定，储罐检查、标定期满，需进入再次进行检查、标定。

正常情况下，轻质油罐每三年清洗一次，重质油罐每五年清洗一次。影响产品质量时，可随时进行清洗。如果储罐使用频率较低，到清洗年限后确实较干净，经相关部门确认后，可适当延期使用。因为储罐内盛装的介质为易燃易爆或者是有毒性的物料，所以装有石油或石油产品的储罐在进行机械清洗和人员进入储罐的全过程中，有可能发生火灾、爆炸、缺氧、中毒、窒息或者其他人身伤害事故。

（二）储罐清洗方法

储罐清洗方法有人工清罐和机械清罐两种。

1. 人工清罐

人工清洗轻质油品（泛指汽油、煤油、柴油、石脑油、溶剂油、苯等）储罐的步骤一般为：倒空罐底油，与油罐相连的系统管线加堵盲板，拆人孔，蒸汽蒸煮，通风置换，进入内部高压水冲洗，清理污物。

人工清洗重油（泛指原油、常压渣油、减压渣油、各种润滑油、蜡油、沥青等）储罐的一般步骤为：倒空罐底油，与油罐相连的系统管线加盲板，拆人孔，通风置换，进入内部清理残油和污物。

人工清罐安全注意事项：

（1）人工清罐是受限空间作业，要严格执行《危险化学品企业特殊作业安全规范》（GB 30871）受限空间作业的安全要求。

（2）盲板不可漏加，特别是有氮封设施和加热设施的储罐，如苯、二甲苯、对二甲苯储罐，不仅在介质管线上加隔离盲板，还要在氮封设施和蒸汽线（或热水线）上加装盲板。

（3）蒸汽蒸罐时，控制供汽量。局部过高的温升会使罐内附件如密封装置老化、罐壁温度计超过量程遭到破坏。储罐蒸罐时，为避免突然大幅降温，造成罐内蒸汽短时间凝结形成负压导致储罐凹陷损坏，在蒸罐时要保证罐顶的出汽口畅通，天气突然变化时，也要防止储罐被抽瘪。

（4）通风置换时，注意检查罐内情况，对盛装石脑油等未经碱洗处理油品的储罐，在罐内防腐层失效的情况下，极有可能存在硫化亚铁，硫化亚铁与空气在常温下会发生化学反应，引起燃烧甚至爆炸事故。必要时可采用局部喷水等降温措施，将放热反应产生的热量带走。

（5）确保清洗工具和照明设施安全防爆。清理污物时，采用木制品或铜制品等专用工具，不能采用黑色金属制品等产生火花的工具。

（6）严禁穿化纤服进入罐内作业。不得使用移动通信工具，人员在罐内走动注意防滑。

（7）其他防火防爆、防中毒、防静电等措施，参照储罐内防腐施工的安全管理办法执行。

2. 机械清罐

根据《储罐机械清洗作业规范》（SY/T 6696），储罐机械清洗是用临时设置的管线，将回收系统、清洗系统、油水分离系统与清洗油罐及清洗油供给油罐与接收油罐连接在一起，形成一套临时的密闭的清洗工艺，通过设置在清洗油罐上的清洗机，喷射清洗油供给油罐，所供给的清洗油击碎溶解罐内淤渣，用回收系统回收罐内清洗介质及排除部分残留物的过程。我国已制定《外浮顶原油储罐机械清洗安全作业要求》（AQ/T 3042），规定了外浮顶原油储罐机械清洗安全作业的一般要求和工艺要求，适用于地面常压外浮顶原油储罐的机械清洗作业，内浮顶油罐、卧式油罐和拱顶油罐的机械清洗可参照使用。

根据《储罐机械清洗作业规范》（SY/T 6696）规定，被清洗油罐的结构应是能够设置所需数量的清洗机的结构，油罐中应有足够的数量、足够尺寸的抽吸管口，油罐具有良好的密封性；拱顶罐安全呼吸阀应能够正常运行，防雷、防静电装置完好。可清洗储罐的类型包括浮顶罐（外浮顶储罐和内浮顶储罐）、拱顶罐，其他罐包括卧式罐、球形罐等。清洗油的使用量为清洗油罐内沉淀淤渣的8倍以上。

清罐作业过程中注意事项：

（1）储罐机械清洗队伍应具有相应资质的技术人员及装备；作业人员应身体健康，经过专业培训。

（2）根据罐内具体清洗情况，进罐人员应穿适当的防护服。防护服应有防静电性能，要保证密封性良好，防止皮肤接触罐内气体。另外，根据需要还要配备防毒面具、呼吸器、安全带、保险绳、安全网、防护帽、防护手套、防护鞋、防护眼镜等。

（3）施工人员进入有毒有害气体的有限空间，应佩戴呼吸防护用具。

（4）施工人员在施工区域使用的工具、通信工具应满足防爆要求，施工区域内的固定照明灯具、移动照明灯具应符合防爆要求，所配备的气体检测仪应能够连续监测清洗油罐内的氧气浓度、可燃气体浓度、有毒气体浓度，手持式检测仪能够监测含氧量、可燃气体、硫化氢、一氧化碳的浓度。

（5）施工现场用警示带进行隔离，禁止非施工人员入内，同时需设置安全标志牌。预留进行作业、检查的安全通道。

（6）各机器的电机旁、清洗油罐的检修孔旁、罐顶配置足够的灭火器。

（7）与固有管线的连接，应安装临时阀门，与原有管线的连接，应使用挠性软管进行过渡连接，而且应在移送管线上安装止回阀，以防止逆流。

（8）在管线穿越通道时，需用脚手架材料搭成跨道，防止直接踏踩管线。

（9）蒸汽管线应安装安全阀，同时应采取保温措施，设置警示标志，防止烫伤施工人员。

（10）定期对罐内进行检测，掌握搅拌的效果，随时改变清洗运行计划，有效地推进工程。

（11）在移送油的过程中，应定期巡视，检查有无漏油处。

（12）在机泵投入运行时，应按照检查目录进行检查，在运行中需确认、记录电流、压力、运行机器等是否正常。

（13）打开检修孔时，应使用防爆工具，佩戴呼吸防护用具，采取防止漏油措施，打开侧壁检修孔时，应先从下风侧进行。强制换气应使用防爆换气扇。

（14）在储罐顶进行器材吊装作业时，应在防风壁上配置起重工，指挥作业。

三、储罐内防腐

化工企业常用的各类储罐，由于所储物料中含有有机酸、无机盐、硫化物及微生物等腐蚀性介质，另外加上大气腐蚀，储罐的不同部位都会发生不同程度的腐蚀，可造成罐内防腐蚀层脱落和点蚀现象的发生，甚至导致某些储油罐发生罐顶塌陷和罐底板腐蚀穿孔漏油事故。因此，不同的储罐要采取不同的防腐措施，储罐防腐施工作业，施工难度大、周期长，危险性较高。

储罐防腐蚀工程有内防腐和外防腐之分。相比较而言，内防腐工程比外防腐工程更复杂，在安全管理方面难度更大，在此重点介绍内防腐工程的安全管理。

（一）油罐内防腐施工作业工序

内防腐施工作业程序大同小异，大致分为：

（1）施工前的准备，包括机具到位、搭设脚手架等。

（2）按照施工方案的要求对防腐部位进行表面处理，目前最常用的方法是喷砂除锈。

（3）涂装防腐层前罐体灰尘的处理。

（4）按施工方案涂装防腐层。

（二）油罐内防腐施工的危险性

内防腐施工一般是在储存原油、汽油、煤油、石脑油、芳烃等介质的罐内进行的，内防腐施工的主要危险性包括：

（1）施工所在区域储存的易燃易爆油品多，施工会受到其他储罐正常生产的影响，并也会影响到其他储罐的正常运行。

（2）罐内作业属于受限空间内的高处作业，易发生高处坠落、窒息等人身伤亡事故和油罐损坏的设备事故。

（3）防腐涂料大多属于易燃品，部分还有一定毒性，易发生人身中毒和火灾爆炸事故。如新疆独山子一个 1×10^5 m³ 在建原油储罐发生爆炸事故，事故原因为工人在罐内喷涂施工油漆时，防腐油漆中有机物挥发物产生闪爆。

（4）罐内作业环境差，尤其是喷砂除锈作业。

（5）施工人员多为承包商，对罐内作业大环境不熟悉，安全意识不强，容易忽视安全、环境和健康问题。

（三）防腐施工安全措施

选择具有安全施工资质的防腐施工单位，严格执行《危险化学品企业特殊作业安全规范》（GB 30871）受限空间作业的安全要求，加强施工过程中的安全管理是防止此类事故发生的必要措施。

（1）用沙袋封闭相邻储罐和作业罐附近的下水井和含油污水井排出口，与易燃易爆大气环境有效隔离，同时所有工艺管线加盲板与储罐隔离。施工现场配备一定数量的灭火器。

（2）电气设备（包括电机、低压开关、低压变压器等）应选用隔爆型，应设置牢固可靠的接地设施，必须使用三相插座；照明设施采用 12 V 安全电压，罐内不设各类电气开关。

（3）施工人员施工前应进行安全培训，向油漆供应商索取安全技术说明书（SDS）并熟知其内容，了解所施工的涂料的安全注意事项。

（4）为施工人员配备好防毒面具、防尘口罩、安全带、防静电工作服、手套、耳塞、护目镜等个体防护用品。作业人员定时换班，特别是有毒物浓度较高时，增加轮换频率。

（5）罐内高处作业严格执行高处作业的相关要求。

（6）控制、检测可燃气体浓度、有毒气体浓度和氧含量。作业监护人员应定期检测施工过程中罐内部的氧气含量、可燃气体浓度和有毒气体浓度，执行受限空间作业的管理规定。

（7）强制进行通风。罐体罐顶设不少于两套通风换气设施，及时排出罐内的油漆有机蒸气和砂尘。涂漆作业开始应先启动通风装置，后开始涂漆作业，当通风系统停止或失灵时，<u>应立</u>即停止作业，切断涂漆设备的电源。工作结束后，应保持通风直至油漆表面干燥。

（8）内防腐所使用的空气压缩机、压缩空气缓冲罐、喷砂罐是压力容器，必须按照压力容器的管理规定进行管理。

（9）杜绝火花产生。作业人员应着防静电工作服和鞋，严禁携带火种进入涂漆场所。

四、储罐的日常检查维护

储罐使用过程中的检查维护通常分为日常巡回检查维护，定期、不定期检查维护。日常巡回检查维护由岗位操作人员按照编制的巡回检查路线对工艺、设备状况进行定时、定点的周期性检查和维护。

储罐日常巡检主要是观察储罐的液位、压力、温度是否正常，有无发生裂缝、腐蚀、鼓包、变形、泄漏现象，各人孔、出口阀门盘根、法兰等是否有物料的跑、冒、滴、漏现象；检查与储罐相关的阀门是否完好，开关状态是否符合运行工艺的要求；观察常压容器罐区内基础、防火堤、隔堤、排污等设施是否完好，有无损坏；储罐呼吸阀、阻火器、量油孔、泡沫发生器、转动扶梯、自动脱水器、高低液位报警器、人孔、透光孔、排污阀、液压安全阀、通气管、浮顶罐密封装置、罐壁通气孔、液位计等附件是否完好等。

定期检查维护一般由管理人员组织实施，分为外部检查维护和全面检查维护。根据罐存介质和地区特点，一般情况下每年最少应进行一次外部检查维护，储罐外部检查的主要内容应包括：

（1）罐体检查。检查罐顶和罐壁是否变形，有无严重的凹陷、鼓包、褶皱及渗漏穿孔。对有保温的储罐，罐体无明显损坏，保温层无渗漏痕迹时，可不拆除保温层进行检查。

（2）罐顶、罐壁测厚检查。每年对储罐顶、壁进行一次测厚检查。测厚点宜固定，设有测量标志并编号。有保温的储罐，其测点处保温应做成活动块便于拆装。

（3）配件、附件检查。检查进出口阀门、人孔、清扫孔等处的紧固件是否牢靠；消防泡沫管是否有油气排出，端盖是否完好；储罐盘梯、平台、抗风圈、栏杆、踏步板的腐蚀程度；储罐照明设施的完好程度。

（4）焊缝检查。用 5~10 倍放大镜观察罐体焊缝，尤其要重点检查壁板与边缘板之间角焊缝及下部两圈壁板的纵、环焊缝及 T 形焊缝；注意检查进出口接管与罐体的联接焊缝有无渗漏和裂纹。若边缘板已做防水处理，没有异常可不检查角焊缝。

（5）防腐、保温（冷）层及防水檐检查。检查罐体外部防腐层有无脱落、起皮等缺陷，保温（冷）及防水檐是否完好。若发现保温（冷）层破损严重，应检查罐壁的腐蚀程度。

在用常压储罐要定期进行全面检验，一般情况下全面检验每年应进行一次，国家另有规定的，按有关规定执行。进行全面检查时，必须确认常压容器内已清扫干净，人孔、透光孔全部打开，气体分析合格，人员可以安全进入罐内检查。检验内容如下：

（1）罐底检查。利用超声波测厚仪或其他检测设备检查罐底的腐蚀减薄程度，当底板厚度少于规定厚度时，底板必须进行补焊或更换。罐底板擦洗干净后，目视检查所有焊缝和底板，需要进一步确定渗漏点时，使用真空试验或漏磁探伤来检查。检查加热器的腐蚀和渗漏情况，加热器支架有无损坏，管接头有无断裂，进出蒸汽管阀门、法兰连接是否完好。

（2）罐壁检查。使用超声波测厚仪检查罐壁的剩余厚度，重点检查下部两圈板的剩余厚度，各圈板的剩余腐蚀裕量应满足下一使用周期要求；若不能满足要求，必须对罐壁进行加固。分散点蚀的最大深度不得大于原设计壁厚的20%，且不得大于3 mm；密集的点蚀最大深度不得大于原设计壁厚的10%（点蚀数大于3个，且任意两点间最大距离小于50 mm时，可视为密集点蚀）。

（3）罐壁焊缝检查。对壁板的纵焊缝进行超声波探伤抽查。抽查焊缝的长度不小于该部分纵焊缝总长的10%，其中T形焊缝占80%。对抽查出的超标缺陷，应采取相应的措施处理。目视检查罐底与壁板内角焊缝、边缘板与罐壁的外角焊缝腐蚀情况，情况异常时，应对焊缝进行修补和无损检测。

不定期的检查维护一般是指根据管理的需要，如节前进行的检查维护等。

储罐在生产过程中出现的各类故障和缺陷，应根据损坏的程度，在保证安全的前提下确定检修方案，及时组织实施。

第四节　气柜安全技术

气柜是储存、回收化工企业低压瓦斯（煤气、气体物料）和调节瓦斯（煤气）管网压力的重要设施（图4-2），也是重要的清洁生产和节能设施，在化工企业低压瓦斯（煤气）的回收和平衡中起着重要的作用，它的正常运行有利于回收能源、降低成本、减少环境污染。

图4-2　气柜

气柜有双膜干式、干式、湿式、高压式、曼式等形式。湿式气柜是最简单常见的一种气柜，通常用于煤气储存，它由水封槽和钟罩两部分组成。钟罩是没有底的、可以上下活动的圆筒形容器。如果储气量大时，钟罩可以由单层改成多层套筒式，各节之间以水封环形槽密封。干式气柜是内部设有活塞的圆筒形或多边形立式气柜，活塞直径约等于外筒内径，其间隙靠稀油或干油气密封，随储气量增减，活塞上下移动。大容量干式气柜在技术与经济两方面均优于湿式气柜，我国已有容量（单位 10^3 m³）为 20、50、100、150 等系列气柜。气柜容积大于或等于 10000 m³ 时宜选用干式气柜。目前炼化企业基本采用干式气柜，本节即以干式气柜为例讲解其安全管理及技术。

一、干式气柜的结构及附属设施

（一）干式气柜的结构

干式气柜由柜体、底板、顶盖和活塞四大部分组成。

柜体包括走廊、爬梯、采光窗、柜容指示仪和安全放散管。

底板包括底部油沟和瓦斯进出口。

顶盖包括中心通风帽、空气引入口、鞍式天窗和顶盖栏杆。

活塞包括活塞油槽、密封导轮和切向导轮。

干式气柜按照密封结构分为稀油密封型（M. A. N）、干油密封型（Klonne）和卷帘密封型（Wiggins）3 种。

（二）标准型干式气柜的主要特性参数

标准型干式气柜的主要特性参数见表 4-2。

表 4-2 标准型干式气柜的主要特性参数

容积/m³	边长/m	边数	直径/m	柜体高度/m	全高/m	油泵房数	底面积/m²	储气压力/mmH₂O
20000	5.9	14	26.514	43.43	50.72	2	534	300、450、600
30000	5.9	16	30.242	53.96	59.84	2	700	300、450、600
50000	5.9	20	30.715	53.96	60.86	3	1099	300、450、600
100000	7	20	44.747	73.217	80.05	4	1547	300、450、600
150000	7	24	53.629	82.965	89.90	4	2233	300、500、800
200000	7	26	58.073	85.625	93.585	4	2623	300、500、800

注：1 mmH₂O = 9.80665 Pa。

（三）干式气柜的附属设施

1. 柜内附属设施

（1）活塞，置于气柜内部，可以升降。瓦斯的进柜压力是靠活塞的自重平衡的。当活塞的结构质量不能满足瓦斯压力的要求时，可以用活塞上面的混凝土配重块来调整。气柜活塞上配重块严禁随意挪动，以防破坏活塞的平衡而影响其安全运行。

（2）导轮，用以减少活塞升降时的摩擦阻力，保持水平升降，防止柜壁立柱的磨损。北向采用固定导轮，南向由于受日晒时间较长，温度变化大，采用弹簧导轮。固定导轮与钢轨的间隙用垫片来调节。为避免导轮与导轨摩擦产生火花，导轮采用铜质。

（3）防回转装置，用于防止活塞受横向应力作用而产生的水平回转，分别设置于南、北方向的两个导向支柱上。

（4）活塞油槽，沿活塞底板上部一周，槽内充满密封油，以将瓦斯密封住。

（5）沉淀油箱，用以过滤和沉淀自活塞外油室流到内油室的封油，以保证密封效果，同时还对封油起到缓冲作用，其连接管线的出入口均有滤网。

（6）隔仓帆布，又称隔油仓，目的在于减少因活塞倾斜而造成油槽内封油分布不均的现象，保证各仓油位相同。

2. 柜外附属设施

（1）柜容指示器，又称柜容指示仪，用以显示柜内储气容量，并实现储气容量上下限的报警自控。

（2）备用油箱，用于供油系统临时停电或故障不能供油时，向活塞油槽内自流送油，维持油位。备用油箱容量有限，两个油箱仅能维持 2～4 h。

（3）柜底油槽排水管，用于活塞落床时，排放柜底油沟内的水。此外，封油需要更换时，亦可通过油槽排水管卸出。

（4）放散管，沿柜壁外周均布 3 个，用于气柜置换吹扫的气体排放。放散管底部设有采样口。

（5）安全放散管，装在柜壁第 46 层圈板处，在气柜使用过程中，活塞的密封不是绝对严密的，两层圈板之间的接口槽也存在一些瓦斯，封油的循环也会携带一定的瓦斯，因此，活塞上部将会产生和存在一定量的瓦斯，安全放散管就是用来放散泄漏到活塞上部的瓦斯的，同时还可防止在气柜失控时，气柜活塞冲顶而造成设备的破坏。

（四）供油系统

1. 密封油的密封原理

气柜内部的瓦斯是靠密封油来实现密封的。本节所介绍气柜的工作压力为（450±50）mmH_2O，即当瓦斯进柜压力大于（450±50）mmH_2O 时，活塞上升。而在活塞四周与柜壁接壤的部位，瓦斯的逸出压力亦为（450±50）mmH_2O 左右，因此，只要密封油的压力高于活塞的工作压力，即可将活塞下部的瓦斯封住。设气柜活塞油槽的油位为 960 mm，封油密度 0.9 g/cm^3，那么，封油的压力为 960×0.9＝864 mmH_2O，为瓦斯逸出压力的 1.7 倍，完全可以将瓦斯封住。

2. 封油的循环

封油的循环流程为：油泵—柜上部溢流油箱—活塞油槽—柜底油沟—油水分离器—油泵。

气柜底部油沟的封油经油水分离后，用油泵送到柜上部的溢流油箱，封油沿柜壁流下至活塞油槽，再由此泄漏到柜底油沟，再经油泵送到柜顶，如此往复，完成气柜的密封。

二、气柜运行过程中容易发生的事故

气柜在运行过程中，易发生以下事故：

（1）活塞倾斜甚至倾翻。引发该事故的主要原因有进柜压力过高、活塞上配重块分布不均、活塞油槽内封油分布不均等。

（2）活塞泄漏。引发该事故的主要原因有活塞封油失效、活塞油沟油过低、活塞钢板腐蚀穿孔等。

（3）活塞冒（冲）顶。引发该事故的主要原因有仪表失灵导致收气超量、进柜阀门关闭不严或无法关闭致使气柜达到安全高度时继续进气等。

（4）火灾爆炸。引发该事故的原因可能是柜内瓦斯泄漏逸出遇明火。

（5）人员中毒。引发该事故的主要原因是处理管线或瓦斯泄漏时，没有采取适当的防护措施。

三、气柜运行安全管理要求

气柜内储存的低压瓦斯不但易燃易爆，而且瓦斯中还含有硫化氢，所以，要引导职工正确操作气柜，确保气柜处于良好的运行状态。

（一）气柜的运行

（1）气柜应设上、下限位报警装置，进出气柜管道应设自动连锁切断装置。

（2）气柜活塞升降速度不能太快，20000 m^3 的干式气柜的活塞升降速度不能超过 2 m/min。

（3）气柜运行中，每月要测试活塞的倾斜度指标，倾斜度不能超过工艺卡片规定的数值。

（4）气柜密封油每周要对其闪点分析一次，每月对其黏度分析一次，各项技术指标要符合技术要求。

（5）气柜的电梯、吊笼等重要附属设施，要建立定期试验制度，保证其完好备用。

（6）气柜的柜容指示仪表至少要有两种测量方式。

（7）气柜活塞上部应设可燃气体报警仪表。

（8）气柜的静电接地电阻每半年检测一次，发现不合格时，立即整改。

（9）必须时刻注意气柜内氧含量变化。

（10）每月对气柜进行厚度检测一次，并如实记录。

（二）气柜的运行管理

（1）加强对气柜运行的监控，进柜压力不能超过工艺卡片规定的数值。

（2）每日检查一次活塞导轮运行情况。导轮应运行灵活、轻松，导轮与导轨垂直运动时应紧贴滑板、无声响；每周两次对导轮加注润滑脂。

（3）装置开停工吹扫瓦斯管线，严禁向柜内吹扫，禁止蒸汽进入气柜内。

（4）每日检查一次活塞防回转装置。防回转装置不准松动、脱槽、卡住，与滑道接触面不能严重磨损。

（5）气柜运行过程中严禁打开运行高度以下的柜壁门。

（6）气柜运行中，应每天到柜顶部观察活塞运行情况，出现卡阻，要及时处理。

（7）每 2 h 检查一次油泵房内封油泵的运行情况，记录封油泵启动次数。

（8）冬季及时启用柜底油沟的加温措施，将封油温度控制在 20～30 ℃，以保证封油的流动性。

（9）监控好柜容及进柜压力，每 2 h 记录一次。

（10）气柜运行中，遇有下面的情况时，应关闭进柜阀门，停止向柜内进气：

① 柜内储气量达到允许上限。

② 主要仪表及主要设备发生故障，操作不能控制。

③ 供油系统停电或出现故障，且 4 h 以内不能恢复。

④ 催化装置的气压机需要紧急、大量放空，或各装置大量排放带有凝缩油的瓦斯。

⑤ 低瓦管网需要蒸汽吹扫。

⑥ 气柜活塞油槽油位突然下降，密封失效。

⑦ 火炬水封罐水位下降，水封压力小于气柜活塞工作压力。

⑧ 活塞上升时，柜内压力过高，活塞运动阻力过大或卡住。

⑨ 活塞倾斜度超标，防回转装置摩擦严重或失控。

⑩ 活塞上部瓦斯浓度超标，人员无法进柜检查。

⑪ 封油闪点低于常温，严重威胁生产安全。

⑫ 进气管中或气柜内部气体氧含量超标。

（11）气柜运行中，遇有以下情况时，应停止向外送气：

① 柜内储气量达到允许下限。

② 主要仪表及主要设备发生故障，操作不能控制。

③ 活塞运动阻力过大或卡住，柜内压力下降或形成负压。

（12）气柜运行中，遇有下面的情况，应立即紧急放空：

① 供油系统停电或故障，4 h 内不能恢复时。

② 活塞油槽密封失效，大量瓦斯泄漏到活塞上部空间。

③ 柜底阀门、人孔或柜壁突然泄漏，无法处理。

（13）供油系统停电或配电设施发生故障时，应关闭回油管总阀，当柜容较低且停电时间不超过 4 h 时，应使用备用油箱向活塞内供油，以保持活塞油沟油位。备用油箱应在停电 0.5 h 之内，先打开其中一个备用油箱一侧的阀门，待油流净后再开另一侧阀门。如此操作能维持向活塞内供油 4 h。

（14）若供油系统停电时间超过 4 h，应迅速将火炬水封罐内的水撤掉，将柜内低压瓦斯（含装置排放的低压瓦斯）从火炬排放掉。

（15）气柜发生事故后，处理方法和步骤应执行国家相关法律法规和现行国家标准《工业企业煤气安全规程》（GB 6222）的有关规定。

（三）气柜的安全管理

气柜的安全管理应以防火防爆、防中毒作为重点。

1. 防火防爆

（1）气柜区域应严格控制机动车辆的通行，执行机动车辆进出许可制度，并且进入气柜区域的车辆必须有合格的火花熄灭设施。

（2）气柜区域内的作业（指动火、检维修、保温等）要严格执行作业票制度，严禁无票作业、超范围作业。气柜出现紧急情况时，现场人员有权责令停止各种作业。

（3）与气柜相关的各种操作要使用防爆工具。

（4）气柜入口处要设置人体静电导除设施。

（5）巡回检查要注意检查各静密封点有无泄漏，发现隐患及时整改。

(6) 气柜瓦斯管线检修投用前，要用肥皂水对各静密封点试漏，确认无泄漏方可投用。

(7) 气柜瓦斯管线检修投用前，要进行氮气置换。

2. 防中毒

(1) 由于低压瓦斯气体中含有少量硫化氢气体，操作人员在采样、放空、置换时要站在上风口；进柜检查时要注意采取预防中毒保护措施。

(2) 柜内瓦斯报警仪应灵敏可靠，并对其定期校验；发生报警要认真查找原因，严禁随意消警。

(3) 气柜压缩机的放空要采用密闭放空，且放空管高度应符合要求。

四、气柜的维护、检修

气柜的检修周期一般为 2 ~ 5 年，气柜的检修内容及检查内容参考《气柜维护检修规程》(SHS 01036)。

第五节　铁路装卸设施及作业安全技术

铁路装卸设施是化工企业常见的装卸设施。

一、铁路装卸设施构成

（一）铁路专线

作为装卸作业用的铁路专线，包括铁路专用线和铁路罐车装卸作业线。铁路专用线是用来调车、停放铁路罐车及铁路货运车厢的。

铁路专用线分为厂外线和厂内线。厂外线是指从铁路编组站到企业原料库或成品库（如油库）的一段铁路专用线；厂内线是指库内的铁路线，对于一般原料库或成品库（如油库），厂内线就是原料库或成品库（如油库）的装卸作业线，是罐车停放的位置。

铁路装卸作业线是作为罐车、货车对准鹤位或货位进行装卸用的。对于铁路装卸作业线的布置，要满足《石油化工企业设计防火标准》(GB 50160) 的相关要求。

（二）装卸鹤管

鹤管是铁路罐车上部装卸物料（如油品）的专用设备，鹤管上一般都有可供左右旋转、上下起落和前后伸缩的装置，以减少对位的困难。

按照鹤管所用管材的口径分，装卸油鹤管可分为大鹤管和小鹤管两种。按照鹤管旋转能力分为两种：一种是万向卸车鹤管，一种是胶管法兰卸车鹤管。装卸鹤管本身的结构尺寸和安装位置必须符合《标准轨距铁路限界　第 2 部分：建筑限界》(GB 146.2) 的有关规定。为防止静电或杂散电流放电引爆事故，鹤管设有接地装置。鹤管的结构形式要求操作方便，不漏气，密封性好，安全可靠。

顶部敞口装车的甲$_B$、乙、丙类的液体，应采用液下装鹤管；汽油、溶剂油、苯等易挥发性油品的装卸，要采用密闭装卸和油气回收设施；甲$_B$、乙、丙$_A$ 类的液体，严禁采用沟槽卸车系统。

（三）集油管和输油管

集油管与输油管是输油系统中连接鹤管与油泵的通道。集油管是一条平行于铁路岔道的鹤管的汇集总管，在集油管的中部引出一条输油管与输油泵相连。

集油管和输油管必须按一定的坡度敷设，以保证装卸作业结束后，积存在管路中的油品能够自流放空。集油管宜自两端（或一端）向下坡向输油管接口，输油管宜向下坡向泵房。

（四）栈桥与栈台

装卸栈桥是装卸铁路罐车作业的操作场地，而栈台是装卸作业地面上的操作场地。铁路栈桥（图4-3）一般与装卸鹤管建在一起，栈桥到罐车之间设有吊梯，操作人员可以由吊梯上到罐车进行操作。铁路栈桥有单侧操作和双侧操作两种。装卸栈桥上设有灭火器材和消防用水管道，有的还配备有氮气、蒸汽管道。装卸栈桥内的铁轨有消除静电的接地线，电力机车的铁轨通过跨条连接，与装卸栈桥外的铁轨有绝缘装置，以防止静电或外部杂散电流导入而引起火花造成火灾。

图4-3　铁路栈桥

（五）零位罐和缓冲罐

零位罐用于自流卸油罐车系统中，它的最高储油液面低于附近的地面，它主要是起到一个缓冲作用。缓冲罐用于自流装油系统或为储油区距离较远、联系不便而设置的，可以边卸油边传输，从而能满足快装快卸等工艺要求。

（六）升压设备

在液化气体的运输和储运系统中，压缩机用来加压气态液化石油气。在油库中，泵是收发油料的主要设备。泵的种类很多，用途各不相同。离心泵用于输送轻油；水环式真空泵用于为离心泵及其系统抽真空引油和抽吸油罐车底油；齿轮泵用于输送重油；往复泵用于输送重油、专用燃料油和柴油，也可抽吸油罐车底油或为离心泵的吸入系统抽真空引油。螺杆泵用于输送润滑油、专用燃料油和柴油。

（七）计量设备

计量设备包括轨道衡和流量计。轨道衡是一种设置在充装站上用来衡量被充装罐车的实际充装量的衡器，也是一种称重的设备。在使用轨道衡时必须注意，被衡量的罐车牵引进出轨道衡时速度不大于3 km/h。在衡量车辆被牵引进出轨道衡，或在轨道衡上移动时，计量主杆置于制动的位置。移动中的车辆，不得在衡面上进行制动。牵引被衡量车辆的机车与被衡量车辆之间应挂有隔离车，以免机车进入轨道衡。

流量计是控制和监督设备工况的重要仪表之一。测量流量的方法很多，如用节流式流量计（差压式流量计）、面积式流量计（转子流量计）、容积式流量计、透平式流量计、电磁式流量计等来测量流量。但液态液化气体不能使用差压式流量计，以避免由于液体通过流量装置时造成气化而破坏它的流动工况，达不到测量的目的。液化气体常用的流量计有椭圆齿轮流量计和涡街式流量计。

二、铁路运输设施

铁路油罐车是散装石油及石油产品铁路运输的专用运载工具。铁路油罐车由罐体、油罐附件、底架和走行部分组成。铁路油罐车按其功能（或装载油品的性质），可分为轻油罐车、重油罐车、沥青罐车和液化气体铁路罐车4种，轻油罐车、重油罐车、液化气体铁路罐车在石油化工企业应用较为广泛。

（一）轻油罐车

轻油罐车是运输轻质油品（如汽油、煤油、柴油等）用的，罐体外一般均涂成银白色。轻油罐车在罐体上安装呼吸式安全阀，用来减少运输途中的呼吸损耗和保证安全。

（二）重油罐车

重油罐车是运输黏度较大的重质油品的铁路油罐车，大多数重油罐车设有加热装置和排油装置。运输原油的罐车外表涂成黑色，运送成品重油的罐车外表涂成黄色。罐车加热套为加层式，呈半圆筒形，焊接在罐体的下部。这种带加热套的重油罐车加热效果好，比内部有蒸汽加热管的重油罐车快4~6倍，缩短了重油的卸车时间，此外，蒸汽损耗量少，操作方便，并且因为蒸汽不与油品直接接触，保证了油品的质量，因而得到了广泛应用。

（三）液化气体铁路罐车

液化气体铁路罐车是液化气体（包括液氨、液氯、液态二氧化硫、丙烯、丙烷、丁烯、丁二烯及液化石油气等）铁路运输的专用车辆。它的设计、制造、使用、检修、运输必须符合《液化气体铁路罐车安全管理规程》的规定，以保证安全。

三、铁路油罐车装卸油方法

（一）铁路油罐车装油方法

不论是轻油罐车还是重油罐车，都是上部装车。装车有两种方法：一种是自流装车，一种是泵送装车。凡是可以利用地形高低位差并具备自流条件的油库，应尽量采用自流装车。自流装车不仅节省投资，减少经营费用，更重要的是不受电源的影响，安全可靠。凡是地形不具备自流装车条件的油库，都采用油泵装车。对于一些大型油库来说，储油区与装卸区距离都较远，而且标高位差较大。因此，装车油泵采用具有大排量、低扬程特性的泵，以满足快装快卸的要求。而输送泵采用的是小排量、高扬程的泵，其排量只要能在下次列车到库前将缓冲罐内的油品全部送至储油罐即可。

（二）铁路油罐车卸油方法

铁路油罐车卸油方法一般可分为上部卸油和下部卸油两种。

1. 上部卸油

上部卸油是将鹤管端部的橡胶软管或活动铝管从油罐车上部罐口插入油罐车内，然后用泵或虹吸方式自流卸油。

（1）泵卸油法：必须保证泵吸入系统充满油液，并在鹤管顶点和吸入系统任何部位都不产生汽阻断流现象，所以必须配有真空泵以满足灌泵和抽吸底油的要求。

（2）自流卸油：当油罐车液面高于油罐液面并具有足够的位差时，可采用虹吸方式自流卸油。

（3）潜油泵卸油：利用潜油泵进行油品的上卸，潜油泵安装在卸油鹤管的末端。

（4）压力卸油：将油罐车顶部的人孔密封起来，然后向油罐车液面上通入一定压力的压缩空气或惰性气体，通过增大吸入液面压力而实现卸油作业。

2. 下部卸油

下部卸油是目前接卸重油时广泛采用的方法。下部卸油系统由油罐车下卸器与输油管路等组成。油罐车下卸器与输油管路的连接是靠橡胶管或铝制卸油臂完成的。

（三）油品装卸安全管理

1. 装车前检查

（1）装车台操作人员应对槽车的车体进行外观检查，有明显变形、裂纹等缺陷严禁装车。

（2）槽车盖缺失橡胶圈、缺少呼吸阀等严禁充装。

（3）过期车辆不得装车。

（4）槽车内残留物等杂质无法清除干净时，不得装车。

2. 车辆对位环节

（1）机车进台位前，调车人员应加强瞭望并及时与装车岗位人员联系。

（2）车辆进入台位前，司机应将行车速度控制在 3 km/h 以内。操作应平稳，避免或减少车辆冲撞。

（3）装卸作业同一轨道上禁止边作业边对位或移动车辆。

（4）装车台对位时，调车人员应服从装车台负责对位人员的指挥，没有对位人员，禁止盲目对位。由于设备故障需单个车对位，应与装车人员配合，做到准确对位，做好防溜措施。

（5）进入装油台调车，禁止调车人员在靠近油台一侧作业，上下车时注意建筑物及管架。使用信号工具作业时，调车员站在油台外侧发出指令，若司机位置在靠油台的内侧，对调车员显示的动车指令，由副司机负责确认。

（6）机车进入台位作业前，调度提前 20 min 通知装车台作业人员，台位作业人员应检查设备、线路、车辆封盖情况，确认完好后，向调度汇报同意进车。

（7）机车或车辆进入台位，台上作业人员全部按规定立岗，站在对车位及其他适应位置监视机车车辆动态及设备状况，发现异常情况及时与调车人员联系。

（8）相邻两股道对位或拉车时，油台操作员接到通知后，检查车辆装车情况及周围环境无可燃气体泄漏，确认达到进车条件后向调度汇报同意进车。

3. 油罐车清洗环节

（1）作业人员不得穿戴化纤服装，不穿带钉子的鞋和不导电的胶鞋，不准使用硬质金属和塑料制品。

（2）冲刷不掉的铁锈油污，可用铝、铜及其软质合金制作的铲、锤或竹、木刷等工具刮、擦和刷。

（3）重油罐车可用蒸汽蒸洗与吹扫，也可用高压水冲刷，然后用锯末、白布擦拭干净。

（4）下列人员不得参加油罐车清洗工作：经期、孕期和哺乳期的妇女，聋、哑、呆傻的生理缺陷者，有深度近视、癫痫、高血压、过敏性气管炎、哮喘、心脏病和其他严重慢性病患者，老弱人员及外伤未愈合者。

（5）严禁在作业场所用餐和饮水，要在指定的地点更衣和沐浴。

（6）清罐的油污杂物及洗罐用水，回收到污油罐，不得随意排放。

（7）洗刷完毕并检验合格后，要逐件按要求恢复各附件安装和管道连接，并经过技术人员检查合格后方可使用。

4. 油品装卸环节

（1）铁路槽车装车单位应制定充装各类油品的操作规程，并组织认真学习贯彻执行。

（2）装车台操作人员应持证上岗。

（3）装车前检查装车设备，阀门与管线无泄漏；鹤管、梯子状态良好；回油阀关严，静电绳完好；对于重油车辆，还要检查装油阀门及扫线蒸汽阀关严，槽车中心阀关严；两侧下口及蒸汽帽子齐全并紧固无泄漏。

（4）打开车盖，对好装油鹤管并固定好，检查车内油品种类与所装油品种类是否相符，存油多少，有无杂物。如需刷车按汽油刷车标准执行。对于重油，车底存水要放净，防止油温过高突沸。

（5）开泵装车，须先将车台及各鹤位阀门打开，通知开泵装车。来油后再次检查鹤管是否对正拴牢，设备有无缺陷和跑油现象；发现问题及时处理和汇报。冬季重油装车时要打开每个鹤管拌热线，如鹤管不通需打开扫线蒸汽吹扫。汽油定量装车时，首先封紧槽车口密封圆盘，做到装车时无油气溢出，开鹤位油气回收气缸阀及装车鹤位阀进行装车作业。

（6）装车过程中及时注意流量情况，防止冒车跑油；装车时要经常注意各装油阀门的调整，防止憋压跳动；重油油温高时，要特别注意装油情况，防止突沸，若有突沸现象，要及时采取措施处理（如间歇装车、用木棍搅动）。

（7）装油快完时，通知泵房做好停泵准备，停泵后才能关。

（8）装车后检查每个鹤位装油阀门及总阀关严；空干鹤管及垂直管壁存油，将鹤管拉到安全位置固定；及时把鹤管存油回收，并注意回油罐的存油量。重油装车后关闭总阀，开扫线蒸汽，分别打开各鹤位阀门，将主线及各鹤位油品扫净，总管线无油后关闭鹤位阀门。冬季时，打开各鹤位扫线阀通一下蒸汽，将各鹤管的存油扫入车内。

（9）同一作业线各种装卸设备的防静电接地应为等电位，接地线和跨接线不能用链条代替。

（10）作业人员应穿戴防静电服装和鞋帽，使用铜质工具，活动照明要使用防爆灯。

（11）鹤管或输油臂装油时要插至底部。

（12）铁路罐车的装油速度，在出油口淹没前的初始阶段，要控制在 $1\,m/s$ 以下，出油口淹没后可按 $vD \leqslant 0.8$（v—油品流速，m/s；D—输油管内径，m）控制。大鹤管装油出口流速可以超过按 $vD \leqslant 0.8$ 计算所得流速，但不应大于 $5\,m/s$。

（13）铁路罐车卸油时，应按设计控制的流速，开够同时工作的鹤管的数目，临近卸油完毕要严格监视，及时关闭阀门，既要避免残留油过多，又要防止吸入气体。

（14）装卸油作业时，拿取工具、开关孔盖、取送鹤管等，都应做到既轻又稳，不得碰掉静电接地线。

（15）不准在作业危险场所穿脱衣服、挥舞工具或搬运物品。

（16）进入装卸车台必须关闭手机等非防爆电器。

（17）液化气体、汽油等危险化学品车辆严禁超装。

（18）泵房司泵员在油泵运行中，不能擅离岗位，发现异常及时排除，甚至停机检查。

（19）雷雨天气禁止装卸油作业。

（20）处理漏洒油品、整理工具、擦拭设备时，应断开电源。

（四）液化气体铁路罐车充装安全技术

1. 资料检查

槽车充装前必须检查以下证件和技术资料，缺少一项或证件无效者，不予充装。

（1）铁路危险货物自备货车安全技术审查合格证。

（2）特种设备使用登记证。

（3）押运员证书。

（4）铁路槽车使用许可证书（即危险品准运证）。

2. 罐车检查

罐车充装前，充装单位必须有专人对罐车进行检查。在检查过程中发现有下列情况之一，应事先进行妥善处理，使之符合充装要求，否则严禁充装：

（1）罐车未按期检验或检验不合格。

（2）罐车的颜色、字样、标记和所装的介质不符，或者颜色、字样、标记脱落而不易识别其种类。

（3）罐车外表腐蚀严重或有明显损坏、变形。

（4）附件（包括气相阀、液相阀、压力表、温度表、液压系统、紧急切断装置、液位尺拉杆、安全阀等）不全、损坏、失灵或不符合安全规定。

（5）未判明罐内残留介质品种。

（6）液化气体和液氨罐车内气体含氧量超过 3%。

（7）槽车内余压不符合要求。

（8）罐车内残留介质质量不明。

（9）罐体密封性能不良或各密封面及附件有泄漏。

（10）槽车的走行或制动部件超期未检验。

3. 充装管理

（1）槽车充装量必须严格控制，严禁超装，充装量不得超过最大载质量。液化气充装量按下式计算：

$$W = \Phi V$$

式中　W——槽车最大充装量，t；

　　　V——罐体设计容积，m^3；

　　　Φ——质量充装系数，t/m^3（混合液化石油气为 0.42 t/m^3）。

（2）槽车充装时，应在铁路线上设置标记或信号，出现下列情况时，严禁充装：

① 遇到雷雨天或附近有明火时。

② 周围有易燃、有毒气体介质泄漏时。

③ 液压异常或出现其他不安全因素时。

（3）充装时，不得任意放空，槽车余压高的可接泄压管卸压。

（4）液化气槽车非装车时不得在厂内停留。

（5）装车时必须用铜质工具。

（6）装车操作人员不得离岗，要随时注意装车情况，随时同泵房联系。

（7）每次充装都要填写详细的充装记录。

（8）槽车充装完毕后，应复检充装量，并检查气、液相阀门是否安装盲板，压力表座阀门和紧急切断阀是否关闭，各密封面是否泄漏以及封车压力。

第六节　船舶装运安全技术

船舶运输是沿海、沿江、沿河一带运输中的一种低成本、大运量的重要方式，也是石油化工产品运输的主要方式之一。油品的水路运输系统，主要是由油品码头和油船组成。

一、装卸油码头

码头是沿江、沿海石油化工企业的一个重要组成部分，分为浮码头和栈桥式码头两种。

（1）浮码头是由趸船、趸船的锚系和支撑设施、引桥、护岸部分、浮动泵站和输油管等组成。浮码头的特点是趸船可随水位的涨落而升降，所以作为码头面的趸船甲板面与水面的高差基本上为一定值，与船舶间的联系在任何水位均一样方便。趸船的长度是根据停靠船只的长度以及水域条件的好坏来定的，一般情况下，趸船长度与油船长度之比为0.7～0.8。如果水域条件好，趸船可小些；如果水域条件差，趸船则可大些。活动引桥的坡度是随水位的变化而升降的，一般在低水位的情况下，人行桥的坡度不陡于 1：3。活动引桥在行人时宽度不小于 2 m。

（2）栈桥式码头。由于浮码头供停泊的油船吨位不大，随着船舶的大型化，万吨以上的油轮多采用栈桥式码头。栈桥式码头一般由引桥、工作平台和靠船墩等部分组成。引桥作为行人和敷设管用，工作平台作为装卸油品操作之用，靠船墩则为靠船系船之用。在靠船墩上使用护木或橡胶防护设备来吸收靠船能量，防止船体碰撞。

（一）油码头的装卸设施

海运和江运装卸码头的设施配置各地各不相同，主要有油泵、管组、阀门、电气设备、输油臂、测量仪器仪表、吊升装置、金属或橡胶软管及其接口等。其中任何一种设备工作失控，发生泄漏、撞击打火、误动、短路等，都会导致跑油或火灾。

油船装卸油品时，若用岸上的输油泵，一般都由泵房的泵来完成。对浮动码头，有时将卸油泵和扫舱用的真空泵等设置在趸船上。油船上设置有不同种类的泵，如离心泵、齿轮泵和蒸汽往复泵，有的用来接卸轻油，有的用来接卸黏油。油船在装卸过程中与岸上连接的装卸油导管有橡胶软管和输油臂两种。输油臂由立柱、内臂、外臂、回转接头以及与油船接油口连接的接管器等组成，可用来装油、卸油或接卸压舱水，可在控制室内集中控制，克服了橡胶软管存在的装卸效率低、寿命短、易泄漏、接管时劳动强度大等缺点，是国内外广泛使用的金属装卸油导管之一。

油码头上输油线阀门采用的是钢阀门，在岸边输油线的适当位置装有紧急关闭阀。在码头上，除了装卸油导管及吊升装置外，还设有向油船供应燃料的供油导管、油船用水及消防水导管、消防泡沫导管、压舱水导管等。

（二）油码头的安全设施

由于油码头的进出物料大多数都是易燃易爆、易挥发的液体，一旦跑油轻则污染环境，重则导致火灾爆炸，且其灾情容易扩大，危及面宽，因此根据装卸油品码头防火安全的有关规定，油码头必须配备安全设施。

为了防止杂散电流窜入油船，在重要码头的输油干管上安装有绝缘法兰或橡胶软管，油船和码头分别接地，绝缘管路进行屏蔽，每次停靠油船和作业之前，都要进行严格检查。装卸油区的电气设备必须符合防爆要求。

为了防止和扑灭码头和油船火灾，根据装卸油品的品种，配备相应的消防设施和灭火用品。码头设有消防通道、消防管线和消火栓，设置固定式或半固定式泡沫灭火装置，配备拖船兼消防两用船以及小型灭火设备。在码头和趸船容易发生火灾的地带设有干粉或泡沫灭火器，配备一定数量的石棉毯、帆布垫以及灭火用砂等。

在油船装卸油品时，为了防止溢油扩散，污染水面和火灾的蔓延，需要备有一定数量的围油栏、消油剂、吸附材料和吸油、捞油工具。

在平台、通道和趸船上可能发生落水、滑跌的地方设有安全栏杆和防滑设施。在码头和趸船上必须制定严格的明火和用电安全管理制度，趸船上的机动舱、工作舱、办公室、生活间、备品间等都必须符合安全防火要求。

二、油船

油船从广义上讲是指海运或河运散装石油及其他易燃易爆液体的船舶（图4-4）。油船除了运输石油外，还装运石油的成品油，各种动植物油，液态的天然气和石油气等。因为运载的是易燃易爆的危险油品，所以在结构上要比其他货船复杂。油船上各系统都是为确保安全，适应油品运输的需要而设计的。

图 4 - 4　油船

油船有油轮和油驳之分。油轮带有各种动力设备，可以自航。油驳不带动力设备，必须依靠拖船牵引并利用码头油库的油泵和加热设备完成油品的装卸作业。

油轮一般由油舱、机舱、输油、扫舱、加热和消防等设施组成。油船的油舱内装有蒸汽加热管路，当温度低时，石油的黏度增加，不容易流动，有了加热管加温舱内的石油，就可使石油流动，便于装卸。油船的机舱一般都设在艉部，这样可以避免桨轴通过油舱时可能引起的轴隧漏油和挥发出可燃气体引起爆炸的危险。

此外，机舱设在艉部，烟囱排烟时带出的火星向后吹走，不致落入油舱的通气管内而引起火灾。为避免货油或油气渗漏，货油舱区与首尖舱、机舱、泵舱之间须有隔离舱；货油舱用 1 ~ 3 道纵舱壁和 4 ~ 10 道横舱壁分隔，以减少自由液面对船舶稳性的影响，也便于不同种类的石油分别装载。为便于卸净舱底残油，设有扫舱管系。

装卸作业前，船、岸双方应组成检查组，按照事先编制的船/岸安全检查表进行检查，落实各项安全措施后，方可进行作业。

（一）油船装卸作业

油船装卸作业是由码头上设置的装卸油管进行的。每种油品单独设置一组装卸油管路，在集油管线上设置若干分支管路，分支管路的数量和直径，集油管、泵吸入管的直径等，是根据油船或油驳的尺寸、容量和装卸油的速度等具体条件确定的。在配置时，一般将不同油品的几个分支管路（即装卸油短管）设在一个操作井或操作间内。平时将操作井盖上盖板，使用时打开盖板，接上耐油软管。

（二）装油安全要求

装卸过程中要求无污染、无漏洒，油船上岗人员必须持有港监部门签发的油船操作证。装拆油管时必须正确使用防爆工具，连接船岸间油管时，必须先装接地线，然后再装接油管。开始送油要慢，检查油管、接头、闸阀等确认无差错，并且油已正常流入指定油舱，而无溢漏现象时方可通知岸上逐渐提高装油速度，达到正常速度后，应再进行检查。装油结束前要放慢速度，避免溢油。装油全过程探视孔处不能离人，值班人员要经常观察装油速度。在终止装油前半小时要通知岸方做好准备，根据进度通知岸方放慢装油速度，以便最后一舱装满时及时停止泵油。装油速度很快，船舶吃水变化大，值班人员注意随时调整缆绳的松紧。全船装油结束后，先拆除软管，后拆除静电接地线，关闭各舱的大小阀门，管路上各种闸阀进行铅封，协助有关人员对各船舱盖、孔和管路闸阀进行铅封。

（三）卸油作业安全要求

到达卸油地后，及时与收货人联系，通报品种和数量，系牢首缆、尾缆、前（后）倒缆、前（后）横缆，船与船之间用铜质导线连接，再与陆地静电接地线连接。输油软管接头不得少于 4 根紧固螺栓，且法兰盘间加垫耐油密封圈，下置盛油盆。开始卸油要慢，当检查油管、接头、闸阀确无差错，逐渐提高卸油速度，达到正常速度后，应再进行检查，卸油过程中应注意调整缆绳的松紧度，卸油完毕前，等岸上关闭阀门后再关闭船上阀门，先拆除软管，后拆除静电接地线。

原油及成品油装卸作业结束后，管线内的剩油都需要扫回油罐，或将输油导管内残油扫回油船。扫线的目的是防止油品在管线内凝结，避免与下次来油混淆以及便于检修。

第七节　汽车装卸作业安全技术

化工企业汽车装卸主要是指各类化工产品、成品油、液化石油气等产品的装卸车，危险化学品装卸车等。本节主要对石油化工企业汽车装卸各类成品油、液化石油气等产品的作业安全进行说明。

一、装卸站台

汽车装卸站台的设置要符合《石油化工企业设计防火标准》（GB 50160）和《石油库设计规范》（GB 50074）等规范的要求，有关安全方面的要求如下：

（1）汽车罐车运送油品、石油化工产品、液化石油气等，都属于危险品运输，因此装油台的位置应布置在储罐区全年最小频率风向的上风侧。

（2）为便于车辆的进出，装卸区应靠近直接通往车辆出入口的库外道路，布置在人流较少的储罐区边缘。

（3）汽车装油站台，一般采用半敞开式或敞开式建筑，保证通风良好，防止油气的积聚。

（4）向汽车罐车灌装甲$_B$、乙、丙$_A$类液体宜在装车棚（亭）内进行。甲$_B$、乙、丙$_A$类液体可共用一个装车棚（亭）。

（5）汽车油罐车的液体灌装宜采用泵送装车方式。有地形高差可供利用时，宜采用储油罐直接自流装车方式。采用泵送灌装时，灌装泵可设置在灌装台下，并按一泵供一鹤位设置。

（6）汽车油罐车的液体装卸应有计量措施，计量精度应符合国家有关规定。

（7）汽车油罐车的液体灌装宜采用定量装车控制方式。

（8）汽车油罐车向卧式容器卸甲$_B$、乙、丙$_A$类液体时，应采用密闭管道系统。

（9）液体装车流量不宜小于 30 m³/h，但装卸车流速不得大于 4.5 m/s。

（10）甲$_B$、乙、丙$_A$类液体的装车应采用液下装车鹤管。当采用上装鹤管向汽车油罐车灌装甲$_B$、乙、丙$_A$类液体时，应采用能插到罐车底部的装车鹤管。鹤管内的液体流速，在鹤管口浸没于液体之前不应大于 1 m/s，浸没于液体之后不应大于 4.5 m/s。

（11）建筑物、设备和装卸台应设置静电接地和避雷装置。

（12）电气设备和照明应符合防爆要求。

（13）防火间距、消防道路、消防水、消防器材的设置和配备应满足规范要求。

（14）可燃液体的汽车装卸站，宜设围墙（或栏栅）与其他区域隔开，装卸站的进、出口宜分开设置；当受场地条件限制，进、出口合用时，站内应设回车场。

（15）装卸台要设有防止溢油措施。

（16）应设置油气回收设施。

二、装卸作业安全管理

装卸作业最常见的事故包括泄漏、火灾、爆炸、中毒等，引发这些事故的原因一般有装车过程中冒罐、溜车或车辆误启动导致的管线损坏泄漏、静电、操作不当等。企业装卸作业安全管理主要是对车辆和人员的检查，对装卸作业过程进行安全管理。装卸作业应遵守《危险货物道路运输安全管理办法》（交通运输部　工业和信息化部　公安部　生态环境部　应急管理部　国家市场监督管理总局令 2019 年第 29 号）、《道路危险货物运输管理规定》（交通运输部令 2023 年第 13 号）和《危险货物道路运输规则》（JT/T 617）中有关装卸的安全要求。

（一）装卸车前的安全检查

装载危险化学品前，装卸单位首先应对车辆的所在单位资质、危险货物道路运输许可资质、购货单位资质、压力罐车使用证、载质量、压力容器有效期等进行检查，同时还要检查车辆危险化学品标识标志、消防器材、接地线、安全阀、压力表、液位计、紧急切断阀（拉断阀）、温度计等安全附件，并做好记录。对驾驶员的道路运输资格证、操作证等进行检查。只有上述条件全部合格，才能允许车辆驶入装卸车鹤位。

（二）装卸车操作安全

（1）罐车进入易燃易爆区域时必须安装防火罩，严格控制进场车辆数量，汽车槽车在充装过程应在指定位置停车。

（2）车辆驶入装卸车鹤位后，必须熄火，拉紧手刹，安放防溜车措施，车辆钥匙统一保管。

（3）对装卸鹤管进行检查，确保完好；按规定对接鹤管，确保鹤管严密。

（4）装卸作业前，穿戴好劳保护品，导除人体静电，连接好静电接地装置，并使用防爆工具。

（5）严禁超装、混装、错装，充装量不得超过危险化学品道路运输证核定载质量，且承压罐车充装量不得超过移动式压力容器使用登记证最大充装量。

（6）装卸作业时，操作人员、驾驶员均不得离开现场，在装卸过程中，不得启动车辆。

（7）装卸操作完毕，应立即按操作规程关闭有关阀门，并检查车辆情况；经过规定的静置时间，才能进行提升鹤管、拆除接地线等作业。

（8）装卸作业完成后，驾驶员必须亲自确认汽车罐车与装卸装置的所有连接件已经彻底分离，经双方确认后，方可启动车体。

（9）当出现雷雨天气、附近发生火灾、检测出介质泄漏、液压异常或其他不安全因素时，必须立即停止危险化学品装卸作业，并作妥善处理。

（10）危险化学品充装软管是充装系统最薄弱的环节，充装软管断裂事故是非常典型的事故，事故率较高，应引起高度重视。液化石油气、液化天然气、液氯和液氨等易燃易爆有毒有害液化气体的充装应采用金属万向节管道充装系统，充装设备管道的静电接地、装卸软管及仪表和安全附件应配备齐全。

（三）应急处置

危化品装卸单位要针对装卸环节可能发生的泄漏、火灾、爆炸、人员中毒等事故，制定操作性强的事故应急救援预案，配备必要的应急救援器材，并将其纳入企业事故应急救援预案的一部分，定期组织职工进行演练，提高事故施救能力。

在危险化学品装卸过程中如果发生泄漏，现场工作人员应立即报警，停止所有的装卸作业，通知相关人员佩戴好防护器具，关闭阀门、停止作业，组织无关人员撤离；如果有人员发生中毒、窒息，在做好自身防护的情况下，迅速将中毒人员移出现场；并做好现场警戒，封堵排水沟和下水系统。

第八节　油气回收安全技术

油品从产出到最终用户消费，通常要经历若干储存、装卸过程，在这些过程中，由于温度、油气分压及盛装轻质油品容器的气液相体积变化等因素影响，不可避免地有一部分油气挥发进入大气，油气挥发对安全、环保、职业健康以及企业的经济效益都会带来不利影响。油气回收设施是对挥发的油气进行回收并减少损失的一种环保设施，多用于装卸作业环节。油气主要是指汽油、石脑油、航空煤油、溶剂油、芳烃或类似性质油品装载过程中产生的挥发性有机物气体。

油气回收设施是油气收集系统和油气回收装置的统称，是利用密闭鹤管、管道及其他工艺设备对油气进行收集的系统。油气回收装置是将油品装卸或储存过程中产生的油气进行回收的装置，其原理是将挥发性油气通过适当的手段与空气分离并回收，净化后的气体排入大气。典型的油气回收设施回收率不小于 95%，油气排放浓度不大于 25 g/m^3。

一、油气回收方法

油气回收方法主要有 4 种：吸附法、吸收法、冷凝法和膜分离法，或某两种方法的组合。

（一）吸附法

吸附过程在常温常压下进行。油气通过充填吸附剂的吸附器，吸附剂达到一定的饱和度后，需进行再生。吸附法特别适用于排放标准要求严格，用其他方法难以达到要求的含烃气体处理过程，常作为深度净化手段或最终控制手段。目前吸附剂一般采用颗粒活性炭、活性纤维、沸石分子筛、活性氧化铝、硅胶等。吸附法是油气回收行业的主要工艺流程之一，20 世纪 70 年代在美国开始应用，该流程相对简单且回收率很高，特别适用于汽油油气的回收。

活性炭吸附法油气回收装置主要由活性炭罐、真空机组、吸收塔、贫油泵和富油泵等构成。

（二）吸收法

油气进入吸收塔，吸收剂与油气逆流接触，油气被吸收下来，吸收了油气的富吸收剂再经过解吸过程，将油气解吸出来回收。吸收法最大的缺点是，排放的净化气体中气体含量比较高；为了提高吸收率，目前一般采用低温溶剂吸收。随着环保要求的提高，自 20 世纪 90 年代以来吸收法已逐渐由其他方法取代或采用组合工艺。但根据国内油气回收行业发展的趋势，该技术仍有一定的应用价值。

吸收法油气回收装置主要由吸收塔、真空解吸罐、再吸收塔、真空机组、溶剂泵、贫油泵和富油泵等构成。

（三）冷凝法

油气通过低温冷凝冷却，使其冷凝下来。该方法适用于高浓度的油气回收。根据油气中气体含量要求不同，冷凝温度通常在 $-70 \sim -170 \, ℃$ 之间。冷凝法工艺流程比较简单，但由于在低温下操作，对于制冷设备及装置选用的制造材料要求比较严格，操作要求、能耗及投资都比较高。

冷凝法油气回收装置主要由预冷器、机械制冷冷凝器、液氨制冷冷凝器等组成。

（四）膜分离法

油气经加压后送至膜分离器，在有机物选择性薄膜上，油气比空气具有更高的穿透性，含烃气体被分离成两股物流，一股富油气的穿透物流和一股贫油气的滞留物流。富油气物流中的油气再被油品吸收下来，贫油气的滞留物流作为净化气体排放。膜分离法是比较新的油气回收技术。

膜分离法油气回收装置主要由气柜、液环式压缩机、吸收塔、膜组件、真空机组、贫油泵和富油泵等构成。

如果所处理含烃气体中的油气浓度比较高、流量大及在排放要求严格的场合，则可以用上述几种基本方法的组合来实现油气的回收。

二、油气回收设施配套工程

企业安装油气回收设施，不管采用哪一种油气回收技术，对现有的设施和操作过程改动都较小，只需对现有装车鹤位实现密闭装车，收集装车产生的汽油油气，并敷设油气输送管线，将收集的油气输送至装置进行回收，同时为装置提供一些必要的公用工程条件。

以汽油装车油气回收设施为例，一般来说配套工程见表 4-3。

表 4-3　汽油油气回收配套工程

序号	配套工程内容	安 装 位 置	用 途
1	火车小鹤管安装专用密闭装置	火车小鹤管	密闭装车
2	火车大鹤管安装专用密闭装置	火车大鹤管	密闭装车

表 4-3（续）

序号	配套工程内容	安 装 位 置	用 途
3	汽车小鹤管安装专用密闭装置	汽车小鹤管	密闭装车
4	油气输送管线	装车栈桥至油气回收装置	油气输送
5	汽油管线	汽油储罐至装置，装置至汽油储罐	输送汽油至装置
6	仪表风管线	仪表风源至装置	气动仪表用风
7	配套电缆	配电间至装置；控制室至装置，配电间至控制室	装置供电

三、油气回收设施安全技术要求

油船、油码头、石油库、石油化工企业、煤化工企业等易挥发性可燃液体物料储存和装载系统应设置油气回收处理设施。油气回收处理设施应符合《油气回收处理设施技术标准》（GB/T 50759）、《石油化工企业设计防火标准》（GB 50160）、《石油库设计规范》（GB 50074）、《油气回收系统防爆技术要求》（GB/T 34661）、《油气回收装置通用技术条件》（GB/T 35579）的安全技术要求。

（一）平面布置安全技术要求

（1）油气回收装置宜布置在装车设施内或靠近装车设施布置。

（2）油气回收装置宜布置在人员集中场所、明火或火花散发地点的全年最小频率风向的上风侧。

（3）布置在汽车装车设施内的油气回收装置不应影响车辆的装车及通行。布置在铁路装车设施内的油气回收装置，与铁路的建筑界限应符合《Ⅲ、Ⅳ级铁路设计规范》（GB 50012）的有关规定。

（4）油气回收装置应设置能保证消防车辆顺利接近火灾场地的消防道路，消防道路路面宽度不应小于 6 m，路面上的净空高度不应小于 5 m，道路内缘转弯半径不宜小于6 m。

（5）吸收液储罐宜和成品油储罐统一设置。当其总容积不大于 400 m³ 时，可与油气回收装置集中布置，其与油气回收装置的防火间距不应小于 9 m。

（6）油气回收装置内部的设备应紧凑布置，且满足安装、操作及检修的要求。

（7）油气回收装置及吸收液储罐与装卸车设施内的设备、建筑物、构筑物的防火间距应满足《油气回收处理设施技术标准》（GB/T 50759）等标准规范的有关规定。

（8）石油库的油气回收装置与库外的居民区、公共建筑物、工矿企业、交通线等的防火间距，石油库内建筑、构筑物的防火间距，应符合《石油库设计规范》（GB 50074）的规定。

（9）石油化工企业的油气回收装置与石油化工企业外的相邻工厂或设施的防火间距及石油化工企业内相邻设施的防火间距应符合《石油化工企业设计防火标准》（GB 50160）的规定。

（二）油气收集系统安全技术要求

（1）油气收集系统工艺及管道设计应符合《油气回收处理设施技术标准》（GB/T 50759）的规定。

（2）在油气回收装置的入口处和油气收集支管上，均应安装切断阀。

（3）油气收集支管与鹤管的连接法兰处应设置阻火器。

（4）鹤管与油罐车的连接应严密，不应泄漏油气。

（5）油气收集系统应采取防止压力超高或过低的措施。

（6）油气收集系统应设事故紧急排放管，事故紧急排放管可与油气回收装置尾气排放管合并设置，并应设阻火措施。

（三）自动控制安全技术要求

（1）油气回收装置的自动控制系统宜与装车设施的自动控制系统统一设计。

（2）油气回收装置的启停应与装置入口的油气压力进行联锁。

（3）油气回收装置内设置的温度、压力、流量、液位等仪表，应远传至上级控制室。

（4）油气回收装置内的机泵及控制阀门的开关状态应在自动控制系统内显示。

（四）电气防爆安全技术要求

油气回收设施的电力装置设计，应符合《爆炸危险环境电力装置设计规范》（GB 50058）的有关规定。

（五）防雷、防静电安全技术要求

油气回收设施的防雷设施应符合《建筑物防雷设计规范》（GB 50057）对第二类防雷建筑物的规定；油气回收设施内油品管道、设备、机泵等设施应设静电接地装置，应符合《石油化工静电接地设计规范》（SH/T 3097）的有关规定。

（六）监测安全技术要求

油气回收装置内应设置可燃气体或有毒气体监测报警、火灾监测报警，以及消防设施。

（七）消防安全技术要求

（1）油气回收的消防给水系统应与装车设施及其他相邻设施的消防给水系统统一设置。

（2）独立设置的油气回收装置的消防给水压力不应小于 0.15 MPa，消防用水量不应小于 15 L/s；火灾延续供水时间不应小于 2 h。油气回收设施内应设置手提式干粉型灭火器，最大保护距离不宜超过 9 m，每一个配置点配置的手提式灭火器不应少于 2 个，每个灭火器的质量不小于 4 kg。

（八）尾气排放安全技术要求

（1）排放的尾气中非甲烷总烃的浓度不得高于 25 g/m³。

（2）排放的尾气中苯的浓度不得高于 12 mg/m³，甲苯的浓度不得高于 40 mg/m³，二甲苯的浓度不得高于 70 mg/m³。

（3）烃类尾气排放管高度不应小于 4 m。

（4）芳烃尾气排放管高度应符合《大气污染物综合排放标准》（GB 16297）的有关规定。

（5）尾气排放管道应设置采样设施。

（6）尾气排放管道应设阻火设施。

第九节　危险化学品包装安全技术

危险化学品包装是指盛装危险货物的包装容器。为确保危险货物在储存运输过程中的安全，除其本身的质量符合安全规定、其流通环节的各种条件正常合理外，最重要的是危险货物必须具有合适的运输包装。

工业产品的包装是现代工业中不可缺少的组成部分。一种产品从生产到使用，一般经过多次装卸、储存、运输的过程，在整个过程中，产品将不可避免地受到碰撞、跌落、冲击和振动。一个好的包装，将会很好地保护产品，减少运输过程中的破损，使产品安全地到达用户手中，这一点对于危险化学品显得尤为重要。包装方法得当，就会降低储存、运输过程中的事故发生率，否则，就有可能导致事故的发生，因此，化学品包装是化学品储运安全的基础。为了加强危险化学品包装的管理，国家制定了一系列相关的法律法规和标准，如《危险化学品安全管理条例》中都有规定。

一、重复使用的危险化学品包装

对重复使用的危险化学品包装物、容器，使用单位在重复使用前应当进行检查；发现存在安全隐患的，应当维修或者更换。使用单位应当对检查情况作出记录，记录的保存期限不得少于2年。包装容器属于特种设备的，其安全管理还应依照有关特种设备安全管理的法律、行政法规的规定执行。

二、化学品包装分类

《危险货物分类和品名编号》（GB 6944）中规定，为了包装目的，除了第1类爆炸品、第2类气体、第7类放射性物质、第5.2项有机过氧化物和第6.2项感染性物质，以及第4.1项自反应物质以外的物质，根据其危险程度，划分为3个包装类别：

Ⅰ类包装：具有高度危险性的物质。

Ⅱ类包装：具有中等危险性的物质。

Ⅲ类包装：具有轻度危险性的物质。

根据《危险货物运输包装类别划分方法》（GB/T 15098）规定，除了爆炸品、气体、有机过氧化物和自反应物质、感染性物质、放射性物质、杂项危险物质和物品及净质量大于400 kg和容积大于450 L的包装外，其他危险货物按其内装物的危险程度划分为3种包装类别：

Ⅰ类包装：盛装具有较大危险性的货物。

Ⅱ类包装：盛装具有中等危险性的货物。

Ⅲ类包装：盛装具有较小危险性的货物。

三、危险化学品包装物的选用要求

按《危险货物分类和品名编号》（GB 6944）中危险货物的不同类项及有关的定量值，确定其包装类别。但各类中性质特殊的货物其包装类别可另行规定。货物具有两种以上危险性时，其包装类别须按级别高的确定。

四、危险货物运输包装安全技术

危险货物包装应严格执行《危险货物运输包装通用技术条件》(GB 12463)、《危险货物道路运输规则 第4部分：运输包装使用要求》(JT/T 617.4)的有关规定。

（1）运输包装应结构合理，并具有足够强度，防护性能好。材质、型式、规格、方法和内装货物重量应与所装危险货物的性质和用途相适应，并便于装卸、运输和储存。

（2）运输包装应质量良好，其构造和封闭形式应能承受正常运输条件下的各种作业风险，不应因温度、湿度或压力的变化而发生任何渗（撒）漏，包装表面应清洁，不允许黏附有害的危险物质。包装与内装物直接接触部分，必要时应有内涂层或进行防护处理，运输包装材质不得与内装物发生化学反应而形成危险产物或导致削弱包装强度。

（3）内容器应予固定，如内容器易碎且盛装易撒漏货物，应使用与内装物性质相适应的衬垫材料或吸附材料垫妥实。

（4）盛装液体的容器，应能经受在正常运输条件下产生的内部压力。灌装时应留有足够的膨胀余量（预留容积），除另有规定外，并应保证在温度 55 ℃时，内装液体不致完全充满容器。

（5）运输包装封口应根据内装物性质采用严密封口、液密封口或气密封口。

（6）盛装需浸湿或加有稳定剂的物质时，其容器密封形式应能有效保证内装液体（水、溶剂和稳定剂）的百分比，在储运期间保持在规定的范围内。

（7）运输包装有降压装置时，其排气孔设计和安装应能防止内装物泄漏和外界杂质进入，排出的气体量不得造成危险和污染环境。

（8）复合包装的内容器和外包装应紧密贴合，外包装不得有擦伤容器的凸出物。

（9）无论是新型包装、重复使用的包装，还是修理过的包装，均应符合危险货物运输包装性能试验的要求。

（10）盛装爆炸品包装的附加要求如下：

① 盛装液体爆炸品容器的封闭形式，应具有防止渗漏的双重保护。

② 除内包装能充分防止爆炸品与金属物接触外，铁钉和其他没有防护涂料的金属部件不应穿透外包装。

③ 双重卷边接合的铁桶、金属桶或以金属做衬里的运输包装，应能防止爆炸物进入缝隙。钢桶或铝桶的封闭装置应配有合适的垫圈。

④ 包装内的爆炸物质和物品，包括内容器，应衬垫妥实，在运输中不允许发生危险性移动。

⑤ 盛装有对外部电磁辐射敏感的电引发装置的爆炸物品，包装应具备防止所装物品受外部电磁辐射影响的功能。

第五章 化工建设项目安全技术

化工生产过程涉及大量的危险化学品，发生各种恶性事故的风险较大。生产经营单位（建设单位）应当在工厂设计之初即对工厂风险进行全面辨识和系统研究，对工厂进行合理的安全设计，从根源上消除事故隐患，增加风险控制措施，减小事故发生的可能性。化工安全设计技术涵盖面十分广泛，从工艺的本质安全设计到工厂的布局安全设计再到工艺设备、工艺控制系统、安全仪表系统等的安全设计，覆盖了化工生产的所有系统，本章介绍部分重要安全设计内容。

第一节 化工建设项目安全设计技术

一、化工过程本质安全化设计

（一）本质安全的层次

本质安全是指通过设计等手段使生产设备或生产系统本身具有安全性，即使在误操作或发生故障的情况下也不会造成事故。其核心是从根源上消除或减少危险源，而不是依靠附加的安全防护和管理控制措施来减少危险源和风险。本质安全概念的提出和被广泛接受，与人类科学技术的进步以及对安全文化的认识密切相关，是人们在安全认知上的一大进步。

本质安全可以分为 3 个层次，是一种洋葱结构，其核心层为工艺本质安全，中间层为设备仪表本质安全，最外层为安全防护措施及管理措施，如图 5－1 所示。

工艺本质安全主要是根据物料基本的物理和化学特征，即化学品的数量、性质和工艺路线等，预防设备损坏、人员伤害和环境破坏，而不是单纯依靠控制系统、连锁系统、报警和操作程序来阻止事故的发生。从长期来看，本质安全的工艺是最安全和最经济有效的。

设备仪表本质安全就是设备仪表由于自身设计的特点带来的安全，即使由于操作者出现失误或不安全行为，也能保证操作者、

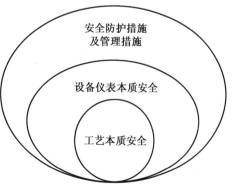

图 5－1 本质安全层次结构图

设备或系统的安全而不发生事故。本质安全的设备仪表主要分为两类：失误安全型和故障安全型。

安全防护措施及管理措施就是在选定了原料、技术路线和产品方案后，在设计和运行阶段，通过增加安全防护措施和实施有力的安全生产管理方案，增加装置运行的安全性和可靠性。安全防护措施及管理措施主要包括地理位置选择、工厂总平面布置、防火防爆设施、安全环保消防措施、应急救援措施和安全管理制度建设等内容。

由于技术、资金和人们对客观世界的认识程度等原因，要真正做到本质安全是比较困难的，但具体到某一点、某一台设备、某一个环节上要做到本质安全是完全可以实现的。同时，本质安全也应该是一个逐步提高和完善的过程。

（二）实现工艺本质安全的策略

工艺本质安全的实现主要应从危险原料的替代（或减少）和工艺技术路线的选择等方面来考虑。在原料的选择上，用安全无毒的物料代替有毒危险性的物料，或者减少危险物料的使用量；在工艺技术路线上，开发新型催化剂，改变温度和压力等操作条件，使其所涉及的化学反应变得温和可控等。

1. 选用安全无毒的物料或减少危险物料的使用量

化工装置的原料路线千差万别，采用不同的原料结合不同的工艺技术路线可以得到同一种产品，在工艺设计的前期阶段，就应首先考虑采用安全无毒或低毒、环境友好的原料。如环氧丙烷生产技术，最初是采用氯气、水与丙烯发生氯醇化反应，生成中间体氯丙醇，然后用石灰水皂化制得环氧丙烷的氯醇法。该法技术成熟，投资较低，但是需耗用大量氯气，生产过程中产生的次氯酸严重腐蚀设备，产生大量石灰渣和含氯废水，综合治理投资较大。为解决使用氯气带来的安全隐患、设备腐蚀和环境污染问题，此后研究开发了共氧化法，该工艺利用不同有机氢过氧化物与丙烯环氧化生产环氧丙烷。根据原料和联产品的不同，该法分为乙苯共氧化法和异丁烷共氧化法。与氯醇法工艺相比，由于不使用氯气，而是采用比较温和的乙苯或异丁烷作为原料，从而减少了污水的排放等。这在一定程度上克服了氯醇法"三废"污染严重、设备腐蚀性大和需要氯资源的缺点。

如果工艺确定了必须使用高毒性、高危险性物料，则应该从流程上减少这些危险物料的使用量，因为从对操作人员和对环境的伤害来说，持续接触量小；污染浓度低造成的伤害就小；从火灾爆炸危险性来说，量小危险就小。具体的方法有：采用短的停留时间、小的反应器、小的塔釜液存量等，都可以减低操作危险性。

2. 采用更加先进安全可靠的技术路线

在原料确定的情况下，通过采取切实可行的技术路线，如降低反应的温度或压力，从而降低整个装置的危险，提高安全等级，通过技术创新，研发新的催化剂，开发出更加安全可靠的工艺技术路线。同样一个生产过程，本来在高温、高压下很危险，有了新催化剂，可以在常温常压下生产，这样就安全多了。聚乙烯的生产技术就是从高压法到中压和低压技术的转移。

1933 年，英国帝国化学公司在一次试验中使用乙烯在高压下合成了聚乙烯。1939 年，开始使用高压法工业化生产低密度聚乙烯，但其生产过程中压力高达 304 MPa，对于设备选型，仪表控制要求非常严格，危险性非常高。随着生产技术和催化剂的发展，高压法生产聚乙烯的增长速度已大大落后于低压法。低压法有淤浆法、溶液法和气相法，淤浆法主要用于生产高密度聚乙烯，而溶液法和气相法不仅可以生产高密度聚乙烯，还可通过加入共聚单体生产中低密度聚乙烯，也称为线型低密度聚乙烯。近年来，各种低压法工艺发展很快，安全稳定性更高。

3. 考虑工艺设计中装置的安全性和可靠性措施

研究表明，石化装置的危险性在开停车阶段远远大于装置正常运行阶段。因此，在设计装置时就应考虑操作运行各个阶段的可靠性，而其可靠性依赖于所选择的控制方案的可靠性。在工艺设计中，根据工艺流程进行预先危险性分析（PHA）、危险与可操作性研究（HAZOP）等，对流程进行安全风险分析，考虑所有可能引发事故的因素和发生风险的频率，采取必要的措施，将风险降低到可以接受的程度。

在工艺设计阶段，运用 PHA 对工艺进行审查，重点从工艺安全角度检查是否存在设计压力、温度、设备选材、选型等方面的问题，以及安全泄压系统和火炬系统的设计是否合适。在基础设计阶段运用国际上通用的 HAZOP 方法对以工艺和仪表流程图（P&ID）为主的工艺设计文件进行全面的工艺安全审查。即使是一个比较成熟的工艺，由于建设地点、气象条件、周围环境、业主要求、上下游装置等各种因素的影响，工艺上仍会有所不同，有时候变化还比较大。在这种情况下，运用 HAZOP 审查尤为重要，如果不能识别新的危害并采取相应的措施，则可能产生安全问题。在详细设计阶段应对基础设计阶段以后发生的设计变更及供货商提供的成套设备，尤其是大型压缩机组等成套设备进行 HAZOP 审查。

二、布局安全设计技术

（一）化工厂选址安全

正确选择厂址是保证安全生产的前提。除考虑建设项目的经济性和技术合理性并满足工业布局和城市规划要求外，厂址选择在安全方面应重点考虑地质、地形、风向、水源、气象等自然条件对企业安全生产的影响和企业与周边区域的相互影响。

1. 化工厂厂址选择的基本要求

（1）厂址选择应符合国民经济发展和石油化工产业布局的要求。

（2）厂址选择与总体布置应贯彻"十分珍惜和合理利用土地，切实保护耕地"的基本国策，应符合当地的土地利用总体规划，因地制宜，提高土地利用率。

（3）厂址选择与总体布置应符合当地城镇和工业园区规划。

（4）厂址选择与总体布置应符合环境保护、安全卫生、矿产资源及文物保护、交通运输等方面的要求和规定。

2. 厂址选择原则

厂址选择应做到技术上可行、有利于社会稳定，社会效益、经济效益和环境效益良好。当有多个厂址可供选择时，应经过经济、技术比较后择优确定。

厂址选择阶段应重点对以下几个方面进行深入的调查研究和分析评价：

（1）厂址安全。

（2）产业战略布局。

（3）周边环境现状及环境污染敏感目标。

（4）当地城市规划和工业园区规划。

（5）当地土地利用规划及土地供应条件。

（6）当地自然条件。

（7）交通运输条件及原料、产品的运输方案。

（8）公用工程的供应或依托条件。

（9）废渣、废料的处理以及废水的排放。

（10）地区协作及社会依托条件。

（11）施工建设期间的技术和经济条件。

（12）未来发展。

3. 厂址选择

（1）厂址用地宜选用荒地、劣地，不得占用基本农田；位于沿海地区的厂址用地可充分利用已规划的填海区域。

（2）厂址应远离大中型城市城区、社会公共福利设施和居民区等环境敏感地区，并宜位于相邻环境敏感地区的常年最小频率风向的上风侧。

（3）厂址应优先选择具有良好生产协作条件和生活依托条件的地区。

（4）厂址应优先选择具有良好地形、地质、水文、气象等条件的地区，宜避开自然地形条件复杂、场地自然坡度大的地区或地段。

（5）厂址不应选择在受洪水、潮水或内涝威胁的地带，当不可避免时应采取可靠的防洪、排涝措施。

（6）厂址应选择废气扩散、废水排放和废渣堆放对周边环境影响较小的地区。

（7）厂址选择应避免造成大量居民区拆迁，确有需要时应进行充分论证。

（8）厂址所在地区应具有可靠的水源和电源。

（9）厂址宜选择原料输送便捷、市场需求量大、消费能力强的地区，并宜符合下列规定：当以原油为原料时，宜依托有原油储备库、大型油品码头或输油管网的地区；当以煤炭为原料、燃料时，宜靠近原煤开采或运输方便的地区。

（10）厂址宜选择有利于与周边环境的协调发展，宜选择性质相近或有协作关系的企业作为相邻企业。

（11）厂址选择应符合工厂远期发展规划的要求。

（12）改扩建工程应优先在现有厂区内挖潜改造，充分利用闲置的场地和设施，整合土地资源。当需要另外选址征地时，应妥善处理新、老厂区之间的关系，充分利用和依托原有设施，避免重复建设。

（13）厂址选择应同时落实水源地、排污口、废渣填埋场、道路、铁路、码头及其他厂外相关配套设施的用地。

（14）下列地段和地区不得选为厂址：

① 发震断层和抗震设防烈度为 9 度及以上的地区。

② 生活饮用水源保护区；国家划定的森林、农业保护及发展规划区；自然保护区、风景名胜区和历史文物古迹保护区。

③ 山体崩塌、滑坡、泥石流、流沙、地面严重沉降或塌陷等地质灾害易发区和重点防治区；采矿塌落、错动区的地表界限内。

④ 蓄滞洪区、坝或堤决溃后可能淹没的地区。

⑤ 危及机场净空保护区的区域。

⑥ 具有开采价值的矿藏区或矿产资源储备区。

⑦ 水资源匮乏的地区。

⑧ 严重的自重湿陷性黄土地段、厚度大的新近堆积黄土地段和高压缩性的饱和黄土地段等工程地质条件恶劣地段。

⑨ 山区或丘陵地区的窝风地带。

4. 总体布置

（1）在选定厂址后，应首先对厂区及厂外配套工程进行总体布置规划。

（2）总体布置应注重工程的整体效益和发展，合理安排工厂的生产、储存、运输和管理等环节，使其有机结合，协调发展。

（3）总体布置应根据各项目、各配套设施的特点，合理组织物流，做到便捷顺畅、人货分流。

（4）区域防洪及排涝系统应统一规划。

（5）相邻工厂之间应遵循以下布置原则：

① 不同厂区的管理区及其他人员集中的场所，可集中布置于厂区之外。

② 多个厂区的原料和成品储罐可统一规划、独立成区。

③ 公用设施和生产服务设施可以按照有效服务范围集中建设，为多个厂区服务。

④ 多个或不同建设阶段的厂区，宜集中规划设置火炬区。

⑤ 宜统一规划物流方式、物流路线和设置外部公路、铁路、水路和管道运输系统。

⑥ 相邻厂区之间应避免产生交叉污染。

（6）厂外总变电站应布置在环境安全、进出线方便、不影响工厂发展的地段。

（7）沿江河取水的水源地应布置在污染源的上游及河床稳定的地段，取水设施不得影响航运。

（8）集中布置的污水处理场宜选择地势较低并靠近接受水体的地段。

（9）污水排出口应位于水源地下游，当排污口位于河口时，还应避免回流污染水源。

（10）不应将河、湖、海等水域作为工业废物贮存场，应选择在对周围环境污染影响较小，不使自然水体和地下水源受到污染的地段。废物贮存场宜位于居民集中区的全年最小频率风向的上风侧。

（11）为工厂服务的输油、输气首、末站宜布置在便于管线连接的厂区边缘，与厂内设施的防火间距可按同一企业考虑，并应符合现行国家标准《石油化工企业设计防火标准》（GB 50160）的有关规定。

（12）职工生活区宜依托城镇或工业园区的社会公共设施设置。

5. 对外运输

（1）工厂的对外运输方式应根据工厂生产、原料及产品运输的需要，结合所在地区的交通现状和规划，合理确定。改（扩）建工程宜挖潜改造、合理利用工厂已有的运输设施。

（2）工厂的运输量、运输设施应进行统筹分配和规划，运输方式的选择应便捷、经济。

（3）外部运输条件应能满足工厂建设和生产过程中对大型设备和大宗货物运输的需要。

（4）当工厂邻近有通航条件的江、河、海时，大宗货物的长距离运输应优先采用水运方式。

（5）工厂铁路专用线的接轨应取得铁路管理部门的同意，并应按下列要求设置：

① 接轨站及线路的能力应能满足工厂近、远期运量的要求。

② 应在路网的编组站接轨，避免与国铁正线交叉。

③ 工业编组站宜靠近运输量大或调车作业频繁的作业区，不宜布置在厂区内。

④ 铁路运输作业宜采用路管方式管理。

⑤ 铁路专用线的设计应符合现行国家标准《Ⅲ、Ⅳ级铁路设计规范》（GB 50012）的有关规定。

（6）厂外道路及厂区出入口应按照下列要求设置：

① 统一规划，应与当地城镇或工业园区道路的现状和规划相一致。

② 便捷顺畅，应方便货物运输、职工通勤和消防的通行。

③ 主要人流和物流出入口宜分别设立，管理区应单独设置出入口。

④ 消防协作方向应设置消防出入口。

⑤ 汽车装卸区宜单独设置出入口。

⑥ 出入口道路不宜与铁路交叉，当交叉时，应设置护栏看守道口或立体交叉。

（7）大宗液体物料对外运输宜优先采用管道输送方式，厂间管道的设置应满足下列要求：

① 厂间管道的敷设方式应根据管道的数量、输送介质特性、地形地质情况及用地条件综合确定。

② 厂间管道应敷设在规划的管道建设用地范围内。

③ 在保障管道运行安全和施工便利的前提下，不同工厂的同类管道宜共架集中布置。

④ 危险化学品管道敷设路线宜集中布置。

⑤ 输送危险化学品的厂间管道不得穿越无关的厂区，以及村庄、居民区、公共福利设施等区域。

⑥ 沿江、河、湖、海敷设时，应采取措施防止泄漏的可燃液体及危险化学品液体流入自然水域。

⑦ 应避开滑坡、崩塌、沉陷、泥石流等不良工程地质区和严重危及管道安全的地震区。当受条件限制必须通过时，应采取防护措施并选择合适的位置，缩小通过距离。

⑧ 架空敷设的厂间管道可依托社会道路进行巡检和消防，不能依托时宜设置宽度不小于 4 m 的巡检消防道路。

⑨ 当管道跨越铁路或道路时，管道架空结构的最下缘净空高度应符合现行国家标准《油气输送管道跨越工程设计规范》（GB/T 50459）的有关规定。

⑩ 当埋地敷设的可燃气体、液体及危险化学品管道穿越厂外道路、铁路、排洪沟及其他地下暗沟（渠）时，应符合现行国家标准《油气输送管道穿越工程设计规范》（GB 50423）、《石油化工企业设计防火标准》（GB 50160）的有关规定。

（8）应统一协调规划厂外道路、铁路、管道、皮带等各种运输系统，并应符合下列要求：

① 应合理选择输送路径，做到便捷、经济。

② 线路路径应靠近运输量较大的工厂。

③ 危险品运输路线宜集中和缩短。

④ 管廊及皮带走廊宜平等道路布置，减少与道路、铁路的交叉。

⑤ 应减少主要道路与铁路线路的交叉。

⑥ 应减少铁路走行线、管廊、皮带走廊等对工业区预留地的穿越和分割。

6. 外部防护

1）一般规定

（1）工厂与其相邻企业及设施的防火距离、易燃易爆区、剧毒区与企业铁路专用线、工业园区内铁路和道路的间距和生产区不宜布置在客运码头上游，两者之间间距应符合现行国家标准《石油化工企业设计防火标准》（GB 50160）的有关规定。独立布置的石油库与其相邻企业及设施的防火间距应符合现行国家标准《石油库设计规范》（GB 50074）的有关规定。

（2）生产区与居民区之间的卫生防护距离应符合现行国家标准《工业企业设计卫生标准》（GZ1）和《危险化学品生产装置和储存设施外部安全防护距离确定方法》（GB/T 37243）等有关规定。

（3）区域防洪设施应统一规划和设置，防洪标准应根据防护区域内防洪标准要求较高的防护对象来确定。防洪标准不应低于现行国家标准《防洪标准》（GB 50201）的有关规定。

（4）应有防止事故状态下危险品和受污染的消防废水漫流至厂外的措施，防止危险化学品和受污染的消防废水流入江、河、湖、海等自然水体。

（5）工厂与油气田的间距应符合现行国家标准《石油天然气工程设计防火规范》（GB 50183）的有关规定，且管理区、人员集中场所距油气井的距离不应小于 100 m。

（6）易燃和可燃液体装卸码头的布置应符合现行国家标准《油气化工码头设计防火规范》（JTS 158）的有关规定。

（7）工厂生产区内不得有地区性公路、铁路和架空电力线路穿越。

（8）区域性排洪沟不宜通过厂区；当受条件限制确需通过时，应做安全评估，并应符合下列要求：

① 排洪沟的泄洪能力应符合防洪标准的要求。

② 应采取必要的安全措施防止事故状态下泄漏的易燃、可燃液体、危险化学品及消防水直接进入排洪沟。

③ 区域排洪沟应远离可能泄漏油气的生产装置及设施。

④ 厂内生产区的排水管道，不得直接接入区域排洪沟。

（9）易燃易爆区、污染区及高毒区设施与海堤的内堤侧之间应留有供抗洪抢修用的通道。

（10）当厂址位于机场附近时，应符合机场净空限制的规定。

2）外部安全防护距离

为了预防和减缓危险化学品生产装置和储存设施潜在事故（火灾、爆炸和中毒等）对厂外防护目标的影响，在装置和设施与防护目标之间设置的距离或风险控制线就是外部安全防护距离。

防护目标是指受危险化学品生产装置和储存设施事故影响，场外可能发生人员伤亡的设施或场所。

防护目标按设施或场所实际使用的主要性质，分为高敏感防护目标、重要防护目标、一般防护目标。

（1）高敏感防护目标包括下列设施或场所：

① 文化设施。包括综合文化活动中心、文化馆、青少年宫、儿童活动中心、老年活动中心等设施。

② 教育设施。包括高等院校、中等专业学校、体育训练基地、中学、小学、幼儿园、业余学校、民营培训机构及其附属设施，包括为学校配建的独立地段的学生生活场所。

③ 医疗卫生场所。包括医疗、保健、卫生、防疫、康复和急救场所；不包括居住小区及小区级以下的卫生服务设施。

④ 社会福利设施。包括福利院、养老院、孤儿院等为社会提供福利和慈善服务的设施及其附属设施。

⑤ 其他在事故场景下自我保护能力相对较低群体聚集的场所。

（2）重要防护目标包括下列设施或场所：

① 公共图书展览设施。包括公共图书馆、博物馆、档案馆、科技馆、纪念馆、美术馆、展览馆、会展中心等设施。

② 文物保护单位。

③ 宗教场所。包括专门用于宗教活动的庙宇、寺院、道观、教堂等场所。

④ 城市轨道交通设施。包括独立地段的城市轨道交通地面以上部分的线路、站点。

⑤ 军事、安保设施。包括专门用于军事目的的设施，监狱、拘留所设施。

⑥ 外事场所。包括外国政府及国际组织驻华使领馆、办事处等。

⑦ 其他具有保护价值的或事故场景下人员不便撤离的场所。

（3）一般防护目标根据其规模分为一类防护目标、二类防护目标和三类防护目标。一般防护目标的分类规定见表 5 - 1。

表 5-1　一般防护目标的分类

防护目标类型	一类防护目标	二类防护目标	三类防护目标
住宅及相应服务设施 住宅包括：农村居民点、低层住区、中层和高层住宅建筑等。 相应服务设施包括：居住小区及小区级以下的幼托、文化、体育、商业、卫生服务、养老助残设施，不包括中小学	居住户数 30 户以上，或居住人数 100 人以上	居住户数 10 户以上 30 户以下，或居住人数 30 人以上 100 人以下	居住户数 10 户以下，或居住人数 30 人以下
行政办公设施 包括：党政机关、社会团体、科研、事业单位等办公楼及其相关设施	县级以上党政机关以及其他办公人数 100 人以上的行政办公建筑	办公人数 100 人以下的行政办公建筑	
体育场馆 不包括：学校等机构专用的体育设施	总建筑面积 5000 m² 以上的	总建筑面积 5000 m² 以下的	
商业、餐饮业等综合性商业服务建筑 包括：以零售功能为主的商铺、商场、超市、市场类商业建筑或场所；以批发功能为主的农贸市场；饭店、餐厅、酒吧等餐饮业场所或建筑	总建筑面积 5000 m² 以上的建筑，或高峰时 300 人以上的露天场所	总建筑面积 1500 m² 以上 5000 m² 以下的建筑，或高峰时 100 人以上 300 人以下的露天场所	总建筑面积 1500 m² 以下的建筑，或高峰时 100 人以下的露天场所
旅馆住宿业建筑 包括：宾馆、旅馆、招待所、服务型公寓、度假村等建筑	床位数 100 张以上的	床位数 100 张以下的	
金融保险、艺术传媒、技术服务等综合性商务办公建筑	总建筑面积 5000 m² 以上的	总建筑面积 1500 m² 以上 5000 m² 以下的	总建筑面积 1500 m² 以下的
娱乐、康体类建筑或场所 包括：剧院、音乐厅、电影院、歌舞厅、网吧以及大型游乐等娱乐场所建筑； 赛马场、高尔夫、溜冰场、跳伞场、摩托车场、射击场等康体场所	总建筑面积 3000 m² 以上的建筑，或高峰时 100 人以上的露天场所	总建筑面积 3000 m² 以下的建筑，或高峰时 100 人以下的露天场所	
公共设施营业网点		其他公用设施营业网点。包括电信、邮政、供水、燃气、供电、供热等其他公用设施营业网点	加油加气站营业网点
其他非危险化学品工业企业		企业中当班人数 100 人以上的建筑	企业中当班人数 100 人以下的建筑
交通枢纽设施 包括：铁路客运站、公路长途客运站、港口客运码头、机场、交通服务设施（不包括交通指挥中心、交通队）等	旅客最高聚集人数 100 人以上	旅客最高聚集人数 100 人以下	

表 5-1（续）

防护目标类型	一类防护目标	二类防护目标	三类防护目标
城镇公园广场	总占地面积 5000 m² 以上的	总占地面积 1500 m² 以上 5000 m² 以下的	总占地面积 1500 m² 以下的

注：1. 低层建筑(一层至三层住宅)为主的农村居民点、低层住区以整体为单元进行规模核算，中层(四层至六层住宅)及以上建筑以单栋建筑为单元进行规模核算。其他防护目标未单独说明的，以独立建筑为目标进行分类。

2. 人员数量核算时，居住户数和居住人数按照常住人口核算，企业人员数量按照最大当班人数核算。

3. 具有兼容性的综合建筑按其主要类型进行分类，若综合楼使用的主要性质难以确定时，按底层使用的主要性质进行归类。

4. 表中"以上"包括本数，"以下"不包括本数。

3）外部安全防护距离确定流程

危险化学品生产装置和储存设施确定外部安全防护距离的流程如图 5-2 所示。

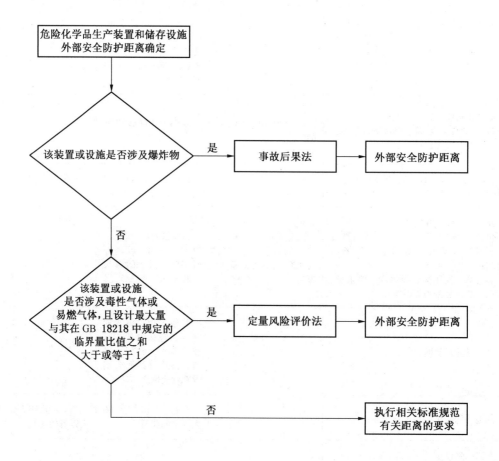

图 5-2 危险化学品生产装置和储存设施确定外部安全防护距离的流程

（1）涉及爆炸物的危险化学品生产装置和储存设施应采用事故后果法确定外部安全

防护距离。

（2）涉及有毒气体或易燃气体，且其设计最大量与《危险化学品重大危险源辨识》（GB 18218）中规定的临界量比值之和大于或等于1的危险化学品生产装置和储存设施，应采用定量风险评价方法确定外部安全防护距离。当企业存在上述装置和设施时，应将企业内所有的危险化学品生产装置和储存设施作为一个整体进行定量风险评估，确定外部安全防护距离。

上述（1）和（2）项规定以外的危险化学品生产装置和储存设施的外部安全防护距离应满足相关标准规范的距离要求。

4）事故后果法确定外部安全防护距离

事故后果法确定外部安全防护距离的流程如图5-3所示。

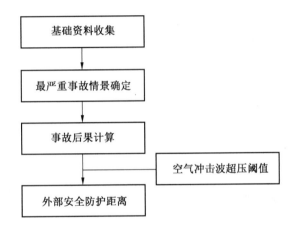

图5-3 事故后果法确定外部安全防护距离的流程

根据最严重事故情景以及表5-2给出的空气冲击波超压安全阈值，按下式计算外部安全防护距离：

$$\Delta p = 14 \frac{Q}{R^3} + 4.3 \frac{Q^{2/3}}{R^2} + 1.1 \frac{Q^{1/3}}{R}$$

式中　Δp——空气冲击波超压值，10^5 Pa；

Q——一次爆炸的梯恩梯炸药当量，kg；

R——爆炸点距防护目标的距离，m。

表5-2　不同类型防护目标的空气冲击波超压阈值　　　　　　　　　Pa

防护目标（类别按照 GB 36894 划分）	空气冲击波超压阈值[①]
高敏感防护目标、重要防护目标 一般防护目标中的一类防护目标	2000
一般防护目标中的二类防护目标	5000

表5-2（续）   Pa

防护目标（类别按照 GB 36894 划分）	空气冲击波超压阈值①
一般防护目标中的三类防护目标	9000

注：① 2000 Pa 阈值为对建筑物基本无破坏的上限；5000 Pa 阈值为对建筑物造成次轻度破坏（2000~9000 Pa）的中等偏下，有可能造成玻璃全部破碎，瓦屋面少量移动，内墙面抹灰少量掉落；9000 Pa 阈值为造成建筑物次轻度破坏（2000~9000 Pa）的上限，有可能造成房屋建筑物部分破坏不能居住，钢结构的建筑轻微变形，对钢筋混凝土柱无损坏；以上阈值基本不会对室外人员造成直接死亡。

5）定量风险评价法确定外部安全防护距离

定量风险评价法确定外部安全防护距离的流程如图5-4所示。

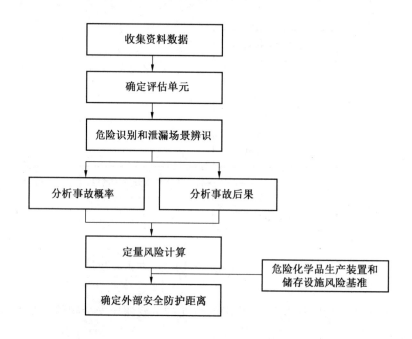

图5-4 定量风险评价法计算流程

其中，定量风险可用个人风险和社会风险来度量。个人风险可用绘制在标准比例尺地理图上的个人风险等值线表示，个人风险等值线对应的死亡概率不宜小于 10^{-8} 次/年。社会风险基准可用 F—N 曲线表示。

个人风险是指假设人员长期处于某一场所且无保护，由于发生危险化学品事故而导致的死亡频率，单位为次/年。

社会风险是指群体（包括周边企业员工和公众）在危险区域承受某种程度伤害的频发程度，通常表示为大于或等于 N 人死亡的事故累计频率（F），以累计频率和死亡人数之间关系的曲线图（F-N 曲线）来表示。

个人风险基准是危险化学品生产装置和储存设施周边防护目标所承受的个人风险应不超过表5-3中个人风险基准的要求。

表5-3 个人风险基准

防护目标	个人风险基准/(次·a⁻¹)	
	危险化学品新建、改建、扩建生产装置和储存设施	危险化学品在役生产装置和储存设施
高敏感防护目标 重要防护目标 一般防护目标中的一类防护目标	3×10^{-7}	3×10^{-6}
一般防护目标中的二类防护目标	3×10^{-6}	1×10^{-5}
一般防护目标中的三类防护目标	1×10^{-5}	3×10^{-5}

社会风险基准通过两条风险分界线将社会风险划分为3个区域，即不可接受区、尽可能降低区和可接受区。具体分界线位置如图5-5所示。

若社会风险曲线进入不可接受区，则应立即采取安全改进措施降低社会风险。

若社会风险曲线进入尽可能降低区，应在可实现的范围内，尽可能采取安全改进措施降低社会风险。

若社会风险曲线全部落在可接受区，则该风险可接受。

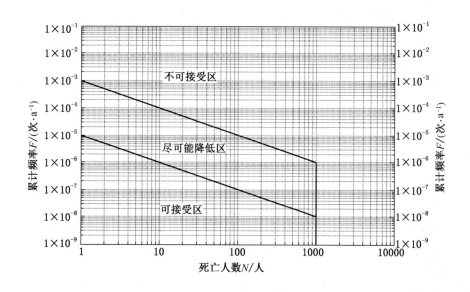

图5-5 社会风险基准

外部安全防护距离可根据如下方法确定：

（1）按照《危险化学品生产装置和储存设施风险基准》（GB 36894）中的个人风险基准，绘制危险化学品生产装置和储存设施周围风险等值线，确定不同类型防护目标外部安全防护距离是否满足风险基准的要求。

（2）当防护目标为单栋建筑物时，应以建筑物的外墙为边界评定其是否满足个人风险基准的要求，当防护目标为带有配套设施的机构或场所时，应以机构或场所的围墙或用地边界线为边界评定其是否满足个人风险基准的要求。

（3）社会风险基准是在个人风险基准确定的基础上，结合危险化学品生产装置和储存设施周边区域的人口分布，对危险化学品事故引发群死群伤事故的约束。绘制危险化学品生产装置和储存设施的社会风险 $F-N$ 曲线，应按照《危险化学品生产装置和储存设施风险基准》（GB 36894）中的社会风险基准，判断项目的社会风险水平是否可以接受。

（二）化工厂布局安全

厂区总平面布置，应综合考虑，合理布局，正确处理生产与安全、局部与整体、近期和远期的关系。总平面布置应符合防火、防爆基本要求，满足设计规范及标准的规定，合理布置交通运输道路、管线及绿化环境，并考虑发展、改建和扩建的要求。

1. 厂区功能分区

化工企业厂区总平面应根据厂内各生产系统及安全、环保、职业健康要求，进行功能明确、相对集中、分区布置。

各功能分区之间的相对位置关系，应根据生产工艺流程，结合当地风向、厂外运输及公用工程的衔接条件来确定，且应符合安全生产的要求，便于管理。

各功能分区之间应具有经济合理的物料输送和动力供应方式，应使生产环节的物流、动力流便捷顺畅，避免折返。

各功能分区内部的布置应紧凑合理，并应与相邻功能分区相协调。

动力及公用工程设施可靠近负荷布置在工艺装置区，也可自成一区布置。

根据工厂各组成部分的性质、使用功能、交通运输联系及防火防爆要求，分区一般可分为工艺装置区、储罐区、公用工程及辅助设施区、仓库及运输设施区和行政管理区几部分。

1）生产车间及生产工艺装置区

（1）化工工厂工艺装置区属于易燃易爆、有毒的特殊危险地区，为了尽量减少其对工厂外部的影响，一般布置在厂区的中央部分。应根据工艺流程布置，使流程顺畅，管道衔接短捷，以不交叉为原则，按照从原料投入到中间制品再到成品的顺序进行布置规划。

（2）工艺装置区宜布置在人员集中场所全年最小频率风向的上风侧。

（3）可能散发可燃气体的工艺装置，宜布置在明火或散发火花地点的全年最小频率风向的上风侧；在山区或丘陵地区，并应避免布置在窝风地带，以防止火灾、爆炸和毒物对人体的危害。

（4）可能泄漏、散发有毒或腐蚀性气体、粉尘的装置或设施，应避开人员集中场所，并宜布置在其他主要生产设备区全年最小频率风向的上风侧。

（5）要求洁净的工艺装置应布置在大气含尘浓度较低、环境清洁的地段，并应位于散发有害气体、烟、雾、粉尘污染源全年最小频率风向的下风侧。例如，空分装置应布置在空气清洁地段并位于散发乙炔、其他烃类气体、粉尘等场所的全年最小频率风向的下风侧。

（6）不同过程单元间可能会有交互危险性，过程单元间要隔开一定的距离。危险区的火源、大型作业、机器的移动、人员的密集等都是应该特别注意的事项；应与居民区、公路、铁路等保持一定的安全距离；当厂区采用阶梯式布置时，阶梯间应有防止液体泄漏的措施。

（7）生产上联系密切的露天设备、设施以及建（构）筑物，应布置在同一街区或相邻的街区内；当采用台阶式竖向布置时，宜将其布置在同一台地或相邻的台地上。

（8）装置区预留用地和供装置生产使用的化学品添加剂的装卸和储存设施位于装置区的边缘。

（9）同开同停的工艺装置，宜按危险性类别、污染程度、物料运输方式和生产联系的紧密程度等条件联合布置。

（10）明火加热炉集中布置在装置区的一侧。

（11）装置区的管廊和设备布置应与相关的厂区管廊、运输线路顺畅衔接。

（12）火灾爆炸危险区的范围不得覆盖到原料及产品运输道路和铁路走行线。

（13）独立设置的装置控制室、机柜室、外操室布置在装置区的一侧，并位于爆炸危险区范围以外。控制室应避免噪声、振动及电磁干扰较大的场所，外操室布置在设备区的边缘地带。

（14）装置储罐毗邻主要服务对象，布置在装置区相对独立的地段内。

（15）装置区内的道路布置应与厂区道路贯通连通，受条件限制时，可采用设有回车场的尽头式道路。有铁路运输要求的工艺装置，可随同库房或储料场邻近铁路线布置。应符合生产操作、物料运输、设备检修、消防安全和事故急救的要求。

2）储罐区布置

各类储罐区的布置应按物料性质、类别、隶属关系以及操作和输送条件，应注意避免各装置之间的原料、中间产品和成品之间的交叉运输，且应按烃类气体、粉尘等场所的全年最小风频风向来规划最短的运输路线。

（1）应布置在人员集中场所、明火或散发火花地点全年最小频率风向的上风侧，应避免布置在窝风地带。

（2）储存甲、乙类物品的库房、罐区、液化烃储罐宜归类分区布置在厂区边缘地带。

（3）成品、灌装站不得规划在通过生产区、罐区等一类的危险地带。

（4）液化烃或可燃液体罐组，不应毗邻布置在高于装置、全厂性重要设施或人员集中场所的位置上，并且不宜紧靠排洪沟。

（5）参加生产过程的中间罐组，宜布置在与其有隶属关系的工艺装置附近。

（6）成品罐组应根据其外输方式，集中布置在对外方便运输的地段。

（7）可燃液体储罐罐区布置在同一罐组内的储罐，火灾危险性类别宜相同或相近。

（8）沸溢性液体的储罐不应与非沸溢性液体的储罐同组布置。

（9）沸点低于45 ℃的甲$_B$类液体的压力储罐宜独立成组布置，堤内有效容积不应小于罐组内1个最大储罐的容积。

（10）毒性液体和腐蚀性液体储罐组堤内有效容积不应小于罐组内1个最大储罐的容积。腐蚀性液体罐组内地坪、排水沟和集水坑应做防腐处理。

3）公用工程及辅助生产区

公用设施区应靠近负荷中心，远离工艺装置区、罐区和其他危险区，以便遇到紧急情况时仍能保证水、电、汽等的正常供应；锅炉设备、总配变电所和维修车间等可能成为引火源的危险场所，设置在处理可燃流体设备的上风向。全厂性污水处理场及高架火炬等设施，宜布置在人员集中场所及明火或散发火花地点的全年最小频率风向的上风侧。

（1）采用架空电力线路进出厂区的总变配电所，应布置在厂区边缘，并位于易泄漏、散发液化烃及较重可燃气体、腐蚀性气体及粉尘的生产、储存和装卸设施全年最小频率风向的下风向；布置在循环水场等有水雾场所冬季主导风向的上风侧；应避免布置在低洼地段，远离高温、强振源地段。

（2）动力站的布置应符合下列要求：应布置在厂区全年最小频率风向的上风侧；燃气、燃油动力设施在符合安全生产要求的条件下，可布置在装置区内；以煤为燃料的动力设施宜布置在厂区边缘地带，且应便于燃料和灰渣的输送和贮存；以焦炭产品为燃料的动力设施宜靠近焦化装置布置；贮煤场和中转灰渣场采用密闭仓储存方式，且宜布置在锅炉房全年最小频率风向的上风侧；应靠近主要高压蒸汽用户；应方便外输电力上网。

（3）空分装置、压缩空气站的布置应符合下列要求：空分装置、压缩空气站宜布置在空气洁净地段；空分设备的吸风口，应远离乙炔站、电石渣场和散发烃类及尘埃的设施，并宜位于上述场所全年最小频率风向的下风侧，其防护距离应符合《氧气站设计规范》（GB 50030）和《深度冷冻法生产氧气及相关气体安全技术规程》（GB 16912）的有关规定；压缩空气站房宜靠近主要负荷中心，同时应避免靠近散发爆炸性、腐蚀性和有毒气体以及粉尘等有害物的场所，且应有良好的通风和采光条件，避免日晒；有条件时，压缩空气站和空分装置宜联合布置在同一街区内。

（4）制冷站的布置应符合下列要求：宜靠近负荷中心；布置在通风良好的地段，避免靠近热源和人员集中的场所；宜位于散发腐蚀性气体，粉尘的生产、储存和装卸设施全年最小频率风向的下风侧；附有湿式空冷器的制冷站，不宜布置在受水雾影响易产生危害的设施的全年最大频率风向的上风侧。

（5）循环水场的布置应符合下列要求：循环水场应靠近用水量较大的用户，避免布置在工艺装置的爆炸危险区范围内；应避免靠近火炬、加热炉、焦炭塔等热源体，机械通风冷却塔宜远离对噪声敏感的设施；冷却塔宜布置在通风条件良好的开阔地带，当机械通风冷却塔单侧进风时，进风面宜面向夏季主导风向，双侧进风时进风面宜平行于夏季主导风向；应避免粉尘和可溶于水的化学物质影响水质；冷却塔不宜布置在邻近的变配电所、露天工艺设备、铁路、主要运输道路冬季最大频率风向的上风侧；冷却塔与其他相邻实体建（构）筑物、高挡墙等的净距不应小于冷却塔进风口高度的2倍。

（6）污水处理场的布置应符合下列要求：宜位于厂区边缘或厂区外地下水位较低处；应靠近污水排放出口的地段；应布置在人员集中场所全年最小频率风向的上风侧。

（7）事故存液池及雨水监控池的布置应符合下列要求：宜靠近污水处理场；应位于地势相对较低处；宜靠近大型储罐区。

（8）给水净化设施应布置在靠近原水进厂的方位。

（9）化学水处理设施宜靠近主要用户，并应避免粉尘、毒性气体及污水对水质的影响。

（10）火炬设施的布置应符合下列要求：全厂性高架火炬的布置，宜位于厂区边缘，远离厂外居民区的一侧，并应符合环保要求。宜位于生产区、全厂性重要设施全年最小频率风向的上风侧。宜靠近火炬气的主要排放源。不应布置在窝风地带。可能携带可燃液体的高架火炬的布置应符合《石油化工企业设计防火标准》（GB 50160）的有关规定。在布置全厂性高架火炬时，应考虑辐射热强度对周围设施的影响。有多个火炬塔架时，宜集中布置在同一个区域，辐射热不应影响相邻火炬的检修和运行；地面火炬不应布置在窝风地带，其与周围设施的防护距离除应按照明火设施考虑外，尚应根据辐射热的强度，满足其安全布置要求。

4）仓库及运输装卸区

（1）厂内运输线路的布置应符合下列要求：应与厂外铁路进线方位、厂外道路和码头的位置相适应，使内外协调、物流顺畅，应避免折返和迂回运输；应合理组织人流、货流，避免交通繁忙和线路之间平面交叉；铁路线路宜布置在厂区边缘地带，铁路沿线宜作为铁路货位利用的场地，不宜布置与铁路运输作业零头的建（构）筑物；专用码头的陆域部分与厂区之间的运输线路应有良好的衔接。

（2）原料库、成品库和装卸站等机动车辆进出频繁的设施，不得设在必须通过工艺装置区和罐区的地带，与居民区、公路和铁路要保持一定的安全距离。

（3）原料、燃料、材料、成品及半成品的仓库、堆场，应按其储存物料的性质、包装及运输方式等条件进行分类，并应相对集中地布置在靠近相关装置或运输线路的地段。

（4）全厂性仓库应按储存物品的性质进行分类、合并，集中布置在靠近运输线路、装卸作业方便的地段。

（5）散装固体物料、燃料仓储设施或堆场的布置宜邻近主要用户；应方便运输，且应适应机械化装卸作业；堆场应根据物料性质和操作要求铺砌地坪，并应设置良好的排水设施；易散发粉尘的仓储设施或堆场宜布置在厂区边缘地带，且宜位于厂区全年最小频率风向的上风侧。

（6）危险化学物品仓库应远离人员集中场所；宜位于厂区边缘安全地带；应布置在对外运输方便的地带；不应布置在产生大量水雾设施的附近；应符合《建筑设计防火规范》（GB 50016）的有关规定。

（7）液化烃、可燃液体铁路装卸设施的布置，应按品种分类，集中布置在厂区边缘地带；应布置在铁路进线方便的地段；应远离人员集中的场所、有明火或散发火花的地点。

（8）液化烃、可燃液体汽车装卸设施的布置，应布置在空气流通条件好的地段；应布置在厂区边缘，远离人员集中的场所、有明火和散发火花的地点；应避开厂区主要人流出入口和人流较多的道路；宜设置围墙独立成区，并宜分设进、出口直接与厂区外道路顺畅连接，当进、出口合用时，装卸站内应设置回车道及人员安全疏散口；汽车衡的布置，宜位于称重方便的地带，且不应影响其他车辆的正常通行；汽车液体装卸场外应设置汽车停车场。

（9）汽车库及停车场应远离主要生产区、储罐区，避开主要人流出入口和运输繁忙的铁路；汽车停车场的面积应根据车型、数量及停放形式确定；运输货物停车场应靠近主要货流出入口或仓库区布置；洗车设施宜布置在汽车库入口附近；停车道宜按垂直式或平行式停放方式布置；生产管理及生活用车单独设置车库时，宜布置在生产管理区。

（10）叉车库和电瓶车库宜靠近用车的库房或设施布置，并宜与库房或用车装置区的建筑物合并建设。

5）管理区及生活区

管理区和生活区应根据工厂规模，按其性质和使用功能集中独立成区布置。应布置在厂区主要人流出入口与居住区和城镇联系方便的地段；应布置在厂区全年最小频率风向的下风侧，且环境洁净相对安全的地段；建筑群体的组合及空间景观应与周围的环境相协调；应远离爆炸危险源，远离高毒泄漏源；应有明确、通畅的逃生路线；应设置相应的绿化、美化设施，处理好建筑、道路、绿地和建筑之间的关系。

（1）中央控制室应布置在非爆炸危险区；应远离振动源、高噪声源和存在较大电磁干扰的场所；宜布置在装置区以外，且与装置区联系方便的地段；宜远离厂区原料及产品运输道路；现场控制室和现场机柜间宜靠近操作较频繁和控制测量点较集中的区域。

（2）中心化验室不应布置在散发毒性、腐蚀性及其他有害气体、粉尘以及循环水冷却塔等产生大量水雾设施的全年最大频率风向的下风侧；宜位于生产、储存和装卸可燃液体、液化烃、易燃及易爆物品和有害气体设施的全年最小频率风向的下风侧；应远离振动源；宜布置在管理设施区内，且具有良好的朝向。

（3）消防站应使消防车能迅速、方便地通往厂区内各街区；至甲、乙、丙类火灾危险场所最远点行车路程不宜大于 2.5 km，并且接到火警后消防车到达火场的时间不宜超过 5 min，至丁、戊类火灾危险的局部场所最远点行车路程不宜大于 4.0 km；宜避开厂区主要人流道路，并应远离噪声源；消防站门前应避开管廊、栈桥及其他障碍物；车库的大门应面向道路，距道路边缘的距离不应小于 15 m，门前地面应坡向道路方向；宜位于生产、储存和装卸可燃液体、液化烃、易燃及易爆物品和有害气体设施的全年最小频率风向的下风侧。

（4）维修车间宜集中布置在厂区边缘靠近人流出入口的地段，并应有较方便的交通运输条件；宜位于散发毒性、腐蚀性气体、粉尘的生产、储存和装卸设施全年最小频率风向的下风侧；应远离对维修车间的噪声、振动敏感的设施。

（5）厂区应设置必要的停车场和围墙，当装置区、储罐区等易燃、易爆危险场所与厂外社会公共设施相邻时，厂区围墙应为非燃烧材料的实体围墙，实体部分的高度不宜低于 2.2 m。围墙与工艺生产装置、储罐或设施的间距应符合《石油化工企业设计防火规范》（GB 50160）的有关规定；围墙与道路边缘的距离不应小于 1.0 m；围墙与铁路线路的距离不应小于 5.0 m，在条件困难时，铁路至围墙的间距有调车作业者可为 3.5 m，无调车作业者可为 3.0 m。

厂区出入口不应少于 2 个，人流、货流出入口应分开设置；主要人流出入口应设在工厂主干道通往居住区和城镇的一侧，主要货流出入口应靠近运输繁忙的仓库和堆场，其方位应与主要货流方向一致，并应与厂外运输线路连接方便；主要出入口应设置门卫室；液化烃、可燃液体汽车装卸站的出入口，宜单独设置；铁路出入口应具备良好的瞭望条件，且不得兼作其他出入口。

2. 通道布置

（1）通道布置应结合总平面布置、竖向布置、绿化布置、道路及铁路布置等进行设计。

（2）通道布置应综合利用通道空间，统筹安排道路、铁路、栈桥、地上及地下管线、边坡、挡土墙、排水沟等的布置，并与绿化设计和竖向设计相结合。统一规划、合理布局，使通道空间安全、紧凑、协调、合理，有利于厂容美观。

（3）通道布置应为厂内各设施之间提供必要的安全隔离空间，并应有保障消防作业需要的空间。

（4）通道的设置应有利于各设施之间的工艺联系，有利于物料输送和管线的布置，保证通道内各种管线的顺直和便捷。

（5）通道布置应方便消防及检修作业，方便货流及人流的通行。

（6）通道范围内不得布置妨碍各类管线通过的永久性建（构）筑物。

（7）厂区通道宽度，应经计算并综合以下因素后确定：

① 通道两侧街区内的建（构）筑物及露天设施对防火、防爆和卫生防护的间距要求。

② 各种地下、地上管线、运输线路及绿化的布置要求。

③ 施工、安装、检修、消防和预留发展的要求。

④ 竖向设计设置边坡、挡土墙的要求。

（8）同一条通道可按照实际需要，分段设置为不同宽度的通道。

（9）当与装置区相邻的工厂系统管廊宽度超过 20 m 时，管廊与装置区之间可设置检修车道。

（10）通道内管线的敷设方式，应根据管道内介质的性质、工艺要求、生产安全、厂区地形、施工和检修要求等因素综合确定。

（11）管线应根据其危险性、安全要求、敷设方式、埋设深度、主要用户位置及施工和检修要求等因素，分类集中规划管线带的位置和宽度。

（12）分期建设的工厂，管线带的布置应全面规划。近期建设的管线应集中布置，并宜留有中、远期管线带用地。

（13）管廊应与所在通道的道路或建筑红线平行，应布置在其用户较多的道路一侧。

（14）管线布置应减少与铁路、道路交叉，若交叉时，交叉角不宜小于45°。

（15）在符合技术、安全要求的条件下，地下管线宜共沟或同槽敷设，地上管线宜共架、多层布置。

（16）输送具有高毒或强腐蚀性介质的管道，应采用地上敷设方式。

（17）压力管道宜采用架空敷设方式。

（18）输送具有易燃易爆、高毒及腐蚀性介质的管道，严禁穿越与其无关的生产装置、储罐组和建（构）筑物。

（19）平行于海堤敷设的地上管线与海堤之间应留有必要的抢修通道。

（20）通道内设置边坡、挡土墙时，可加大通道的宽度。在不影响边坡稳定的条件下，边坡范围内可布置地上和地下管线。

（21）改建或扩建工程的管线综合布置，不宜妨碍现有管线的正常使用。

（22）通道内管线宜按控制与电信电缆或光缆，电力电缆，热力管道，各种工艺、油品管道及压缩空气、氧气、氮气、乙炔气、煤气等管道、管廊或管架，生活及生产给水管道、循环水管道，工业废水管道，生活污水管道，消防水管道，雨水排水管道和照明电缆及电杆等的顺序自建筑物或装置边界线向道路方向布置。

（23）地下管线应按管线的埋深，自建筑物向道路由浅至深布置；未采取保护措施的地下管线、管沟，不应布置在建（构）筑物基础的侧压力影响范围之内，距建（构）筑物基础外缘的水平距离，还不应影响施工检修；严禁在铁路线路下平行敷设地下管线、管沟；不宜在道路下平行敷设地下管线、管沟；直埋式地下管线不得平行上下重叠敷设。

地下管线不应敷设在有腐蚀性物料的包装、灌装、堆存及装卸场地的下面，且距上述场地边界的水平距离不应小于 2.0 m；地下管线应避免布置在上述场地地下水的下游，当不可避免时，距离上述场地边界的水平距离不应小于 4.0 m。

（24）地上管架的基础位置和净空高度不得影响交通运输、消防和检修；沿地面或低支架敷设的管道，不应环绕工艺装置或罐组的四周布置；不宜妨碍建筑物的自然采光和通风。有易燃易爆、腐蚀性及有毒介质的管道，除使用该管道的建（构）筑物外，均不得采用建筑物支撑式的敷设方式。架空电力线路不应跨越用可燃材料建造的屋顶及生产火灾等级属于甲、乙、丙类的生产装置和建（构）筑物以及储存可燃性、爆炸危险性物料的储罐区和仓库区。引入厂区的 35 kV 及以上的架空高压输电线路，应沿厂区的边缘布置，避免长距离跨越厂区。

（25）栈桥运输线路，应沿道路或平行于建筑物轴线布置，并应避免横穿场地。栈桥与建（构）筑物相接时宜正交，当正交困难时，与建（构）筑物轴线的夹角不宜小于45°；栈桥运输线路应减少与铁路、道路、管架等的交叉；如需交叉，宜正交，且应符合净空高度的要求；栈桥支架的间距宜均匀设置，并应避开地下管道；栈桥与铁路、道路的间距应符合相应的限界要求。

3. 竖向布置

1）总体要求

厂区竖向布置应与总平面布置相协调，应符合下列规定：

（1）应充分利用和合理改造自然地形，满足建设用地的需要。

（2）应适应工艺流程、厂内外运输、场地雨水收集排放的要求。

（3）应依据地形、地质条件，结合地基处理方案，合理确定填挖高度，避免深挖高填。

（4）地下水位较高的地段，不宜大规模挖方。

（5）场地设计标高应略高于厂区周边自然地形，当局部场地低于外部场地标高时，应有防止外部场地雨水流入厂内的措施。

（6）场地平整应力求土石方量最小，且应使填挖接近平衡，调运路程便捷；分期建设的厂区宜统一规划场地竖向布置。

（7）厂区竖向布置形式宜采用连续平坡式。当受条件限制需要采用台阶式布置形式时，应合理划分台阶范围，减少台阶数量。当装置、设施需要与铁路和道路连接，或装置、设施的布置对厂区竖向布置有特殊技术要求时，可局部采用独立的竖向布置形式。

（8）当厂区自然地形坡度小于 0.2% 时，宜将场地分块设置成不同的坡向，利于场地排水；一般场地的设计坡度不宜小于0.5%，当受条件限制时，最小坡度不宜小于0.2%，最大坡度不宜大于4.0%。当设计地面径流速度大于土壤的允许流速时，坡面应予加固；当场地自然地形坡度大于2.0%时，厂区竖向宜采用台阶式布置形式。

（9）厂区应有完整和有组织的排雨水系统，在不形成地面径流的场地可不设置排雨水系统。排雨水方式在场地平坦、对卫生和美观要求较高的区域以及城市型道路，宜采用暗管排水方式；在多尘易堵塞暗管的区域、不适宜埋设暗管的地段以及公路型道路，宜采用排水沟方式；在缺水区，宜设置雨水收集利用系统。应采取必要的安全措施防止事故水直接流出厂外。

（10）厂区土石方工程应有利于保护、改良和合理利用水土资源，同时应做到就地土石方平衡。

2）单元布置要求

（1）装置、设施单元内的竖向布置应根据生产特点，综合运输、操作及检修等要求，结合单元平面布置，使单元内外的地坪标高相互协调，且排水沟、管道及道路的标高应合理衔接。单元内竖向布置应使场地雨水排除顺畅，避免外部雨水流入，同时单元内场地设计坡度满足规范的要求。

（2）工艺生产装置及公用工程设施区的竖向布置应符合：装置内地坪宜高出周边厂区地坪；场地沿装置主管廊方向宜采用较小的坡度，当厂区竖向设计坡度较大时，可根据需要调整装置区内的竖向布置，并宜在边界处设置边坡或挡土墙等设施与厂区地坪衔接；可能受污染的装置设备区应设置围堰；生产操作、检修、消防或运输场地宜采用铺砌地面；建筑物散水坡脚标高应与邻近地坪标高相协调；应避免场地的雨水进入电缆沟。

（3）储罐组内的竖向布置应符合：罐组内地面坡向宜与主要的重力流管线坡向一致，液化烃罐组内地坪应采用现浇混凝土铺装，地面设计坡向外侧，地面坡度满足规范要求；当罐组所在地段地面坡度较大时，宜依托地形设置防火堤；日常生产时可能被污染的罐组内地面宜铺砌；罐组内应设置供巡检的人行道；酸类储罐场地和酸坛露天堆场的排水坡度不应小于1.0%，并应在四周设置排水设施。

（4）装卸作业站台高度应符合：标准轨铁路站台高度应为轨顶面以上1.1 m；汽车站台高度应按汽车车厢底板高度确定，一般可采用0.8～1.3 m；根据物料装卸要求，汽车和铁路均可设置高站台低货位或低站台高货位；当道路和铁路引入建筑物时，室内外地坪高差应符合道路和铁路连接的技术要求。

（5）管理设施区建筑物场地的竖向布置，应与周边竖向布置及地形相协调，避免形成低洼地段。建筑物的室内外地坪高差除有特殊要求外，建筑物的室内外地坪高差宜为0.15～0.30 m；建筑物位于爆炸危险区附加2区内时，其散发火花的设备层地坪应高于室外地坪0.60 m以上；建筑物出入口不应处于场地竖向的低洼处。

4. 厂区道路布置

厂内道路设计应符合总平面布置的要求，且应与通道布置、竖向布置、铁路设计、厂容及绿化相协调。厂内道路应根据工厂规模和交通运输的需要，划分为主干道、次干道、消防道、检修道及人行道。厂内道路设计应方便与厂外公路的衔接，且应方便生产、检修、消防车辆及人员的通行。应结合建设期间超重、超限大件运输的需要，合理确定道路结构。具体布置要求如下：

（1）化工厂内道路布置根据满足工艺流程的需要和避免危险、有害因素交叉相互影响的原则，合理规划厂内交通路线。大型化工厂的人流和货运应明确分开，大宗危险货物运输须有单独路线；主要人流出入口与主要货流出入口分开布置，主要货流出口、入口宜分开布置；工厂交通路线应尽可能作环形布置，道路的宽度原则上应能使两辆汽车对开错车；以原料及产品运输为主的厂区道路，不宜穿越生产区；通往厂外的主要道路出入口不应少于 2 个，并应位于不同的方位。

（2）主要道路宜规整顺直，主次干道宜均衡分布，且宜成网状布局。

（3）厂内道路平面交叉宜设在直线路段，并宜采用正交；当需要斜交时，交叉角不宜小于 45°。

（4）厂内道路路面上净空高度应根据其行驶的车辆确定。消防道路路面上净空高度不得小于 5 m。供大件运输通行的道路路面上的净空应按大件货物的高度加拖车高度，再加 0.5 m 安全高度确定。装置、设施内道路的路面宽度不宜小于 4.0 m，路面内缘转弯半径不宜小于 7.0 m，路面上净空高度不宜小于 4.5 m。主干道应避免与调车频繁的厂内铁路平交，以避免交通事故的发生。

（5）厂内道路最小平曲线半径不宜小于 30.0 m。厂内道路交叉口路面内缘转弯半径应根据其行驶的车辆确定，并满足规范要求。供消防车通行的道路路面内缘转弯半径不应小于 12 m。

（6）厂区道路出现尽头时，道路的终端应设置回车场，或平面不小于 12 m × 12 m 的回车空地；当两个相邻路口间消防道路长度大于 300 m 时，宜在消防道路中段设置回车场地。

（7）厂内道路在道口、陡坡、急弯、高路堤及视线不良路段，应根据需要设置安全防护设施及标志。

5. 防火间距

在设计总平面布置时，留有足够的防火间距，目的在于防止火灾的蔓延以减少灾害损失。防火间距一般指两座建筑物之间的水平距离，在此距离之间不得再建任何建筑物和堆放危险品。其计算方法是以建筑物外墙凸出部分算起，铁路的防火间距是从铁路中心线算起，公路的防火间距是从邻近一边的路算起。

防火间距的确定，应以生产的火灾危险性的大小及其特点来综合评定。其考虑原则如下：

（1）发生火灾时，直接与其相邻的装置或设施不会受到火焰加热。

（2）邻近装置中的可燃物（或者厂房），不会被辐射热引燃。

（3）要考虑燃烧着的液体从火灾地点流不到或者飞散不到其他地点的距离。

我国现行的设计防火规范，如《建筑设计防火规范》《石油化工企业设计防火标准》等，对各种不同装置、设施、建筑物的防火间距均有明确的规定，在总平面设计时，都应该遵照执行。

关于安全距离，各国均有一定的标准，有的大企业采用自定标准，有的采用保险公司标准，有的采用行业协会指定的标准，也有政府以法律形式加以规定的。在我国，建设工程的有关安全间距的设计标准必须遵照国家或者部委制定的规范。

（三）装置设备布局安全

1. 化工装置安全布置的一般要求

化工装置的设备布置应满足工艺流程的要求。如真空、重力流、固体卸料等，一律按管道及仪表流程图的标高要求布置设备。对处理腐蚀性、有毒、黏稠物料的设备宜按物料性质紧凑布置，必要时还需采取设隔离墙等措施，还应根据地形、全年最小频率风向等情况布置，以免影响工艺的要求。例如空气吸入口及循环水冷却塔等。

对有火灾危险的厂房、框架、设备和管廊，在设备及管道漏出物料易着火的地方，采用固定式、半固定式的水、蒸汽、化学泡沫或惰性气体灭火，其操作阀门应放在事故发生时便于操作且不危及人员安全的地方。

道路、人行通道和防火设备的布置应考虑到安全空间的要求，以及在紧急情况下利于迅速采取措施的要求。危险性高的设施或输送有毒或危险物料的设备应隔离开，以减少紧急情况下邻近设施的卷入损失，并防止远处设备受损。在操作或检修过程中有可能被油品、腐蚀性介质或有毒物料污染的区域应设围堰，处理腐蚀性介质的设备区尚应铺设防腐蚀地面。装置内要有安全通道，以便发生事故时疏散人员。安全通道上不得有障碍物。还要注意环境保护，防止污染及噪声，还应根据危险程度的划分来考虑布置设备。

化工厂主要的设备有反应器、塔、换热设备、蒸发器、泵和压缩机等。

（1）设备、建筑物、构筑物等的防火间距应严格执行现行的有关防火的法规、规范，工艺装置内如有配套的公用工程及辅助设施应单独布置成一个小区且位于爆炸危险区范围之外中，与工艺装置之间留有防火间距。

（2）要注意环境保护，对使用、贮存和产生有毒及污染严重的设备宜采取分区布置的方式，对产生噪声的设备宜采取与其他设备隔离布置的方式防止污染及噪声。

（3）火灾、爆炸危险性较大和散发有害气体的装置和设备，应尽可能露天或半敞开布置，以相对降低其危险性、毒害性和事故的破坏性。应根据危险程度的划分来分区布置设备。

（4）利用电能或电动机的电气设备的布置，应符合《爆炸危险环境电力装置设计规范》（GB 50058）的要求。装置的集中控制室、变配电室、化验室、办公室等辅助建筑物，应布置在爆炸危险区范围以外，且靠近装置区边缘。

（5）对于有明火的设备及控制室配电室等的位置要考虑全年最小频率风向的问题。有明火设备的装置宜布置在有可能散发可燃性气体的装置、液化烃和易燃液体储罐区的全年最小频率风向的下风侧。烟囱排出的烟气不应吹向压缩机室或控制室。配电室宜布置在能漏出易燃易爆气体场所的上风侧。

（6）装置布置应考虑必要的操作通道和平台；楼梯与安全出入口要符合规范要求；合理安排设备间距和净空高度等。控制室的位置要合理，应避开危险区，远离振动设备，以免影响仪表的运行。

（7）设备的安装和维修应尽量采用可移动式起吊设备。并应符合：道路的出入口及净空高度要方便移动式吊车的出入；搬运及吊装所需的占地面积和空间；设备内填充物的清理场地；在定期大修时，能对所有设备同时进行大修；对换热器、加热炉等的管束抽芯要考虑有足够的场地，应避免拉出管束时延伸到相邻的通道上。对压缩机驱动机等转动设备部件的检修和更换，也要提供足够的检修区。

（8）人孔盖需设置吊柱，塔板及塔内部件需设置吊柱，室内压缩机、透平机等需设置起重机，建筑物内的搅拌器需设置吊梁或起重机等操作场合，需设固定式维修设备。

2. 化工装置的安全布置

1）塔的布置

（1）塔布置时，应以塔为中心，与塔有关的设备如中间槽、冷凝器、回流泵、进料泵等就近布置，可在框架上与塔在一起联合布置。尽量做到流程顺、管线短、占地少、操作维修方便。

（2）塔的配管侧应靠近管廊，检、维修侧布置在有人孔且靠近通道和吊装空地之处。

（3）塔和管廊之间应留有宽度不小于 1.8 m 的安装检修通道。管廊柱中心与塔设备外壁的距离不应小于 3 m。截基础与管廊柱基础间的净距离不应小于 300 mm。

（4）塔顶装有吊柱、放空阀、安全阀、控制阀时，应设置塔顶平台。

（5）塔的裙座或塔底的高度要考虑到塔底排放管能彻底排放，或者考虑泵所需的净吸入高度及管架高度。

2）反应器的布置

（1）成组的反应器应中心线对齐成排布置在同一构架内。

（2）反应器支座或支耳与钢筋混凝土构件和基础接触的温度不得超过 100 ℃，钢结构上不宜超过 150 ℃，否则应做隔热处理。

（3）反应器与提供反应热的加热炉的净距应尽量缩短，但不宜小于 4.5 m，并应满足管道应力计算的要求。

（4）大型反应器维修侧应留有运输和装卸触媒的场地。

（5）对于布置在厂房内的反应器，应设置吊车并在楼板上设置吊装孔，吊装孔应靠近厂房大门和运输通道。

（6）对于内部装有搅拌或输送机械的反应器，应在顶部或侧面留出搅拌或输送机械的轴和电机的拆卸、起吊等检修所需的空间和场地。

（7）操作压力超过 3.5 MPa 的反应器集中布置在装置的一端或一侧；高压、超高压有爆炸危险的反应设备，宜布置在防爆构筑物内。

（8）布置在地坑内的容器，应妥善处理坑内积水和防止有毒、易燃易爆、可燃介质的积累。地坑尺寸应满足操作和检修要求。

3）换热设备的布置

（1）换热设备应尽可能布置在地面上，换热器数量较多时也可布置在框架上。但物料温度超过自燃点的换热设备不宜布置在框架内的底层。重质油品或污染环境的物料的换热设备不宜布置在框架上。

（2）换热设备与塔底重沸器、塔顶冷凝器等分离塔关联时，宜布置在分馏塔的附近。两种物料进行热交换时，换热器宜布置在两种物料口的附近。

（3）同一物料经过多个换热器进行热交换时，宜成组布置，按支座基础中心线对齐，当支座间距不相同时，宜按一端支座基础中心线对齐。为了管道连接方便，也可采用管程进出口管嘴中心线对齐的方法。

（4）对于两相流介质或操作压力大于或等于 4 MPa 的换热器，为避免振动影响，不宜重叠布置。壳体直径大于或等于 1.2 m 的不宜重叠布置。换热设备重叠在一起布置时，除小换热器外，避免 3 层以上。

（5）可燃液体的换热器操作温度高于其自燃点或超过 250 ℃时，其上方不宜布置其他设备。重质油品或污染环境的物料的换热设备不宜布置在构架上。

（6）换热器布置时应考虑换热器抽管束或检修所需要的场地和设施。

4）蒸发器的布置

（1）蒸发器的安装最小高度取决于产品泵所需要的净吸入压头。不应当把泵直接放在蒸发器的下面，因为有时需要把蒸发器的加热器下放。

（2）气压柱应当保持至少 10 m（自器底到热水井水面的高度）。热水井通常放在地面上。气压柱中应当避免有水平部分出现。理想的气压柱应当是垂直的。视镜、仪表和取样点等处最好设有平台，也要考虑设清洗平台。每个人孔的开启要有 2 m² 的平台。为了清洗管束和进行修理也可能需另设平台，且需起吊设备。还要留出一些空间准备安装旁路。

（3）对于多效蒸发器，应把各蒸发器布置得尽量靠近，以尽量缩短蒸汽管线，但必须留保温和维修的空间。

（4）构筑物和通道平台应当为所有的蒸发器所共用。

5）泵的布置

（1）泵的布置原则上应尽量接近吸入源，优先考虑方便操作与检修并且尽量集中、有规律地排列。

（2）离心泵的出口取齐，并列布置，使泵的出口管整齐，便于操作。当泵的出口不能取齐时，可采用泵的一端基础取齐，便于设置排污管或排污沟。

（3）在管廊下泵的布置，管廊上部安装空冷器时，若泵的操作温度小于 340 ℃，则泵出口管中心线在管廊柱中心线外侧 600～1200 mm 为宜。若泵的操作温度大于或等于 340 ℃，则泵不应布置在管廊下面。管廊上部不安装空冷器时，泵出口管中心线一般在管廊柱中心线内侧 600～1200 mm（装置管廊的跨度≥10000 mm 时，可不受此限制）为宜。布置在管廊下的泵，其方位为泵头向管廊外侧，驱动机朝管廊下的通道一侧。但大型泵底板较长时，可转 90°布置（即沿管廊的纵向布置）。

（4）成排布置的泵应按防火要求、操作条件和物料特性分别布置；露天、半露天布置时，操作温度等于或高于自燃点的可燃液体泵宜集中布置；与操作温度低于自燃点的可燃液体泵之间应有不小于 4.5 m 的防火间距；与液化烃泵之间应有不小于 7.5 m 的防火间距。

（5）泵前沿基础边应设置带盖板的排水沟。为了防止可燃气体窜入排水沟，也可使用带水封的排水漏斗和埋地管以取代排水沟。

（6）输送高温介质的热油泵和输送易燃、易爆或有害（如氨等）介质的泵，要求通风的环境，一般宜采用敞开或半敞开布置。

（7）泵房设计应符合防火、防爆、安全、卫生、环保等有关规定，并应考虑采暖、通风、采光、噪声控制等措施。可燃液体泵房的地面不应有地坑或地沟，以防止油气积聚，同时还应在侧墙下部采取通风措施。

（8）罐区泵房和露天设置的泵一般设置在防火堤外，距防火堤外侧的距离不应小于5 m。与易燃、易爆液体贮罐的距离应满足《石油化工企业设计防火标准》（GB 50160）的要求。

6）压缩机的布置

（1）可燃气体压缩机宜敞开或半敞开式布置，靠近被抽吸的设备。压缩机的附近应有供检修、消防用的通道，机组与通道边的距离应大于或等于5 m。

（2）压缩机与分馏设备距离应大于9 m，其厂房外缘与道路边缘的距离应大于5 m。

（3）室内布置的压缩机，其基础应考虑隔振，并与厂房的基础隔开。

（4）为便于出入压缩机厂房，楼梯应靠近通道，并设置第二楼梯或直爬梯，便于紧急情况时疏散。

（5）单机驱动功率等于或大于150 kW的甲类气体压缩机厂房，不宜与其他甲、乙、丙类房间共用一幢建筑物，如布置在同一厂房内，需用防爆墙隔开；压缩机的上方不得布置甲、乙、丙类液体设备，但自用的高位润滑油箱不受此限制。

（6）输送可燃气体的压缩机与明火设备、非防爆的电气设备的间距，应符合《爆炸危险环境电力装置设计规范》（GB 50058）和《石油化工企业设计防火标准》（GB 50160）的规定。

（7）压缩机在室内布置时，比空气轻的可燃气体压缩机厂房的顶部应采取通风措施，比空气重的可燃气体压缩机厂房的地面不应有地坑或地沟，若不能避免时应有防止气体积聚的措施。侧墙下部宜有通风措施。

（四）管系及管廊布置安全

1. 管系布置安全

从化工装置的外观可以看到：装置内有不同的工艺设备，各设备间是用各种规格的管线连接着。这些管子不仅起连接设备的作用，而且还是输送物料、能量（热量和流动能）的通道，从而保证工艺过程中的物理、化学变化得以进行。管道及管系的安全设计是整个装置安全的核心问题之一。

1）配管的基本规划

化工厂的厂内配管用于两种以上的生产设备间、生产设备和贮存设备间、贮存设备和接收、出厂设备间及其辅助设备间的流体输送上，目的是满足原料、半成品、产品、燃料、水、蒸汽等的接收、输送、出厂、混合、加热、冷却及添加。在规划配管时，要符合这些目的和流体的使用条件，并应注意下述事项：

（1）在作厂内配管规划时，要根据配管目的、周边设备环境以及用户特殊习惯，在充分研究后，制定设计方针，采取不同的配管方法。

（2）配管与多种设备连接，要掌握这些设备的构造及其分解、调整等情况，还要掌握配管本身的构造及其保温、涂漆一类的附属工程情况，必须便于维修。

（3）应确认对有法令规定的危险品、高压气体、剧毒物、气体等的安全措施是否落实。确认对于通道、平台和梯子等的安全性，以及确认对由于地震、风、雪或伸缩、振动、水锤、气温变化而引起的条件变化等的荷载安全性。

2）配管通道和其他设备的关系

配管通道要在规划辅助设备的布置时综合分析：

（1）主通道及运转上需要的操作通道。

（2）排水及油水分离等的排水设备。

（3）值班室、休息室、仓库、栈桥、候车室等建筑物。

（4）生产设备与其连接的钢构架类。

（5）泵、压缩机。

（6）动力、照明、接地、通信设备及配线，特别是厂内的配电设备。

（7）仪表设备、配管、控制配线。

（8）出厂设备附属的分离器、过滤器、流量计、加热器、添加剂贮罐等设备。

（9）消防设备等。

3）厂内管线综合

（1）全厂性工艺及热力管道宜地上敷设；沿地面或低支架敷设的管道不应环绕工艺装置或罐组布置，并不应妨碍消防车的通行。

（2）管道及其桁架跨越厂内铁路线的净空高度不应小于 5.5 m，跨越厂内道路的净空高度不应小于 5 m。在跨越铁路或道路的可燃气体、液化烃和可燃液体的管道上，不应设置阀门及易发生泄漏的管道附件。

（3）可燃气体、液化烃和可燃液体的管道穿越铁路线或道路时应敷设在管涵或套管内。

（4）永久性的地上、地下管道不得穿越或跨越与其无关的工艺装置、系统单元或储罐组；在跨越罐区泵房的可燃气体、液化烃和可燃液体的管道上，不应设置阀门及易发生泄漏的管道附件。

（5）外部管道通过工艺装置或罐组，操作、检修相互影响，管理不便，因此，凡与工艺装置或罐组无关的管道均不得穿越装置或罐组。

（6）距散发比空气重的可燃气体设备 30 m 以内的管沟应采取防止可燃气体窜入和积聚的措施。

（7）各种工艺管道及含可燃液体的污水管道不应沿道路敷设在路面下或路肩上下。

（8）可燃气体、液化烃和可燃液体的金属管道除需要采用法兰连接外，均应采用焊接连接。公称直径等于或小于 25 mm 的可燃气体、液化烃和可燃液体的金属管道和阀门采用锥管螺纹连接时，除能产生缝隙腐蚀的介质管道外，应在螺纹处采用密封焊。

（9）可燃气体、液化烃和可燃液体的管道不得穿过与其无关的建筑物。

2. 管廊布置安全

1）管廊的形式

根据装置界区的地形、地貌、占地面积和原料、产品以及公用物料进出界区的位置来确定。小型装置通常采用盲肠式或直通式管廊。大型装置可采用"L"形、"T"形和"1"形等形式的管廊。大型联合装置一般采用主管廊、支管廊组合的结构形式。装置内管廊的管架形式一般分为单柱独立式、双柱连系梁式和纵梁式。

2）管廊的平面布置

管廊在装置中的布置以能联系尽量多的设备为宜，管廊布置要结合设备的平面布置一起考虑，主管廊的位置一般由工厂总平面布置界区外管廊的位置和装置的地形条件等因素而定。

当设备布置在管廊一侧时，管廊就比较长，若把设备布置在其两侧，则管廊就可缩短。如何合理布置设备和管廊是装置布置设计的重要环节，需要设计者综合考虑，精心规划。

装置内管廊应处于易与各类主要设备联系的位置上。要考虑能使多数管线布置合理，少绕行，以减少管线长度。

布置管廊时要综合考虑道路、消防的需要，以及电线杆、地下管道、电缆布置和临近建、构筑物等情况，并避开大、中型设备的检修场地。

管廊上设有阀门，需要操作或检修时，应设置人行走道或局部的操作平台和梯子（对仅用于试压或开停车的放空、排液阀门，可利用活动爬梯或活动平台）。

三、化工生产过程安全设计

化工生产过程火灾、爆炸或中毒的危险性很大。随着设备本身的大型化，操作也是在危险的反应和高温、高压等苛刻条件下进行的，极大地增加了装置本身破坏的危险性。所以对化工装置来说，对工艺过程本身进行充分的安全设计，从源头降低工艺过程本身的危险性非常重要。

化工安全设计管理着重于安全设计管理程序、各阶段安全设计管理、危险性分析与风险评估、安全设计及审查以及安全设计变更控制等方面。

（一）总体要求

首先，化工建设项目基于风险并按照 PDCA 循环，建立和实施建设项目各阶段的安全设计管理程序。主要包括下列几方面：策划（P）；实施（D）；检查（C）；处置（A）。

1. 策划

在设计启动阶段，应根据建设项目合同和建设单位的要求，开展建设项目安全设计管理策划，编制《建设项目安全设计管理计划》，主要内容如下：

（1）安全设计管理目标。

（2）安全设计管理组织机构和职责。

（3）安全设计应遵守的法律、法规、规范、标准和合同规定的其他要求。

（4）危险性分析与风险评估计划。

（5）安全设计审查计划。

（6）安全设计变更管理。

（7）安全设计管理的其他事项。

2. 实施

在工程设计实施过程中，应落实《建设项目安全设计管理计划》，实施重点如下：

（1）开展建设项目危险性分析与风险评估。

（2）根据危险性分析与风险评估结果及相关标准要求，在设计中采取相应的安全防护措施。

（3）开展安全设计审查，确认设计文件与建设项目安全设计管理目标及相关要求的符合性。

（4）编制和交付相关安全设计文件。

（5）加强安全设计变更控制，严格执行变更审批权限和变更文件的签署。

3. 检查

应根据建设项目安全设计管理目标和管理计划，对安全设计过程进行控制和检查。

4. 处置

建设项目建成投产后，应及时开展设计回访，总结工程经验，促进安全设计质量的持续改进。

其次，化工安全设计管理应考虑建设项目从研发、设计、采购、施工、投产、运行到退役的全生命周期的管理，即安全设计完整性管理。

（1）安全设计完整性管理是建设项目全生命周期管理的重要组成部分，应贯穿建设项目的前期设计、基础工程设计、详细工程设计、施工安装和投料试车各个阶段。

（2）安全设计完整性管理应对建设项目的风险进行系统性策划和整合，加强对各设计阶段开展的危险性分析、风险评估和安全设计审查等活动的系统性管理。

（3）应加强设计过程各阶段风险管理活动的信息传递、交接和沟通，确保建设项目安全设计风险管理全过程的系统完整性。

（二）各阶段安全设计管理

1. 前期设计阶段

（1）前期设计工作范围包括下列方面：

① 建设项目立项论证。

② 可行性研究。

③ 工艺概念设计。

④ 工艺包设计。

（2）在前期设计阶段，应识别建设项目设计必须遵循的法律、法规及标准，确保前期设计方案合法合规。

（3）在建设项目立项论证和可行性研究过程中，安全设计管理重点包括但不限于下列方面：

① 厂址选择和总图布置方案比选。

② 开展早期的危险源辨识，分析拟建项目存在的主要危险源、危险和有害因素，以及拟建项目一旦发生事故对周边设施和人员可能产生的影响。

③ 外部公用工程系统可依托情况分析。

④ 根据危险源辨识和过程危险性分析结果，制定安全设计方案及对策措施。

（4）建设项目外部安全防护距离应符合《危险化学品生产装置和储存设施外部安全防护距离确定方法》（GB/T 37243）的规定。

（5）涉及重点监管的危险化工工艺和金属有机物合成反应（包括格氏反应）的间歇和半间歇的精细化工反应，有下列情形之一的，应开展反应安全风险评估：

① 首次使用新工艺、新配方投入工业化生产的。

② 国外首次引进的新工艺且未进行反应安全风险评估的。

③ 现有工艺路线、工艺参数或装置能力发生变更的。

2. 基础工程设计阶段

（1）基础工程设计应落实安全评价报告及评审意见提出的对策措施和建议，对未采纳的意见应作论证说明。

（2）应落实前期设计阶段开展的各项安全设计审查意见。

（3）在基础工程设计过程中，应结合建设项目安全评价报告补充完善危险性分析，必要时可开展专题风险评估。

（4）精细化工生产装置应当根据反应安全风险评估提出的反应危险度等级和评估建议，设置相应的安全设施，补充完善安全管控措施，确保设备设施满足工艺安全要求。

（5）基础工程设计应分析建设项目的外部依托条件及相邻装置或设施对本建设项目的影响。

（6）根据《建设项目安全设计管理计划》组织开展安全设计审查。

（7）按照国家和地方政府有关规定编制安全设施设计专篇。

3. 详细工程设计阶段

（1）详细工程设计应以审批通过的基础工程设计文件为依据，落实审批部门的审查意见。

（2）应检查并落实基础工程设计阶段开展的各项安全设计审查意见。

（3）根据设计变更或供货厂商提供的详细资料，补充开展必要的 HAZOP 分析及安全审查。

4. 施工安装阶段

（1）现场施工安装前应进行工程设计交底，说明涉及施工安全的重点部位和环节，对防范生产安全事故提出建议。

（2）在采购、施工和安装过程中应加强设计变更控制和管理，任何设计变更不应影响工程安全质量。

（3）施工安装完成后，应根据合同要求整理编制设计竣工图。

5. 投料试车阶段

（1）设计单位应根据建设单位的要求参加开车前安全审查，协助解决相关设计问题，为安全试车提供技术支持。

（2）设计单位应根据建设单位的要求参加建设项目试生产（使用）方案的制定。

6. 建成投产阶段

（1）设计单位应建立和落实建设项目投产后设计回访和专项回访制度，对所有建设项目应及时回访。

（2）设计单位应收集回访信息，编制回访报告，加强回访信息的沟通和共享。

（3）设计回访报告包括设计变更分析统计、生产运行发现的安全问题、现场对原设计的修改、现场安全监管提出的问题和对设计的改进建议等。

（三）危险性分析与风险评估

1. 一般要求

（1）设计单位应根据建设项目的规模、性质、内外部环境以及合同要求，开展建设项目的危险性分析与风险评估策划，确定分析范围、内容、方法和实施时间，并纳入《建设项目安全设计管理计划》。

（2）在前期设计阶段，可针对建设项目外部危险源及内部主要危险源开展 HAZID（危险源辨识）和 PHA（过程危险性分析）分析。

（3）在基础工程设计阶段，应根据获得的设计数据和信息，对危险性分析进行补充完善。当详细工程设计发生变更时，应对危险性分析进行复核更新。

（4）改、扩建项目的危险性分析应包括拟建项目与现有设施之间的相互影响，评估改、扩建项目建成后的整体风险水平，并对现有安全措施的有效性进行评估。

（5）根据建设项目合同要求或建设项目需求，组织开展定性、半定量或定量风险评估。

（6）危险性分析与风险评估的过程及结果应形成记录，建立风险登记跟踪程序，确保风险评估提出的建议措施落实。

2. 危险性分析

（1）危险性分析包括 HAZID 和发生危险的可能性及后果影响的定性分析。HAZID 的主要内容如下：

① 建设项目涉及的危险化学品种类、特性、数量、浓度（含量）、物料禁配性和所在的工艺单元及其状态（温度、压力、相态等）。

② 工艺过程可能导致泄漏、爆炸、火灾、中毒事故的危险源。

③ 可能造成作业人员伤亡的危险和有害因素，如粉尘、窒息、腐蚀、噪声、高温、低温、振动、坠落、机械伤害和放射性辐射等。

④ 建设项目外部或环境危险源，如建设项目所在地的自然灾害、极端恶劣天气、人为破坏、周边设施等。

⑤ 是否存在重点监管危险化学品和危险化工工艺，以及危险化学品数量是否构成重大危险源。

（2）涉及重点监管的危险化工工艺、重点监管的危险化学品且构成重大危险源的建设项目应开展 PHA。

（3）PHA 应针对建设项目涉及的危险化学品种类、数量、生产、使用工艺（方式）及相关设备设施、工艺（过程）控制参数等方面开展，并着重分析下列问题：

① 危险化学品特性、物料之间及物料与接触材料之间的相容性，以及其他可能导致火灾、爆炸或中毒事故的潜在危险源。

② 设备、仪表、管道、公用工程失效或人员操作失误的影响（包括非正常工况）。

③ 设施布置存在的潜在危险、现场设施失控和人为失误的影响。

④ 同类装置发生过的导致重大事故后果的事件。

⑤ 多套拟建装置之间或拟建装置与在役装置之间的相互影响及潜在危险。

⑥ 设计已采取的安全对策措施的充分性和可靠性。

⑦ 安全对策措施失效的后果。

（4）设计阶段开展的危险性分析、重大危险源辨识和分级结果以及 PHA 分析结果应在建设项目《安全设施设计专篇》中说明。

（5）首次工业化应用的化工工艺，以及涉及重大危险源、重点监管的危险化学品和危险化工工艺的建设项目，应在基础工程设计阶段开展 HAZOP 分析。

HAZOP 分析方法的介绍见本节"（五）HAZOP 分析"。

3. 风险评估

（1）风险评估的基本程序如下：

① 确定风险评估的依据、对象、范围和目标。

② 收集所需的数据和相关信息。

③ 开展危险性分析。采用定性、半定量或定量的风险评估方法，分析不期望事件发生的可能性和后果严重性。

④ 与可接受风险标准进行对比，评估可接受风险程度，确定风险控制优先等级。

⑤ 建议设计采取的风险防范措施。

⑥ 形成分析结果文件和记录。

（2）定性或半定量风险评估方法适用于初步风险评估和重大风险筛选，采用的主要方法包括风险矩阵法、LOPA（保护层分析）法、火灾爆炸指数法和专家评估法等。

（3）采用风险矩阵法确定风险等级应根据国家或行业的风险控制要求，并结合企业风险管理水平和风险可接受程度。

（4）LOPA 适用于设计方案本质安全性对比、分析重大事故场景中现有保护层已降低的风险水平、判断剩余风险程度、确定增加其他保护层的必要性、判断设置 SIF 保护层的必要性，并确定其 SIL 级别，LOPA 分析方法的介绍见本节"（六）LOPA 分析"。

（四）工艺安全设计基础

一般工艺设计完毕后常采用的分析方法有危险与可操作性研究（HAZOP）、保护层分析（LOPA）、安全仪表系统（SIS）的设置必要性及确定安全完整性等级（SIL）。

危险与可操作性研究（HAZOP）作为生产装置及工艺流程安全系统评价方法，被国内外众多石油石化公司、化工生产企业和设计施工单位普遍接受，并应用于装置、设备生命周期始终。通过 HAZOP 分析可以系统地识别工艺装置或设施中的各种潜在危险和危害，并通过提出合理可行的措施减轻事故发生的可能性及后果。而在 HAZOP 分析的基础上，引入保护层分析（LOPA），可以解决 HAZOP 分析中存在的安全保护措施起到的风险降低和残余风险不能定量化等不足。因此，LOPA 分析是 HAZOP 分析的继续，是对 HAZOP 分析结果的丰富和补充。

当 HAZOP 分析给出的结论是存在重大风险时，且有些风险的现有保护措施含有安全仪表系统（SIS），或者现有 SIS 系统的维护成本与带来的收益相比过于昂贵时，都可以进行 LOPA 分析。而进行 LOPA 分析的目的，就是为了确认对于事故后果非常严重的风险现有保护是否足够，是否有必要增加额外的 SIS 系统保护，以及确定增加的 SIS 系统的风险降低目标是多少。

虽然 LOPA 分析可以确定附加的 SIS 系统的风险降低目标，而 SIS 系统是否达到要求的安全完整性等级（SIL），是否实现了这一风险降低目标，则需要通过 SIL 分析进行验证，这也是 SIL 分析的主要内容。所以，SIL 分析是对 LOPA 分析结果的验证，HAZOP 分析、LOPA 分析是 SIL 分析的前期准备工作。

（五）HAZOP 分析

1. 概述

危险与可操作性研究（HAZOP）是由 T. A. Kletz 提出并发展的一种方法。该方法是危害辨识的重要应用技术之一，其全面、系统、科学等性能优势决定了其在工艺过程危险辨识领域的领先地位，使其成为国际上工艺过程危险性分析中应用最广泛的分析技术之一。

HAZOP 分析是一种用于辨识设计缺陷、工艺过程危害及操作性问题的结构化分析方法，方法的本质就是通过系列的会议对工艺图纸和操作规程进行分析。在这个过程中，由各专业人员组成的分析组按规定的方式系统地研究每一个单元（即分析节点），分析偏离设计工艺条件的偏差所导致的危险和可操作性问题。HAZOP 分析组分析每个工艺单元或操作步骤，识别出那些具有潜在危险的偏差，这些偏差通过引导词引出，使用引导词的一个目的就是为了保证对所有工艺参数的偏差都进行分析。分析组对每个有意义的偏差都进行分析，并分析它们的可能原因、后果和已有安全保护措施等，同时提出应该采取的措施。HAZOP 分析方法明显不同于其他分析方法，它是一个系统工程，必须由包含不同专业人员的分析小组来完成。HAZOP 分析的这种群体方式的主要优点在于能相互促进、开拓思路，这就是 HAZOP 分析的核心内容。

1）常用的 HAZOP 分析术语

（1）工艺单元或分析节点：具有确定边界的设备单元，对单元内工艺参数的偏差进行分析；对位于 PID 图上的工艺参数进行偏差分析。

（2）操作步骤：间隙过程的不连续动作，或者是由 HAZOP 分析组分析的操作步骤；可能是手动、自动或计算机自动控制的操作，间隙过程每一步使用的偏差可能与连续过程不同。

（3）工艺指标：确定装置如何按照希望的操作而不发生偏差，即工艺过程的正常操作条件，采用一系列的表格，用文字或图表进行说明，如工艺说明、流程图、管道图、PID 图等。

（4）引导词：用于定性或定量设计工艺指标的简单词语，引导识别工艺过程的危险。

（5）工艺参数：与过程有关的物理或化学特性，包括概念性的项目如反应、混合、浓度、pH 及具体项目如温度、压力、相数及流量。

（6）偏差：分析组用引导词系统地对每个分析节点的工艺参数（如流量、压力等）进行分析发现的一系列偏离工艺指标的情况（如无流量、压力高等），偏差的形式通常是"引导词+工艺参数"。

（7）原因：发生偏差的原因；一旦找到发生偏差的原因，就意味着找到了对付偏差的方法和手段，这些原因可能是设备故障、人为失误、不可预见的工艺状态（如组成改变），来自外部的破坏（如电源故障）等。

（8）后果：偏差所造成的后果；分析组经常假定发生偏差时已有安全保护系统失效，不考虑那些细小的与安全无关的后果。

（9）安全保护：指设计的工程系统或调节控制系统，用以避免或减轻偏差发生时所造成的后果（如报警、连锁、操作规程等）。

（10）措施或建议：修改设计、操作规程，或者进一步进行分析研究（如增加压力报警、改变操作步骤的顺序）的建议。

2）HAZOP 分析引导词

（1）空白（NONE）：设计或操作要求的指标和事件完全不发生，如无流量、无催化剂。

（2）过量（MORE）：同标准值相比，数值偏大，如温度、压力、流量等数值偏高。

（3）减量（LESS）：同标准值相比，数值偏小，如温度、压力、流量等数值偏低。

（4）伴随（AS WELL AS）：在完成既定功能的同时，伴随多余事件发生，如物料在输送过程中发生组分及相变化。

（5）部分（PART OF）：只完成既定功能的一部分，如组分的比例发生变化，无某些组分。

（6）相逆（REVERSE）：出现和设计要求完全相反的事或物，如流体反向流动，加热时变为冷却，反应向相反的方向进行。

（7）异常（OTHER THAN）：出现和设计要求不相同的事或物，如发生异常事件或状态、开停车、维修、改变操作模式。

3）常用的 HAZOP 分析工艺参数

常用的 HAZOP 分析工艺参数包括流量、温度、时间、pH、频率、电压、混合、分离、压力、液位、组成、速度、黏度、信号、添加剂、反应。

4）偏差的构成

偏差为引导词与工艺参数的组合，一般表示如下：

$$引导词 + 工艺参数 = 偏差$$

例如：

$$空白 + 流量 = 无流量$$
$$过量 + 压力 = 压力高$$
$$伴随 + 一相 = 两相$$
$$异常 + 操作 = 维修$$

2. HAZOP 分析的目的及作用

HAZOP 分析的目的在于用来识别工艺或操作过程中存在的危害，进行 HAZOP 分析，可以识别出不可接受的风险状况。

HAZOP 分析的作用主要表现在以下几个方面：

（1）对工艺过程进行全面系统的安全检查。

（2）尽可能将危险消灭在项目实施时期。对于新建装置，在工艺设计基本确定之后进行 HAZOP 分析，可以分析出装置存在的问题，在这个阶段对装置的设计进行修改也比较容易。

（3）为企业提供系统危险程度证明，并应用于项目实施过程。对许多操作，HAZOP 分析可提供满足法规要求的安全保证。HAZOP 分析确定需采取措施，以消除或降低风险。

（4）为操作指导提供参考资料。HAZOP 分析能为包括操作指导在内的许多文件提供大量实用的参考资料，因此应将 HAZOP 分析的结果全部告诉操作人员和安全管理人员。

3. HAZOP 内容

HAZOP 内容如下：

（1）确认所有导致问题的偏差的原因。

（2）在没考虑现存的任何安全措施的情况下确认偏差的结果。

（3）确认它们是否为安全、环境或操作问题。

（4）评估导致重大后果的安全措施，确定它们对后果的严重性是否充足，并提出建议。

（5）对判断为导致经常性及重大的后果，提出消除或减轻措施的建议。

4. HAZOP 分析过程

1）定义目标与范围

清楚地理解 HAZOP 分析目标和范围是将其形成文件的重要前提。在开始 HAZOP 分析前，确定研究的范围和目标是极其关键的。定义 HAZOP 的研究目标应包括以下内容：

（1）评估节点最好在 PID 图上定义。

（2）评估时的设计状态，用定义 PID 版次状态来表示。

（3）影响程度和应考虑的邻近工厂。

（4）评估程序包括采取的行动和最终的报告。

（5）涉及对邻近或相关工厂的整体评估的准备。

2）分析准备

分析准备主要有资料准备、人员配备及进度计划等。

3）执行分析

HAZOP 分析需要将工艺图或操作程序划分为分析节点或操作步骤，然后用引导词找出过程的危险，识别出那些具有潜在危险的偏差，并对偏差原因、后果及控制措施等进行分析。HAZOP 分析流程图如图 5-6 所示。

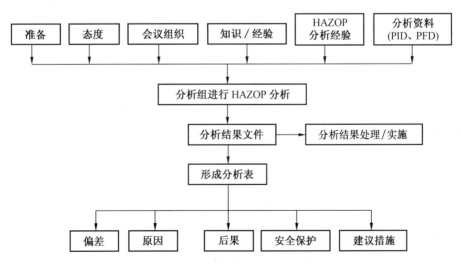

图 5-6 HAZOP 分析流程图

HAZOP 分析的组织者把握分析会议上所提出的问题的解决程度很重要，为尽量减少那些悬而未决的问题，一般的原则如下：

（1）每个偏差的分析及建议措施完成之后再进行下一偏差的分析。

（2）在考虑采取某种措施以提高安全性之前应对与分析节点有关的所有危险进行分析。

HAZOP 分析涉及过程的各个方面，包括工艺、设备、仪表、控制、环境等，HAZOP 分析人员的知识及可获得的资料总是与 HAZOP 分析方法的要求有距离，因此，对某些具体问题可听取专家的意见，必要时对某些部分的分析可延期进行，在获得更多的资料后再进行分析。

4）记录结果

HAZOP 分析结果应精确地记录下来。负责人应确保有时间讨论汇总结果，应确保所有的成员知道并且对采取有关的措施形成一致意见。

5）措施跟踪

跟踪 HAZOP 进行整改是不可避免的。在某些适当的阶段，应对项目进行进一步的审查，最好由原来的负责人负责进一步的审查工作。这种审查有三个目标：

（1）确保所有的整改不损害原来的评估。

（2）审查资料，特别是制造商的数据。

（3）确保已经执行了所有提出的推荐措施。

（六）LOPA 分析

1. 概述

一个典型的化工过程往往包含各种保护层，如过程设计（包含本质更安全理念）、基本过程控制系统、安全仪表系统、被动防护设施（如防火堤、防爆墙等）、主动防护设施以及人员干预等，发生不期望后果或灾难性事故通常是由于预防、防止事故发生的层层保护措施相继失效所造成的。通过对这些保护层进行有效控制能够降低事故发生的概率。常见的保护层结构如图 5-7 所示。

保护层分析（LOPA）是建立在上述理论基础上的一种半定量风险分析及评估方法。LOPA 起初被称为基于风险的安全仪表系统（SIS）完好性等级评估方法，用来决定安全功能仪表（SIF）的完好性等级。由于 LOPA 对设计安全仪表系统及风险管理具有重要的参考价值，逐渐被一些大公司应用并发展。至今，LOPA 已经发展成一套系统完善的安全评价方法，有自己的评价准则，能够用来判断工厂的风险等级，决定需要补充的保护层，帮助管理者更好地进行风险管理。LOPA 具有简单、有效、可定量等优点，在国际社会及国内正得到越来越广泛的应用。

LOPA 通常使用初始事件后果严重程度和初始事件减缓后的频率大小（数量级）近似表征场景的风险。场景为单一的原因后果，场景中可能有各种阻止事故后果发生的不同类型保护层，如果其中的一个保护层按照设计的功能发生作用，则可以阻止事故后果的发生，由于每一保护层在要求时都可能发生失效，所以必须提供充足的保护层。事故场景风险分析是一种特殊的事件树分析形式，保护层可以类比于事件树的分支。与事件树一样，计算不期望事件的频率。

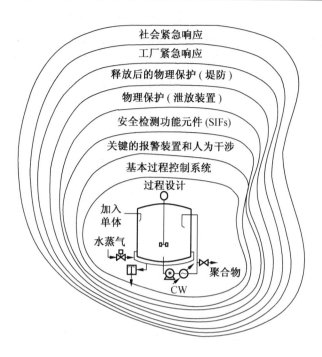

图5-7 常见的保护层结构

2. LOPA 与其他风险分析方法的关系

LOPA 是一种简化了的风险分析方法，其分析结果也可认为是半定量的。与事件树从一个初始事件归纳得出多个事件序列，从而全面分析该初始事件的风险的过程不同，LOPA 仅限于评估已经确定了的"单一原因——后果"的事件序列的风险。LOPA 与事件树分析的对比如图5-8所示。

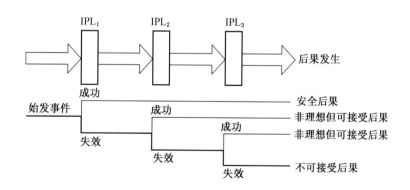

图5-8 LOPA 与事件树分析的对比

LOPA 的基本特点是基于事故场景进行风险研究。基于事故场景是指在运用保护层分析方法进行风险评价时，首先要辨识工艺过程中所有可能的事故场景及其发生的后果和可能性。事故场景是发生事故的事件链，包括起始事件、一系列中间事件和后果事件。一般情况下，后果严重的事件作为事故场景进行分析，事故场景的辨识在很大程度上依赖于分析人员的经验、知识水平、使用方法的熟练程度及对工艺过程的熟悉程度。事故场景的辨识常运用危险与可操作性研究（HAZOP）、故障模式及影响分析（FMEA）等定性危害分析方法，因此 LOPA 分析往往作为 HAZOP 等定性危害分析方法的后续分析方法。LOPA分析与 HAZOP 分析的关系如图 5-9 所示。

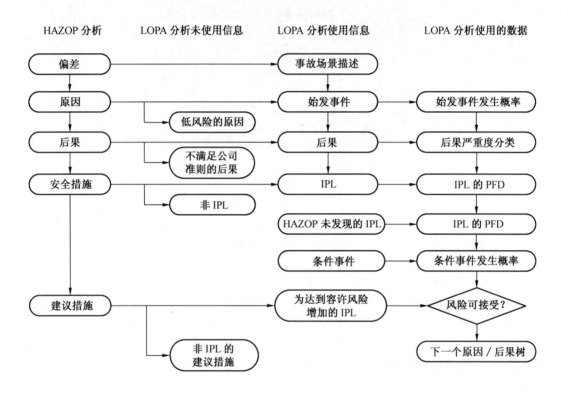

图 5-9　LOPA 分析与 HAZOP 分析的关系

　　LOPA 也可以作为一种筛选工具，在进行更严格的定量风险分析（QRA）之前使用。

3. LOPA 分析步骤

LOPA 分析的基本程序如图 5-10 所示。

LOPA 分析步骤一般分为 6 步：

（1）熟悉所分析的工艺过程并收集资料，包括危险与可操作性研究（HAZOP）分析资料、设计资料、运行记录、泄压阀设计和检测报告等。

（2）利用危险与可操作性研究（HAZOP）等的分析结果将可能发生的严重事故作为事故场景（如高压引起的管线破裂等）。

（3）确定事故场景的后果。确定当前事故场景的后果等级。后果分析不仅包括短期或现场影响，而且还包括事故对人员、环境和设备的长期影响。

（4）辨识事故场景的起始事件、中间事件和后果事件，根据后果的严重程度以及发

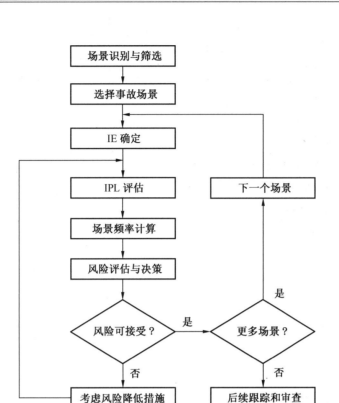

图 5-10　LOPA 分析的基本程序

生频率，确定潜在事故的风险等级。

（5）列举所有的独立保护层措施，确定其失效概率。根据独立保护层失效概率，确定剩余风险等级。需要特别指出的是，如果将某个独立保护层失效作为起始事件，那么该独立保护层不应作为安全保护措施。例如，工艺控制回路失效为事故的起始事件，那么由工艺控制产生的报警不应作为降低风险的独立保护层措施。

（6）根据剩余风险等级，提出切实可行的安全对策措施，直至达到可承受的风险。评价小组应尽可能地提出多种安全对策措施，为找出最佳方案提供帮助。

4. 频率分析

当进行 LOPA 分析时，可以采用多种方法来确定频率。

（1）确定初始事件的失效频率。

（2）对频率数据进行调整，以适合分析情形。例如，如果反应器在一年当中仅使用 1 个月，那么反应器的失效频率应除以 12。检维修过程中发生的失效频率也应该根据实际情况加以调整，例如，如果控制系统每年定期检修 4 次，那么其失效频率应该除以 4。

（3）调整失效频率以考虑每个独立保护层所需要的失效概率（PFDs）。

初始事件频率数见表 5-4。

	表5-4 初始事件频率数	单位为每年
分类	初始事件（IE）	频率
阀门	1. 单向阀完全失效	1
	2. 单向阀卡涩	1×10^{-2}
	3. 单向阀内漏（严重）	1×10^{-5}
	4. 垫圈或填料泄漏	1×10^{-2}
	5. 安全阀误开或严重泄漏	1×10^{-2}
	6. 调节器失效	1×10^{-1}
	7. 电动或气动阀门误动作	1×10^{-1}
容器和储罐	1. 压力容器灾难性失效	1×10^{-6}
	2. 常压储罐失效	1×10^{-3}
	3. 过程容器沸腾液体扩展蒸气云爆炸（BLEVE）	1×10^{-6}
	4. 球罐沸腾液体扩展蒸气云爆炸（BLEVE）	1×10^{-4}
	5. 容器小孔（≤50 mm）泄漏	1×10^{-3}
公用工程	1. 冷却水失效	1×10^{-1}
	2. 断电	1
	3. 仪表风失效	1×10^{-1}
	4. 氮气（惰性气体）系统失效	1×10^{-1}
管道和软管	1. 泄漏（法兰或泵密封泄漏）	1
	2. 弯曲软管微小泄漏（小口径）	1
	3. 弯曲软管大量泄漏（小口径）	1×10^{-1}
	4. 加载或卸载软管失效（大口径）	1×10^{-1}
	5. 中口径（≤150 mm）管道大量泄漏	1×10^{-5}
	6. 大口径（>150 mm）管道大量泄漏	1×10^{-6}
	7. 管道小泄漏	1×10^{-3}
	8. 管道破裂或大泄漏	1×10^{-5}
施工与维修	1. 外部交通工具的冲击（假定有看守员）	1×10^{-2}
	2. 吊车载重掉落（起吊次数/年）	1×10^{-3}
	3. 操作维修上锁挂牌（LOTO）规定没有遵守	1×10^{-3}
操作失误	1. 无压力下的操作失误（常规操作）	1×10^{-1}
	2. 有压力下的操作失误（开停车、报警）	1
机械故障	1. 泵体损坏（材质变化）	1×10^{-3}
	2. 泵密封失效	1×10^{-1}
	3. 有备用系统的泵和其他转动设备失去流量	1×10^{-1}

表5-4（续） 单位为每年

分类	初始事件（IE）	频率
机械故障	4. 透平驱动的压缩机停转	1
	5. 冷却风扇或扇叶停转	1×10^{-1}
	6. 电机驱动的泵或压缩机停转	1×10^{-1}
	7. 透平或压缩机超载或外壳开裂	1×10^{-3}
仪表	1. 基本过程控制系统（BPCS）回路失效	1×10^{-1}
外部事件	1. 雷电击中	1×10^{-3}
	2. 外部大火灾	1×10^{-2}
	3. 外部小火灾	1×10^{-1}
	4. 易燃蒸气云爆炸	1×10^{-3}

每个独立保护层（IPL）的 PFD 在 $10^{-1} \sim 10^{-5}$ 之间变化。通常的经验是使用 PFD 为 10^{-2}，除非经验表明此值更大或者更小。CCPS 推荐的 PFD 见表5-5和表5-6。有3个准则来对某一系统的 IPL 的作用进行分类。

表5-5 被动 IPL 的 PFD

被动的 IPL	注释（假设具有充分的设计基础，检查和维护程序）	来自工业的 PFD[①]	来自 CCPS 的 PFD[①]
堤防	减少储罐满溢、破裂、溢出等造成重大后果的发生频率	$1 \times 10^{-3} \sim 1 \times 10^{-2}$	1×10^{-2}
地下排水系统	减少储罐满溢、破裂、溢出等造成重大后果的发生频率	$1 \times 10^{-3} \sim 1 \times 10^{-2}$	1×10^{-2}
敞开的通风口（没有阀门）	防止超压	$1 \times 10^{-3} \sim 1 \times 10^{-2}$	1×10^{-2}
防火墙	减少热量输入率并为减压和消防提供额外的时间	$1 \times 10^{-3} \sim 1 \times 10^{-2}$	1×10^{-2}
防爆墙或掩体	通过限制爆炸和保护设备、建筑物等来减少爆炸导致的重大后果的发生频率	$1 \times 10^{-3} \sim 1 \times 10^{-2}$	1×10^{-3}
本质安全设计	如果正确地执行，能够消除这种情形或大大地减少与这种情形相联系的后果	$1 \times 10^{-6} \sim 1 \times 10^{-1}$	1×10^{-2}
火焰或爆炸捕集器	如果正确地进行设计、安装和维护，能够消除潜在的通过管道系统进入容器或储罐的急速返回	$1 \times 10^{-3} \sim 1 \times 10^{-1}$	1×10^{-2}

注：① CCPS，《保护层分析－简化的过程风险评估》，D. A. Crowl. ed.，纽约：美国化学工程师协会，2001。

表5-6 主动IPL和人类行为的PFD

IPL 或人类行为	注释［假设具体足够的设计基础、检查和维护程序（主动的IPL）和充足的文档材料，培训和测试程序（人类行为）］	来自工业的PFD[1]	来自CCPS的PFD[1]
安全阀	防止系统超出指定的超压，该设备的效果对于服务和经验很敏感	$1 \times 10^{-5} \sim 1 \times 10^{-1}$	1×10^{-2}
安全膜	防止系统超出指定的超压，该设备的效果对于服务和经验很敏感	$1 \times 10^{-5} \sim 1 \times 10^{-1}$	1×10^{-2}
基本的过程控制系统	如果与所考虑的初始事件没有联系，那么就将其作为IPL来信任，见IEC（1998，2001）[2][3]	$1 \times 10^{-2} \sim 1 \times 10^{-1}$	1×10^{-1}
安全装置功能(互锁)	对于生命周期需求和额外的讨论，见IEC61508（IEC，1998）和IEC61511（IEC，2001）[3]		
10 min 反应时间的人类行为	具有所需的编制完好的简单、清楚、可靠的文档	$1 \times 10^{-1} \sim 1$	1×10^{-1}
		$1 \times 10^{-2} \sim 1 \times 10^{-1}$	1×10^{-2}

注：① CCPS，《保护层分析-简化的过程风险评估》，D. A. Crowl. ed. ，纽约：美国化学工程师协会，2001。
② IEC（1998），IEC61508，《电气/电子/可编程电子安全系统的功能安全》，日内瓦：国际电工委员会。
③ IEC（2001），IEC61511，《过程工业领域安全仪表系统的功能安全》，日内瓦：国际电工委员会。

（4）当IPL以其设计时的功效发生作用时，其在防止后果时是有效的。

（5）IPL独立地对初始事件及其他所有的被用于相同情形的IPL的组件发挥作用。

（6）IPL是可以审查的，即IPL的PFD必须能够确认，包括检查、测试和文档资料指定情形的后果发生频率。

当设计紧急停车系统时，也可以使用PFD的概念。紧急停车系统通过下述方式达到低的PFD：

① 使用众多的传感器和最终的备用控制部件。

② 使用具有投票系统的多重传感器和最终的备用控制部件。

③ 以固定的时间间隔检测系统部件，通过检测隐藏的失效，来降低所要求的失效概率。

④ 使用静点断开系统（如延时关闭系统）。

在化工过程工业中，对于紧急停车系统有3种安全完整性等级（SIL）通常是被接受的。

SIL1（PFD为$10^{-2} \sim 10^{-1}$）：该等级SIFs系统通常由单一的传感器、单一的逻辑求解器、单一的最终控制部件和所需的定期的样品检测来完成。

SIL2（PFD为$10^{-3} \sim 10^{-2}$）：该等级SIFs系统是典型的充分冗余系统，包括传感器、逻辑求解器、最终的控制部件和所需的定期的样品检测。

SIL3（PFD为$10^{-4} \sim 10^{-3}$）：该等级SIFs系统是典型的充分冗余系统，包括传感器、逻辑求解器和最终的控制部件；该系统需要进行谨慎的设计和频繁的校验检查，以达到低的PFD。

（七）安全设计及审查

1. 安全设计审查的依据

（1）国家法律、法规、规章及规范性文件。

（2）建设项目所在地的地方法规、规章及规范性文件。

（3）国家强制性规范及合同规定采用的标准。

（4）建设项目合同规定的其他要求。

2. 安全设计审查总体要求

（1）安全设计审查依据除上述要求外，还应依据下列方面：

① 建设项目 HAZID、PHA 和风险评估结果。

② 同类装置生产操作经验。

③ 相关事故教训。

（2）安全设计审查方式应根据建设项目的特点和要求确定，可采取安全检查表、安全审查会等不同形式，组织相关设计专业人员参加。

（3）安全设计审查的过程及结果应形成记录，并跟踪落实审查意见和改进建议。

3. 本质安全设计审查

（1）本质安全审查宜在概念设计和工艺包设计阶段进行。

（2）本质安全审查的主要文件如下：

① 工艺流程图（PFD）。

② 工艺过程说明书。

③ 工艺物料的安全数据表。

④ 重要工艺控制方案。

⑤ 主要工艺设备表。

（3）本质安全审查重点包括但不限于下列内容：

① 最小化：将系统中危险物质的种类、数量和能量降到最小程度。

② 替代：用无害物料或危险性较小的物质替代危险性较大的物质，或用危险性较小的化学过程替代危险性较大的化学过程。

③ 减缓：尽可能在危险性较小或缓和的工艺条件下处理物料，并设置能够减少泄漏后扩散的措施。

④ 简化：装置的操作和控制应尽量简单化和人性化，降低人为操作失误的可能。

4. 重要设计文件安全审查

（1）重要设计文件审查宜在前期设计和基础工程设计阶段进行。

（2）重要设计文件包括但不限于下列内容：

① 总平面布置图。

② 装置设备布置图。

③ 爆炸危险区域划分图。

④ P&ID（管道和仪表流程图）。

⑤ 安全联锁、紧急停车系统及 SIS（安全仪表系统）设计。

⑥ 可燃和有毒物料泄漏检测系统设计。

⑦ 安全泄放和火炬系统设计。

⑧ 应急系统和设施设计。

⑨ 安全设施设计专篇。

（3）在前期设计阶段，总平面布置应重点审查本建设项目与外部周边设施的外部安全防护距离、内部总体布局的合规性和合理性。在基础工程设计阶段，总平面布置图及装置设备布置图应重点审查建设项目内部各装置设施布置的相互影响和防火间距。

（4）爆炸危险区域划分图应重点审查可能产生爆炸性气体混合物的环境、释放源的位置和分级以及通风条件的确定，审查爆炸性气体环境危险区域划分范围的合理性。

（5）P&ID 图纸应重点审查安全控制联锁和工艺控制参数、安全阀和紧急切断阀的设置、控制阀失效的故障状态、开停车及紧急状态的控制措施等。

（6）安全联锁、紧急停车系统及 SIS 应根据工艺过程的安全控制要求确定。重点审查各安全联锁、紧急停车系统及 SIS 是否满足工艺控制目标和安全要求，以及系统本身设计的合理性、可行性、可靠性和可维护性。

（7）可燃和有毒物料泄漏检测系统应审查确认泄漏检测的物料组分，包括需要检测的可燃性和有毒性组分，并审查泄漏检测报警参数是否恰当，设置场所是否合理。

（8）安全泄放和火炬系统应审查泄放系统的各排放工况条件是否恰当、火炬系统设计参数和火炬型式及布置是否合理。

（9）应急系统和设施应重点审查应急指挥中心场所及系统的设置，消防站、气防站等应急救援设施的配置等是否符合建设项目所在地应急救援体系的有关要求。

5. 安全完整性等级（SIL）定级与验证

（1）SIL 定级、SRS（安全要求规定）编制及 SIL 验证应纳入《建设项目安全设计管理计划》，宜与建设项目的危险性分析和风险评估工作协调开展。

（2）SIL 定级应确定每个 SIF（安全仪表功能）及其所需要的 SIL 等级。应针对工艺过程特定事件，结合 HAZOP 和 LOPA 的分析结果确定。依据的文件包括建设项目可接受风险标准、HAZOP/LOPA 报告、P&ID 图、工艺说明书、联锁因果表及其他相关文件。SIL 定级的方法可采用 LOPA 法、风险矩阵法、校正的风险图法等。

（3）SRS 编制应说明每个 SIF 或子系统的设计安全要求、功能要求、SIL 等级、检验测试周期和测试方法等。SIF 回路的检验测试周期和测试方法应结合生产装置运行和检修周期确定，确保 SRS 规定的可实施性。

（4）SIL 验证可按照建设项目合同要求进行。一般在 SIS/SIF 回路设计及仪表选型完成或仪表订货后开展。依据的文件可包括 SIL 定级报告、SRS、P&ID 图、联锁因果表、SIS/SIF 回路设计文件、仪表元件故障率数据库、仪表安全手册及其他仪表厂家信息。

6. 开车前安全审查（PSSR）

（1）建设项目在开车前应进行 PSSR。审查小组成员包括工艺、设备、电气、仪表、检维修、安全管理人员以及相关设计人员。

（2）PSSR 包括文件审查及现场检查两部分。PSSR 检查表应至少包括下列内容：

① 现场安装的设备、管道、仪表及其他辅助设施符合设计规格和要求。

② 确认现场设备、仪表、管道最终测试已经完成。

③ 所有危险性分析和风险评估提出的改进建议得到落实和合理解决。

④ 操作规程和相关安全要求符合工艺技术要求，并经过批准确认。

⑤ 所有保证工艺设备安全运行的程序准备就绪。

⑥ 工艺技术变更经过批准并记录在案，变更可能带来的风险已被评估。

⑦ 操作规程和应急预案已相应更新，应急预案与工艺技术安全信息相一致。

⑧ 确认现场安全措施已落实，应急响应措施完备就绪。

⑨ 所有相关人员已接受有关危害、操作规程和应急反应等培训。

⑩ 针对所有可能发生的事故已建立应急预案，并经过演练。

（八）安全设计变更控制

1. 设计变更控制管理范围

（1）危险性分析及风险评估完成后或设计安全审查后发生的设计变更，包括 HAZOP 分析完成后的 P&ID 图纸变更。

（2）经过主管部门审批后发生的设计文件变更。

（3）采购和施工安装过程中的设计变更。

（4）试生产过程的设计变更。

2. 安全设计变更管理

（1）建设项目应建立并落实设计变更控制程序，明确下列管理要求：

① 变更申请。任何相关方的变更都应按规定的程序提交书面变更申请。

② 变更签署。设计变更应经过有关设计岗位人员签署。

③ 变更审批。设计变更应经过建设项目授权人员的批准方可实施。

（2）重大设计变更主要包括但不限于下列内容：

① 项目周边条件发生重大变化。

② 建设项目地址发生变更。

③ 主要技术、工艺路线、产品方案或者装置规模发生重大变化。

④ 安全设施方案修改，包括火炬和安全泄放系统的变更。

⑤ 涉及重要设计文件的变更。

⑥ SIF 或安全联锁的原则性修改。

⑦ 可能涉及安全、消防等政府审批事项的变更。

⑧ 可能降低建设项目安全性能的其他设计变更。

（3）在实施重大设计变更前应进行变更风险评估。分析评估此变更是否可能带来新的安全风险，核实可能涉及风险的安全控制措施，包括变更是否改变、摘除、停用或旁路一个或多个安全设施或 SIF。

（4）设计单位应与建设单位、施工单位等相关方建立设计变更沟通渠道，保证建设项目设计变更管理程序为各相关方所理解和接受，确保设计变更程序的有效执行。

（5）建设项目安全设施设计文件经相关主管部门批复后，如有重大安全设计方案变更时，建设单位应按有关规定履行必要的变更手续。

四、化工设备安全设计

化工过程中化工设备往往是事故发生的直接承载体，在设计阶段即应进行充分的安全设计，如从根本上消除事故、毒害发生的条件，优化设备系统及程序，配备安全装置自动防止操作失误、设备故障和工艺异常，设置空间和时间的防护距离，搞好安全措施配合等，达到设备的本质安全化目的。为化工设备设计合理恰当的安全装置能够在工艺参数发生偏移时迅速作出反应，减缓或中断事故的发展过程，从而降低整个化工过程的整体风险，是化工设备安全设计中十分重要的一项内容。

（一）安全装置的种类

安全装置是为保证化工设备安全运行而装设的附属装置，也叫安全附件。常见的化工设备的安全装置按其使用性能或用途可分为4类。

1. 联锁装置

联锁装置指为防止操作失误而装设的控制机构，如联锁开关、联动阀等。锅炉中的缺水联锁保护装置、熄火联锁保护装置、超压联锁保护装置等均属此类。

2. 警报装置

警报装置指设备运行过程中出现不安全因素致使其处于危险状态时，能自动发出声光或其他明显报警信号的仪器，如高低水位报警器、压力报警器、超温报警器等。

3. 计量装置

计量装置指能自动显示设备运行中与安全有关的参数或信息的仪表、装置，如压力表、温度计等。

4. 泄压装置

泄压装置指设备超压时能自动排放介质降低压力的装置。

（二）安全泄压装置

当设备的内压超过容器的器壁所能承受的压力时，容器则可能发生破裂，并由此造成恶性重大安全事故。安全泄压装置就是为保证容器安全运行、防止超压的一种保险装置，它具有这样的性能：当容器在正常工作压力下运行时，它保持严密不漏；当容器内压力超过规定，它能自动把容器内部的高压介质迅速排出，使容器内的压力始终保持在最高许用压力范围以内。安全泄压装置按其结构形式可以分为阀型、断裂型、熔化型和组合型等几种。

1. 阀型安全泄压装置

阀型安全泄压装置就是常用的安全阀，它是通过阀的开放排出气体，以降低容器内的压力。这种安全泄压装置的特点是它仅仅排放压力容器内高于规定的部分压力，而当容器内的压力降至正常压力时，它即自动关闭，能够有效减少事故状态下的泄放量，并能够保持生产的连续性。由于这个原因，阀型安全泄压装置被广泛用于各种压力容器中。这类安全泄压装置的缺点是：密封性能较差，在正常的工作压力下，也常常会有轻微的泄漏，由于弹簧等的惯性作用，阀的开放常有滞后作用，用于一些不洁净气体时，阀口有被堵塞或阀瓣有被黏住的可能。

2. 断裂型安全泄压装置

常用的断裂型安全泄压装置是爆破片和爆破帽，前者用于中、低压容器，后者多用于超高压容器。这类安全泄压装置是通过装置元件的断裂而排出气体的。它的特点是密封性好、泄压反应较快，以及气体含的污物对它的影响较小等。但是由于它在完成泄压作用以后即不能继续使用，而且容器也得停止运行，所以它一般用于超压可能性较小而且又不宜装设阀型安全泄压装置的容器。

3. 熔化型安全泄压装置

熔化型安全泄压装置是常用的易熔塞，它是通过易熔合金的熔化使容器内的气体从原来填充有易熔合金的孔中排出以泄放压力。它主要用于防止容器由于温度升高而发生的超压，因为只有在温度升高到一定程度以后，易熔合金熔化，器内压力才能泄放。易熔合金的强度很低，所以这种装置的泄放面积不能太大，由于这些原因，易熔塞只能装设在压力升高仅仅是由于温度升高而无其他可能、安全泄放量又很小的压力容器上，一般用于液化气体气瓶。

4. 组合型安全泄压装置

组合型安全泄压装置是同时具有阀型和断裂型或阀型和熔化型的泄压装置，常见的有弹簧安全阀和爆破片的组合型。这种类型的安全泄压装置同时具有阀型和断裂型的优点，它既可以防止阀型安全泄压装置的泄漏，又可以在排放过高的压力以后使容器能继续运行。组合型安全泄压装置的爆破片可以在安全阀的入口侧，也可以在出口侧。前者主要利用爆破片把安全阀与气体隔离，以防安全阀受腐蚀或受污堵塞黏接等，容器超压时，爆破片断裂、安全阀开放排气，待压力降至正常操作压力时，安全阀关闭，容器可以继续运行。这个结构要求爆破片的断裂对安全阀的正常动作没有任何妨碍，而且要在中间设置检查孔，以便及时发现爆破片的异常现象。后者（即爆破片在安全阀的出口侧）可以使爆破片不受气体的压力与温度的长期作用而产生疲劳，利用爆破片来防止安全阀的泄漏，这种结构要求及时把安全阀与爆破片之间的气体（由安全阀漏出）排出，否则将使安全阀失效。

第二节　化工建设项目工程质量安全保障

化工建设项目投资大，建设项目施工质量的好坏直接关系到生产经营单位（建设单位）的生存和发展，尤其是关系到人民生命财产的安全和社会安定。化工建设项目施工质量控制需要施工前和施工过程中严格控制，不然等事后检查出来质量问题，常会造成较大的返工，不仅使生产经营单位（建设单位）经济上受损，而且还会留下工程质量隐患和生产安全事故隐患，其后果不堪设想。所以，在项目建设过程中，加强施工质量控制非常重要。

一、施工质量控制措施

（一）施工质量控制原则

制定施工阶段质量控制程序，对施工承包商在施工准备阶段的质量策划、施工人员、材料、施工技术措施（方案）、施工机具、检测设备、施工环境等有关形成质量的要素进行有效控制。根据国家标准、合同要求和施工方案设定施工过程的各级质量控制点，同时加强对特殊工序、关键工序和隐蔽部位的质量控制，通过定期对质量过程检查中发现问题的统计、分析，找出影响施工质量的主要因素并采取有效的改进措施，不断减少质量问题出现的频率，杜绝重大工程质量事故的发生，并以此形成对建设项目施工质量的动态管理和数据化管理，使工程施工质量处于受控状态并不断得到改善，确保质量目标的实现。

（二）施工质量的控制

对施工单位及人员资质进行控制。从事化工建设工程项目安装工程施工的单位应具备相应的资质等级，并在其资质等级许可的范围内承揽工程；工程项目中从事特种设备安装、检测和消防设施等有专项资质要求的施工单位应持有相应的资质许可证。施工企业必须取得安全生产许可证。施工作业人员均应具备工程施工所要求的技能，其中特种设备作业人员及电气、仪表试验人员还应有相应的资格，并应经建设单位代表/监理工程师核查认可。参加工程施工质量验收的人员也应具备相应资格。

参建单位应进行施工过程的质量管理，建立符合要求的质量管理体系和质量管理制度。实行总承包的工程，总承包单位应对承包的工程施工质量全面负责，建立项目质量管理体系，同时监控施工分承包商质量管理体系的有效运行。参建单位还应根据工程合同范围和设计文件进行质量策划，配置相应的施工标准规范，编制工程实现过程实施质量控制的技术文件，并按本单位质量管理程序批准。

项目开工前，施工承包商必须提交施工组织设计报建设项目部审批，还必须分阶段、分部、分项将施工方案、大型设备吊装方案、设备现场组装方案、设备及管道试压方案、大型机组安装和调试方案、电缆铺设方案、单机试车方案等报请建设工程项目部审批。否则，施工承包商不能开工或进行有关的施工。

对用于工程施工中的检验、测量和试验设备等，要求施工承包商提交检测、测量工具和设备清单、校准记录，由建设单位组织各专业工程师审查认可后交施工承包商实施。在施工过程中，施工承包商应接受建设单位专业工程师不定期地对其所使用的检验、测量和试验设备的使用有效期和设备状态进行抽查，保证设备仪器处于完好状态，满足相应专业工程施工的技术要求，确保检测计量器具的使用精度和检测质量，并在检定有效期内使用。

施工承包商对进入现场的设备、原材料、构配件（包括阀门、管配件）等，在安装前必须严格按照施工规范、施工工艺标准的要求进行质量检验，核对质量是否符合规范、标准规定的要求，并将检查试验记录和检验报告提交建设单位相应专业工程师确认。施工承包商必须保证不使用未经检验合格的设备、材料。工程采用的材料和设备的检验及复验应符合各专业工程实施质量验收规范规定，并应经建设单位代表/监理工程师检查确认。建设单位代表/监理工程师的检查确认不能免除采购单位的质量责任。

在施工过程中，施工单位必须严格执行批准的施工方案，未经批准，不得擅自改变施工方案进行施工；严格按照设定的施工质量控制点进行报验、检查。对一些重要、关键工序的质量控制点应按照停检点的控制程序进行报验，对施工质量不合格品按要求限期整改、修复或拆除。

各施工工序应按施工技术文件进行质量控制，每道施工工序完成后，应进行检验、专业工种之间的相关工序应进行交接检验，并形成记录，合格后方可进行下道工序施工，隐蔽工程未经监理工程师或建设单位专业技术负责人检查认可，不应进行下道工序施工。工程施工过程的质量控制应按专业工程施工质量验收规范和检验方案的要求进行作业自检和报检，相关作业或工种之间应进行交接检查。施工过程中形成并提交验证的质量控制记录应符合《石油化工建设工程项目施工过程技术文件规定》(SH/T 3543) 的要求。

为保证工程施工质量，施工承包商应按照施工标准、规范和设计图纸要求、合同规定进行施工，随时接受业主代表、监理代表或质量控制人员的检查、检验，并为检查、检验提供条件。在施工过程中，业主代表、监理代表和质量控制人员有权对工程质量有怀疑的部位进行剥露、凿洞或挖孔检查。

在施工过程中任何与适用标准规范、设计图纸、审批通过的施工方案不一致的更改或变更都必须经过建设单位项目部批准后，承包商才能进行施工。

施工承包商对分项工程、分部工程、单位工程的评定必须报请建设单位项目部，经专业工程师审核后报监理单位。单位工程评定应有建设单位、监理的有关人员参加。

二、质量验收程序和组织

(一) 质量验收一般规定

质量评定应划分为单位（子单位）工程、分部（子分部）工程、分项工程和检验批。检验批是上述各项评定的基础和最小单元。单项工程是指化工建设工程项目中具有独立设计文件、可独立组织施工、建成后可独立投入生产运行并产出合格产品的生产装置或有独立使用功能的辅助生产设施。

施工质量验收应按单项工程进行，并应按检验批、分项工程、分部工程、单位工程/子单位工程、工程交工验收顺序逐级进行验收。建设工程项目有多个单项工程时应逐个单项进行验收。

施工质量验收应在专业工程施工质量验收规范规定的检验项目检验合格后，由施工单位/总承包单位向建设单位/监理单位提交申请报告，建设单位/监理单位按下列规定组织，施工单位/总承包单位参加施工质量验收，并填写验收记录。

1. 实施工程监理的项目

（1）检验批、分项工程由监理工程师组织，施工单位质量工程师参加验收。

（2）分部工程由总监理工程师组织，施工单位项目总工程师参加验收。

（3）单位工程/子单位工程由建设单位项目经理组织，监理单位总监理工程师、施工单位项目经理参加验收。

2. 未实施工程监理的项目

（1）检验批、分项工程由建设单位代表组织、施工单位质量工程师参加验收。

（2）分部工程由建设单位代表组织、施工单位项目总工程师参加验收。

（3）单位工程/子单位工程由建设单位项目经理组织，施工单位项目经理参加验收。

3. 实行总承包的项目

（1）总承包单位专业工程师参加检验批及分项工程验收。

（2）总承包单位项目总工程师参加分部工程验收。

（3）总承包单位项目经理参加单位工程/子单位工程验收。

组织验收与参加验收的单位应在质量验收记录上签署意见或签字认可。

单项工程施工质量应进行工程中间交接。工程中间交接由施工单位/总承包单位向建设单位提交申请报告，由建设单位组织实施。单项工程施工质量验收和工程中间交接的过程及结果应接受工程质量监督机构的监督。

（二）单机试运转

安装工程按工程合同和设计文件施工结束，应进行动设备单机试运转。

（三）工程中间交接

单项工程的中间交接应由建设单位组织总承包单位、设计单位、监理单位、施工单位、检测单位等按单位工程分专业进行验收。单项工程符合标准要求后，建设单位组织召开总承包单位、设计单位、监理单位、施工单位、检测单位等参加的中间交接会议，相关单位在工程中间交接证书及附件上签字。工程中间交接证书还应含有工程质量监督机构的监督意见。

1. 单项工程中间交接应具备的条件

（1）按设计文件内容施工完成。

（2）工程质量初验合格。

（3）工艺和动力管道的耐压试验、系统清洗、吹扫完成、隔热施工基本完成，工业炉煮炉完成。

（4）静设备耐压试验、无损检测、清扫完，隔热施工完；安全附件（安全阀、防爆门、爆破片等）调试合格。

（5）大机组用空气、氮气或其他介质负荷试运转完，机组保护性连锁和报警等自控系统调试联校合格。

（6）电气、仪表、计算机及防毒、防火、防爆等系统调试联校合格。

（7）安装施工临时设施已拆除，竖向工程施工完成。

（8）未完工程尾项的责任已经确认，完成时间已经明确，且不影响联动试车。

（9）现场满足安全管理规定的试车要求。

2. 单项工程中间交接的内容

（1）按设计文件内容对工程实物量的核实。

（2）工程质量的初验资料及有关调试记录的审核验证。

（3）安装专用工具和剩余随机备件、材料的清点。

（4）尾项项目清单与实施方案的确认。

（5）随机技术资料完整性的核查。

（四）工程交工验收

单项工程交工验收应在所含单位工程验收合格的基础上进行。

单项工程交工验收应执行《石油化工建设工程项目竣工验收规定》（SH/T 3904）的规定。

三、施工过程质量检验

工程质量检验管理是整个施工生产过程中自始至终不可缺少的工序，贯穿在整个施工过程中，是保障工程项目顺利竣工投产并长期安全运行的基础。

（一）地基处理质量检验

化工项目的突出特点是装置高、重、大，工艺过程复杂，介质易燃易爆，项目占地面积大，建设厂址一般远离人口稠密的城市。石化项目建设在解决建设用地问题上，一般采用大规模的"围海造地"、山区"挖高填低"等方法，争取做到不占或少占耕地。这类围海、填谷造地堆积起来的场地不仅非常疏松，而且还常夹杂有淤泥杂质，极不均匀，若不作处理，无法作为石化项目建设用地，因此需要对地基进行处理。在选择地基处理方案前，应完成下列工作：

（1）搜集详细的岩土工程勘察资料、上部结构及基础设计资料等。

（2）结合工程情况，了解当地地基处理经验和施工条件，对于有特殊要求的工程，应了解其他地区相似场地上同类工程的地基处理经验和使用情况等。

（3）根据工程的要求和采用天然地基存在的主要问题，确定地基处理的目的和处理后要求达到的各项技术经济指标等。

（4）调查邻近建筑、地下工程、周边道路及有关管线等情况。

（5）了解施工场地的周边环境情况。

（二）设备混凝土基础施工质量检验

化工设备混凝土基础施工质量检验应符合《石油化工设备混凝土基础工程施工质量验收规范》（SH/T 3510）的要求：设备基础工程施工质量验收合格，除有关分项工程施工质量验收合格，质量控制资料完整外，还需要外观质量验收合格、外形尺寸验收合格、结构实体检验合格。当基础交付安装时，基础混凝土强度不得低于设计强度的75%。基础施工单位应提交测量记录及技术资料，安装单位应按相关规范的要求进行相关数据的复测，检验方法为检查基础质量检验记录和同条件混凝土试块检验报告。

1. 设备基础外观质量检验

基础混凝土拆模后，应由建设/监理单位、施工单位对外观质量进行检查、记录，并确定其对基础的性能和使用功能影响的程度。混凝土基础不得有露筋、蜂窝、孔洞、夹渣、疏松、裂隙等缺陷。

混凝土基础外观质量不应有严重缺陷。对已经出现的严重缺陷，应由施工单位提出技术处理方案，经建设/监理单位认可后及时进行处理，对处理的部位应重新组织验收。

混凝土基础外观质量不宜有一般缺陷。对已经出现的一般缺陷，在建设/监理单位相关人员的监督下，可按规定方法进行处理或修饰，消除缺陷。

2. 设备基础尺寸偏差检验

混凝土设备基础不应有影响结构性能和设备安装的尺寸偏差。对超过规范规定的尺寸允许偏差且影响结构性能和安装、使用要求的部位，应由施工单位提出技术处理方案，并经建设/监理单位认可后及时进行处理。对混凝土设备基础已经出现的不影响结构性能和设备安装的尺寸偏差，施工单位应结合基础修饰进行处理。

3. 设备基础结构实体检验

对涉及结构安全的重要部位应进行结构实体检验。结构实体检验应在建设/监理专业技术人员见证下，由施工项目技术负责人组织实施。结构实体检验的内容应包括混凝土强度、钢筋保护层厚度以及工程合同约定的项目，必要时可检验其他项目。

4. 设备基础验收不合格处理

当设备基础施工质量不符合要求时，应按下列规定处理：

（1）经返工、返修或更换构件、部件的应重新组织验收。

（2）经有资质的检测单位检测鉴定达到设计要求的，应予以验收。

（3）经有资质的检测单位检测鉴定达不到设计要求的，但经原设计单位核算并确认仍可满足结构安全和使用功能时，可予以验收。

（4）经返工或加固处理能够满足结构安全使用的设备基础，可根据技术处理方案和协商文件进行验收。

钢储罐基础质量检验主要包含外观质量检验、基础结构实体检验、罐体试水与沉降观测检验、地基承载力试验检查或基础混凝土强度检查、沥青砂绝缘层密实度等，应符合《石油化工钢制储罐地基与基础施工及验收规范》（SH/T 3528）等的要求。

（三）安装工程施工质量检验

在化工建设工程项目中，安装工程包括对钢结构、静设备、动设备、管道、电气、仪表、电信、筑炉、隔热耐磨衬里、防腐及隔热等专业工程所进行的安装。

从事化工建设安装工程施工质量验收除执行《石油化工安装工程施工质量验收统一标准》（SH/T 3508）的规定外，还应符合各专业工程施工质量验收规范的规定；合资项目、引进项目或引进设备等安装工程施工质量验收还应执行合同的规定。

安装工程施工质量应符合设计文件、相关专业工程施工质量验收规范和合同规定的要求。还应核查本施工过程质量管理和质量控制所形成的相关记录和资料。安装工程施工过程质量管理与施工质量验收记录主要包括施工质量管理检查记录、检验批质量验收记录、分项工程质量验收记录、分部工程质量验收记录、子单位工程质量验收记录、单位工程质量验收记录、工程观感质量验收记录、质量控制记录与技术资料核查记录等。

质量检验应按专业工程施工质量验收规范的规定采用全数检验方案或抽样检验方案。安装工程施工质量验收应在施工单位/总承包单位自行检查合格的基础上进行，应报检的项目未经建设单位/监理单位检查认可不得进行后续作业的施工。隐蔽工程在隐蔽前应由施工单位报验，建设单位/监理单位组织验收，并形成验收文件。

检验项目质量验收出现不合格项时，不合格项返工后应按规定重新进行质量验收。不合格项处理后，经有资质的检测单位检测鉴定或原设计单位核算满足安全和使用功能的要求，可予以让步接收。不合格项经处理后仍不符合安全使用要求时，不得验收。

（四）管道工程质量检验

管道工程质量检验主要包括外观检查、无损检测、压力试验、泄漏性试验、硬度检验、力学性能检验及其他检验等。

1. 外观检查

外观检查应包括对各种管道元件及管道在加工制作、焊接、安装过程中的检查。除设计文件或焊接工艺规程有特殊要求的焊缝外，应在焊接完成后立即除去熔渣、飞溅物，并应将焊缝表面清理干净，同时应进行外观检查。铁及铁合金、锆及锆合金的焊缝表面除应进行外观检查外，还应在焊后清理前进行色泽检查。检查焊道尺寸（焊缝宽度、加强高、错边等）、内凹、咬边、焊瘤及表面气孔、夹渣、裂纹等表面缺陷，并做好检查记录，出现超标缺陷时需及时处理（打磨、补焊）或返修。

所有焊缝的观感质量应外形均匀，成型应较好，焊道与焊道、焊道与母材之间应平滑过渡，焊渣和飞溅物应清除干净。

2. 无损检测

焊缝内部质量的检验通过无损检测方法来判别。外观检验合格后，应按要求对焊缝进行射线探伤、超声波探伤、磁粉探伤和渗透探伤，探伤比例、方法、部位、评判标准及合格级别必须符合设计文件及有关规范的要求。

1）一般规定

（1）除设计文件和焊接工艺规程另有规定外，焊缝无损检测应安排在该焊缝焊接完成并经外观检查合格后进行。

（2）对有延迟裂纹倾向的材料，无损检测应至少在焊接完成 24 h 后进行。

（3）对有再热裂纹倾向的焊缝，无损检测应在热处理后进行。

（4）抽样检验发现不合格时，应按原规定的检验方法进行扩大检验。对检验发现不合格的管道元件、部位或焊缝，应进行返修或更换，并应采用原规定的检验方法重新进行检验。

2）焊缝表面无损检测

除设计文件另有规定外，现场焊接的管道和管道组成件的承插焊焊缝、支管连接焊缝（对接式支管连接焊缝除外）和补强圈焊缝、密封焊缝、支吊架与管道直接焊接的焊缝，以及管道上的其他角焊缝应按《工业金属管道工程施工质量验收规范》（GB 50184）的有关规定，对其表面进行磁粉检测或渗透检测。

3）焊缝射线检测和超声检测

除设计文件另有规定外，现场焊接的管道及管道组成件的对接纵缝和环缝、对接式支管连接焊缝应按《工业金属管道工程施工质量验收规范》（GB 50184）的有关规定进行射线检测或超声检测。

3. 压力试验

管道安装完毕、热处理和无损检测合格后，应进行压力试验。管道压力试验前，应编制试压方案及安全措施。压力试验前，应检查压力试验范围内的管道系统，除涂漆、绝热外应已按设计图纸全部完成，安装质量应符合设计文件和规范的有关规定，且试压前的各项准备工作应已完成。

1）一般规定

（1）压力试验应以液体为试验介质。当管道的设计压力小于或等于 0. 6 MPa 时，也可采用气体为试验介质，但应采取有效的安全措施。

（2）脆性材料严禁使用气体进行压力试验。压力试验温度严禁接近金属材料的脆性转变温度。

（3）当进行压力试验时，应划定禁区，无关人员不得进入。

（4）试验过程中发现泄漏时，不得带压处理。消除缺陷后应重新进行试验。

（5）试验结束后，应及时拆除盲板、膨胀节临时约束装置。试验介质的排放应符合安全、环保要求。

（6）压力试验完毕，不得在管道上进行修补或增添物件。当在管道上进行修补或增添物件时，应重新进行压力试验。经设计或建设单位同意，对采取预防措施并能保证结构完好的小修补或增添物件，可不重新进行压力试验。

（7）压力试验合格后，应填写"管道系统压力试验和泄漏性试验记录"。

2）替代试验

（1）对 GC3 级管道，经设计和建设单位同意，可在试车时用管道输送的流体进行压力试验。输送的流体是气体或蒸汽时，压力试验前应按有关规定进行预试验。

（2）当管道的设计压力大于 0.6 MPa，设计和建设单位认为液压试验不切实际时，可采用气压试验来代替液压试验。

（3）经设计和建设单位同意，也可用液压–气压试验代替气压试验。

（4）现场条件不允许进行管道液压和气压试验时，可同时采用无损检测、管道系统柔性分析和泄漏试验代替压力试验，但应经建设单位和设计单位同意。替代方法如下：所有环向、纵向对接焊缝和螺旋焊焊缝，应进行 100% 射线检测或 100% 超声检测；其余的所有焊缝（包括管道支承件与管道组成件连接的焊缝），应进行 100% 的渗透检测或 100% 的磁粉检测；应由设计单位进行管道系统的柔性分析；管道系统应采用敏感气体或浸入液体的方法进行泄漏试验，试验要求应在设计文件中明确规定；未经液压试验和气压试验的管道焊缝及法兰密封部位，生产车间可配备相应的预保压密封夹具。

3）液压试验

（1）液压试验应使用洁净水。当对不锈钢、镍及镍合金管道，或对连有不锈钢、镍及镍合金管道或设备的管道进行试验时，水中氯离子含量不得超过 25 mg/L。也可采用其他无毒液体进行液压试验。当采用可燃液体介质进行试验时，其闪点不得低于 50 ℃，并应采取安全防护措施。

（2）试验前，注入液体时应排尽空气。

（3）试验时，环境温度不宜低于 5 ℃。当环境温度低于 5 ℃时，应采取防冻措施。

（4）承受内压的地上钢管道及有色金属管道试验压力应为设计压力的 1.5 倍。埋地钢管道的试验压力应为设计压力的 1.5 倍，并不得低于 0.4 MPa。

（5）当管道的设计温度高于试验温度时，应校核管道在试验压力条件下的应力，试验压力应按下式计算：

$$p_T = 1.5p[\sigma]_T/[\sigma]^t$$

式中　　p_T——试验压力（表压），MPa；

　　　　p——设计压力（表压），MPa；

　　　$[\sigma]_T$——试验温度下，管材的许用应力，MPa，大于 6.5 时，取 6.5；

　　　$[\sigma]^t$——设计温度下，管材的许用应力，MPa。

当试验压力在试验温度下产生超过屈服强度的应力时，应将试验压力降至不超过屈服强度时的最大压力。

（6）当管道与设备作为一个系统进行试验，管道的试验压力等于或小于设备的试验压力时，应按管道的试验压力进行试验；当管道的试验压力大于设备的试验压力，并无法将管道与设备隔开，以及设备的试验压力大于上式计算的管道的试验压力的 77% 时，经设计或建设单位同意，可按设备的试验压力进行试验。

（7）承受内压的埋地铸铁管道的试验压力，当设计压力小于或等于 0.5 MPa 时，应为设计压力的 2 倍；当设计压力大于 0.5 MPa 时，应为设计压力加 0.5 MPa。

（8）对位差较大的管道，应将试验介质的静压计入试验压力中。液体管道的试验压力应以最高点的压力为准，最低点的压力不得超过管道组成件的承受力。

（9）对承受外压的管道，试验压力应为设计内外压力之差的 1.5 倍，并不得低于 0.2 MPa。

（10）夹套管内管的试验压力应按内部或外部设计压力的最高值确定。夹套管外管的试验压力除设计文件另有规定外，应按（5）的规定执行。

（11）液压试验应缓慢升压，待达到试验压力后稳压 10 min，再将试验压力降至设计压力稳压 30 min，应检查压力表无压降、管道所有部位无渗漏。

4）气压试验

（1）承受内压钢管及有色金属管的试验压力应为设计压力的 1.15 倍。真空管道的试验压力应为 0.2 MPa。

（2）试验介质应采用干燥洁净的空气、氮气或其他不易燃和无毒的气体。

（3）试验时应装有压力泄放装置，其设定压力不得高于试验压力的 1.1 倍。

（4）试验前应用空气进行预试验，试验压力宜为 0.2 MPa。

（5）试验时应缓慢升压，当压力升至试验压力的 50% 时，如未发现异状或泄漏，应继续按试验压力的 10% 逐级升压，每级稳压 3 min，直至试验压力。应在试验压力下稳压 10 min，再将压力降至设计压力，采用发泡剂检验应无泄漏，停压时间应根据查漏工作需要确定。

4. 泄漏性试验

泄漏性试验应按设计文件的规定进行，并应符合下列规定：

（1）对输送极度和高度危害流体以及可燃流体的管道，必须进行泄漏性试验。

（2）泄漏性试验应在压力试验合格后进行且试验介质宜采用空气。

（3）泄漏性试验压力应为设计压力。

（4）泄漏性试验应逐级缓慢升压，当达到试验压力停压 10 min 后，应巡回检查阀门填料函、法兰或螺纹连接处、放空阀、排气阀、排净阀等所有密封点，应以无泄漏为合格。

（5）真空系统在压力试验合格后，应按设计文件规定进行 24 h 的真空度试验，增压率不应大于 5%。

5. 硬度检验及其他检验

要求热处理的焊缝和管道组成件，热处理后应进行硬度检验。焊缝的硬度检验区域应包括焊缝和热影响区。对于异种金属的焊缝，两侧母材热影响区均应进行硬度检验。

如果需要进行管道焊缝金属的化学成分分析、焊缝铁素体含量测定、焊接接头金相检验、产品试件力学性能等检验，检验结果应符合国家现行有关标准和设计文件的规定。

（五）压力容器质量检验

压力容器质量检验主要包括外观检查、无损检测、耐压试验、泄漏试验等。

1. 外观检查

1）壳体和封头的外观与几何尺寸

壳体和封头的外观与几何尺寸的检查方法及其合格指标应符合设计图样和《固定式压力容器安全技术监察规程》(TSG 21）要求。

2）焊接接头的表面质量

（1）不得有表面裂纹、未焊透、未熔合、表面气孔、弧坑、未填满和肉眼可见的夹渣等缺陷。

（2）焊缝与母材应当圆滑过渡。

（3）角焊缝的外形应当凹形圆滑过渡。

（4）按照疲劳分析设计的压力容器，应当去除纵、环焊缝的余高，使焊缝表面与母材表面平齐。

（5）咬边及其他表面质量，应当符合设计图样和本规程引用标准的规定。

2. 无损检测

压力容器的无损检测方法包括射线、超声、磁粉、渗透和涡流检测等。

压力容器制造单位或者无损检测机构应当根据设计图样要求和《承压设备无损检测》(NB/T 47013.1 ~ 47013.13）的规定制定压力容器的无损检测工艺。压力容器的对接接头应当采用射线检测或者超声检测，有色金属制压力容器对接接头应当优先采用 X 射线检测；管座角焊缝、管子管板焊接接头、异种钢焊接接头、具有再热裂纹倾向或者延迟裂纹倾向的焊接接头应当进行表面检测；铁磁性材料制压力容器焊接接头的表面检测应当优先采用磁粉检测。

3. 耐压试验

压力容器制成后，应当进行耐压试验。耐压试验分为液压试验、气压试验以及气液组合压力试验三种。耐压试验前，应编制试压方案及安全措施，试压前应进行试验条件确认。试压时不得超压。

1）耐压试验压力

耐压试验压力应当符合设计图样要求，并且不小于下式的计算值。

$$p_T = \eta p \frac{[\sigma]}{[\sigma]^t}$$

式中　　p_T——耐压试验压力，MPa；

　　　　η——耐压试验压力系数，按照表 5 – 7 选用；

　　　　p——压力容器的设计压力或者压力容器铭牌上规定的最大允许工作压力（对在用压力容器为工作压力），MPa；

　　　[σ]——试验温度下材料的许用应力（或者设计应力强度），MPa；

$[\sigma]^{t}$——设计温度下材料的许用应力（或者设计应力强度），MPa。

压力容器各元件（圆筒、封头、接管、法兰等）所用材料不同时，计算耐压试验压力应当取各元件材料 $[\sigma]/[\sigma]^{t}$ 比值中最小者。

表 5-7 耐压试验压力系数 η

压力容器的材料	压 力 系 数 η	
	液（水）压	气压、气液组合
钢和有色金属	1.25	1.10
铸铁	2.00	—

注：本表摘自《固定式压力容器安全技术监察规程》（TSG 21）。

如果采用高于以上耐压试验压力时，应当按照相关规定对壳体进行强度校核。

2）耐压试验前的准备工作

（1）耐压试验前，压力容器各连接部位的紧固螺栓应当装配齐全，紧固妥当。

（2）试验用压力表应当符合《固定式压力容器安全技术监察规程》（TSG 21）的有关规定，并且至少采用两个量程相同且经过校验的压力表，试验用压力表应当安装在被试验压力容器顶部便于观察的位置。

（3）耐压试验时，压力容器上焊接的临时受压元件应当采取适当的措施，保证其强度和安全性。

（4）耐压试验场地应当有可靠的安全防护设施，并且经过单位技术负责人和安全管理部门检查认可。

3）耐压试验通用要求

（1）保压期间不得采用连续加压来维持试验压力不变，耐压试验过程中不得带压紧固螺栓或者向受压元件施加外力。

（2）耐压试验过程中，不得进行与试验无关的工作，无关人员不得在试验现场停留。

（3）压力容器进行耐压试验时，监检人员应当到现场进行监督检验。

（4）耐压试验后，由于焊接接头或者接管泄漏而进行返修的，或者返修深度大于 1/2 厚度的压力容器，应当重新进行耐压试验。

4）液压试验

（1）液压试验要求如下：

① 凡在试验时，不会导致发生危险的液体，在低于其沸点的温度下，都可用做液压试验介质；当采用可燃性液体进行液压试验时，试验温度应当低于可燃性液体的闪点，试验场地附近不得有火源，并且配备适用的消防器材。

② 以水为介质进行液压试验时，水质应当符合设计图样和规程引用标准的要求，试验合格后应当立即将水渍去除干净。

③ 压力容器中应当充满液体，滞留在压力容器内的气体应当排净，压力容器外表面应当保持干燥。

④ 当压力容器器壁金属温度与液体温度接近时，才能缓慢升压至设计压力，确认无

泄漏后继续升压到规定的试验压力，保压足够时间；然后降至设计压力，保压足够时间进行检查，检查期间压力应当保持不变。

⑤ 液压试验时，试验温度（容器器壁金属温度）应当比容器器壁金属无延性转变温度高 30 ℃，或者按照规程引用标准的规定执行；如果由于板厚等因素造成材料无延性转变温度升高，则需相应提高试验温度。

⑥ 换热压力容器液压试验程序按照规程引用标准的规定。

⑦ 新制造的压力容器液压试验完毕后，应当用压缩空气将其内部吹干。

（2）液压试验合格标准。进行液压试验的压力容器，符合以下条件为合格：

① 无渗漏。

② 无可见的变形。

③ 试验过程中无异常的响声。

5）气压试验

由于结构或者支承原因，不能向压力容器内充灌液体，以及运行条件不允许残留试验液体的压力容器，可按照设计图样规定采用气压试验。

（1）气压试验要求如下：

① 试验所用气体应当为干燥洁净的空气、氮气或者其他惰性气体。

② 气压试验时，试验温度（容器器壁金属温度）应当比容器器壁金属无延性转变温度高 30 ℃，或者按照规程引用标准的规定执行；如果由于板厚等因素造成材料无延性转变温度升高，则需相应提高试验温度。

③ 气压试验时，试验单位的安全管理部门应当派人进行现场监督。

④ 气压试验时，应当先缓慢升压至规定试验压力的 10%，保压足够时间，并且对所有焊缝和连接部位进行初次检查；如无泄漏可继续升压到规定试验压力的 50%；如无异常现象，其后按照规定试验压力的 10% 逐级升压，直到试验压力，保压足够时间；然后降至设计压力，保压足够时间进行检查，检查期间压力应当保持不变。

（2）气压试验合格要求。气压试验过程中，压力容器无异常响声，经过肥皂液或者其他检漏液检查无漏气，无可见的变形即为合格。

6）气液组合压力试验

对因承重等原因无法注满液体的压力容器，可根据承重能力先注入部分液体，然后注入气体，进行气液组合压力试验。

4. 泄漏试验

1）压力容器需要进行泄漏试验的条件

耐压试验合格后，对于介质毒性程度为极度、高度危害或者设计上不允许有微量泄漏的压力容器，应当进行泄漏试验；设计图样要求作气压试验的压力容器，是否需要再作泄漏试验，依据设计图样上的规定要求。

2）泄漏试验种类

泄漏试验根据试验介质的不同，分为气密性试验以及氨检漏试验、卤素检漏试验和氦检漏试验等。试验方法的选择，可按照设计图样和《固定式压力容器安全技术监察规程》（TSG 21）及引用标准要求执行。

（六）施工监理

1. 工程建设监理机构

化工工程建设项目应根据国家及行业有关建设监理的规定实施建设监理。从事化工建设工程监理的单位应经国家相关部门批准，取得化工石油工程监理资质，并严格按资质等级承揽工程监理业务。

2. 施工过程中的质量监理

（1）工程质量控制必须严格执行工程建设标准强制性条文，符合设计文件的要求，满足施工承包合同约定的质量目标。工程质量控制应以预防为主，监检结合，通过见证、巡视、旁站、抽查和平行检验等手段进行各工序的质量监督检查。

（2）总监理工程师应安排监理人员对施工过程进行巡视和检查。对隐蔽工程的隐蔽过程、下道工序施工完成后难以检查的重点部位，专业监理工程师应安排监理员进行旁站。

（3）当承包单位对已批准的施工组织设计（方案）进行调整、补充或变动时，应经专业监理工程师审查，并应由总监理工程师签署。专业监理工程师应要求承包单位报送关键部位、关键工序的施工工艺和确保工程质量的措施，审核同意后予以签认。

（4）当承包单位采用新材料、新工艺、新技术、新设备时，专业监理工程师应要求承包单位报送相应的施工工艺措施和证明材料，组织专题论证，经审定后予以签认。项目监理机构应对承包单位在施工过程中报送的施工测量放线成果进行复验和确认。

（5）专业监理工程师应对承包单位报送的拟进场工程材料、构配件和设备的工程材料/构配件/设备报审表及其质量证明资料进行审核，并对进场的实物按照委托监理合同约定或有关工程质量管理文件规定的比例采用平行检验或见证取样方式进行抽检。项目监理机构应定期检查承包单位的直接影响工程质量的计量、检验和试验设备的技术状况。

（6）专业监理工程师应根据承包单位报送的隐蔽工程报验申请表和自检结果进行现场检查，符合要求予以签署。对未经监理人员验收或验收不合格的工序，监理人员应拒绝签认，并要求承包单位严禁进行下一道工序的施工。

（7）专业监理工程师应对承包单位报送的分项工程质量验收资料进行审核，符合要求后予以签署；总监理工程师应组织监理人员对承包单位报送的分部工程和单位工程质量验收资料进行审核和现场检查，符合要求后予以签认。

（8）对施工过程中出现的质量缺陷，专业监理工程师应及时下达监理工程师通知单，要求承包单位纠正，经检查合格后在监理工程师通知回复单上签认。

（9）设备试运转前，专业监理工程师应检查落实试运转各项准备工作，设备试运转应符合规范要求。专业监理工程师应参与单机试车，对单机试车各项指标进行考核并予以确认。

（10）监理人员发现施工存在重大质量隐患，可能造成质量事故或已经造成质量事故时，应通过总监理工程师及时下达工程暂停令，要求承包单位停工纠正。纠正完毕并经监理人员复查，符合规定要求后，总监理工程师应及时签署工程复工报审表。总监理工程师下达工程暂停令和签署工程复工报审表，宜事先向建设单位报告。

（11）对需要返工处理或加固补强的质量事故，总监理工程师应责令承包单位报送质量事故调查报告和经设计等相关单位认可的处理方案，项目监理机构应在工程质量事故处理方案报审表上签署审查意见并对质量事故的处理过程和处理结果进行跟踪检查和验收。

（12）总监理工程师应及时向建设单位及本监理单位提交有关质量事故的书面报告，并应将完整的质量事故处理记录整理归档。

3. 中间交接和工程交工验收监理

（1）对"三查四定"中查出的工程质量隐患，总监理工程师应组织承包单位制定切实可行的纠正措施，并安排专业监理工程师对纠正过程进行跟踪检查和验收。总监理工程师应组织专业监理工程师对承包单位质量验评收资料进行审查签认。验收资料应内容齐全，施工质量指标应符合规范要求。

（2）工程项目达到中间交接条件，承包单位向项目监理机构申请工程中间交接。总监理工程师应组织专业监理工程师对工程项目进行全面检查，核实是否具备中间交接条件。

（3）项目监理机构应参加建设单位（使用单位）组织的工程中间交接，并在工程中间交接证书上会签。

（4）工程中间交接后，项目监理机构应及时按相关规定要求审查承包单位提交的交工技术文件，审查合格后提交建设单位，并在工程交工证书上会签。

第六章　化工事故应急管理及救援

第一节　危险化学品事故类型与特点

一、危险化学品事故类型

（一）危险化学品事故大分类

化工企业的原料、中间体和产品大多是危险化学品，发生的事故中人员伤亡和财产损失比较大的大多是危险化学品事故。根据危险化学品的易燃易爆、有毒、腐蚀等危险特性，以及危险化学品事故定义的研究，将危险化学品事故的类型分为6类：

（1）危险化学品火灾事故。

（2）危险化学品爆炸事故。

（3）危险化学品中毒和窒息事故。

（4）危险化学品灼伤事故。

（5）危险化学品泄漏事故。

（6）其他危险化学品事故。

（二）危险化学品事故小分类

上述6类危险化学品事故可分为若干小类，具体分类如下：

（1）危险化学品火灾事故：指燃烧物质主要是危险化学品的火灾事故。具体又分若干小类，包括易燃液体火灾、易燃固体火灾、自燃物品火灾、遇湿易燃物品火灾、其他危险化学品火灾。易燃液体火灾往往发展到爆炸事故，造成重大的人员伤亡。单纯的液体火灾一般不会造成重大的人员伤亡。由于大多数危险化学品在燃烧时会放出有毒气体或烟雾，因此危险化学品火灾事故中，人员伤亡的原因往往是中毒和窒息。

（2）危险化学品爆炸事故：指危险化学品发生化学反应的爆炸事故或液化气体和压缩气体的物理爆炸事故。具体又分若干小类，包括爆炸品的爆炸，易燃固体、自燃物品、遇湿易燃物品的火灾爆炸，易燃液体的火灾爆炸，易燃气体爆炸，危险化学品产生的粉尘、气体、挥发物的爆炸，液化气体和压缩气体的物理爆炸，其他化学反应爆炸。

（3）危险化学品中毒和窒息事故：指人体吸入、食入或接触有毒有害化学品或者化学品反应的产物，而导致的中毒和窒息事故。具体又分若干小类，包括吸入中毒事故（中毒途径为呼吸道）、接触中毒事故（中毒途径为皮肤、眼睛等）、误食中毒事故（中毒途径为消化道）、其他中毒和窒息事故。

（4）危险化学品灼伤事故：指腐蚀性危险化学品意外地与人体接触，在短时间内即在人体被接触表面发生化学反应，造成明显破坏的事故。腐蚀品包括酸性腐蚀品、碱性腐蚀品和其他不显酸碱性的腐蚀品。化学品灼伤与物理灼伤（如火焰烧伤、高温固体或液体烫伤等）不同。物理灼伤是高温或低温造成的伤害，使人体立即感到强烈的疼痛，人体肌肤会本能地立即避开。化学品灼伤有一个化学反应过程，开始并不感到疼痛，要经过几分钟、几小时甚至几天才表现出严重的伤害，并且伤害还会不断地加深。因此，化学品灼伤比物理灼伤危害更大。

（5）危险化学品泄漏事故：指气体或液体危险化学品发生了一定规模的泄漏，虽然没有发展成为火灾、爆炸或中毒事故，但造成了严重的财产损失或环境污染等后果的危险化学品事故。危险化学品泄漏事故一旦失控，往往造成重大火灾、爆炸或中毒事故。

（6）其他危险化学品事故：指不能归入上述 5 类危险化学品事故的危险化学品事故。主要指危险化学品的险肇事故（未遂事故），即危险化学品发生了人们不希望的意外事件，如危险化学品罐体倾倒、车辆倾覆等，但没有发生火灾、爆炸、中毒和窒息、灼伤、泄漏等事故。

二、危险化学品事故特点

（1）突发性强，不易控制。突发危险化学品灾害事故的发生原因多且复杂，如操作不当、设备故障、交通事故等。事先没有明显预兆，往往使人猝不及防，如果不能及时控制，极易酿成灾难性后果。

（2）后果惨重，经济损失巨大。危险化学品事故如果不能及早控制，极易酿成灾难性后果，造成惨重的人员伤亡和巨大的经济损失，特别是有毒气体的大量意外泄漏的灾难性中毒事故，以及爆炸品或易燃易爆气体液体的灾难性爆炸事故等。

（3）具有延时性。危险化学品中毒的后果，有的在当时并没有明显地表现出来，而是在几个小时甚至几天以后症状才显现出来，甚至危及生命。

（4）污染环境，破坏严重，且具有长期性。危险化学品不仅可对现场人员造成灼伤、中毒等伤害，而且还会污染大气、土壤、水体、建筑物、设备，很多事故发生后，对现场的彻底洗消困难，导致残留物在较长时间内危害污染区生态环境。

（5）救援难度大，专业性强。由于救援现场情况复杂，存在高温、高压、有毒、剧毒等危险，同时受到风向、能见度、空间狭窄等不利因素影响，使得侦察、救人、灭火、堵漏、洗消等难度加大，风险增加。

由于危险化学品事故的后果严重，做好危险化学品应急救援工作非常重要。一旦发生化工事故，及时采取应急救援，可有效地控制紧急事件的发生与扩大，减少损失。

第二节　化工事故应急救援

一、应急准备

易燃易爆物品、危险化学品等危险物品的生产、经营、储存、运输企业应依据《生产安全事故应急条例》（国务院令第 708 号）的规定，建立应急救援队伍，小型企业或者微型企业可以不建立应急救援队伍，但应当指定兼职的应急救援人员，并且可以与邻近的应急救援队伍签订应急救援协议。

企业应开展风险评估，依据《生产过程危险和有害因素分类与代码》（GB/T 13861）、《危险化学品重大危险源辨识》（GB 18218）、《职业病危害因素分类目录》（国卫疾控发〔2015〕92 号）等辨识各种安全风险，运用定性和定量分析、历史数据、经验判断、案例比对、归纳推理、情景构建等方法，分析事故发生的可能性、事故形态及其后果，评价各种后果的危害程度和影响范围。企业应依据风险评估结果和《突发事件应急预案管理办法》、《生产安全事故应急预案管理办法》、《生产经营单位生产安全事故应急预案编制导则》（GB/T 29639）的规定编制化工生产安全事故应急预案（综合应急预案、专项应急预案和现场处置方案）。应急预案经评审或者论证后，由本单位主要负责人签署，向本单位从业人员公布，并及时发放到本单位有关部门、岗位和相关应急救援队伍。事故风险可能影响周边其他单位、人员的，生产经营单位应当将有关事故风险的性质、影响范围和应急防范措施告知周边的其他单位和人员。应急预案应按规定向应急管理部门和其他负有安全生产监督管理职责的部门进行备案。企业应按照规定进行应急预案培训和应急演练。

企业应依据《危险化学品单位应急救援物资配备要求》（GB 30077）的规定配备应急物资。企业应依据《危险化学品企业生产安全事故应急准备指南》（应急厅〔2019〕62 号）的要求，遵循安全生产应急工作规律，依法依规，结合实际，在风险评估基础上，针对可能发生的生产安全事故特点和危害，持续开展应急准备工作。

二、化工事故应急处置方法选择原则

化工事故现场中，化学品对人体可能造成的伤害为中毒、窒息、化学灼伤、烧伤、冻伤等。因此，根据不同伤害情况，应采用不同的应急处置方法。

三、化工事故应急救援的准备与实施

化工事故应急救援准备工作，主要做好组织机构、人员、装备三落实，并制定切实可行的工作制度，使救援的各项工作达到规范化管理。

（一）化工事故应急救援的准备

在化工事故应急救援中，组织机构设置及其主要职责如下：

（1）应急救援指挥中心（办公室）：主要组织和指挥化工事故应急救援工作。平时组织编制应急救援专家队伍和救援专业队伍的组织、培训与演练；开展对群众进行自救和互救知识的宣传和安全教育；会同有关部门做好应急救援的装备、器材物资、经费的管理和使用；对化工事故进行调查，公布事故通报。

（2）应急救援专家组：在化工事故应急救援行动中，对化工事故危害进行预测，为救援的决策提供依据和方案。平时应做好调查与研究，当好领导参谋。

（3）应急救护站（队）：在事故发生后，尽快赶赴事故现场，设立现场医疗急救站，对伤员进行分类和急救处理，并及时向后方医院转送。对其他救援人员进行医学监护，以及为现场救援指挥机构提供医学咨询。平时应加强技术培训和急救准备。

（4）应急救援专业队：在应急救援行动中，各救援队伍应在做好自身防护的基础上，快速实施救援。侦检队应尽快地测定出事故的危害区域，检测化学危险物品的性质及危害程度。工程救援队应尽快堵住毒源，做好毒物的清消工作，并将伤员救出危险区域和组织群众撤离、疏散。凡从事危险化学品作业的企业均应建立本单位的应急救援组织机构，明确救援执行部门和专用电话，制定救援协作网，疏通纵横关系，以提高应急救援行动中协同作战的效能，便于做好事故自救。在没有设置应急救援机构的企业和区域，一旦发生事故，当地主要领导应组织公安、消防救援、卫生、环保、交通等部门成立紧急救援指挥部实施救援。

医疗急救器械和急救药品的选配应根据需要，有针对性地加以配置。急救药品特别是特殊解毒药品的配备，应根据当地化学毒物的种类备好一定的数量。为便于紧急调用，需编制化工事故医疗急救器械和急救药品的配备标准，以便按标准合理配置。

一般而言，化工事故的现场应急需要用以下器材和装备：工程抢险、堵漏等专业设备、急救器材和药品、防护用品、急救车辆、急救通信工具。

一般急救器材包括扩音话筒、照明工具、帐篷、雨具、安全区指示标志、急救医疗点及风向标、检伤分类标志、担架等。

常规与特殊急救器材包括简易手术床和麻醉用品、氧气、便携式吸引器、雾化器、呼吸气囊或呼吸机、口对口呼吸管、心脏按压泵、气管内导管、喉镜、各种穿刺针、静脉导管、胃管、导尿管、听诊器、血压计、温度计、压舌板、张口器等。

急救药品包括肾上腺素、去甲肾上腺素、异丙肾上腺素、杜冷丁、吗啡、硝酸甘油等。

特殊解毒剂包括根据各种毒物配置不同的特殊解毒剂，如亚甲蓝、亚硝酸异戊酯、硫代硫酸钠、4－二甲氨基苯酚（4－DMAP）、阿托品、氯磷定等。

（二）化工事故应急救援的实施

化工事故应急救援工作的组织与实施好坏直接关系到整个救援工作的成败。在错综复杂的救援工作中，组织工作显得更为重要。有条不紊的组织是实施应急救援的基本保证。化工事故应急救援的实施可按以下基本步骤进行。

1. 接报与通知

准确了解事故性质和规模等初始信息，是决定启动应急救援的关键，是实施救援工作的第一步，对成功实施救援起到重要的作用。接报作为应急救援的第一步，必须对接报与通知要求作出明确规定。

（1）应明确24 h报警电话，建立接报与事故通报程序。

（2）列出所有的通知对象及电话，将事故信息及时按对象及电话清单通知。

（3）接报人员一般由总值班担任。接报人员必须掌握以下情况：

① 报告人姓名、单位部门和联系电话。

② 事故发生的时间、地点、事故单位、事故原因、主要危害物质、事故性质（毒物外溢、爆炸、燃烧）、危害波及范围和程度。

③ 对救援的要求，同时做好电话记录。

（4）接报人员在掌握基本事故情况后，立即通告企业领导层，报告事故情况，并按救援程序，派出救援队伍。

（5）保持与急救队伍的联系，并视事故发展状况，必要时派出后继梯队给予增援。

（6）向上级有关部门报告，通报信息内容如下：

① 已发生事故或泄漏的企业名称和地址。

② 通报人的姓名和电话号码。

③ 泄漏化学物质名称，该物质是否为极度危害物质。

④ 泄漏时间或预期持续时间。

⑤ 实际泄漏量或估算泄漏量，是否会产生企业外效应，可能对社会的危害程度。

⑥ 泄漏发生的介质。

⑦ 已知或预期事故的急性或慢性健康危害和关于接触人员的医疗建议及防护措施。

⑧ 应该或已采取的应急救援措施。

⑨ 是否要求社会救援及有关建议。

⑩ 其他，如风向、风速等气象条件等。

2. 设立现场救援指挥部和医疗急救点

在化工事故发生现场，应尽快设立现场救援指挥部和医疗急救点，位置宜在上风处，交通较便利、畅通的区域，能保证水、电供应，并有醒目的标志，方便救援人员和伤员识别，悬挂的旗帜应用轻质面料制作，以便救援人员随时掌握现场风向。

3. 报到

各救援队伍进入救援现场后，向现场指挥部报到。其目的是接受任务，了解现场情况，便于统一实施救援工作。

4. 救援

进入现场的救援队伍要尽快按照各自的职责和任务开展工作，尽力做到"快速、合理、高效"。

（1）现场救援指挥要尽快地开通通信网络，迅速查明事故原因、危险化学品种类和危害程度；征求专家意见，制定救援方案；指挥救援行动；随时向上级有关部门汇报事故进展，并接受社会支援。

（2）侦检队应快速检测化学危险物品的性质和危害程度，为测定或推算出事故的危害区域提供有关数据。

（3）工程救援队应尽快堵住毒源，将伤员救离危险区域，协助做好群众的组织撤离和疏散，做好毒物的清消工作。

（4）现场急救医疗队应尽快将伤员就地简易分类，按类急救和做好安全转送。同时应对救援人员进行医学监护，并为现场救援指挥部提供医学咨询。

（5）救援结束指应急救援工作结束后，离开现场或救援后的临时性转移。在救援行动中应随时注意气象和事故发展的变化，一旦发现所处的区域受到污染或将被污染时，应立即向安全区转移，在转移过程中应注意安全，保持与救援指挥部和各救援队的联系。救援工作结束后，各救援队撤离现场以前须取得现场指挥部的同意。撤离前要做好现场的清理工作，并注意安全。

四、化工事故的现场急救

进行急救时，不论患者还是救援人员都需要进行适当的防护。特别是把患者从严重污染的场所救出时，救援人员必须加以预防，避免成为新的受害者。

1. 现场急救的注意事项

（1）应将受伤人员小心地从危险的环境转移到安全的地点。

（2）必须注意安全防护，备好防毒面罩和防护服。

（3）随时注意现场风向的变化，做好自身防护。

（4）进入污染区前，必须戴好防毒面罩、穿好防护服，并应以 2～3 人为一组，集体行动，互相照应。

（5）带好通信联系工具，随时保持通信联系。

（6）所用的救援器材必须是防爆的。

（7）急救处理程序化，可采取如下步骤：除去伤病员污染衣物—冲洗—共性处理—个性处理—转送医院。

（8）处理污染物，要注意对伤员污染衣物的处理，防止发生继发性损害。

2. 一般伤员的急救原则

（1）置神志不清的病员于侧位，防止气道梗阻，呼吸困难时给予氧气吸入；呼吸停止时立即进行人工呼吸；心脏停止者立即进行胸外心脏按压。

（2）皮肤污染时，脱去污染的衣服，用流动清水冲洗；头面部灼伤时，要注意眼、耳、鼻、口腔的清洗。

（3）眼睛污染时，立即提起眼睑，用大量流动清水彻底冲洗至少 15 min。

（4）当人员发生冻伤时，应迅速复温。复温的方法是采用 40～42 ℃恒温热水浸泡，使其在 15～30 min 内温度提高至接近正常。在对冻伤的部位进行轻柔按摩时，应注意不要将伤处的皮肤擦破，以防感染。

（5）当人员发生烧伤时，应迅速将患者衣服脱去，用水冲洗降温，用清洁布覆盖创伤面，避免伤面污染；不要任意把水疱弄破。患者口渴时，可适量饮水或含盐饮料。

（6）口服者，可根据物料性质，对症处理；有必要时进行洗胃。

（7）经现场处理后，应迅速护送至医院救治。

五、化工事故的处理方法

（一）火灾事故处理方法

危险化学品容易发生火灾、爆炸事故，但不同的化学品以及在不同情况下发生火灾时，其扑救方法差异很大，若处置不当，不仅不能有效扑灭火灾，反而会使灾情进一步扩大。此外，由于化学品本身及其燃烧产物大多具有较强的毒害性和腐蚀性，极易造成人员中毒、灼伤。因此，扑救化学危险品火灾是一项极其重要又非常危险的工作。

从事化学品生产、使用、储存、运输的人员和消防救护人员应熟悉和掌握化学品的主要危险特性及其相应的灭火措施，并定期进行防火演习，加强紧急事态时的应变能力。一旦发生火灾，每个职工都应清楚地知道他们的作用和职责，掌握有关消防设施、人员的疏散程序和危险化学品灭火的特殊要求等内容。

扑救化学品火灾时应注意，灭火人员不应单独灭火，出口应始终保持清洁和畅通，要选择正确的灭火剂，考虑人员的安全。

扑救危险化学品火灾决不可盲目行动，应针对每一类化学品，选择正确的灭火剂和灭火方法来安全地控制火灾。化学品火灾的扑救应由专业消防队来进行，其他人员不可盲目行动，待消防队到达后，介绍物料介质，配合扑救。根据不同的类型火灾，应采用不同的扑救方法。

1. 扑救初期火灾的基本方法

（1）迅速关闭火灾部位的上下游阀门，切断进入火灾事故地点的一切物料。

（2）在火灾尚未扩大到不可控制之前，应使用移动式灭火器或现场其他各种消防设备、器材扑灭初期火灾和控制火源。

2. 扑救压缩或液化气体火灾的基本方法

压缩或液化气体总是被储存在不同的容器内，或通过管道输送。其中，储存在较小钢瓶内的气体压力较高，受热或受火焰熏烤容易发生爆裂。气体泄漏后遇火源已形成稳定燃烧时，其发生爆炸或再次爆炸的危险性与可燃气体泄漏未燃时相比要小得多。遇压缩或液化气体火灾，一般应采取以下基本对策：

（1）扑救气体火灾切忌盲目扑灭火势，在没有采取堵漏措施的情况下，必须保持稳定燃烧；否则，大量可燃气体泄漏出来与空气混合，遇到火源就会发生爆炸，后果将不堪设想。

（2）首先应扑灭外围被火源引燃的可燃物火势，切断火势蔓延途径，控制燃烧范围，并积极抢救受伤和被困人员。

（3）如果火势中有受到火焰辐射热威胁的压力容器，能疏散的应尽量在水枪的掩护下疏散到安全地带，不能疏散的应部署足够的水枪进行冷却保护。为防止容器爆裂伤人，进行冷却的人员应尽量采用低姿射水或利用现场坚实的掩蔽体防护。对卧式贮罐，冷却人员应选择贮罐四侧角作为射水阵地。

（4）如果是输气管道泄漏着火，应设法找到气源阀门。阀门完好时，只要关闭气体的进出阀门，火势就会自动熄灭。

（5）贮罐或管道泄漏关阀无效时，应根据火势判断气体压力和泄漏口的大小及其形状，准备好相应的堵漏材料（如软木塞、橡皮塞、气囊塞、黏合剂、弯管工具等）。

（6）堵漏工作准备就绪后，即可用水扑救火情，也可用干粉、二氧化碳、卤代烷灭火，但仍需用水冷却烧烫的罐或管壁。火扑灭后，应立即用堵漏材料堵漏，同时用雾状水稀释和驱散泄漏出来的气体。如果确认泄漏口非常大，根本无法堵漏，只需冷却着火容器及其周围容器和可燃物品，控制着火范围，直到燃气燃尽，火势自动熄灭。

（7）现场指挥应密切注意各种危险征兆，遇有火势熄灭后较长时间未能恢复稳定燃烧或受热辐射的容器安全阀火焰变亮耀眼、尖叫、晃动等爆裂征兆时，指挥员必须适时作出准确判断，及时下达撤退命令。现场人员看到或听到事先规定的撤退信号后，应迅速撤退至安全地带。

3. 扑救易燃液体的基本方法

易燃液体通常也是贮存在容器内或管道内输送的。与气体不同的是，液体容器有的密闭，有的敞开，一般都是常压，只有反应锅（炉、釜）及输送管道内的液体压力较高。液体不管是否着火，如果发生泄漏或溢出，都将顺着地面（或水面）流淌漂散，而且，易燃液体还有比重和水溶性等涉及能否用水和普通泡沫扑救的问题，以及危险性很大的沸溢和喷溅问题，因此，扑救易燃液体火灾往往也是一场艰难的战斗。遇易燃液体火灾，一般应采用以下基本对策：

（1）首先应切断火势蔓延的途径，冷却和疏散受火势威胁的压力及密闭容器和可燃物，控制燃烧范围，并积极抢救受伤和被困人员。如有液体流淌时，应筑堤（或用围油栏）拦截流淌漂散的易燃液体或挖沟导流。

（2）及时了解和掌握着火液体的品名、比重、水溶性、毒性、腐蚀、沸溢、喷溅等危险性，以便采取相应的灭火和防护措施。

（3）对较大的贮罐或流淌火灾，应准确判断着火面积和液体性质，采取相应灭火措施。

小面积（一般 50 m² 以内）液体火灾，一般可用雾状水扑灭，用泡沫、干粉、二氧化碳、卤代烷灭火剂一般更有效。

大面积液体火灾必须根据其相对密度（比重）、水溶性和燃烧面积大小，选择正确的灭火剂扑救。

比水轻又不溶于水的液体（如汽油、苯等），用直流水、雾状水灭火往往无效，可用普通蛋白泡沫或轻水泡沫灭火。用干粉、卤代烷扑救时，灭火效果要视燃烧面积大小和燃烧条件而定，最好用水冷却罐壁。

比水重又不溶于水的液体（如二硫化碳）起火时可用水扑救，水能覆盖在液面上灭火，用泡沫也有效。用干粉、卤代烷扑救时，灭火效果要视燃烧面积大小和燃烧条件而定，最好用水冷却罐壁。

具有水溶性的可燃液体（如醇类、酮类等），虽然从理论上讲能用水稀释扑救，但用此法要使液体闪点消失，水必须在溶液中占很大的比例。这不仅需要大量的水，也容易使液体溢出流淌，而普通泡沫又会受到水溶性液体的破坏（如果普通泡沫强度加大，可以减弱火势），因此，最好用抗溶性泡沫扑救。用干粉、卤代烷扑救时，灭火效果要视燃烧面积大小和燃烧条件而定，也需用水冷却盛装可燃液体的罐壁。

（4）扑救毒害性、腐蚀性或燃烧产物毒害性较强的易燃液体火灾，扑救人员必须佩戴防护面具，采取防护措施。

（5）扑救原油和重油等具有沸溢和喷溅危险的液体火灾，如有条件，可采用切水、搅拌等防止发生沸溢和喷溅的措施，在灭火同时必须注意计算可能发生沸溢、喷溅的时间和观察是否有沸溢、喷溅的征兆。指挥员发现危险征兆时应迅即作出准确判断，及时下达撤退命令，避免造成扑救人员伤亡和装备损失。扑救人员看到或听到统一撤退信号后，应立即撤至安全地带。

（6）遇易燃液体管道或贮罐泄漏着火，在切断蔓延途径把火势限制在一定范围内的同时，对输送管道应设法找到并关闭进出阀门。如果管道阀门已损坏或是贮罐泄漏，应迅速准备好堵漏材料，然后先用泡沫、干粉、二氧化碳或雾状水等扑灭地上的流淌火焰，为堵漏扫清障碍，再扑灭泄漏口的火焰，并迅速采取堵漏措施。与气体堵漏不同的是，液体一次堵漏失败，可连续堵几次，用泡沫覆盖地面，并堵住液体流淌和控制好周围的着火源。

4. 扑救爆炸物品火灾的基本方法

爆炸物品一般都有专门或临时的储存仓库。这类物品由于内部结构含有爆炸性基因，受摩擦、撞击、震动、高温等外界因素激发，极易发生爆炸，遇明火则更危险。遇爆炸物品火灾，一般应采取以下基本对策：

（1）迅速判断和查明再次发生爆炸的可能性和危险性，紧紧抓住爆炸后和再次发生爆炸之前的有利时机，采取一切可能的措施，全力制止再次爆炸的发生。

（2）切忌用沙土盖压，以免增强爆炸物品爆炸时的威力。

（3）如果有疏散可能，人身安全上确有可靠保障，应迅即组织力量及时疏散着火区域周围的爆炸物品，使着火区域周围形成一个隔离带。

（4）扑救爆炸物品堆垛时，水流应采用吊射，避免强力水流直接冲击堆垛，以免堆垛倒塌引起再次爆炸。

（5）灭火人员应尽量利用现场现成的掩蔽体或尽量采用卧姿等低姿射水，尽可能地采取自我保护措施。消防车辆不要停靠离爆炸物品太近的水源。

（6）灭火人员发现有发生再次爆炸的危险时，应立即向现场指挥报告，现场指挥应迅即作出准确判断，确有发生再次爆炸征兆或危险时，应立即下达撤退命令。灭火人员看到或听到撤退信号后，应迅速撤至安全地带，来不及撤退时，应就地卧倒。

5. 扑救遇湿易燃物品火灾的基本方法

遇湿易燃物品能与潮湿和水发生化学反应，产生可燃气体和热量，有时即使没有明火也能自发着火或爆炸，如金属钾、钠以及三乙基铝（液态）等。因此，这类物品有一定数量时，绝对禁止用水、泡沫、酸碱灭火器等湿性灭火剂扑救。这类物品的这一特殊性给其火灾扑救带来了很大的困难。通常情况下，遇湿易燃物品由于其发生火灾时的灭火措施特殊，在储存时要求分库或隔离分堆单独储存，但在实际操作中有时往往很难完全做到，尤其是在生产和运输过程中更难以做到，如铝制品厂往往遍地积有铝粉。对包装坚固、封口严密、数量又少的遇湿易燃物品，在储存规定上允许同室分堆或同柜分格储存，这就给其火灾扑救带来了更大的困难，灭火人员在扑救中应谨慎处置。对遇湿易燃物品火灾，一般应采取以下基本对策：

（1）应了解清楚遇湿易燃物品的品名、数量、是否与其他物品混存、燃烧范围、火势蔓延途径。

（2）如果只有极少量（一般 50 g 以内）遇湿易燃物品，则不管是否与其他物品混存，仍可用大量的水或泡沫扑救。水或泡沫刚接触着火点时，短时间内可能会使火势增大，但少量遇湿易燃物品燃尽后，火势很快就会熄灭或减少。

（3）如果遇湿易燃物品数量较多，且未与其他物品混存，则绝对禁止用水或泡沫、酸碱等湿性灭火剂扑救。遇湿易燃物品应用干粉、二氧化碳、卤代烷扑救，只有金属钾、钠、铝、镁等个别物品用二氧化碳、卤代烷无效。固体遇湿易燃物品应用水泥、干沙、干粉、硅藻土和蛭石等覆盖。水泥是扑救固体遇湿易燃物品火灾比较容易得到的灭火剂。对遇湿易燃物品中的粉尘如镁粉、铝粉等，切忌喷射有压力的灭火剂，以防止将粉尘吹扬起来，与空气形成爆炸性混合物而导致爆炸发生。

（4）如果有较多的遇湿易燃物品与其他物品混存，则应先查明是哪类物品着火，遇湿易燃物品的包装是否损坏。可先开关水枪向着火点吊射少量的水进行试探，如未见火势明显增大，证明遇湿物品尚未着火，包装也未损坏，应立即用大量水或泡沫扑救，扑灭火势后立即组织力量将淋过水或仍在潮湿区域的遇湿易燃物品疏散到安全地带分散开来。如射水试探后火势明显增大，则证明遇湿易燃物品已经着火或包装已经损坏，应禁止用水、泡沫、酸碱灭火器扑救；若是液体应用干粉等灭火剂扑救，若是固体应用水泥、干沙等覆盖，如遇钾、钠、铝、镁轻金属发生火灾最好用石墨粉、氯化钠以及专用的轻金属灭火剂扑救。

（5）如果其他物品火灾威胁到相邻的较多遇湿易燃物品，应先用油布或塑料膜等其他防水布将遇湿易燃物品遮盖好，然后再在上面盖上棉被并淋上水。如果遇湿易燃物品堆放处地势不太高，可在其周围用土筑一道防水堤。在用水或泡沫扑救火灾时，对相邻的遇湿易燃物品应留一定的力量监护。

由于遇湿易燃物品性能特殊，又不能用常用的水和泡沫灭火剂扑救，从事这类物品生产、经营、储存、运输、使用的人员及消防人员平时应经常了解和熟悉其品名和主要危险特性。

6. 扑救毒害品、腐蚀品火灾的基本方法

毒害品、腐蚀品对人体都有一定危害，毒害品主要经口或吸入蒸气或通过皮肤接触引起人体中毒，腐蚀品通过皮肤接触使人体形成化学灼伤。毒害品、腐蚀品有些本身能着火，有些本身并不着火，但与其他可燃物品接触后能着火。遇毒害品、腐蚀品火灾，一般应采取以下基本对策：

（1）灭火人员必须穿防护服，佩戴防护面具。一般情况下采取全身防护即可，对有特殊要求的物品火灾，应使用专用防护服。考虑到过滤式防毒面具防毒范围的局限性，在扑救毒害品火灾时应尽量使用隔绝式氧气或空气面具。为了在火场上能正确使用和适应防护服和防护面具，平时应进行严格的适应性训练。

（2）积极抢救受伤和被困人员，限制燃烧范围。毒害品、腐蚀品火灾极易造成人员伤亡，灭火人员在采取防护措施后，应立即投入寻找和抢救受伤、被困人员的工作，并努力限制燃烧范围。

（3）扑救时应尽量使用低压水流或雾状水，避免毒害品、腐蚀品溅出。遇酸类或碱类腐蚀品最好调制相应的中和剂稀释中和。

（4）遇毒害品、腐蚀品容器泄漏，在扑灭火势后应采取堵漏措施。腐蚀品需用防腐材料堵漏。

（5）浓硫酸遇水能放出大量的热，会导致沸腾飞溅，需特别注意防护。扑救浓硫酸与其他可燃物品接触发生的火灾，浓硫酸数量不多时，可用大量低压水快速扑救；如果浓硫酸量很大，应先用二氧化碳、干粉、卤代烷等灭火，然后再把着火物品与浓硫酸分开。

7. 扑救易燃固体、自燃物品火灾的基本方法

易燃固体、自燃物品一般都可用水或泡沫扑救，相对其他种类的化学危险物品而言是比较容易扑救的，只要控制住燃烧范围，逐步扑灭即可。但也有少数易燃固体、自燃物品的扑救方法比较特殊，如2,4－二硝基苯甲醚、二硝基萘、萘、黄磷等。

（1）2,4 - 二硝基苯甲醚、二硝基萘、萘等是能升华的易燃固体，受热发出易燃蒸气。火灾时可用雾状水、泡沫扑救并切断火势蔓延途径，但应注意，不能以为明火焰扑灭即已完成灭火工作。因为受热以后升华的易燃蒸气能在不知不觉中飘逸，在上层与空气能形成爆炸性混合物，尤其是在室内，易发生爆燃，因此，扑救这类物品火灾千万不能被假象所迷惑。在扑救过程中应不时向燃烧区域上空及周围喷射雾状水，并用水浇灭燃烧区域及其周围的一切火源。

（2）黄磷是自燃点很低、在空气中能很快氧化升温并自燃的物品。遇黄磷火灾时，首先应切断火势蔓延途径，控制燃烧范围。对着火的黄磷应用低压水或雾状水扑救。高压直流水冲击能引起黄磷飞溅，导致灾害扩大。黄磷熔融液体流淌时应用泥土、沙袋等筑堤拦截并用雾状水冷却，对磷块和冷却后已固化的黄磷，应用钳子钳入贮水容器中。来不及钳时可先用沙土掩盖，但应做好标记，等火势扑灭后，再逐步集中到储水容器中。

（3）少数易燃固体、自燃物品不能用水和泡沫扑救，如三硫化二磷、铝粉、烷基铝、保险粉等，应根据具体情况区别处理，宜选用干砂和不用压力喷射的干粉扑救。

8. 扑救放射性物品火灾的基本方法

放射性物品是一类发射出人类肉眼看不见但却能严重损害人类生命和健康的 α、β、γ 射线和中子流的特殊物品。扑救这类物品火灾必须采取特殊的能防护射线照射的措施。平时生产、经营、储存和运输、使用这类物品的单位及消防部门，应配备一定数量的防护装备和放射性测试仪器。遇放射性物品火灾，一般应采取以下基本对策：

（1）先派出精干人员携带放射性测试仪器，测试辐射（剂）量和范围。测试人员必须采取防护措施。对辐射（剂）量超过 0.0387 C/kg 的区域，应设置写有"危及生命、禁止进入"的警告标志牌。对辐射（剂）量小于 0.0387 C/kg 的区域，应设置写有"辐射危险、请勿接近"的警告标志牌。测试人员还应进行不间断的巡回监测。

（2）对辐射（剂）量大于 0.0387 C/kg 的区域，灭火人员不能深入辐射源纵深灭火进攻。对辐射（剂）量小于 0.0387 C/kg 的区域，可快速出水灭火或用泡沫、二氧化碳、干粉、卤代烷扑救，并积极抢救受伤人员。

（3）对燃烧现场包装没有被破坏的放射性物品，可在水枪的掩护下佩戴防护装备，设法疏散，无法疏散时，应就地冷却保护，防止造成新的破损，增加辐射（剂）量。

（4）对已破损的容器切忌搬动或用水流冲击，以防止放射性污染范围扩大。

（二）泄漏事故处理方法

危险化学品的泄漏，容易发生中毒或转化为火灾爆炸事故。因此，泄漏处理要及时、得当，避免重大事故的发生。

要成功地控制化学品的泄漏，必须事先进行计划，并且对化学品的化学性质和反应特性有充分的了解。泄漏事故控制一般分为泄漏源控制和泄漏物处置两部分。

泄漏处理注意事项：

（1）进入现场人员必须配备必要的个人防护器具。

（2）如果泄漏化学品是易燃易爆的，应严禁火种，扑灭任何明火及任何其他形式的热源和火源，以降低发生火灾爆炸危险性。

（3）应急处理时严禁单独行动，要有监护人，必要时用水枪、水炮掩护。

（4）应从上风、上坡处接近现场，严禁盲目进入。

1. 泄漏源控制

（1）通过关闭有关阀门、停止作业或通过采取改变工艺流程、物料走副线、局部停车、打循环、减负荷运行等方法。

（2）容器发生泄漏后，应采取措施修补和堵塞裂口，制止化学品的进一步泄漏。能否成功地进行堵漏取决于这几个因素：接近泄漏点的危险程度、泄漏孔的尺寸、泄漏点处实际的或潜在的压力、泄漏物质的特性。

2. 泄漏物处置

泄漏被控制后，要及时将现场泄漏物进行覆盖、收容、稀释、处理，使泄漏物得到安全可靠的处置，防止二次事故的发生。地面上泄漏物处置主要有以下方法：

（1）如果化学品为液体，泄漏到地面上时会四处蔓延扩散，难以收集处理。为此需要筑堤堵截或者引流到安全地点。对于贮罐区发生液体泄漏时，要及时关闭围堰雨水阀，防止物料外流。

（2）对于液体泄漏，为降低物料向大气中的蒸发速度，可用泡沫或其他覆盖物品覆盖外泄的物料，在其表面形成覆盖层，抑制其蒸发，或者采用低温冷却来降低泄漏物的蒸发。

（3）为减少大气污染，通常是采用水枪或消防水带向有害物蒸气云喷射雾状水，加速气体向高空扩散，使其在安全地带扩散。在使用这一技术时，将产生大量的被污染水，因此应做好污水收集工作。对于可燃物，也可以在现场施放大量水蒸气或氮气，破坏燃烧条件。

（4）对于大型液体泄漏，可选择用隔膜泵将泄漏出的物料抽入容器内或槽车内；当泄漏量小时，可用沙子、吸附材料、中和材料等吸收中和，或者用固化法处理泄漏物。

（5）将收集的泄漏物运至废物处理场所处置，用消防水冲洗剩下的少量物料，冲洗水排入含油污水系统处理。

第三节　化工企业现场应急处置方案编制技术

一、化工企业生产安全事故现场应急处置方案

（一）现场处置方案定义

《生产经营单位生产安全事故应急预案编制导则》（GB/T 29639）规定，现场处置方案是生产经营单位根据不同事故类别，针对具体的场所、装置或设施所制定的应急处置措施，主要包括事故风险描述、应急工作职责、应急处置和注意事项等内容。生产经营单位应根据风险评估、岗位操作规程以及危险性控制措施，组织本单位现场作业人员及安全管理等专业人员共同编制现场处置方案。

简单说来，现场处置方案就是针对具体的装置、场所或设施、岗位所制定的应急处置措施。

（二）现场处置方案的必要性

化工企业发生的许多重大及以上火灾、爆炸和中毒事故是由小的事件或事故未得到及时有效控制而造成的。当出现工艺控制指标异常、设备故障、管线阀门泄漏时，能及时进行处置和有效控制，就能避免事故的扩大。所以，制定现场处置方案是非常必要的。

（三）现场处置方案的主要内容

现场处置方案应具体、简单、针对性强。要求事故相关人员应知应会，熟练掌握，并通过应急演练，做到迅速反应、正确处置。其主要内容如下。

1. 事故风险描述

编制现场处置方案的前提是进行事故风险分析，一般可采用安全检查表法、预先危险性分析（PHA）、事件树（ETA）、事故树（FTA）等进行事故风险分析。让岗位员工参与事故风险分析，现场处置方案才能落到实处。事故风险分析主要包括以下内容：

（1）事故类型，分析本岗位可能发生的潜在事件、突发事故类型。

（2）事故发生的区域、地点或装置的名称，分析最容易发生事故的区域、地点、装置部位或工艺过程的名称。

（3）事故发生的可能时间、事故的危害严重程度及其影响范围。

（4）事故前可能出现的征兆。

（5）事故可能引发的次生、衍生事故。

2. 应急工作职责

根据现场工作岗位、组织形式及人员构成，明确各岗位人员的应急工作分工和职责。

（1）基层单位应急自救组织形式及人员构成情况（最好用图表的形式）。

（2）应急自救组织机构、人员的具体职责应同单位或车间、班组人员工作职责紧密结合，明确相关岗位和人员的应急工作职责。

3. 应急处置

应急处置包括但不限于下列内容：

（1）事故应急处置程序。根据可能发生的事故及现场情况，明确事故报警、各项应急措施启动、应急救护人员的引导、事故扩大及同生产经营单位应急预案的衔接的程序。这些应急预案包括生产安全事故应急救援预案、消防预案、环境突发事件应急预案、供电预案、特种设备应急预案等（可用图表加必要的文字说明的形式）。

（2）现场应急处置措施。针对可能发生的火灾、爆炸、危险化学品泄漏、坍塌、水患、机动车辆伤害等，从人员救护、工艺操作、事故控制，消防、现场恢复（现场恢复应考虑预防次生灾害事件的措施，如制定防止现场洗消发生环境污染事故的措施）等方面制定明确的应急处置措施（重点明确，尽可能详细而简明扼要、可操作性强）。

（3）明确报警负责人以及报警电话及上级管理部门、相关应急救援单位联络方式和联系人员，事故报告基本要求和内容。

4. 注意事项

注意事项包括人员防护和自救互救、装备使用、现场安全等方面的内容。

（1）佩戴个人防护器具方面的注意事项。

（2）使用抢险救援器材方面的注意事项。

（3）采取救援对策或措施方面的注意事项。

（4）现场自救和互救的注意事项。

（5）现场应急处置能力确认和人员安全防护等的注意事项。

（6）应急救援结束后的注意事项。

（7）其他需要特别警示的事项。

二、现场处置方案举例

现场处置方案在不同的企业有不同的表现形式，以下列例子进行说明。

某石化公司双脱 D - 109 玻璃板液位计泄漏（含 H_2S）应急处置见表 6 - 1。

某化工公司尿素车间泵房氨泵大量漏氨应急处置见表 6 - 2。

表 6 - 1 某石化公司双脱 D - 109 玻璃板液位计泄漏（含 H_2S）应急处置

步骤	处置	负责人
发现异常	DCS 画面显示现场 H_2S 报警仪报警，当班班长要求岗位人员到现场确认	班长、内操
现场确认、报告	副班长、外操人员佩戴空气呼吸器到现场确认，发现双脱 D - 109 周围地面积聚大量白雾，现场没有着火	副班长、外操
切断泄漏源	采用消防雾状水稀释掩护，关闭泄漏点前后的手动阀门（穿戴空气呼吸器、防护服，带铜制扳手）。完成后要汇报情况，并联系维保单位来处理	副班长、后部岗位外操
	再次确认封闭事故现场，立即停止现场一切作业，确认人员撤离至安全区域	班长
	组织专业医疗救护小组抢救现场中毒人员（佩戴空气呼吸器将中毒人员转移到安全地点），注意一定要在上风向位置	单元应急人员、外操
	根据现场泄漏情况决定处理方案（隔离、压空、压泄至火炬）	班长/单元领导
报警	向中控室报告（泄漏位置、介质、泄漏量，有无着火，有无人员受伤）	发现泄漏第一人
	向公司医疗急救报警（有人员遭遇有毒气体中毒时）	内操
	向单元领导报告，同时报告调度	副班长
应急程序启动	通知相关岗位人员增援（通知现场外操作好现场警戒，通知现场施工人员停止动火，关闭电源，并撤离，注意风向及撤离方向）	班长
人员抢救	佩戴空气呼吸器转移中毒人员后，施行急救	岗位外操
	持续进行急救（决不放弃），直到专业人员到达（持续轮流救护，直到专业人员到达）	班长/单元应急人员

表6-1（续）

步 骤	处 置	负责人
人员疏散	组织现场与抢险无关的人员（含施工人员）撤离	后部岗位外操
警戒	携 H_2S 报警仪及可燃气检测仪测试，划定警戒范围	单元应急人员、外操
接应救援	打开消防通道，接应消防、气防、环境监测等车辆及外部应急增援	单元应急人员、外操
带压堵漏	具备堵漏条件时，组织维修人员进入现场带压堵漏	单元领导
注意事项	1. 进入可能中毒区域戴空气呼吸器，其他附近区域戴过滤式防毒面具。接触有毒介质的关阀人员、回收人员和堵漏人员须穿防护服 2. 人员疏散应根据风向标指示撤离至上风口的紧急集合点，并清点人数 3. 施工人员疏散时，应检查关闭现场火源，切断临时用电电源 4. 报警时，须讲明泄漏地点、介质、泄漏量、人员伤亡等情况 5. 所有人员现场作业时要携带 H_2S 报警仪、对讲机，保持通信畅通	

表6-2　某化工公司尿素车间泵房氨泵大量漏氨应急处置

步 骤	处 置	负责人
发现异常	泵房操作人员巡检时发现大量液氨泄漏，立即戴好防毒面具，并通知泵房班长	泵房副操
现场确认、报告	泵房班长或巡检人员戴好空气呼吸器进入现场确认后，向总控及值班长报告	泵房班长
切断泄漏源	1. 总控制室主操从集控室把泄漏的泵停掉，泵房班长或副操打开泵头喷淋装置 2. 根据现场情况，看能否从泵房把氨切掉；如果不行，立即通知总控制室准备停车 3. 总控制室主操应迅速将引氨自控调节阀转换成手动状态并降低液氨缓冲槽液位，通知总控制室副操关闭引氨副线阀 4. 如果接到泵房通知停车，立即把引氨自控调节阀转换成手动状态并关闭调节阀，通知总控制室副操关闭引氨截止阀。联系压缩岗位听信号做好停车准备 5. 总控制室在集控室发一长声停车信号，系统短停 6. 总控制室按短停处理，负责生产装置现场操作的操作员关闭位于五楼的液氨输送泵进出口阀门 7. 泵房可视情况使用消防水炮	泵房班长、总控制室主操、总控制室副操
报警	向消防队（119）、急救站（120）报警，向公司领导及车间领导、调度报告	值班长
应急程序启动	所有相关人员现场集合，按照应急程序进行处置	值班长
人员抢救	佩戴好防毒面具或空气呼吸器，把中毒人员转移至安全通风地点，并施行人工急救（专业人员未接替急救前决不放弃人工急救）	值班长
人员疏散	组织现场与抢险无关的人员按照逃生路线疏散至安全地带	值班长
警戒	划定警戒范围，设立警戒标识，并有专人警戒	值班长
接应救援	确保消防通道的畅通，专人负责接应消防、环境检测、医疗站等外部应急救援力量	

表 6-2（续）

步 骤	处 置	负责人
堵漏	系统处理具备堵漏条件后，检修人员进入现场实施处理	车间领导
注意事项	1. 进入事故现场及可能中毒区域，必须戴好防毒面具或空气呼吸器，可能接触液氨的人员和堵漏维修人员必须穿好防护用品 2. 人员疏散根据风向标指示，撤离至上风口，并清点人数。如有施工人员疏散时，应检查关闭现场的用火火源，切断临时用电电源	

某石化公司 E207 换热器泄漏轻柴油着火事故应急操作卡见表 6-3。

表 6-3 某石化公司 E207 换热器泄漏轻柴油着火事故应急操作卡

事 故 名 称	E207 换热器泄漏轻柴油着火事故
工艺流程	
事故现象	1. 换热器 E207 封头呲开，轻柴油泄漏，并有油气扩散 2. E207 现场着火
危害描述	E207 泄漏介质为轻柴油，其蒸气与空气可形成爆炸性混合物，能在较低处向远处扩散，遇明火、高热能引起火灾，甚至爆炸的危险
注意事项	处理人员必须在保证自身安全的前提下处理事故，先控制，后救助；先防泄，后治理；控制火势，灭火，灭火人员必须穿戴好隔热服，且有监护人
处置程序	1. 发现人立即报火警 119、报告班长，投入现场灭火；如有人受伤立即进行救助，并报 120 2. 班长汇报车间领导、调度室，然后指挥第一现场处置 3. 分馏副操穿上防火服，戴上防烟尘的面具，迅速赶到分馏区框架下从消防器材箱内取 8 kg 干粉灭火器，同时使用平台消防蒸气，向着火点进行灭火。打开 E207 副线阀并关闭出入口阀门 4. 主风机副操责 22 号路和 5 号路至车间门口这一区域的警戒，汽压机副操负责 3 号路至 5 号路这一区域的警戒，防止其他人员进入现场 5. 分馏主操联系三升泵房给第一套重油催化裂化消防水线提压 6. 反应副操启用稳高压消防水炮进行灭火 7. 分馏副操用消防水带启用消防竖管进行灭火 8. 分馏副操将泵 P205 停关闭出入口阀，E207 切除系统，V204 外收封油 9. 主风机副操到路口迎接消防车的到来 10. 配合消防队灭火，火情严重控制不住时，装置停工 11. 防止灭火使用的消防水和泄漏污油进入污水系统，同时班长汇报调度室，消防水和泄漏污油改进入事故池

第四节 化工事故应急演练与救援装备

一、化工事故应急演练

应急演练是在事先虚拟的事件（事故）条件下，应急指挥体系中各个组成部门、单位或群体的人员针对假设的特定情况，执行实际突发事件发生时各自职责和任务的排练活动，简单地讲就是一种模拟突发事件（事故）发生的应对演习。

应急演练是一种综合性的应急训练，也是应急训练的最高形式。应急演练应该在应急培训和应急训练后进行。应急演练是在模拟事故的条件下实施的，是更加逼近实际的训练和检验训练效果的手段。事故应急演习也是检查应急准备周密程度的重要方法，是评价应急预案准确性的关键措施。演习的过程也是参演和参观人员的学习和提高的过程。

（一）应急演练的类型

1. 按演练规模划分，可分为局部性演练、区域性演练和全国性演练

局部性演练针对特定地区，可根据区域特点，选择特定的突发事件，如某种具有区域特性的自然灾害，演练一般不涉及多级协调。

区域性演练针对某一行政区域，演练设定的突发事件可以较为复杂，如某一灾害或事故形成的灾难链，往往涉及多级、多部门的协调。

全国性演练一般针对较大范围突发事件，如影响了多个区域的大规模传染病，涉及地方与中央及各职能部门的协调。

2. 按演练内容与尺度划分，可分为单项演练和综合演练

单项演练又称专项演练，是指根据情景事件要素，按照应急预案检验某项或数项应对措施或应急行动的部分应急功能的演练活动。单项演练可以是类似部队的科目操练，如模拟某一灾害现场的某项救援设备的操作或针对特定建筑物废墟的人员搜救等，也可以是某一单一事故的处置过程的演练。

综合演练，是指根据情景事件要素，按照应急预案检验包括预警、应急响应、指挥与协调、现场处置与救援、保障与恢复等应急行动和应对措施的全部应急功能的演练活动。综合演练相对复杂，需模拟救援力量的派出，多部门、多种应急力量参与，一般包括应急反应的全过程，涉及大量的信息注入，包括对实际场景的模拟、单项实战演练、对模拟事件的评估等。

3. 按演练形式划分，可分为模拟场景演练、实战演练和模拟与实战结合的演练

模拟场景演练又称为桌面演练，是指设置情景事件要素，在室内会议桌面（图纸、沙盘、计算机系统）上，按照应急预案模拟实施预警、应急响应、指挥与协调、现场处置与救援等应急行动和应对措施的演练活动。模拟场景演练以桌面练习和讨论的形式对应急过程进行模拟和演练。

实战演练又称现场演练，是指选择（或模拟）生产建设某个工艺流程或场所，现场设置情景事件要素，并按照应急预案组织实施预警、应急响应、指挥与协调、现场处置与救援等应急行动和应对措施的演练活动。实战演练可包括单项或综合性的演练，涉及实际

的应急、救援处置等。

模拟与实战结合的演练形式是对前面两种形式的综合。

4. 按照演练的目的划分，可分为检验性演练、研究性演练

检验性演练，是指不预先告知情景事件，由应急演练的组织者随机控制，参演人员根据演练设置的突发事件信息，按照应急预案组织实施预警、应急响应、指挥与协调、现场处置与救援等应急行动和应对措施的演练活动。

研究性演练，是指为验证突发事件发生的可能性、波及范围、风险水平以及检验应急预案的可操作性、实用性等而进行的预警、应急响应、指挥与协调、现场处置与救援等应急行动和应对措施的演练活动。

应急演练的类型多样，可以根据需要灵活选择，但要根据演练的目的、目标，选择最恰当的演练方式，并且牢牢抓住演练的关键环节，达到演练效果，重在对公众风险意识的培养、对紧急情况下逃生方法的掌握以及自救能力的提高，如高层住宅来不及撤出的居民的救援、危险区域内居民有秩序地疏散至安全区或安置区、受污染人员前往消洗去污点进行消毒清洗处理等。应急演练的组织者或策划者在确定采取哪种类型的演练方法时，应考虑以下因素：

（1）应急预案和响应程序制定工作的进展情况。

（2）本辖区面临风险的性质和大小。

（3）本辖区现有应急响应能力。

（4）应急演练成本及资金筹措状况。

（5）有关政府部门对应急演练工作的态度。

（6）应急组织投入的资源状况。

（7）国家及地方政府部门颁布的有关应急演练的规定。

无论选择何种演练方法，应急演练方案必须与辖区重大事故应急管理的需求和资源条件相适应。

（二）应急演练的形式

按不同的分类标准划分不同类型的应急演练，但其具体内容并不存在明确区分，往往各种演练活动都要综合运用多种演练类型，一般采取实战或模拟与实战结合的演练形式。因此，打破演练类型划分，常见的应急演练形式有以下几种。

1. 模拟场景演练（桌面演练）

模拟场景演练，是指由应急指挥机构成员以及各应急组织的负责人、关键岗位人员参加，按照应急预案及其标准运作程序，以桌面练习和讨论的形式对应急过程进行模拟的演练活动，因此，也被称为桌面演练。演练一般通过分组讨论的形式，信息注入的方式包括灾害描述、事件描述等，只需展示有限的应急响应和内部协调活动。模拟场景演练一般针对应急管理高级人员，在没有时间压力的情况下，演练人员在检查和解决应急预案中的问题的同时，获得一些建设性的讨论结果。主要目的是在友好、较小压力的情况下，锻炼演练人员制定应急策略，解决实际问题的能力，以及解决应急组织相互协作和职责划分的问题，达到提高应急反应能力和应急管理水平的目的。桌面演练的特点是对演练情景进行口头演练，一般是在会议室内举行。其主要目的是锻炼参演人员解决问题的能力，以及解决

应急组织相互协作和职责划分的问题。

模拟场景演练无须在真实环境中模拟事故情景及调用真实的应急资源，演练成本较低，可作为大规模综合演练的"预演"。近几年，随着信息技术的发展，借助计算机、三维模拟技术、电子地图以及专业的演练程序包等，在室内即能逼真地模拟多种类型的事故情景，故称为"室内演练""桌面演练"，将事故的发生和发展过程展示在大屏幕液晶显示屏上，大大增强了演练的真实感。

桌面演练一般仅限于有限的应急响应和内部协调活动，应急人员主要来自本地应急组织，事后一般采取口头评论形式收集参演人员的建议，并提交一份简短的书面报告，总结演练活动和提出有关改进应急响应工作的建议。桌面演练方法成本较低，主要为功能演练和全面演练作准备。

2. 单项演练（功能演练）

单项演练又称功能演练，是指针对某项应急响应功能或其中某些应急响应活动进行的演练活动。其主要目的是针对应急响应功能检验应急人员以及应急体系的策划和响应能力。单项演练可以像桌面演练一样在指挥中心内举行，也可以开展小规模的现场演练，调用有限的应急资源，主要目的是针对特定的应急响应功能，检验应急响应人员某项保障能力或某种特定任务所需技能，以及应急管理体系的策划和响应能力。常见的单项演练有：通信联络、信息报告程序演练；人员紧急集合、装备及物资器材到位演练；化学监测动作演练；防护行动演练；指导公众隐蔽与撤离，通道封锁与交通管制演练；医疗救护行动演练；人员和治安防护演练等。

单项演练的特点是目的性强，演练活动主要围绕特定应急功能展开，无须启动整个应急救援系统，演练的规模得到控制，既降低了演练成本，又达到了"实战"锻炼的效果。功能演习比桌面演习规模要大，需要动员更多的应急响应人员和资源，因而协调工作的难度也随着更多应急组织的参与而增大。必要时可以向上级应急机构提出技术支持请求，为演练方案设计、协调和评估工作提供技术支持。单项演练完成后，除采取口头评论、书面汇报外，还应提交正式的书面报告。

3. 综合演练（全面演练）

综合演练，是指针对某一类型突发事件应急响应全过程或应急预案内规定的全部应急功能，检验、评价应急体系整体应急处置能力的演练活动，又称全面演练。综合演练一般采取交互式进行，演习过程要求尽量真实，调用更多的应急资源，开展人员、设备及其他资源的实战性演练，并要求所有应急响应部门（单位）都要参加，以检查各应急处置单元的任务执行能力和各单元之间的相互协调能力。

综合演练由于涉及更多的应急组织和人员，准备时间更长，要有专人负责应急运行、协调和政策拟订，以及上级应急组织人员在演练方案设计、协调和评估工作方面提供技术支持。综合演练的特点是真实性和综合性，演练过程涉及整个应急救援系统的每一个响应要素，是最高水平的演练活动，能够较客观地反映目前应急系统应对重大突发事件所具备的应急能力，但演练的成本也最高，因而不适宜频繁开展。同时鉴于综合演练的大规模和接近实战的特点，必须确保所有参演人员都已经过系统的应急培训并通过考核，保证演练过程的应急救援人员安全。与功能演练类似，演练完成后，除采取口头评论、书面汇报外，还应提交正式的书面报告。

4. 区域性应急演练

区域性应急演练，是在虚拟的事件条件下，区域应急救援系统中的各个机构、组织或群体人员执行与真实事件发生时相一致的责任和任务的演练活动。由于这类事件往往影响范围广，参与应急行动的职能部门多，所以应急联合行动的指挥和调度是一项十分复杂的工作。管理者和应急行动人员受技术水平和立场所限，难以对整个应急过程中所面临的问题考虑周全。因此，区域性应急演练作为检验、评价和保持区域应急能力的一个重要手段，可以检验应急预案的可操作性和平时应急培训的效果，发现应急资源的不足，改善各应急组织、机构、人员之间的协调，提高应急人员的技术水平和熟练程度，进一步明确各自的岗位和职责，从而有助于提高整个区域应对重大突发事件的应急能力。

应急演练类型有多种，不同类型的应急演练虽有不同特点，其差别主要体现在受限于辖区应急管理实际需要和资源条件，演练的复杂程度和规模上有所差异，但在策划演练内容、演练情景、演练频次、演练评价方法等方面有着相同或相似的要求。

（三）应急演练的过程

应急演练是由多个组织共同参与的一系列行为和活动，应急演练的过程可划分为应急演练准备、应急演练实施和应急演练总结3个阶段。

1. 应急演练准备

1）应急演练策划

应急演练策划组不仅负责演练设计工作，也参与演练的具体实施和总结评估工作，责任重大。策划组应由多种专业人员组成，包括相关应急预案中所涉及负责部门负责人和专家。必要时，可邀请所在地政府有关部门、消防救援、医疗急救、市政交通、学校、企业以及新闻媒体、当地驻军等部门的人员参与。

对于简单模拟场景演练或者单项演练，演练策划组有2~3人即可，大型的综合演练则需要几十人。演练策划组可以按照成员各自的职责，划分为若干个行动小组，如指挥组、操作组、计划组、后勤组和行政组等，便于分工负责，分头展开工作。策划组成员必须熟悉实际情况，精通各自领域专业技能，做事认真细致，思维活跃有创造性，能承受较大压力，按照预定计划完成工作，并在应急演练开始前不向外界透露细节。

2）演练目标与范围

应急演练准备阶段，演练策划组应确定应急演练的目标，并确定相应的演示范围或演示水平。应急演练策划组应结合应急演练目标体系进行演练需求分析，然后在此基础上确定本次应急演练的目标。演练需求分析是指在评价以往重大事件和演练案例的基础上，分析本次演练需要重点解决的问题、演练水平、应急响应功能和演练的地理范围，然后在目标体系中选取本次应急演练的目标。应急演练的范围根据实际需要，小到一个单位，大到整个部门或者一个地区。演练需要达到的目标越多，层次越高，则演练的范围越大，前期准备工作越复杂，演练成本也越高。

在演练的目标和范围确定以后，演练策划组应明确参演应急组织，即确定负责各项演练目标的责任方。开展突发事件综合应急演练时，并不一定要求与演练目标相关的应急组织全部参与，也不要求参与演练的应急组织全面参与。应急组织是选择全面参与还是部分参与，主要取决于该组织是不是该次演练的培训对象和评价对象。如果不是，则该组织可以采取部分参与方式，其现场演练活动由控制人员或模拟人员以模拟方式完成。由于在应急预案或其执行程序中可能将多项应急响应功能分配给多个应急组织负责，因此，策划组确认各演练目标的责任方时，不仅应分析演练目标，同时还应针对具体的应急响应功能进行分析。如有要求，应将演练目标和范围交上级及地方有关部门进行审查。

3）编写演练方案

演练方案是应急演练前期准备工作中非常重要的一环，是组织与实施应急演练的依据，涵盖演练过程的每一个环节，直接影响到演练的效果。演练方案的编写主要由3个部分构成：演练情景设计、演练文件编写和演练规则制定。应急演练是一项复杂的综合性工作，为确保演练顺利进行，应成立应急演练策划组。

（1）演练情景设计。演练情景是指对假想事故按其发生过程进行叙述性的说明，情景设计就是针对假想事故的发展过程，设计出一系列的情景事件，包括重大事件和次级事件，目的是通过引入这些需要应急组织作出相应响应行动的事件，刺激演练不断进行，从而全面检验演练目标。演练情景中必须说明何时、何地、发生何种事故、被影响区域、气象条件等事项，即必须说明事故情景。演练人员在演练中的一切对策活动及应急行动，主要针对假想事故及其变化而产生，事故情景的作用在于为演练人员的演练活动提供初始条件并说明初始事件的有关情况。事故情景可通过情景说明书加以描述。情景事件主要通过控制消息通知演练人员，消息的传递方式主要有电话、无线通信、传真、手工传递或口头传达等。

（2）演练文件编写。演练文件是指直接提供给演练参与人员文字材料的统称，主要包括情景说明书、演练计划、评价计划、演练控制指南、演练人员手册、评价计划等文件。演练文件没有固定格式和要求，简明扼要，通俗易懂，一切以保障演练活动顺利进行为标准。演练文件由演练策划组成员编写，经演练策划组开会讨论、修改后定稿并发放到参演人员手中，时间尽量提前，以便学习了解演练情况。

（3）演练规则制定。演练规则是指为确保演练安全而制定的，对有关演练和演练控制、参与人员职责、实际紧急事件、法规符合性、演练结束程序等一系列具体事项的规定或要求。制定应急演练规则是确保演练活动安全的重要措施。演练安全既包括演练参与人员的安全，也包括公众和环境的安全。确保演练安全是演练策划过程中的一项极其重要的工作，策划组应制定演练现场规则。

4）演练参与人员

按照在演练过程中所担负的不同职责，可将参与演练活动的人员分为5类，分别是指挥控制人员、演练实施人员、角色扮演人员、评价分析人员和观摩学习人员。在一些小规模的应急演练中，由于参与人数较少，也可一人兼负多个职责，但随着演练范围的增大以及参演人数的增多，人员的职能划分必须清晰，并要佩戴特定标识在演练现场进行区分。

5）演练保障

演练过程中要确保演练顺利进行需要以下几个保障：演练时间及场所、演练经费、演练资源、人员培训。

6）情况通报和现场检查

演练前情况通报包括：一是对参演人员的通报，主要是提醒参演人员有关演练的重要事项，如各参演人员在演练当天就位时间、演练预计持续时间、演练现场布局基本情况、演练现场的注意事项、演练过程中对突发事件的处理方法等。二是对外界的通报，如演练开始及持续时间、演练的基本内容、演练过程中可能对周边生活秩序带来的负面影响（如交通管制、噪声干扰等）和演练现场附近公众的注意事项等。一般采取张贴告示、派发印刷品等方式，如果演练规模和影响范围较大，可通过广播电视、报纸进行，对外通报一方面是消除当地公众对演练的误解和恐慌，另一方面也可以起到应急宣传的作用。

2. 应急演练实施

应急演练实施阶段是指从宣布初始事件起到演练结束的整个过程，演练活动始于报警消息。因为应急演练有多种类型，实施的内容也有所不同，按照规模和形式划分，应急演练可分为模拟场景演练、实战演练（现场演练）和模拟与实战结合演练等。

1）模拟场景演练（桌面演练）

模拟场景演练一般在室内进行，采用会议讨论的形式实施。演练控制人员即为会议主持人，负责把握演练进度和会场讨论气氛，可由演练策划组中具有丰富应急经验和一定声望的专家担任。

2）实战演练（现场演练）

实战演练是通过对事件情景的真实模拟来检验应急救援系统的应急能力，从复杂程度和演练的范围上可分为单项演练（功能演练）和综合演练。单项演练包括基础演练、专业和战术演练、技能演练：基础演练包括队列演练、体能演练、防护装备和通信设备的使用演练等，专业和战术演练包括专业常识、堵源技术、抢运和现场急救等技术以及实地指挥战术等演练，技能演练包括语言表达、情绪控制、分析预测、调查研究、快速疏散、自我心理调适等技能演练。综合演练则可以看作多种单项演练的组合。演练策划组可根据实际需要，选择多种单项演练科目进行综合演练。

实战演练按照事前是否先通知参演单位和人员，可分为"预知"型演练与"非预知"型演练。"预知"型演练是在演练正式开始前，演练策划组已将演练的具体安排告知参演组织和人员，演练人员事前有了心理准备，避免不必要的恐慌，有助于在演练中稳定发挥，展示应急技能水平。"非预知"型演练是演练开始后，应急中心即通知各应急组织赶到指定现场处置突发事件，各应急组织在不知道是演练的情况下，迅速组织人员作出相关应急响应行动，当应急组织人员到达现场后，才被告知这是一次演练并介绍演练的基本情况，然后再根据演练方案完成余下的演练内容。由于突发事件的发生发展往往是难以预料的，为了进一步增强演练的实效性，近年来各级应急机构倾向于举行"非预知"型的综合演练活动，用接近实战的方式检验和提高应急能力。"非预知"型演练侧重于检验应急系统的报警程序和紧急情况下信息的传递效率，要求应急机制健全，应急组织训练有素，能够应付突发的紧急情况。但这类演练在事先必须周密策划，一是要评估当地救援能力能否承受这类实战演练的考验，确保演练能够安全、顺利地进行；二是要评估演练对现场周围的社会秩序可能造成的负面影响。

在各项准备的基础上，主持人宣布应急演练开始，模拟突发事件及其衍生事件出现，各应急力量严格按照演练脚本的程序及分工进行操作，模拟预先设计好的场景，如事件发生、信息报告、抢救人员、事故排除、现场清理等，逐一展开演练。整个过程应环环相扣、有条不紊、紧张有序。在实战演练中，各种意外情况较容易发生，演练控制难度大，控制人员要确保演练按照既定目标进行，责任重大。控制人员应分布在演练现场的关键区域对演练人员的行为进行全过程的监督和控制，确保演练的真实性和严肃性，并及时与演练指挥沟通，严格把握演练的尺度和进度。例如，为了使整个演练活动能在规定时间内完成，一些在真实情况下需要几个小时才能完成的应急行动可以进行压缩，当出现响应和操作步骤后，控制人员即可停止该项演练。所有演练项目完成以后，控制人员应向演练指挥部报告，由演练指挥长宣布应急演练结束。所有演练活动应立即停止，控制人员按计划清点人数，检查装备器材，查明有无伤病人员，若有则迅速进行处理。最后，演练控制人员组织专员清理演练现场，撤出各类演练器材。

3）实施要点

虽然应急演练的类型、规模、持续时间、演习情景、演习目标等有所不同，但在实施过程中都应该注意以下几点：

（1）应急预案制定部门（单位）应当按照有关法律法规和规章建立健全突发事件应急演练制度，制定应急演练规划，合理安排各级各类演练活动，及时组织有关部门和单位开展应急演练。

（2）扩大演练层面，提高社会参与度。适当建设应急演练设施，研究与创新应急演练形式，一方面为专业应急救援人员、志愿人员和公众提供多场景、多措施、低成本的应急培训与演练，另一方面积极推动社区、乡村、企业、学校等基层单位的应急演练工作。

（3）根据应急预案编制演练方案或脚本。预案就是处置突发事件的行动指南，针对性和指向性很强。为了保证应急演练目的实现，演练方案（脚本）必须按照相对应的预案要求，设计各个场景和环节，执行规定程序，安排有关责任单位和人员，以达到预期效果，做到练有所指、练有所用。

（4）演练阶段，参演应急组织和人员应尽可能按实际紧急事件发生时的响应要求进行演示，即"自由演示"，由参演应急组织和人员根据自己对最佳解决办法的理解对情景事件作出响应行动。

在演练过程中，策划小组负责人的作用主要是宣布演练开始、结束和解决演练过程中的矛盾。控制人员的作用主要是向演练人员传递控制消息，提醒演练人员终止对情景演练具有负面影响或超出演示范围的行动，提醒演练人员采取必要行动以正确展示所有演练目标，终止演练人员不安全的行为，延迟或终止情景事件的演练。

在演练过程中，参演的应急组织和人员应遵守当地相关的法律法规和演练现场规则，确保演练安全进行；如果演练偏离正确方向，控制人员可以采取"刺激行动"以纠正错误。"刺激行动"包括终止演练过程。使用"刺激行动"时应尽可能平缓，以诱导方法纠偏；只有对背离演练目标的"自由演示"，才使用强刺激的方法使其中断反应。

（5）应急演练组织单位依据《生产安全事故应急演练评估规范》（AQ/T 9009—2015）及时对应急演练进行评价，总结分析应急预案存在的问题，提出改进措施和建议，形成应急演练评价报告，并向同级人民政府应急管理办事机构和上一级行政主管部门报送应急演练评价报告。

3. 应急演练总结

应急演练结束后，应及时进行评价和总结。总结分析演练中暴露出的问题，评估演练是否达到预定目标，改进应急准备水平，提高演练人员应急技能。

二、化工事故应急救援物资

应急救援物资是指危险化学品单位配备的用于处置危险化学品事故的车辆和各类侦检、个体防护、警戒、通信、输转、堵漏、洗消、破拆、排烟照明、灭火、救生等物资及其他器材。应急救援装备在应急救援物资中占绝大部分。应急救援装备是指用于应急管理与应急救援的工具、器材、服装、技术力量等，如消防车、监测仪、防化服、隔热服、应急救援专用数据库、GPS（Global Positioning System，全球卫星定位系统）技术装备、GIS（Geographical Information System，地理信息系统）技术装备等各种各样的物资装备与技术装备。

（一）应急救援装备分类

应急救援装备种类繁多，功能不一，适用性差异大，可按其适用性、具体功能、使用状态进行分类。

1. 按照适用性分类

应急装备有的适用性很广，有的则具有很强的专业性。根据应急装备的适用性，可分为一般通用性应急装备和特殊专业性应急装备。

一般通用性应急装备主要包括：个体防护装备，如呼吸器、护目镜、安全带等；消防装备，如灭火器、消防锹等；通信装备，如固定电话、移动电话、对讲机等；报警装备，如手摇式报警、电铃式报警等装备。

特殊专业性应急装备因专业不同而各不相同，可分为消火装备、危险品泄漏控制装备、专用通信装备、医疗装备、电力抢险装备等，例如：

（1）危险化学品抢险用的防化服，易燃易爆、有毒有害气体监测仪等。

（2）消防人员用的高温避火服、举高车、救生垫等。

（3）医疗抢险用的铲式担架、氧气瓶、救护车等。

（4）水上救生用的救生艇、救生圈、信号枪等。

（5）电工用的绝缘棒、电压表等。

（6）环境监测装备，如水质分析仪、大气分析仪等。

（7）气象监测仪，如风向标、风力计等。

（8）专用通信装备，如卫星电话、车载电话等。

（9）专用信息传送装备，如传真机、无线上网笔记本电脑等。

2. 按照具体功能分类

根据应急救援装备的具体功能，可将应急救援装备分为预测预警装备、个体保护装备、通信与信息装备、灭火抢险装备、医疗救护装备、交通运输装备、工程救援装备、应急技术装备8大类及若干小类。

1）预测预警装备

预测预警装备具体包括监测装备、报警装备、联动控制装备、安全标志。

2）个体防护装备

个体防护装备具体包括头部防护装备、眼面部防护装备、耳部防护装备、呼吸器官防护装备、躯体防护装备、手部防护装备、脚部防护装备、坠落防护装备。

3）通信与信息装备

通信与信息装备具体包括防爆通信装备、卫星通信装备、信息传输处理装备。

4）灭火抢险装备

灭火抢险装备具体包括灭火器、消防车、消防炮、消火栓、破拆工具、登高工具、消防照明、救生工具、常压堵漏器材、带压堵漏器材等。

5）医疗救护装备

医疗救护装备具体包括多功能急救箱、伤员转运装备、现场急救装备等。

6）交通运输装备

交通运输装备具体包括运输车辆、装卸设备等。

7）工程救援装备

工程救援装备具体包括地下金属管线探测设备、起重设备、推土机、挖掘机、探照灯等。

8）应急技术装备

应急技术装备具体包括 GPS 技术装备、GIS 技术装备、无火花堵漏技术装备等。

（二）应急救援装备的种类选择

应急救援装备的种类很多，同类产品在功能、使用、质量、价格等方面也存在很大差异，化工企业可以按照以下要求选择：

（1）根据法规要求进行选择。对法律法规、标准明确要求必备的，必须配备到位。随着应急法制建设的推进，相关的专业应急救援规程、标准、规定必将出现，对于这些规程、标准、规定要求配备的装备必须依法配备到位。

（2）根据预案要求进行选择。应急预案是应急准备与行动的重要指南，因此，应急救援装备必须依照应急预案的要求进行选择配备。应急预案中需要配备的装备，有些可能明确列出，有些可能只是列出通用性要求。对于明确列出的装备直接"照方抓药"即可，而对于没有列出具体名称、只列出通用性要求的设备，则要根据应急救援的实际需求，认真选定，不能有疏漏。

（3）应急救援装备选购。应急救援装备的种类很多，价格差距往往也很大。在选购时，首先要明确需求；其次要考虑到运用的方便，要保证性能稳定，质量可靠；最后要从经济性上选购。

（4）严禁采用淘汰类型产品。应急救援装备像其他产品一样，都会经历一个产生、改进、完善的过程。在这个过程中也可能出现因当初设计不合理，甚至存在严重缺陷而被淘汰的产品，对这些淘汰产品必须严禁采用。如果采用这些淘汰产品，极有可能在应急救援行动过程中，降低救援的效率，甚至引发不应发生的次生事故。

（三）应急救援装备的数量要求

应急救援装备的配备数量，应坚持 3 个原则，确保应急救援装备的配备数量到位。

（1）依法配备。对法律法规明文要求必备数量的，必须依法配备到位。

（2）合理配备。对法律法规没作明文要求的，按照预案要求和企业实际，合理配备。

（3）双套配备。任何设备都可能损坏，应急救援装备在使用过程中突然出现故障，无论从理论上分析，还是从实践中考虑，都会发生。一旦发生故障，不能正常使用，应急行动就很可能被迫中断。

因此，对于一些特殊的应急救援装备，必须进行双套配置，当设备出现故障不能正常使用时，立即启用备用设备。对于双套配置的问题，要根据实际全面考虑，既不要怕花钱，也不能一概双套配置，造成过度投入，浪费资金。双套配置一个准则：必须保证救援行动不出现严重的中断，不受到严重的影响。因此，对应急救援设备的双套配备，应坚持以下原则：①如有能力，尽可能双套配置，对一些关键设备如通信话机、电源、事故照明等必须双套配置；②如能力不足或设备性能稳定性高，可单套配置，通过加强维护，并预想设备损坏情况下的应急对策，如通过互助协议寻求支援。

（四）应急救援装备的功能要求

应急救援装备的功能要求，就是要求应急救援装备必须能完成预案所确定的任务。

必须特别注意，对于同样用途的装备，会因使用环境的差异出现不同的功能要求，这就必须根据实际需要提出相应的特殊功能要求。如在高温潮湿的南方，在寒冷低温的北方，需考虑可燃气体监测仪、水质监测仪能否正常工作。许多情况下，应急装备都有其使用温度范围、湿度范围等限制，因此，在一些条件恶劣的特殊环境下，应该特别注意应急救援装备的适用性。

（五）应急救援装备的使用要求

应急救援装备是用来保障生命财产安全的，必须严格管理，正确使用，仔细维护，使其时刻处于良好的备用状态。同时，有关人员必须会用，确保其功能得到最大程度地发挥。

应急救援装备的使用要求主要包括以下几个方面：

（1）专人管理，职责明确。应急救援装备大到价值百万元的化学抢险救援车，小到普普通通的防毒面具，都应指定专人进行管理，明确管理要求，确保装备的妥善管理。应急救援物资应存放在便于取用的固定场所，摆放整齐，不应随意摆放、挪作他用。

（2）严格培训，严格考核。要严格按照说明书要求，对使用者进行认真的培训，熟悉装备的用途、技术性能及有关使用说明资料，使其能够正确熟练地使用，遵守操作规程，并把对应急救援装备的正确使用作为对相关人员的一项严格的考核要求。要特别注意一些貌似简单、实易出错环节的培训与考核。

（六）应急救援装备的维护要求

对应急救援装备，必须经常进行检查，正确维护，保持随时可用的状态；若有损坏或影响安全使用的，应及时修理、更换或报废。否则，就可能不仅造成装备因维护不当而损坏，还会因为装备不能正常使用而延误事故处置。应急救援装备的检查维护，必须形成制度化、规范化。

应急救援装备的维护，主要包括两种形式：

（1）定期维护。根据说明书的要求，对有明确的维护周期的，按照规定的维护周期和项目进行定期维护，如可燃气体监测仪的定期标定、泡沫灭火剂的定期更换、灭火器的定期水压试验等。

（2）日常随机维护。对于没有明确维护周期的，要按照产品说明书的要求，进行经常性的检查，严格按照规定进行管理。发现异常，及时处理，随时保证应急救援装备完好可用。

（七）危险化学品单位应急救援物资配备要求

危险化学品生产和储存单位应依据《危险化学品单位应急救援物资配备要求》（GB 30077）的规定，根据从业人数、营业收入和危险化学品重大危险源级别划分的类别（第一类至第三类危险化学品单位），为作业场所和应急救援队伍配备应急救援物资；危险化学品使用、经营、运输和废弃处置单位应急救援物资的配备参照执行。

其他配备要求：

（1）危险化学品单位除作业场所和应急救援队伍外的其他部门应根据应急响应过程中所承担的职责配备有关的应急救援物资。

（2）沿江河湖海的危险化学品单位应配备水上灭火抢险救援、水上泄漏物处置和防汛排涝物资。

（3）除作业场所的应急救援物资外的其他应急救援物资，可由危险化学品单位与其周边地区其他相关单位或应急救援机构签订互助协议，并能在这些单位或机构接到报警后 5 min 内到达现场，可作为本单位的应急救援物资。

第七章 化工安全类案例

案例1 某油罐区火灾爆炸事故分析

2012年8月2日，某厂油罐区的2号汽油罐发生火灾爆炸事故，造成2人死亡、3人轻伤，直接经济损失320万元。该油罐为拱顶罐，容量200 m³。油罐进油管从罐顶接入罐内，但未伸到罐底。罐内原有液位计，因失灵已拆除。

2012年7月25日，油罐完成了清罐检修。8月2日8时，开始给油罐输油，汽油从罐顶输油时进油管内流速为2.3~2.5 m/s，导致汽油在罐内发生了剧烈喷溅，随即着火爆炸。爆炸把整个罐顶抛离油罐。现场人员灭火时发现泡沫发生器不出泡沫，匆忙中用水枪灭火，导致火势扩大。消防队到达后，用泡沫扑灭了火灾。

事故发生后，在事故调查分析时发现，泡沫灭火系统正常，泡沫发生器不出泡沫的原因是现场人员操作不当，开错了阀门。该厂针对此次事故暴露出的问题，加强了员工安全培训，在现场增设了自动监控系统，完善了现场设备、设施的标志和标识，制定了安全生产应急救援预案。

根据以上场景，回答下列问题（1~3题为单选题，4~8题为多选题）：

1. 根据《生产安全事故报告和调查处理条例》，该起事故属于（　　）。

A. 一般事故　　　　　　　　　　　B. 较大事故

C. 重大事故　　　　　　　　　　　D. 特大事故

E. 特别重大事故

2. 根据《生产安全事故报告和调查处理条例》，该厂主要负责人在接到此次事故报告后，应在（　　）内，将事故信息以电话快报方式上报其所在地县级人民政府安全生产监管部门。

A. 1 h　　　　　　　　　　　　　B. 2 h

C. 24 h　　　　　　　　　　　　D. 7 d

E. 30 d

3. 该起火灾爆炸事故的点火源是（　　）。

A. 明火　　　　　　　　　　　　B. 静电放电

C. 高温烘烤　　　　　　　　　　D. 油品含有的杂质

E. 接地不良的罐体

4. 预防此类火灾爆炸事故发生的安全技术措施包括（　　）。

A. 控制油品输入流速，防止喷溅　　B. 保证罐体可靠接地

C. 加强管理和培训　　　　　　　　D. 重新安装液位计

E. 增加消防水池

5. 油罐内发生火灾时，可以选用的灭火剂包括（   ）。

A. 直流水
B. 泡沫
C. 开花水
D. 二氧化碳
E. 干粉

6. 该案例中，火灾爆炸事故发生后应立即采取的应急救援措施包括（   ）。

A. 报警
B. 疏散人员
C. 灭火
D. 追究事故责任
E. 抚恤伤亡人员

7. 事故发生后，该企业支出的下列费用中，属于安全投入的包括（   ）。

A. 事故善后处理费用
B. 安全技术培训费用
C. 自动监控系统建设费用
D. 完善现场设备、设施的标志和标识费用
E. 安全生产应急救援预案编制费用

☞参考答案：

1. A　2. A　3. B　4. ABD　5. BDE　6. ABC　7. BCDE

案例 2　某炼油厂污水井清淤中毒事故分析

2014 年 8 月 7 日 8 时，D 工程公司职工甲、乙、丙 3 人受公司指派到 C 炼油厂污水处理车间疏通堵塞的污水管道。3 人未到 C 炼油厂办理任何作业手续就来到现场开始作业。甲下到 3 m 多深的污水井内用水桶清理油泥，乙在井口用绳索向上提。清理过程中甲发现油泥下方有一水泥块并有气体冒出，随即爬出污水井并在井口用长钢管捣烂水泥块。11 时左右，当甲再次沿爬梯下到井底时，突然倒地。乙发现后立即呼救。在附近作业的丙等迅速赶到现场。丙在未采取任何防护措施的情况下下井救人，刚进入井底也突然倒地。乙再次大声呼救。C 炼油厂专业救援人员闻讯赶到现场，下井将甲、丙救出。甲、丙经抢救无效死亡。

事故调查人员对污水井内气体进行了检测，测得氧气浓度 19.6%、甲烷含量 2.7%、硫化氢含量 850 mg/m³。

根据以上场景，回答下列问题（1～3 题为单选题，4～8 题为多选题）：

1. 该起事故的性质应认定为（   ）。

A. 责任事故
B. 意外事故
C. 中毒窒息事故
D. 突发事件
E. 人身伤害事故

2. 进入 C 炼油厂污水井内清污作业需办理（   ）。

A. 动火作业许可证
B. 受限空间作业许可证
C. 管道作业许可证
D. 危险化学品作业许可证
E. 动土作业许可证

3. 该起事故的责任单位是（   ）。

A. D 工程公司
B. C 炼油厂
C. C 炼油厂污水处理车间
D. 甲所在班组

E. D 工程公司和 C 炼油厂

4. 该起事故中导致丙死亡的原因包括（　　）。

A. 盲目施救　　　　　　　　　　B. 窒息

C. 中毒　　　　　　　　　　　　D. 防护缺失

E. 高处坠落

5. 进入 C 炼油厂污水井内清污作业时，应佩戴的劳动防护用品包括（　　）。

A. 安全帽　　　　　　　　　　　B. 空气呼吸器

C. 导电鞋　　　　　　　　　　　D. 耳塞

E. 防护手套

6. 该起事故的间接原因包括（　　）。

A. 作业人员安全教育培训不够　　B. 作业人员使用的清污工具存在缺陷

C. 救援行为不当　　　　　　　　D. 作业人员没有佩戴劳动防护用品

E. 作业人员违章作业

7. 进入 C 炼油厂污水井内作业前需进行气体检测，通常检测的气体应包括（　　）。

A. 可燃气体　　　　　　　　　　B. 有毒气体

C. 氧气　　　　　　　　　　　　D. 氮气

E. 二氧化碳

8. 在 C 炼油厂污水井内作业可能发生的事故包括（　　）。

A. 火灾　　　　　　　　　　　　B. 其他爆炸

C. 淹溺　　　　　　　　　　　　D. 中毒窒息

E. 机械伤害

☞参考答案：

1. A　2. B　3. E　4. ACD　5. ABE　6. ACDE　7. ABC　8. ABCD

案例 3　某煤化一体化项目安全分析

某能源化工公司建设煤化一体化项目，一期工程主要有 300×10^4 t/a 煤矿、120×10^4 t/a 煤制甲醇、25×10^4 t/a 线性低密度聚乙烯、25×10^4 t/a 聚丙烯等。

煤气化装置是该项目的关键装置，采用"单喷嘴冷壁式粉煤加压气化技术"，属于新型煤化工工艺，以煤为原料，以氧气和水蒸气为氧化剂，在高温、高压、非催化条件下进行氧化反应，生成以一氧化碳和氢气为有效成分的粗合成气，实现原料煤的有效转化，为甲醇合成等工序提供原料，最终产出聚丙烯、聚乙烯等产品，副产品包括石脑油及液化天然气（LNG）等产品。

煤气化装置由磨煤及干燥单元、粉煤加压及输送单元、气化及洗涤单元、除渣单元、灰水处理单元和气化公用工程等组成，其中，环保处理设施使用液氨。

煤气化装置内发生煤的热解、气化和燃烧三种反应。其中煤的热解是指煤从固相变为气、固、液三相产物的过程。煤的气化和燃烧反应则包括非均相气固反应和均相气相反应这两种反应类型。

该项目设有储罐区，包括柴油储罐、甲醇储罐、石脑油储罐、液氨储罐、LNG 储罐等，每种物料储罐构成独立的储罐区，储罐区物料信息见下表。

储存介质	密度/(kg·m^{-3})（常温）	单罐容积/m^3	罐数量/个	储罐充装系数	重大危险源临界量/t	储量/t
柴油	840	3000	2	0.85	5000	
甲醇	790	2000	2	0.85	500	
石脑油	910	500	2	0.80	1000	
液氨	600	50	2	0.85	10	
LNG	440	100	2	0.90	50	

根据以上场景，回答下列问题（1～2 题为单选题，3～5 题为多选题）：

1. 根据危险化学品目录（2015 版）实施指南（试行），下面关于甲醇的危险性类别不正确的是（　　）

A. 易燃液体，类别 2

B. 急性毒性 - 经口，类别 3 *

C. 急性毒性 - 经皮，类别 3 *

D. 急性毒性 - 吸入，类别 3 *

E. 剧毒

2. 根据案例描述，煤化工装置的反应类型及主要危险特点应为（　　）。

A. 吸热反应；爆炸、腐蚀、中毒等危险性

B. 放热反应；火灾、中毒、腐蚀等危险性

C. 吸热反应；火灾、爆炸、中毒等危险性

D. 放热反应；火灾、爆炸、中毒等危险性

E. 吸热反应或放热反应；火灾、爆炸等危险性

3. 在煤气化装置停工检修时，需要对一氧化碳（CO）和氢气（H$_2$）进行置换。下列置换方式中，可以采用的有（　　）。

A. 蒸汽置换

B. 氮气置换

C. 惰性气体置换

D. 注水排气置换

E. 强制通风置换

4. 案例所述的煤化工工艺的安全控制措施，正确的有（　　）。

A. H$_2$/CO 比例控制与联锁

B. 液位控制回路

C. 紧急冷却系统

D. 搅拌的稳定控制系统

E. 事故状态下 CO 吸收系统

5. 案例描述的物料储存罐区中，构成危险化学品重大危险源的有（　　）。

A. 柴油罐

B. 甲醇罐

C. 石脑油罐

D. 液氨罐

E. LNG 罐

☞**参考答案：**

1. D　2. D　3. ABCD　4. ABC　5. ABDE

案例4　某化学品助剂生产企业扩建项目安全管理

A公司是一家油田化学品助剂生产企业,为了满足市场需求,扩建了5×10^4 t/a助剂项目,主要装置包括破乳剂生产车间(破乳剂生产线和高温生产线)和清水剂生产车间(清水剂生产线、复配生产线),辅助设施包括甲、乙类仓库、丙类库棚、储罐区(包括环氧乙烷、环氧丙烷储罐组)及公用工程系统。

破乳剂生产线包括聚合、复配及交联三个单元,聚合反应的操作条件为145 ℃、0.4 MPa,反应过程放热,生产原料包括环氧乙烷(熔点-112.2 ℃,沸点10.8 ℃,闪点-29 ℃)、环氧丙烷、甲醇、二甲苯、引发剂等。

高温生产线缓蚀剂产品中间体生产工艺包括酰胺化反应(反应条件140~230 ℃、0.2 MPa)、环化反应和复配反应。中间体生产工艺具有烷基化工艺危险特点,生产原料包括丙烯酸、过硫酸铵、过氧化苯甲酰等;烷基化反应在导热油加热条件下进行,反应过程放热。

环氧乙烷采用半冷冻储罐储存,储罐储存压力为0.3~0.4 MPa、储存温度为-6~0 ℃;环氧丙烷储罐储存压力为0.2~0.3 MPa、储存温度为-10~25 ℃;环氧乙烷和环氧丙烷储罐设置氮封保护系统和安全阀,安全阀出口泄放气体引至安全处置设施,并利用蒸汽(与储罐压力联锁)对泄放气体进行稀释、吸收。

破乳剂车间、环氧乙烷和环氧丙烷储罐均构成危险化学品重大危险源,在基础设计阶段开展了HAZOP分析,办理了建设项目“三同时”手续,项目完成了中间交接、设备管道吹扫、试压、单机设备试车、电气仪表调试及联动运行,已确认公用工程、消防设施处于备用状态。

公司安排安全环保部门牵头组织开工条件确认,确认的具体内容主要包括装置区施工临时设施拆除、“三查四定”、公共系统准备、施工完成、开工方案和操作规程的审核批准等情况。

通过试生产发现环氧乙烷储罐操作温度为-6~10 ℃即可满足生产需要,设计院对储罐操作温度及冷冻机组联锁进行了设计变更。仪表维护单位提出并办理审批手续,使用单位、仪表维护单位共同审批后实施了变更。

根据以上场景,回答下列问题:

1. 请对破乳剂车间、环氧乙烷储罐存在的主要风险进行分析辨识。

2. 请说明高温生产线中间体合成工艺应采取的安全控制措施。

3. 请说明环氧乙烷储罐联锁设计变更的工作程序。

4. 该公司开工条件确认工作中,错误的做法有哪些?请补充开工条件确认的内容。

☞**参考答案:**

1. 破乳剂车间存在的主要风险:

(1) 聚合和烷基化反应原料具有自聚和燃爆危险性。

(2) 聚合反应热不能及时移出,反应加剧失控引起火灾爆炸。

(3) 引发剂具有较大危险性,容易引起火灾爆炸。

(4) 环氧乙烷具有毒性,一旦泄漏可导致作业人员中毒窒息。

（5）反应器属于压力容器，存在发生物理爆炸的风险。

环氧乙烷储罐存在的主要风险：

（1）环氧乙烷储罐氮气保护失效可能发生火灾/爆炸。

（2）储罐泄漏可能发生中毒、火灾/爆炸。

（3）储罐受热引起物理爆炸事故。

（4）环氧乙烷泄漏可能进入到制冷系统、循环水系统中，可能造成人员中毒。

（5）安全阀失效引起物理爆炸事故。

（6）安全阀起跳后保护蒸汽失效时容易导致爆炸。

2. 高温生产线中间体合成工艺应采取的安全控制措施如下：

（1）反应物料紧急切断系统。

（2）设置安全阀。

（3）紧急冷却系统。

（4）设置紧急放空阀。

（5）烷基化反应釜温度和压力与釜内搅拌、烷基化物料流量、烷基化反应釜夹套冷却水进水阀形成联锁关系。

（6）可燃/有毒气体检测系统。

3. 环氧乙烷储罐联锁设计变更的工作程序如下：

（1）由业主提给设计单位仪表变更联络单。

（2）设计单位出设计变更。

（3）开展变更风险分析。

（4）变更必须由使用单位提出并办理审批。

（5）解除联锁保护系统时应制定相应的安全防范措施以及应急预案。

（6）必须由使用单位、仪表维护单位、主管部门等相关单位会签审查，审批后方可实施。

4. 错误的做法：

（1）安全环保部门牵头组织开工条件的确认工作。

（2）装置区施工临时设施拆除不属于开工条件确认的内容。

（3）"三查四定"不属于开工条件确认的内容。

补充如下开工条件确认内容：

（1）专项安全消防情况。

（2）专项环境保情况。

（3）安全仪表和电气系统调校情况。

（4）操作人员培训合格。

（5）检查原辅材料准备到位。

案例 5　某油库加油作业爆炸事故分析

D 企业为汽油、柴油、煤油生产经营企业，2013 年实际用工 1000 人，其中有 200 人为劳务派遣人员，实行 8 h 工作制。对外经营的油库为独立设置的库区，设有防火墙。库区出入口和墙外设置了相应的安全标志。

D 企业 2013 年度发生事故 1 起,死亡 1 人、重伤 2 人。该起事故的情况如下:

2013 年 10 月 24 日 8 时 40 分,E 企业司机甲驾驶一辆重型油罐车到油库加装汽油,油库消防员乙在检查了车载灭火器、防火帽等主要安全设施的有效性后,在运货单上签字放行。9 时 5 分,甲驾驶油罐车进入库区,用自带的铁丝将油罐车接地端子与自动装载系统的接地端子连接起来,随后打开油罐车人孔盖,放下加油鹤管。自动加载系统操作员丙开始给油罐车加油。为使加油鹤管保持在工作位置,甲将人孔盖关小。

9 时 30 分,甲办完相关手续后返回,在观察油罐车液位时将手放在正在加油的鹤管外壁上。甲穿着化纤服装和橡胶鞋,手接触加油鹤管外壁产生静电火花,引燃了人孔盖口挥发的汽油,进而引燃了人孔盖周围的油污,甲手部烧伤。听到异常声响,丙立即切断油料输送管道的阀门;乙将加油鹤管从油罐车取下,用干粉灭火器将加油鹤管上的火扑灭。

甲欲关闭油罐车人孔盖时,火焰已延烧到人孔盖附近。乙和丙设法灭火,但火势较大,无法扑灭。甲急忙进入驾驶室将油罐车驶出库区,开出 25 m 左右,油罐车发生爆炸。事故造成甲死亡,乙和丙重伤。

根据以上场景,回答下列问题:

1. 计算 D 企业 2013 年度的千人重伤率和百万工时死亡率。

2. 分析该起事故的间接原因。

3. 根据《企业职工伤亡事故分类》(GB 6441),辨识加油作业现场存在的主要危险有害因素。

4. 提出 D 企业为防止此类事故应采取的安全技术措施。

☞ **参考答案:**

1. D 企业 2013 年度的千人重伤率和百万工时死亡率分别如下:

$$千人重伤率 = 2 \div 1000 \times 10^3 = 2$$

$$百万工时死亡率 = 1 \div (250 \times 8 \times 1000) \times 10^6 = 0.5$$

2. 该起事故的间接原因如下:

(1) 油罐车司机甲未正确执行油罐车接地有关规定。

(2) 消防员乙未认真检查油罐车接地系统的有效性,以及油罐车与自动加载系统接地装置的连接线就签字放行。

(3) 油罐车人孔盖存在设计缺陷,不能满足密闭加油的要求,且人孔盖周围存有油污。

(4) 油罐车司机甲教育培训不够,不懂静电安全防护知识和要求。

(5) E 企业配备的个人劳动保护用品不符合要求。

(6) 油罐车液位设计存在缺陷,不满足仪表监控功能,由司机甲现场观察液位。

(7) 管理方面的原因。

3. 加油作业现场存在的主要危险有害因素如下:

(1) 车辆伤害。

(2) 触电。

(3) 火灾。

（4）容器爆炸。

（5）其他爆炸。

（6）物体打击。

（7）高处坠落。

（8）中毒和窒息。

4. D 企业为防止此类事故应采取的安全技术措施如下：

（1）静电消除设施和接地系统。

（2）设置火灾监测报警系统。

（3）设置油罐液位监测和报警系统。

（4）密闭装车并采取油气回收设施。

（5）采用防爆设备设施。

（6）油罐车设置紧急关断设施。

（7）消灭点火源。

（8）控制加油流速。

案例 6 某化工厂化学品泄漏事故应急演习

某化工厂厂区东面 1 km 有一条河流；南面 0.5 km 有大片农田；西面 0.5 km 和 1 km 分别有 2 家化工厂；北面紧邻一条公路，1 km 处一个城镇。该厂在生产过程涉及加氯工艺，氯气库房设在办公大楼的北面。氯气属剧毒危险化学品，一旦泄漏，危及水质、人身和设备安全。按照该厂年度计划，准备开展一次氯气泄漏的应急演习。具体演习方案如下：

演习当天的天气情况是：晴，最高气温 17 ℃，最低气温 8 ℃，风向北风，风力 3～5级。事故应急指挥中心设在办公楼内。演习地点设在氯气库房，库房的北面和东南面分别有 2 个出口。

演习过程：指定人员打开一个盛有氯气的钢瓶，使氯气慢慢泄漏，导致氯气库房附近的穿着防静电工作服的 3 名工人因吸入氯气中毒昏倒，其中一名工作人员在昏倒前成功报警。工厂其他人闻到刺激性气味后，立即从东南出口自行逃离工厂。

演习开始前，企业对应急预案进行专项培训，让所有人员了解在紧急情况下自身的责任，并且知道自己在演习过程中应该向谁汇报、对谁负责。为了增强演习效果，演习前就程序、内容和场景开展了全员培训。

根据以上场景，回答下列问题：

1. 按《企业职工伤亡事故分类》（GB 6441）的事故分类，说明氯气泄漏事故的事故类型。

2. 根据当天的气象条件，在此次氯气泄漏事故应急演习中，人员应向哪个方向撤离？

3. 请阐述应急演练的主要目的是什么？

4. 请简述氯气泄漏后应采取的应急措施。

5. 请指出该演习方案中不正确的做法有哪些（至少 3 处）。

☞ **参考答案：**

1. 氯气泄漏事故属于中毒和窒息。

2. 人员应向北方撤离。

3. 应急演练的主要目的如下：

（1）检验预案。通过开展应急演练，查找应急预案中存在的问题，进而完善应急预案，提高应急预案的可用性和可操作性。

（2）完善准备。通过开展应急演练，检查应对突发事件所需应急队伍、物资、装备、技术等方面的准备情况，发现不足时及时予以调整补充，做好应急准备工作。

（3）锻炼队伍。通过开展应急演练，增强演练组织单位、参与单位和人员对应急预案的熟悉程序，提高其应急处置能力。

（4）磨合机制。通过开展应急演练，进一步明确相关单位和人员的职责任务，完善应急机制。

（5）科普宣传。通过开展应急演练，普及应急知识，提高职工风险防范意识和应对突发事故时自救互救的能力。

4. 氯气泄漏后应采取的应急措施如下：

（1）立即组织疏散，泄漏区域员工用湿毛巾护住口鼻，迅速脱离现场至空气新鲜处，保持呼吸畅通。

（2）如果眼或皮肤接触液氯时立即用清水彻底冲洗。

（3）对严重患者应及时送医院救治。

（4）根据泄漏点的大小，采用堵漏和洗消措施。

（5）尽可能切断泄漏源。

5. 该演习方案中不正确的做法如下：

（1）开展演习前培训时介绍演习场景。

（2）在有毒有害气体泄漏时，事故指挥中心设在事故现场的下风向。

（3）演习泄漏时采用真正的氯气钢瓶。

（4）人员从东南出口撤离方向不正确。

（5）3名工人未穿戴个人防毒用品。

（6）演习前专项培训未提到个人防护装备和疏散方向等内容。

案例 7　危险化学品运输泄漏事故分析

某年 1 月 24 日 10 时左右，在某路段发生特大汽车追尾事故，造成 5 人死亡、5 人受伤，其中一辆运输车上装载的有毒化工原料泄漏。事故发生在某高速公路自北向南方向路段距某市 14 km 处，4 辆汽车相撞。其中一辆面包车上 3 人当场死亡；一辆运输车被撞坏，车上 2 人死亡、1 人受伤，车上装载的 15 t 四氯化钛开始部分泄漏。四氯化钛是一种有毒化工原料，有刺激性，挥发快，对皮肤、眼睛会造成损伤，大量吸入可致人死亡。事故现场恰逢小雨，此物质遇水后起化学反应，产生大量有毒气体。当地市、县有关领导闻讯后立即赶赴现场，组织公安、消防人员及附近群众 200 余人，对泄漏物质紧急采取以土掩埋等处置措施。

根据以上场景，回答下列问题：

1. 简述对该危险化学品运输车辆的安全要求。

2. 简述对该危险化学品公路运输的安全要求。

3. 简述对危险化学品道路运输的应急救援要求。

☞**参考答案：**

1. 对该危险化学品运输车辆的安全要求如下：

（1）根据危险化学品特性，在车辆上配置相应的安全防护器材、消防器材等。

（2）槽、罐应具有足够的强度和齐全的安全设施及附件。

（3）运输车辆应按规定设置危险物品标志。

（4）车辆的技术状况必须处于良好状态。

2. 对该危险化学品公路运输的安全要求如下：

（1）危险化学品运输单位应有相应的资质。

（2）运输工具、车辆必须符合要求，并设置明显的标志。

（3）驾驶员、装卸员、押运员等应经过相应培训，持证上岗。

（4）必须配备押运人员，运输车辆随时处于押运人员的监管下。

（5）不得超装、超载。

（6）必须配备必要的应急处理器材和防护用品，有关人员须了解所承运的化学危险品的特性及应急措施。

（7）按规定时间、路线行驶。

（8）严禁超速行驶，与其他车辆保持足够的安全距离。

（9）中途停车住宿或无法正常运输，应当采取相应的安全防范措施，并向当地公安部门报告。

3. 对危险化学品道路运输的应急救援要求如下：

（1）在危险货物运输过程中发生燃烧、爆炸、污染、中毒或者被盗、丢失、流散、泄漏等事故，驾驶人员、押运人员应当立即根据应急预案和《道路运输危险货物安全卡》的要求采取应急处置措施和警示措施，并向事故发生地公安部门、交通运输主管部门和本运输企业或者单位报告。运输企业或者单位接到事故报告后，应当按照本单位危险货物应急预案组织救援，并向事故发生地安全生产监督管理部门和环境保护、卫生主管部门报告。

（2）有关地方人民政府及其主管部门应当按照下列规定，采取必要的应急处置措施，减少事故损失，防止事故蔓延扩大：立即组织营救和救治受害人员，疏散、撤离或者采取其他措施保护危害区内的其他人员；迅速控制危险源，测定危险化学品的性质、事故的危害区域及危害程度；针对事故对人体、动植物、土壤、水源、大气造成的现实危害和可能产生的危害，迅速采取封闭、隔离、洗消等措施；对事故造成的环境污染和生态破坏状况进行监测、评估，并采取相应的环境污染治理和生态修复措施。

案例8 某危险化学品仓储企业储存升级改造项目中毒事故分析

C公司为危险化学品仓储企业，员工200人，厂区建有仓储区和辅助生产区。仓储区包括储罐区、装卸栈台、泵棚和油气回收处理装置等，其中储罐区有内浮顶储罐22座，储存甲、乙类易燃液体，构成一级危险化学品重大危险源。辅助生产区包括办公楼、实验室等。

因安全和环保的需要，C公司启动化学品储存升级改造项目，将4座内浮顶储罐的铝质内浮盘改造为全接液蜂窝双层不锈钢内浮盘，同时完善内浮顶储罐专用附件，并增加装卸车栈台油气回收系统。

储罐改造前，C公司制订了人工清洗储罐的作业方案，主要包括倒空罐底油、系统管线加堵盲板、拆人孔、蒸汽蒸煮、通风置换、高压水冲洗、清理污物。

D公司承担储罐改造工作，C公司对D公司的作业人员进行了安全教育培训及改造方案施工作业交底。某日，C公司于10:30对拟施工的储罐T-202办理了受限空间和动火安全作业票，按照取样规范在可燃气体和氧浓度分析均合格后，作业人员开启了强制通风风机。D公司甲、乙、丙3名作业人员佩戴供风式面具进入该储罐开始打磨作业，监护人员丁负责在储罐外监护。4人于12:00停止作业，关闭了机械通风风机外出午餐。13:30甲、乙、丙、戊4人回到作业现场直接进行作业，14:20丁返回作业现场发现4人倒在罐内，立即报告，公司应急救援队人员到达现场施救，发现4人均已死亡。

经事故调查，事故直接原因是储罐T-202检修时，未按人工清洗方案在系统管线上加堵盲板，而是通过关闭阀门与相关储罐和管道进行隔离。由于阀门内漏，氮气串入T-202内。4人回到现场入罐作业前未开启强制通风风机、未佩戴防护面具并进行气体分析，直接入罐作业导致死亡。调查发现该企业作业场所配备了符合要求的过滤式防毒面具、手电筒、对讲机、急救箱或急救包、吸附材料或堵漏材料、洗消设施或清洗剂、应急处置工具箱，但还存在应急救援物资配备不足的情况。

根据以上场景，回答下列问题：

1. 请说明内浮顶储罐应当配置的专用附件。

2. 请列出本案例储罐人工清罐作业方案中的安全注意事项。

3. 请根据本案例的事故调查结果补充说明事故原因。

4. 根据《危险化学品单位应急救援物资配备要求》（GB 30077），该企业属于第几类危险化学品单位？本案例中作业场所还应配备哪些应急救援物资？

☞参考答案：

1. 内浮顶储罐应当配置的专用附件有：

(1) 通气孔。

(2) 静电导出装置。

(3) 防转钢绳。

(4) 自动通气阀。

(5) 浮盘支柱。

(6) 扩散管。

(7) 密封装置与二次密封装置。

(8) 中央排水管。

2. 本案例储罐人工清罐作业方案中的安全注意事项有：

(1) 人工清罐是受限空间作业，应严格执行受限空间作业的要求。

(2) 盲板不可漏加。

（3）蒸汽蒸煮时，要控制供汽量。

（4）保证清洗工具和照明设施安全防爆。

（5）通风置换时，要注意检查罐内情况。

（6）严禁穿化纤衣服进入罐内作业。

（7）其他防火防爆、防中毒、防静电措施。

3. 造成本案例事故的原因还有：

（1）C公司对承包商的管理存在监管缺陷。

（2）D公司作业人员未经培训直接作业。

（3）未按照采样分析要求，作业中断超过60 min重新进行气体检测分析。

（4）作业监护人脱岗，未全程在现场监护。

（5）C公司未安排安全管理人员现场监护。

（6）C公司施工方案未严格执行。

4. 该企业属于第二类危险化学品单位。

本案例中作业场所还应配备2台气体浓度检测仪、2套正压式空气呼吸器、2套化学防护服。

案例9 某石化企业化工中间体生产装置建设项目安全分析

H公司为石油化工生产经营企业，2018年公司计划新建一套化工中间体生产装置，建设内容包括：工艺设备设施、甲类生产厂房、甲类仓库、化学品储罐区和燃气锅炉房、变配电室、液氮储罐、空压站、消防设施等公用工程及辅助设施。

生产过程使用的原辅料有双氧水、醋酸、甲醇、硫酸、天然气、氮气等化学品。醋酸、甲醇储存在甲类仓库，采用防爆叉车装卸；双氧水和硫酸储存在化学品罐区，氮气来源于布置在厂区的液氮储罐，天然气通过管道输入；主要工艺设备包括过氧化反应釜、中间储罐、分离器、冷凝器、搅拌器、输送泵等，均设置在甲类生产厂房内。生产厂房在正常运行时除可能短时间存在爆炸性混合物外，存在爆炸性气体混合物可能性很小。过氧化反应釜容积800 L，反应温度120 ℃，反应压力0.6 MPa；主要物料是双氧水、醋酸，生产过程控制系统采用DCS控制；主要控制工艺参数有温度、压力、流量、液位、组分等。

该新建项目为危险化学品生产建设项目，2018年2月取得当地政府部门的规划许可、立项审批，2018年3月该公司委托具有石油化工甲级设计资质的M设计院完成项目的初步设计，由N评价机构编写了安全评价报告，评价报告判定项目构成了危险化学品重大危险源，生产过程涉及过氧化危险化工工艺；2018年4月10日，M设计院完成了项目的安全设施设计专篇，H公司向政府主管部门提交了安全设施设计审查申请资料；2018年4月20日，H公司同意具有土建和设备安装资质的E公司进入现场开展施工，2018年11月完成全部工程项目的施工及设备安装；施工过程由具有监理资质的L公司全程监理。

2018年12月，H公司组织工艺、设备及安全管理人员完成了设备的吹扫、试压、单体试车及联动试车，项目具备试生产条件。

H公司组织技术人员编写了试生产方案，内容有：①该企业在运行生产装置与建设项目安全试生产相互影响的确认情况；②重大危险源监控措施的落实情况；③安全警示标志设置情况的检查记录；④现场消防设施配备情况检查记录。

根据以上场景，回答下列问题：

1. 根据《建设项目安全设施"三同时"监督管理办法》，指出本项目申报过程中执行程序存在的问题。

2. 该项目工艺过程安全设计进行 HAZOP 分析时，给定了引导词为"减量"，请列出过氧化反应釜工艺参数 HAZOP 分析的减量的偏差。

3. 根据《危险化学品建设项目安全监督管理办法》对试生产的要求，指出该企业编制的试生产方案需要补充的内容。

4. 该项目涉及过氧化危险化工工艺，请说明该工艺安全控制的基本要求。

5. 请给定出过氧化反应釜所在厂房的爆炸性环境的类别及其分区。

☞**参考答案：**

1. 安全设施设计审查未批准即开工。

2. 过氧化反应釜工艺参数 HAZOP 分析的减量偏差如下：

（1）减量 + 压力 = 压力低。

（2）减量 + 温度 = 温度低。

（3）减量 + 流量 = 进料流量少或无。

（4）减量 + 液位 = 液位低。

（5）减量 + 双氧水 = 双氧水进料少。

（6）减量 + 醋酸 = 醋酸进料少。

3. 需要补充的内容：

（1）试生产（使用）起止日期。

（2）投料试车方案。

（3）试生产人力配置情况。

（4）设备及管道试压、吹扫、气密、单机试车、仪表调校、联动试车等生产准备的完成情况。

（5）试生产过程可能出现的工艺、设备、安全问题及处置措施。

4. 该工艺安全控制的基本要求有：

（1）过氧化釜温度和压力报警及联锁装置。

（2）双氧水、醋酸的比例控制和联锁装置及紧急切断动力系统。

（3）紧急送入惰性气体的系统。

（4）紧急断料系统。

（5）紧急冷却系统。

（6）气相氧含量监测、报警和联锁装置。

（7）紧急停车系统。

（8）安全泄放系统。

（9）可燃气体检测报警装置。

5. 爆炸性环境的类别：爆炸性气体环境。

爆炸性环境的分区：2 区。

案例 10　某加油站安全评价

1. 情景描述

某石油公司投资建设的加油站已整体完工。该加油站有 93 号汽油储罐、0 号柴油储罐各 1 个，卧式直埋。储罐配套有液位仪、通气管、阻火器、密闭泄油装置、潜油泵以及防渗漏检测井。设加油机 2 台，配有拉断阀。

加油站站内设施与周边建构筑物以及站内设施之间的防火间距符合《汽车加油加气加氢站技术标准》(GB 50156) 要求。

加油站防雷等级为二类。站内房屋采用布置于屋面的热镀锌圆钢作为避雷带，利用墙体内主筋作为防雷引下线，与接地网连接。利用金属屋面作为罩棚接闪器，利用罩棚柱内 $\phi16\ mm$ 主筋作为防雷引下线，与接地网连接。每个油罐防雷接地点为 2 处。埋地油罐与露出地面的工艺管道相互进行电气连接并接地。供配电系统采用 TN – S 系统，防雷接地、防静电接地、电气设备的工作接地、保护接地及信息系统的接地等，共用接地装置。

汽油罐车卸车场地设置能检测跨接线及监视接地装置状态的静电接地仪。地上敷设的油品管道的始末端和分支处设防静电和防感应雷的联合接地装置。油品管道上的法兰两端用金属线跨接。

加油站装有视频监控一套，对站区实现多方位监控。

加油站建成后，石油公司对加油站的安全设施进行检查，对发现的问题及时进行了整改。整改完成后，石油公司自主选择、委托具有资质的安全评价机构对安全设施进行安全验收评价，签订了安全验收评价合同，出具了安全验收评价委托书，按照安全评价机构的要求，提供项目有关资料，对安全评价机构现场检查提出的问题及时进行了整改并提交了整改回复。

接收委托的安全评价机构按照《安全评价通则》(AQ 8001) 和《安全验收评价导则》(AQ 8003) 的规定，编制了安全验收评价报告。

2. 案例说明

本案例包含或涉及下列内容：

(1) 安全评价的法律法规和标准要求。

(2) 安全评价的组织和实施。

(3) 安全评价的基本过程和内容。

3. 关键知识点及依据

(1) 安全评价分类。

(2) 安全评价的过程、内容以及安全评价报告的编制要求、主要内容。

(3) 根据提供的情景资料，编制安全检查表，分析工艺设备设施、消防、防雷防静电的符合性。依据的安全技术标准和规范有《汽车加油加气加氢站技术标准》(GB 50156)、《建筑设计防火规范》(GB 50016)、《爆炸危险环境电力装置设计规范》(GB 50058)、《建筑物防雷设计规范》(GB 50057)、《液体石油产品静电安全规程》(GB 13348)、《国家安全监管总局关于印发〈危险化学品建设项目安全评价细则（试行）〉的通知》(安监总危化〔2007〕255 号)。

（4）对加油和接卸油进行作业条件危险性分析，对储油设施进行火灾爆炸事故树分析。

4. 注意事项

（1）本案例涉及的安全评价法律法规和标准为《安全生产法》、《危险化学品安全管理条例》、《安全评价通则》（AQ 8001）和《安全验收评价导则》（AQ 8003）。

（2）应熟悉本案例所列的编制安全检查表的安全技术标准和规范。

（3）委托安全评价中介机构进行安全评价过程涉及自主选择委托安全评价机构、签订评价合同、出具委托书、提供项目有关资料、整改回复等过程。

案例11 某化工园区安全风险分析

某市化工园区 2014 年建成投用，共有正常生产的化工企业 40 家（26 家精细化工生产企业、10 家危险化学品仓储企业、4 家危险化学品运输企业），其中 8 家企业构成危险化学品重大危险源。园区内重点监管的危险化学品有硝酸铵、丙烯氨、环氧乙烷、氢气、甲醇等，重点监管的危险化工工艺有聚合工艺、加氢工艺、硝化工艺、氟化工艺等，剧毒化学品有氰化氢、氟化氢等。

园区周边建有一个 150 人的员工倒班宿舍楼、一个 120 人的园区管委会办公楼、一个 3000 m² 的综合超市、一个电信邮政储蓄网点和一个加油加气站。

2019 年初，该市启动化工企业"入园"整治行动，周边 3 家精细化工企业计划年底前搬迁进入园区。其中 A 公司是以氯气、苯酚等为化工原料生产农药的精细化工企业，B 公司是以甲苯为原料的硝化工艺精细化工生产企业，C 公司是以氯化工艺（原料为氯气）为基础的精细化工企业。入园前 3 家企业分别向园区管委会提交了企业基本现状，同时 A 公司还提交了反应安全风险评估报告，B 和 C 公司均提交了安全设计诊断报告。

同年，园区管委会以整治行动为契机，委托某咨询公司对园区进行全面的安全风险评估，发现如下问题：部分企业设备、管道的平面布置防火间距不符合要求；控制室至加热炉净距不足 10 m；园区道路上的管廊净高为 4 m；穿过道路的埋地管道埋深为 300 mm；可燃气体的凝结液直接排入生产污水管道；1 家企业的甲醇原料预处理车间内设有非抗爆外操室；2 家涉及重大危险源的企业没有完成"双重预防机制"的建立。

根据以上场景，回答下列问题：

1. 请根据 A、B、C 3 家企业提供的入园申请材料，判断哪家企业不符合入园条件，并说明理由。

2. 园区周边建设的一般防护目标中，哪些属于一类防护目标？哪些属于二类防护目标？哪些属于三类防护目标？

3. 针对园区安全风险评估提出的不符合项给出整改意见。

4. 请根据该园区企业生产原料及产品的特点，说明确定外部防护距离的流程与方法。

5. 上述场景中"双重预防机制"具体指什么？请说明企业安全风险隐患排查内容包括哪些方面。

☞ 参考答案：

1. B、C 两家企业不符合入园条件。

理由：未开展反应安全风险评估。

2. 一类：①150 人的员工倒班宿舍楼；②120 人的园区管委会办公楼。

二类：①3000 m² 的综合超市；②电信邮政储蓄网点。

三类：加油加气站。

3. 针对园区安全风险评估提出的不符合项给出的整改意见如下：

(1) 按照相关防火设计规范调整园区内企业设备、管道的平面布置。

(2) 将控制室搬迁至距加热炉净距 15 m 以上。

(3) 园区内道路上的管廊净高度调整到 5 m 以上。

(4) 穿过道路的埋地管道埋深增加到 600 mm 以上，且在冻土层以下。

(5) 可燃气体的凝结液通过水封井进入污水收集池。

(6) 把外操室移到企业装置区以外。

(7) 园区管委会督促 2 家涉及重大危险源的企业建立"双重预防机制"。

4. 确定外部防护距离的流程与方法：

(1) 涉及爆炸物的危险化学品生产装置和储存设施应采用事故后果法。

(2) 不涉及爆炸物但涉及有毒气体或易燃气体，且构成重大危险源的危险化学品生产装置和储存设施应采用定量风险评价。

(3) 上述（1）和（2）项规定以外的危险化学品生产装置和储存设施应满足相关标准规范的距离要求。

5. "双重预防机制"具体指安全风险分级管控和隐患排查治理机制。

安全风险隐患排查内容为：

(1) 安全领导能力。

(2) 安全生产责任制。

(3) 岗位安全教育和操作技能培训。

(4) 安全生产信息管理。

(5) 安全风险管理。

(6) 设计管理。

(7) 试生产管理。

(8) 装置运行安全管理。

(9) 设备设施完好性。

(10) 作业许可管理。

(11) 承包商管理。

(12) 变更管理。

(13) 应急管理。

(14) 安全事故事件管理。

案例 12 某化工厂扩建工程安全条件审查

1. 情景描述

某化工厂拟将原有 10×10^4 t/a 的聚氯乙烯装置扩建为 15×10^4 t/a，同时配套的烧碱

装置由 10×10^4 t/a 扩建为 15×10^4 t/a。

扩建的烧碱装置主要包括电解工序、氯氢处理及氯化氢合成、蒸发固碱工序。扩建的 PVC 装置主要包括乙炔发生工序、氯乙烯生产工序和氯乙烯聚合工序。其他的生产、生活辅助设施和公用工程均根据生产能力的提高作相应的调整和扩建。

聚氯乙烯生产选择以电石为原料生产乙炔；以乙炔、氯化氢为原料合成氯乙烯，用悬浮聚合的方法生产聚氯乙烯，采用旋风干燥床干燥聚氯乙烯粉料、自动包装的工艺技术路线。

烧碱装置以固体原盐为原料，采用金属阳极隔膜电解技术生产烧碱、氯气和氢气；以蒸汽为热源，采用Ⅲ效四体蒸发浓缩技术生产 42% NaOH；以精煤气化技术生产的煤气为热源，利用固碱技术生产 96% NaOH 固体碱；采用氯气和氢气处理技术生产液氯，用氯化氢正压合成法分别生产氯化氢及盐酸。

2. 案例说明

本案例包含或涉及下列内容：

（1）建设单位在申请建设项目安全条件审查时应提交的文件和资料。

（2）安全评价报告要求。

（3）外部安全防护距离的要求。

（4）建设项目试生产（使用）方案要求。

3. 关键知识点及依据

（1）危险化学品建设项目安全审查相关知识，《危险化学品建设项目安全监督管理办法》。

（2）安全评价报告的主要内容。

（3）《建筑设计防火规范》（GB 50016）、《石油化工企业设计防火标准》（GB 50160）、《化工企业总图运输设计规范》（GB 50489）、《危险化学品生产装置和储存设施外部安全防护距离确定方法》（GB/T 37243）。

4. 注意事项

（1）该项目属于危险化学品建设项目，与其他建设项目在安全审查及监督管理方面均存在区别。

（2）由于氯气的存在，除防火距离外，卫生防护距离也是比较重要的内容。

案例 13 某危险化学品生产企业申请安全生产许可证

1. 情景描述

某危险化学品生产企业已经取得危险化学品安全生产许可证、危险化学品生产许可证。该企业原料、产品是通过其所办的一家机电产品经营公司购买和销售的，这家公司从一家合法的危险化学品经营公司买进原料。

该企业的原材料危险化学品库房，因所储存的危险化学品的量已经超过临界量，构成重大危险源，比较危险。为此，该企业选调了一个工作认真、踏实、责任心很强的员工管理该库。该员工负责原材料出入库房，没有出现任何差错。该库房危险化学品的数量、储存地点以及管理人员的情况，已经报当地应急管理部门备案。

为提高经济效益，该企业扩建一条危险化学品产品生产线，原料和产品均属于危险化学品。前期工作准备好后，该公司向县应急管理部门提出申请，提交了下列文件：①可行性研究报告；②原料、中间产品、最终产品和储存的危险化学品的燃点、自燃点、闪点、爆炸极限、毒性等理化性能指标；③包装、储存、运输的技术要求；④安全评价报告；⑤事故应急救援措施。县应急管理部门及时组织有关专家进行审查，经审查符合条件，县应急管理部门很快就颁发了批准书，项目顺利实施。

半年后生产线建成，按程序经过相关部门"三同时"验收后投产。为满足用户需要，产品采用简易包装袋，附印上质量指标。用户需要少量的产品时，该企业用小货车送货上门。产品供不应求，取得了很好的经济效益。

2. 案例说明

本案例包含或涉及下列内容：

（1）危险化学品生产企业安全生产许可证办理的有关内容。

（2）危险化学品包装、运输、储存的内容。

（3）危险化学品生产企业构成重大危险源需要上报的相关部门。

3. 关键知识点及依据

（1）危险化学品生产企业安全生产许可证办理的有关要求，《危险化学品安全管理条例》《危险化学品生产企业安全生产许可证实施办法》。

（2）危险化学品包装、运输、储存的要求，《危险化学品安全管理条例》。

（3）危险化学品生产企业构成重大危险源需要上报有关部门的要求，《危险化学品安全管理条例》《危险化学品重大危险源监督管理暂行规定》。

4. 注意事项

（1）企业应根据《危险化学品安全管理条例》《危险化学品生产企业安全生产许可证实施办法》的要求，申请危险化学品安全生产许可证。

（2）提交申请的证明文件齐全才能通过审查。

（3）危险化学品的包装不能是简易包装，无安全技术说明书、化学品安全标签等属于不合格。

（4）构成重大危险源的危险化学品企业还应将危险化学品的数量、储存地点及管理人员的情况上报当地应急管理部门和有关部门备案。

案例 14 某厂汽油罐清理检查

1. 情景描述

某厂供应处因怀疑油库 1 号卧式地下汽油罐（L9950 mm × φ2600 mm）有漏油现象，决定对汽油罐进行清理检查。供应处领导带领几个人到现场，并指挥清理罐底残余油品。一民工戴好防毒面具后，沿梯子下罐作业，到罐底后，上面的人把梯子抽出，民工在罐底向罐口处上面的监护人摇手。罐口处上面的人认为他要油桶和手电，于是把手电放在小桶内，用绳子拴好放下罐底。民工见状急忙卸下防毒面具，向罐口喊"不行了"，紧接着就倒在罐底。供应处领导急忙指挥验收员下去救人，验收员下到罐底用绳子拴好民工后，上面人把民工拉上罐，而验收员却倒在罐底。供应处领导情急之下，自己拴好绳子去救验收员，刚到罐底就倒在下面，众人立刻将他拉上来。工厂消防队接到报警后，赶到现场。消防员下到罐底将验收员救起，自己也中毒受伤。验收员因窒息时间较长，经抢救无效死亡。

2. 案例说明

本案例包含或涉及下列内容：

（1）受限空间作业的有关要求。

（2）应急救援的有关规定。

（3）危险作业审批制度的有关规定。

（4）事故原因分析。

（5）承包商管理的有关规定。

3. 关键知识点及依据

（1）《危险化学品企业特殊作业安全规范》（GB 30871）对于受限空间作业的要求。

（2）应急救援要求，《生产安全事故应急条例》、《生产安全事故应急预案管理办法》（应急管理部令第 2 号）、《生产经营单位生产安全事故应急预案编制导则》（GB/T 29639）。

（3）事故分析要求，《生产安全事故报告和调查处理条例》《工伤保险条例》。

4. 注意事项

（1）罐内存有大量汽油蒸气，氧气含量过低，造成人体缺氧窒息。

（2）供应处领导违章指挥，在未检测罐内汽油蒸气浓度、未进行置换通风的情况下，指挥人员下罐作业。

（3）没有制定详细的下罐作业方案，在没有采取可靠的安全措施情况下，派人下罐作业。

（4）没有制定事故应急救援预案，事故发生后现场抢救措施不当，指挥失误，造成人员伤亡扩大。

（5）下罐作业和下罐救援没有配备专业的防护用具。

（6）没有落实进入受限空间审批许可制度。

案例 15　某化工厂静电引起甲苯装卸槽车爆炸起火事故分析

1. 情景描述

某年 7 月 22 日 9 时 50 分左右，某化工厂正在执行甲苯装卸任务的汽车槽车突然发生爆炸起火，将整辆汽车槽车包括车上约 1.3 t 的甲苯全部烧毁，造成 2 人死亡。

7 月 22 日上午，该化工厂租用某运输公司一辆汽车槽车，到铁路专线上装卸外购的 46.5 t 甲苯，并指派仓库副主任、厂安全员及 2 名装卸工执行卸车任务。约 7 时 20 分，开始装卸第一车。由于火车与汽车槽车约有 4 m 高的位差，装卸直接采用自流方式，即用 4 条塑料管（两头套橡胶管）分别插入火车和汽车罐体，依靠高度差，使甲苯从火车罐车经塑料管流入汽车罐车。约 8 时 30 分，第一车甲苯约 13.5 t 被拉回公司仓库。约 9 时 50 分，汽车开始装卸第二车。汽车司机将汽车停放在预定位置后与安全员到离装卸点约 20 m 的站台上休息，1 名装卸工爬上汽车槽车，接过地上装卸工递上来的装卸管，打开汽车槽车前后 2 个装卸孔盖，在每个装卸孔内放入 2 根自流式装卸管。4 根自流式装卸管全部放进汽车槽罐后，槽车顶上的装卸工因天气太热，便爬下汽车去喝水。人刚走离汽车约

2 m，汽车槽车靠近尾部的装卸孔突然发生爆炸起火。爆炸冲击波将 2 根塑料管抛出罐外，喷洒出来的甲苯致使汽车槽车周边燃起一片大火，2 名装卸工当场被炸死。约 10 min 后，消防车赶到。经 10 多分钟的扑救，大火全部扑灭，阻止了事故进一步的扩大，火车槽车基本没有受损害，但汽车已全部被烧毁。

据调查，事发时气温超过 35 ℃。当汽车完成第一车装卸任务并返回火车装卸站台时，汽车槽罐内残留的甲苯经途中 30 多分钟的太阳暴晒，已挥发到相当高的浓度，但未采取必要的安全措施，直接灌装甲苯。

没有严格执行易燃易爆液体灌装操作规程，灌装前槽车通地导线没有接地，也没有检测罐内温度。

2. 案例说明

本案例包含或涉及下列内容：

（1）危险化学品装卸作业的有关要求。

（2）静电防护技术及静电接地要求。

（3）高温天气装卸作业要求。

（4）危险化学品从业人员安全教育培训要求。

（5）防火防爆安全技术要求。

3. 关键知识点及依据

（1）《安全生产法》关于建立企业安全生产规章制度、安全教育培训的要求。

（2）《危险化学品安全管理条例》对装卸作业的安全要求。

（3）《生产经营单位安全培训规定》对危险化学品从业人员培训的要求。

（4）《石油化工企业设计防火标准》（GB 50160）对于装卸作业防火防爆的要求。

4. 注意事项

（1）直接原因是装卸作业没有按规定装设静电接地装置，使装卸产生的静电无法及时导除，造成静电积聚过高产生静电火花，引发事故。

（2）间接原因是高温作业未采取必要的安全措施，因而引发爆炸事故。

参 考 文 献

[1] 刘强，张海峰，张世昌. 危险化学品从业单位安全标准化工作指南 [M]. 2版. 北京：中国石化出版社，2011.

[2] 周忠元. 化工安全技术管理 [M]. 北京：化学工业出版社，2002.

[3] 冯肇瑞. 化工安全技术手册 [M]. 北京：化学工业出版社，1987.

[4] 魏伴云. 火灾与爆炸灾害安全工程学 [M]. 武汉：中国地质大学出版社.

[5] 陈莹. 工业防火防爆 [M]. 北京：中国劳动出版社，1994.

[6] 胡安定. 炼油化工设备腐蚀与防护案例 [M]. 北京：中国石化出版社，2014.

[7] 张兆杰. 压力容器安全技术 [M]. 郑州：黄河水利出版社，2009.

[8] 时守仁. 电业火灾与防火防爆 [M]. 北京：中国电力出版社，2000.

[9] 郑瑞文. 生产工艺防火 [M]. 北京：化学工业出版社，1999.

[10] 王自齐. 化学事故与应急救援 [M]. 北京：化学工业出版社，1997.

[11] 赵铁锤，等. 危险化学品安全评价 [M]. 北京：中国石化出版社，2003.

[12] 郭元量. 锅炉安全技术监察规程/释义 [M]. 北京：化学工业出版社，2013.

[13] 张斌. 特种设备安全技术 [M]. 北京：化学工业出版社，2013.

[14] 陈露. 锅炉压力容器压力管道特种设备事故处理规定（实施手册） [M]. 北京：中国商业出版社，2001.

[15] 王玉元，等. 安全工程师手册 [M]. 成都：四川人民出版社，1995.

[16] 刘铁民. 注册安全工程师教程专业技术知识 [M]. 徐州：中国矿业大学出版社，2004.

[17] 中国就业培训技术指导中心，中国安全生产协会. 安全评价师 [M]. 2版. 北京：中国劳动社会保障出版社，2010.

[18] 杨旸，王绍民，吕亮功. 安全技术与管理 [M]. 北京：中国石化出版社，2014.

[19] 国家安全生产监督管理总局. AQ 3021—2008 化学品生产单位吊装作业安全规范 [S]. 北京：煤炭工业出版社，2008.

[20] 国家安全生产监督管理总局. AQ 3022—2008 化学品生产单位动火作业安全规范 [S]. 北京：煤炭工业出版社，2008.

[21] 国家安全生产监督管理总局. AQ 3023—2008 化学品生产单位动土作业安全规范 [S]. 2008.

[22] 国家安全生产监督管理总局. AQ 3024—2008 化学品生产单位断路作业安全规范 [S]. 2008.

[23] 国家安全生产监督管理总局. AQ 3025—2008 化学品生产单位高处作业安全规范 [S]. 2008.

[24] 国家安全生产监督管理总局. AQ 3026—2008 化学品生产单位设备检修作业安全规范 [S]. 2008.

[25] 国家安全生产监督管理总局. AQ 3027—2008 化学品生产单位盲板抽堵作业安全规范 [S]. 北京：煤炭工业出版社，2008.

[26] 国家市场监督管理总局，国家标准化管理委员会. GB 30871—2022 危险化学品企业特殊作业安全规范 [S]. 北京：中国标准出版社，2020.

[27] 国家市场监督管理总局. TSG 11—2020 锅炉安全技术规程 [S]. 2020.

[28] 国家质量监督检验检疫总局. GB 6067.1—2010 起重机械安全规程 第1部分：总则 [S]. 北京：中国标准出版社，2011.

[29] 国家质量监督检验检疫总局. TSG Q7015—2016 起重机械定期检验规则 [S]. 2016.

[30] 国家质量监督检验检疫总局. GB/T 3811—2008 起重机设计规范 [S]. 北京：中国标准出版社，2008.

[31] 国家质量监督检验检疫总局. TSG 21—2016 固定式压力容器安全技术监察规程 [S]. 北京：新华出版社，2016.

[32] 国家质量监督检验检疫总局. TSG R0005—2011 移动式压力容器安全技术监察规程 [S]. 北京：新华出版社，2011.

[33] 国家质量监督检验检疫总局. TSG D7003—2010 压力管道定期检验规则 长输（油气）管道 [S]. 北京：新华出版社，2010.

[34] 国家能源局. SY/T 4208—2016 石油天然气建设工程施工质量验收规范 长输管道线路工程 [S]. 2017.

后　　记

　　因国家机构改革，原国家安全生产监督管理总局承担的有关职能并入应急管理部，凡书中提及的"国家安全生产监督管理总局""国务院安全生产监督管理部门"，实践应用中请分别对应"应急管理部""国务院应急管理部门"。

　　读者在阅读过程中，若对教材有任何意见和建议，请通过电子邮件的形式反馈。

　　E－mail：csebook@ chinasafety. ac. cn